塑料模具 CAD/CAM/CAE

主　编　吴俊超　李明华
副主编　陈爱霞　叶增良
参　编　张鹏飞　蔺晓雪　邓　锐　黄　坚

机械工业出版社

本书以培养学生塑料模结构设计能力、模流分析能力和模具主要零件数控加工编程能力为核心，融入现行的塑料模相关国家标准和《塑料成型工艺师》《模流分析师》《数控机床操作工》《模具工》等职业标准所需的知识和技能，以现代模具设计规范为导向，按照模具设计实际工作流程组织内容，目的是构建基于工作过程导向的知识结构体系，培养学生模具 CAD/CAE/CAM 的基本技能。

本书设置 6 个项目共 61 个任务，项目一为认识塑料及塑料成型，为后续项目设计打好基础；项目二选用 2021 年教育部模具国赛赛题作为教学载体，通过学习 NX 软件的建模模块和燕秀 UG 模具设计外挂，培养学生设计二板模的能力；项目三选用 2022 年教育部模具国赛赛题作为教学载体，通过分型面设计、浇注系统设计、主要成型零部件设计、模架的选择和调用、温控系统设计、顶出系统设计、侧向分型抽芯机构设计等 20 个任务的训练，培养学生设计三板模的能力和模具优化能力；项目四学习绘制模具二维总装图和模具主要零部件二维工程图样，使用的软件有 NX 2406、中望龙腾塑胶模、CAXA 实体设计；项目五为模具主要零件的数控加工编程，使用的软件是 NX 2406，采用的硬件是北京精雕 Carver 600 TX A13S 高端数控铣床；项目六为基于 HS CAE 软件的塑料模 CAE 分析及结果解读，具体介绍如何进行模流分析、如何对模流分析结果进行解读及模具的优化设计。

本书适合作为高等职业教育本科及专科模具设计与制造相关专业、机械类及近机械类专业塑料模设计相关课程的教学用书，也可供从事模具设计与制造的工程技术人员参考。

本书配有电子课件，凡使用本书作为教材的教师，均可登录机械工业出版社教育服务网（http://www.cmpedu.com）注册后免费下载。咨询电话：010-88379375。

图书在版编目（CIP）数据

塑料模具 CAD/CAM/CAE / 吴俊超，李明华主编．
北京：机械工业出版社，2025.8． -- ISBN 978-7-111-78568-2

Ⅰ．TQ320.5

中国国家版本馆 CIP 数据核字第 2025RT2351 号

机械工业出版社（北京市百万庄大街 22 号　邮政编码 100037）
策划编辑：于奇慧　　　　　责任编辑：于奇慧
责任校对：潘　蕊　张　征　封面设计：马精明
责任印制：常天培
河北虎彩印刷有限公司印刷
2025 年 8 月第 1 版第 1 次印刷
184mm×260mm・21.75 印张・535 千字
标准书号：ISBN 978-7-111-78568-2
定价：58.00 元

电话服务	网络服务
客服电话：010-88361066	机　工　官　网：www.cmpbook.com
010-88379833	机　工　官　博：weibo.com/cmp1952
010-68326294	金　书　网：www.golden-book.com
封底无防伪标均为盗版	机工教育服务网：www.cmpedu.com

前　言

本书是依据专业人才培养方案，参考课程体系，结合中泰模具股份有限公司的生产标准，模具行业技术的发展趋势，按照模具设计实际流程和规范，并融入模具成型工艺师、模具工职业标准所对应的知识和技能、现代学徒制试点的教学实践经验编写的。

在编写过程中，我们始终贯彻校企合作、工学结合的理念，采用项目教学的方式组织教学内容，参照塑料模设计的实际工作流程，通过项目引领、任务驱动将模具成型工艺和结构设计进行梳理整合，突出培养解决实际问题的能力，凸显内容的针对性、实用性，重视通用性、可操作性，便于教师教学和读者自学。

本书有以下特点：

1）选取教育部主办的全国职业院校技能大赛（高职组）模具数字化设计与制造工艺赛项真题作为教学载体。

2）融入现行的塑料模具相关国家标准和《塑料成型工艺师》《模流分析师》《数控机床操作工》《模具工》等职业标准所需的知识和技能，以现代模具设计规范为导向，按照模具设计与制造实际工作流程组织内容。

3）在模具术语、模架选用、模具工程图样表达等方面，与国家相关塑料标准、企业规定对照，缩短学生学习与就业距离。

4）配套完整详细的模具设计、模具出图、主要零部件数控编程及模流分析的操作视频、电子课件。在智慧职教MOOC平台上开设了对应的课程，方便学生线上线下学习。目前对应MOOC运行良好，受到省内外同行、学员的一致好评。

本书由江西职业技术大学吴俊超、李明华任主编，九江学院机械与智能制造学院陈爱霞、河源职业技术学院叶增良任副主编。绪论由江西职业技术大学李明华编写，项目一由江西职业技术大学黄坚、邓锐编写，项目二由九江学院机械与智能制造学院陈爱霞编写，项目三、项目六由江西职业技术大学吴俊超编写，项目四由河源职业技术学院叶增良和江西职业技术大学张鹏飞编写，项目五由江西职业技术大学吴俊超、蔺晓雪编写。东莞谷崧企业集团徐继青负责案例、模具成型工艺参数以及模具结构的审定。

本书在编写过程中参考了国内外有关文献和资料，并得到同行专家的大力支持，在此向原作者和专家表示衷心感谢！

由于编者水平有限，书中难免有疏漏、不妥之处，敬请专家、学者斧正！来信请寄943447828@qq.com。

编　者

目 录

前言
绪论 ································· 1
项目一　认识塑料及塑料成型　　4
　任务一　认识塑料 ··················· 4
　任务二　认识塑料成型 ··············· 9
　习题与思考 ························ 15
项目二　二板模设计　　16
　任务一　手动分模 ·················· 17
　任务二　设计滑块头和枕位 ·········· 29
　任务三　设计虎口 ·················· 33
　任务四　设计排气槽 ················ 33
　任务五　设计模仁基准 ·············· 34
　任务六　调用模架 ·················· 35
　任务七　设计浇注系统 ·············· 37
　任务八　设计滑块座 ················ 45
　任务九　设计斜顶 ·················· 57
　任务十　设计顶出系统 ·············· 63
　任务十一　设计变更 ················ 66
　任务十二　设计模具温控系统 ········ 75
　任务十三　设计模具附件 ············ 78
　习题与思考 ························ 93
项目三　三板模设计　　96
　任务一　模具部件验证 ·············· 98
　任务二　自动分型 ················· 101
　任务三　设计滑块头 ··············· 108
　任务四　设计排气槽 ··············· 111
　任务五　设计虎口 ················· 112
　任务六　修改标准件（移动位置、镜像位置、
　　　　　删除） ··················· 123
　任务七　设计镶件（入子） ········· 124
　任务八　调用模架 ················· 126

　任务九　设计模具基准 ············· 129
　任务十　设计浇注系统 ············· 131
　任务十一　设计滑块座 ············· 140
　任务十二　修改调用的组件（以滑块座
　　　　　　为例） ················· 142
　任务十三　设计斜顶 ··············· 148
　任务十四　调用锁模螺钉 ··········· 152
　任务十五　设计顶出系统 ··········· 154
　任务十六　设计模具温控系统 ······· 158
　任务十七　Moldwizard 调用模架运动控制
　　　　　　组件 ··················· 166
　任务十八　设计模具附件 ··········· 174
　任务十九　设计基准和标识 ········· 185
　任务二十　模具三维零件设计结果的
　　　　　　导出 ··················· 190
　习题与思考 ······················· 196
项目四　工程图设计　　198
　任务一　二维装配图出图前处理 ····· 199
　任务二　创建二维装配图视图 ······· 203
　任务三　细化装配图视图 ··········· 211
　任务四　细化装配图 ··············· 220
　任务五　装配图尺寸标注 ··········· 226
　任务六　设计明细栏 ··············· 229
　任务七　设计型腔工程图 ··········· 232
　习题与思考 ······················· 249
**项目五　模具主要零件的数控加工
　　　　　编程**　　250
　任务一　型芯零件编程前处理 ······· 251
　任务二　编制型芯零件的开粗刀路 ··· 255
　任务三　精加工 ··················· 263
　任务四　刻字程序 ················· 284

任务五　钻孔程序……286
　　任务六　后处理……295
　　习题与思考……297

项目六　塑料模 CAE 分析及结果解读……298
　　任务一　分析模型优化与导出……301
　　任务二　网格划分……309
　　任务三　网格质量评价……311
　　任务四　网格修复……312
　　任务五　导出网格模型……313
　　任务六　导入塑件图形……314
　　任务七　充模设计……315
　　任务八　冷却设计……323
　　任务九　翘曲设计……327
　　任务十　开始分析……328
　　任务十一　制作分析报告……329
　　任务十二　分析结果的解读……330
　　任务十三　模具的优化建议……338
　　习题与思考……339

参考文献……340

绪　论

模具 CAD/CAM/CAE 技术是一门从生产实践中发展起来的应用型技术。本课程的研究对象是塑料，以及把塑料变成塑料制品所用的模具、工艺及技术方法。把塑料原料变成具有一定形状和尺寸精度的塑料制品的过程，称为塑料成型。

一、塑料成型在塑料工业中的重要地位

世界塑料工业仅仅有 100 年左右的历史，近几十年来塑料用量几乎每 5 年翻一番。塑料制品广泛应用于工业、农业、电子、国防、建筑及日常生活等各个领域，并作为一种原材料，开始替代钢材、木材及水泥等。塑料工业发展如此迅猛，主要原因在于塑料具有很多优良的特性，如重量轻、化学稳定性好、耐冲击性好、具有较好的透明性和耐磨损耗性、绝缘性好、导热性低、着色性好及加工成本低等。

塑料工业是一门新兴的工业，它包含塑料原材料生产（包括树脂和塑料的生产）和塑料制品的生产（也称为塑料成型和塑料加工工业）两个部分。没有塑料的生产就没有塑料制品的生产，没有塑料制品的生产，塑料就不能变成工业产品和生活用品。

塑料制品的生产系统一般由原材料的预处理（预压、预热、干燥等），塑料的成型，后处理（调湿、退火等），机械加工，修饰和装配等几个连续的过程组成，如图 0-1 所示。其中塑料成型是最重要的一个环节，是一切塑料制品和生产型材的必经过程，其他工序通常根据制品的要求确定。工序机械加工、修饰和装配，统称为二次加工。

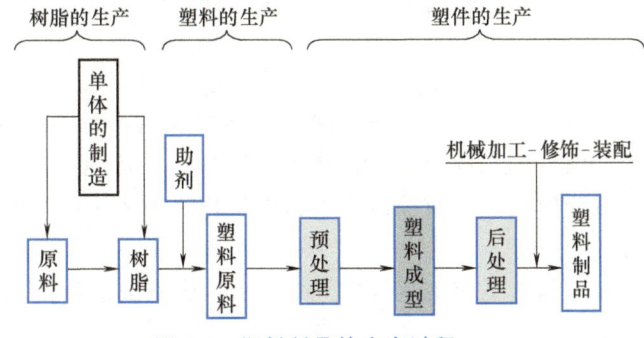

图 0-1　塑料制品的生产过程

二、塑料成型方法简介

塑料成型的种类很多，包括各种模塑成型、层压成型和压延成型等。其中模塑成型种类

较多，主要有注射成型、压缩成型、挤出成型、压注成型和气动成型等，约占塑料制品加工数量的90%以上。它们的共同特点是利用模具成型具有一定形状和尺寸的塑料制品。成型塑料制品所用的工装称为塑料成型模具，简称塑料模具。

在塑料制品的生产中，正确的加工工艺、高效的设备、先进的模具是影响塑料制品品质的三大重要因素。塑料成型工艺通过安装在成型设备上的塑料模具来实现，塑料模具对保证塑料制品的形状、尺寸和表面质量起着极其重要的作用。高效率、全自动的设备也只有配备了适应自动化生产的模具才能充分发挥其性能，产品的生产和更新都是以模具的更新为前提的。快速发展的塑料工业对塑料制品的品种、质量和产量的要求越来越高，所以对塑料模具也提出了越来越高的要求，促使塑料模具不断向前发展。

塑料成型设备的类型很多，主要有各种模塑成型设备和压延机等。模塑成型设备有注射机、塑料机械压力机、挤出机、中空成型机、发泡成型机及与之配套的辅助设备等。生产中应用最广泛的是注射机和挤出机，其次是液压机和压延机。挤出成型生产的制品产量约占塑料制品总产量的一半，注射成型生产的制品占25%～30%，这个比例还在扩大。就成型设备而言，注射机的产量最大，据统计，全世界注射机的产量近十年增加了10倍，每年生产的台数约占整个塑料设备的50%，成为塑料成型设备中增长最快、产量最多的设备。

三、塑料成型技术发展趋势

目前，我国塑料成型技术有以下几个发展趋势。

1）加深塑料成型基础理论和工艺原理的研究，引进和开发新技术、新工艺，大力发展大型、微型、高精度、高寿命、高效率的模具，以适应不断扩大的塑料应用的需要。

2）不断开发、研究和应用先进的模具加工、装配、测量技术及设备，提高塑料模具的加工精度和缩短加工周期。

3）加强塑料材料性能研究，加强模具新型材料的开发和应用。

4）大力推广模具标准化，使模具通用零件标准化、系列化、商品化，以适应大规模生产塑料成型模具的需要。

5）开展模具CAD/CAM/CAE技术研究，并推广和应用。

四、塑料模具设计工作流程

模具设计与制造专业的学生面向的主要岗位是塑料模具设计员、模具制造车间工艺员、模具装配调试操作工、模具加工数控设备操作工、模具生产管理与计划调度员等。本书以塑料模具设计人员、模流分析人员、数控编程人员的工作任务为主线组织教学内容，突出培养工作岗位的职业能力。

企业塑料模具设计与制造工作流程如图0-2所示。成型工艺是模具设计的依据，而模具制造是模具设计的保证。

图0-2　塑料模生产流程

对于塑料模具设计师，详细的工作任务与工作流程如图 0-3 所示。

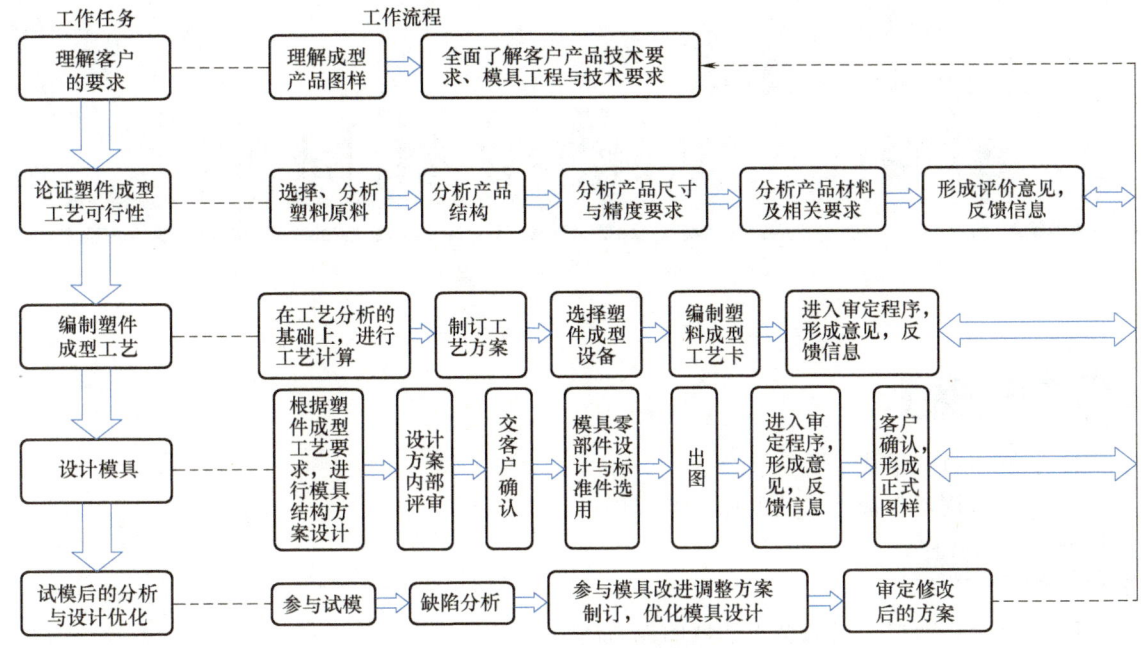

图 0-3　模具设计师工作任务与工作流程

五、课程任务与学习目标

本课程主要通过选择与分析塑料原料、确定塑料成型工艺、选用模具结构类型与模架、模具结构设计、模具工程图的绘制等方面的训练，在学习塑料模具设计相关知识的基础上，完成塑料成型工艺编制和模具设计这一套完整工作过程训练。

通过本课程的学习，应达到以下能力目标：

1）能应用塑料流变基础理论及塑料特性，分析塑料成型工艺条件，达到能编制合理、可行的塑料成型工艺规程的能力。

2）能合理选择塑料成型设备的能力。

3）能应用学过的设计知识，通过查阅和使用相关设计手册及参考资料设计中等复杂程度的模具，具有编写模具设计相关技术文件的能力。

4）能使用模具设计专用软件设计中等复杂程度模具的能力。

5）能使用常见的自动编程软件编制中等复杂程度的模具主要零件的数控加工程序。

6）具备正确安装模具、调试工艺和设备操作的能力，能够分析和处理试模过程中产生的有关技术问题的能力。

7）掌握对中等复杂程度的塑料模具进行模流分析的能力。

8）掌握解读模流分析结果的能力，具有根据模流分析结果提出模具优化方案的能力。

此外，还应了解塑料模具的新技术、新工艺和新材料的发展动态，学习和掌握新知识，为发展我国的塑料成型技术做出贡献。

项目一　认识塑料及塑料成型

【知识目标】

1. 了解塑料的组成、特点及分类。
2. 掌握常用塑料成型工艺的原理及应用。

【能力目标】

1. 具有分析塑料原料成型工艺性的能力。
2. 具有选择塑料成型方式的能力。

【素质目标】

1. 养成良好的职业素养。
2. 培养精益求精的工匠精神。

任务一　认识塑料

塑料制件各式各样，由于使用要求的不同，对于塑料原料的要求也不同。不同的原料，其使用性能、成型工艺特性和应用范围也不同。塑料成型原料的选取要综合考虑多方面的因素，但首先要了解塑料制品的用途、使用过程中的环境状况，如温度高低、是否有化学介质、是否要求有电性能等，还需要了解制件材料的性能（塑料的组成、类型和特点），以及塑料的成型工艺特性（收缩率、流动性、结晶性、热敏性和水敏性、应力开裂和熔融破裂等）。在满足使用性能和成型工艺特性后，再考虑原材料的成本，成型加工难易程度与相应模具造价等。

塑料的性能包括使用性能和工艺性能。塑料的使用性能包括物理性能、化学性能和力学性能。塑料的成型工艺性有很多，除了热力学性能外，塑料的收缩性、流动性、结晶性、取向性、相容性、吸湿性及热稳定性等都属于成型工艺特性。

一、塑料的组成及特性

（一）塑料的组成

塑料是由树脂和添加剂组成的。

树脂分为天然树脂和合成树脂，生产中一般采用合成树脂。树脂是塑料必不可少的成分，它决定了塑料的类型（热塑性或热固性），影响其基本性能。塑料分为多组分塑料与单组分塑料，在多组分塑料中，树脂的含量（质量分数）为40%～90%，树脂胶黏着其他成分，使塑料具有塑性或流动性，从而具有成型性能；在单组分塑料中，树脂的含量近100%。

添加剂根据其作用不同，可分为填充剂、增塑剂、着色剂、稳定剂、润滑剂、抗静电剂及发泡剂等。

1. 填充剂

填充剂可以降低塑料成本和改进塑料性能（硬度、刚度、冲击韧性等），扩大塑料的使用范围，又称为填料。如在酚醛树脂中加木屑，可以获得力学强度高的电胶木；在酚醛树脂中加入木粉，可降低成本、改善其脆性；在聚乙烯、聚氯乙烯中加入钙质填料，可提高其刚度和耐热性。

填充剂的用量通常占塑料的20%～30%（质量分数）。

2. 增塑剂

为改善某些塑料（氯乙烯、醋酸纤维、硝酸纤维等）的流动性，通常加入能与树脂相容、不易挥发的高沸点有机化合物，这类物质称为增塑剂。常用的增塑剂有樟脑、邻苯二甲酸二丁酯等。增塑剂加入后会降低塑料的硬度和抗拉强度，有时还会造成塑料的老化，因此大多数塑料一般不用增塑剂，只有软质聚氯乙烯才含有大量的增塑剂。

3. 稳定剂

稳定剂可阻碍塑料变质，包括光稳定剂、热稳定剂、抗氧化剂，能减缓塑料因各种环境条件引起的劣化。

稳定剂的含量一般为塑料的0.5%～1%（质量分数）。

4. 着色剂

着色剂主要是起美观和装饰作用，有时也用于区分不同的制品对象，如电器的导线常用不同颜色的塑料作为绝缘包皮，又称为色料或色粉。常用着色剂有无机颜料和有机颜料两大类。有机颜料的耐光性、耐热性、化学稳定性较好，价格低，但其着色能力、透明性、鲜艳性较差；无机颜料一般颜色鲜艳、着色能力强，在塑料制品生产中使用广泛。

着色剂的含量一般为塑料的0.01%～0.02%（质量分数）。

5. 润滑剂

润滑剂用于改善塑料熔体的流动性，减少或避免对设备或模具的摩擦和黏附，以及改善塑件的表面光洁度。常用润滑剂的塑料有：聚乙烯、聚丙烯、聚氯乙烯、聚苯乙烯、聚酰胺及ABS等。常用的润滑剂有硬脂酸及其盐类、石蜡等。

润滑剂的含量为塑料的0.5%～1%（质量分数）。

6. 抗静电剂

抗静电剂可赋予塑料以轻度至中等的电导性，从而可防止制品上静电荷的积聚。

不同品种及牌号的塑料，由于选用树脂及添加剂的性能、成分、配比及塑料生产工艺不同，其使用及工艺特性也各不相同。

（二）塑料的特性

1. 塑料的优点

塑料和铸铁、钢材等工程材料相比，有很明显的优势。

(1) 密度小、重量轻　塑料的密度一般为 0.8~2.2g/cm³，大多数塑料的密度为 1g/cm³ 左右。泡沫塑料的密度更小，只有 0.1g/cm³。塑料的这一特性，使其在车辆、船舶、飞机和宇宙飞船等领域得到广泛使用。

(2) 比强度、比刚度高　塑料的强度和刚度虽然不如金属高，但因其密度小，所以它的比强度和比刚度就比金属高很多。在空间技术领域，塑料的这一特性具有非常重要的意义，如由碳纤维和硼纤维增强的塑料代替铝合金和钛合金用于制造飞机、人造卫星、火箭及导弹上的零部件。

(3) 化学稳定性好　在一般条件下塑料不与其他物质发生化学反应。因此，塑料在化工设备及其防腐设备中应用广泛。最常见的硬质聚氯乙烯管道与容器被广泛用于防腐领域及建筑给水、排水工程中。

(4) 电绝缘性能好　几乎所有的塑料都具有优越的电气绝缘性能和极低的介质损耗性能，可与陶瓷和橡胶媲美，因此被广泛用于电力、电机和电子工业中制作绝缘材料和结构零件，如电线电缆、旋钮插座、电器外壳等。

(5) 减摩、耐磨和自润滑性好　大多数塑料的摩擦系数都很小，耐磨性好且有良好的自润滑性能，加上比强度高、传动噪声小，所以可以制成齿轮、凸轮和滑轮等机器零件，例如纺织机中的许多铸铁齿轮已被塑料齿轮取代。

(6) 成型及着色性能好　塑料在一定的条件下具有良好的可塑性，这为其成型加工创造了有利的条件。塑料的着色比较容易，而且着色范围广，可根据需要染成各种颜色。此外，有些塑料如有机玻璃、聚苯乙烯、聚碳酸酯等有良好的光学透明性。

(7) 多种防护性能　除防腐外，塑料还具有防水、防潮、防透气、防振、防辐射等多种防护性能，尤其经改性后，优点更多，应用更为广泛。

(8) 不易传热、保温性能好　由于塑料的比热容大，热导率小，不易传热，故其保温及隔热效果良好。

(9) 产品制造成本低　塑料原料本身虽然不那么便宜，但由于塑料易于加工，能够大批量生产，设备费用比较低廉，所以能降低产品成本。

2. 塑料的缺点

塑料虽然优点多，但与金属材料相比还有一些不足之处。

(1) 不耐热　塑料的耐热性比金属等材料差。一般塑料仅能在 100℃ 以下使用，只有少数工程塑料可在 200℃ 左右使用。

(2) 热稳定性差　塑料的热膨胀系数要比金属大 3~10 倍，容易受温度变化而影响尺寸的稳定性。

(3) 刚性差、不耐压　在载荷作用下，塑料会缓慢地产生黏性流动或变形，即蠕变现象。

(4) 易老化　塑料在大气、阳光、长期压力或某些介质作用下会发生老化，使性能变坏等。

(5) 制品精度较低　塑料的成型性能虽好，但因受成型工艺的影响，收缩率难以控制，制品的尺寸精度较低，这是塑料制品设计时应该考虑的。

(6) 易受损伤，也容易沾染灰尘及污物　塑料的表面硬度都比较低，容易受损伤。另外，由于是绝缘体，故带有静电，因此容易沾染灰尘。

二、塑料的分类

塑料的分类方法有多种,通常有以下两种分类方法。

(一) 按塑料受热时所呈现的基本行为分类

一般可分为热塑性塑料与热固性塑料。

1. 热塑性塑料

热塑性塑料受热后发生物理变化,由固体软化或熔化成黏流体状态,但冷却后又可变硬而成固体,且过程可多次反复,塑料本身的分子结构不发生变化,可重复使用。热塑性塑料成型容易,应用相当广泛,常用热塑性塑料有聚氯乙烯(PVC)、聚苯乙烯(PS)、聚乙烯(PE)、聚丙烯(PP)、尼龙(PA)、聚甲醛(POM)、聚碳酸酯(PC)、ABS塑料、聚苯醚(PPO)、聚砜(PSF)、氟塑料、聚酯和有机玻璃(PMMA)等。

2. 热固性塑料

热固性塑料在一定温度下,经一定时间加热、加压或加入硬化剂后,发生化学反应而硬化,硬化后塑料的化学结构发生变化,质地坚硬、不溶于溶剂,加热后也不再软化,如果温度过高,则会分解,不可重复使用。热固性塑料内部聚合物为体型分子,是既不熔化也不溶解的物质,高温加热时只能被烧焦,因此其耐热变形性能比热塑性塑料好。常用热固性塑料有酚醛、氨基(三聚氰胺、脲醛)树脂、聚邻苯二甲酸二丙烯酯和环氧树脂等。热固性塑料主要用于压缩、挤出、压注成型。

(二) 按塑料的应用领域分类

一般分为通用塑料、工程塑料和特殊功能塑料。

1. 通用塑料

通用塑料只可作为一般非结构性材料使用,其产量大、价格相对低廉,一般不具有突出的综合性能和耐热性,不宜用于承载要求较高的构件和较高温度下工作的耐热件。常用通用塑料包括聚乙烯(PE)、聚丙烯(PP)、聚氯乙烯(PVC)、聚苯乙烯(PS)、酚醛塑料、氨基塑料六大品种,多用于制作日用品。

2. 工程塑料

工程塑料具有较高力学性能、耐高温性、耐蚀性及较好的电性能、耐热性能、耐化学性能等。工程塑料具有某些金属特性,可以代替金属制作某些机械零件,可在较宽的温度范围内和较长的时间范围内保持这种性能,并能在承受机械应力和较为苛刻的化学、物理环境中长期使用。常见的有ABS、聚酰胺(PA,俗称尼龙)、聚碳酸酯(PC)、聚甲醛(POM)、聚酯树脂(PET、PBT)等,前四种为国际公认的四大工程塑料。

3. 特殊功能塑料

特殊功能塑料是指某些具有高的耐热性、高的绝缘性和高的耐蚀性等特殊性能的塑料,如用于医药、光敏及液晶方面的氟塑料、聚酰亚胺塑料、有机硅树脂、导热塑料、导磁塑料、珠光塑料、等离子塑料等。

三、高聚物的热力学性能及成型加工适应性

塑料的原料是一种合成的或天然的高分子聚合物,可任意捏成各种形状,最后能保持形状不变。高分子聚合物是以单体为原料,通过加聚或缩聚反应聚合而成的,其抗形变能力中

等，介于纤维和橡胶之间。

高分子聚合物是以高分子化合物为主要成分的材料，常称为聚合物或高聚物，分为有机高分子聚合物（塑料、橡胶、合成纤维）和无机高分子聚合物（松香、纤维素）。高聚物的分子量一般大于 10^4，以 C、H 元素为主。高聚物是由许多相同的、简单的结构单元通过共价键重复连接而成的，分子量通常可达 $10^4 \sim 10^6$。

例如：聚氯乙烯就是由氯乙烯（$CH_2 = CHCl$）单体通过加聚反应形成的长链大分子。

高聚物处于一定物理聚集态时大分子间的结构称为聚集态结构。高聚物在不同条件下表现出的分子热运动特征称为高聚物的物理状态，分为玻璃态（结晶高聚物称为结晶态）、高弹态和黏流态，如图 1-1 所示。它们在一定的条件下可以转化。高聚物类型确定后，其物理状态与温度一定。

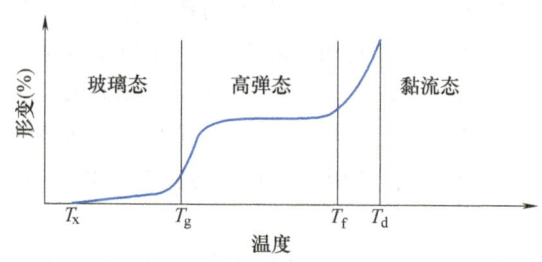

图 1-1　高聚物的温度-形变曲线图

1. 玻璃态

当温度较低时，分子热运动能量很小，链段和大分子链运动都处于被冻结的状态。使高聚物保持玻璃态的上限温度称为玻璃化温度，通常用 T_g 表示。

性能：该状态下高聚物受到外力作用时，形变量一般很小，弹性模量较大，形变可逆，外力除去后能立即恢复原状。该状态下线性非晶态高聚物具有一般固体的普通性能。

应用：玻璃化温度高于室温的高聚物，一般均可用作塑料。

2. 高弹态

当温度高于玻璃化温度时，分子热运动能量提高，链段能够运动，但大分子链运动仍被冻结。

特性：该状态下高聚物受到外力作用时，由于链段的自由运动，长链大分子可卷曲或伸展，其形变量很大，弹性模量较小，此时线性非晶态高聚物具有一般固体所没有的高弹性能，拉伸断裂应变达 100%~1000%。当外力解除后，形变能逐渐恢复，形变是可逆的。使高聚物保持高弹态的上限温度称为黏流温度，常用 T_f 表示。

应用：常温下处于高弹态的高聚物，一般均可用作橡胶。

3. 黏流态

当温度进一步升高并超过黏流温度 T_f 以后，分子热运动能量继续增大，不仅链段，整个大分子链都处于可运动的状态。

特性：该状态下高聚物受外力作用时，由于长链大分子间的相对位移，形变量急剧增加，且形变量是不可逆的，外力解除后不能恢复原来的形状，发生了塑性变形。该状态下线性非晶态高聚物成为能流动的黏性液体，其力学强度极差。黏流态是高聚物加工成型的重要物理状态。高聚物的流动性是热塑性高分子材料的成型特性。交联聚合物则无黏流态存在。

应用：在常温下处于黏流态的高聚物，通常可用作胶黏剂或涂料。

当温度进一步升高并超过分解温度 T_d，高分子将发生分解反应而被破坏。

图 1-2 所示为高聚物的温度-形变曲线及与成型加工的关系。

塑料品种极多，即使同一品种也由于树脂分子及附加物配比不同而使其使用及工艺特性有所不同。塑料的工艺性能表现为许多方面，有的性能直接影响成型方法和工艺参数的选择，有些则与操作有关。塑料成型的工艺性能包括收缩性、流动性、结晶性、热敏性、水敏性、吸湿性、相容性及硬化特性等。

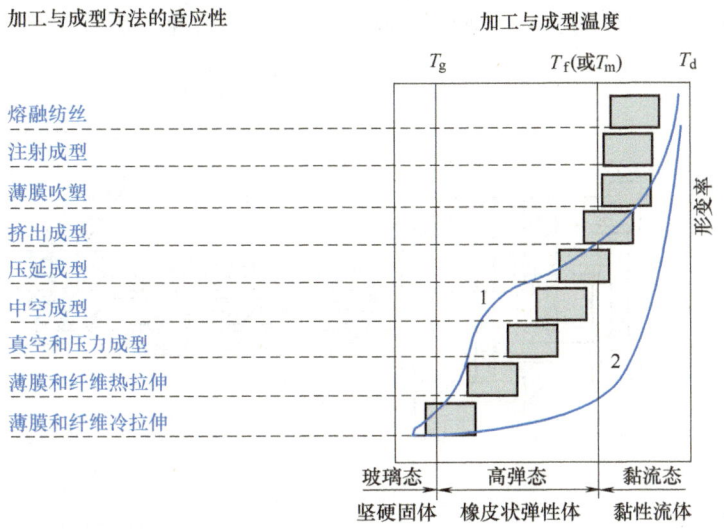

图1-2 高聚物的温度-形变曲线及与成型加工的关系

1—非结晶型树脂 2—结晶型树脂

任务二 认识塑料成型

塑料制品的成型方法很多，确定塑料制品的成型方法应考虑所选塑料的种类、制品结构与生产批量、模具成本及不同成型方法的特点和应用范围等因素。

热塑性塑料的成型方法主要有注射成型、挤出成型、吹塑成型和吸塑成型等。

热固性塑料的成型方法主要有压缩成型和压注成型。

本任务重点介绍注射成型、压缩成型、压注成型和挤出成型的原理及用途。

一、注射成型

注射成型是热塑性塑料产品生产中最为普遍的一种成型方法。用注射成型工艺生产的塑料制品十分广泛，特别是在纺织设备和汽车制造业中。医疗器械、文教用品及人们日常生活中随处可见的各种容器、箱包等都是通过注射完成加工生产的。注射成型制品还广泛应用在运输、包装、邮电、通信、建筑、家电、计算机、航空航天和国防尖端等国民经济领域，已成为不可缺少的生产资料和消费物品。典型的注射成型产品如图1-3所示。

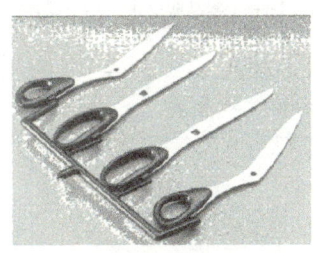  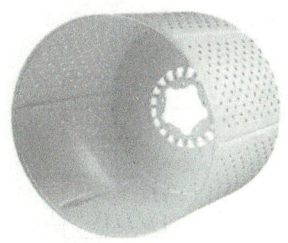

图1-3 典型的注射成型产品

注射成型是将颗粒状或粉末状塑料原料从注射机的料斗送进加热的料筒中,原料经过加热熔融塑化成黏流态熔体,然后在注射机螺杆或柱塞的推动下,以很大的流速经注射机喷嘴和模具浇注系统进入模具型腔,在型腔内成型、冷却、固化、脱模后形成塑料制品,如图1-4所示。

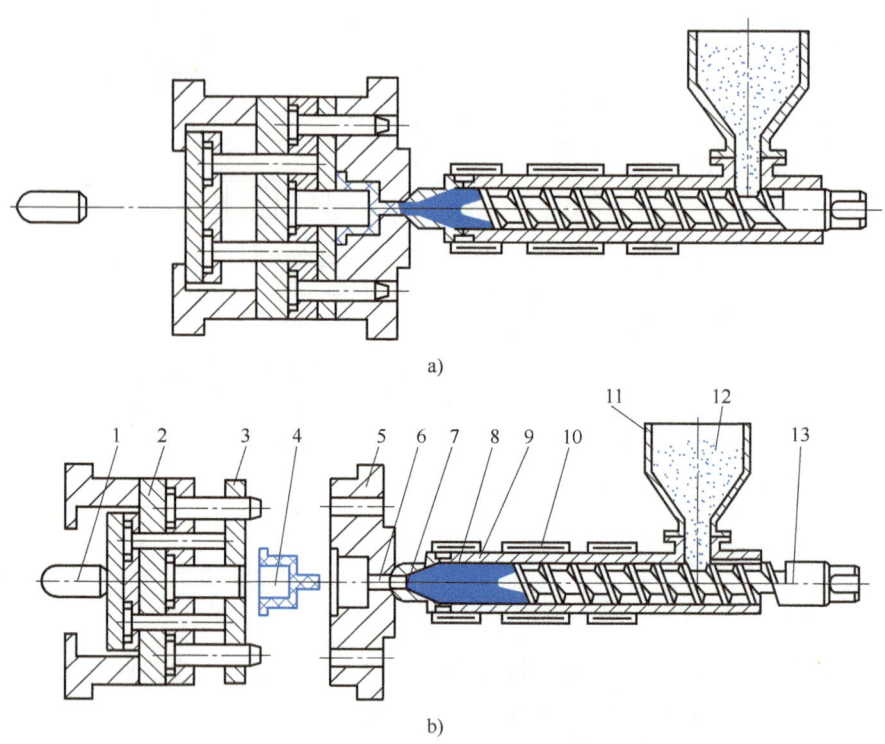

图1-4 热塑性塑料注射成型原理

1—注射机顶杆 2—动模 3—推出机构 4—塑件 5—定模 6—浇注系统
7—喷嘴 8—熔体 9—料筒 10—电加热圈 11—料斗 12—塑料原料 13—螺杆

注射成型又称为注射模塑成型,是一种注射兼模塑的成型方法。注射成型方法的优点是生产速度快、效率高,操作可实现自动化,产品花色品种多、形状可以由简到繁、尺寸可以由大到小,而且制件尺寸精度高,产品易更新换代,能成型形状复杂的制件。注射成型适用于大量生产与形状复杂塑件的成型加工领域。

注射成型的过程大致可分为6个阶段:合模、注射、保压、冷却、开模、制品取出,如图1-5所示。

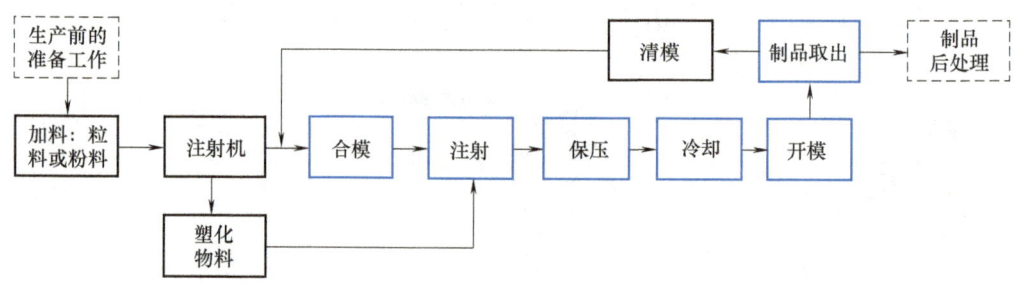

图1-5 注射成型工艺过程

二、压缩成型

压缩成型又称为模压成型或压制成型。压缩成型所用设备为压力机。压缩成型是热固性塑料的一种主要成型方法。根据成型制品的几何形状、表面质量要求及不同的成型设备条件，有四种形式可供选择：顺序式、共动式、呼吸式和局部加压式。用于压缩成型的塑料有酚醛塑料、氨基塑料、不饱和聚酯塑料、聚酰亚胺等，其中酚醛塑料和氨基塑料使用最广泛。

压缩成型的工作过程如下：

(1) 加料　将粉状、粒状、纤维状、片状等形式的塑料原料放入一定温度下的模具加料腔中，如图1-6a所示。

(2) 合模加压　凸模在压力机作用下进入凹模并将塑料原料压实，塑料原料在高温、高压的作用下熔融流动，并快速充满整个型腔而成型，如图1-6b所示。

(3) 脱模　经过一定时间固化定型后，打开模具并取出制品，如图1-6c所示。

压缩成型的主要优点是使用的设备和模具比较简单，适用于流动性较差的塑料，可模压较大和较厚的制品，制品收缩率小，各项性能比较均匀。它的主要缺点是生产周期长、效率低、劳动强度大。

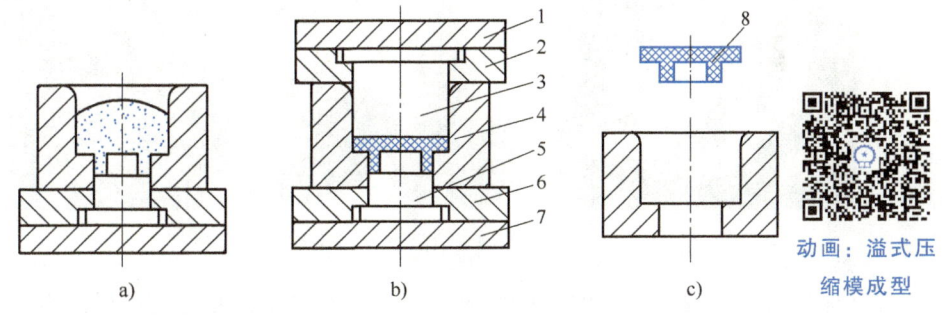

图1-6　压缩成型原理
1—上垫板　2—凸模固定板　3—凸模　4—凹模　5—型芯　6—型芯固定板　7—下垫板　8—塑件

三、压注成型

压注成型又称为传递成型，是在改进压缩成型的特点、吸收注射成型的优点的基础上发展起来的一种热固性塑料成型方法，压注成型所用设备与压缩成型完全相同。

压注成型的过程如下：

(1) 加料、加热　将预压成的锭料或预热的塑料原料装入闭合模具加料腔内，并加热使其成为黏流态，如图1-7a所示。

(2) 加热、固化　在柱塞压力的作用下，黏流态的塑料经过加料腔底部的浇注系统进入并充满闭合的型腔，塑料在型腔内受热受压，经过一定时间固化成型，如图1-7b所示。

(3) 脱模　完全固化后，脱模并将塑件取出，如图1-7c所示。

压注成型具有塑件质量高、飞边小、尺寸准确、性能均匀的特点，主要适用于成型结构复杂的塑件，如有深孔、精细或带易碎嵌件的塑件。

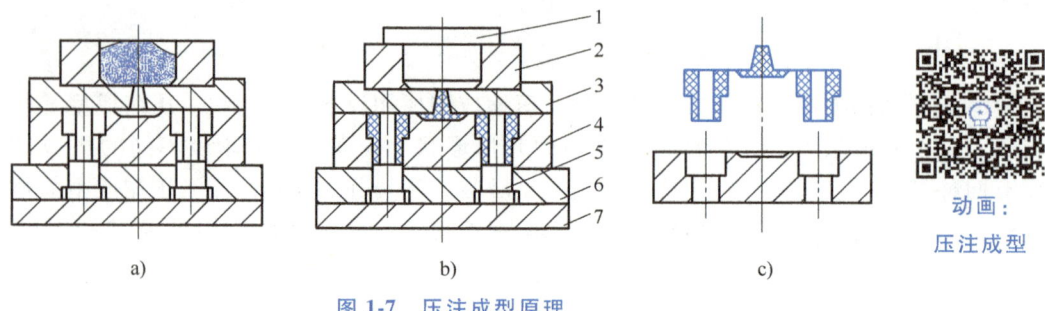

图 1-7 压注成型原理

1—柱塞 2—加料腔 3—上模板 4—凹模 5—型芯 6—型芯固定板 7—垫板

四、挤出成型

挤出成型是指加热的塑料通过挤压变成连续成型制品的方法，是塑料制品的重要成型方法之一，主要用来生产连续形状的塑料产品。所用模具为塑料挤出模具，又称为挤出成型机头。挤出成型广泛用于管材、棒材、薄膜、板材、单丝、电线电缆包覆层、异型材等的加工。典型挤出成型制品如图 1-8 所示。

图 1-8 典型挤出成型制品

现以管材挤出成型为例，说明挤出成型原理。塑料原料通过挤出机的料斗进入到加热的料筒中，在螺杆或柱塞的作用下，沿螺旋槽向前移动，并逐渐熔融而成为黏流体，经过料筒前面的滤网和多孔板进入挤出模（成型机头），被挤压形成管状后，进入定型装置冷却定型，再进入冷却水槽中进一步冷却，充分冷却的管材由可调节速度的牵引装置匀速拉出，经切割装置切断，就可获得一定壁厚及长度的塑料管材，如图 1-9 所示。

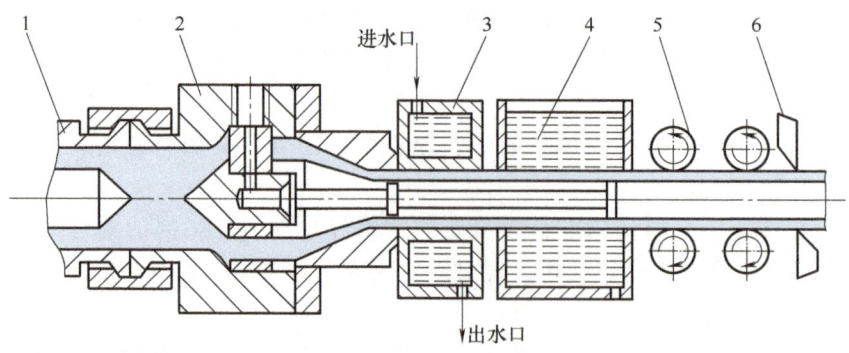

图 1-9 管材挤出成型原理

1—挤出机料筒 2—机头 3—定径装置 4—冷却装置 5—牵引装置 6—切割装置

五、气动成型

1. 挤出吹塑

挤出吹塑是吹塑成型中应用最多的一种成型方法,如图 1-10 所示。挤出吹塑可以成型的范围很广,从小型制品到大型容器及汽车配件、航天化工制品等。挤出吹塑的加工过程如下:

1) 先将胶料熔融、混炼,熔体进入机头成为管状型坯。
2) 型坯达到预定长度后,吹塑模闭合,将型坯夹在两半模具之间。
3) 将空气吹入型坯内,将型坯吹胀,使型坯贴紧模具型腔而成型。
4) 冷却制品。
5) 开模,取出已冷硬的制品。

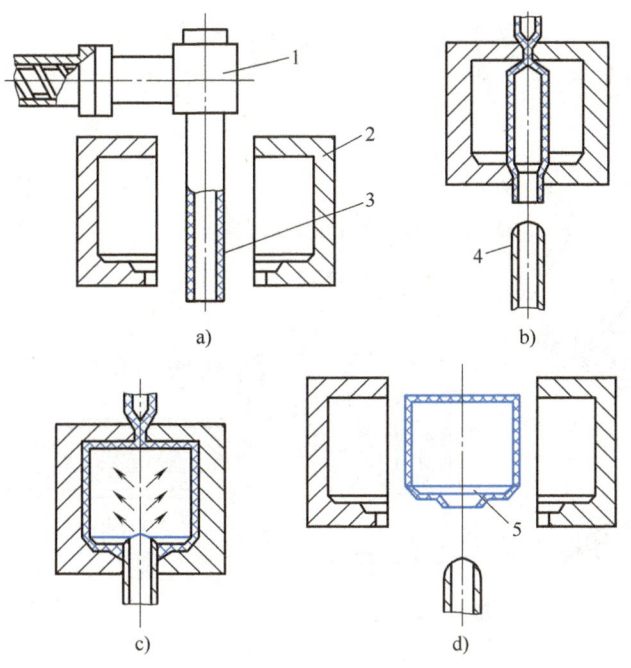

动画:吹塑成型模拟

图 1-10 挤出吹塑原理

1—挤出机头 2—吹塑模 3—型坯 4—压缩空气吹管 5—塑件

2. 注射吹塑

注射吹塑是先用注射机将熔融塑料在注射模中注射成型坯,然后将热的塑料型坯移入中空吹塑模中进行中空吹塑成型,其工艺过程如图 1-11 所示。成型时,首先用注射机将熔融塑料注入注射模中制成型坯,型坯成型在周壁带有微孔的空心凸模上,如图 1-11a 所示;趁热将空心凸模与型坯一起移入吹塑模内,如图 1-11b 所示;然后合模并从空心凸模的管道内通入压缩空气,使坯吹胀并贴于吹塑模的型壁,如图 1-11c 所示;最后经保压、冷却定型后放出压缩空气,并开模取出塑件,如图 1-11d 所示。图 1-12 所示为三工位注射吹塑中空成型机的成型原理。

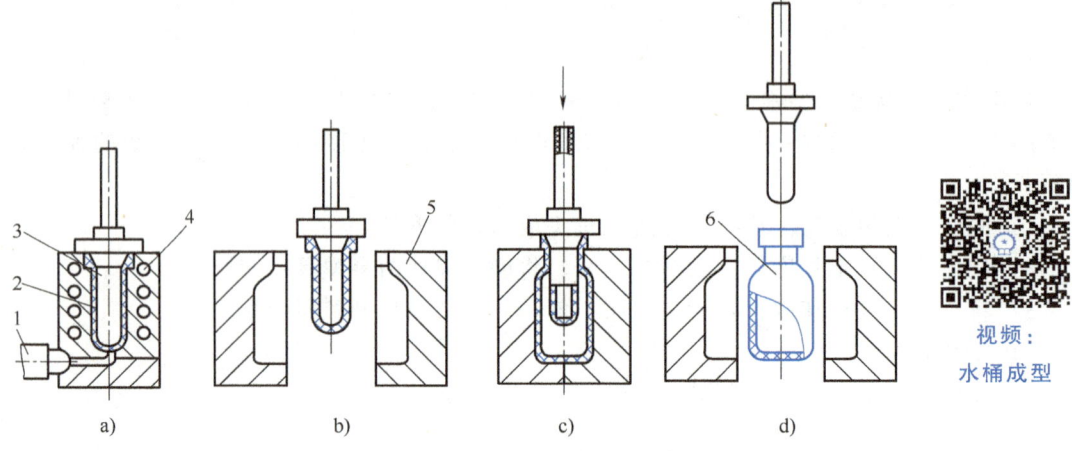

图 1-11 注射吹塑原理

1—注射机喷嘴 2—型坯 3—空心凸模 4—加热器 5—吹塑模 6—塑件

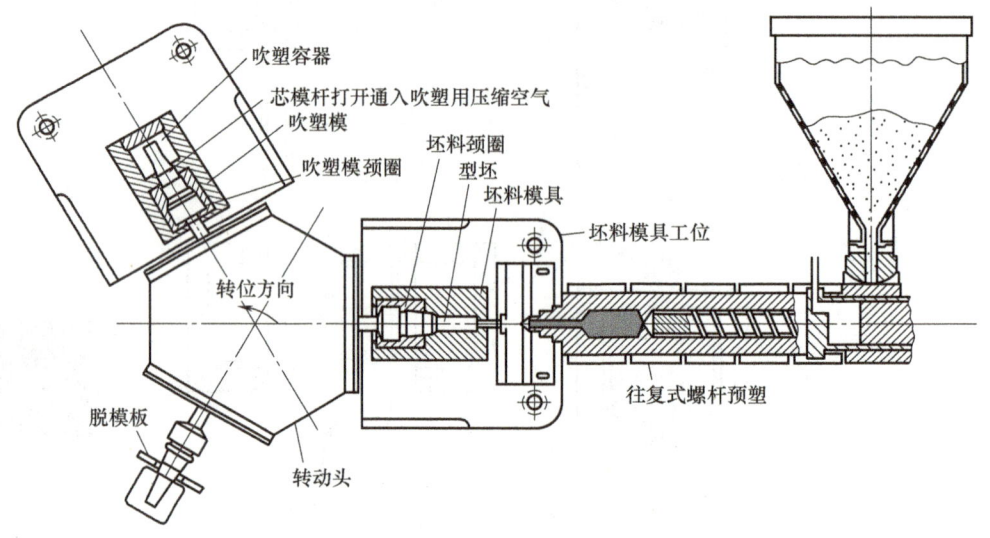

图 1-12 三工位注射吹塑中空成型机成型原理

注射吹塑的优点：塑件壁厚均匀，无飞边，不需后加工；制品强度相对较高，精度高；容器上不形成接合缝，不需修整，外观美。吹塑件透明度及表面光洁度较好；主要用于成型硬质塑料的容器与广口容器。

注射吹塑的缺点：机器设备及模具造价很高，能耗大，一般只成型容积比较小的容器（500mL 以下），不能成型形状复杂的容器，难以成型椭圆形制品，故多用于小型中空塑件的大批量生产。

无论是注射吹塑还是挤出吹塑，都分为一次成型法和两次成型法。一次成型法自动化程度高，型坯的夹持及转位系统精度要求高，设备造价高。大多数厂家一般都使用两次成型法，即通过注塑或挤出先成型型坯，再将型坯放入另一台机械吹出成品，生产率较高。

习题与思考

1. 高分子材料的主要成分是什么？
2. 塑料按应用领域划分，通常分为哪几类？
3. 什么是共聚物？什么是塑料？塑料按用途分为几类？塑料的优缺点有哪些？
4. 什么是塑料的流动性？影响流动性的因素有哪些？
5. 什么是塑料的收缩性？影响收缩性的因素有哪些？
6. 压注成型的过程有哪些？
7. 挤出吹塑加工过程是什么？
8. 网上查找 ABS 塑料的性能及应用范围。
9. 手机外壳、电线绝缘皮、PVC 管、插座面板、矿泉水瓶分别是通过哪种成型方法获得的？
10. 注射成型过程大致可分为哪几个阶段？
11. 压缩成型所用设备是什么？

项目二　二板模设计

【知识目标】

1. 了解燕秀 UG 模具外挂软件。
2. 掌握如何放缩水。
3. 了解模具坐标系，掌握手动分模操作方法。
4. 掌握虎口的设计方法。
5. 理解镶件的作用，掌握镶件的设计方法。
6. 了解二板模的结构，掌握二板模模架的设计方法。
7. 掌握二板模浇注系统的设计方法。
8. 了解并掌握滑块结构的设计方法。
9. 了解并掌握斜顶的设计方法。
10. 掌握二板模温控系统的设计方法。
11. 掌握二板模顶出系统的设计方法。
12. 掌握限位柱、支撑柱等运动控制部件的设计方法。
13. 掌握二板模的撬模角、防尘板、铭牌、边锁、复位弹簧、模脚（站脚）、计数器、吊环等模具附件的设计方法。

【能力目标】

1. 具备模具部件验证的能力，设计前能进行较好的设计规划。
2. 具备模架设计的能力。
3. 具备设计模具温控系统、浇注系统、顶出系统的能力。
4. 能设计简单的塑料模具。

【素质目标】

1. 养成良好的职业素养。
2. 培养精益求精的工匠精神。

项目引入

【案例】　图 2-1 所示为某盒盖类塑件。请设计能生产该产品的注射模。

生产要求：①材料：ABS；收缩率：1.005；外观颜色：黑色；年产量：10 万件；模具类型：二板模；型腔数：一模一件。②其他要求：产品外观面不能有明显的熔接线、飞边等缺陷。

正面　　　　　　　　　　　　　　反面

图 2-1　某盒盖类塑件

相关知识

二（两）板模

二板模又称为单一分型面模或大水口模，是注塑模中较简单的一种。它以分型面为界将整个模具分为两部分：动模和定模。型腔在定模，型芯在动模，主流道在定模，分流道开设在分型面上。开模后制品和流道留在动模。动模部分设有顶出系统，开模后顶出系统将制品从动模侧顶出，制品和浇注系统从模具上分离下来。

燕秀 UG 模具外挂软件

燕秀 UG 模具外挂软件是基于 SiemensNX 开发的国产免费软件，操作简单，速度快，是服务于模具行业的专业辅助设计工具。该软件内置大量模型素材，提供了模架、自动弹簧、唧嘴定位环、顶针镶针、产品放缩水、超强刻字等实用功能，可以大幅度提高设计人员的工作效率。目前该软件的更新网址为 http://www.yxcax.com/ 或 https://www.yxmold.com/。

项目实施

任务一　手动分模

分模方法可以分为自动分模、手动分模（硬砍分模）。有些设计师用实体分模，有些设计师用片体分模，还有些设计师用实体加片体的方式进行分模。

1. 产品放缩水

双击 NX 软件图标，待启动成功后，按照图 2-2 所示的顺序打开塑件三维模型。如图 2-3 所示，依次单击启动"产品放缩水"命令，在弹出的"产品放缩水"对话框中，单击选择缩水率为 1.005 的 ABS 材质，在绘图区选择塑件的三维模型作为放缩水的对象，最后单击"产品放缩水"对话框中的"确定"按钮，在弹出的图 2-4 所示的对话框中直接单击"确定"按钮，完成产品放缩水。

塑件放缩水、
复制塑件

塑料模具CAD/CAM/CAE

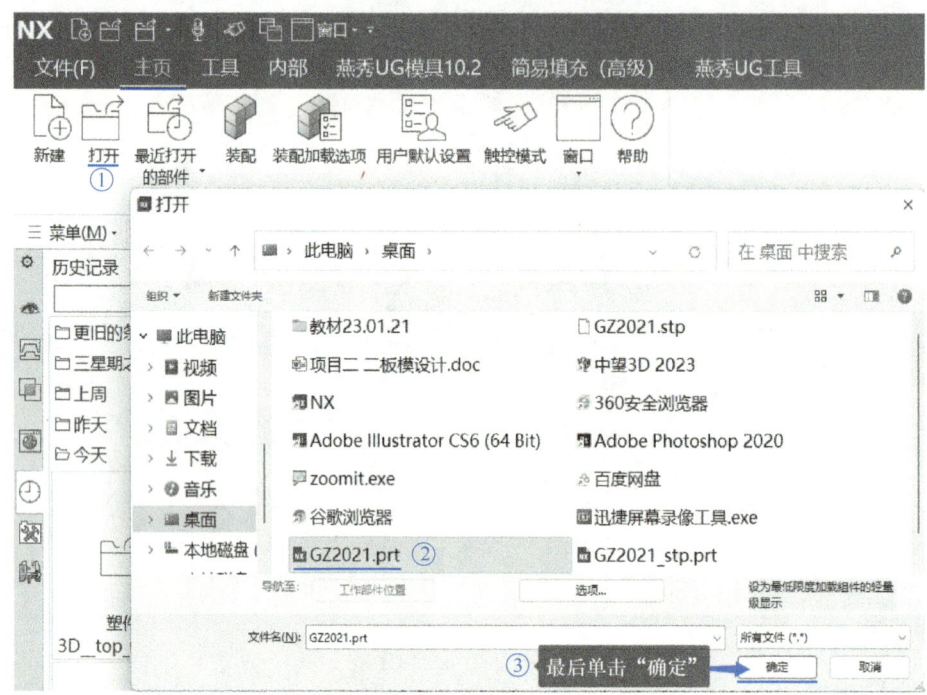

图 2-2　打开塑件三维模型

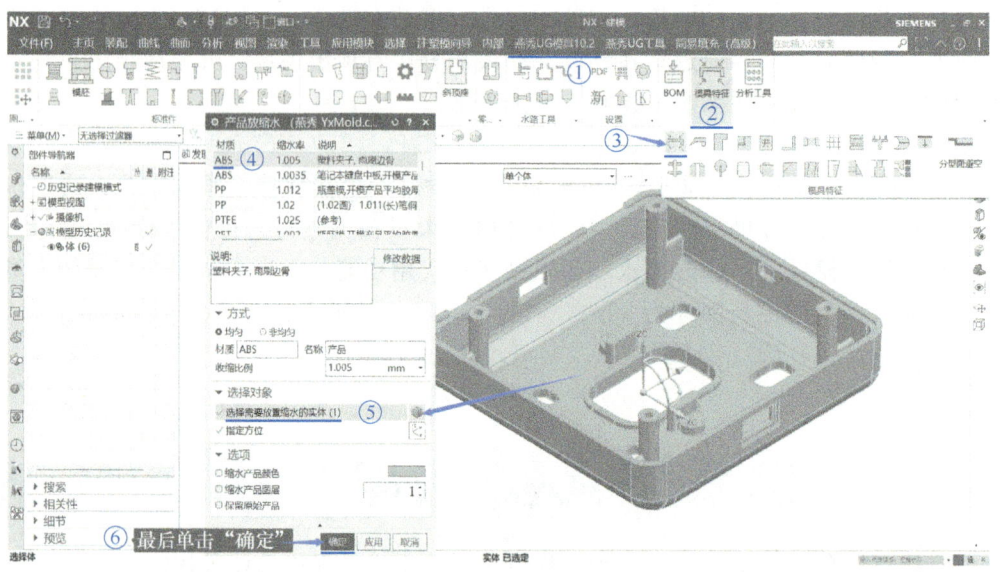

图 2-3　产品放缩水

图 2-4　设置缩水成功

2. 移动并复制塑件

如图 2-5 所示，依次单击菜单命令后，在绘图区会显示工作坐标系 WCS。

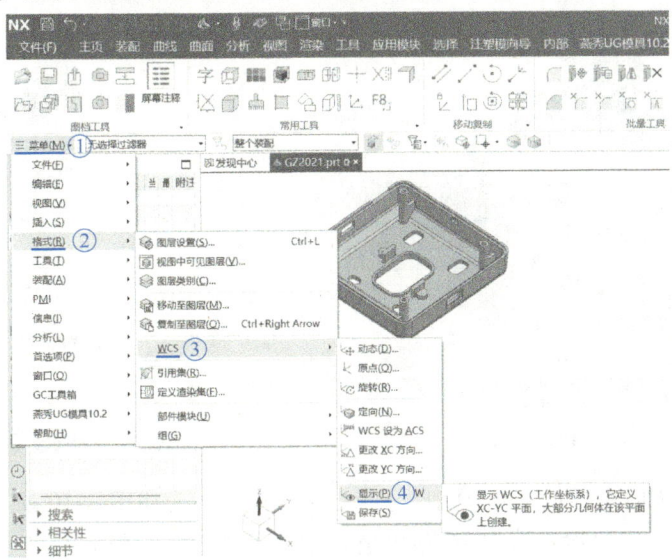

图 2-5　显示工作坐标系 WCS

如图 2-6 所示，双击工作坐标系 WCS 后，单击选中坐标原点，再单击"捕捉点"→"点对话框"；在弹出的"点"对话框中按照图 2-7 所示的方法定义坐标原点。

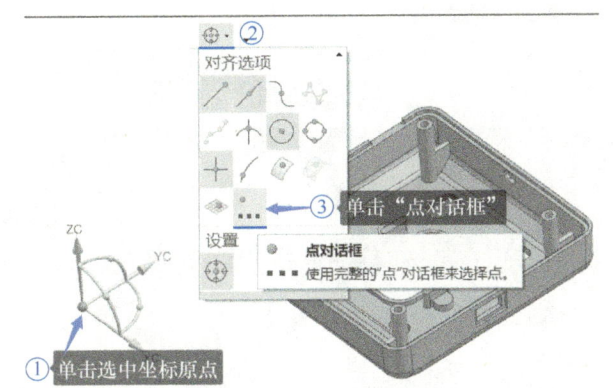

图 2-6　"点"对话框

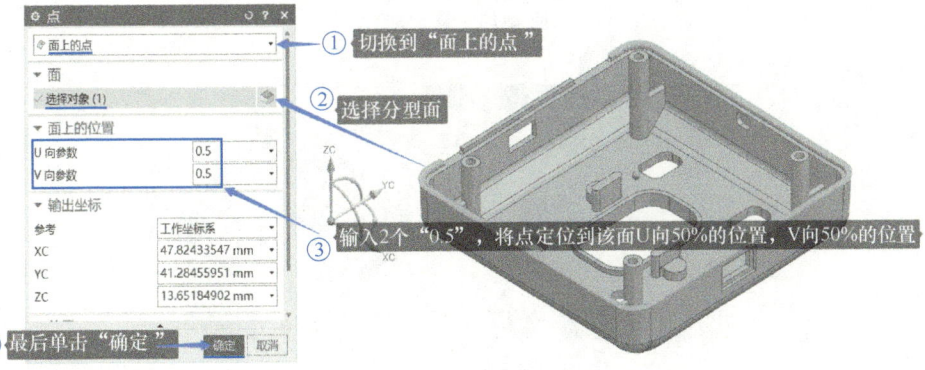

图 2-7　定义面上的点

接下来双击 ZC 轴的箭头，如图 2-8 所示，调整 ZC 轴方向；单击 YC 轴箭头，在距离框中输入 "2.5"，按回车键，最后按鼠标中键完成 WCS 移动。WCS 最终位置如图 2-9 所示。

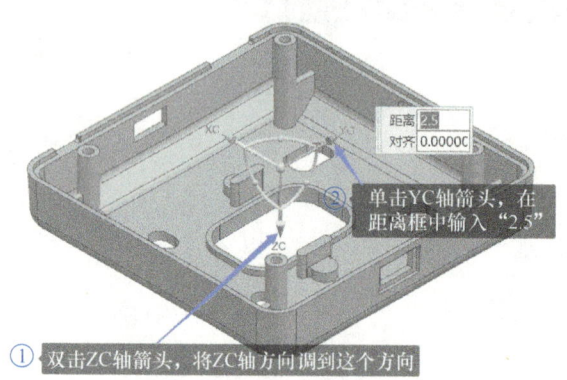
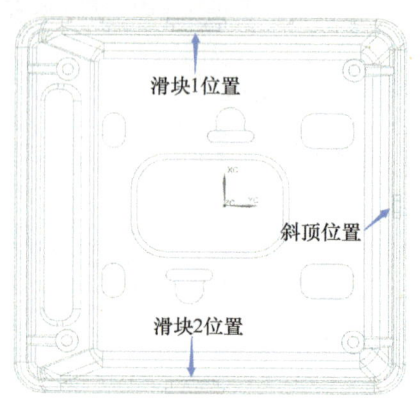

图 2-8 调整方向，移动 WCS   图 2-9 WCS 最终位置

在绘图区单击选中塑件的三维模型，按<Ctrl>+<T>键，如图 2-10 所示，在弹出的"移动对象"对话框中，将"运动"切换为"坐标系到坐标系"，将目标坐标系选择为"绝对坐标系"，点选"移动原先的"，单击"指定起始坐标系"按钮，弹出图 2-11 所示的"坐标系"对话框；在该对话框中选择"动态"并单击该对话框中的"确定"按钮。最后单击图 2-10 所示的"移动对象"对话框中的"确定"按钮，完成塑件的移动。

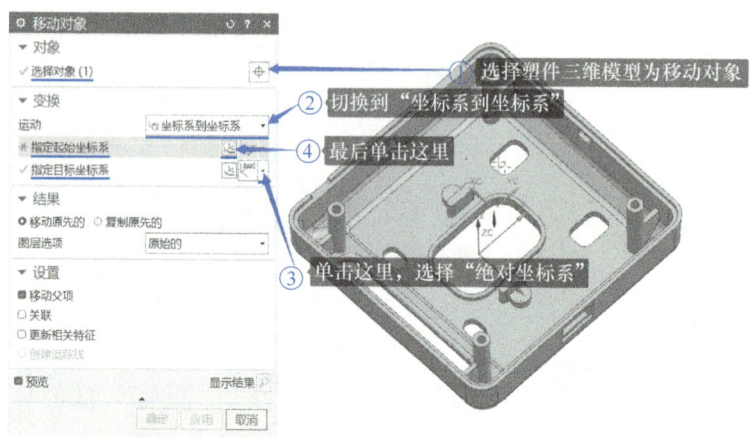

图 2-10 移动对象

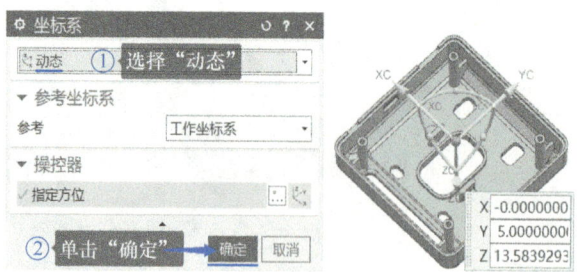

图 2-11 坐标系

如图 2-12 所示，在绘图区单击选中塑件的三维模型，再单击菜单命令"复制至图层"（或者按快捷键<Ctrl>+<→>）。在弹出的图 2-13 所示的"图层复制"对话框中输入"2"，最后单击该对话框中的"确定"按钮，完成塑件复制。

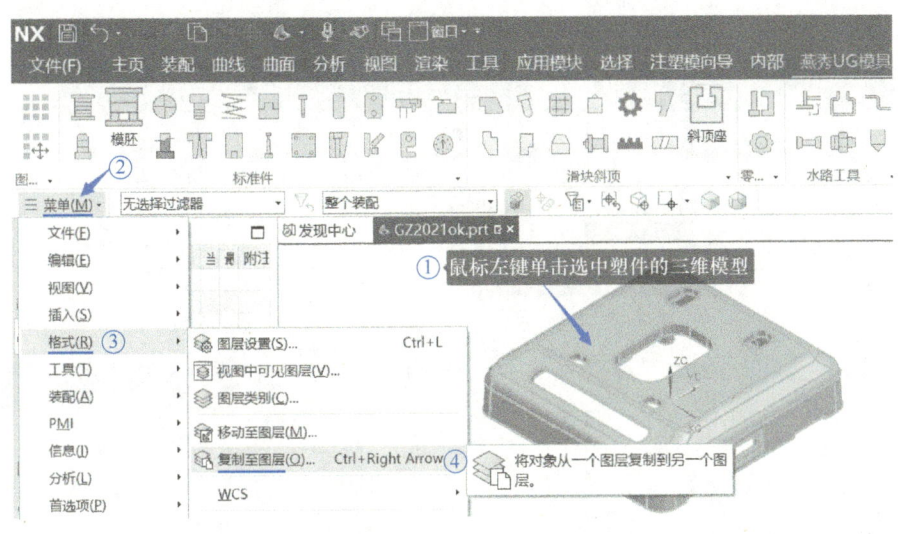

图 2-12 "复制至图层"命令

3. 补孔

如图 2-14 所示，单击主菜单中的"主页"→"删除"命令；在绘图区选择孔的侧面作为要删除的面，如果软件自动预测的对象正确，可以单击"场景条选项"中的"选择预测的对象"，最后单击"删除面"对话框中的"确定"按钮，完成孔的删除。

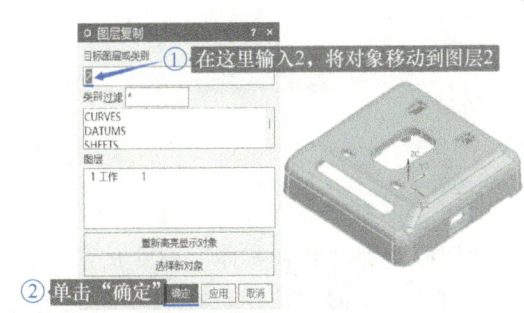

图 2-13 复制到图层 2

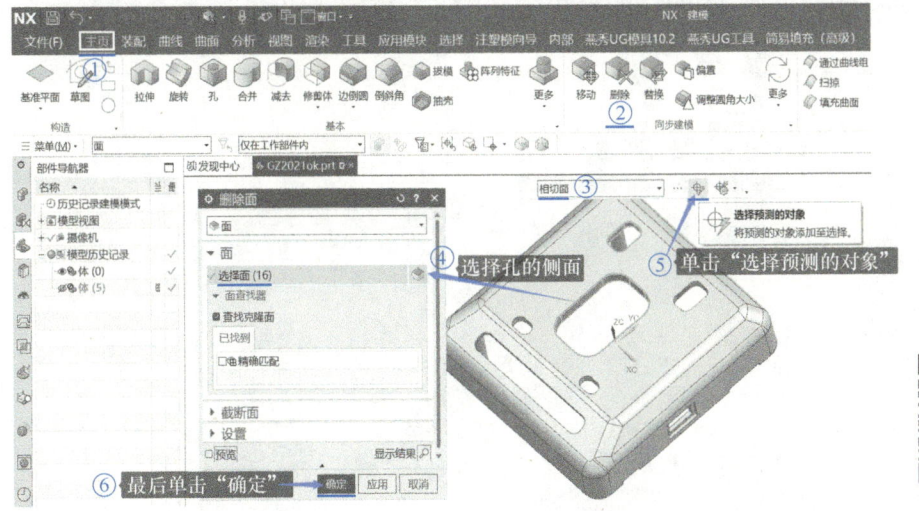

图 2-14 删除孔

实体补孔

如图 2-15 所示，单击主菜单中的"注塑模向导"→"包容体"命令；在绘图区选择孔的侧面和上表面的一条边作为包容体的"对象"，在绘图区单击 ZC 轴箭头，再单击孔的顶面以设定 ZC 轴方向为该面的法向，最后单击"包容体"对话框中的"确定"按钮，完成实体补孔。

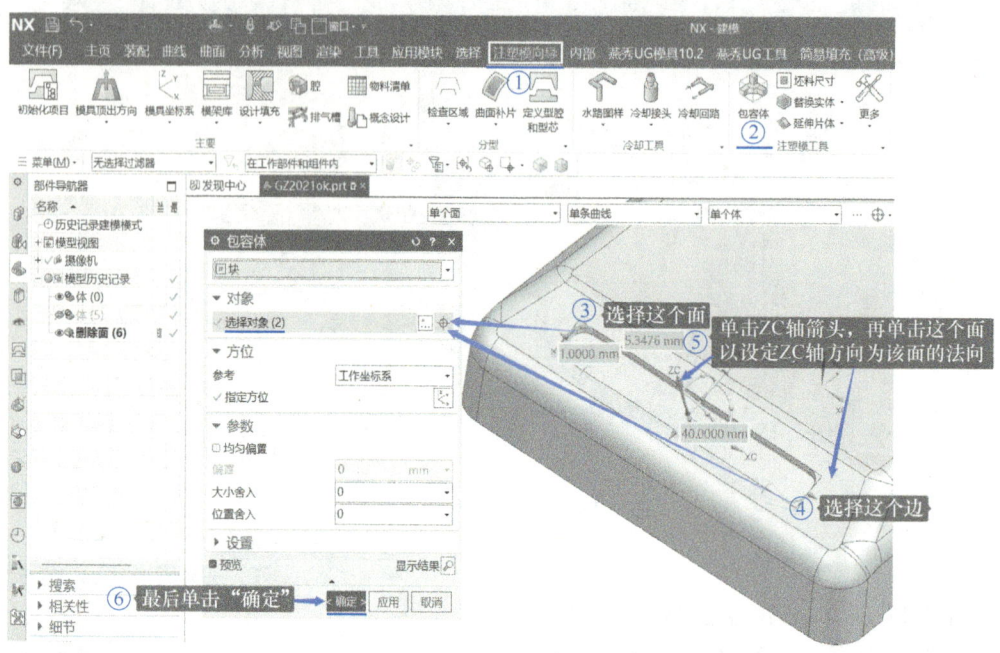

图 2-15　包容体

如图 2-16 所示，单击主菜单中的"注塑模向导"→"替换实体"命令；在绘图区选择滑块孔的侧面作为"替换实体"命令的"替换面"对象，设置间隙为"0"，最后单击"替换实体"对话框中的"应用"按钮，完成滑块头侧面的实体补孔。

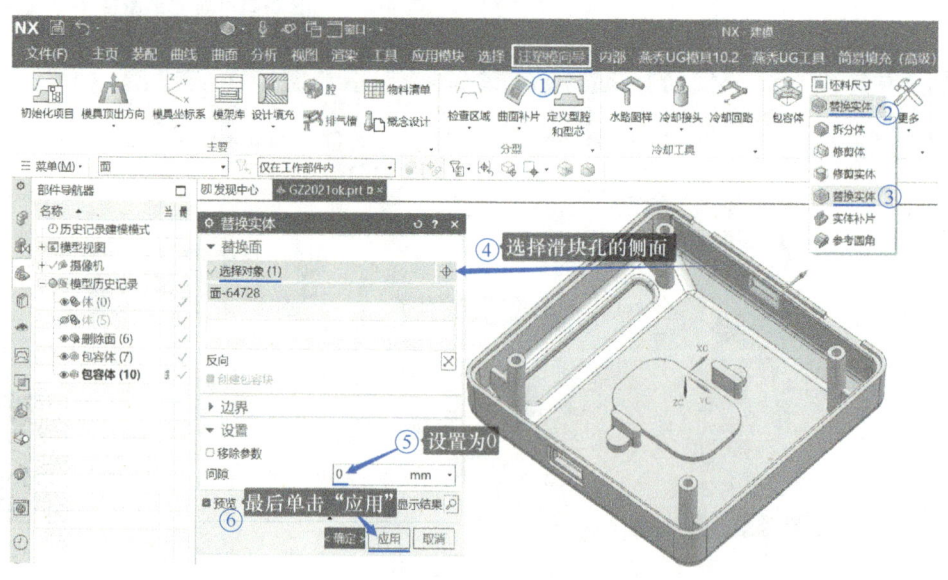

图 2-16　替换实体

用同样的方法补滑块的另一个孔。

如图 2-17 所示,依次单击主菜单中的"注塑模向导"→"修剪实体"命令,弹出"修剪实体"对话框;在绘图区选择图示的侧面作为"修剪实体"命令的"修剪面",点选"减去",勾选"移除参数",设置"包容块间隙"为"0",之后单击"修剪实体"对话框中的"确定"按钮,弹出图 2-18 所示的"修剪实体"警告对话框;直接单击对话框中的"是"即可。

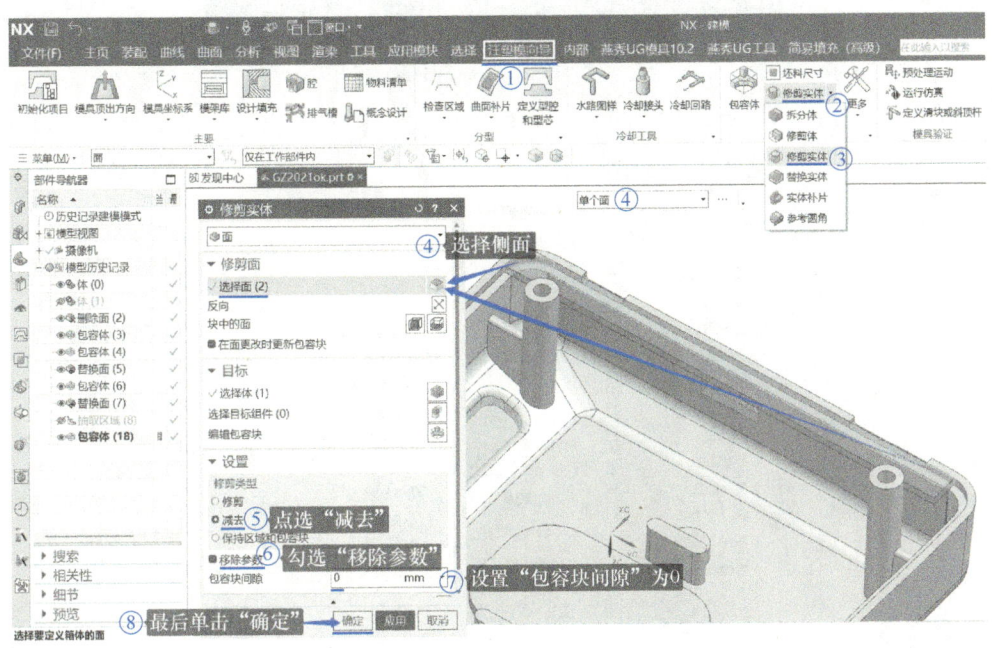

图 2-17 修剪实体命令

说明:①"替换实体"命令是用选择的面(比如面 A)创建一个包容体,然后将包容体上距离面 A 最近的那个包容体面替换成面 A。如果选择的面 A 不能形成包容体(只能形成包容面),用"替换实体"命令时会报错。②"修剪实体"命令的操作与"替换实体"命令相同,只不过"替换实体"命令是"包容体"命令+"替换面"命令的组合,"修剪实体"命令是"包容体"命令+"修剪体"命令(也可以是"减去"命令)的组合。

在绘图区单击选中图 2-19 所示的实体,按<Delete>键删除。

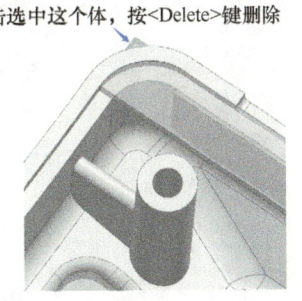

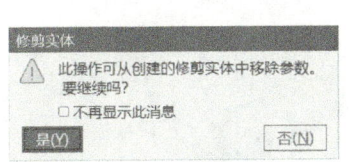

图 2-18 修剪实体警告

图 2-19 删除多余的体

说明：①如果要删除的实体有参数关联，按<Delete>键不能直接删除。对于有参数关联的实体，如果用<Delete>键删除，会有两种结果，一种是将要删除的实体和有参数关联的实体一并删除，另一种是用"移除参数"命令移除参数后再单独删除要删除的实体。②如果要删除有参数关联的实体，可以使用"删除体"命令（"菜单"→"插入"→"修剪"→"删除体"，如图 2-20 所示）。

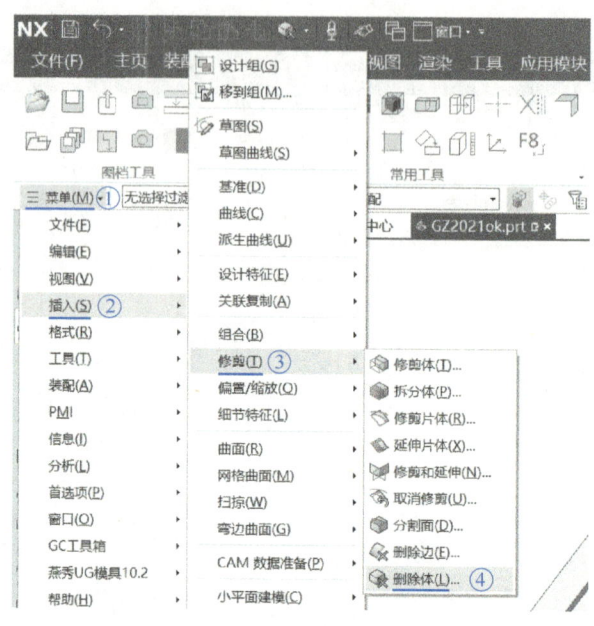

图 2-20　"删除体"命令

4. 设计型腔

按照图 2-21~图 2-25 所示的方法绘制型腔毛坯。

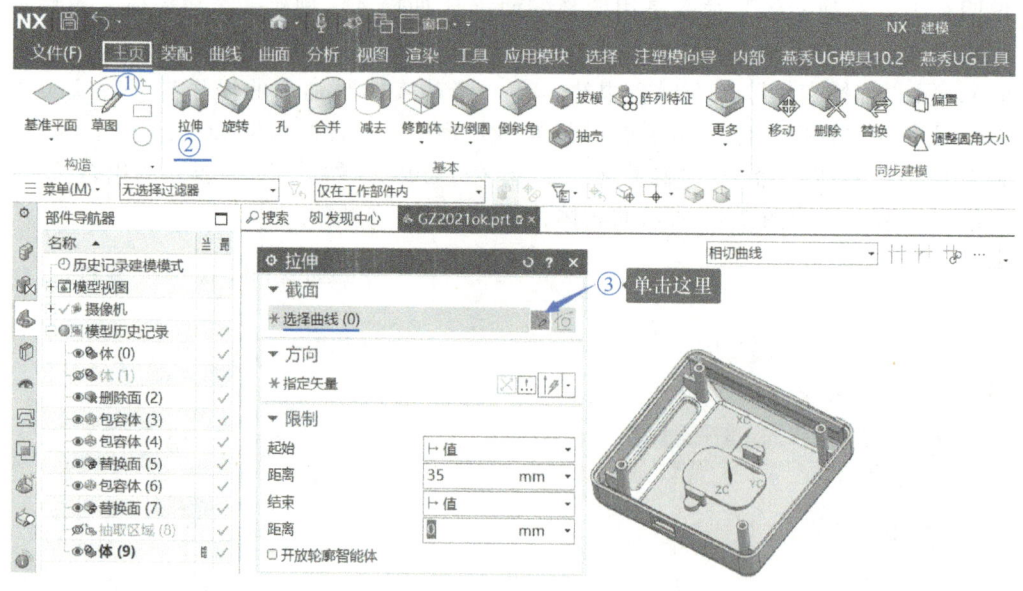

图 2-21　"拉伸"命令

项目二 二板模设计

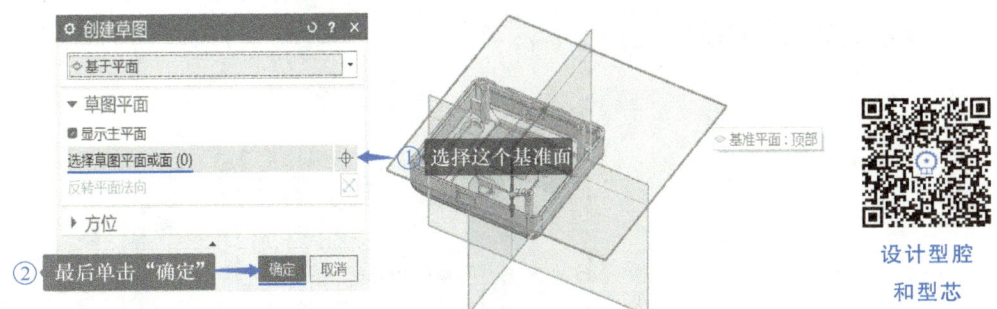

图 2-22 选择草图平面

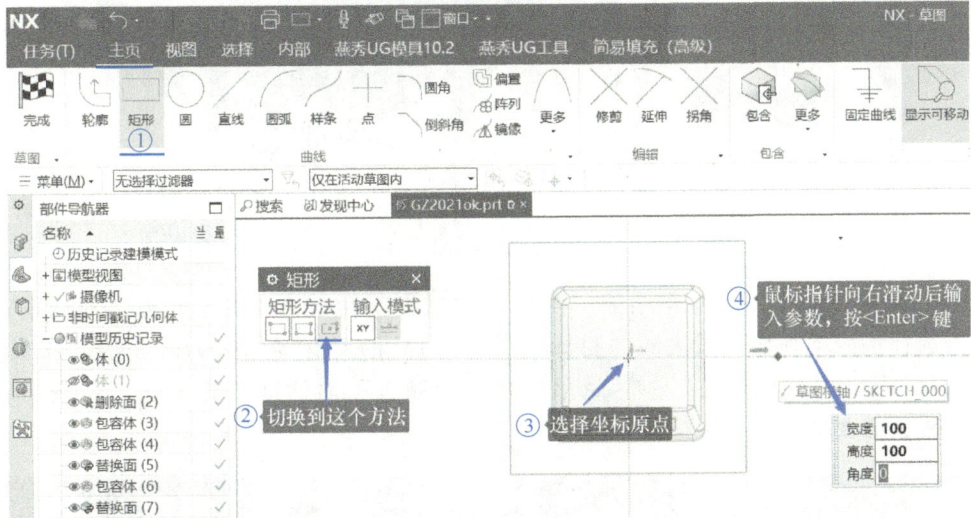

图 2-23 绘制矩形

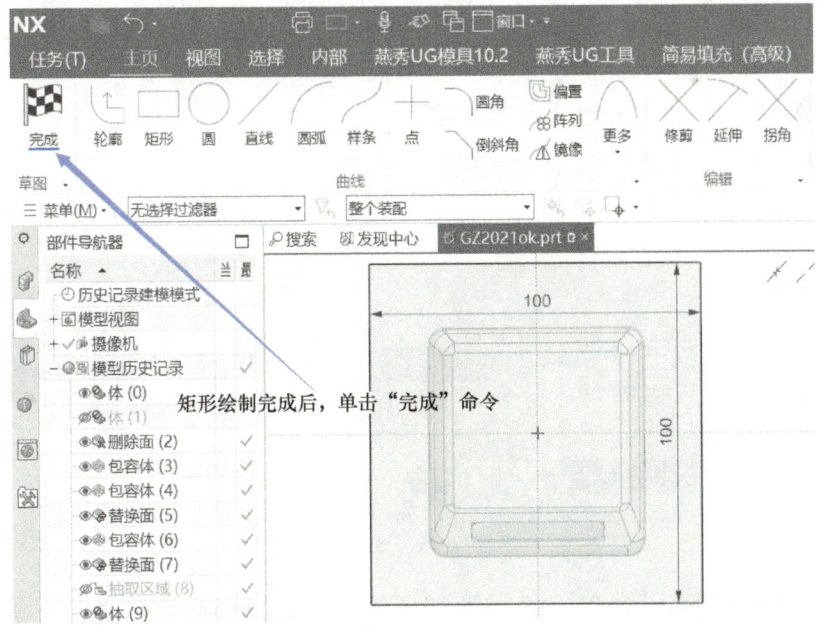

图 2-24 退出草图

25

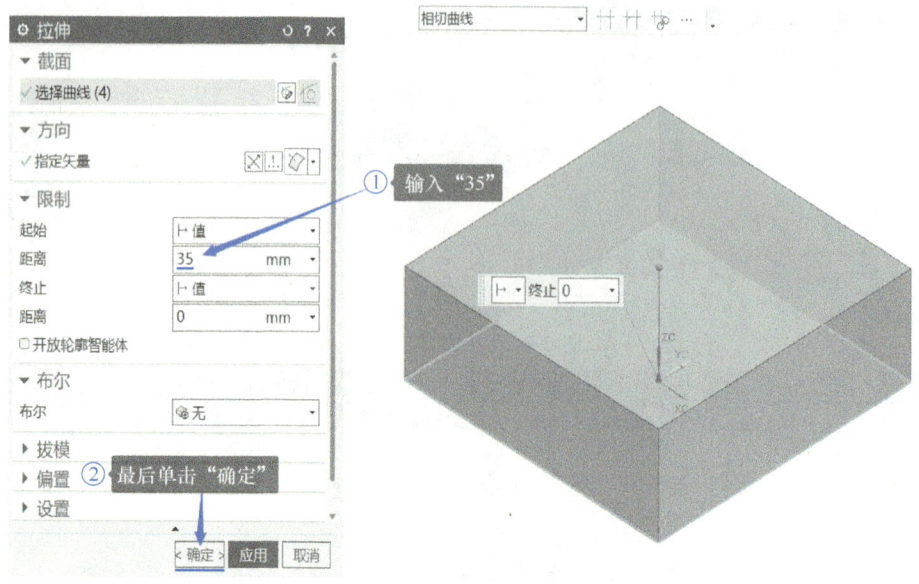

图 2-25 拉伸型腔毛坯

如图 2-26 所示，单击主菜单中的"主页"→"减去"命令，弹出"减去"对话框；在绘图区单击选择型腔毛坯作为减去的"目标"，框选另外的所有实体作为减去的"工具"，不要勾选"保存目标"和"保存工具"，最后单击"减去"对话框中的"确定"按钮，完成型腔毛坯减去必要的实体。

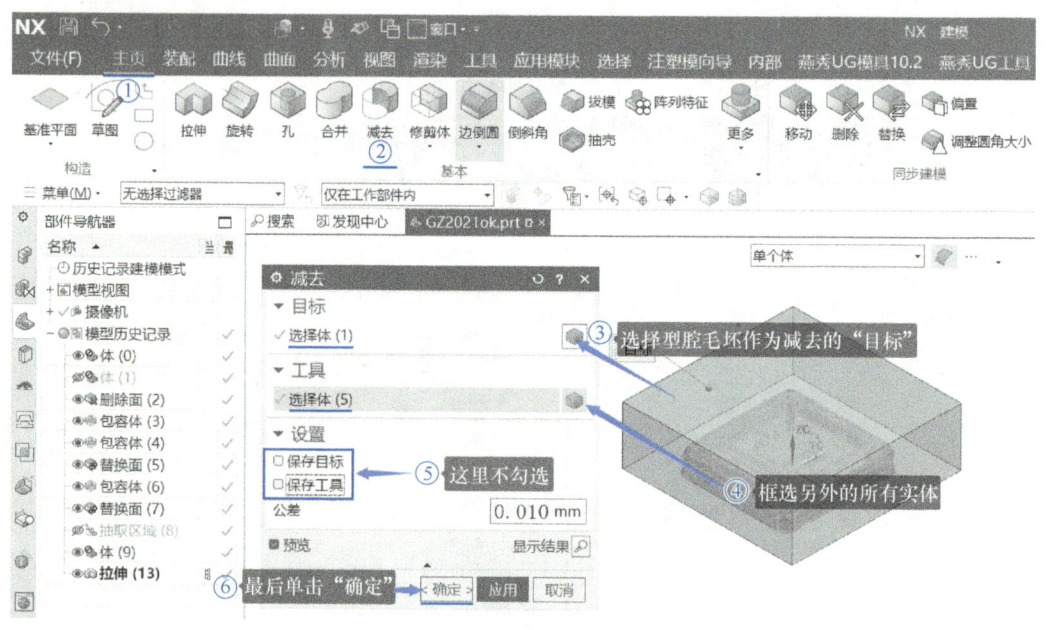

图 2-26 减去

如图 2-27 所示，单击"菜单"→"编辑"→"特征"→"移除参数"命令，弹出"移除参数"对话框，如图 2-28 所示；框选所有实体后，单击"移除参数"对话框中的"确定"按钮，弹出图2-29所示的"移除参数"警告对话框；直接单击该对话框中的"是"，完成移除所有实体的参数。

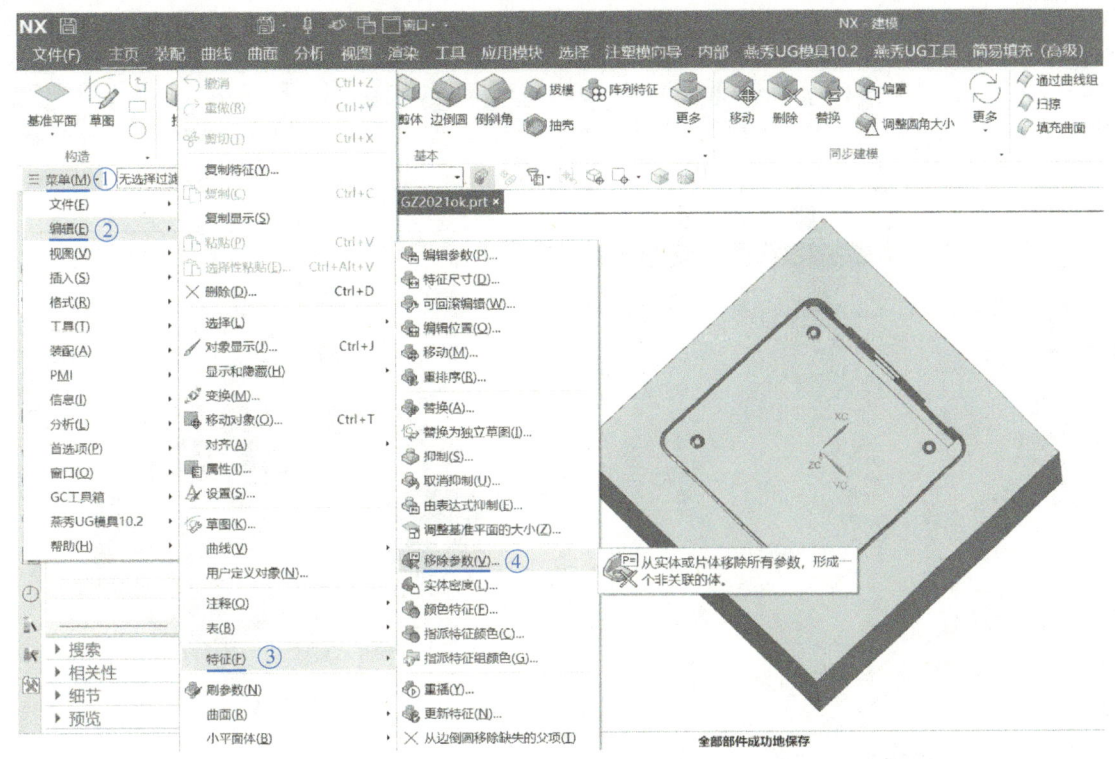

图2-27 移除参数命令

图2-28 选择要移除参数的对象

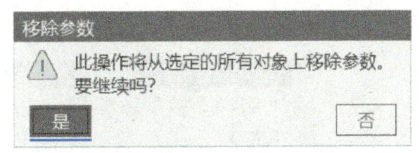

图2-29 移除参数警告

选中型腔之外的所有实体，按<Delete>键删除。型腔的设计结果如图2-30所示。

5. 设计型芯

如图2-31所示，单击"拉伸"命令，然后将"场景条选项"切换到"面的边"，再单击型腔上表面作为截面曲线，并输入拉伸距离为-60mm，最后单击"确定"按钮，完成型芯毛坯的创建。按<Ctrl>+<L>键，在弹出的"图层设置"对话框中勾选"2"，打开图层2，最后单击"图层设置"对话框中的"关闭"按钮，如图2-32所示。

如图2-33所示，单击"主页"→"减去"命令，弹出"减去"对话框；在绘图区选择型芯毛

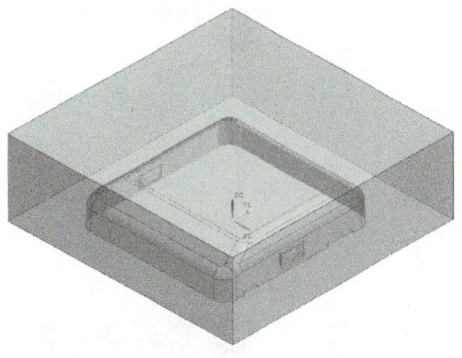

图2-30 设计的型腔

坯作为减去的"目标",框选型腔和塑件作为减去的"工具",勾选"保存工具",最后单击"减去"对话框中的"确定"按钮。

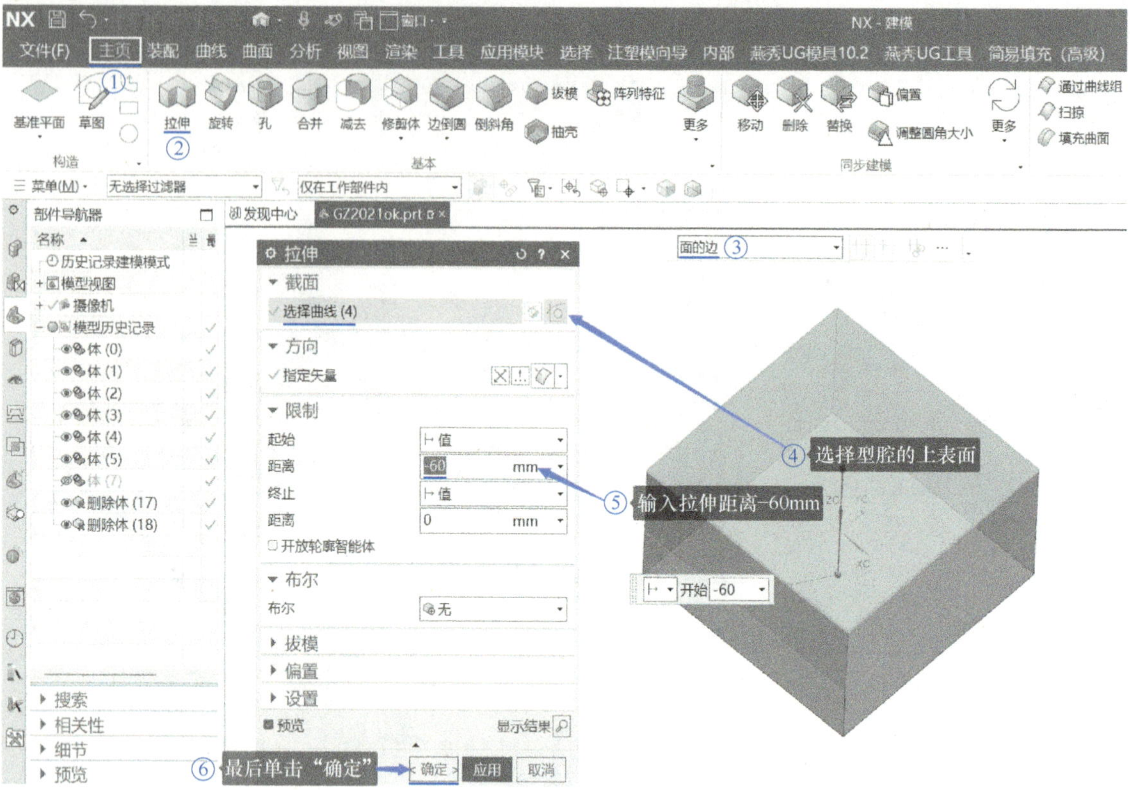

图 2-31 设计型芯毛坯

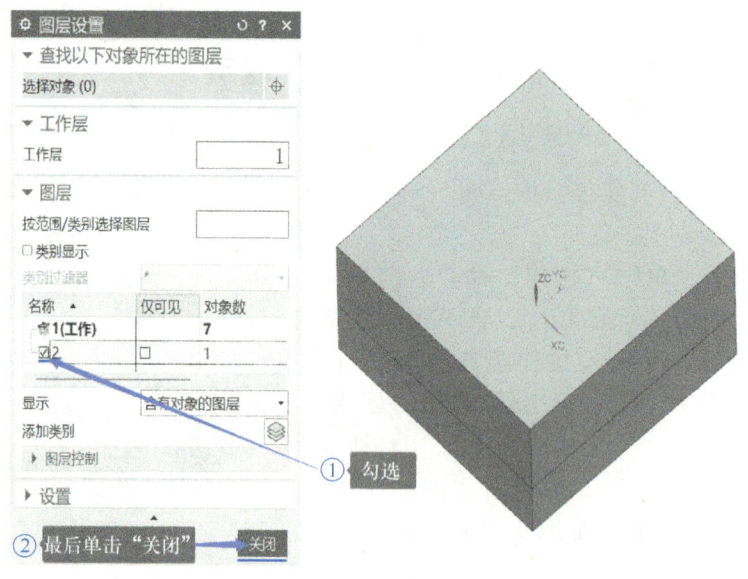

图 2-32 打开图层 2

项目二 二板模设计

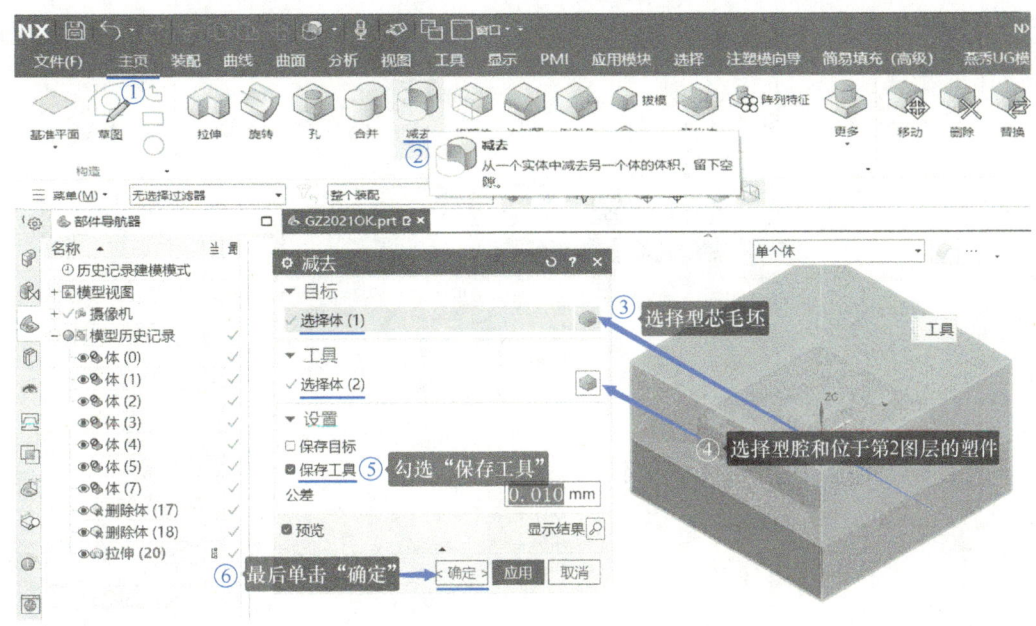

图 2-33 减去求得型芯

型芯的设计结果如图 2-34 所示。

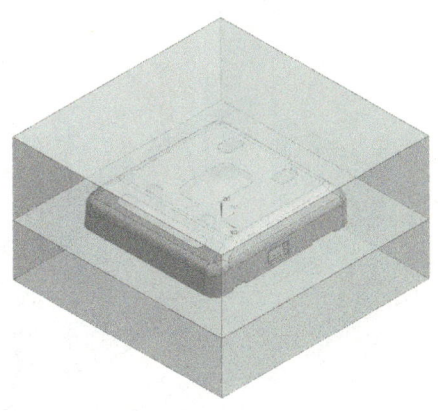

图 2-34 型芯的设计结果

任务二 设计滑块头和枕位

在绘图区单击选中做好的型腔零件和型芯零件，按<Ctrl>+<B>键将型腔零件和型芯零件隐藏，仅显示塑件三维实体。如图 2-35 所示，单击"拉伸"命令，在绘图区选择滑块截面和枕位作为拉伸的"截面"，输入拉伸距离为 50mm，最后单击"拉伸"对话框中的"确定"按钮。用同样的方法，用"拉伸"命令拉伸另一侧滑块截面，结果如图 2-36 所示。

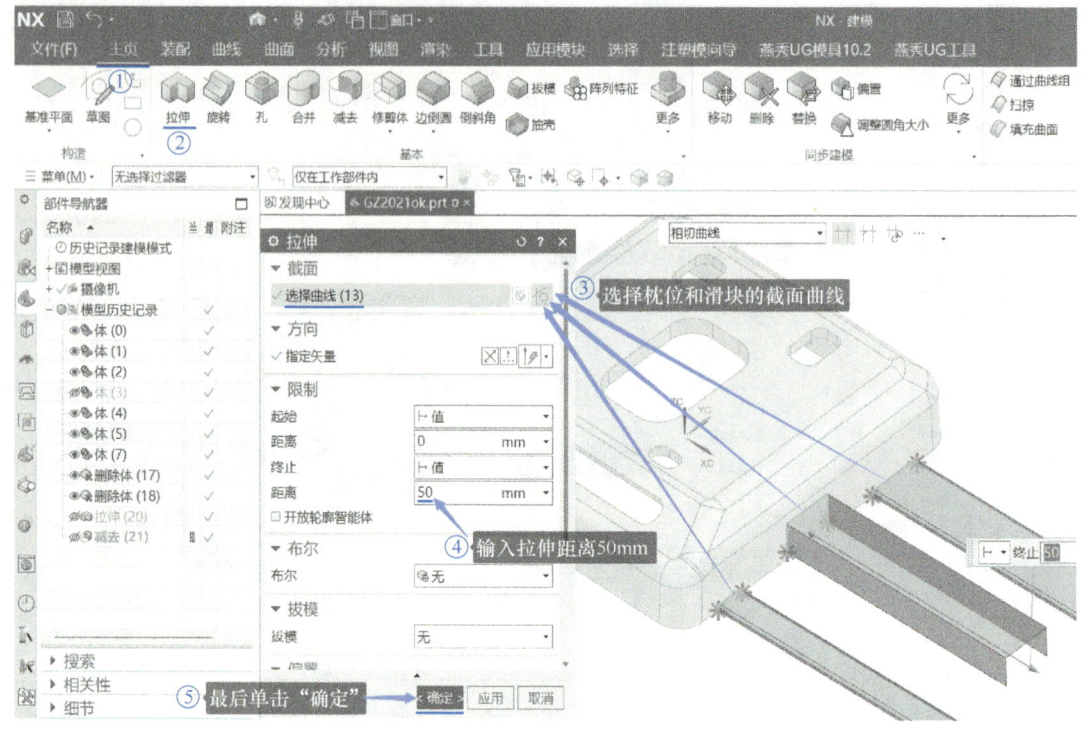

图 2-35 滑块头和枕位分型结果

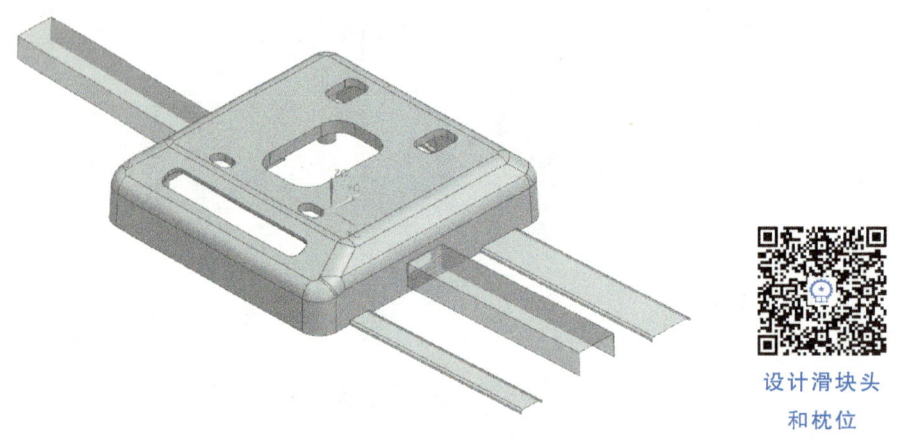

图 2-36 拉伸结果

设计滑块头
和枕位

如图 2-37 所示,单击"注塑模向导"→"延伸片体"命令,弹出"延伸片体"对话框;按照图 2-37 所示选择边 1、边 2、边 3 和边 4 作为延伸片体的边,延伸距离(偏置)输入"5",设置"体输出"为"延伸原片体",最后单击对话框中的"确定"按钮。

如图 2-38 所示,单击"主页"→"减去"命令,弹出"减去"对话框;在绘图区选择型腔作为减去的"目标",在"场景条选项"中单击"包含片体"图标,再点选刚做好的片体作为减去的"工具",单击勾掉"保存工具"选项(不选中),最后单击"减去"对话框中的"确定"按钮,完成枕位实体和滑块头实体的创建。

项目二 二板模设计

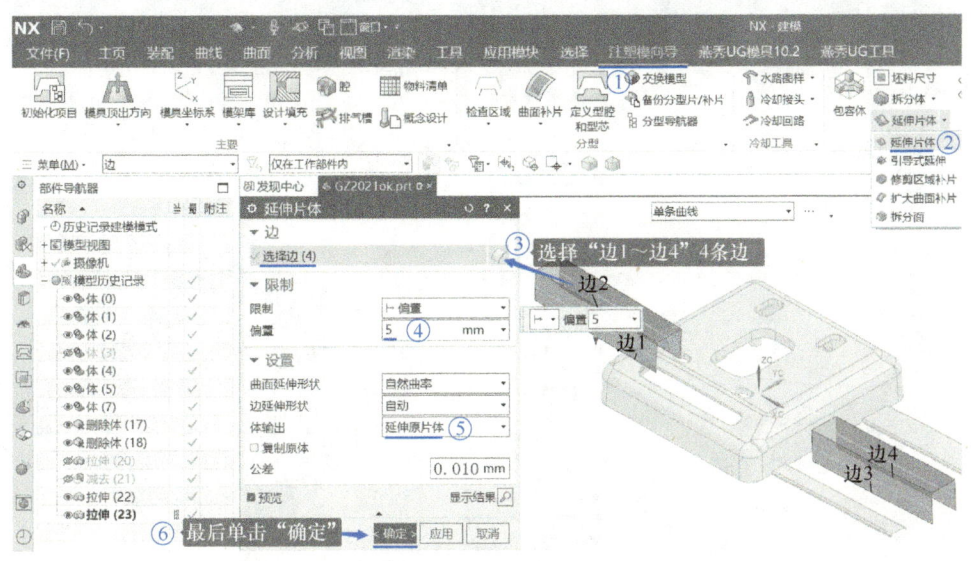

图 2-37 延伸片体

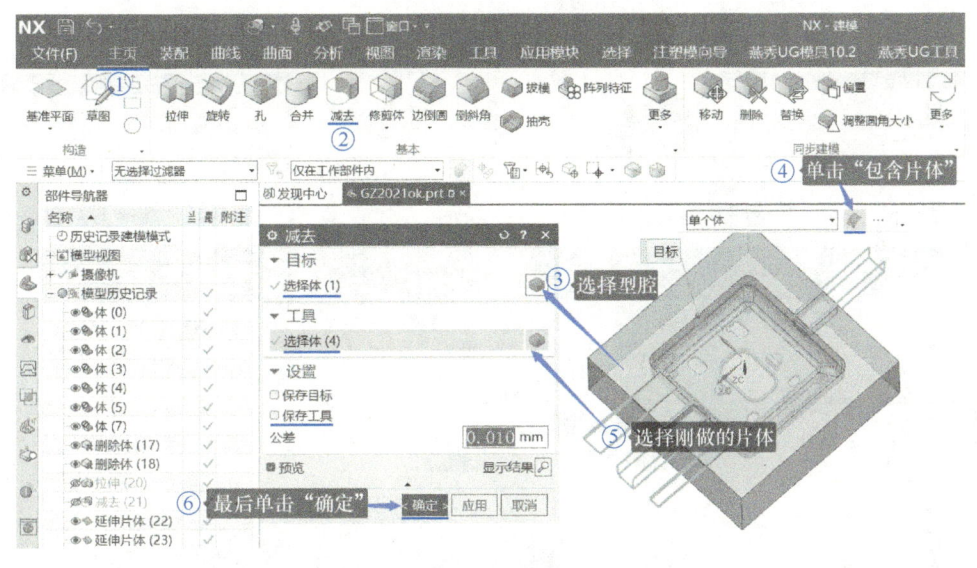

图 2-38 减去（型腔）

如图 2-39 所示，对型腔实体、枕位实体和滑块头实体进行消参。单击"菜单"→"编辑"→"特征"→"移除参数"命令，弹出"移除参数"对话框，如图 2-40 所示；在绘图区框选型腔实体、枕位实体和滑块头实体，再单击"移除参数"对话框中的"确定"按钮，弹出图 2-41 所示的"移除参数"警告对话框；直接单击警告对话框中的"是"，完成移除型腔实体、枕位实体和滑块头实体的消参。

如图 2-42 所示，单击"减去"命令；在绘图区选择型芯作为减去的"目标"，点选 2 个滑块头作为减去的"工具"，选中"保存工具"，最后单击"减去"对话框中的"确定"按钮，完成滑块头与型芯实体的求差。

31

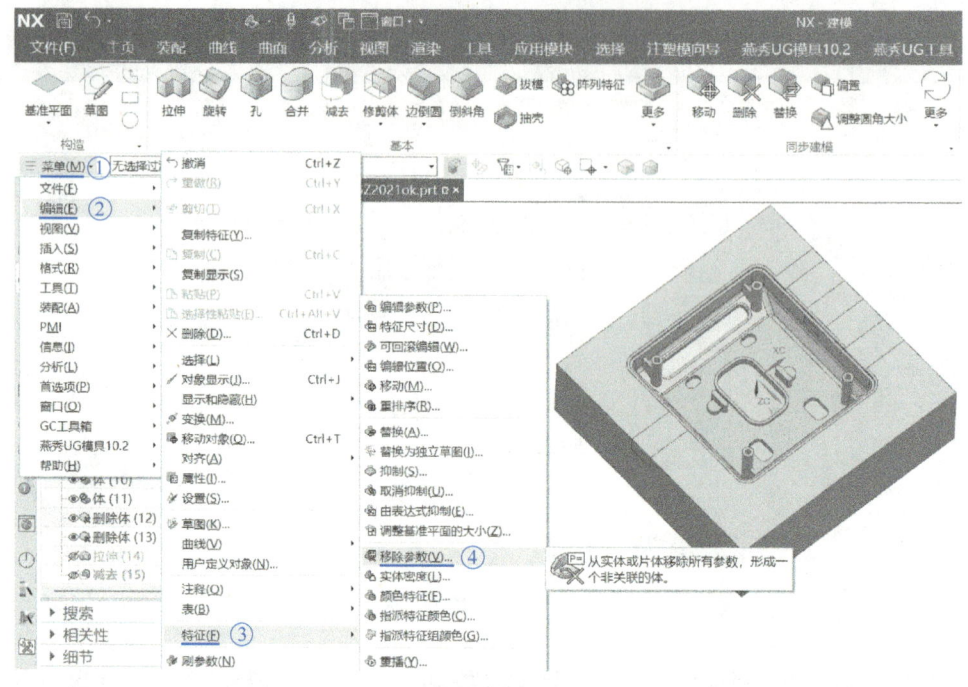

图 2-39　移除参数命令

图 2-40　选择要移除参数的对象

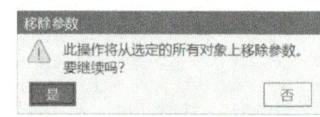

图 2-41　移除参数警告

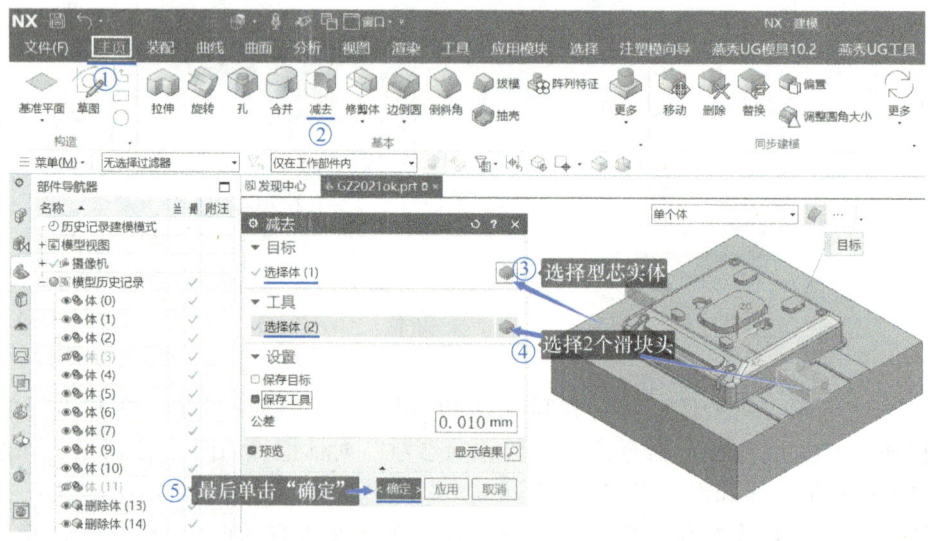

图 2-42　减去（型芯）

如图 2-43 所示，单击"合并"命令；在绘图区选择型芯作为合并的"目标"，点选 2 个枕位作为合并的"工具"，最后单击"合并"对话框中的"确定"按钮，完成枕位与型芯实体的合并。

项目二 二板模设计

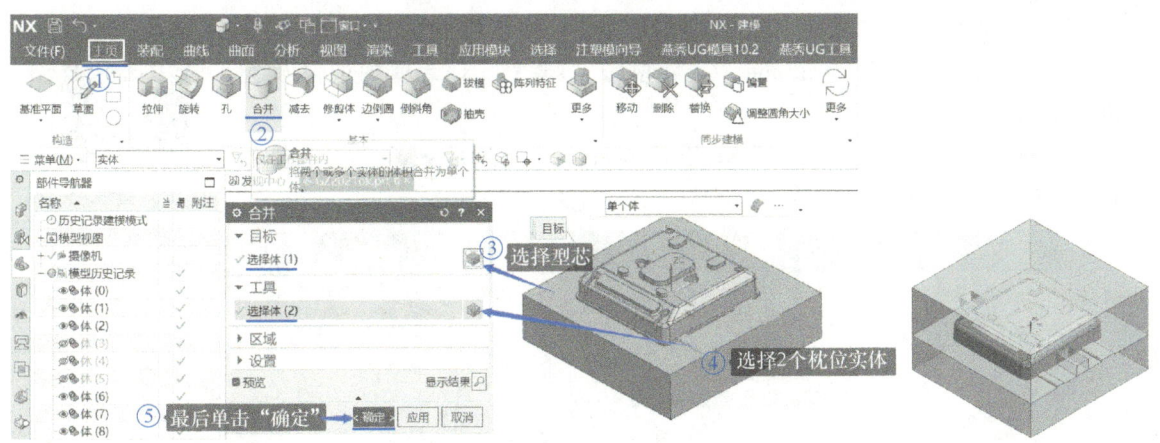

图 2-43 合并枕位　　　　　　　　图 2-44 设计的最终结果

按键盘上的<Ctrl>+<Shift>+<U>键，显示所有实体。参照图 2-39~图 2-41 所示步骤，对所有实体进行消参。设计的最终结果如图 2-44 所示。

任务三　设计虎口

单击"虎口"命令，在弹出的"虎口"对话框中单击选择"型腔"作为"前模"，选择"型芯"作为"后模"，在将要出现虎口的大致位置点选作为"虎口面上的点"，设置虎口的参数如图 2-45 所示，最后单击"虎口"对话框中的"确定"按钮，完成虎口设计。

设计虎口

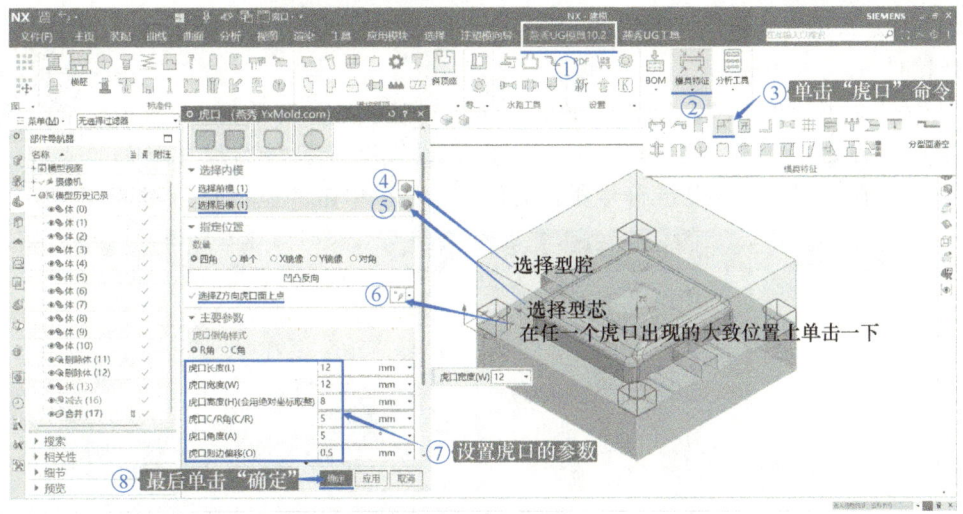

图 2-45 设计虎口

任务四　设计排气槽

如图 2-46 所示，单击"排气"命令，弹出"排气"对话框；"类型"选择"直通排

33

气",选择分型面作为"排气面",选择排气面与塑件接触的边作为"排气边",调整"排气间距"为25mm,最后单击"排气"对话框中的"确定"按钮,完成排气槽的设计。

"多级排气"和"直通排气"的设计方法一致,只是多了"三级排气"槽的数量选项,在此不再赘述。

设计排气槽

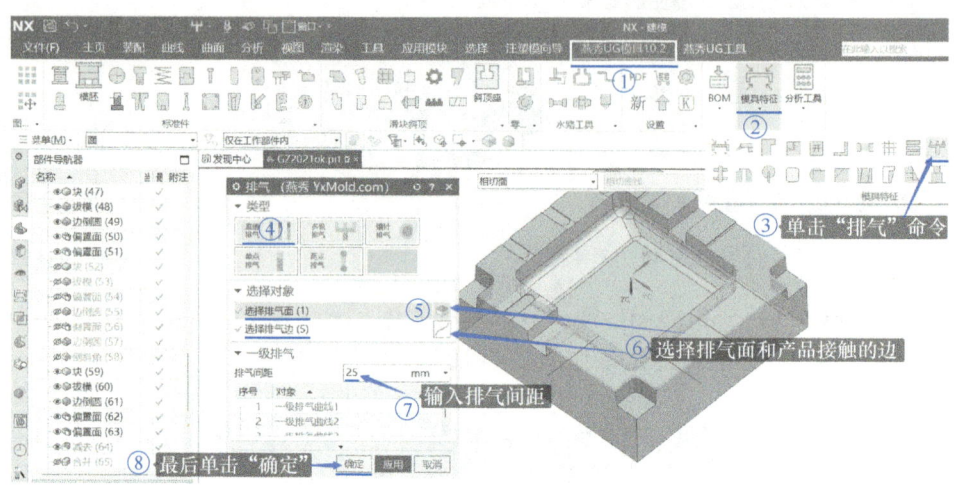

图 2-46 设计排气槽

任务五 设计模仁基准

"模仁"是指用以构成型腔的各成型零件,如凸模、凹模、型腔或型芯的拼块或镶件等。

如图 2-47 所示,单击"基准角"命令,弹出"基准角"对话框;"选取类型"选择"点选"模式,选择"基准符号",设置基准符号的尺寸(高宽)为5mm,在绘图区点选基准符号所在的位置,最后单击"基准角"对话

设计模仁基准

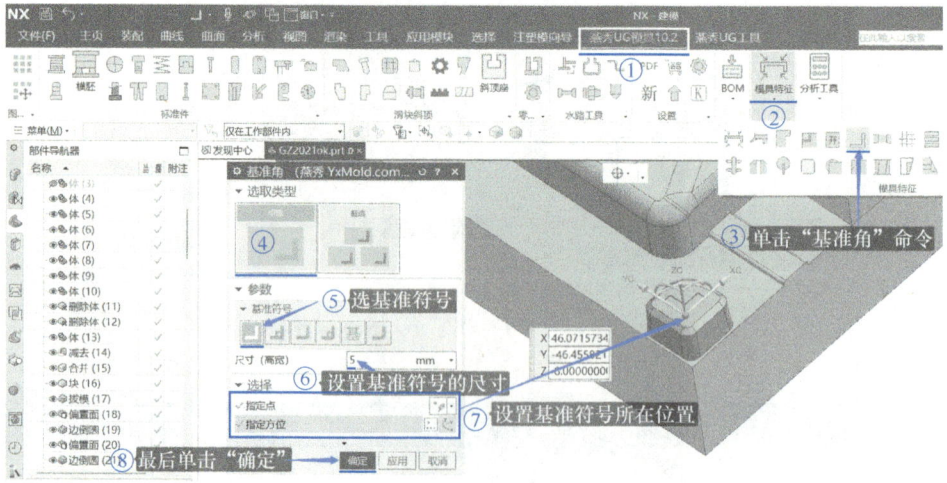

图 2-47 设计基准

框中的"确定"按钮,完成模仁基准的创建。模仁的设计结果如图 2-48 所示。

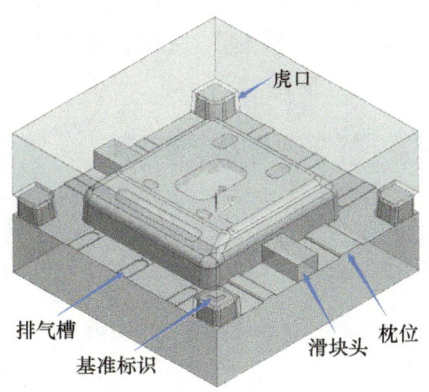

图 2-48 模仁的设计结果

任务六 调用模架

1. 调用大水口（二板模）模架

如图 2-49 所示,单击"模胚"命令,弹出"模胚"对话框;按照图 2-49 所示的顺序依次点选和设置,完成模架调用、模仁开框、模架基准角标注、撬模槽设置及中托司调用。在"模胚"对话框中还可以看到模架的价格。

说明:"模胚"即模架;"基准角"是模架操作方向远端的定位基准面的倒角;"撬模角"是用于撬开上、下模的启模口或撬模口;"中托司"指用在顶针面板和顶针底板上的导柱、导套。

调用模架

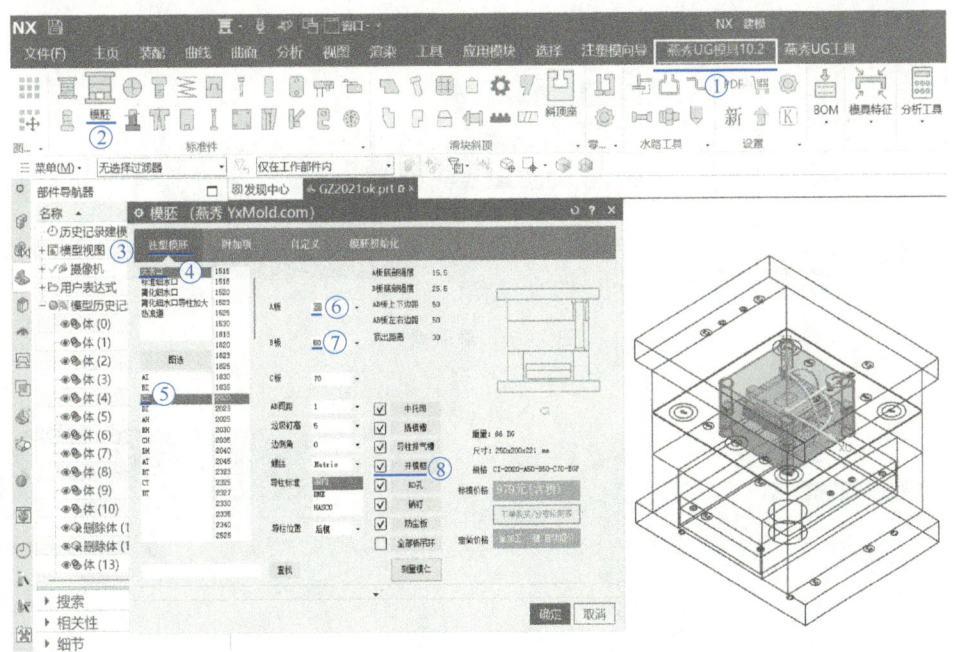

图 2-49 调用模架

如果要自定义中托司 Y 向距离、撬模槽大小、开框的清角形式、外形面是否透明等，需要在"模胚"对话框中的"附加项"和"自定义"选项卡中进行设置。

在"模胚"对话框中，若勾选"开模框"选项，将弹出图 2-50 所示对话框；点选型芯、型腔作为模仁后，单击"确定"按钮。

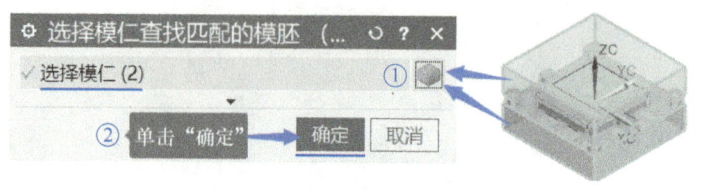

图 2-50 选择模仁查找匹配的模胚　　　　调用锁模螺钉

2. 调用锁模螺钉

如图 2-51 所示，单击"螺丝"命令，在弹出的对话框中依次点选，最后单击"动态"，弹出图 2-52 所示的"选择螺杆放置平面"对话框；在绘图区单击 A 板（定模板）上表面作为螺杆的放置平面；接下来按照图 2-53 所示调整螺钉的放置位置，具体做法是移动鼠标大致确定螺钉的位置，按键盘上的方向键（↑、↓、←、→）实现螺钉位置精确调整，位置尺寸能自动取整；位置确定后单击"确定"按钮，再单击"返回"按钮，最后单击图 2-54 所示对话框中的"生成 3D"，完成锁模螺钉的调用。

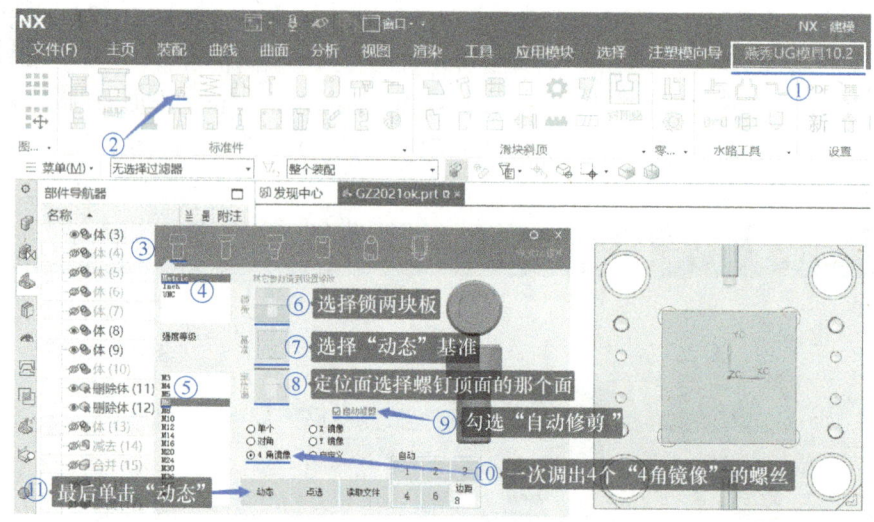

图 2-51 调用螺钉

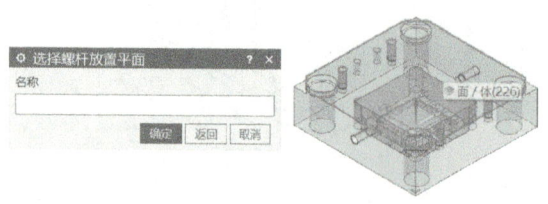

图 2-52 "选择螺杆放置平面"对话框

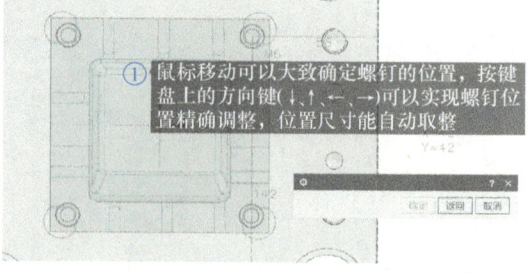

图 2-53 调整螺钉的放置位置

用同样的方法调用 B 板锁模螺钉，锁模螺钉的设计结果如图 2-55 所示。

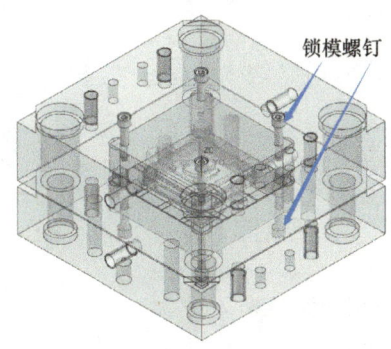

图 2-54 生成 3D

图 2-55 锁模螺钉的设计结果

任务七 设计浇注系统

1. 调用定位圈和浇口套

如图 2-56 所示，单击"唧嘴定位环"命令，在弹出的对话框中，按图 2-56 所示点选和设置，最后单击"动态"，弹出图 2-57 所示的"定位圈+唧嘴"对话框；在绘图区单击选择型腔作为修剪体（求差对象），再单击该对话框中的"确定"按钮；最后单击图 2-58 所示对话框中的"生成 3D"，完成定位圈和浇口套的调用。

设计定位圈和浇口套

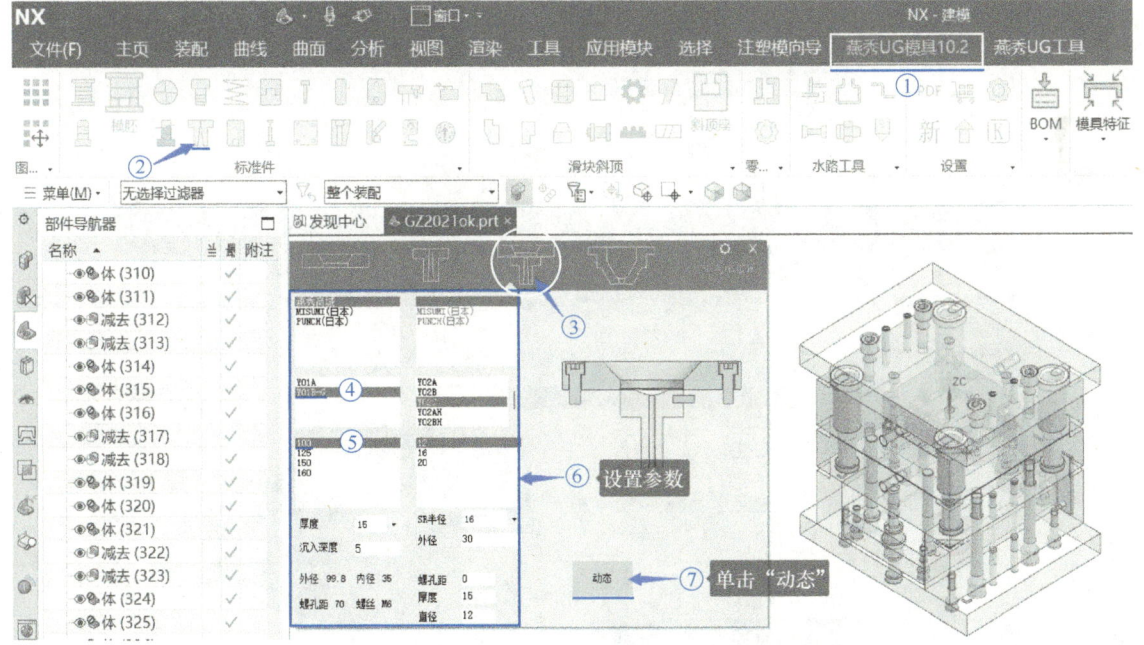

图 2-56 调用定位圈和浇口套

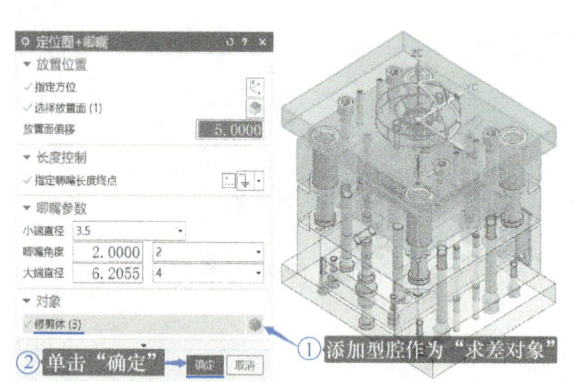

图 2-57　定位圈和浇口套定位　　　　　图 2-58　生成 3D

按照图 2-59、图 2-60 所示的方法替换型腔上过大的浇口套配合孔和修剪过长的浇口套。

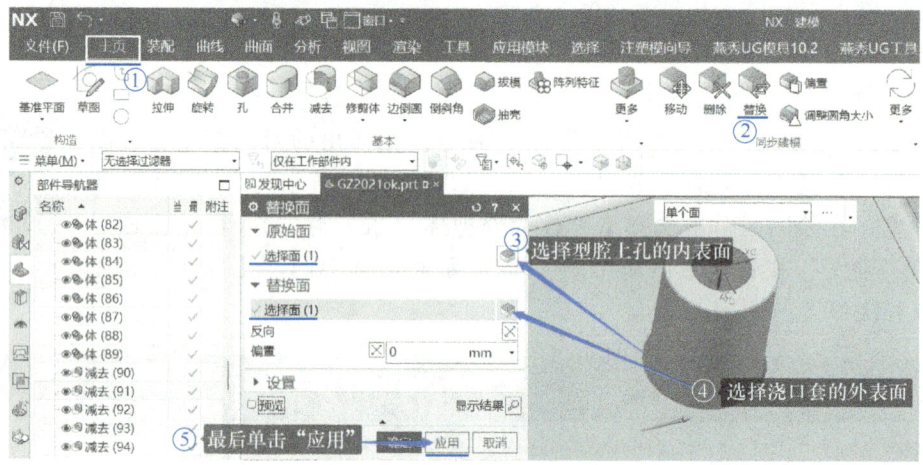

图 2-59　替换浇口套配合孔

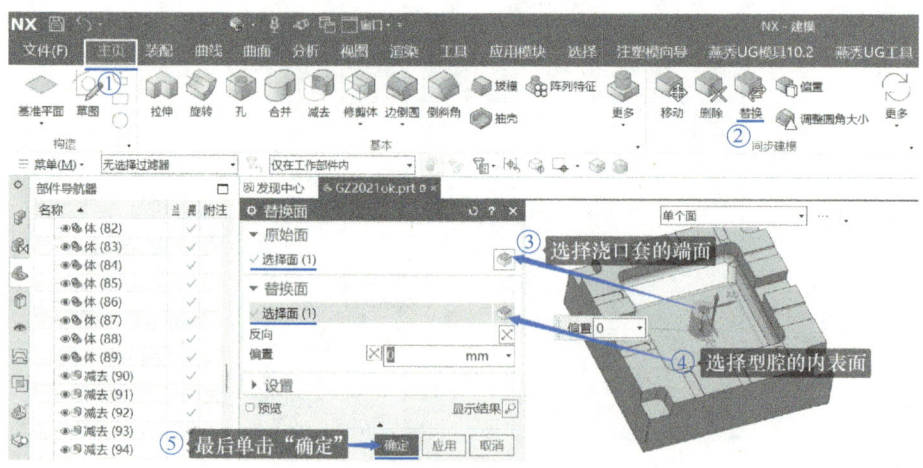

图 2-60　修剪过长的浇口套

2. 设计侧浇口和分流道

如图 2-61 所示，单击"进胶点"命令；在弹出的"进胶点"对话框中，"样式"选择"矩形"，按图 2-61 所示在塑件上选择合适的点作为浇口的定位点、调整浇口的方位，并设置浇口参数，最后单击对话框中的"确定"按钮，完成侧浇口创建。

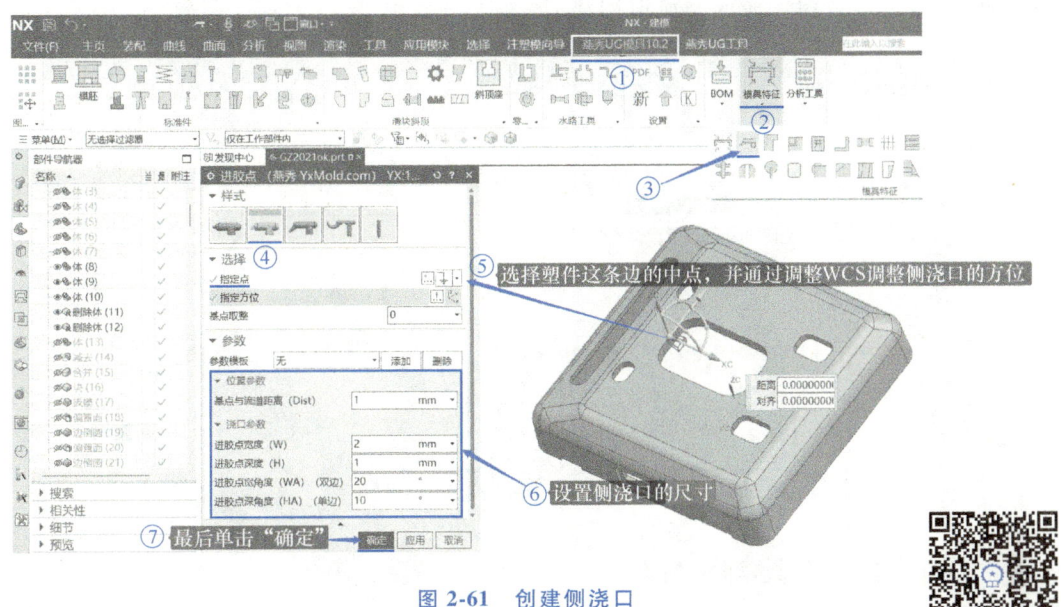

图 2-61 创建侧浇口

如图 2-62 所示，单击"直线"命令；在弹出的"直线"对话框中，按照图 2-62 所示选择合适的点（边的中点）创建直线，最后单击"直线"对话框中的"确定"按钮，完成分流道中心线的设计。

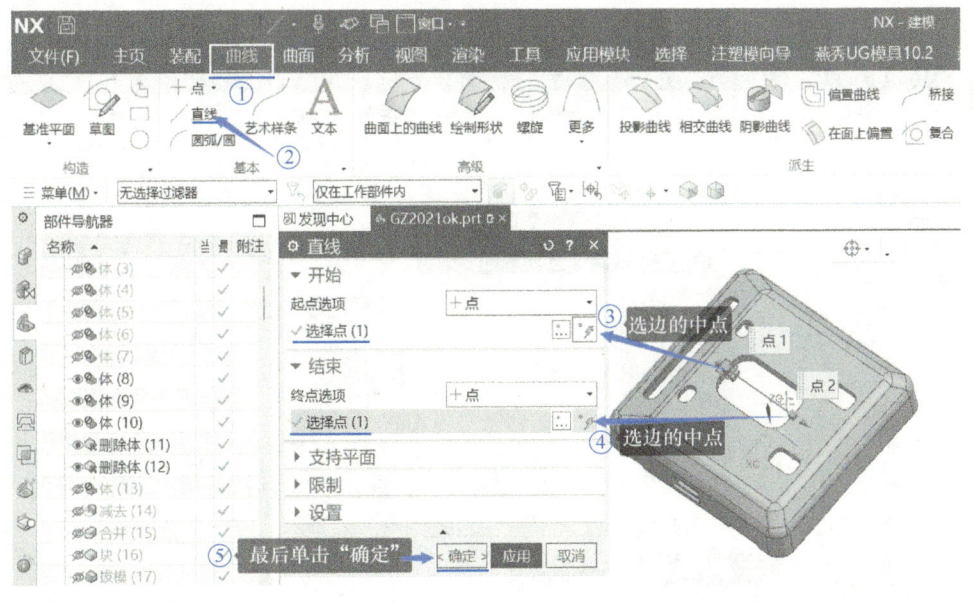

图 2-62 创建直线

如图 2-63 所示,单击"流道"命令;在弹出的"流道"对话框中,"样式"选择"现有曲线",在绘图区选择刚创建的流道中心线作为"流道位置曲线",流道两端缩短 2mm(在"流道延伸1"和"流道延伸2"中均输入"-2"),单击"编辑模板"可以设置流道直径(本例直径设置为 5mm 或 6mm 均可),"流道样式"采用"圆形",最后单击"流道"对话框中的"确定"按钮,完成分流道创建。

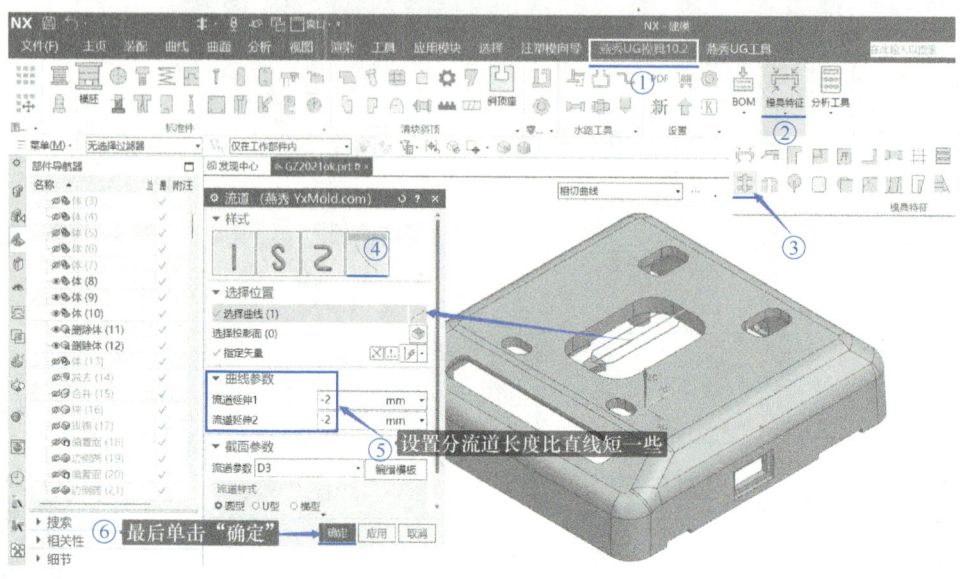

图 2-63　创建分流道

如图 2-64 所示,单击"合并"命令,弹出"合并"对话框;选择分流道作为合并的"目标",选择浇口作为合并的"工具",最后单击"合并"对话框中的"确定"按钮,完成分流道和浇口的合并。

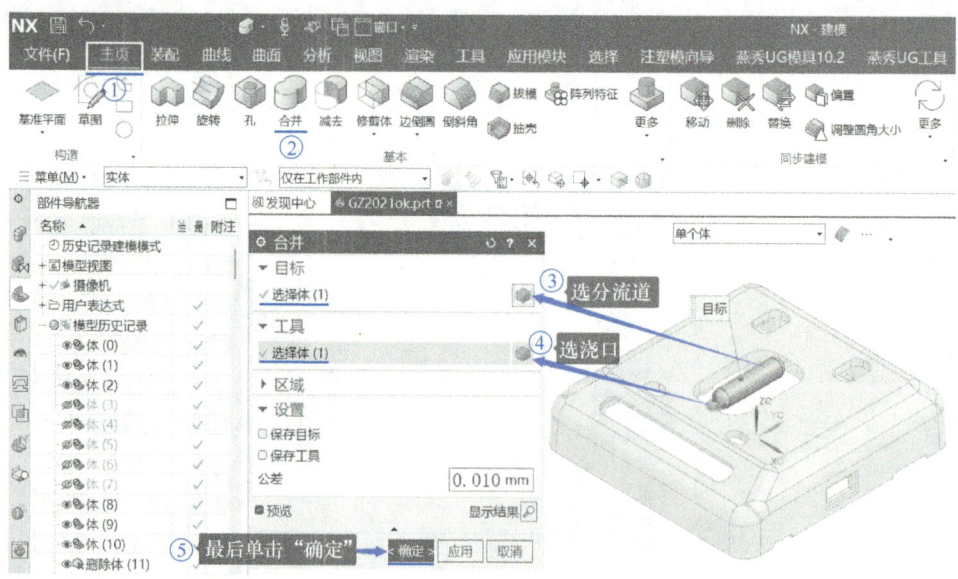

图 2-64　合并分流道浇口

如图 2-65 所示，单击"求交"命令，弹出"求交"对话框；选择分流道及浇口作为求交的"目标"，选择型芯作为求交的"工具"，勾选"保存工具"，最后单击"求交"对话框中的"确定"按钮，完成分流道和浇口的修剪。

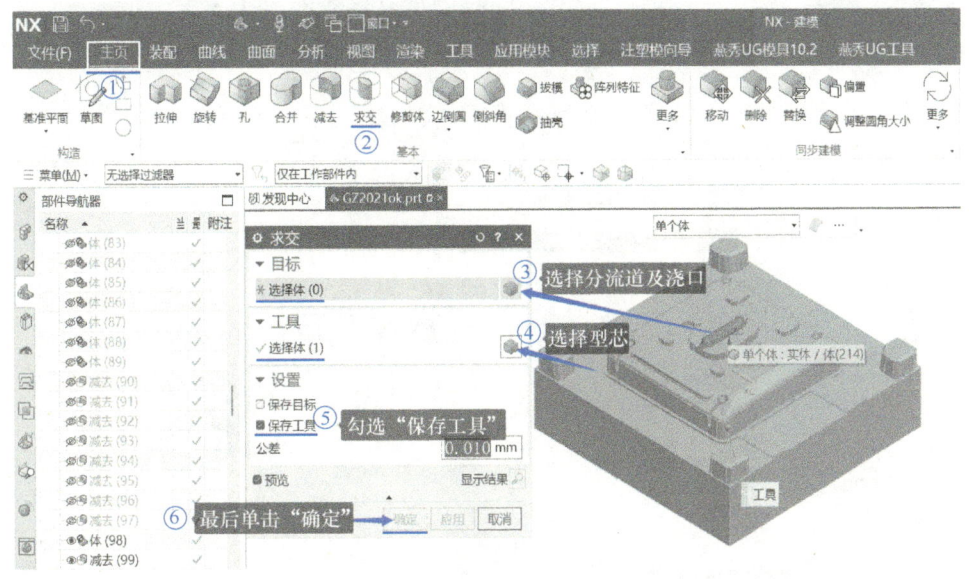

图 2-65　修剪分流道浇口

如图 2-66 所示，单击"减去"命令，弹出"减去"对话框；选择型芯作为减去的"目标"，选择分流道及浇口作为减去的"工具"，勾选"保存工具"，最后单击"减去"对话框中的"确定"按钮，完成型芯和浇注系统的求差。

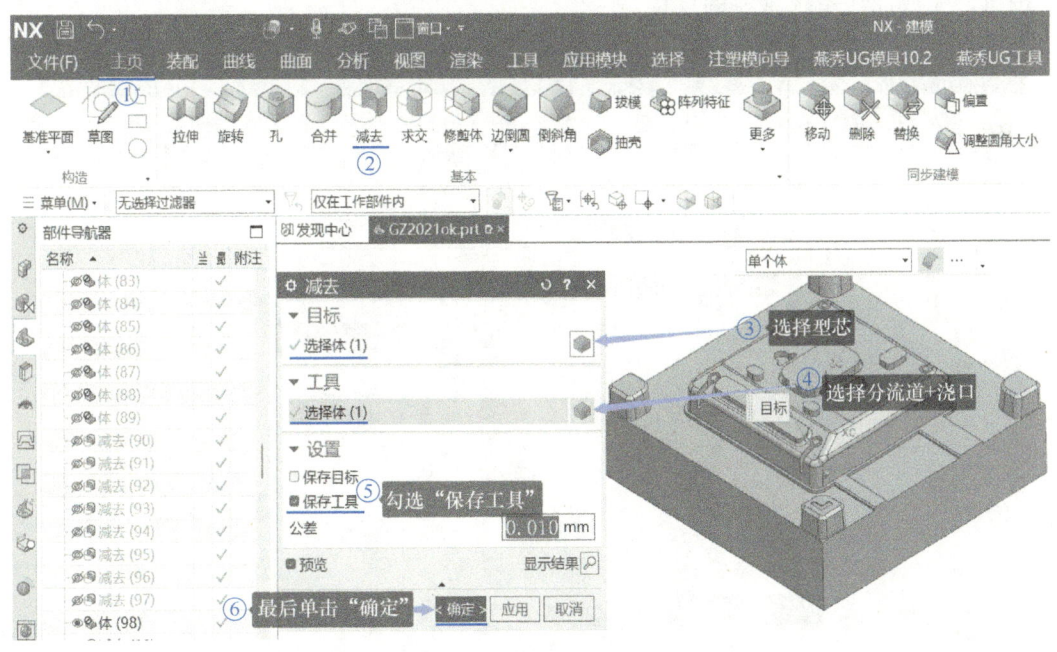

图 2-66　型芯减去浇注系统

如图 2-67 所示，单击"修剪实体"命令，弹出"修剪实体"对话框；在绘图区选择浇口套的内表面作为"修剪面"，单击"修剪实体"对话框中的"确定"按钮，完成主流道凝料的设计。

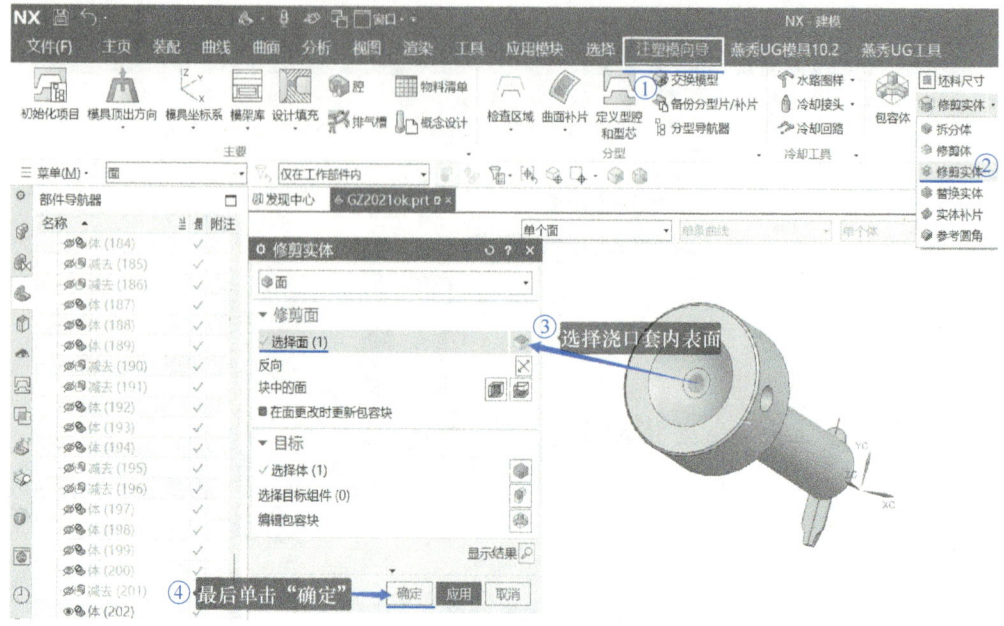

图 2-67　设计主流道凝料

如图 2-68 所示，单击"合并"命令，弹出"合并"对话框；选择主流道凝料作为合并的"目标"，选择分流道、浇口作为合并的"工具"，最后单击"合并"对话框中的"确定"按钮，完成浇注系统凝料的设计。

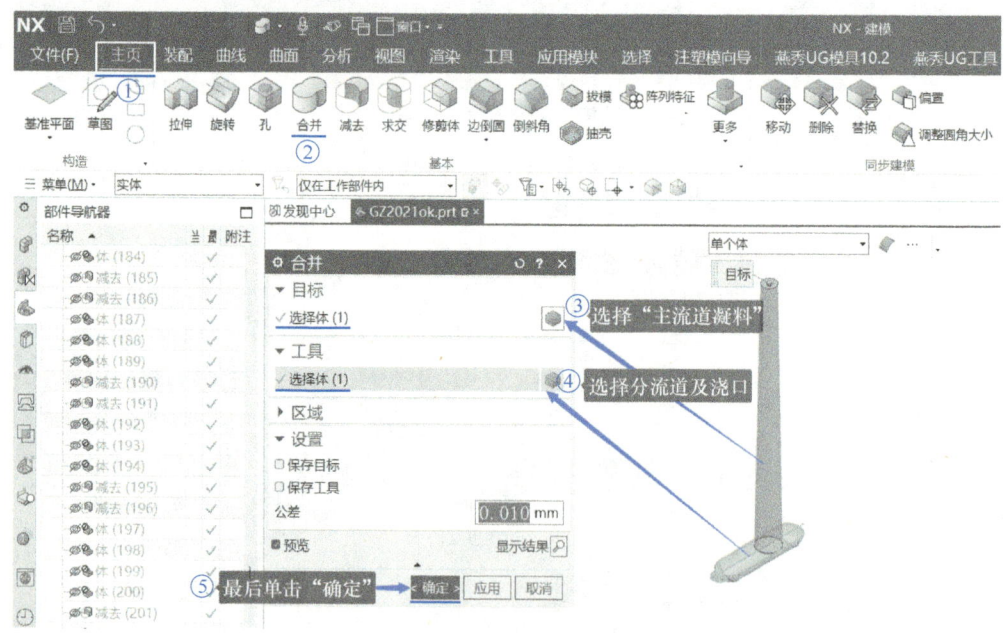

图 2-68　设计浇注系统凝料

3. 设计拉料杆

如图2-69所示,单击"顶针"命令,弹出"顶针"对话框;选择"单个"顶针,选择顶针直径为"6",选择主流道末端圆心作为顶针的定位点,最后单击"顶针"对话框中的"确定"按钮,完成顶针调用。

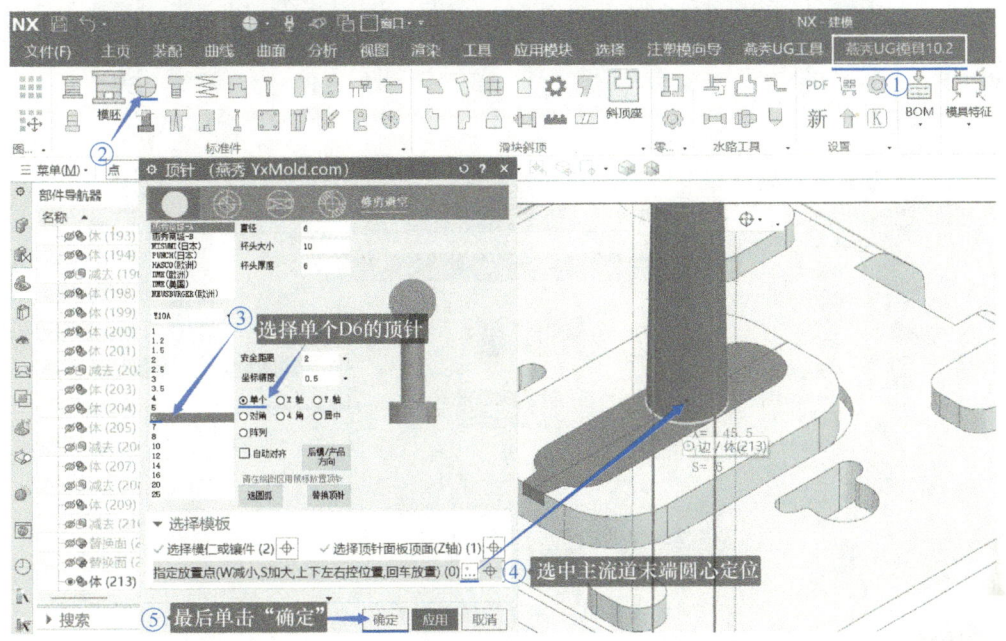

图 2-69 调用顶针

如图2-70所示,单击"钩针"命令,弹出"钩针"对话框;设置冷料井深度为5mm,按图2-70所示选择分型面和顶针,最后单击"钩针"对话框中的"确定"按钮,完成Z字头拉料杆的设计。

设计拉料杆

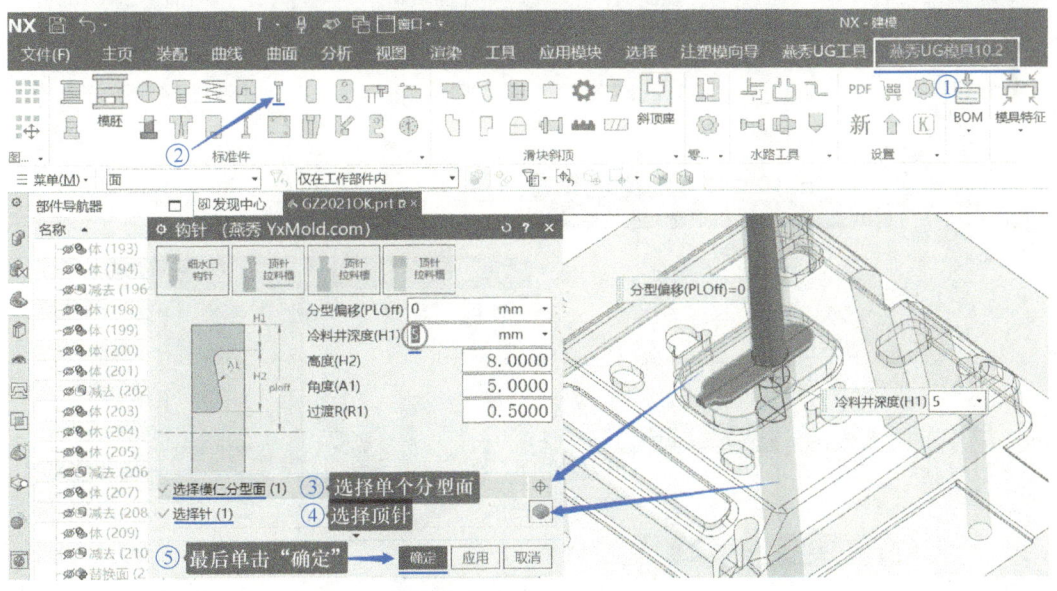

图 2-70 设计 Z 字头拉料杆

如图 2-71 所示，单击"合并"命令，弹出"合并"对话框；选择主流道凝料作为合并的"目标"，选择冷料井凝料作为合并的"工具"，最后单击"合并"对话框中的"确定"按钮，完成浇注系统凝料的合并。

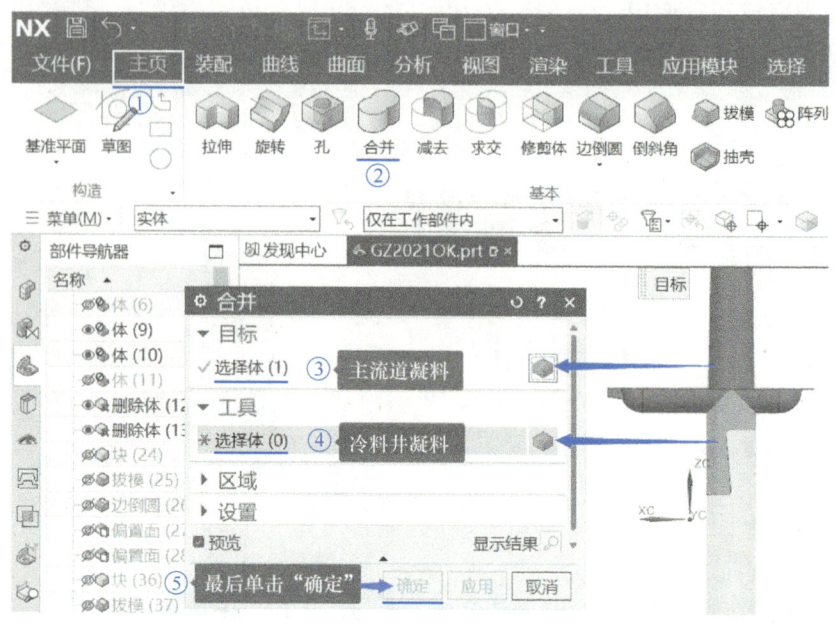

图 2-71 浇注系统凝料求和

如图 2-72 所示，单击"减去"命令，弹出"减去"对话框；选择 B 板（动模板）、型芯、顶针面板作为减去的"目标"，选择拉料杆、浇注系统凝料作为减去的"工具"，最后单击"减去"对话框中的"确定"按钮，完成拉料杆部分的开腔。

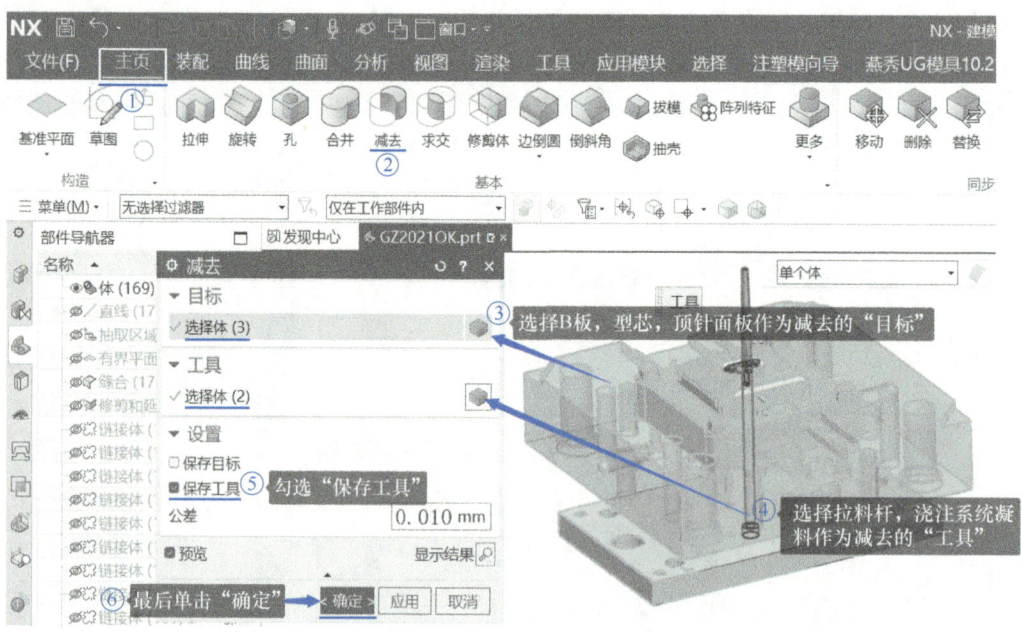

图 2-72 拉料杆开腔

项目二　二板模设计

任务八　设计滑块座

燕秀 UG 模具外挂没有滑块座组件和斜顶组件调用，设计过程相对麻烦。本例介绍两种方法，一是燕秀 UG 模具外挂设计工厂常用的狗腿式滑块座，二是利用 Moldwizard 调用滑块座组件。图 2-73 所示是狗腿式滑块座结构，这种滑块座结构简单，实用性强，用燕秀 UG 模具外挂一般设计的是这种滑块座。

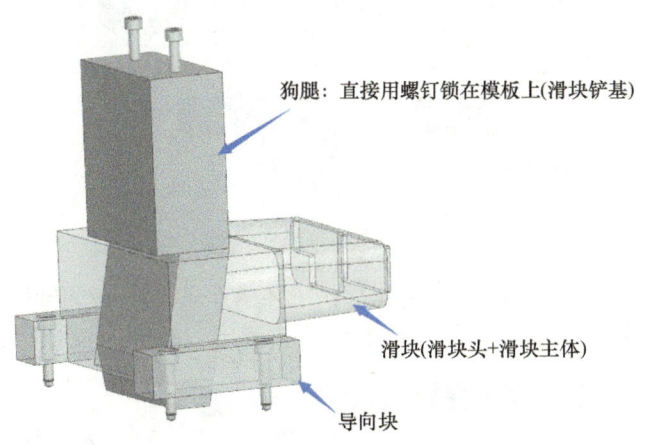

图 2-73　狗腿式滑块座结构

1. 采用燕秀 UG 模具 10.2 外挂滑块组件

如图 2-74 所示，单击"滑块座"命令，然后在弹出的对话框中单击选择"滑块 3"，再单击"指定放置点"栏中的"点对话框"按钮，弹出图 2-75 所示的"点"对话框。在"点"对话框中输入点的绝对坐标（50，0，-16），最后单击"点"对话框中的"确定"按钮。

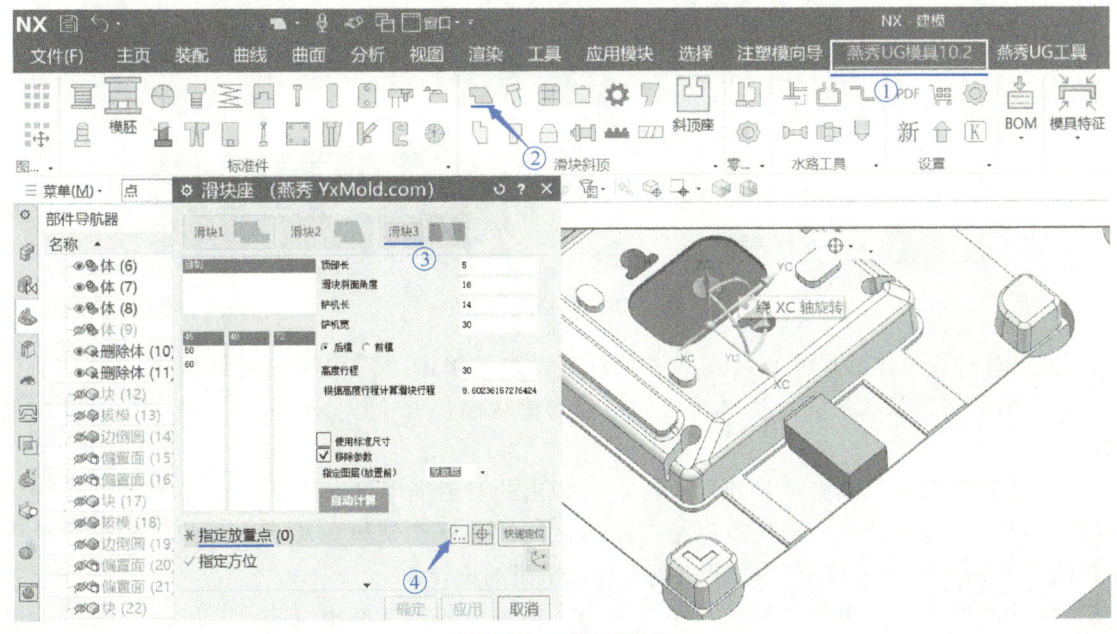

图 2-74　调用滑块座

45

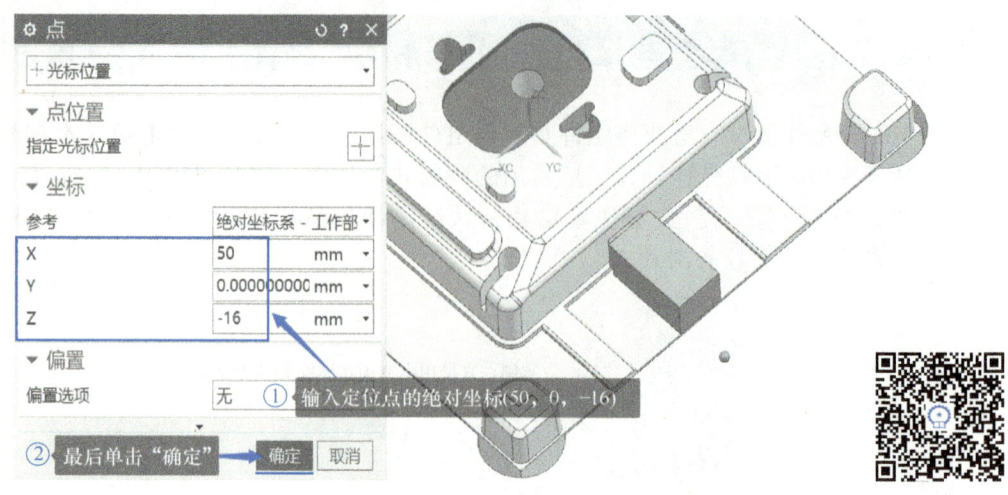

图 2-75 "点"对话框

设计滑块座

如图 2-76 所示，拖动绘图区的箭头调整滑块主体大小为 38mm×30mm×40mm，设置滑块斜面角度为 16°，最后单击"滑块座"对话框中的"确定"按钮，完成滑块座的调用。

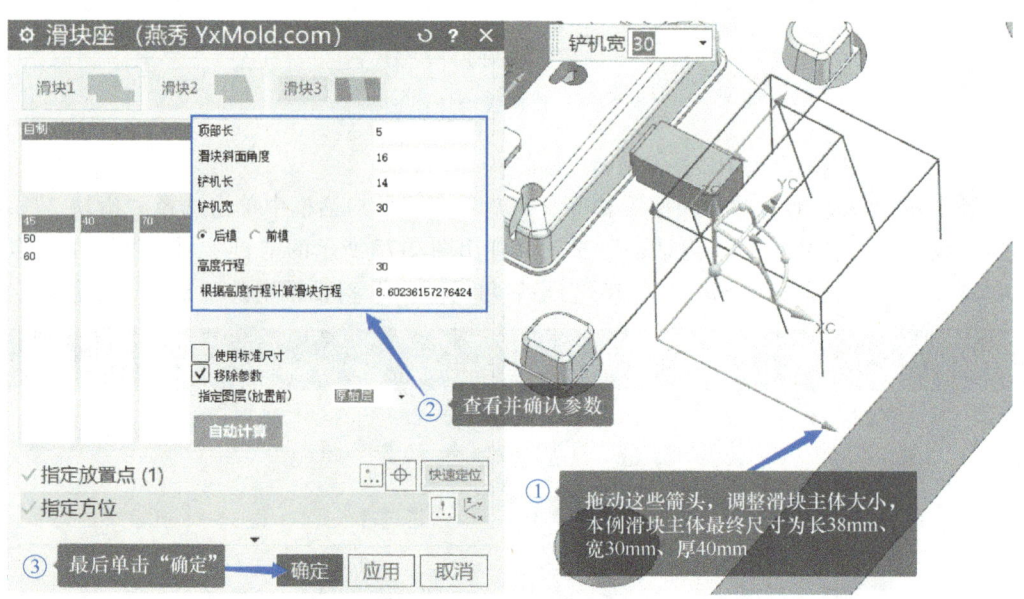

图 2-76 调整滑块主体

如果对滑块主体的尺寸有特别的要求，可以直接单击"滑块座"对话框中的"自动计算"，然后选择滑块头和滑块主体重合的面作为滑块面，就可以设计滑块主体了，设计速度更快。

如图 2-77 所示，单击"铲机"命令，在弹出的对话框中单击选择"铲机 3"，在绘图区按图 2-77 所示选择铲机的定位点，拖动绘图区的箭头调整铲机大小到合适尺寸，最后单击"铲机"对话框中的"确定"按钮，完成滑块铲机的设计。

如图 2-78 所示，单击"滑块压条"命令，在弹出的对话框中选择"L 压条（沉）"，设

项目二 二板模设计

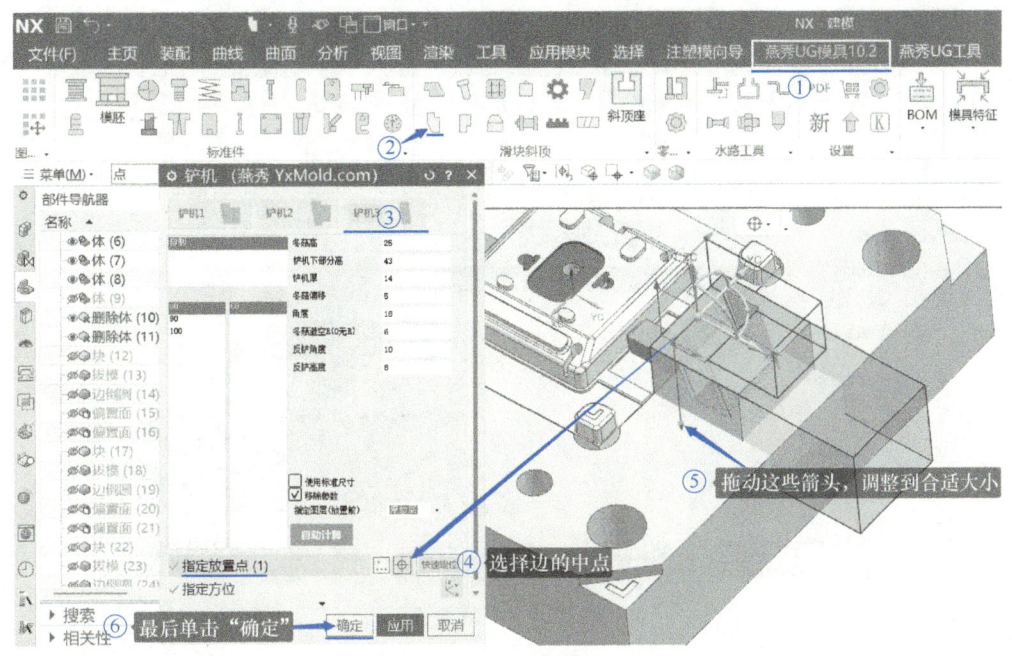

图 2-77 设计滑块主体的大小

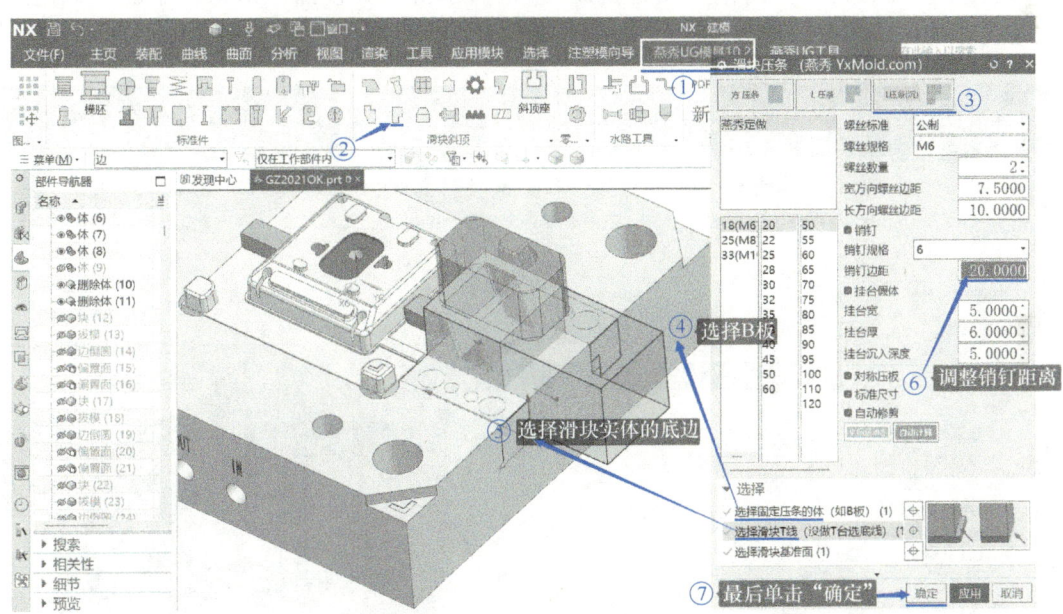

图 2-78 设计滑块压条

置销边距为 20mm,在绘图区选择 B 板作为"固定压条的体",选择滑块主体的下边沿作为"滑块 T 线",最后单击"滑块压条"对话框中的"确定"按钮,完成滑块压条的设计。

如图 2-79 所示,单击"合并"命令,然后在绘图区选择滑块主体作为合并的"目标",选择 2 个挂台作为合并的"工具",最后单击"合并"对话框中的"确定"按钮,完成滑块与挂台的合并。

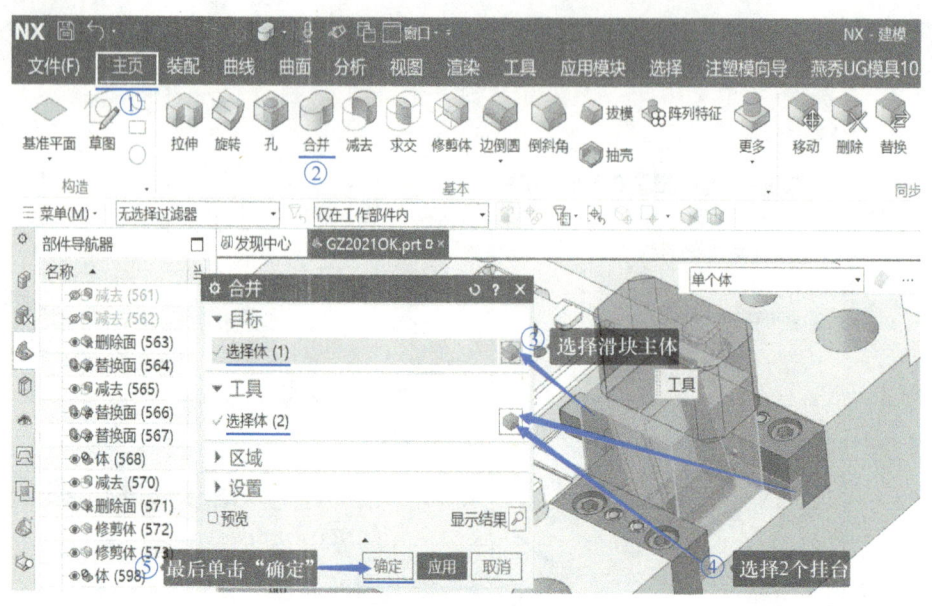

图 2-79 滑块合并

如图 2-80 所示,单击"替换"命令,然后在绘图区选择挂台的端面作为替换的"原始面",选择滑块主体的外侧面作为"替换面",最后单击"替换面"对话框中的"确定"按钮,完成滑块挂台长度的修改。

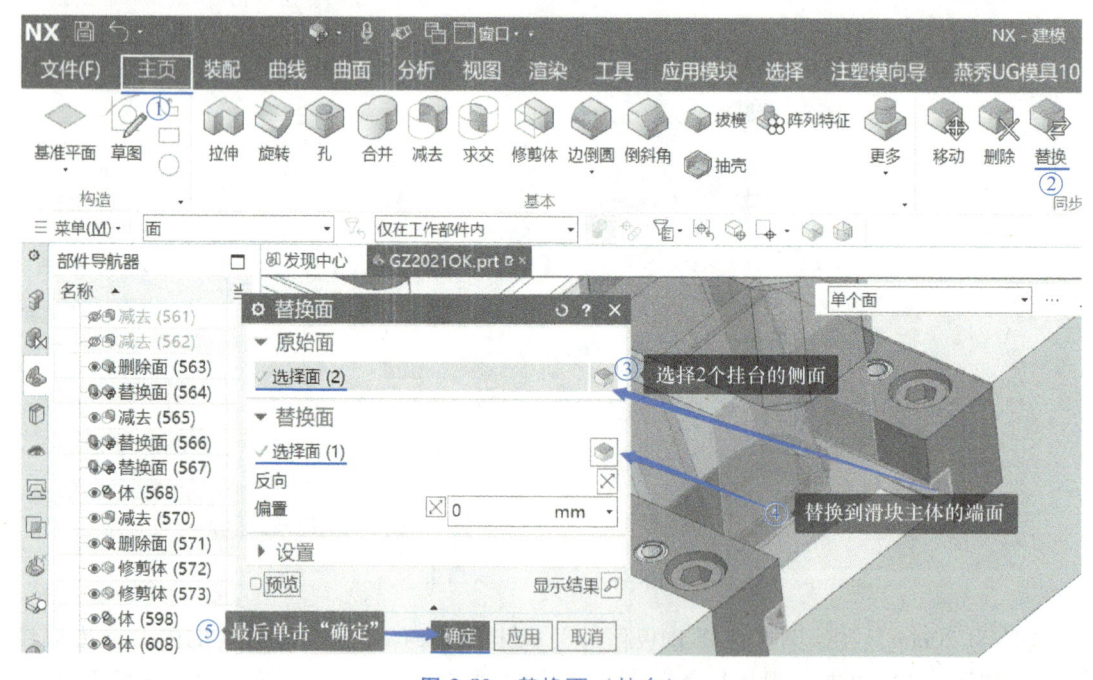

图 2-80 替换面(挂台)

如图 2-81 所示,单击"燕秀 UG 模具 10.2"→"螺丝"命令,在弹出的对话框中切换定位面类型,再单击该对话框中的"动态";之后在绘图区按图 2-82 所示进行选择,并单击

"选择螺牙放置平面"对话框中的"确定"按钮。

如图2-83所示，移动鼠标实现螺钉位置的大致定位，按键盘上的方向键（↑、↓、←、→）将螺钉的XY定位坐标准确移动到（15，0）并按<Enter>键确定，最后单击"返回"按钮；之后按图2-84所示单击"生成3D"。

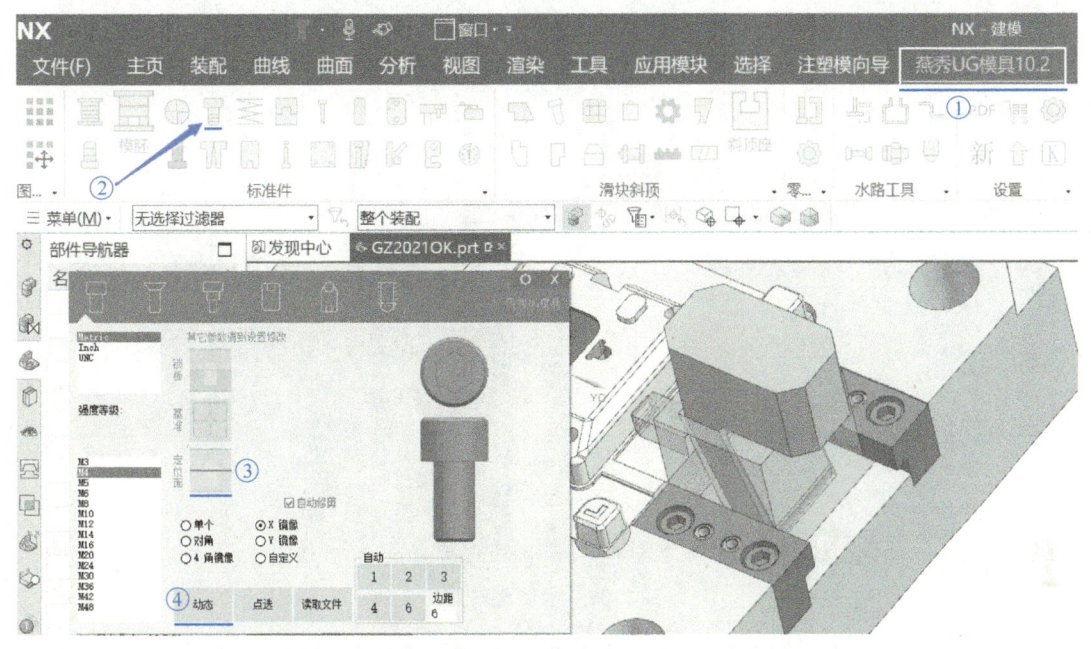

图 2-81 设计铲机固定螺钉

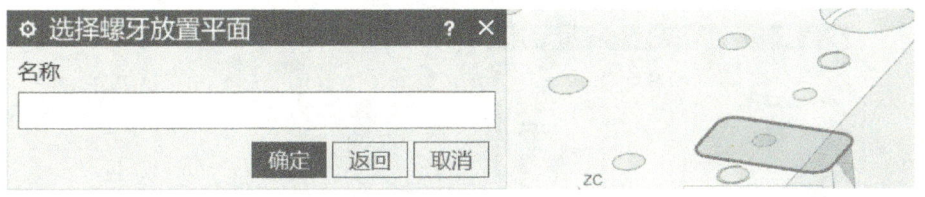

图 2-82 铲机固定螺钉放置面

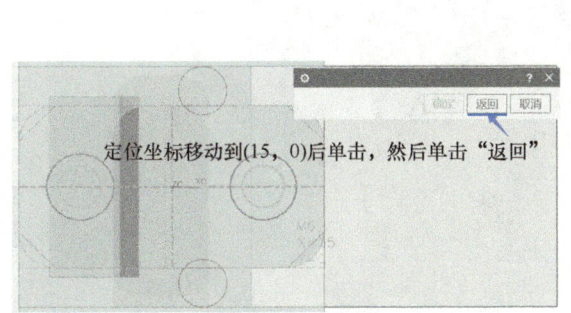

图 2-83 铲机固定螺钉定位尺寸

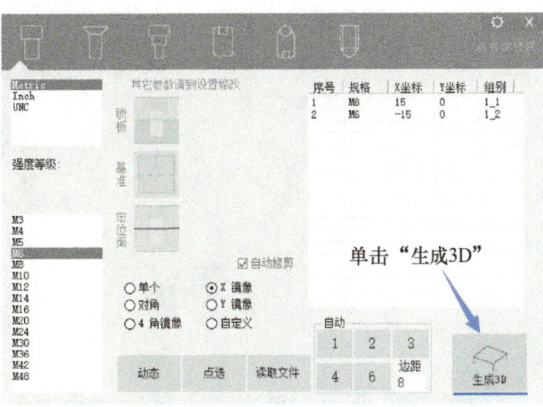

图 2-84 生成铲机固定螺丝

如图 2-85 所示，单击"主页"→"减去"命令，然后在绘图区选择 A 板、B 板、型芯、型腔作为减去的"目标"，选择滑块座组件作为减去的"工具"，勾选"保存工具"，最后单击"减去"对话框中的"确定"按钮，完成滑块座的开腔。

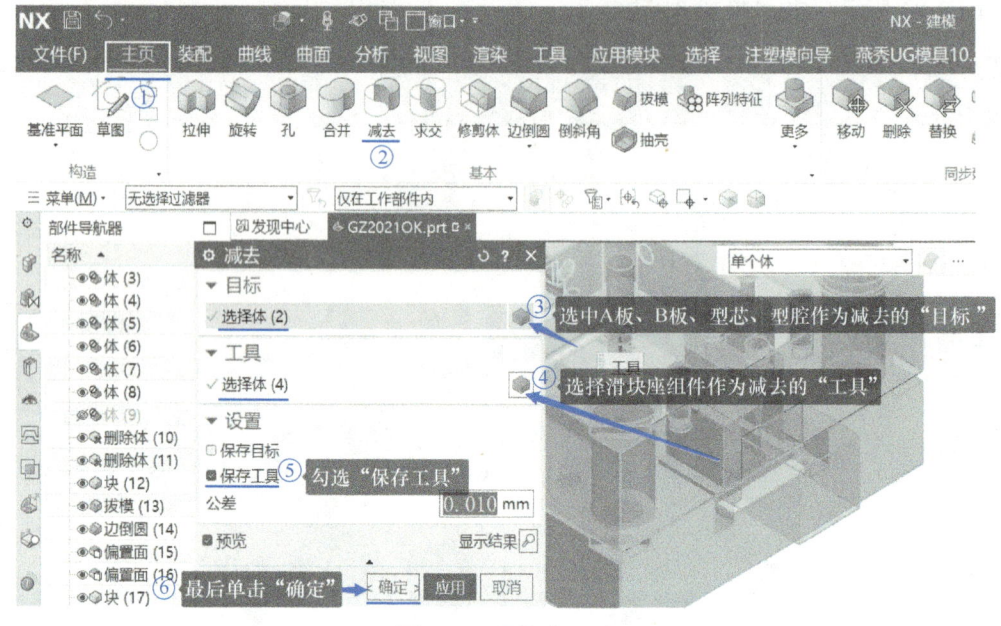

图 2-85 滑块座开腔

如图 2-86 所示，单击选中用于开腔（求差）的滑块座 false，按<Ctrl>+<J>键，在弹出的"编辑对象显示"对话框图层中输入"256"，将滑块座 false 移入垃圾层。

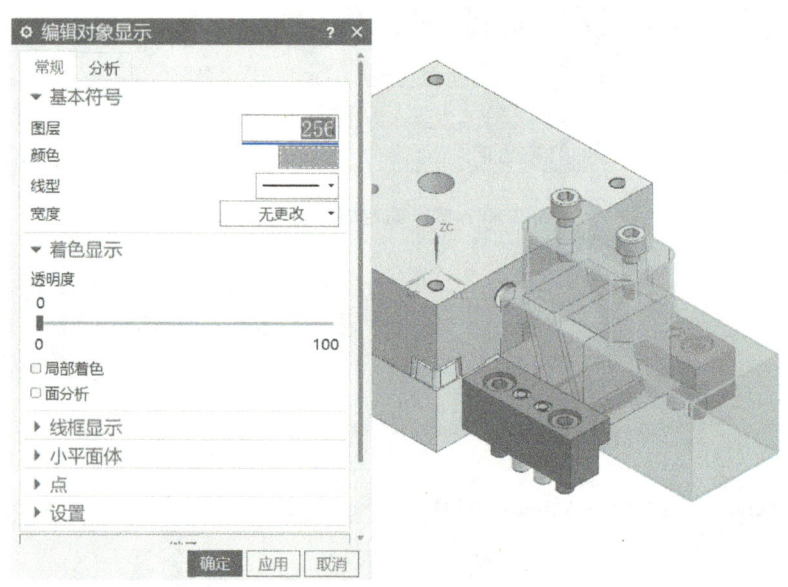

图 2-86 移入垃圾层

如图 2-87 所示，单击"主页"→"合并"命令，弹出的"合并"对话框；在绘图区选择滑块主体作为合并的"目标"，选择滑块头作为合并的"工具"，最后单击"合并"对话框中的"确定"按钮，完成滑块主体与滑块头的合并。

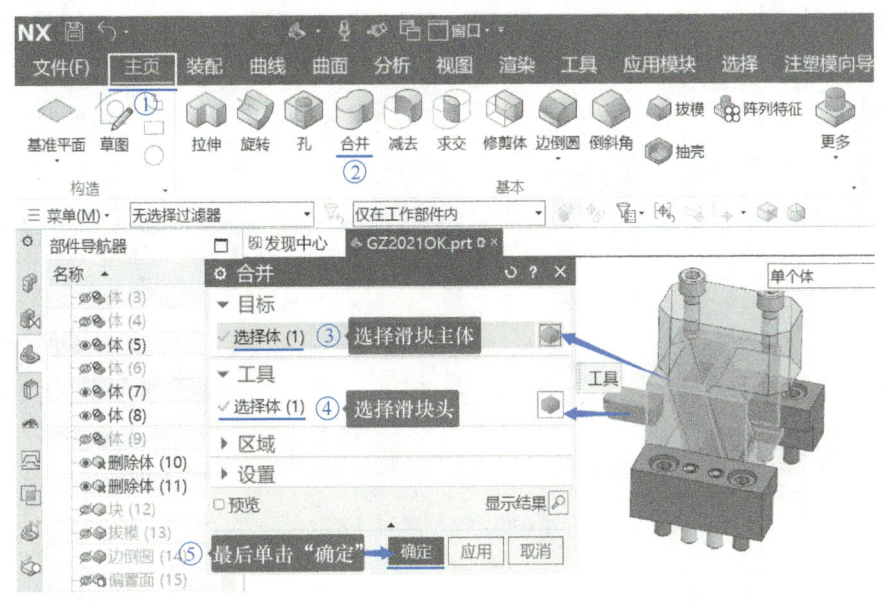

图 2-87 合并滑块体

如图 2-88 所示，单击"滑块限位"命令，然后按照图 2-88 所示选择"放置平面"和"放置点"，最后单击"滑块限位"对话框中的"确定"按钮，完成滑块限位螺钉的调用。

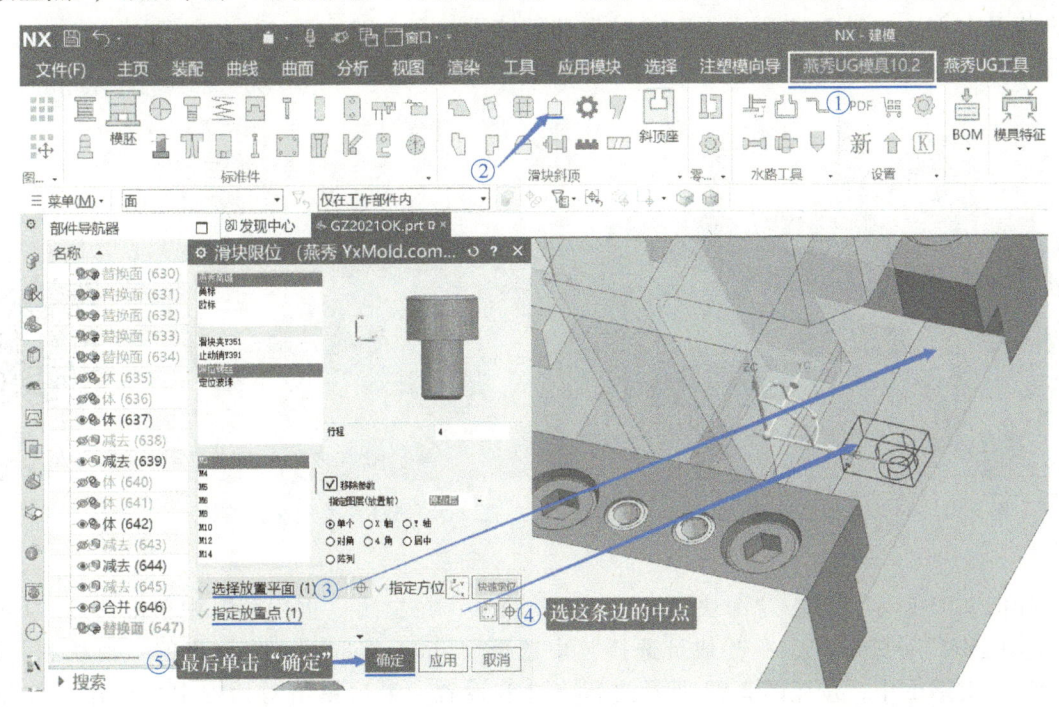

图 2-88 设计滑块限位螺钉

单击选中限位螺钉 false，直接按<Delete>键删除。如图 2-89 所示，单击"减去"命令，在绘图区选择型芯作为减去的"目标"，选择滑块限位螺钉作为减去的"工具"，最后单击该对话框中的"确定"按钮,完成滑块限位螺钉的开腔。滑块座的设计结果如图 2-90 所示。

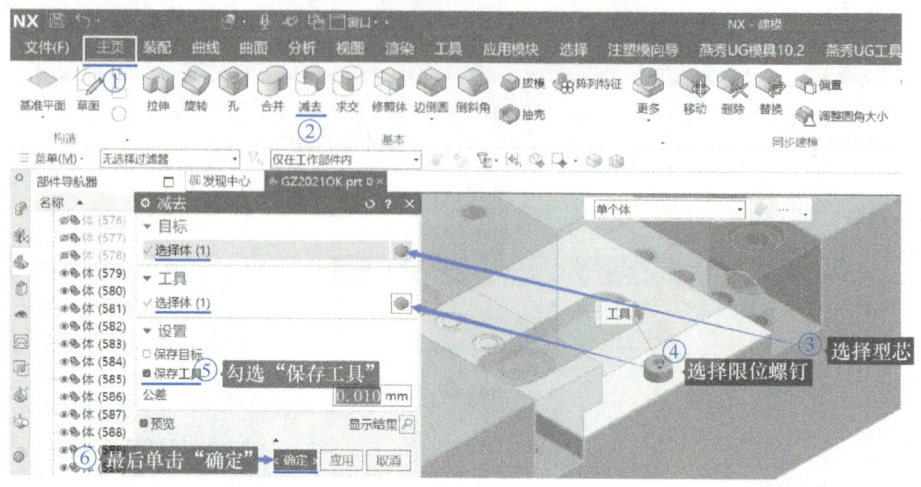

图 2-89 限位螺钉开腔

2. 采用 Moldwizard 调用滑块座组件

双击工作坐标系 WCS,再单击坐标原点,在绘图区选中滑块头后端面底边中点,将 WCS 坐标原点移动到这里。然后单击 XC 轴与 YC 轴之间的旋转点,拖动旋转 -90°,使 YC 轴指向模具中心,如图 2-91 所示。WCS 位置调整结果如图 2-92 所示。

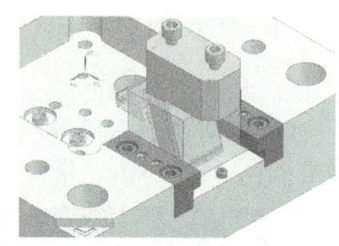

图 2-90 滑块座最终设计结果

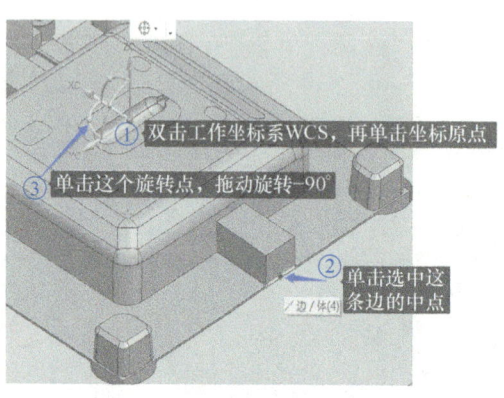

图 2-91 移动工作坐标系 WCS

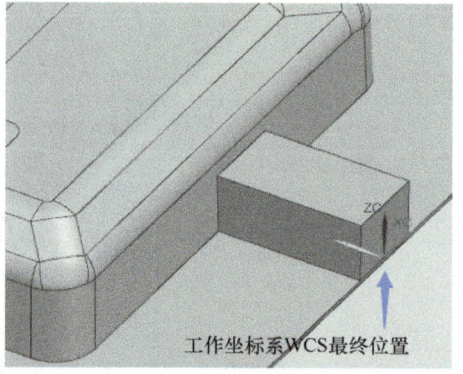

图 2-92 WCS 位置调整结果

设计斜导柱滑块座

如图 2-93 所示,单击"滑块和斜顶杆库"命令;在左侧"重用库"中单击选择"UNIVERSAL_MM"→"Slide",在"成员选择"中选择"Slider_Small";在弹出的"滑块和斜顶杆设计"对话框中,按照图 2-93 所示进行点选和设置,最后单击对话框中"应用"按钮;旋转绘图区的滑块组件,观察滑块座的结构和尺寸是否合理,若不合理,继续修改参数,然后再单击"应用"按钮后观察;合理后单击"取消"按钮,关闭"滑块和斜顶杆设计"对话框,如果单击"确定"按钮,软件会再次计算并关闭对话框。

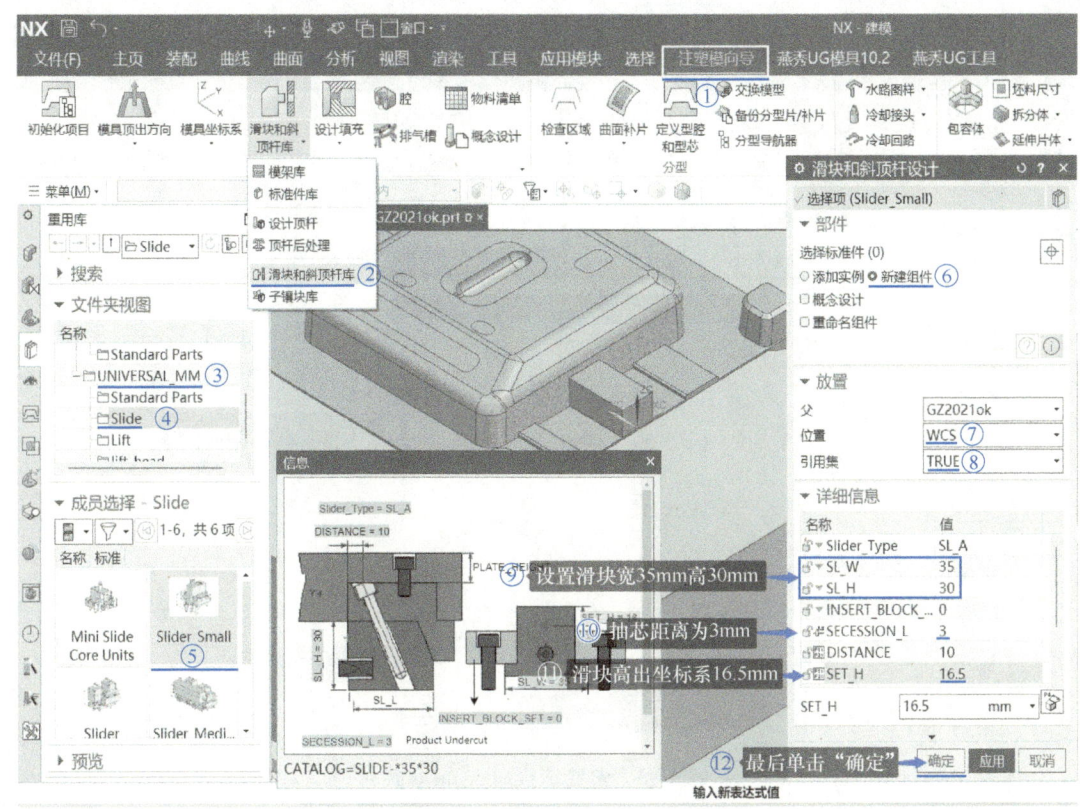

图 2-93 调用滑块和斜顶柱

如图 2-94 所示，在绘图区铲机螺钉上单击，在弹出的命令组中单击"在窗口中打开"，打开铲机螺钉零件。

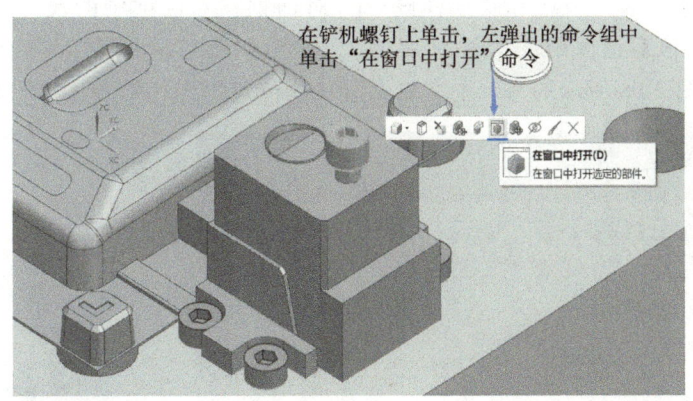

图 2-94 在窗口中打开

如图 2-95 所示，单击"偏置"命令，然后选择铲机螺钉 false 面的最高平面作为要偏置的面，输入偏置距离 25mm，最后单击"偏置区域"对话框中的"确定"按钮，完成面偏置。

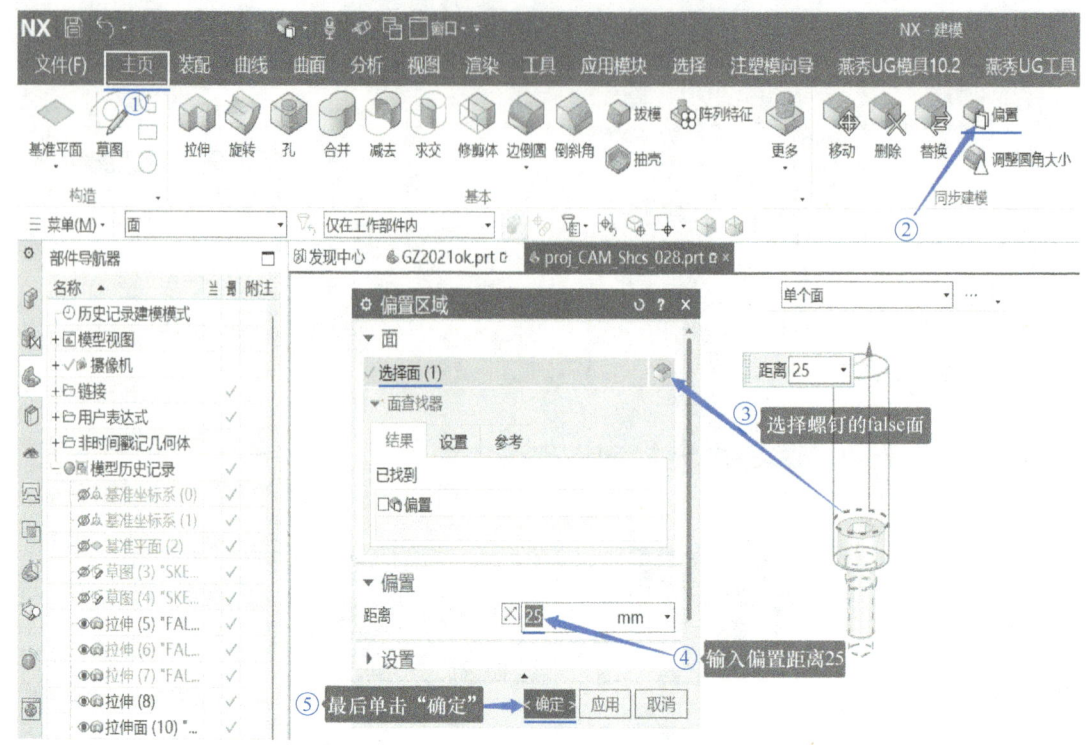

图 2-95 偏置铲机螺钉 false 面

如图 2-96 所示，单击点开左侧"装配导航器"，在铲机螺钉的零件名称"proj_CAM_Shcs_028"上单击鼠标右键（右击），选择"在窗口中打开父项"→"GZ2021ok"，回到装配总档。

如图 2-97 所示，单击滑块座上的任一零件，在弹出的命令组中单击"编辑工装组件"命令，弹出图 2-98 所示"滑块和斜顶杆设计"对话框；对话框中的尺寸和刚才选中的滑块座尺寸一致，点选该对话框中的"添加实例"，然后在工作坐标系 WCS 上双击，将工作坐标系 WCS 移动到图 2-98 所示的另一个需要做滑块的位置，最后单击"滑块和斜顶杆设计"对

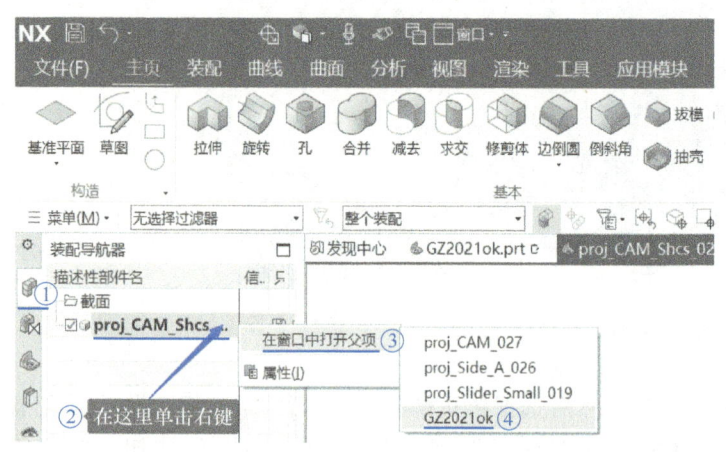

图 2-96 回到父项

图 2-97 编辑工装组件

话框中的"确定"按钮，就会设计出一个一模一样的滑块座。

说明：采用"添加实例"做出来的两个滑块座会一模一样，在不消参的情况下修改其中一个滑块座，另外一个会跟着改变。采用"新建组件"做出来的两个滑块座也会一模一样，在不消参的情况下修改其中一个滑块座，另外一个不会发生改变。

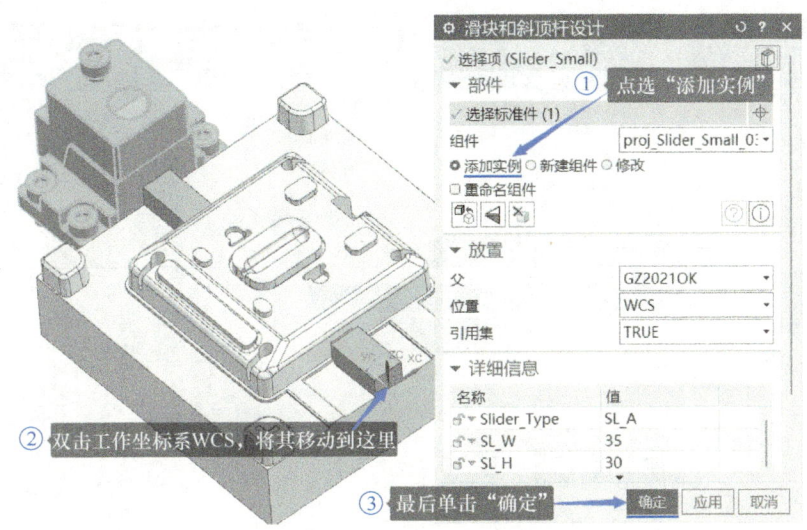

图 2-98　调用另一侧滑块座

如图 2-99 所示，单击"腔"命令，在弹出的"开腔"对话框中，"模式"选择"去除材料"，选择 A 板和 B 板作为开腔的"目标"，工具类型选择"组件"，将绘图区的两个滑块座选为开腔的"工具"，最后单击"开腔"对话框中的"确定"按钮，完成滑块座的开腔。

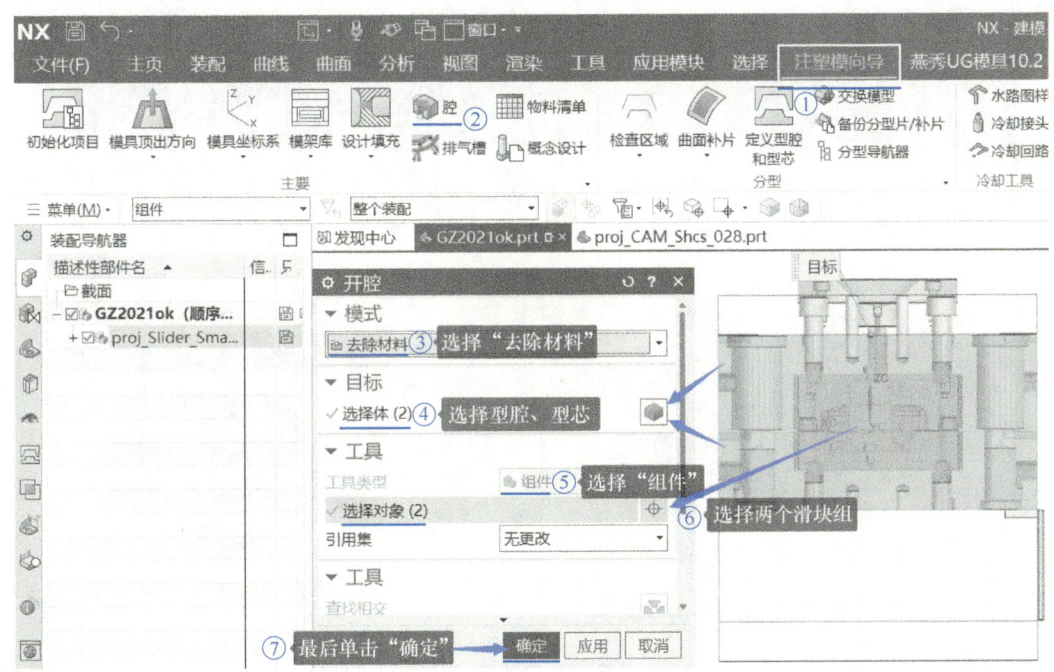

图 2-99　开腔

如图 2-100 所示，单击"WAVE 几何链接器"命令，在弹出的"WAVE 几何链接器"对话框中，链接的几何类型选择"体"，在绘图区选择两个滑块座共 24 个体作为链接对象，最后单击"WAVE 几何链接器"对话框中的"确定"按钮，将滑块座实体链接到设计的模型"GZ2021ok.prt"中。

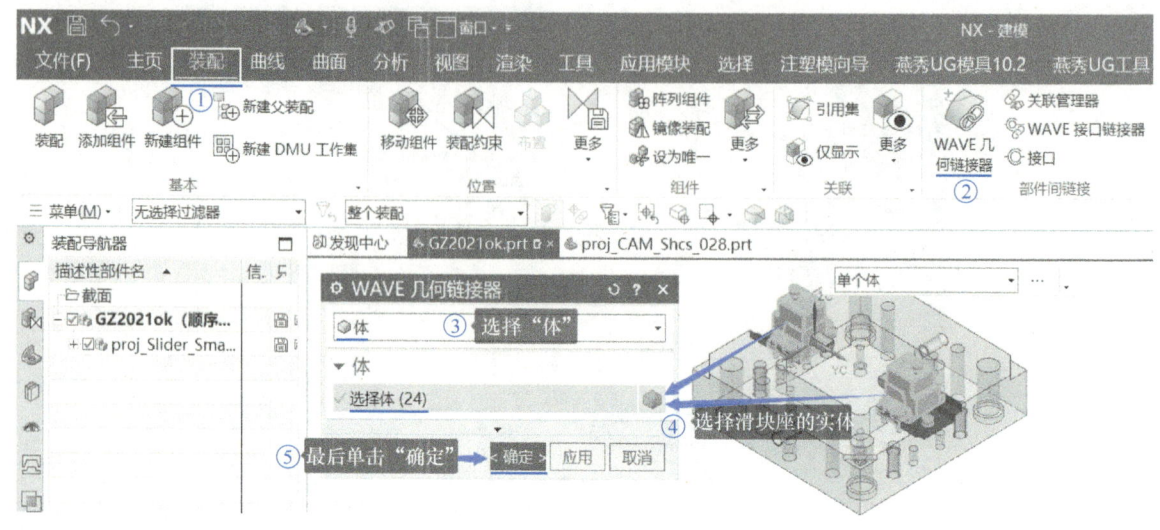

图 2-100　几何链接器

如图 2-101 所示，单击左侧的"装配导航器"，然后选中滑块座装配组件"proj_Slider_Small_019x2"，按<Delete>键删除装配组件。按照图 2-102 所示的方法，将滑块头和滑块主体合并为一个零件。

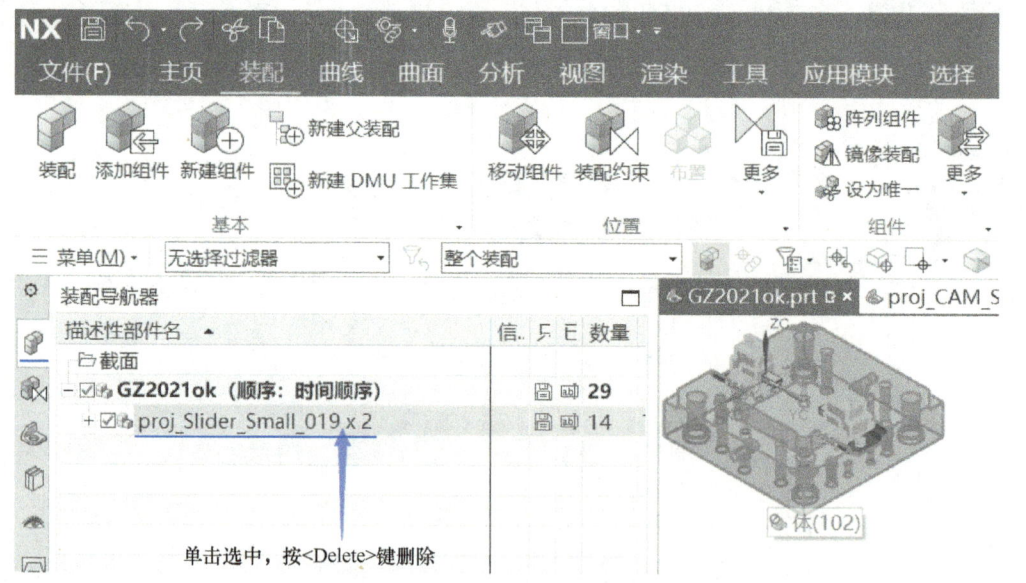

图 2-101　删除调用的滑块座装配组件

项目二　二板模设计

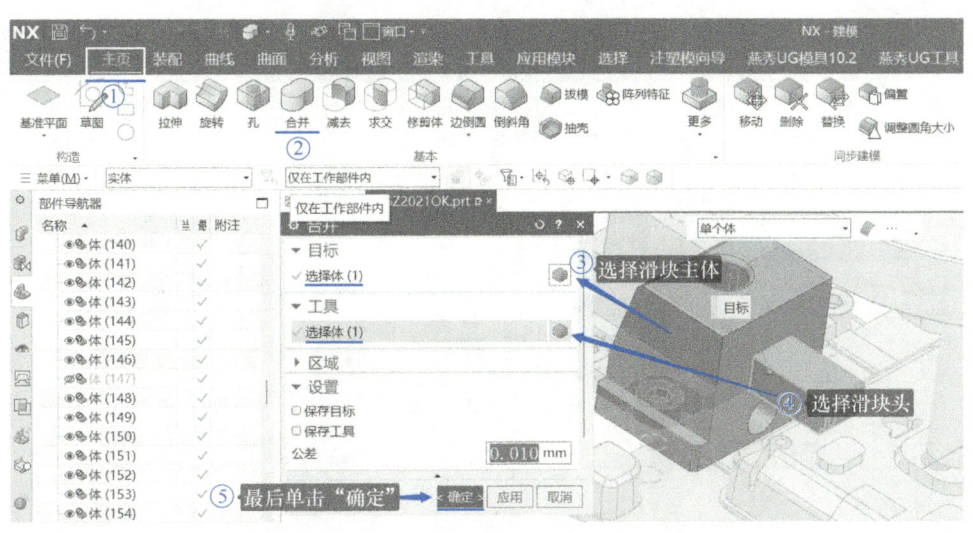

图 2-102　滑块头合并

任务九　设计斜顶

1. 设计斜顶头

用燕秀 UG 模具外挂设计斜顶相对麻烦。如图 2-103 所示，单击"斜顶头"命令，在弹出的对话框中选择"原身斜顶"→"自制"，尺寸选择 10mm×10mm，设置斜顶头参数如图 2-103 所示，然后在绘图区选择塑件（有斜顶的那一边）分型线中点作为"指定放置点"，最后在"斜顶头"对话框中单击"确定"按钮，完成斜顶头设计。按照图 2-104 所示的方法，完成型芯减去斜顶头。

设计斜顶头

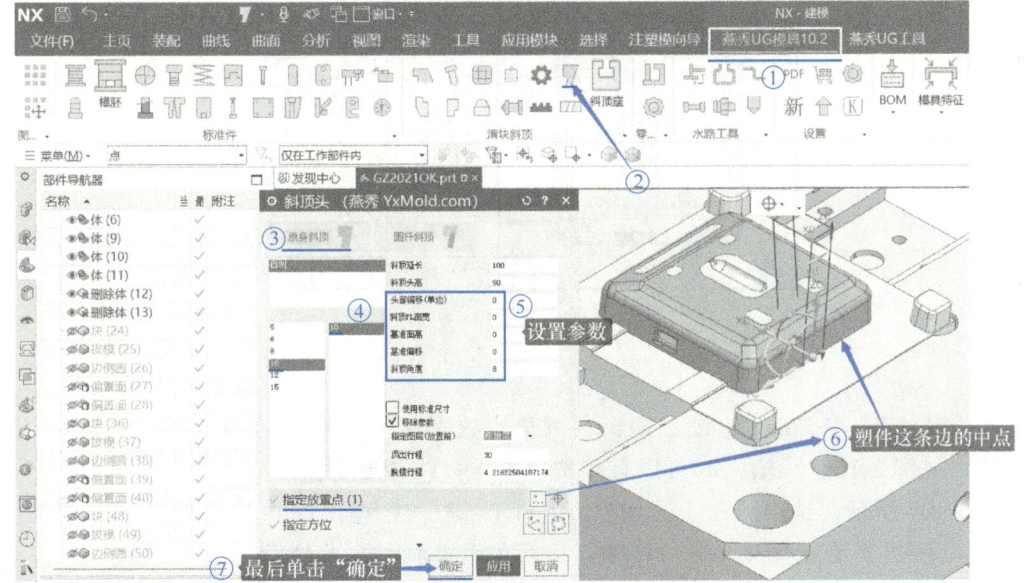

图 2-103　设计斜顶头

57

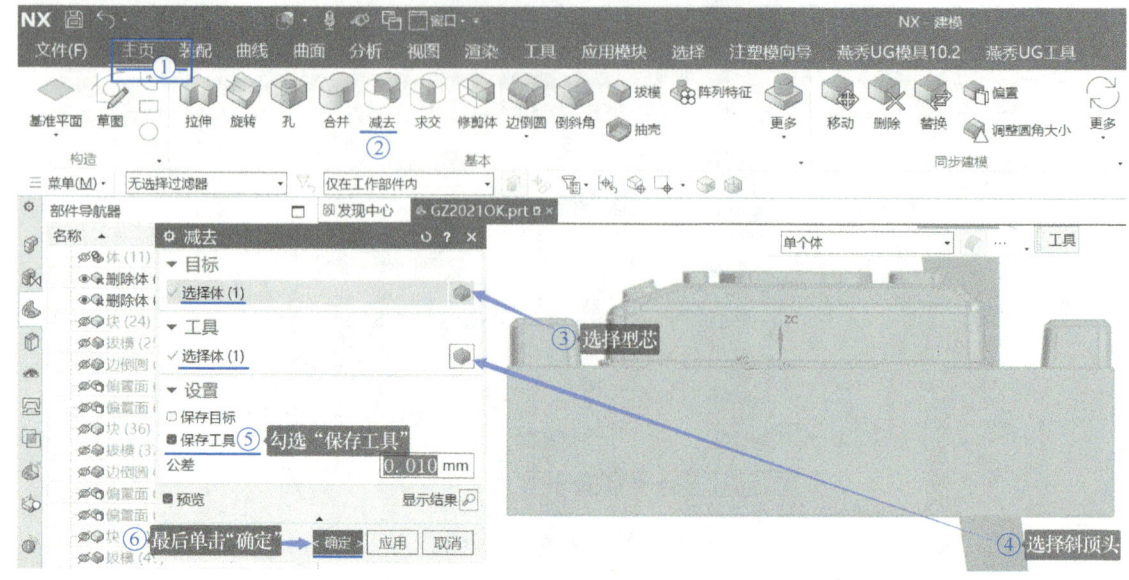

图 2-104 减去斜顶头

型芯上的斜顶孔要用线切割加工出来,这个方孔加工一般会安排在数控铣之前。方孔的定位尺寸会影响塑件斜顶区域的尺寸精度。如果设计之前已经将方孔加工好,或者后期加工的过程中定位尺寸有偏差,设计师需要修改设计,使型芯实物方孔的定位尺寸和设计尺寸保持一致。

例如线切割加工方孔后,测得方孔的定位尺寸 B(图 2-105)为 77.2mm。现在需要设计师将斜顶头重新调整到这个尺寸。图 2-106 所示为测量出设计时该定位尺寸为 74.4152mm。

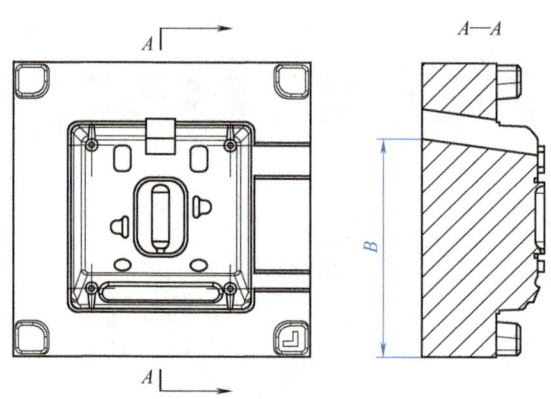

图 2-105 定位尺寸 B

技巧:尺寸 74.4152mm 比较难记,在测量出这个尺寸时可以在这个尺寸上单击右键,复制该尺寸(图 2-106)。输入时可以直接按<Ctrl>+<V>键粘贴。

如图 2-107 所示,选中斜顶头,按<Ctrl>+<T>键,在弹出的"移动对象"对话框中点选"移动原先的",在绘图区单击 YC 轴箭头,在距离框中输入"77.2-74.4152"并按<Enter>键。完成斜顶、斜顶导向块、斜顶座的移动。

项目二　二板模设计

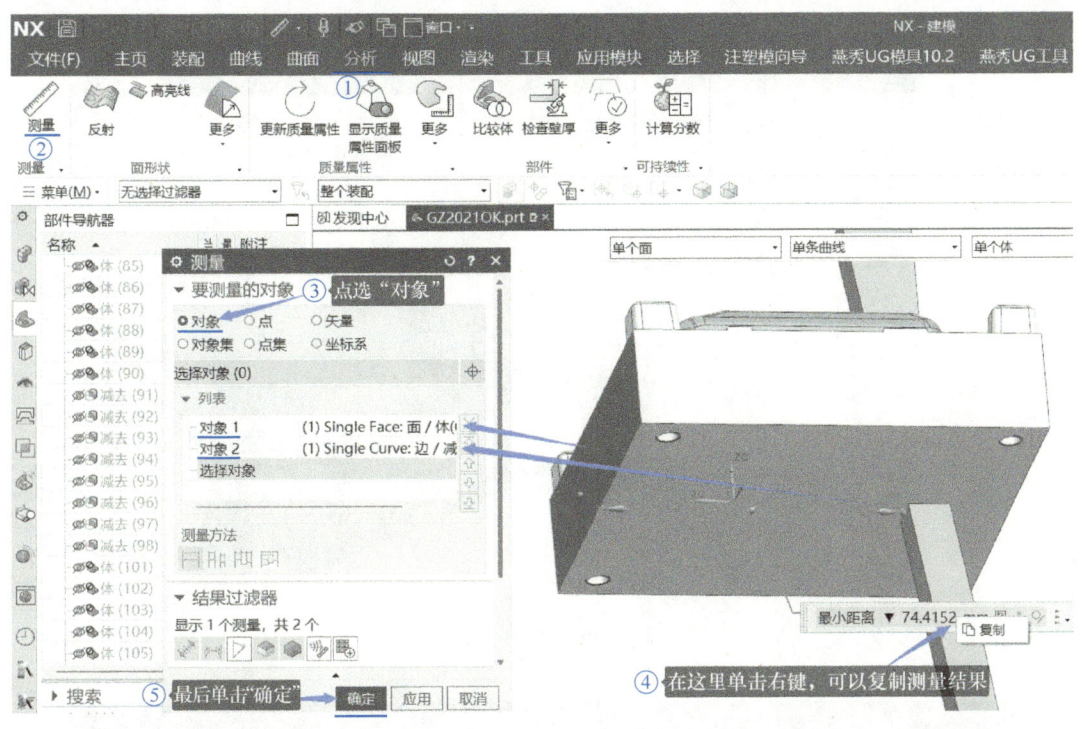

图 2-106　测量定位尺寸

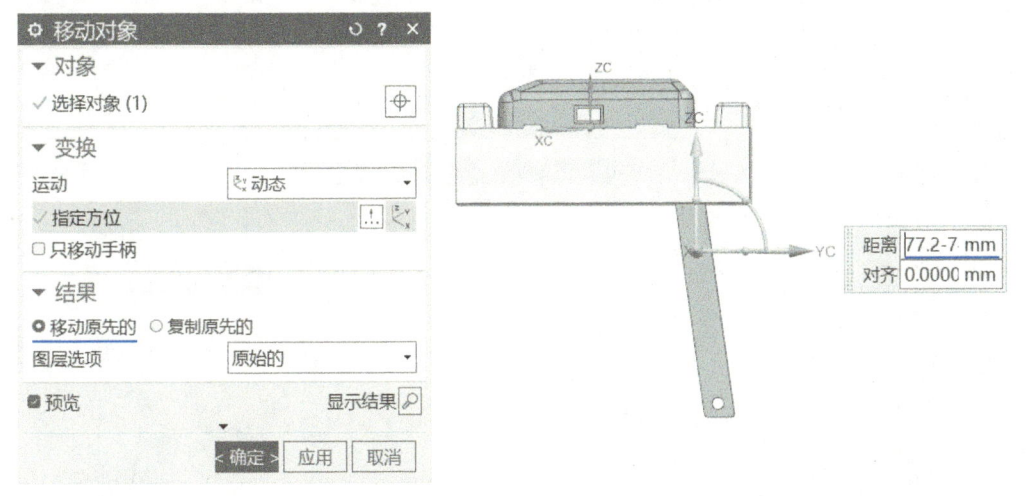

图 2-107　移动对象

2. 修剪斜顶头

按图 2-108 所示的方法修剪斜顶头。单击"主页"→"减去"命令，在弹出的"减去"对话框中勾选"保存工具"，在绘图区选择斜顶头作为减去的"目标"，选择塑件作为减去的"工具"，最后单击"减去"对话框中的"确定"按钮。

按图 2-109 所示的方法删除斜顶头多余部分。单击"删除"命令，在绘图区选择斜顶头多余的面作为"要删除的面"，最后单击"删除面"对话框中的"确定"按钮，完成斜顶头的修剪。

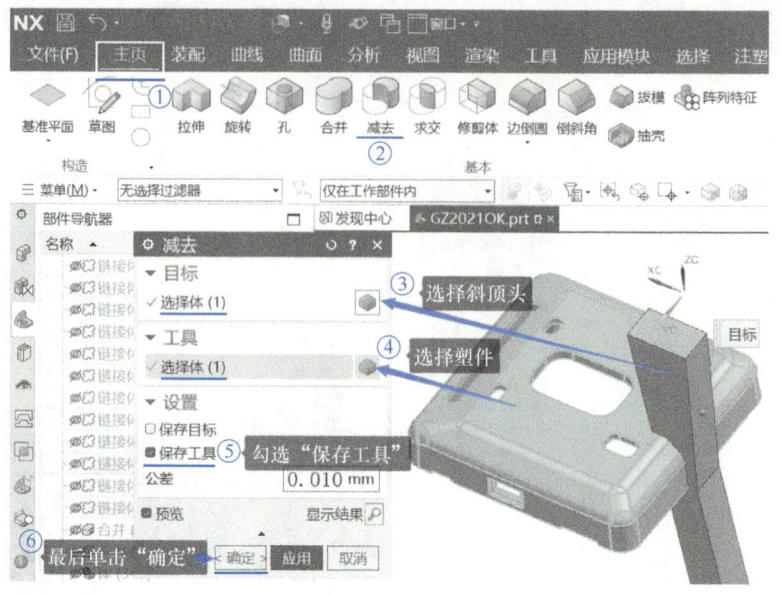

图 2-108 修剪斜顶头

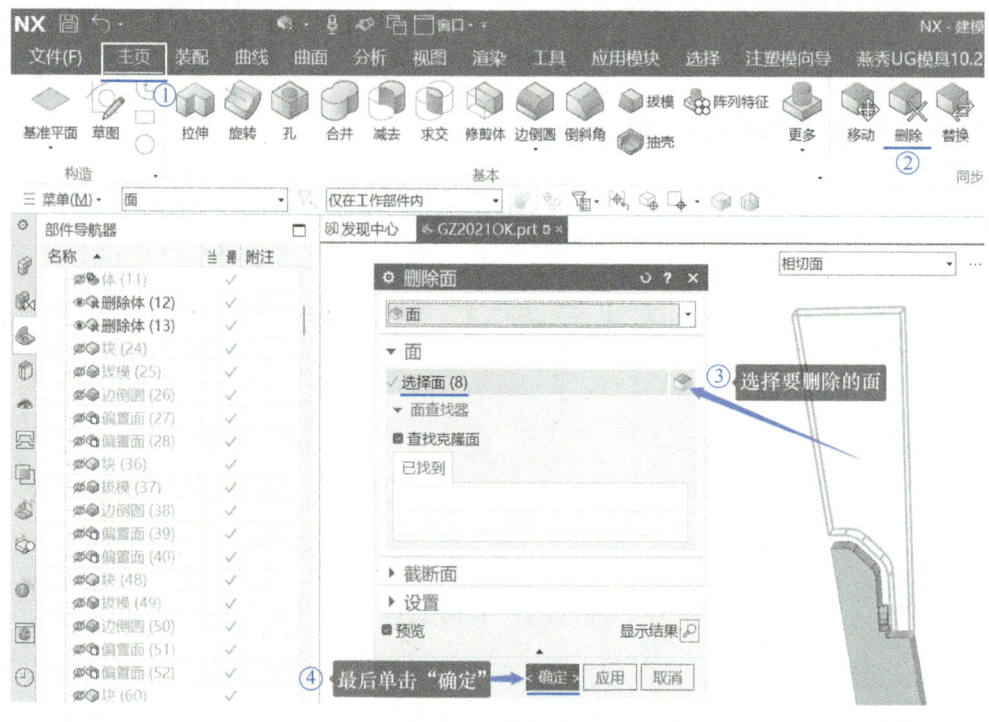

图 2-109 删除斜顶头多余部分

3. 设计斜顶导向块

如图 2-110 所示，单击"斜顶导向块"命令，然后在弹出的对话框中选择"斜顶导向2"，选择 B 板下表面作为"放置面"，在绘图区选择斜顶头，最后单击"斜顶导向块"对话框中的"确定"按钮，完成斜顶导向块的设计。

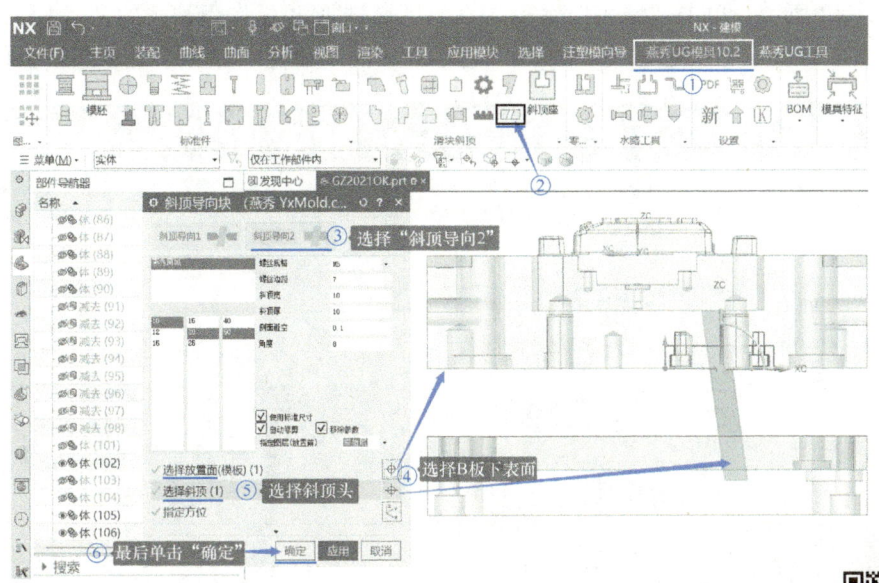

图 2-110 设计斜顶导向块

4. 设计斜顶座

如图 2-111 所示,单击"斜顶座"命令,按图 2-111 所示在绘图区选择斜顶头,最后单击"斜顶座"对话框中的"确定"按钮,完成斜顶座的设计。

设计斜顶导向块和斜顶座

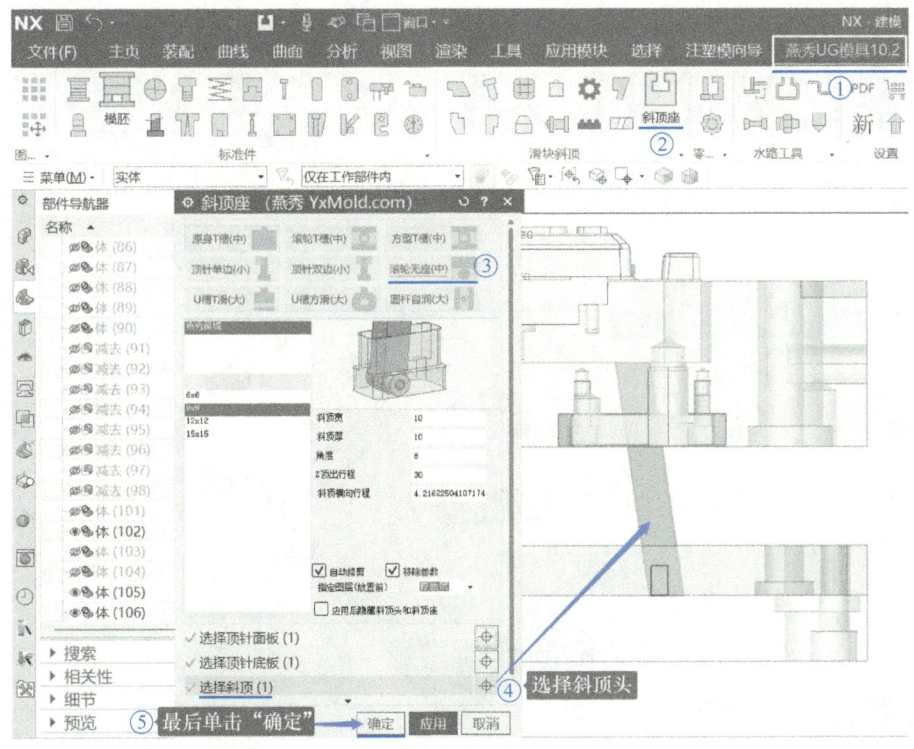

图 2-111 设计斜顶座

如图 2-112 所示，单击"减去"命令，在绘图区选择 B 板作为减去的"目标"，选择斜顶头作为减去的"工具"，最后单击"减去"对话框中的"确定"按钮，完成斜顶头的开腔。

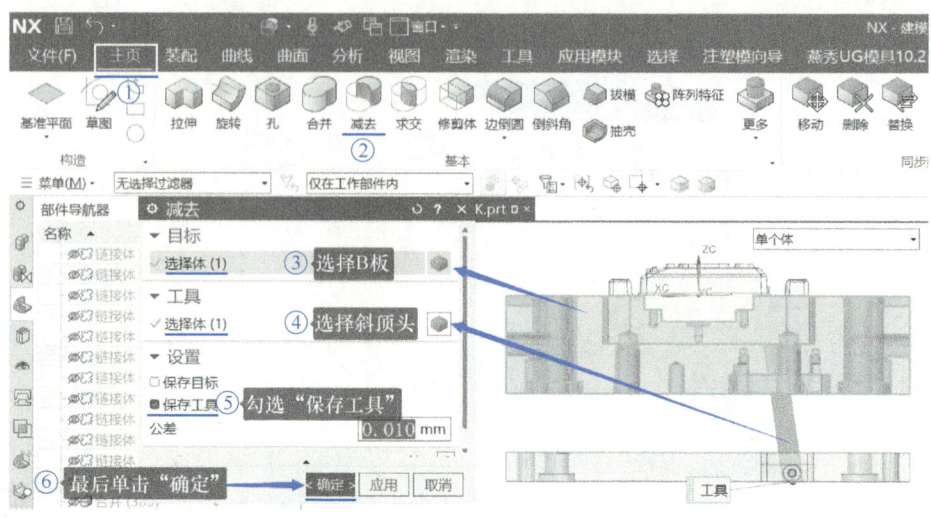

图 2-112　斜顶头开腔

5. 设计斜顶过孔

如图 2-113 所示，单击"斜顶避空"命令，然后选择斜顶孔的加工方式为"钻"，在绘图区选择斜顶孔的侧面，设置"单边避空大小"为 1.5mm，最后单击"斜顶避空"对话框中的"确定"按钮，完成斜顶过孔的结构修改和扩大。这样设计更方便安装，也更方便 B 板的加工。

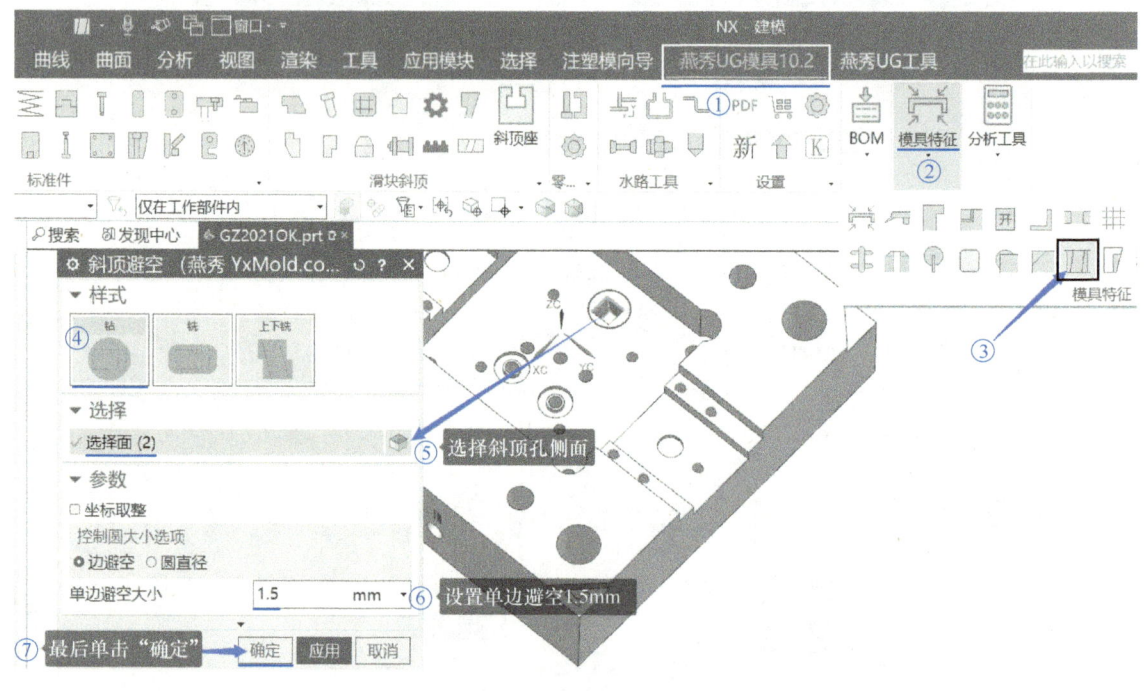

图 2-113　设计斜顶过孔

斜顶的设计结果如图2-114所示。

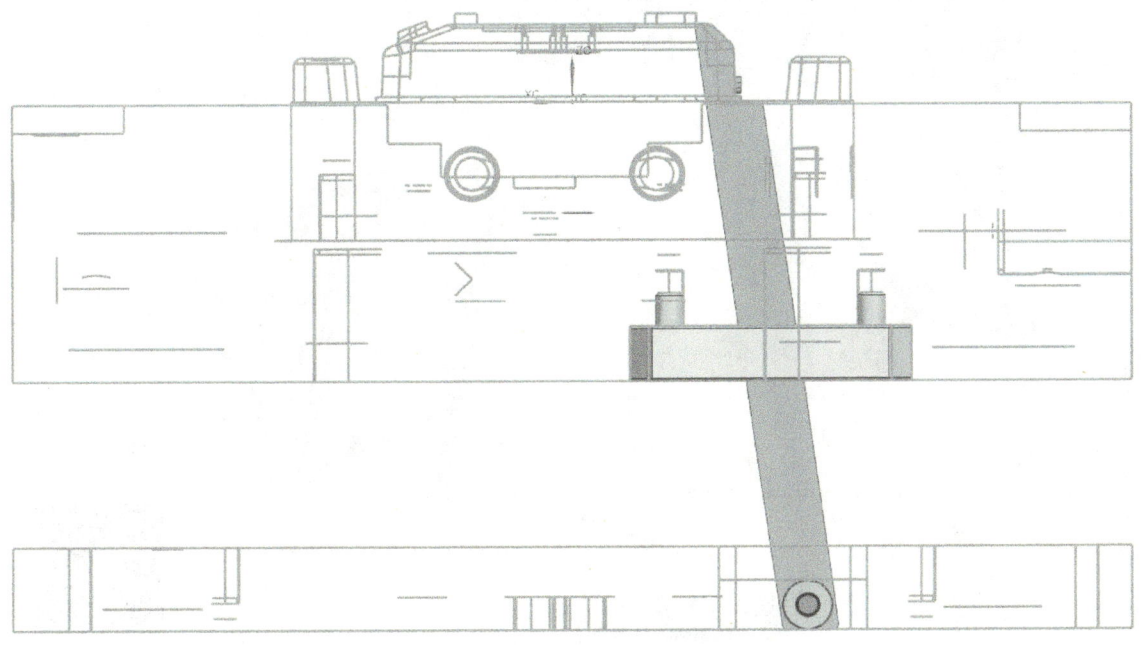

图2-114 斜顶的设计结果

任务十 设计顶出系统

1. 设计司筒

"司筒"即用于推出制品的推管或中空顶针。

如图2-115、图2-116所示,单击选择"顶针"命令,在弹出的对话框中,选择"司筒"(第1行第4个),设置"司筒规格"为"4","内针规格"为"2",在绘图区依次单击需要设置司筒的4个圆心,最后单击"顶针"对话框中的"确定"按钮,完成司筒的调用。

2. 添加无头螺钉

如图2-117所示,单击"压板"命令,在弹出的对话框中选择"无头螺丝",设置公制螺钉("Metric"→"M8"),在绘图区选择下模座板的下表面作为"放置面",再依次单击4个司筒针的底面作为"需要压住的面",最后单击"压板"对话框中的"确定"按钮,完成4个司筒针无头螺钉的设计。

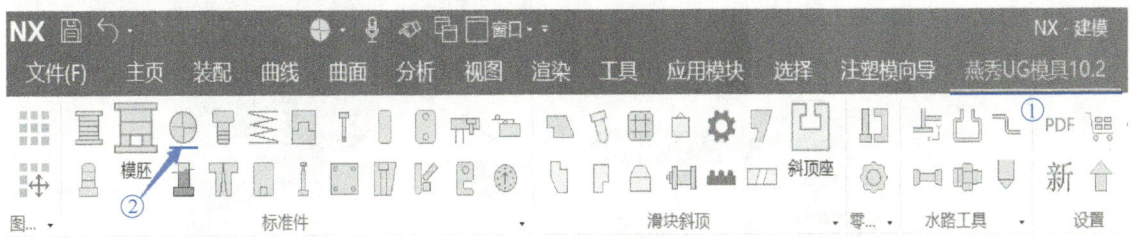

图2-115 司筒命令

塑料模具CAD/CAM/CAE

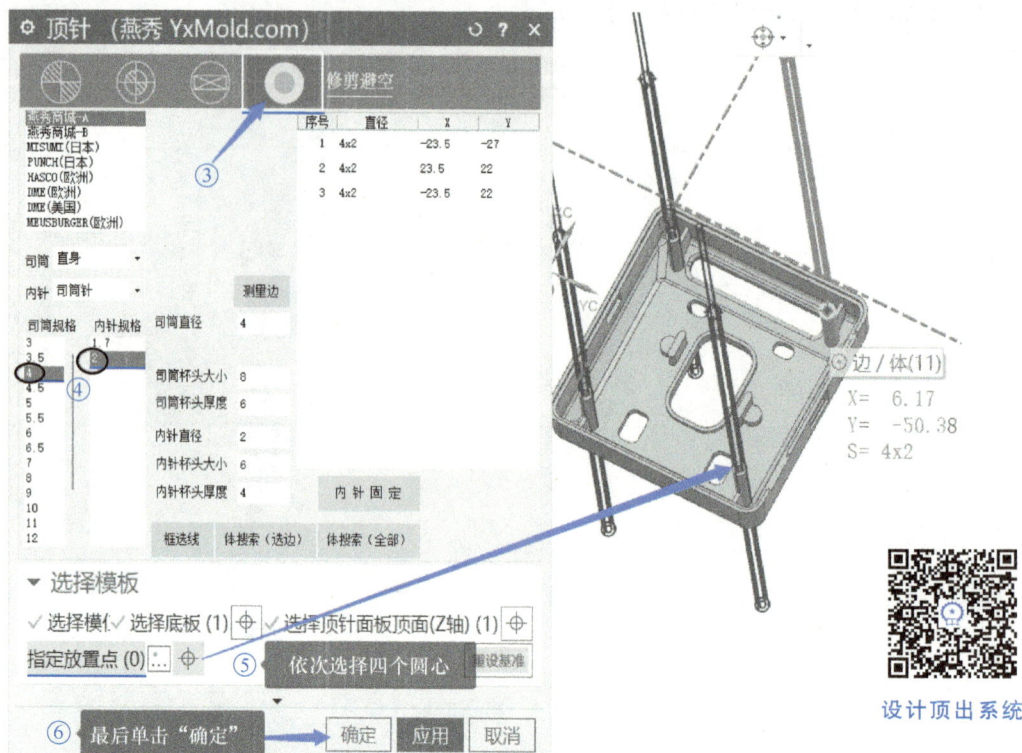

图 2-116　设计司筒

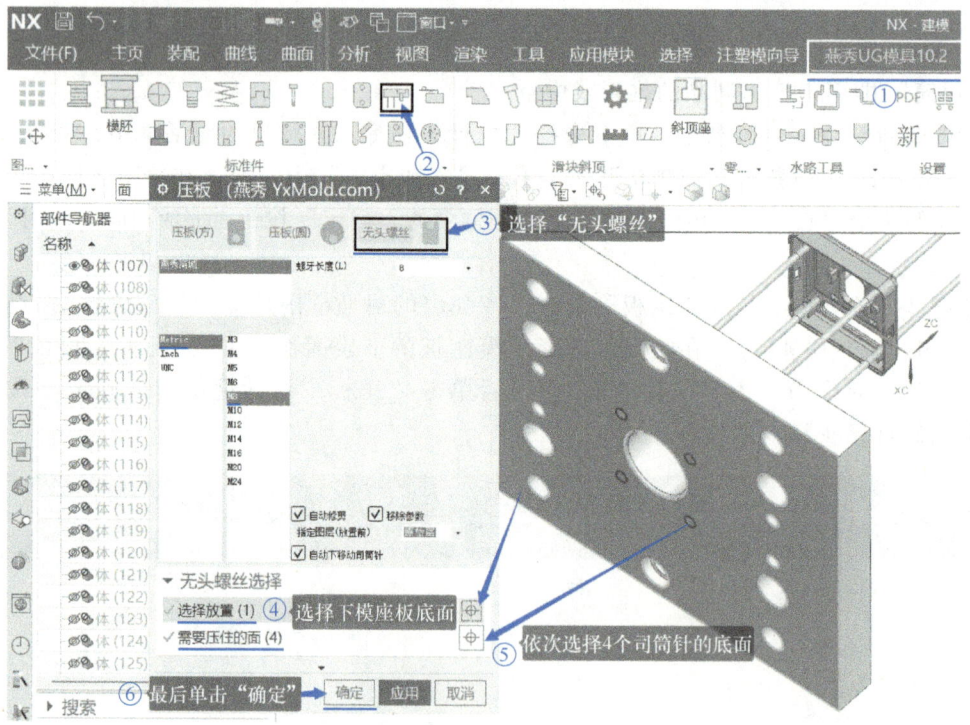

图 2-117　设计无头螺钉

调用的司筒和无头螺钉如图 2-118 所示。

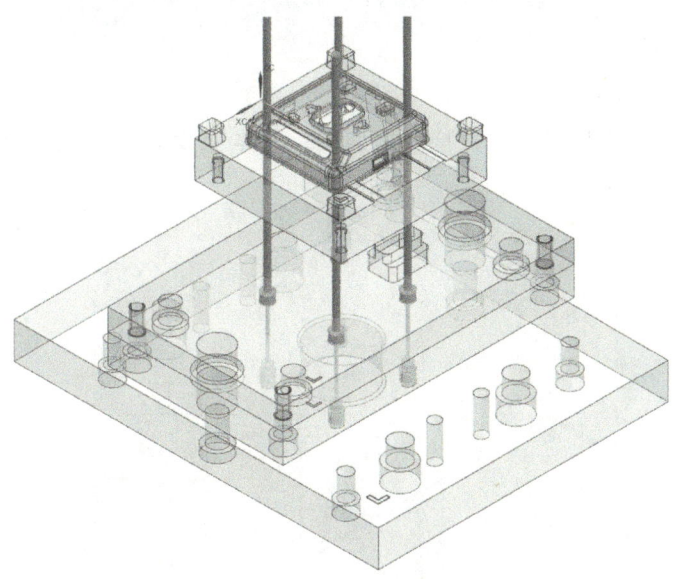

图 2-118　调用的司筒和无头螺钉

说明：若不设计无头螺钉，将无法对司筒进行修剪。

如图 2-119 所示，单击"顶针修剪"命令，然后选中所有的司筒和司筒针，选择型芯作为"模仁"，其余采用默认选项，最后单击"顶针修剪"对话框中的"确定"按钮，完成司筒的修剪。

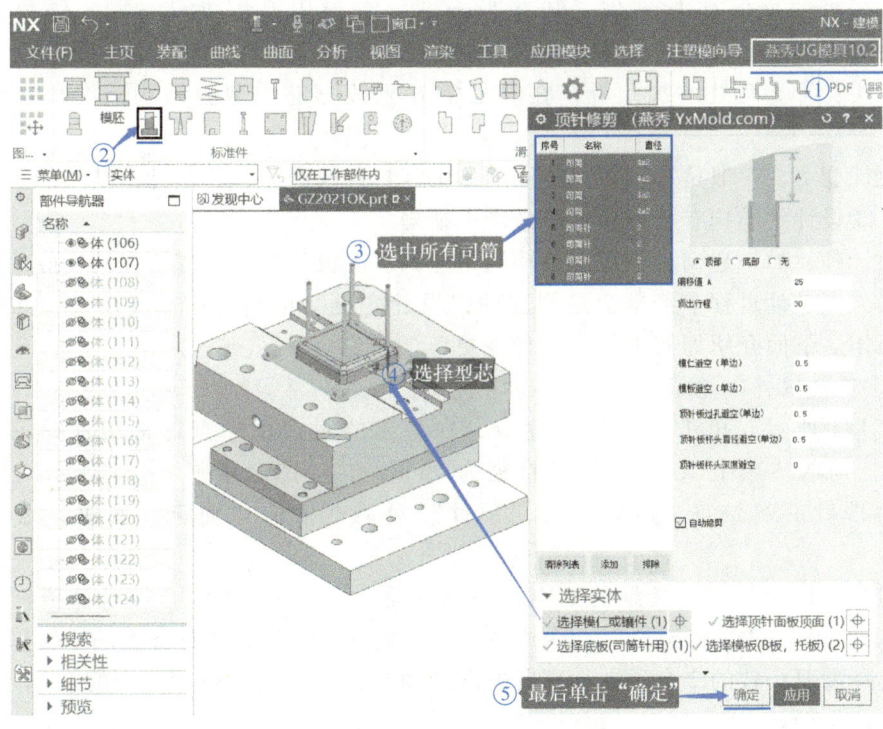

图 2-119　修剪司筒

任务十一 设计变更

1. 模仁加工工艺分析

本例型芯、型腔结构相对简单,特别是型腔,基本上没有什么加工难度。但如图 2-120 所示,型芯上存在以下 2 个问题。

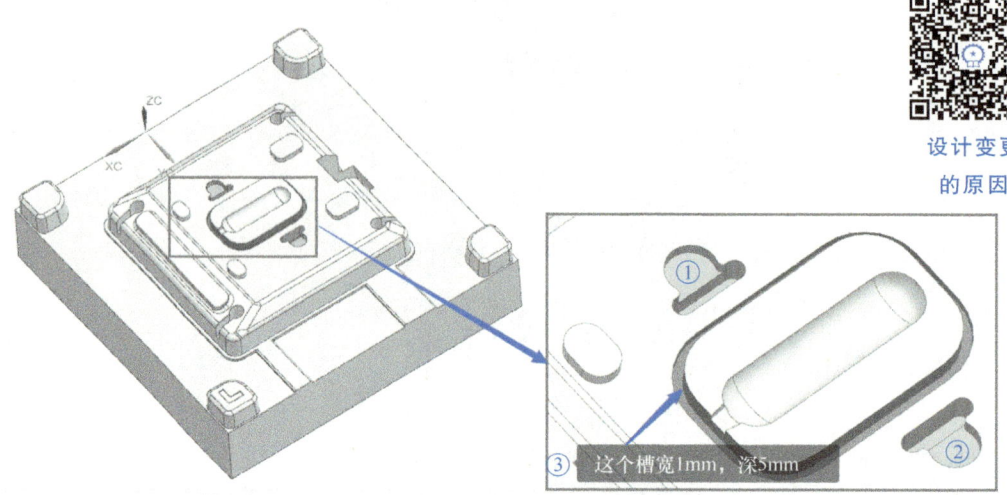

图 2-120 型芯工艺分析

第一,①②两处塑件较难脱模,仅靠 4 根顶针顶出,塑件可能会碎裂;

第二,③处的槽仅有 1mm 宽,却有 5mm 深,如果用 CNC 加工该槽,需要定制刀具(通常直径 1mm 的铣刀,其刃长只有 3mm),难度较大,成本高。

解决方法:①②两处增加顶针;在③处需要更改型芯、型腔结构,将凸台设计在型腔侧。

要做设计变更,一般是有以下三个原因:①客户修改产品;②设计的结构加工困难或加工成本高;③设计的结构有可能导致产品产生缺陷。

作为设计师,如果遇到设计变更,特别是遇到多次设计变更,需要保持良好的心态,做到不急不躁。在设计过程中经常会遇到这种"设计变更"的情况,需要设计师和工艺人员一起配合工作。下面介绍如何进行"设计变更"。

2. 设计顶针镶件(含止转)

如图 2-121 所示,单击"顶针"命令,在弹出的对话框中点选常用顶针图标(第 1 行第 1 个),勾选"单个",设置顶针直径为 5mm,在绘图区按图 2-121 所示依次点选两个圆心作为顶针的定位点,最后单击"顶针"对话框中的"确定"按钮,完成顶针的调用。

调用的两根顶针与产品接触的面不是平面(是台阶面),所以必须设计顶针止转。如图 2-122 所示,单击"顶针定位"命令,在弹出的对话框中选择顶针杯头的止转形式,在绘图区依次选择需要止转的 2 个顶针,最后单击"顶针镶针定位"对话框中的"确定"按钮,完成顶针止转设计。

项目二 二板模设计

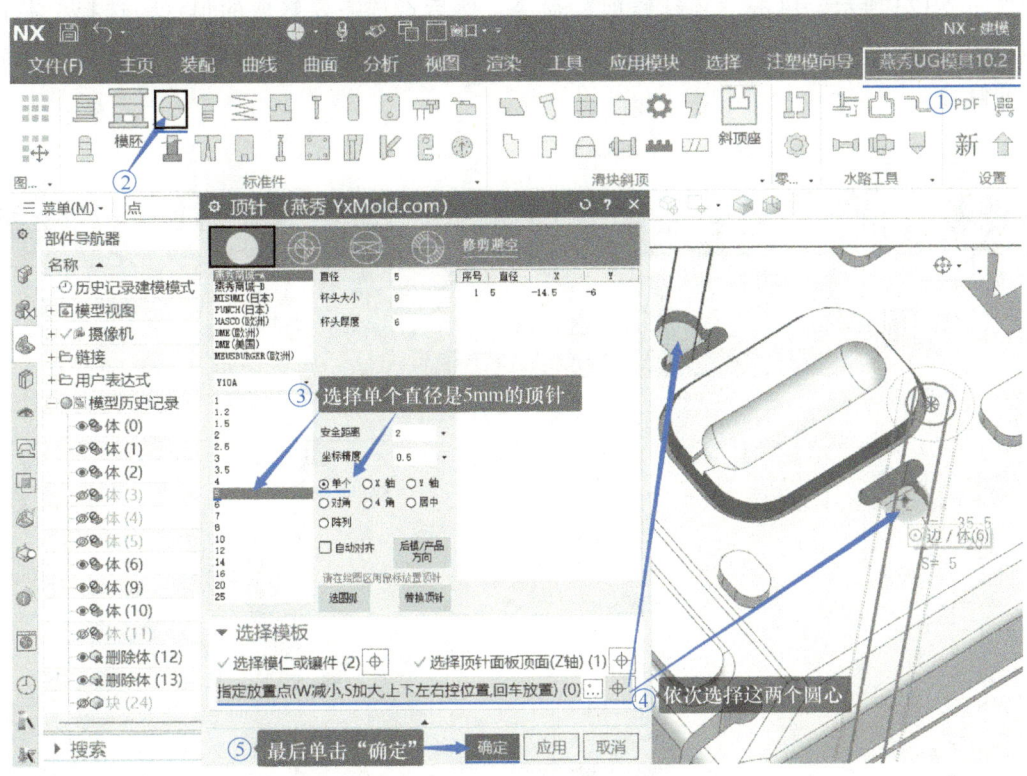

图 2-121 调用顶针

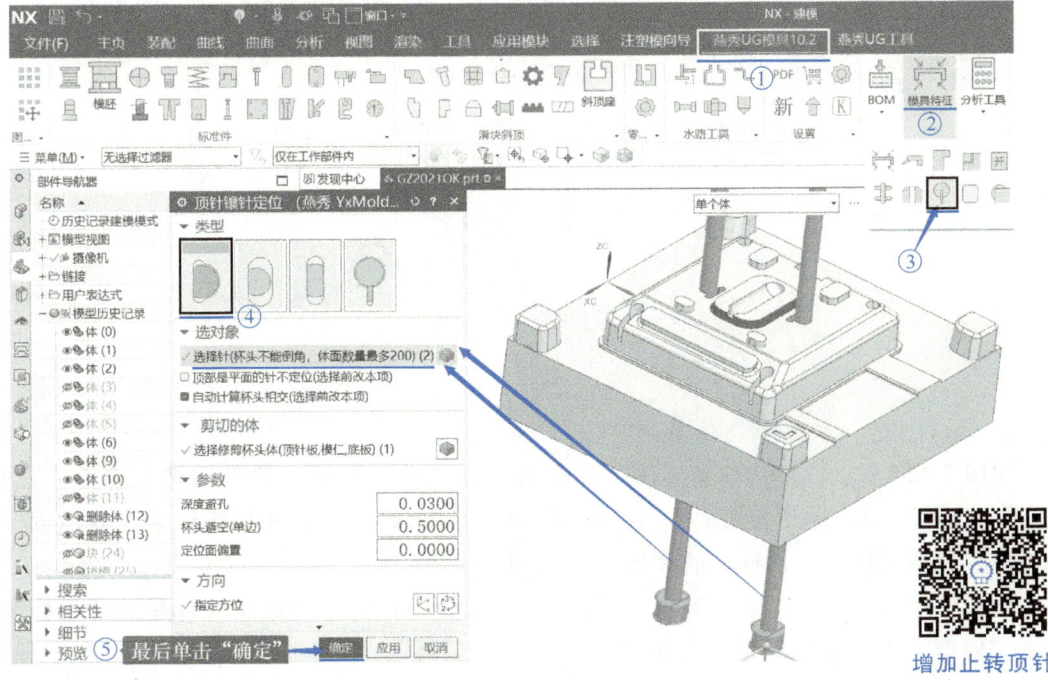

图 2-122 设计顶针止转

如图 2-123 所示，单击"顶针修剪"命令，然后点选需要修剪的顶针，选择型芯作为"模仁"，其余采用默认选项，最后单击"顶针修剪"对话框中的"确定"按钮，完成新调顶针的修剪。

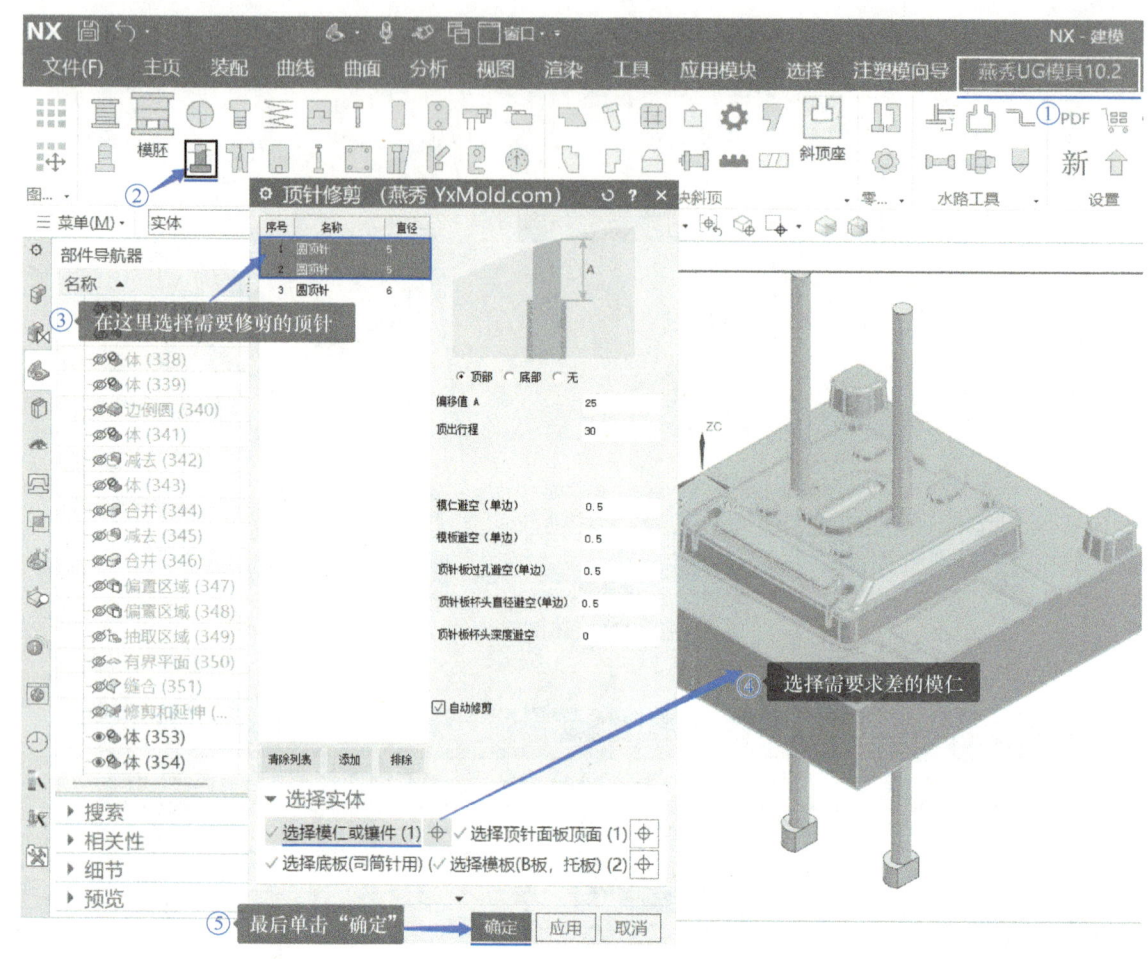

图 2-123　修剪顶针

3. 修改型芯、型腔和浇注系统

如图 2-124 所示，用"修剪实体"命令做一个实体。单击"修剪实体"命令，然后在"场景条选项"中选择"相切面"，在绘图区选择图 2-124 所示的相切面作为"修剪面"，最后单击"修剪实体"对话框中的"确定"按钮。

如图 2-125 所示，单击"合并"命令，然后在绘图区选择型腔作为合并的"目标"，选择用"修剪实体"命令得到的实体作为合并的"工具"，不勾选"保存目标"和"保存工具"，最后单击"合并"对话框中的"确定"按钮。

项目二 二板模设计

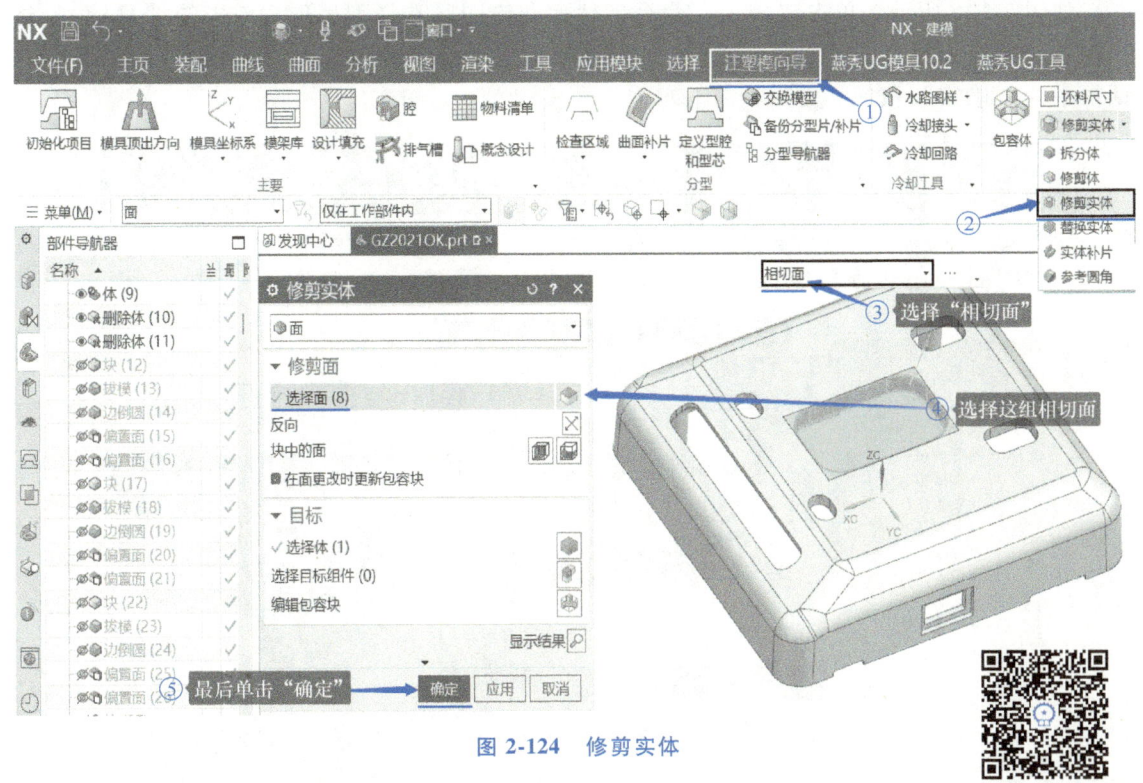

图 2-124 修剪实体

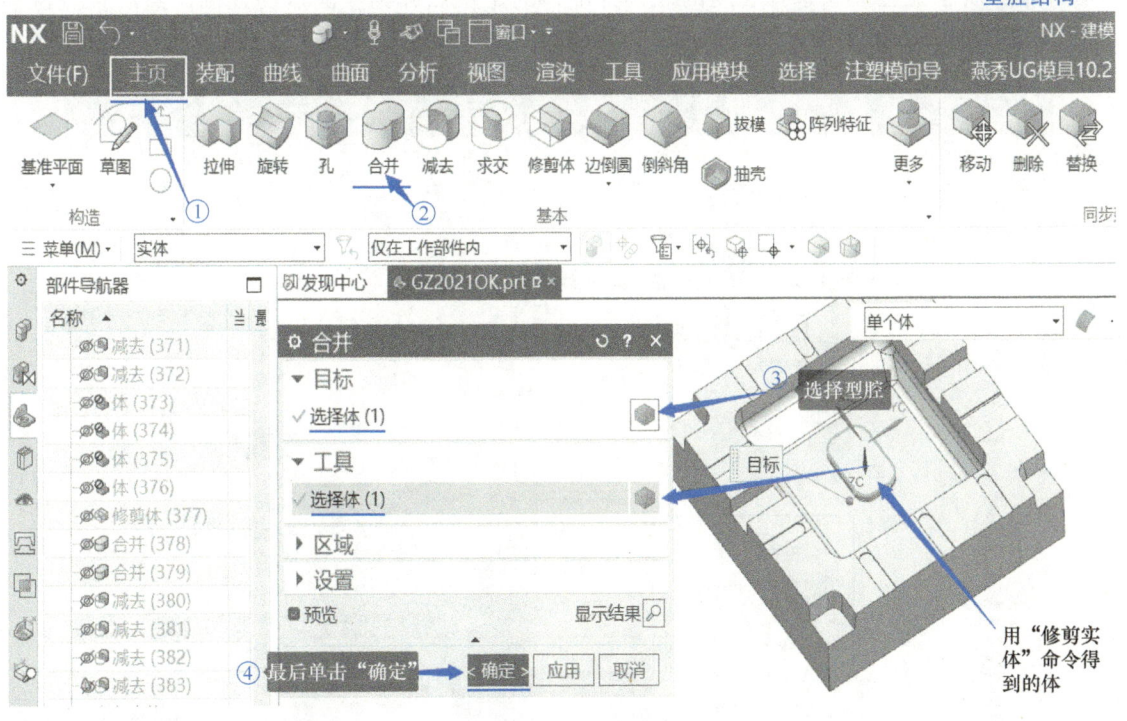

图 2-125 合并

如图 2-126 所示，单击"减去"命令，然后在绘图区选择型芯作为减去的"目标"，选择型腔作为减去的"工具"，在"减去"对话框中勾选"保存工具"，最后单击"减去"对话框中的"确定"按钮，完成型芯的求差。

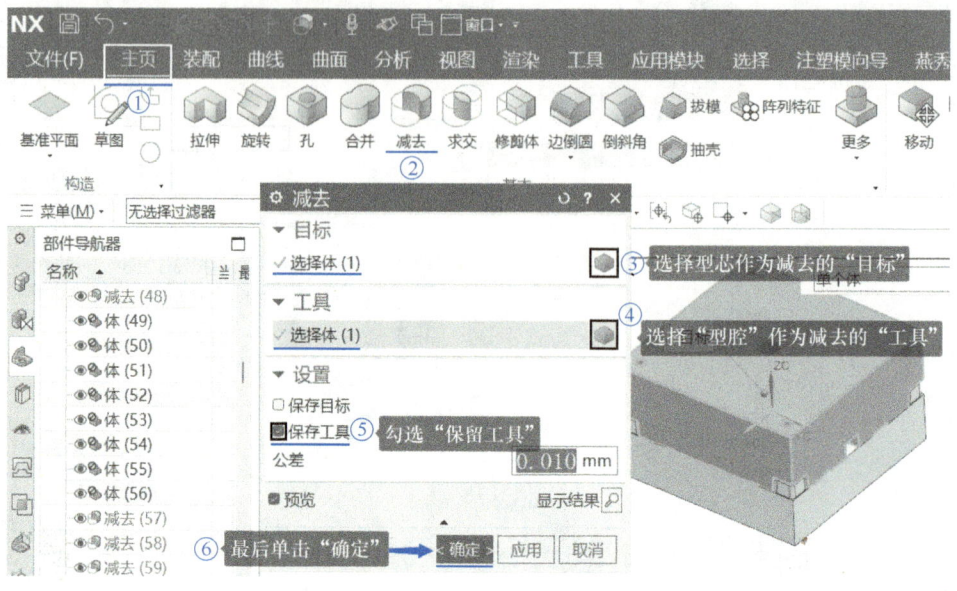

图 2-126　型芯求差

如图 2-127 所示，单击"进胶点"命令，在弹出的对话框中，"样式"选择"矩形"，按图 2-127 所示在型腔上选择合适的点作为浇口的定位点并调整浇口的方位，然后设置浇口参数（图 2-127），最后单击"进胶点"对话框中的"确定"按钮，完成侧浇口设计。

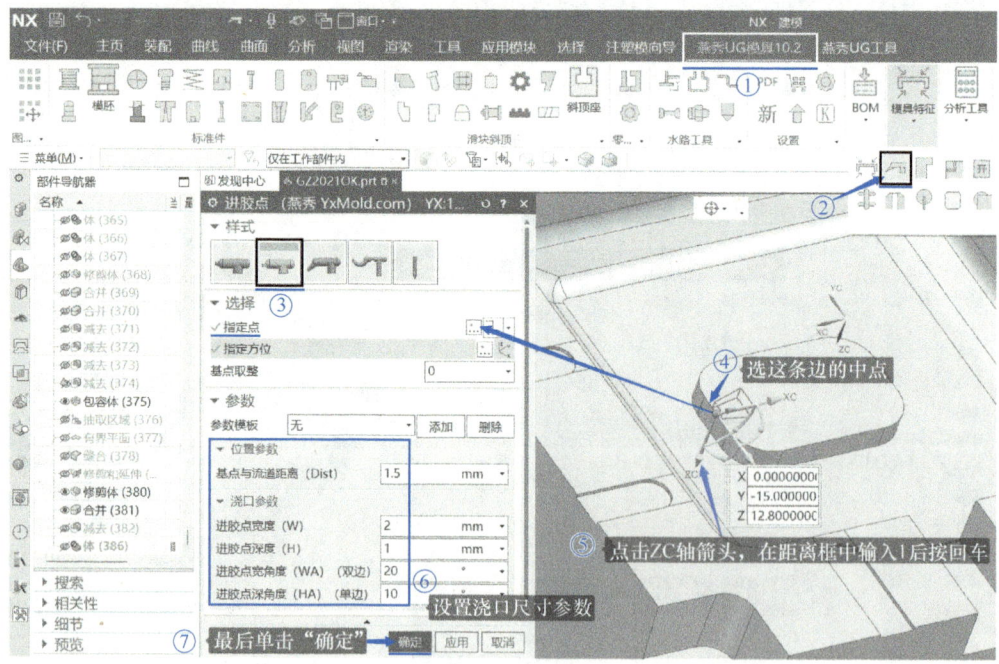

图 2-127　设计浇口

如图 2-128 所示，单击"直线"命令，然后按照图 2-128 所示，选择合适的点（边的中点）创建直线，最后单击"直线"对话框中的"确定"按钮，完成分流道中心线的设计。

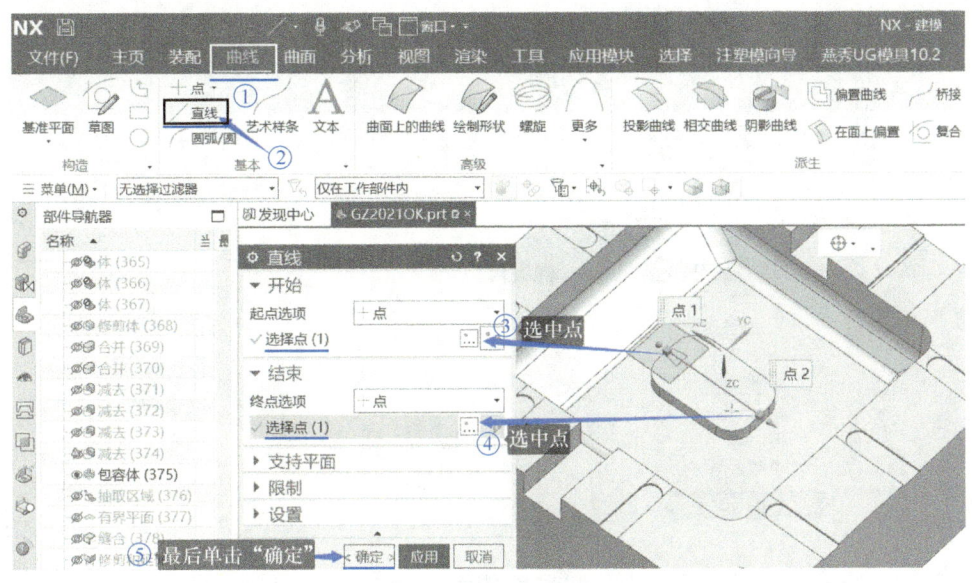

图 2-128　设计分流道中心线

如图 2-129 所示，单击"流道"命令，在弹出的对话框中选择"现有曲线"，在绘图区选择刚创建的流道中心线作为"流道位置曲线"，流道两端缩短 2mm（在"流道延伸 1"和"流道延伸 2"中均输入"-2"），单击"编辑模板"可以设置流道直径为 6mm，"流道样式"采用默认的"圆形"即可，最后单击"流道"对话框中的"确定"按钮，完成分流道创建。

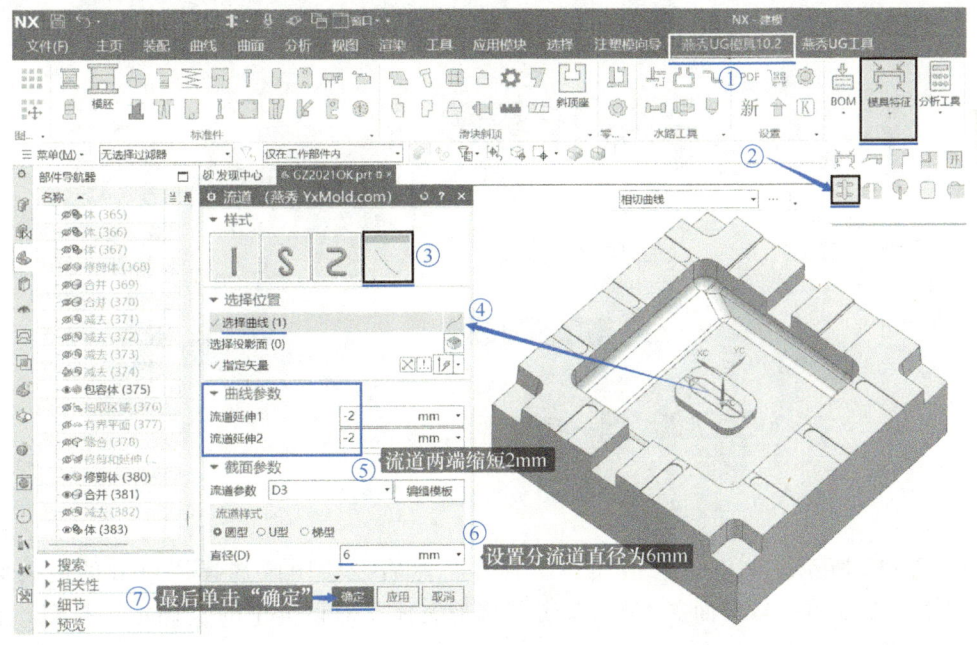

图 2-129　创建分流道

如图 2-130 所示，单击"合并"命令，然后选择分流道作为合并的"目标"，选择浇口作为合并的"工具"，最后单击"合并"对话框中的"确定"按钮，完成分流道和浇口的合并。

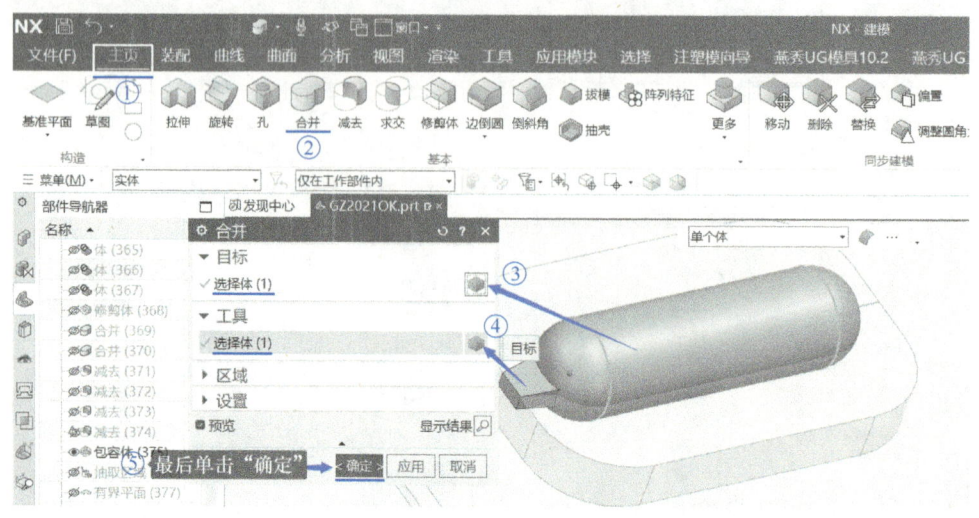

图 2-130　合并分流道和浇口

如图 2-131 所示，单击"求交"命令，然后选择分流道及浇口作为求交的"目标"，选择型腔作为求交的"工具"，勾选"保存工具"，最后单击"求交"对话框中的"确定"按钮，完成分流道和浇口的修剪。

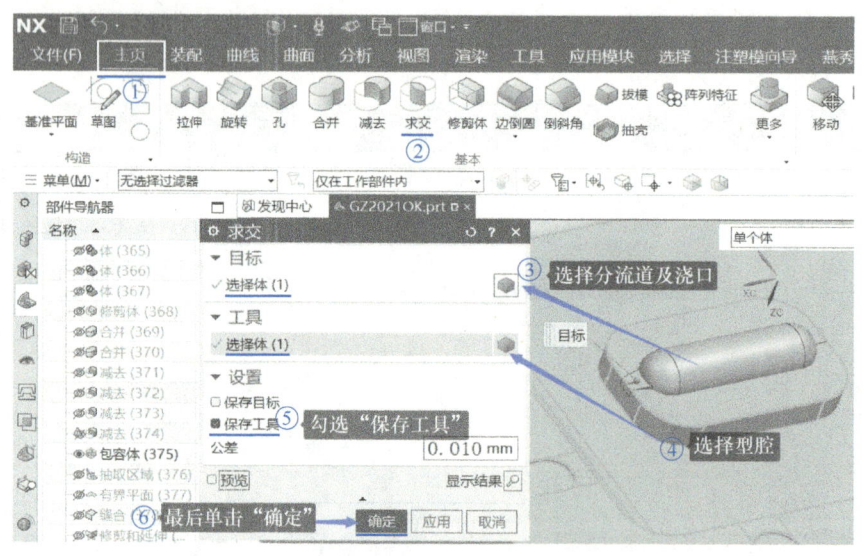

图 2-131　修剪分流道及浇口

如图 2-132 所示，单击"修剪实体"命令，然后在绘图区选择浇口套的内表面作为"修剪实体"命令的"修剪面"，最后单击"修剪实体"对话框中的"确定"按钮，完成主流道凝料的设计。

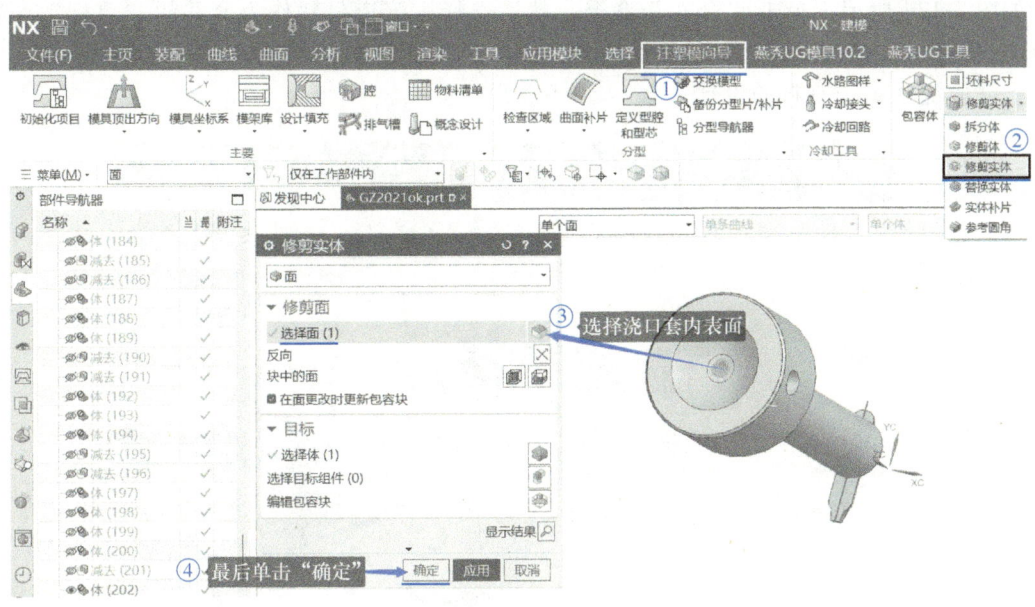

图 2-132 设计主流道凝料

如图 2-133 所示，单击"拉伸"命令，然后在绘图区选择浇口套的边作为拉伸的边，设置拉伸距离为 3.2mm，最后单击"拉伸"对话框中的"确定"按钮。

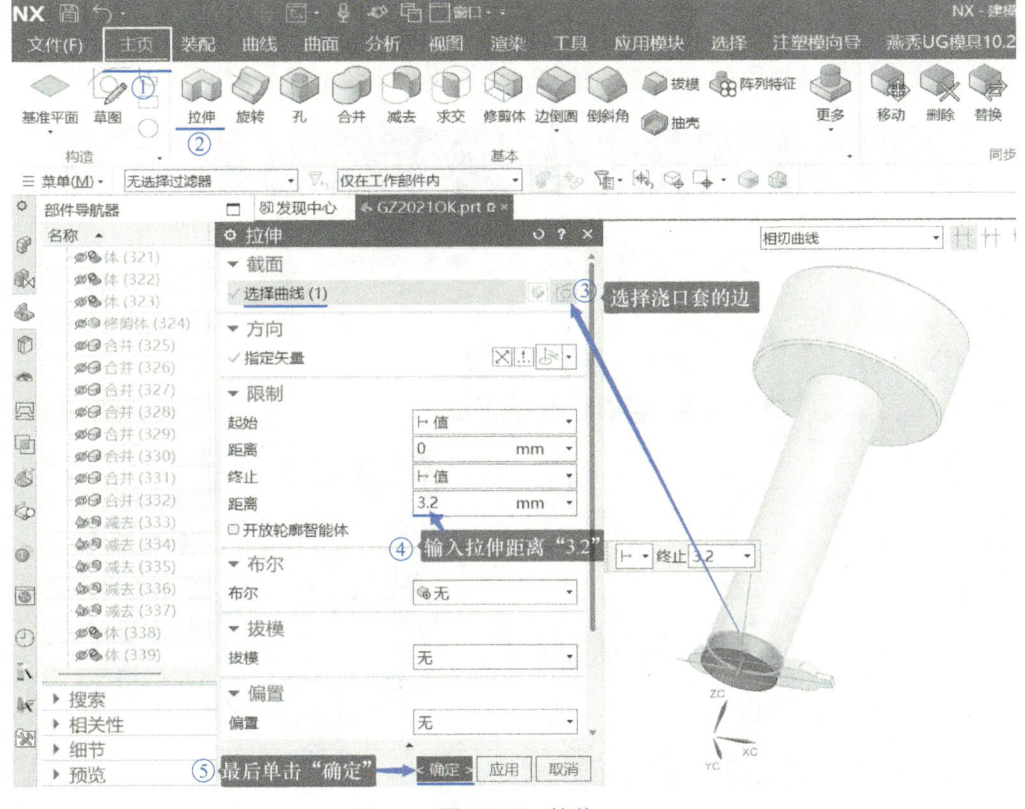

图 2-133 拉伸

如图2-134所示,单击"合并"命令,然后选择主流道凝料作为合并的"目标",选择分流道、浇口、冷料井凝料作为合并的"工具",最后单击"合并"对话框中的"确定"按钮,完成浇注系统凝料的设计。

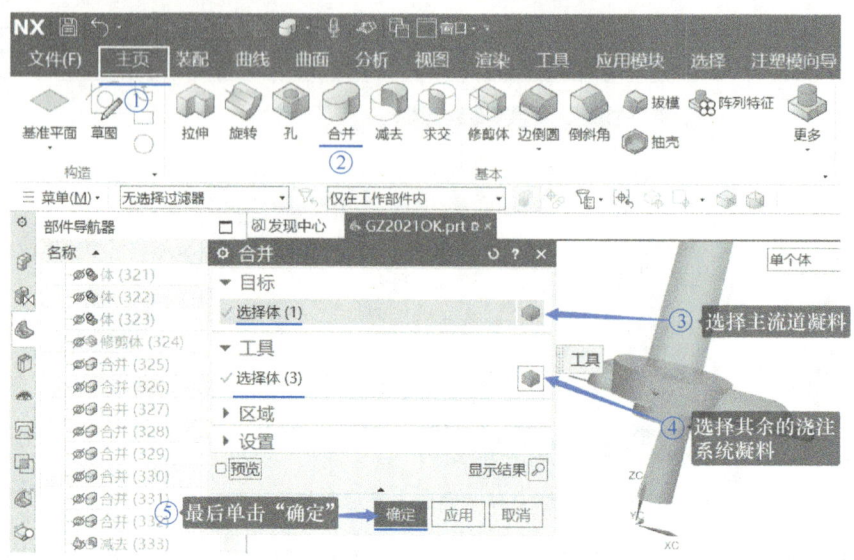

图2-134 设计浇注系统凝料

如图2-135所示,单击"主页"→"减去"命令,在弹出的"减去"对话框中,选择型芯、型腔作为减去的"目标",选择浇注系统凝料作为减去的"工具",勾选"保存工具",最后单击"减去"对话框中的"确定"按钮,完成浇注系统的求差。

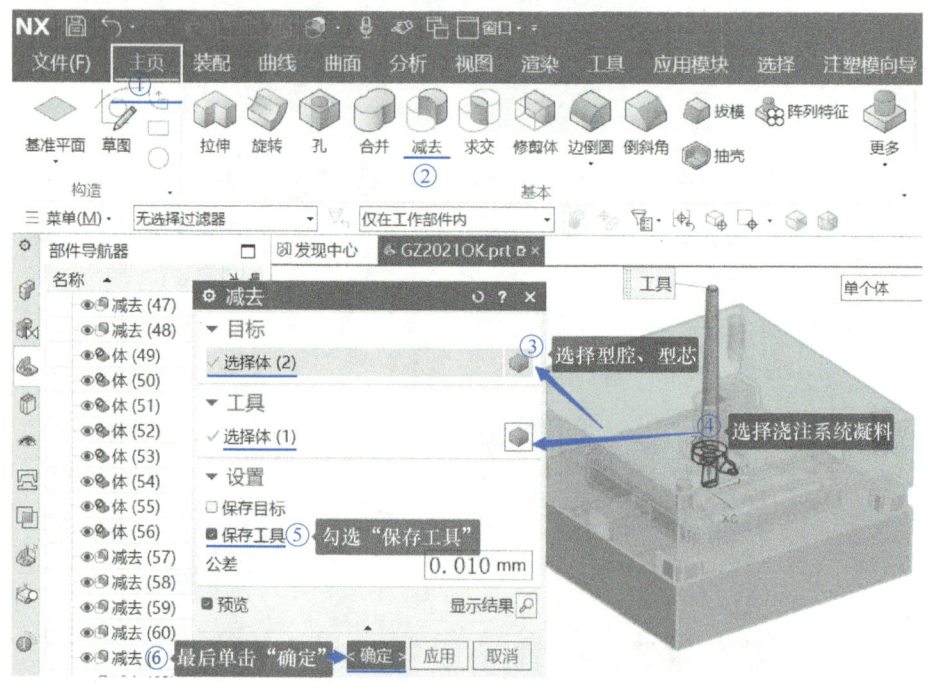

图2-135 型芯、型腔减去浇注系统

任务十二　设计模具温控系统

水路水嘴位置的说明：如果模具上位置允许，为了方便给模具接水管，同时考虑注射机操机者的安全，水嘴最好设置在模具的非操作侧。如果模具非操作侧有其他结构不能设置水嘴（本例有滑块），水嘴可以设置在天侧，如果天侧也有零件干涉，水嘴也可以设置在地侧（本例中的吊环必须设置在天侧，天侧的吊环拧进去的时候会和下模水嘴干涉，所以水嘴只能设置在地侧）。水嘴设置在地侧的缺点是接水管不是很方便。如果非操作侧、天侧、地侧都有零件干涉，水嘴也可以设置在操作侧，但是接水管时一定要连接牢固，以防止注塑过程中热水管从水嘴上脱下来，热水烫伤操作者。

如图 2-136 所示，单击"模板水路"命令；在弹出的对话框中选择"回型"水路，在绘图区选择型芯的下表面作为定位面，选择 XC 轴与 YC 轴之间的旋转点，将水嘴所在的方向旋转到模架的地侧，参照图 2-137、图 2-138 调整水路的位置和高度，最后单击"模板水路"对话框中的"确定"按钮，完成下模水路设计。

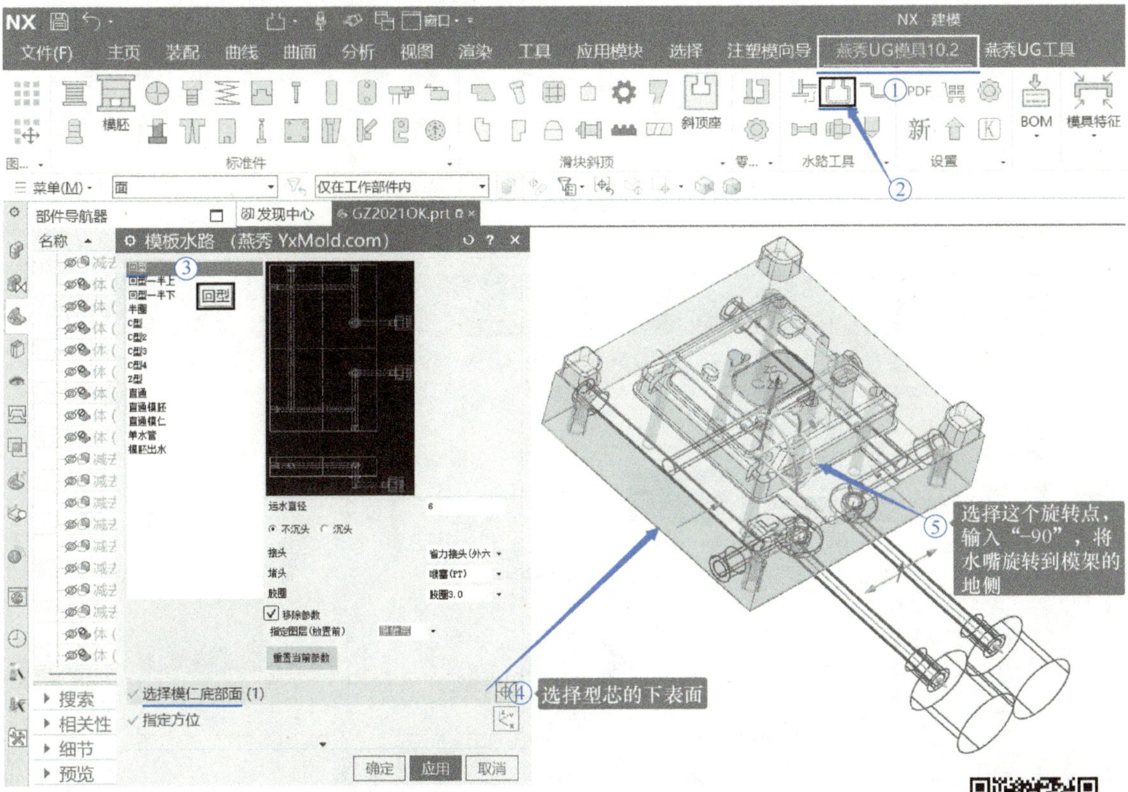

图 2-136　设计型芯侧水路

设计模具温控系统

如图 2-139 所示，单击"减去"命令，然后在绘图区选择型芯、B 板作为减去的"目标"，框选下模水路组件作为减去的"工具"，在"减去"对话框中勾选"保存工具"，最后鼠标左键单击"减去"对话框中的"确定"按钮，完成水路的求差。

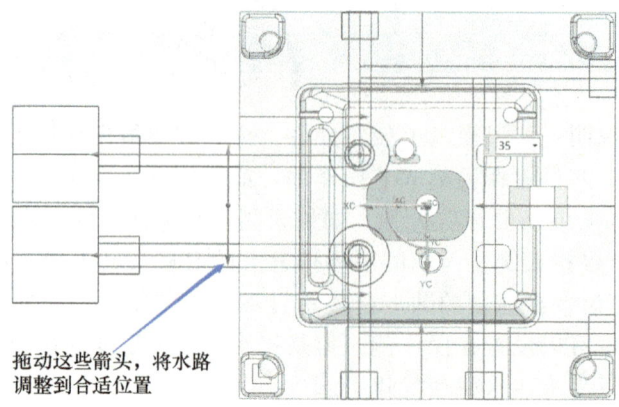

图 2-137 拖动箭头调整水路位置

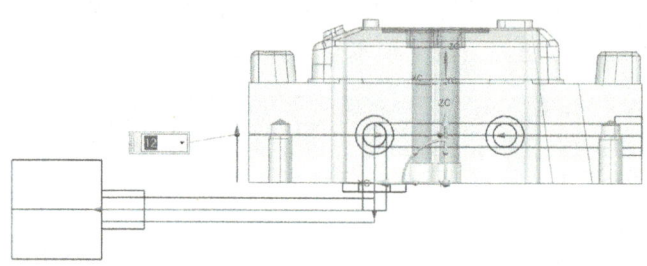

图 2-138 拖动箭头调整水路高度

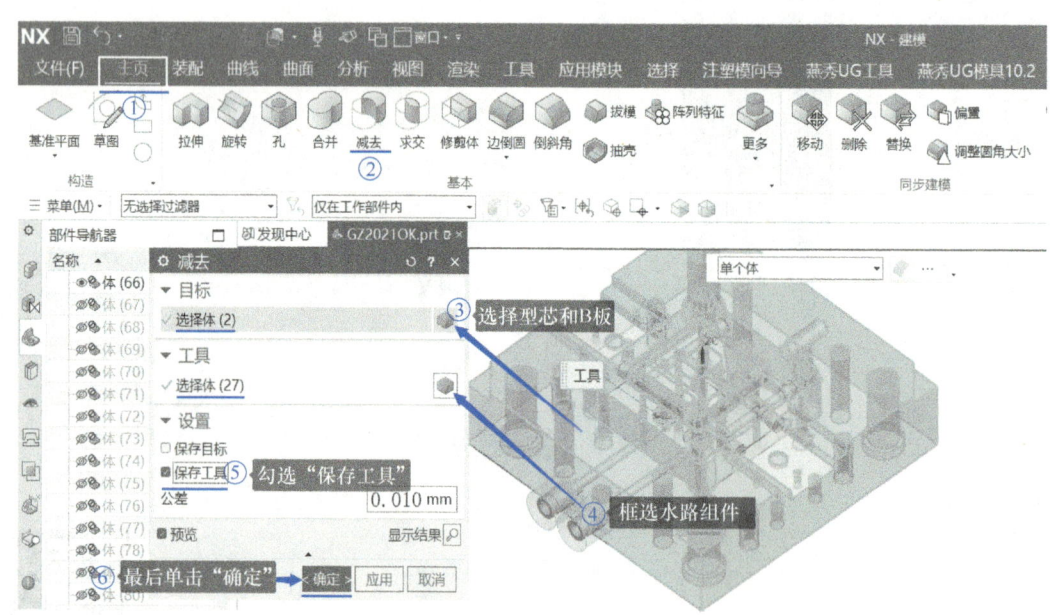

图 2-139 下模水路求差

如图 2-140 所示，在绘图区选中下模水路的 false，按<Ctrl>+<J>键，在图层框里输入"256"，将这些用于求差的 False 移到垃圾层中。

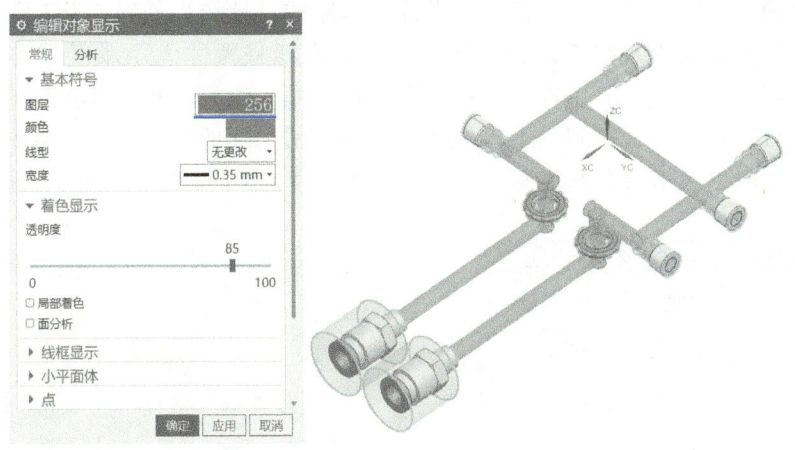

图 2-140 将水路 false 移入垃圾层

采用相同的方法做上模水路。

如图 2-141 所示，单击"刻字"命令，在弹出的对话框中输入文字，设置文字字形、文字大小、选择"正凹""面中心"，在绘图区选择水嘴所在面作为刻字的定位面，最后单击"刻字"对话框中的"应用"按钮，接下来单击图 2-142 所示对话框中的"生成3D"，完成上模水路标识的设计。

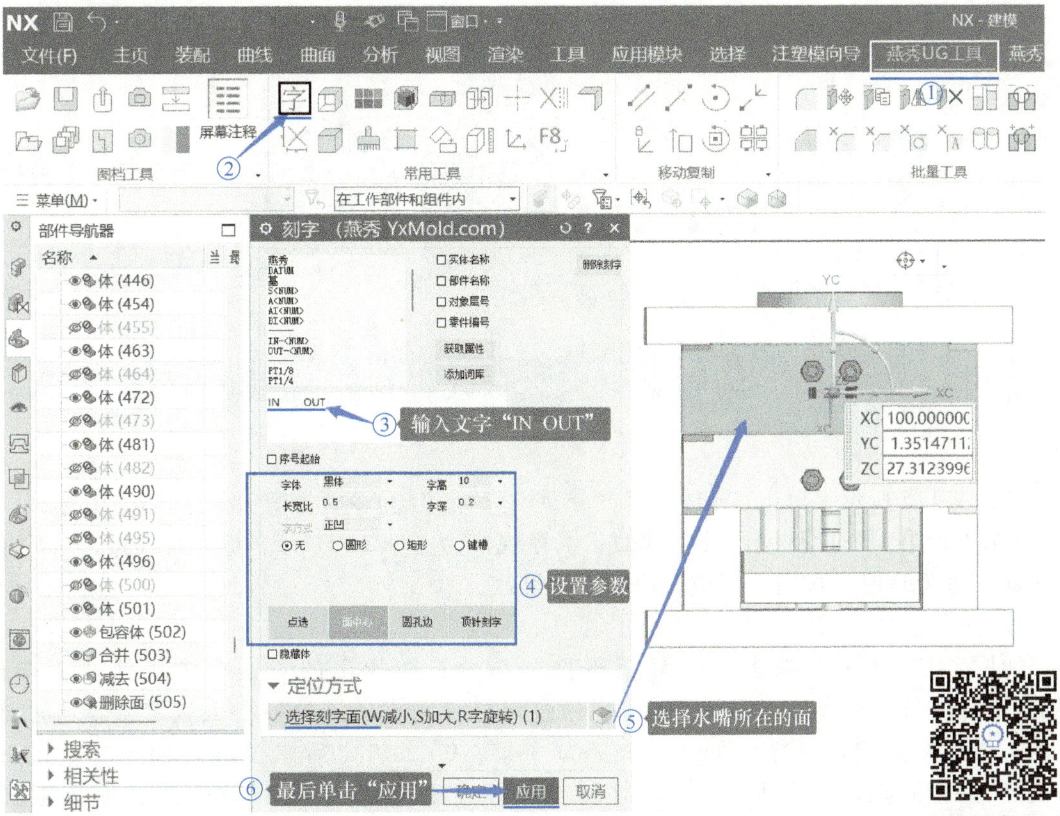

图 2-141 设置出入水口标识

设置出入水口标识

采用相同的方法完成下模水路标识的设计。水路的设计结果如图2-143所示。

隔板式水路和喷泉式水路统称为水塔式水路。在塑件尺寸太小或者结构不允许的情况下,经常会采用水塔式水路。可以方便地买到各种尺寸的隔板式水路和喷泉式水路。采用串联水路,可以有效减少出水口和入水口的数量,但会稍微降低水路的冷却效率。在模具设计和模具制造中有时也会采用并联水路。常见冷却水的水路形式如图2-144所示。

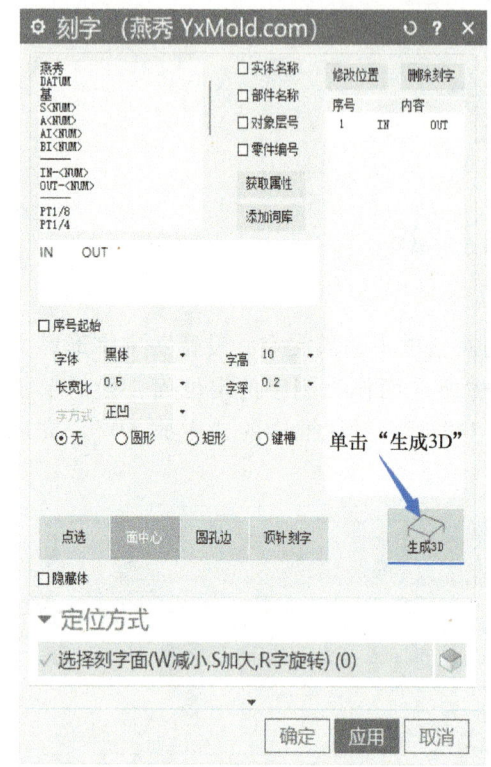

图 2-142　生成 3D

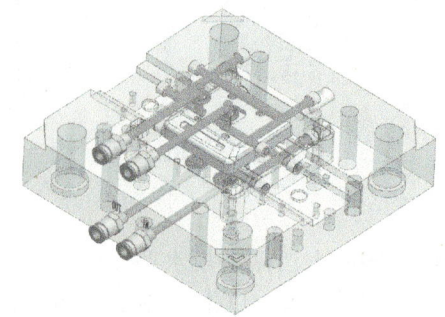

图 2-143　水路的设计结果

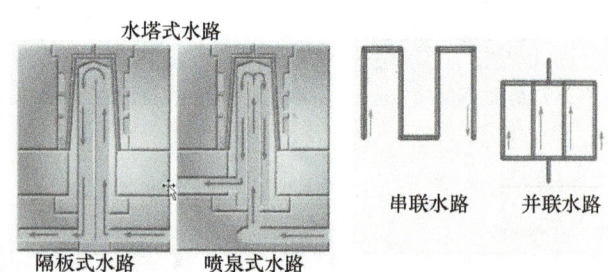

图 2-144　常见水路形式

任务十三　设计模具附件

1. 设计复位弹簧

如图2-145所示,单击"弹簧/氮气弹簧/弹力胶"命令,在弹出的对话框中选择"弹簧"(第1行第1个)及"回针"弹簧,选择规格为"TF25×13.5×65"的弹簧,最后单击对话框中的"确定"按钮,完成复位弹簧的设计。

2. 设计支撑柱、限位柱、垃圾钉

如图2-146所示,单击"顶针板零件"命令,在弹出的对话框中选择"支撑柱"(第1行第1个),选择直径为20mm,通过鼠标移动完成支撑柱的大致定位,通过键盘上的方向键精确定位支撑柱的XY坐标为(45,0),确定后单击或按回车键。接下来单击"顶针板零件"对话框中的"限位柱","顶针板零件"对话框切换到限位柱设置。

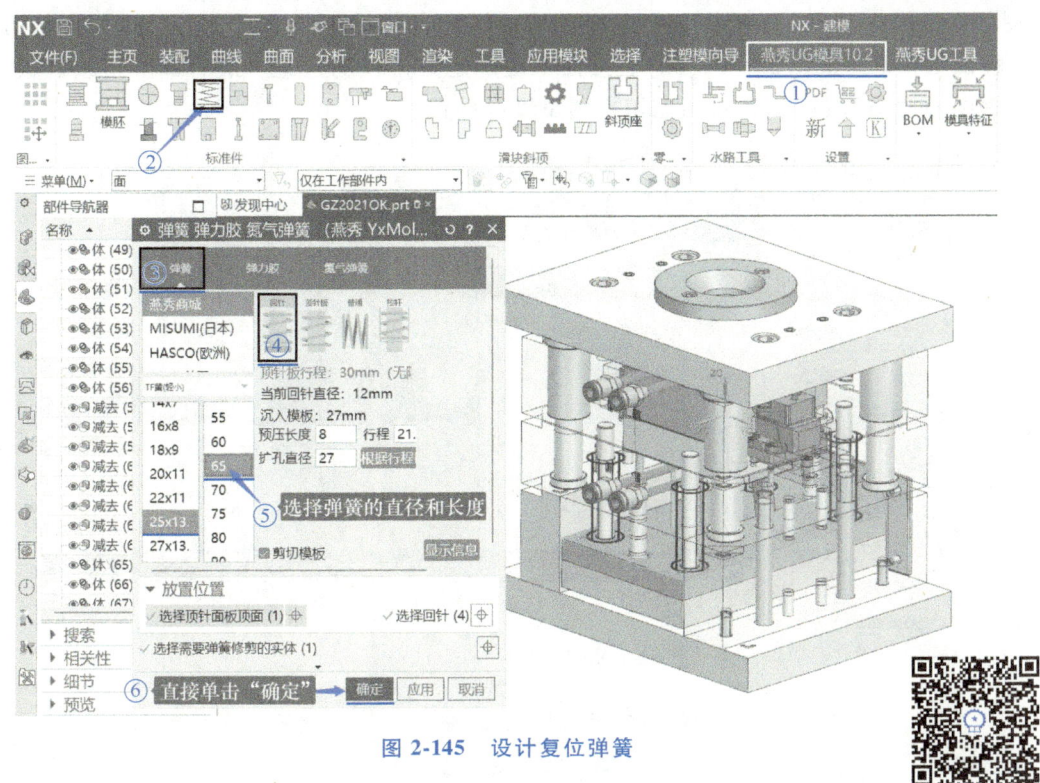

图 2-145 设计复位弹簧

设计模具附件

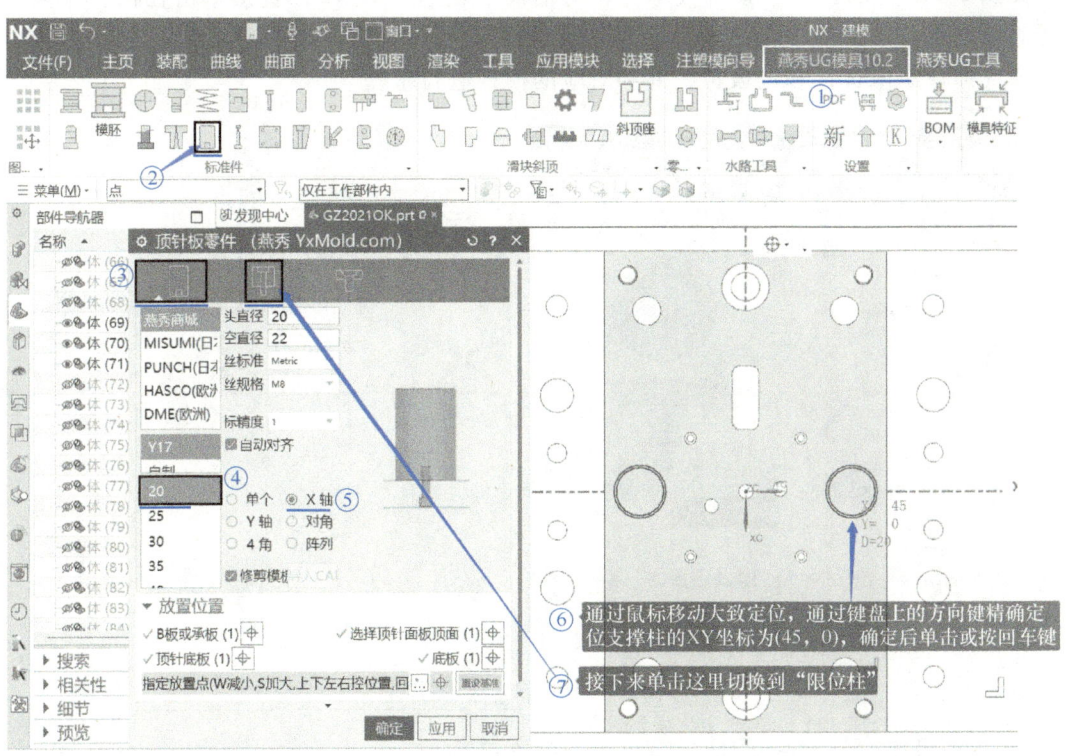

图 2-146 设计支撑柱

如图 2-147 所示，设置限位柱规格为"D15×10"，点选"Y 轴"，然后用同样的方法将限位柱的 XY 坐标定位到（0，62），按回车键确定限位柱的位置。最后单击"顶针板零件"对话框中的"垃圾钉"，该对话框切换到垃圾钉设置。

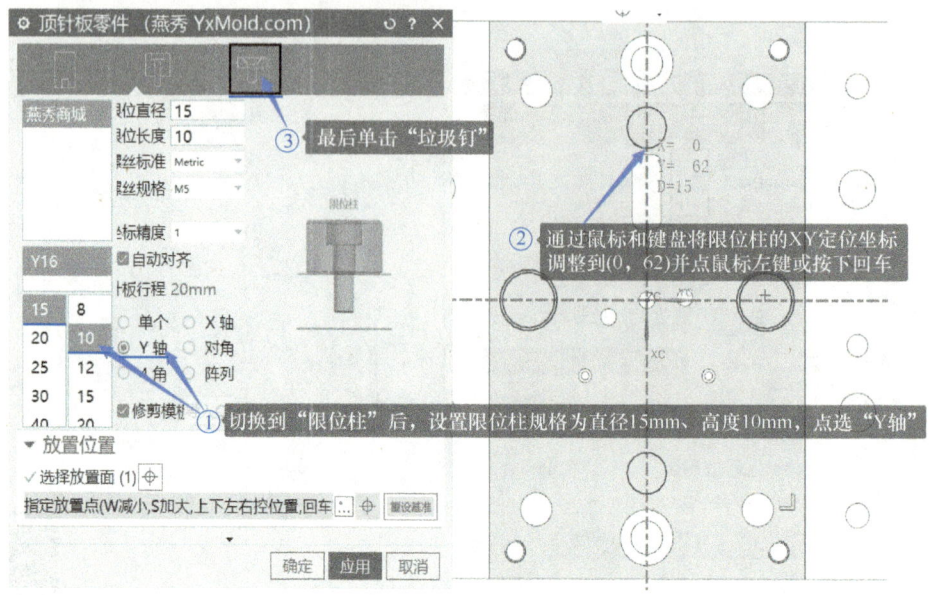

图 2-147　设计限位柱

如图 2-148 所示，在"顶针板零件"对话框中点选"4 角"，直接单击任何一个复位杆的圆心以确定垃圾钉的位置，最后单击"顶针板零件"对话框中的"确定"按钮，软件自动生成支撑柱、限位柱和垃圾钉，并和对应的模板进行求差。

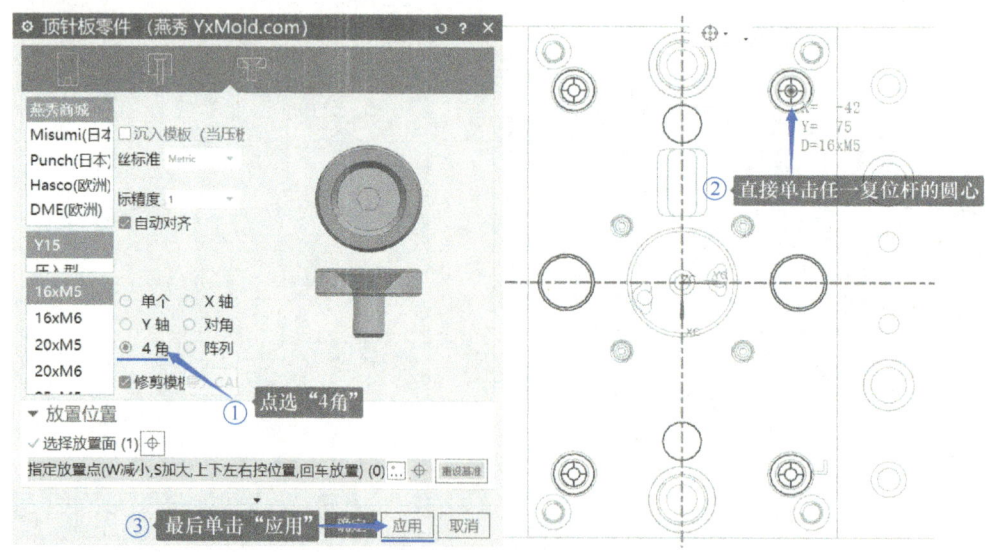

图 2-148　设计垃圾钉

3. 设计铭牌（平衡块代替）

燕秀 UG 模具 10.2 没有专门用于设计铭牌的命令。软件只是设计了命令以及该命令对

项目二 二板模设计

应的功能，并没有规定这个命令能用来做什么。本例采用"平衡块"命令设计铭牌。

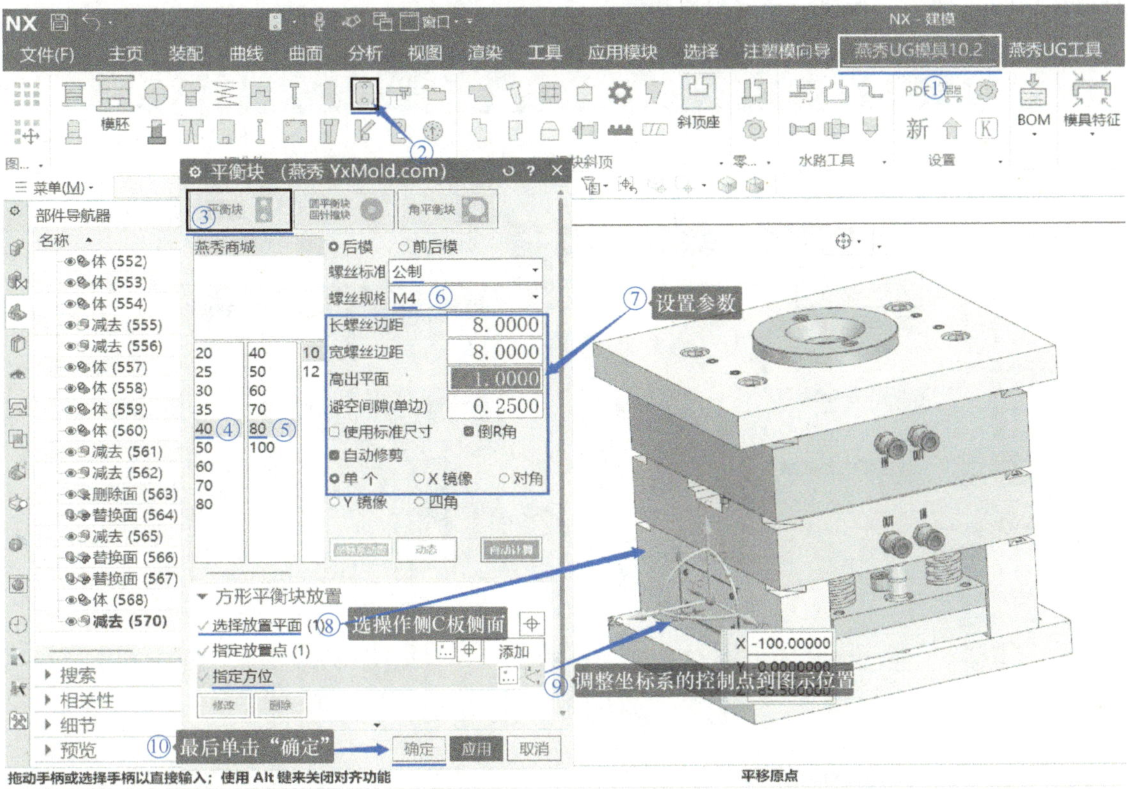

图 2-149 设计铭牌

设计铭牌

如图 2-149 所示，单击"平衡块"命令，在弹出的对话框中选择"平衡块"（第 1 行第 1 个），设计平衡块的大小为 40mm×80mm×10mm，设置固定螺钉的规格为 M4，在平衡块的长边和宽边上，螺钉到边的距离都设置为 8mm，平衡块倒圆角（勾选"倒 R 角"），勾选"自动修剪"，只设计一个平衡块（点选"单个"）；在绘图区选择操作侧 C 板侧面作为"放置平面"，并调整 WCS 到图 2-149 所示方位，最后单击"平衡块"对话框中的"确定"按钮，完成平衡块的设计。

这样调用的平衡块，其结构和模具铭牌的结构一致，可以把平衡块当成"铭牌"来使用。设计的最终结果如图 2-150 所示。

4. 设计锁模扣和模脚

如图 2-151 所示，单击"安全扣/模脚"命令，然后在绘图区单击 A 板的侧面作为"上固定板侧面"，选择 B 板的侧面作为"下固定板侧面"，在 A 板的侧面上合适位置单击一下以确定锁模扣的定位（"锁模扣模脚"对话框中的"指定位置"），在绘图区单击图 2-151 所示的箭头，输入"X 向偏

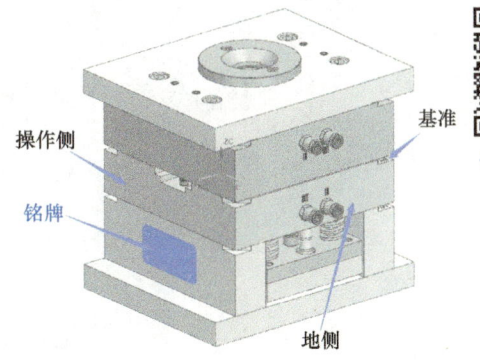

图 2-150 铭牌

设计锁模扣和模脚

移"为"-58","Y向偏移"为"27.5",以确定锁模扣的位置。最后单击"锁模扣模脚"对话框中的"确定"按钮,完成锁模扣的设计。

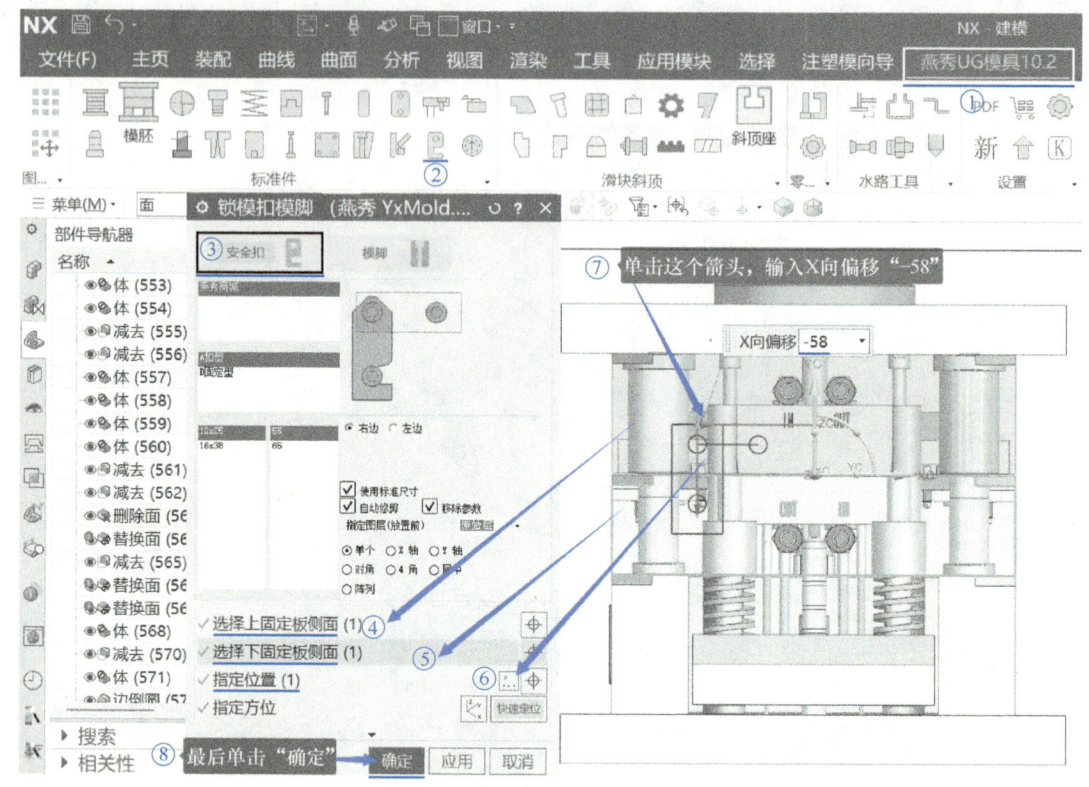

图 2-151 设计锁模扣

用同样的方法在模具的斜对角设计一个一模一样的锁模扣,设计结果如图 2-152 所示。

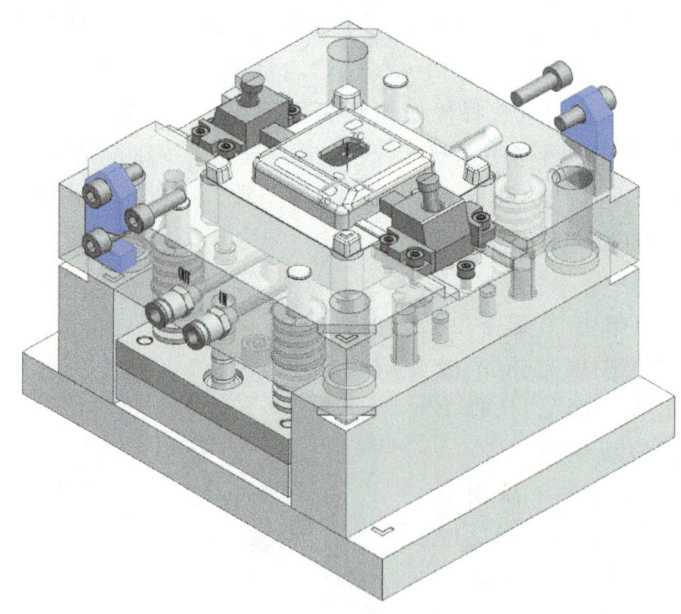

图 2-152 锁模扣设计结果

如图 2-153 所示，单击"安全扣/模脚"命令，在弹出的对话框中单击"模脚"，点选"Y 轴"，在绘图区选择上模座的地侧面作为"放置面"，选择上模座作为"修剪实体"，在绘图区单击图 2-153 所示的箭头，输入"X 向偏移"为"0"，"Y 向偏移"为"-80"，最后单击"锁模扣模脚"对话框中的"确定"按钮，完成模脚的设计。

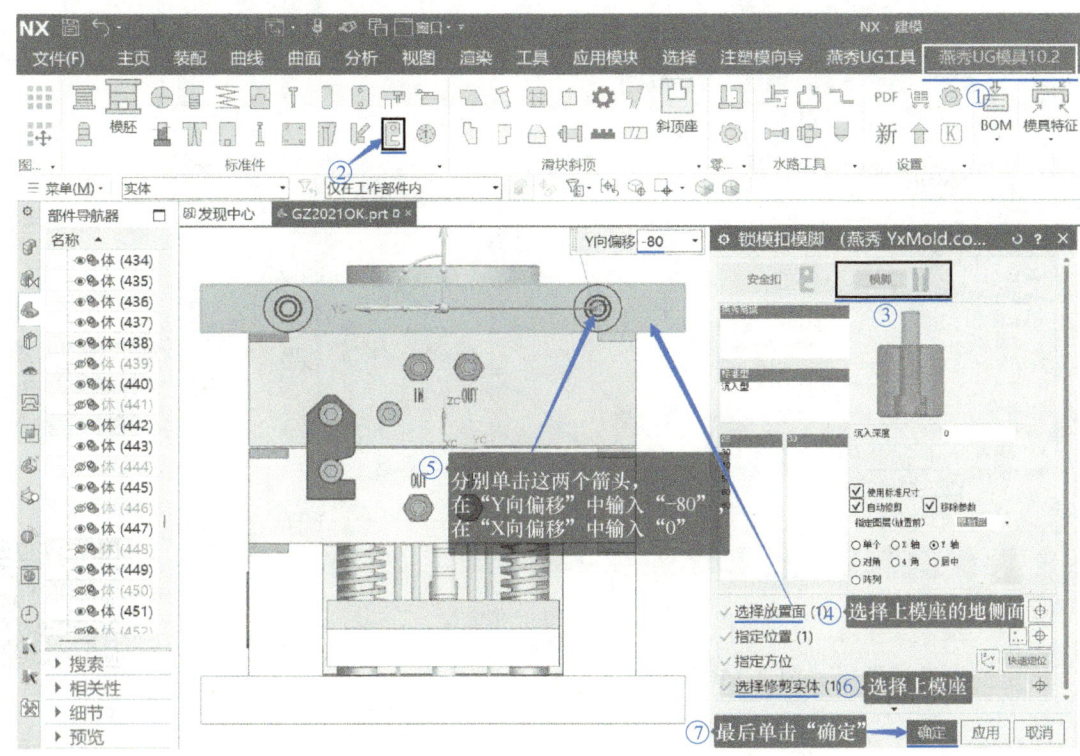

图 2-153 设计模脚

用同样的方法设计下模座板上的模脚，模脚的设计结果如图 2-154 所示。

5. 设计精定位

如图 2-155 所示，单击"精定位"命令；在弹出的对话框中选择"边锁"，选择"PL038-M6"，点选"对角"，选择 A 板作为"上固定实体"，选择 B 板作为"下固定实体"，选择 A 板地侧面作为"放置平面"，在绘图区单击坐标系旁边的小箭头（注意不是坐标系的箭头），单击选中后会出现"X 向偏移"或"Y 向偏移"（本例是"X 向偏移"，具体是哪个要看 WCS 的方位），接下来在"X 向偏移"中输入"42"并按回车键；最后单击"精定位"对话框中的"确定"按钮，完成精定位的设计。

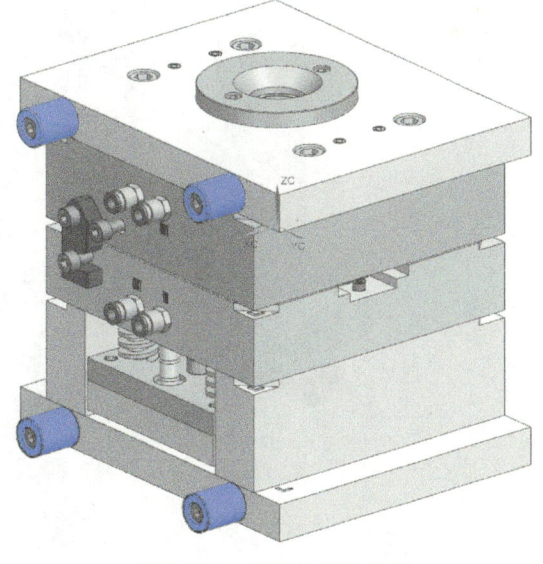

图 2-154 模脚的设计结果

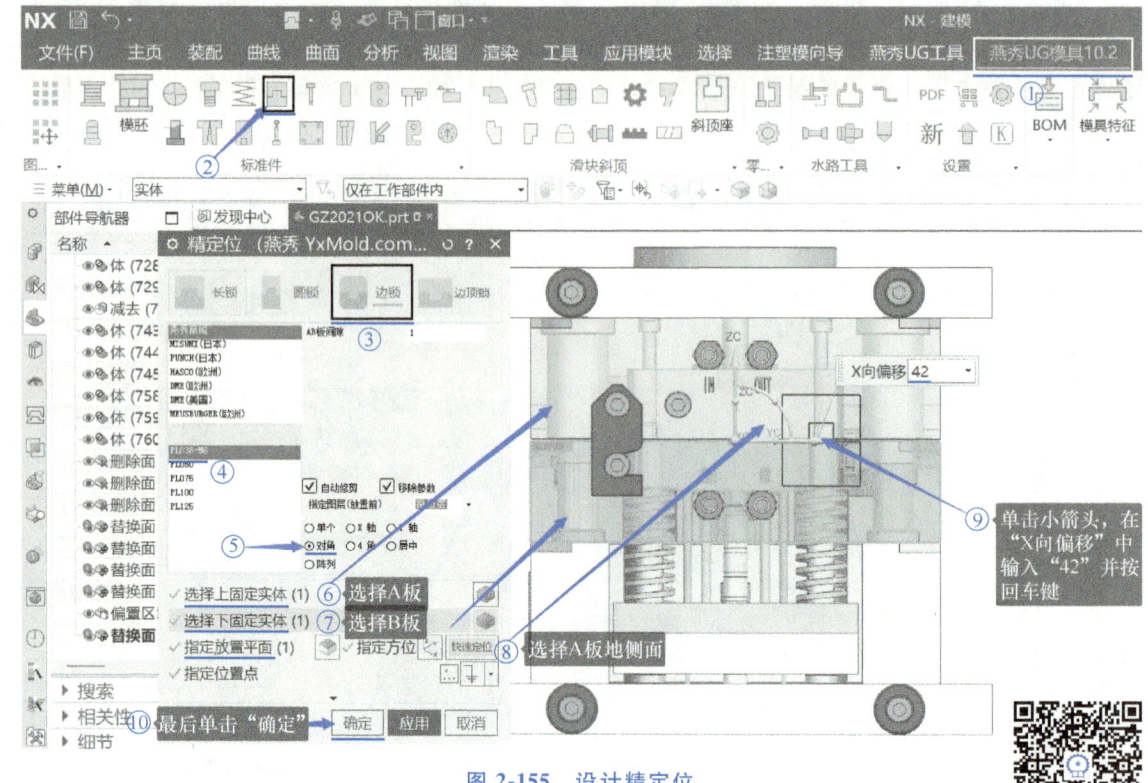

图 2-155 设计精定位

精定位的设计结果如图 2-156 所示。

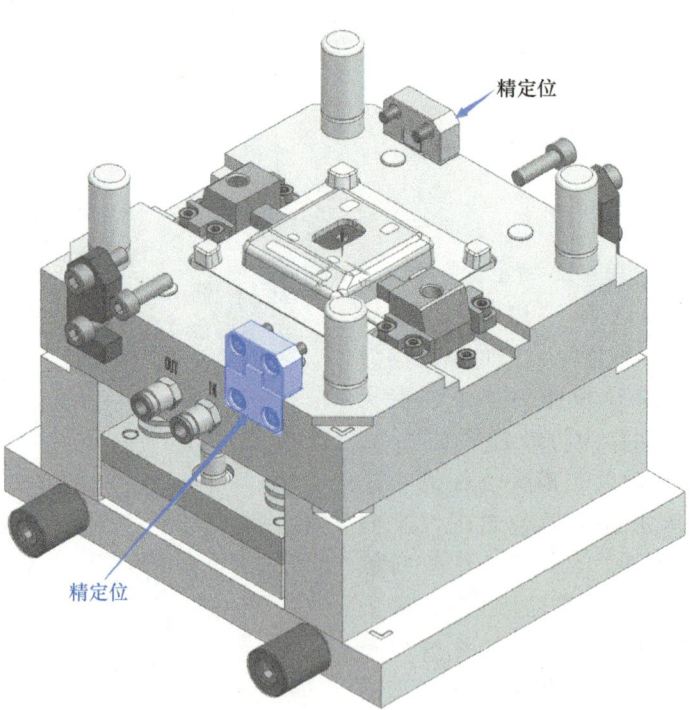

图 2-156 精定位的设计结果

6. 设计吊环、计数器

(1) 调用吊环　如图 2-157 所示，单击"零件库"命令；在弹出的对话框中依次选择"全部"→"模具周边"→"吊环"→"M12"，点选"单个"，在绘图区选择 B 板天侧面的吊环孔圆心作为"指定放置"，如果吊环的方位不对，可以通过调整工作坐标系 WCS 的 7 个控制点来调整吊环的方位，选择 B 板作为"需要修剪的实体"；最后单击"燕秀共享库"对话框中的"确定"按钮，完成吊环的调用。

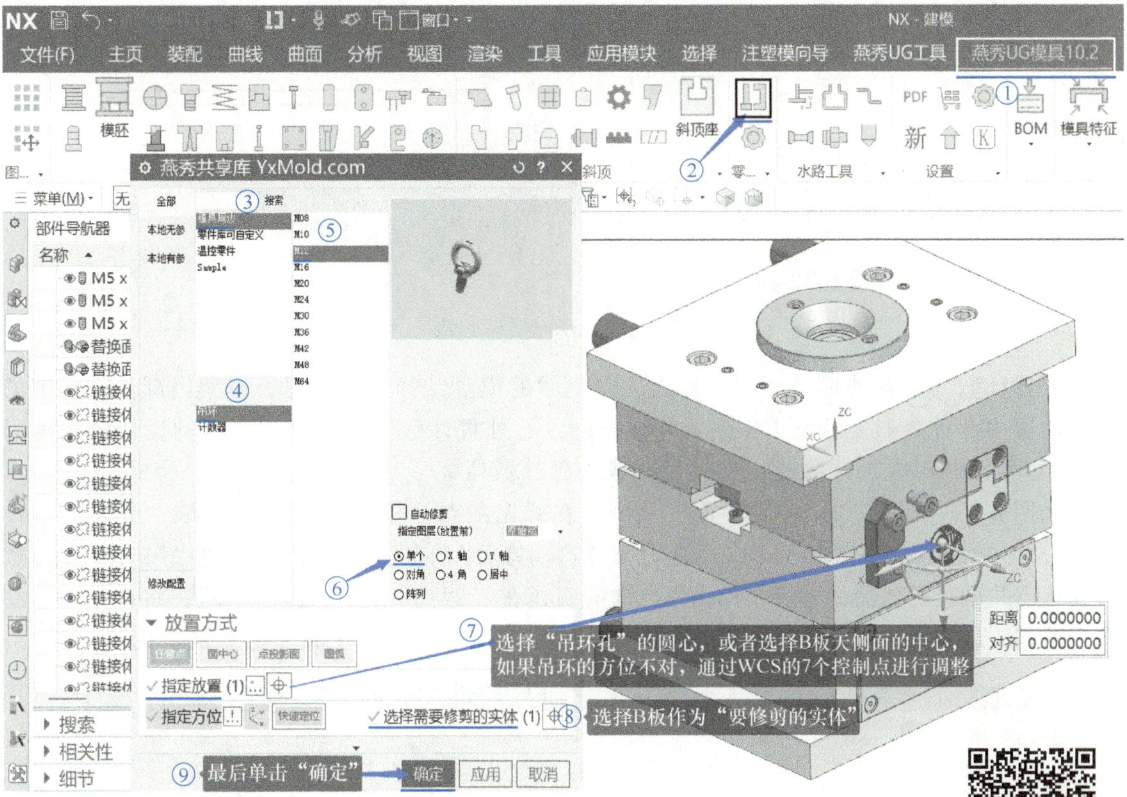

图 2-157　设计吊环

如图 2-158 所示，调出来的吊环上有吊环的规格标识"M12"和最大承重量标识"215KG"。

(2) 校验吊环　如图 2-159 所示，单击"测量"命令，在弹出的"测量"对话框中点选"对象集"，在选择工具条中将选择过滤器切换到"实体"，在绘图区框选模具的所有零件，在弹出的测量结果对话框中可以看到模具的质量为 69.9221kg。模具的质量远小于吊环的最大承重量"215KG"。最后单击"测量"对话框中的"确定"按钮，关闭"测量"对话框。

(3) 设计计数器　无论购买内置计数器

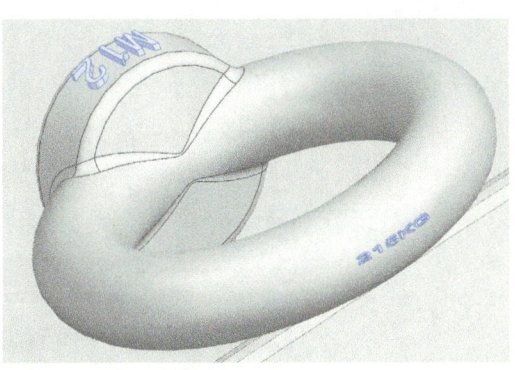

图 2-158　吊环标识

塑料模具CAD/CAM/CAE

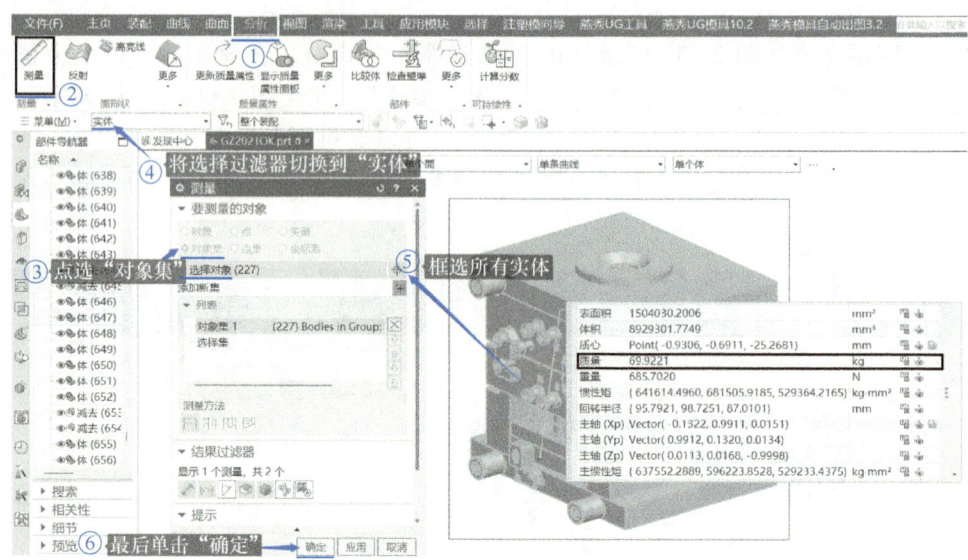

图 2-159 查询模具重量

还是外置计数器，其外形尺寸都比较大。本例中的模具结构设计紧凑，模架内部没有足够的空间放置内部计数器。燕秀 UG 模具外挂软件没有外置计数器可以调用，本例设计采用燕秀 UG 模具外挂调用内置计数器，然后修改成外置计数器。

如图 2-160 所示，单击"零件库"命令；在弹出的对话框中依次单击选择"全部"→"模具周边"→"计数器"→"CVPL-200D"，勾选"自动修剪"，点选"单个"，按照图 2-160 所示选择放置点并调整计数器的方位，单击 XC 轴箭头，在"距离"框中输入"26"，将计数器移到模具外部；最后单击"燕秀共享库"对话框中的"确定"按钮，完成计数器的调用。

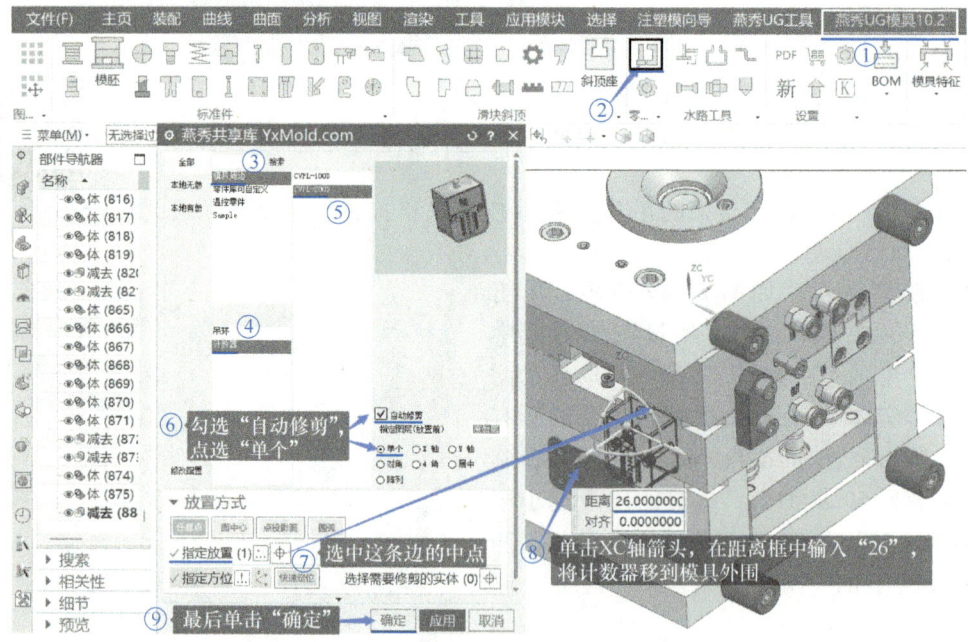

图 2-160 设计计数器

如图2-161所示，单击"减去"命令，然后在绘图区选择B板作为减去的"目标"，选择计数器的false作为减去的"工具"，不勾选"保存目标"和"保存工具"，最后单击"减去"对话框中的"确定"按钮，完成开腔。

如图2-162所示，单击"拉伸"命令，然后在绘图区选择圆柱的下边沿作为拉伸截面，按图示设置拉伸方向和拉伸距离，最后单击"拉伸"对话框中的"确定"按钮，完成外置计数器触点的创建。

设计外置计数器

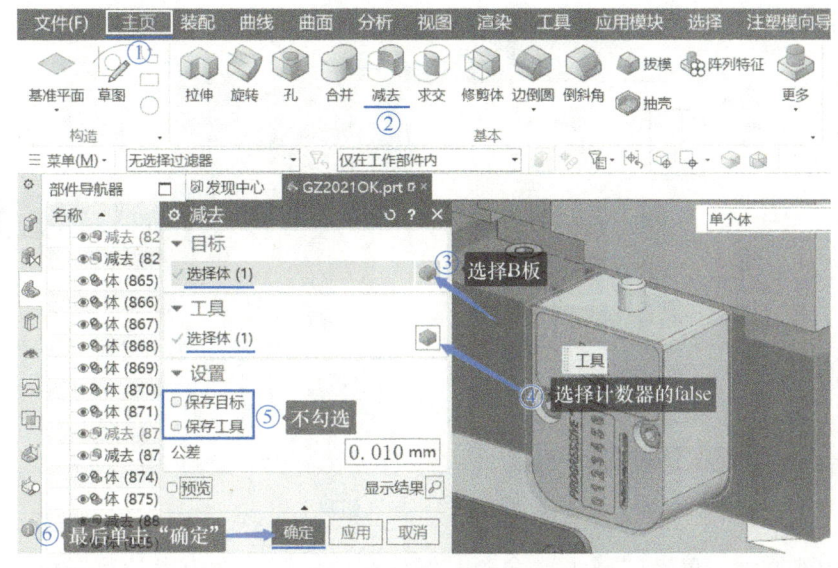

图 2-161 完成开腔

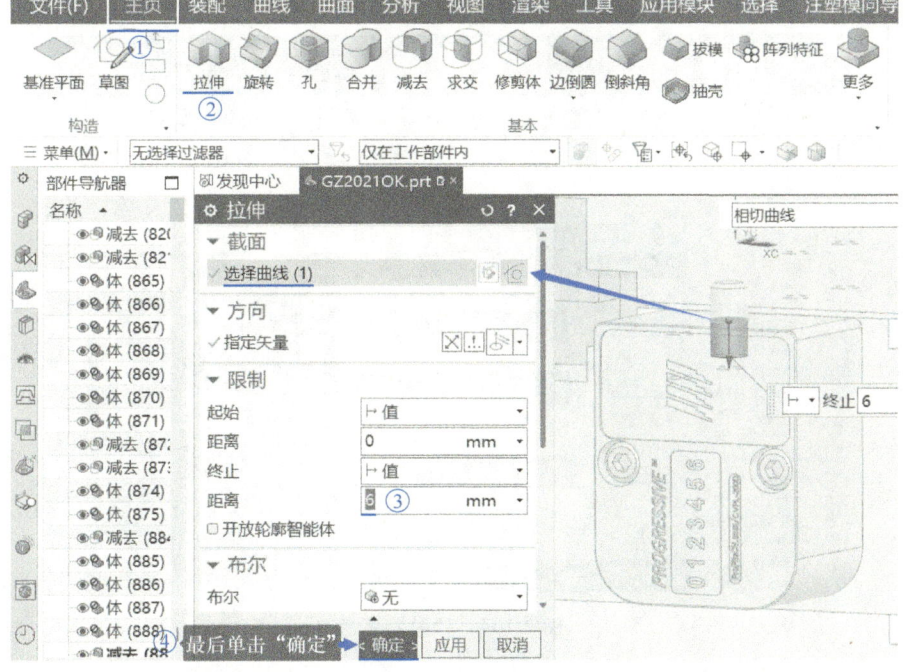

图 2-162 外置计数器触点创建

如图 2-163 所示，单击"包容体"命令，在弹出的对话框中选择"包容块"，在绘图区按照图 2-163 所示选择内置计数器的上表面，再单击小箭头，在"Z"的框中输入"30"，最后单击"包容体"对话框中的"确定"按钮，完成方块的创建。

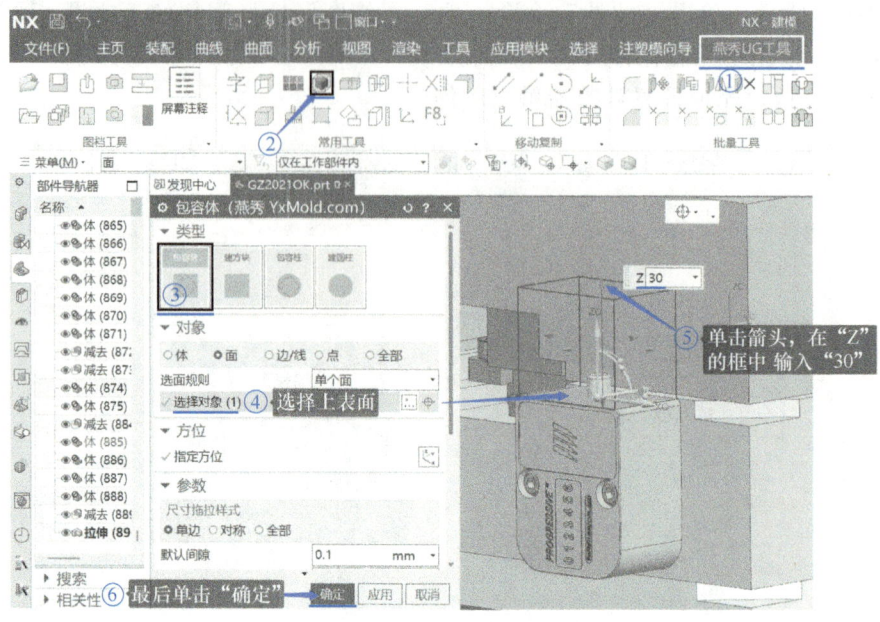

图 2-163 方块创建

如图 2-164 所示，单击"减去"命令，然后在绘图区选择内置计数器作为减去的"目标"，选择刚创建的圆柱和方块作为减去的"工具"，勾选"保存工具"，最后单击"减去"对话框中的"确定"按钮。

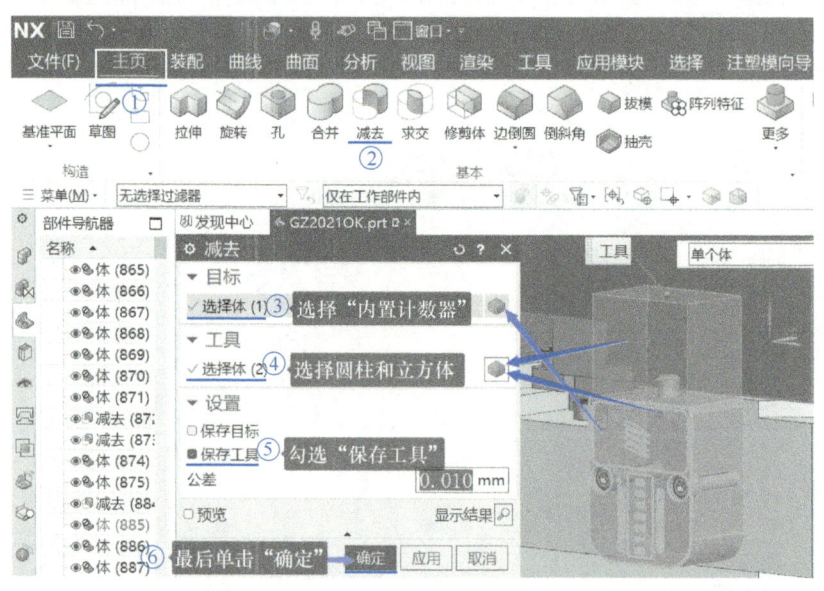

图 2-164 计数器开腔

如图 2-165 所示，单击"螺丝"命令，在弹出的对话框中选择"Metric"→"M4"，单击

"动态"后会弹出图2-166所示的对话框,在绘图区单击方块的侧面作为"放置平面",最后单击"选择螺杆放置平面"对话框中的"确定"按钮,弹出图2-167所示的对话框。

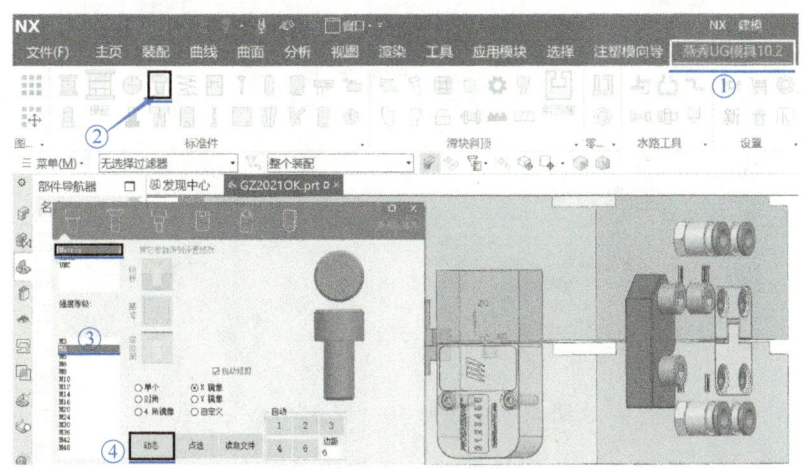

图2-165 调用螺钉

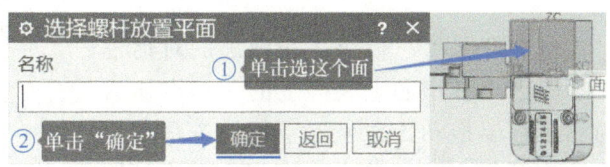

图2-166 选择螺杆放置平面

如图2-167所示,移动鼠标到螺钉的大概放置位置,通过键盘上的方向键将螺钉的XY坐标定位到(10,0)后按回车键,再单击对话框中的"返回"按钮,回到图2-168所示的对话框。

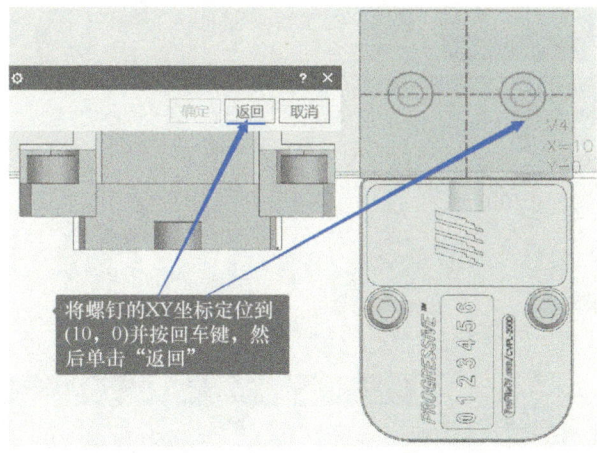

图2-167 设置螺钉的定位尺寸

如图2-168所示,最后单击该对话框中的"生成3D",完成计数器上半部分安装螺钉的调用。

塑料模具CAD/CAM/CAE

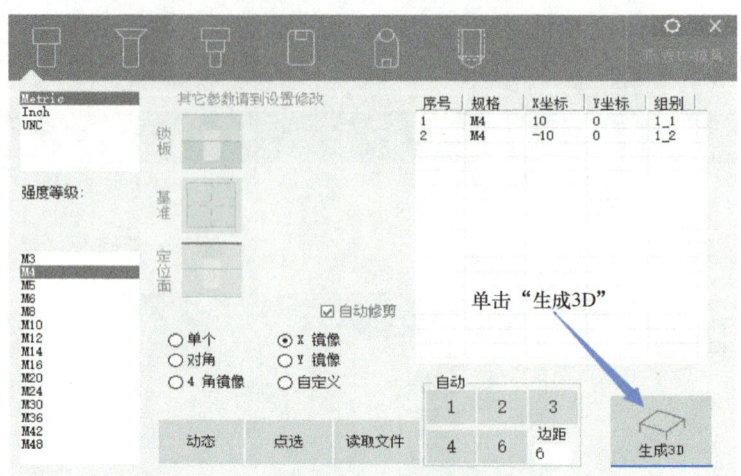

图 2-168　生成 3D（安装螺钉）

之后可以设计必要的倒角。外置计数器的最终设计结果如图 2-169 所示。

7. 设计日期章

如图 2-170 所示，单击"日期章"命令，在弹出的对话框中选择合适的型号，在绘图区选择型芯上表面上的一个点作为放置点，如果位置不满意还可以拖动工作坐标系的箭头移动位置，最后单击"日期章"对话框中的"确定"按钮，完成日期章的调用。

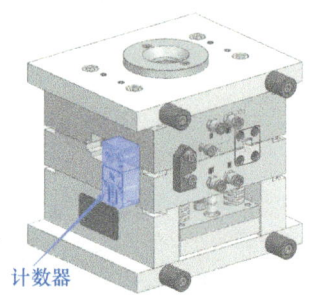

图 2-169　外置计数器

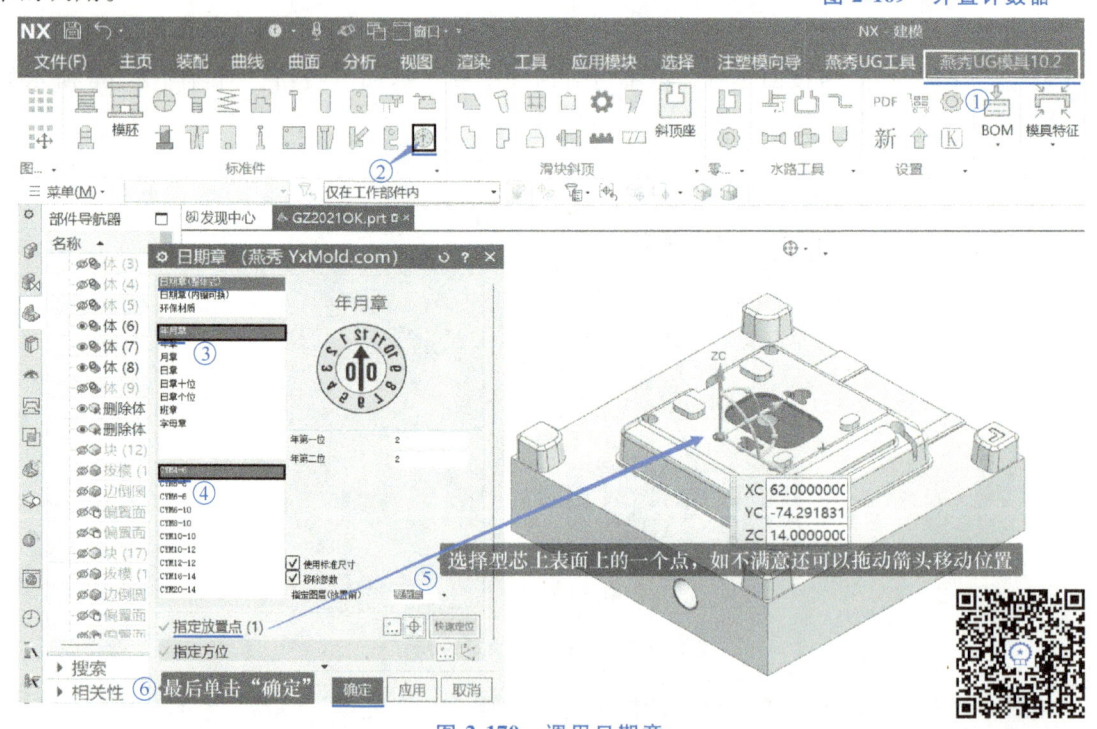

图 2-170　调用日期章

设计日期章

如图 2-171 所示，单击"减去"命令，然后在绘图区选择型芯作为减去的"目标"，选择日期章的 false 作为减去的"工具"，不勾选"保存目标"和"保存工具"，最后单击"减去"对话框中的"确定"按钮，完成开腔。

8. 行程开关

如图 2-172 所示，单击"计数器/行程开关"命令，在

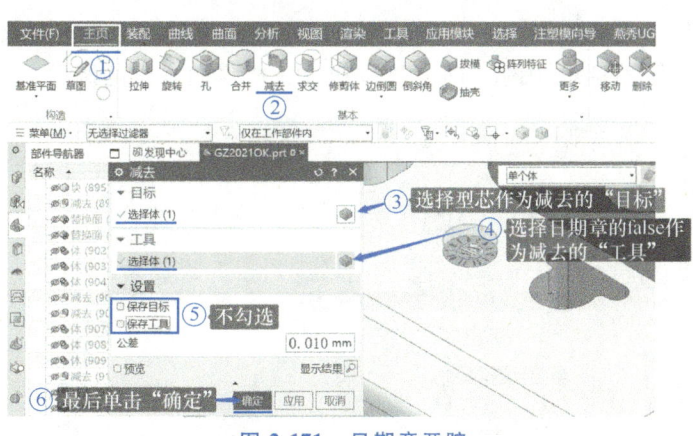

图 2-171 日期章开腔

弹出的对话框中选择"行程开关"，选择"V-15-1A5-T"，勾选"自动修剪""移除参数""单个"，在绘图区选择顶针底板的地侧面作为"放置平面"，选择下模座上边沿的中点作为"指定点"，移动 WCS 将行程开关放置到合适位置，并选择下模座作为"修剪实体"，最后单击"计数器扣行程开关"对话框中的"确定"，完成行程开关的调用。

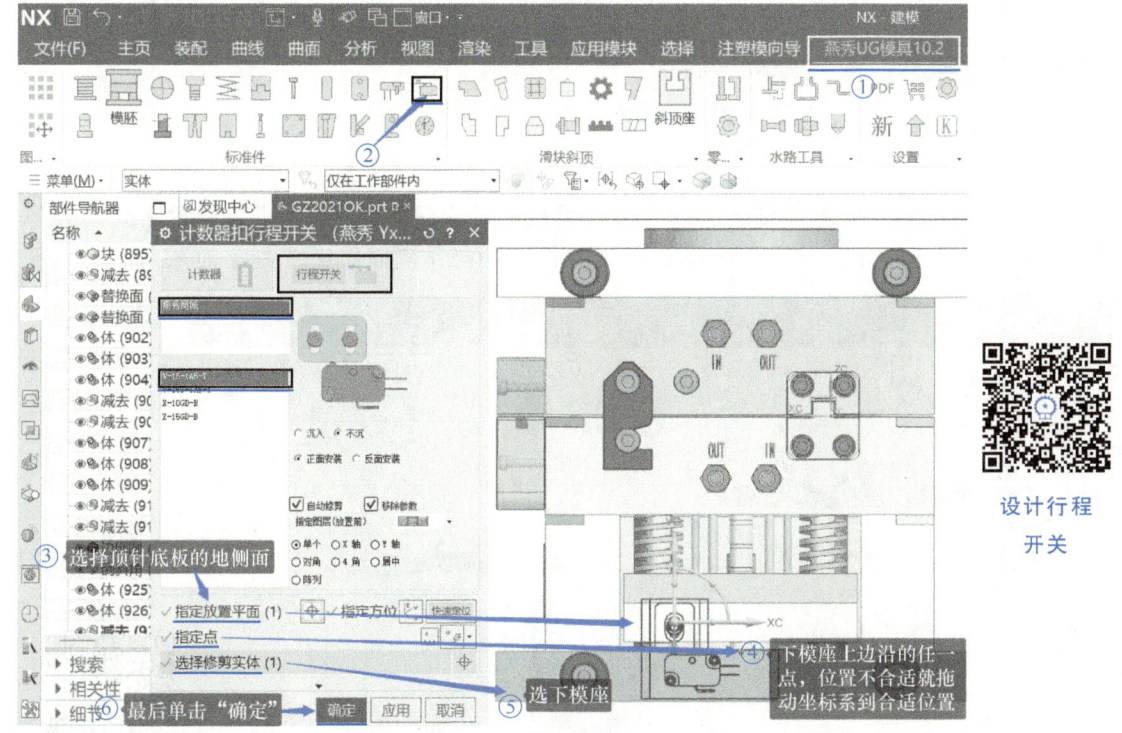

图 2-172 调用行程开关

说明：①调用的行程开关可能有重复的体，检查后将多余的体选中，直接按<Delete>键将其删除；②在实际生产中一般不安装行程开关，会在模具上设计"强制复位机构"，强制复位机构结构简单，运动更加可靠。

如图 2-173 所示，单击"强制复位"命令，在弹出的对话框中选择型号"2020"，勾选"自动修剪"、"移除参数""单个"，软件会自动识别并选择 A 板、B 板、顶针面板、顶针

底板，然后选择 A 板、B 板、顶针面板、顶针底板作为"要修剪的实体"，最后单击"强制复位"对话框中的"确定"按钮，完成强制复位的调用。

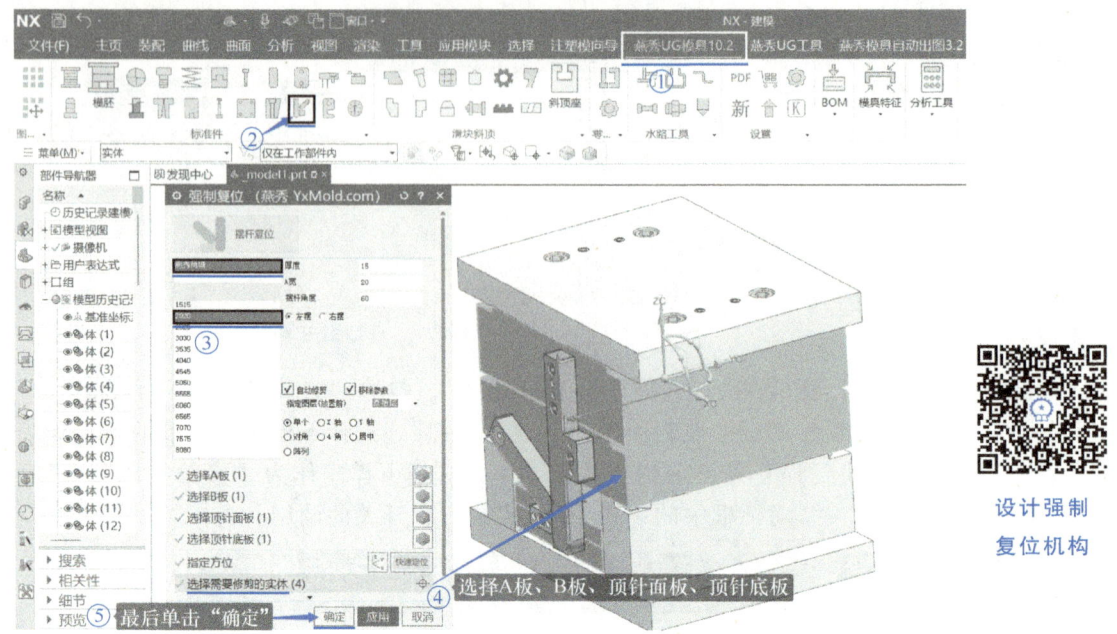

图 2-173 调用强制复位

9. 设计吊模标识

如图 2-174 所示，单击"刻字"命令，在弹出的对话框中输入"↑"，设置字高"40"、选择"正凹"，点选"面中心"，选择 C 板（方铁）的操作侧面作为"刻字面"，拖动 WCS

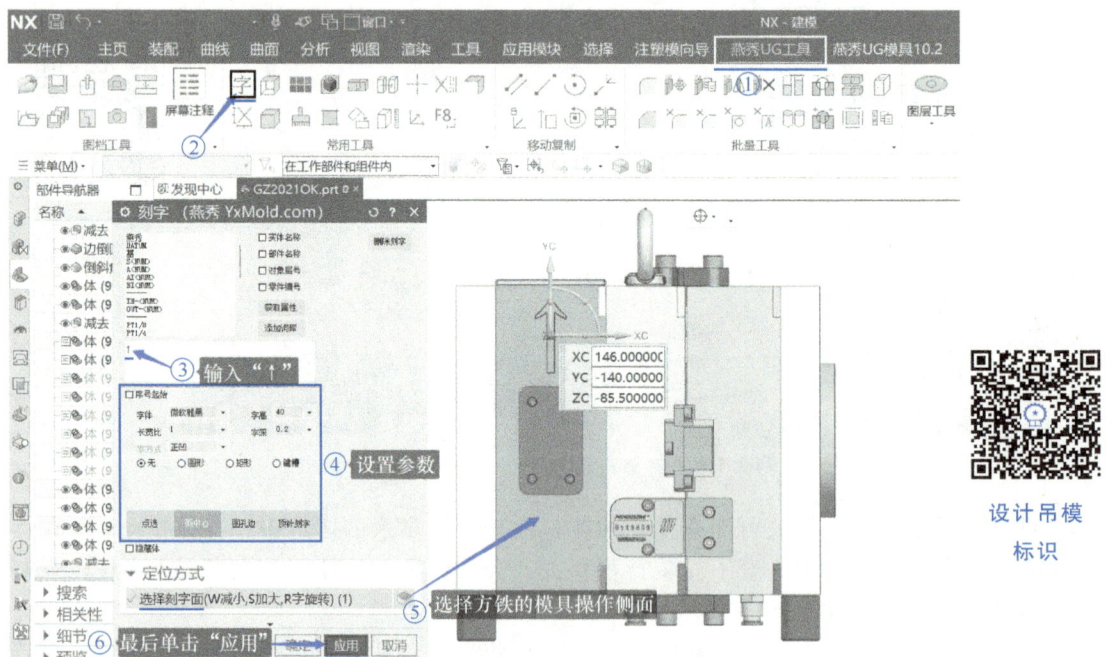

图 2-174 调用吊模标识

到合适位置，最后单击"刻字"对话框中的"应用"按钮，再单击图 2-175 所示的"生成 3D"，完成吊模标识的设计。

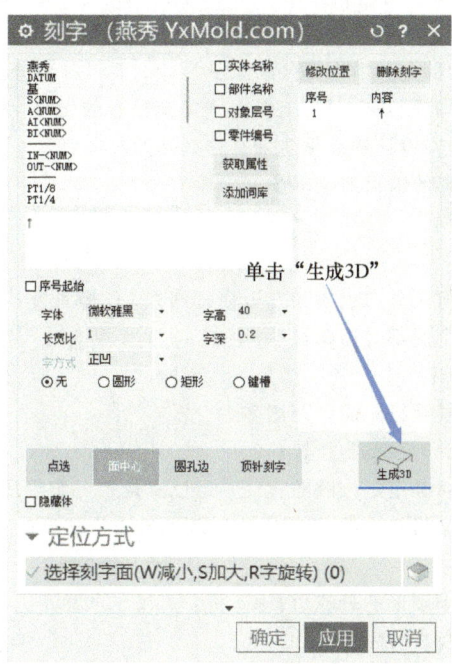

图 2-175　生成 3D（吊模标识）

10. 二板模三维设计结果

二板模三维设计结果如图 2-176 所示。

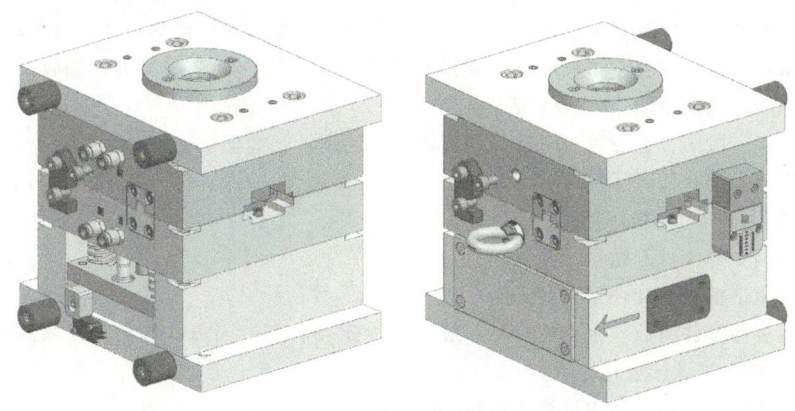

图 2-176　二板模三维设计结果

习题与思考

1. 为什么要对塑件放缩水？NX 的"缩放体"命令可以用于产品放缩水吗？
2. 为什么要将塑件移动到绝对坐标系？

3. 手动分模（硬砍分模）的原理是什么？
4. "替换实体"命令和"修剪实体"命令的区别是什么？使用这两个命令软件报错的原因是什么？
5. 直接用<Delete>键删除实体和用"删除体"命令删除实体有什么区别？
6. 做枕位、滑块头的曲面时，是否可以用"拉伸"命令或者"延伸片体"命令？
7. 滑块头除去和产品接触的部分，后半部分的大小为什么要设计到分型面上？
8. 为什么要设计虎口？虎口有哪几个面是工作面（完全贴合的面）？为什么要设计避空面？
9. 基准角防呆的原理是什么？设计基准角防呆有什么好处？
10. 什么是溢边值？常见塑料的溢边值是多少？
11. 常见排气槽的形式有哪些？
12. 模仁包含哪些结构？
13. 如何确定模架大小？如何区分二板模和三板模？燕秀 UG 模具外挂软件能设计三板模吗？
14. 如何设置调出的模架每个面都是透明显示？
15. 中托司 Y 向距离能定制吗？
16. 一般需要调用多大的锁模螺钉？需要调用多少个？
17. 在什么情况下设计浇口套时需要防止转动？
18. 定位圈有什么作用？如何确定定位圈的直径？定位圈是否一定要压住浇口套？
19. 为什么要设计浇注系统凝料？浇注系统都包含哪些结构？常见的浇口形式有哪些？浇注系统的尺寸一般是怎么确定的？
20. 本例为什么采用截面是半圆形的分流道？
21. 工厂采用最多的狗腿式滑块有哪些零件组成？
22. 调用第二个滑块座的时候为什么勾选了"添加实例"选项而不是勾选"新建组件"选项？
23. "几何链接器"命令的原理是什么？本例删除滑块座装配组件后滑块座实体零件还在否？A 板、B 板的滑块座开腔会不会受到影响？
24. 为什么将 B 板上的斜顶孔改成圆柱形并进行适当扩大？
25. 斜顶座的种类有哪些比较常用？为什么设计斜顶导向块？
26. 为什么司筒的价格差异很大？常用司筒的直径尺寸是多少？司筒针的顶部不是平面时该如何处理？
27. 工艺分析包括哪些内容？本例为什么要做设计变更？本例为什么要增加两根顶针？这两根顶针为什么要设计止转结构？常见的止转结构有哪些？
28. 顶针的价格一般多少？在哪里可以买到质优价廉的顶针？如何防止顶针生锈？
29. 为什么直径为 2mm 以下的顶针尽量不用？顶针直径越大，钻孔时钻头越不容易断，为什么直径超过 10mm 的顶针在设计时也尽量不用？
30. 为什么本例中的浇口套做短了些？
31. 温控系统用于模具冷却还是模具升温？
32. 水路都由哪些零件组成？水路的直径一般取多少比较合理？隔板式水路和喷泉式水路的结构是什么样的？模板上为什么要设计水路标识？
33. 复位弹簧有什么作用？如何计算复位弹簧的长度？
34. 弹簧都有哪几种颜色？每种颜色代表什么意义？TF25×13.5×65 的含义是什么？
35. 支撑柱有什么作用？模具在正常生产时，支撑柱会装在模具上吗？可以设计哪些模具零部件代替支撑柱吗？
36. 如何计算限位柱的高度？垃圾钉的高度一般为多少？
37. 模具铭牌上一般都有哪些信息？铭牌信息对客户和厂商来说各有什么好处？模具设计时铭牌是必须设计的零部件吗？
38. 铭牌上的螺钉为什么采用 M4？M3 的可以吗？可以采用 M6 吗？为什么？

39. 为什么不把铭牌设计在模具的地侧？设计在模具的天侧可以吗？
40. 锁模扣有什么作用？锁模扣螺钉一般设计多大？锁模为什么要设计在对称位置？
41. 设计模脚时除了要注意模脚的大小还要注意什么？
42. 精定位都有哪些常见结构？标准模架中已经含有导柱和导套，为什么还要设计精定位？
43. 一个模具需要设计几个吊环？吊环的大小如何确定？
44. 如何查询多个实体零件的重量？如何更改零件的密度？
45. 内置计数器和外置计数器的区别是什么？各有什么优点？
46. 在哪里可以买到日期章？国产日期章的大概价格是多少？最小的日期章直径有多大？
47. 行程开关和强制复位各有什么特点？它们是怎么保护模具和注射机的？
48. 常见的吊模标识有哪些？

项目三　三板模设计

【知识目标】

1. 了解注塑模向导 Moldwizard 和模具部件验证。
2. 掌握自动分模技术。
3. 了解虎口的结构特征和作用，掌握设计虎口的方法。
4. 理解镶件的作用。掌握设计镶件的方法。
5. 了解三板模的结构，掌握调用三板模模架的方法。
6. 掌握设计中托司的方法。
7. 掌握设计三板模浇注系统的方法。
8. 了解并掌握设计抽芯机构的方法。
9. 了解并掌握设计斜顶。
10. 掌握设计三板模温控系统的方法。
11. 掌握设计三板模顶出系统的方法。
12. 掌握阻尼套、限位拉杆组件、限位柱、支撑柱等运动控制部件的设计方法。
13. 掌握三板模的撬模角、防尘板、铭牌、边锁、复位弹簧、模脚（站脚）、计数器、吊环等模具附件的设计方法。
14. 掌握将装配转变成零件、将零件转变成装配、修改装配中子零件名称的方法。

【能力目标】

1. 具备模具部件验证的能力，设计前能进行较好的设计规划。
2. 具备调用模架的能力。
3. 具备设计模具温控系统、浇注系统、顶出系统的能力。
4. 具备装配和零件相互转化的能力。
5. 会设计中等难度的塑料模具。

【素质目标】

1. 养成科学严谨的职业素养。
2. 培养精益求精的工匠精神。
3. 培养和提升诚信意识和规则意识，养成诚实守信、遵守规则的好习惯。

项目三 三板模设计

项目引入

【案例】 图3-1所示为某企业生产的行车记录仪,其盒盖为塑料产品(图3-2)。请设计能生产该塑料产品的注塑模具。生产要求:材料为PS;收缩率为1.006;外观颜色为黑色;年产量为10万件;模具类型为三板模;型腔数为一模一件。其他要求:产品外观面不能有明显的熔接线、飞边等缺陷。

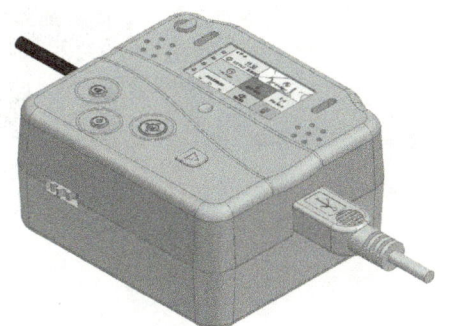

图3-1 行车记录仪

图3-2 要求生产的塑件

相关知识

注塑模具设计涉及的知识和技能较多。以下是注塑模设计涉及的主要知识点。

1)塑料原料。树脂是制造塑料的主要原料。树脂分为天然树脂和合成树脂,天然树脂产量小。为了便于加工和改善性能,树脂中常添加增塑剂、着色剂、抗氧化剂等助剂,树脂添加助剂后构成塑料原料。

2)模具结构。注塑模具通常分为二板模和三板模。二板模也称为大水口模,三板模也称为点浇口模或细水口模。二板模结构相对简单,生产的塑件会留下较为明显的浇口痕迹,三板模成型的塑件,其浇口痕迹较小。

温控系统、浇注系统和顶出系统是模具的三大系统,是注塑模具不可缺少的系统。

如果塑料产品上有侧凹和侧凸,一般都要设计侧抽芯机构。常见的侧抽芯机构有滑块抽芯机构、斜顶机构、液压缸抽芯机构。

3)Moldwizard软件介绍。Moldwizard(注塑模向导)是基于Siemens NX开发的,是针对注塑模具设计的专业模块。模块中配有常用的模架库和标准件,用户可以根据自己的需要进行调用,还可以进行标准件的自我开发,这很大程度上提高了模具设计效率。

Moldwizard模块提供了整个模具的设计流程,包括产品装载、排位布局、分型、模架加载、浇注系统设计、冷却系统设计及顶出系统设计等。整个设计过程非常直观,设计也很快捷。Moldwizard的应用能让普通设计者也能完成一些中、高难度的模具设计。

在整个模具设计过程中,分型是核心部分。Moldwizard提供的分型工具能高效率地完成这一工作,特别是对于外形结构比较复杂的产品,它的实用性能会更好地体现出来。

Moldwizard模块提供了丰富的模架库和标准件库,模具设计人员可以方便地调用模架和标准件。工程制图模块更加方便设计人员生成标准图样,以辅助加工制造。

项目实施

任务一　模具部件验证

1. 启动 NX 软件，打开要进行生产的塑件文件

双击 NX 软件图标，待启动成功后，单击"打开"命令。在"打开"对话框中，先设置文件类型为"所有文件（*.*）"，然后选择要打开的文件"塑件 3D.stp"，最后单击对话框中的"确定"按钮，打开塑件三维模型文件，如图 3-3 所示。

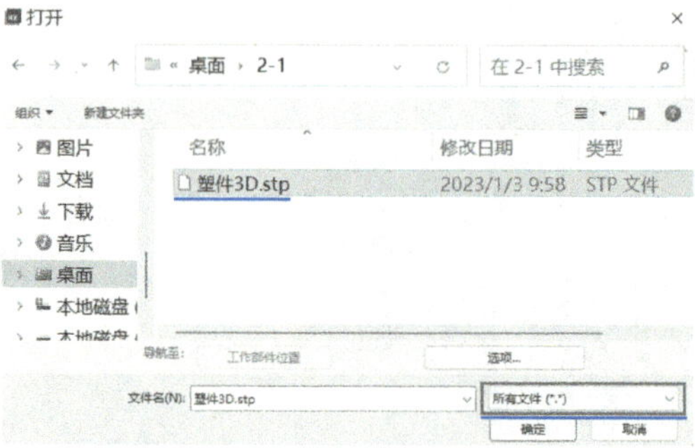

塑模部件验证

图 3-3　打开塑件三维模型文件

2. 塑模部件验证

塑模部件验证（检查区域）的主要目的是让软件协助设计师查看塑件上的倒扣区域，规划塑件的型腔区域和型芯区域。在模具设计时，如果对倒扣区域不做特殊结构，在模具开模过程中塑件上的这些区域就会卡在模具中，不能顺利脱模。对于塑件上有倒扣的区域，在模具设计时一般会采用滑块机构、斜顶机构或液压缸抽芯等抽芯机构。

如图 3-4 所示，单击"检查区域"命令，然后选择绘图区中的塑件三维模型作为"产品实体"，设置脱模方向为"+ZC"轴，最后单击"检查区域"对话框中的"计算"按钮，如图 3-5 所示。"计算"前后都不要关闭"检查区域"对话框。

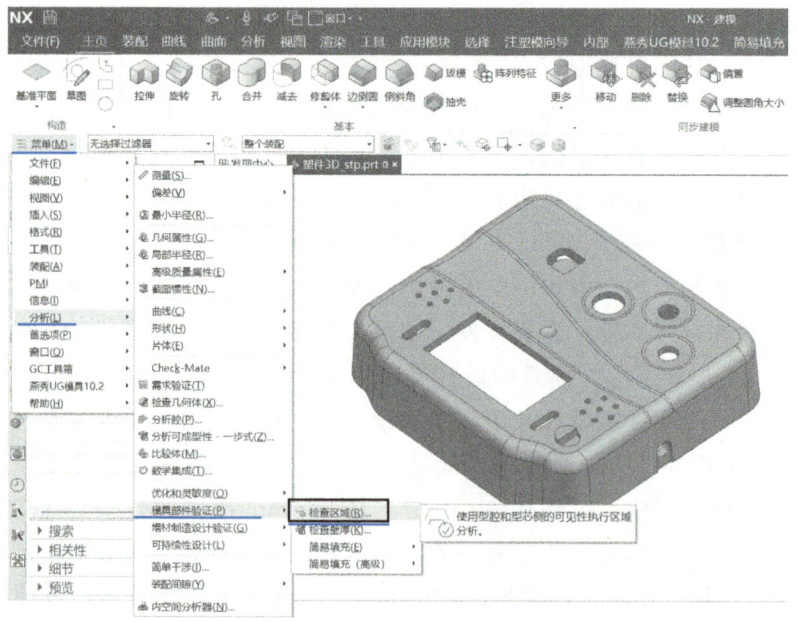

图 3-4　启动塑模部件验证命令

项目三　三板模设计

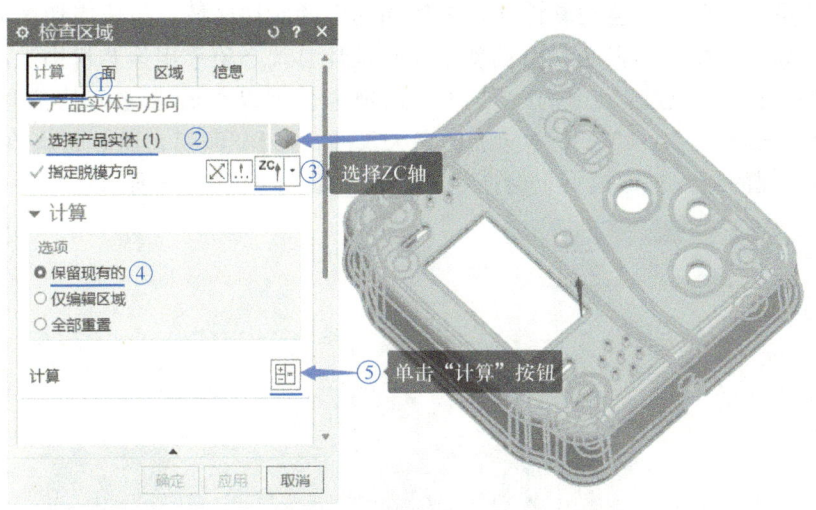

图 3-5　检查区域设置

经过计算后，在"检查区域"对话框中单击"面"选项卡，然后单击"设置所有面的颜色"按钮，最后依次勾选"交叉面""底切区域""底切边"选项，并在绘图区旋转塑件的三维图，查看哪些区域是交叉面，哪些区域是底切区域，以及哪些边为底切边。可以按下鼠标左键拖动"透明度"栏中"选定的面"（或"未选定的面"）的滑动选择条，将选定的面或者未选定的面设置为半透明或透明的线框，以方便地查看倒扣区域。经过分析查看，本例有三处需要设置抽芯机构，两处设置滑块，一处设置斜顶，如图 3-6 所示。

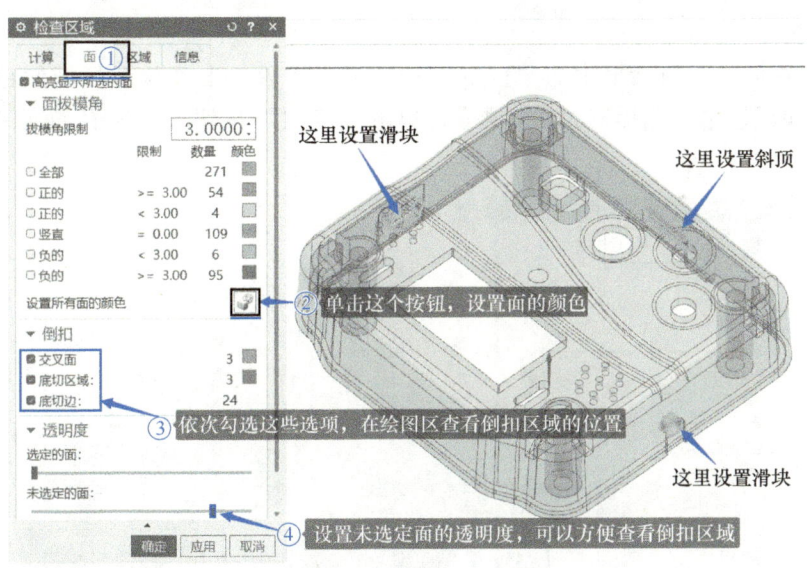

图 3-6　查看交叉面、底切区域和底切边

原理：NX 软件做塑模部件验证的原理就是求出塑件表面的法向和脱模方向的夹角。如果夹角大于零或等于零，这些表面就是型腔区域面，反之是型芯区域面。如果一个面有些区域的夹角大于零、有些区域的夹角小于零，该面就是倒扣面中的交叉面。设计时，要么将该面拆分，要么设置滑块或斜顶等抽芯机构。如果相连面或相切面有些区域夹角为正值、有些

99

区域夹角为负值，这些区域会被软件认定为倒扣面中的底切区域，组成底切区域的边为底切边。底切区域如果不能采用强制脱模成型，模具设计时就必须采用抽芯机构。

单击"检查区域"对话框中的"信息"选项卡，可以查看选定面的信息（面的拔模角）、塑件模型的属性（X、Y、Z方向上的最大尺寸，体积/面积，面数和边数），以及尖角（塑件设计不合理的地方，即模具上会产生尖钢的区域），如图3-7所示。

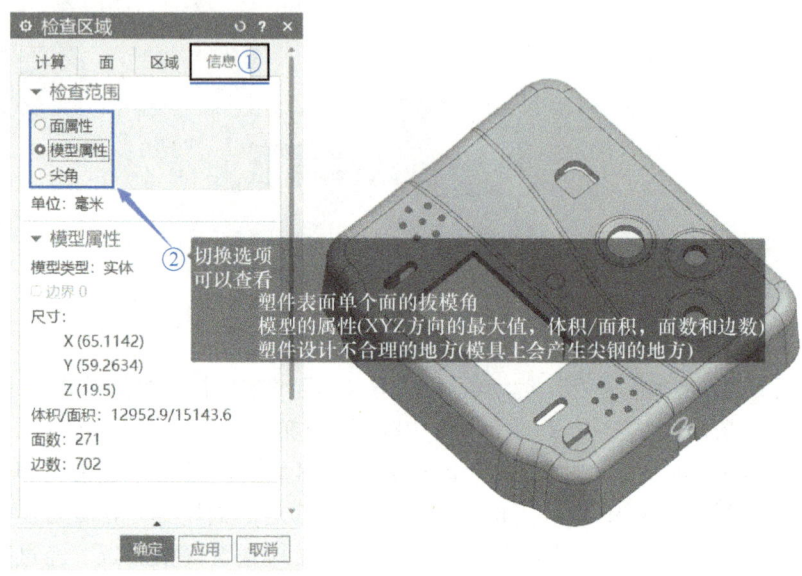

图 3-7　查看塑件的其他信息

3. 设置型芯、型腔区域

单击"检查区域"对话框中的"区域"选项卡，然后单击"设置区域颜色"按钮，勾选"交叉竖直面"，单击选择"型芯区域"，单击"应用"按钮，将所有的交叉竖直面设置为型芯区域，如图3-8所示。

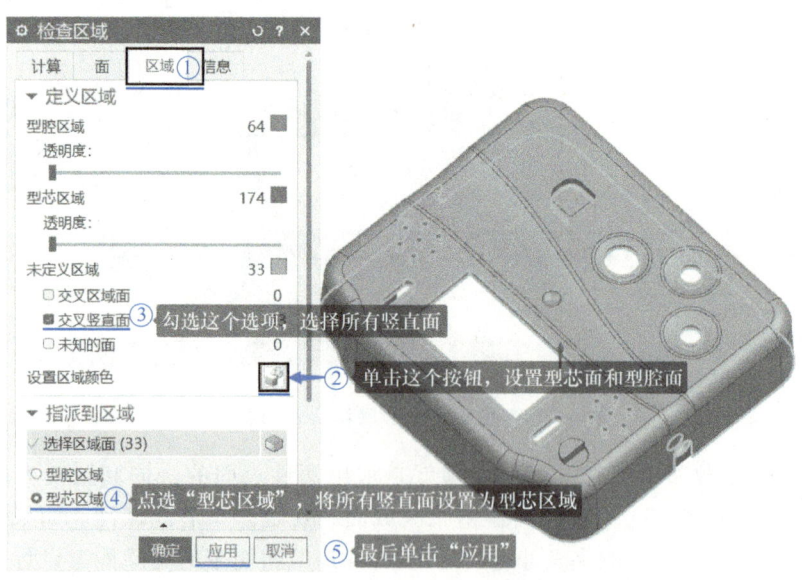

图 3-8　设置型芯、型腔区域

单击"检查区域"对话框中的"型腔区域",框选需设置滑块区域的面,单击对话框中的"应用"按钮,将滑块区域设置为型腔区域,如图 3-9 所示。

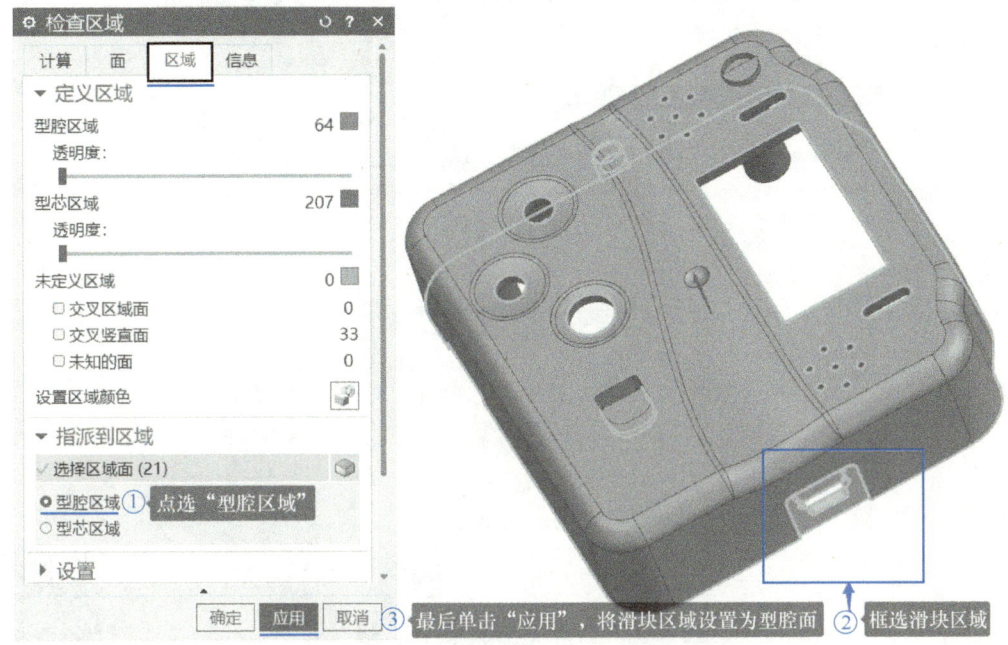

图 3-9 将滑块区域设置为型腔区域

任务二 自动分型

分型可以分为自动分型和手动分型(硬砍分型)。有些设计师用实体分型,有些设计师用片体分型,还有些设计师用实体加片体的方式进行分型。每种分型方法都有其优势,最好是各种分型方法都会用,针对不同的产品要采用最合理的分型方法。

1. 项目初始化

如图 3-10 所示,单击"初始化项目"命令,在弹出的对话框中选择"材料"为"PS",设置收缩率为 1.006,在"设置"栏的"项目单位"中选择"毫米",最后单击"初始化项目"对话框中的"确定"按钮,完成项目初始化。

2. 设置模具坐标系

如图 3-11 所示,单击"模具坐标系"命令,在弹出的对话框中选择"选定面的中心",在绘图区选择分型面,勾掉"锁定 Z 位置"选项(不选中),最后单击"模具坐标系"对话框中的"确定"按钮,完成模具坐标系设置。

3. 设置工件

如图 3-12 所示,单击"工件"命令,在弹出的对话框中,"工件方法"选择"用户定义的块","定义类型"选择"参考点",按图 3-12 所示设置 X、Y、Z 参数,最后单击"工件"对话框中的"确定"按钮,完成工件的设置。

采用参考点的方式建立工件,不用"绘制草图"命令,也不用"拉伸"命令,建立工件的速度快,但对设计师有一定的经验要求(如工件做多大,工件的中心在哪里更合理等)。

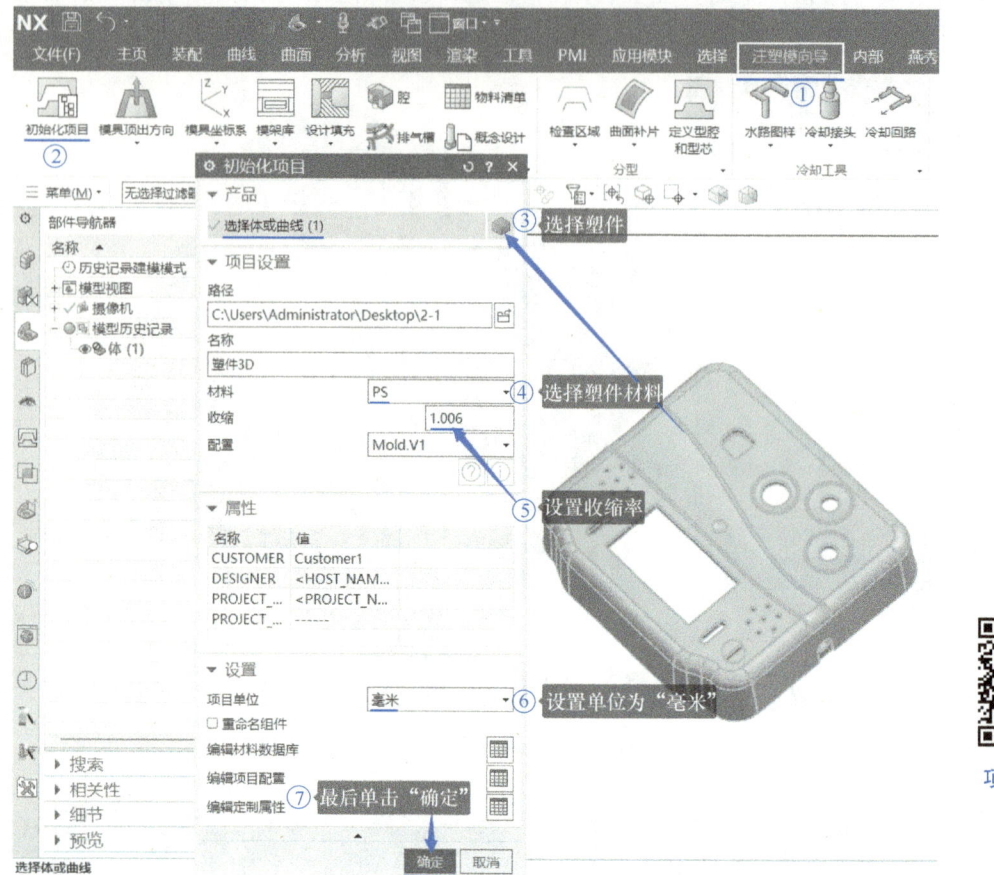

项目初始化

图 3-10 项目初始化

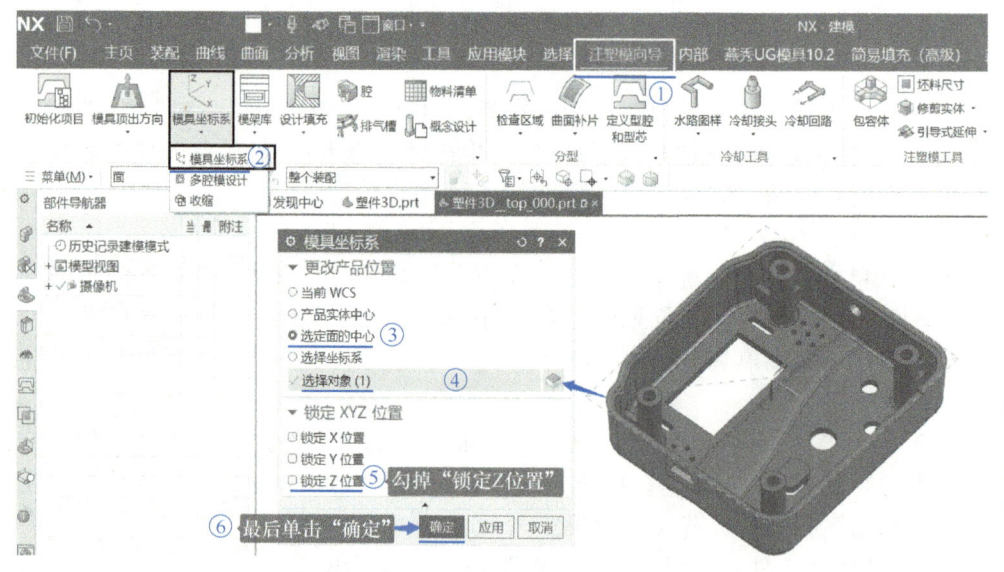

设置模具
坐标系

图 3-11 设置模具坐标系

项目三　三板模设计

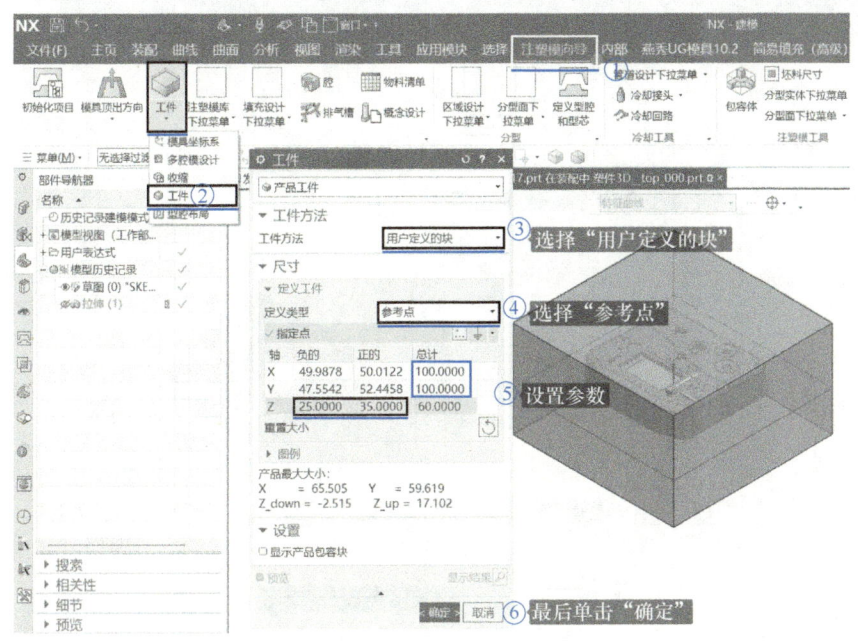

图 3-12　设置工件

设置工件

4. 检查区域

由于之前已经做过了"检查区域",在此只需单击确认就可以了。首先单击"检查区域"命令,然后单击塑件三维实体作为"产品实体",设置脱模方向为 ZC 轴,"计算"选项选择"保留现有的",最后单击"计算"按钮和"确定"按钮即可,如图 3-13 所示。

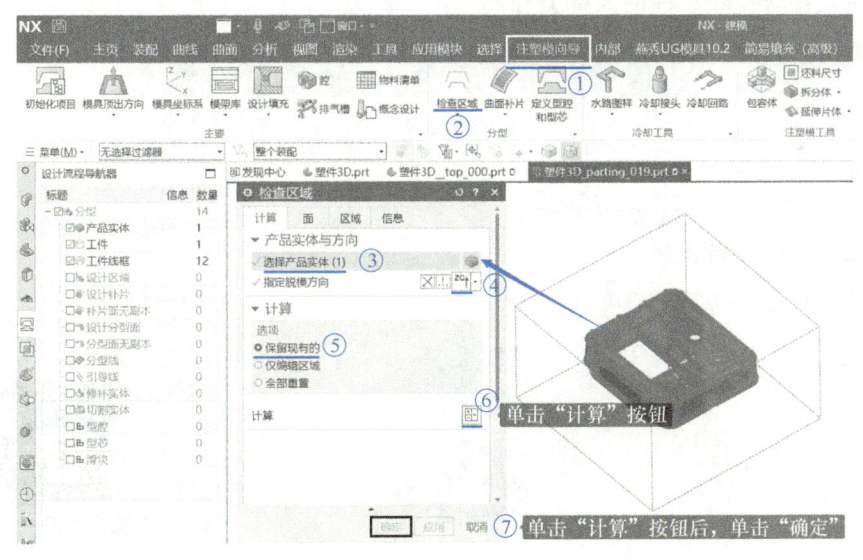

图 3-13　确认"检查区域"

检查区域与
定义区域

5. 定义区域

如图 3-14 所示,单击"定义区域"命令,在弹出的对话框中勾选"创建区域"和"创建分型线",最后单击"定义区域"对话框中的"确定"按钮,完成区域设置。

103

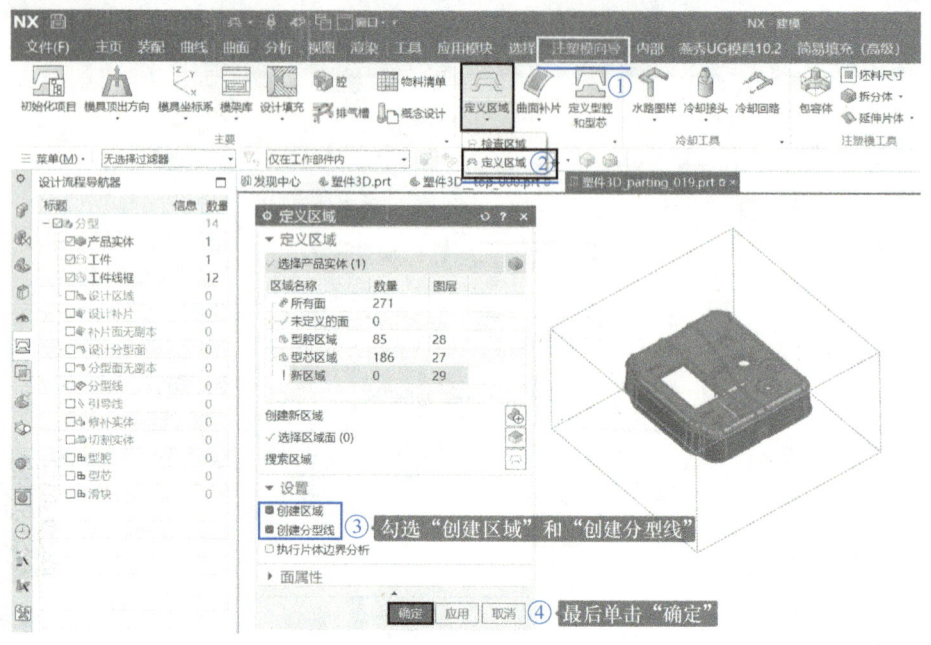

图 3-14　定义区域

6. 曲面补片

单击"曲面补片"命令,在弹出的对话框中"类型"选择"体",在绘图区中将塑件三维实体添加进来,最后单击"曲面补片"对话框中的"确定"按钮,完成塑件的自动补片,如图 3-15 所示。如果弹出"未能修补所有环"的提示框,单击"确定"按钮即可,如图 3-16 所示,软件会自动补好塑件的大部分孔。

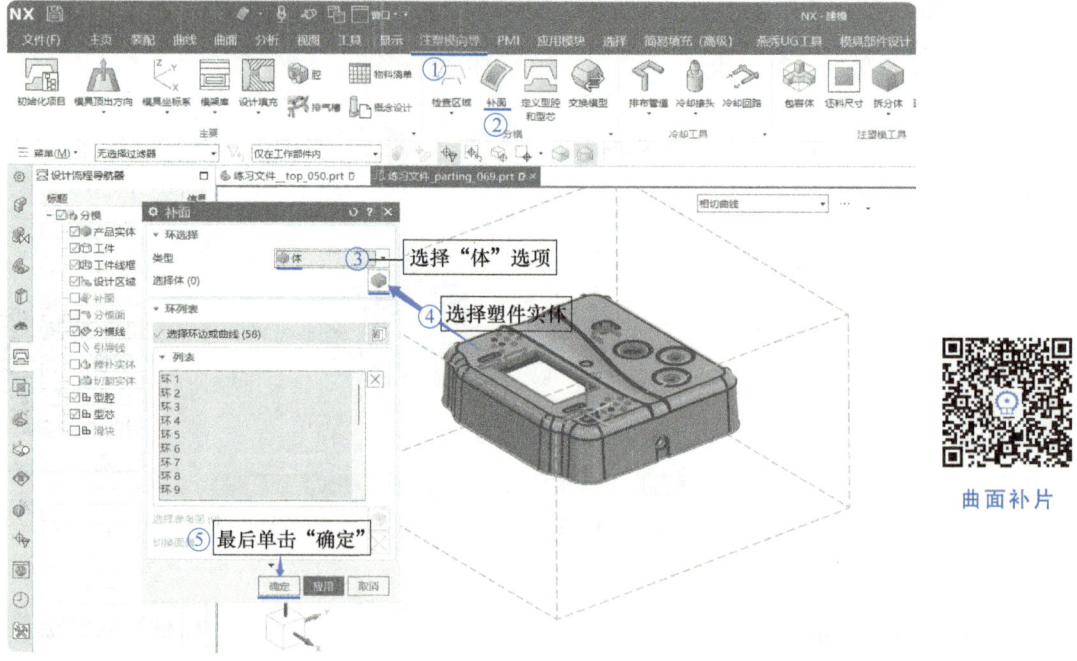

图 3-15　曲面补片

7. 手动修补未能修补的孔

单击"延伸片体"命令，如图 3-17 所示，在弹出的对话框中设置"偏置"的值为 2mm，在绘图区选择要延伸的边，如果延伸的方向错误，就单击"延伸片体"对话框中的"反转延伸侧"按钮。

单击"减去"命令，如图 3-18 所示，选择用延伸片体补的面作为"减去"的"目标"，将塑件三维模型选择为"减去"的"工具"，在"设置"栏中勾选"保存工具"，最后单击"减去"对话框中的"确定"按钮，完成修剪片体。

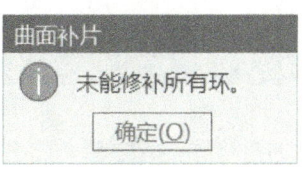

图 3-16 "未能修补所有环"提示框

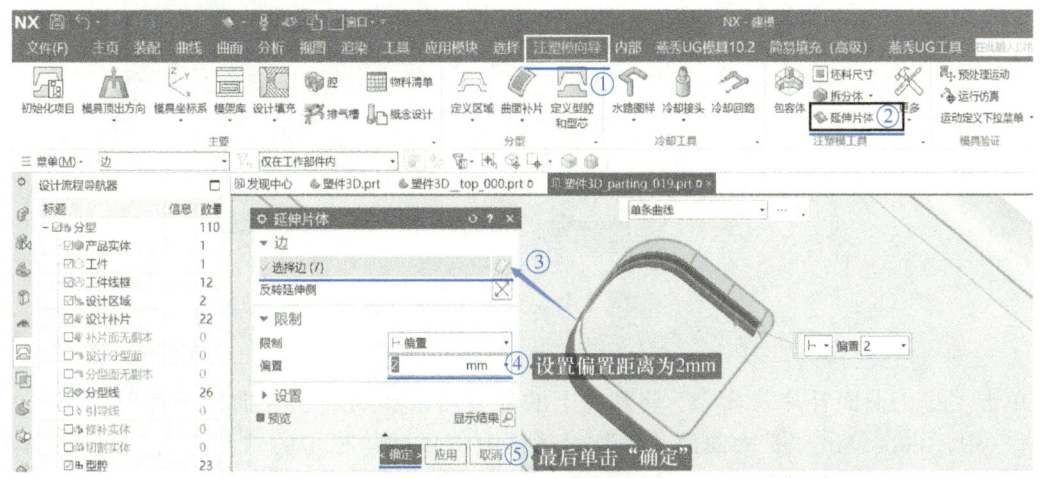

图 3-17 延伸片体

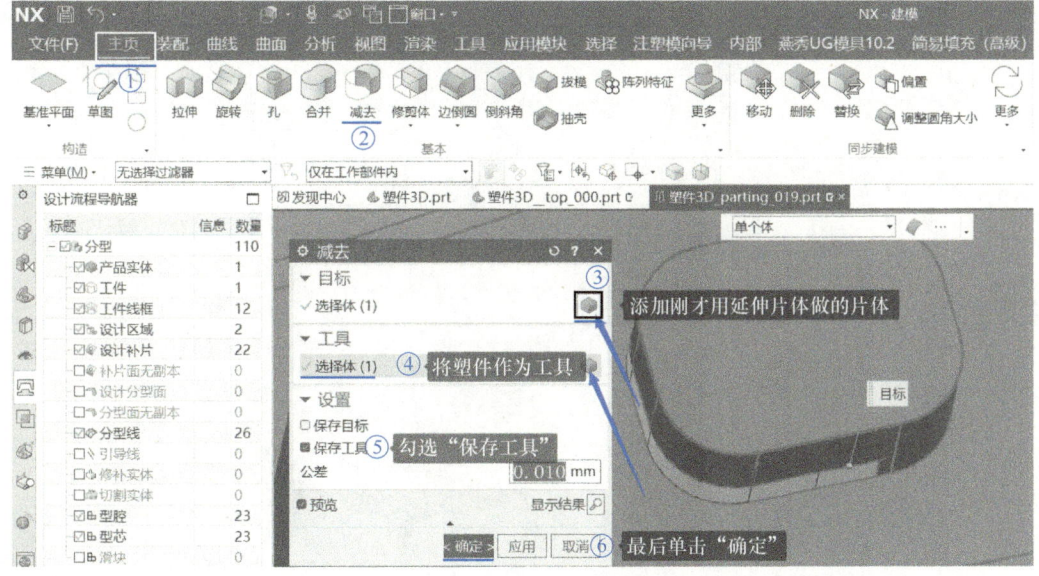

图 3-18 修剪补的片体

8. 设计枕位

采用"延伸片体"命令，创建枕位的面，最终效果如图 3-19 所示。

塑料模具CAD/CAM/CAE

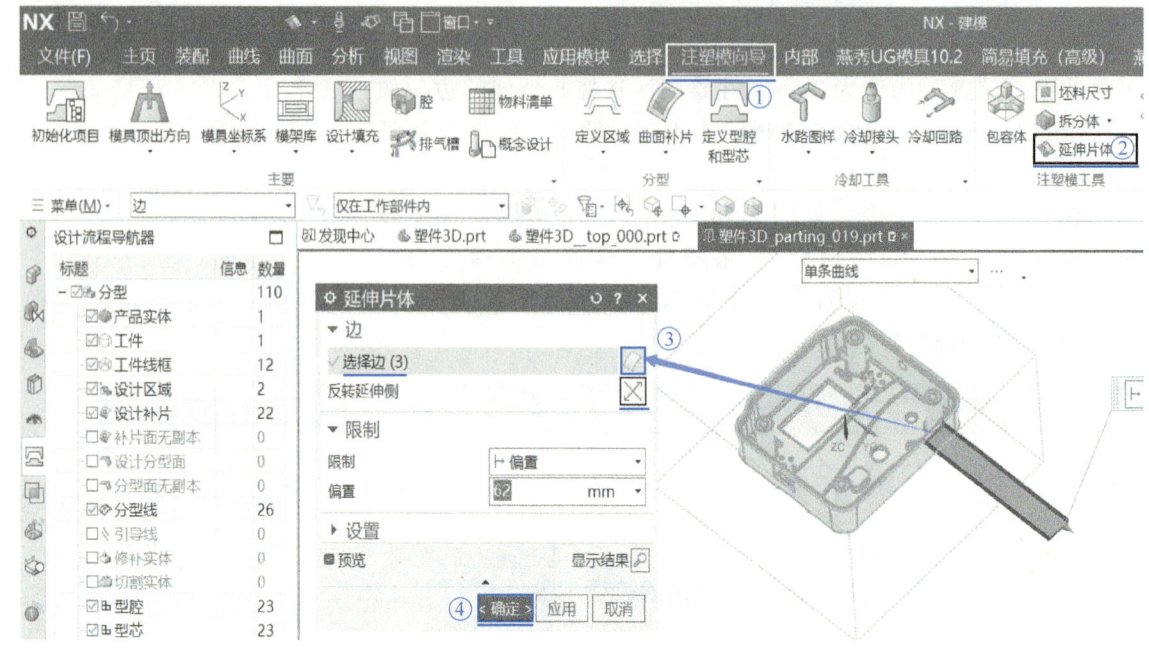

图 3-19 延伸片体

9. 设计大分型面

单击"扩大曲面补片"命令，将塑件上的分型面添加到"扩大曲面补片"对话框中的"目标"中，再次单击"扩大曲面补片"对话框中"目标"栏中的"选择面"，在绘图区拖动按钮，将分型面拖动到足够大，如图 3-20 所示。

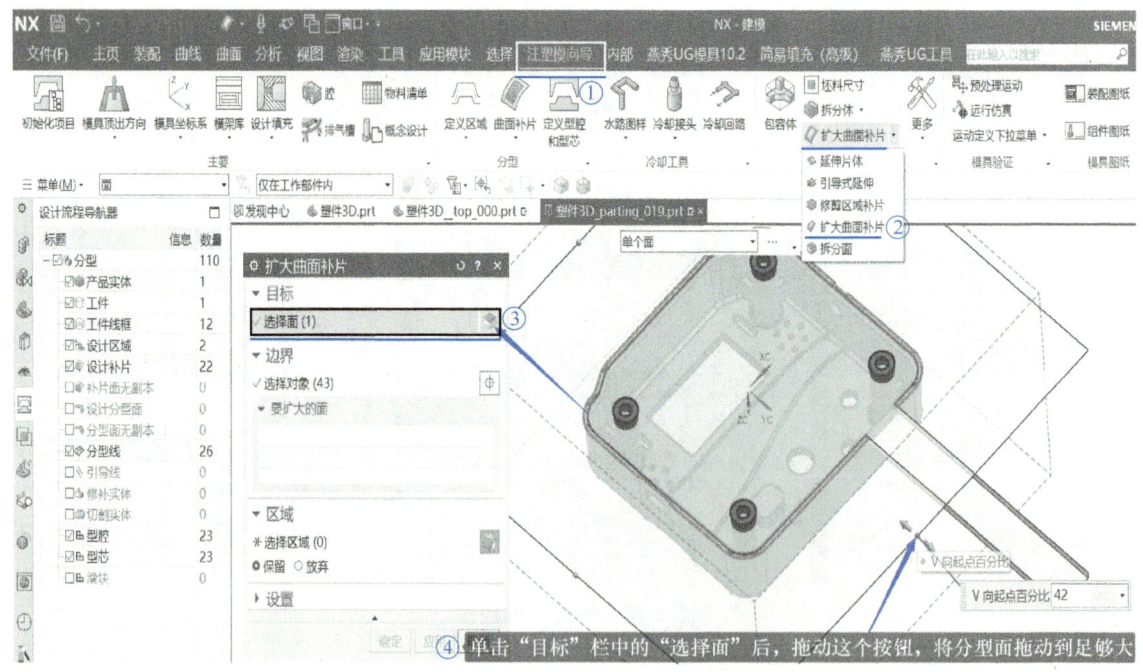

图 3-20 扩大曲面补片

单击"扩大曲面补片"对话框中"边界"栏中的"选择对象",在绘图区选中图3-21所示的两条边界,将这两条边添加到"边界"中。

如图3-22所示,单击"扩大曲面补片"对话框中"区域"栏中的"选择区域",点选"保留"选项,在绘图区中选择要保留的分型面,最后单击"扩大曲面补片"对话框中的"确定"按钮,完成大分型面的设计。设计结果如图3-23所示。

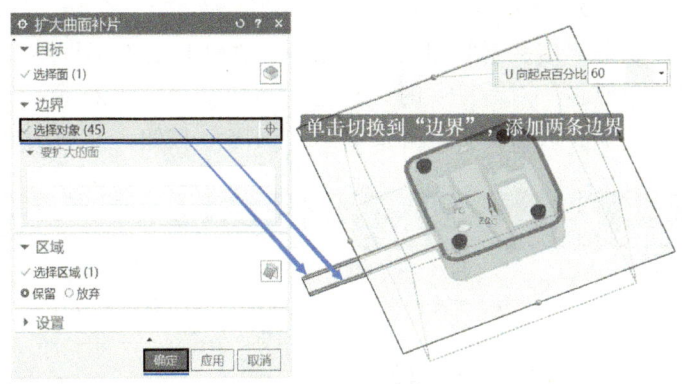

图3-21 添加"边界"

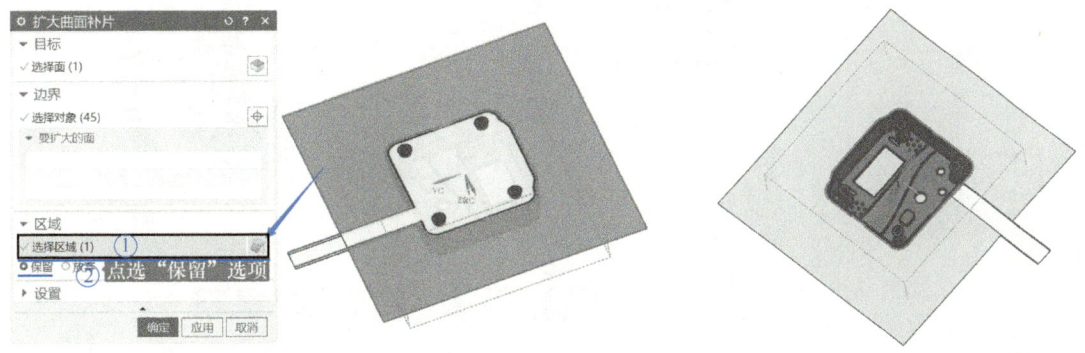

图3-22 修剪大分型面   图3-23 大分型面最终结果

10. 编辑分型面和曲面补片

如图3-24所示,单击"编辑分型面和曲面补片"命令,在弹出的对话框中选择"曲面补片"或"分型面"都可以,在绘图区框选所有的面,将其添加到"曲面补片"中,最后单击"编辑分型面和曲面补片"对话框中的"确定"按钮。

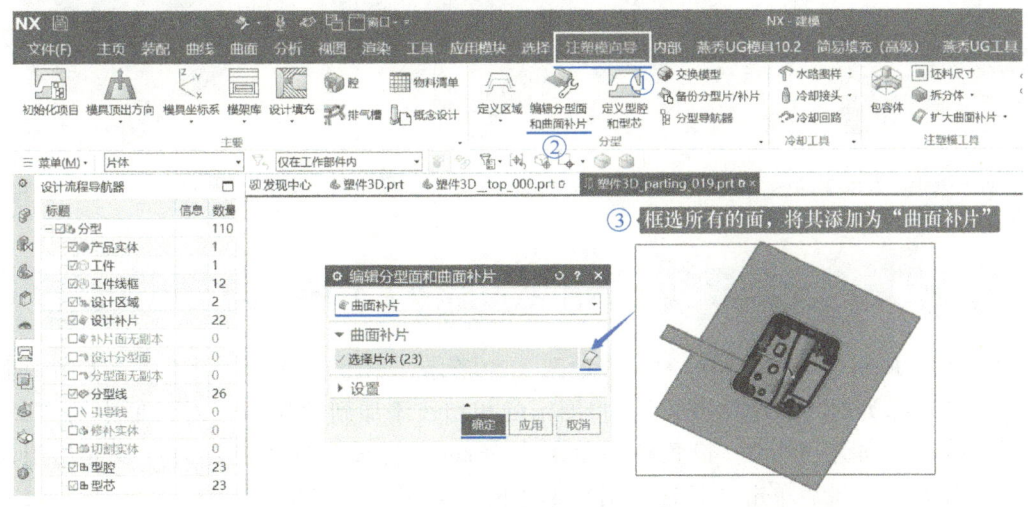

图3-24 添加曲面为曲面补片

11. 定义型腔、型芯

单击"定义型腔和型芯"命令,在弹出的对话框中单击"所有区域",最后单击"定义型腔和型芯"对话框中的"确定"按钮,如图3-25所示。如图3-26所示,在弹出的"查看分型结果"对话框中,直接单击"确定"按钮。分型结果如图3-27所示。

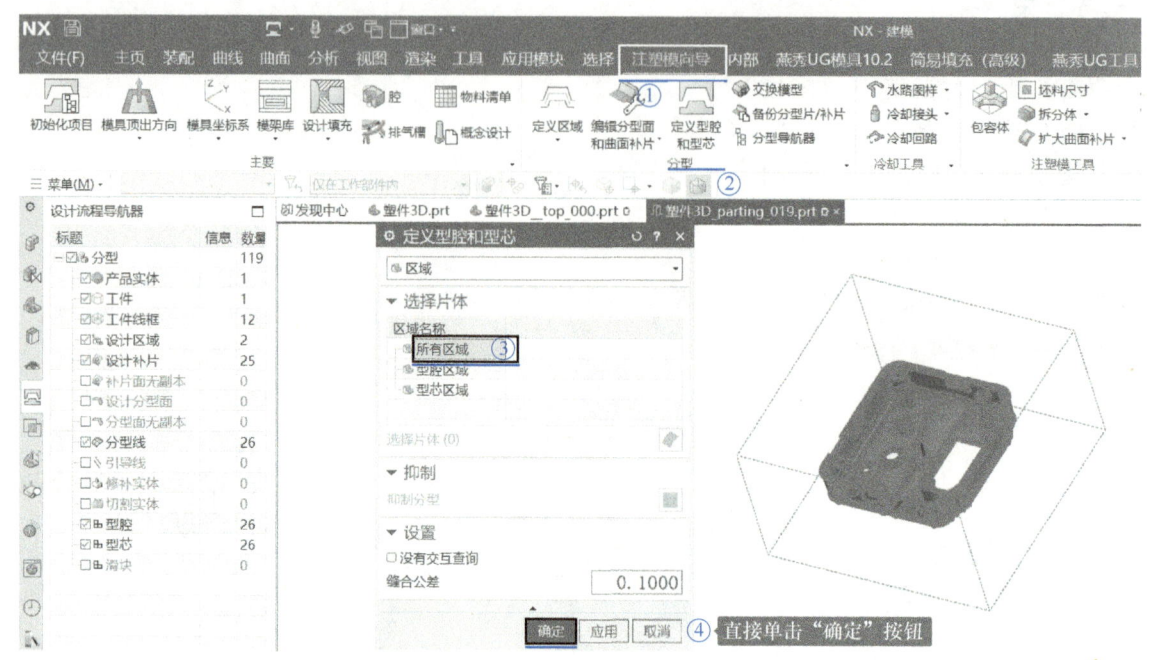

图 3-25 定义型腔和型芯

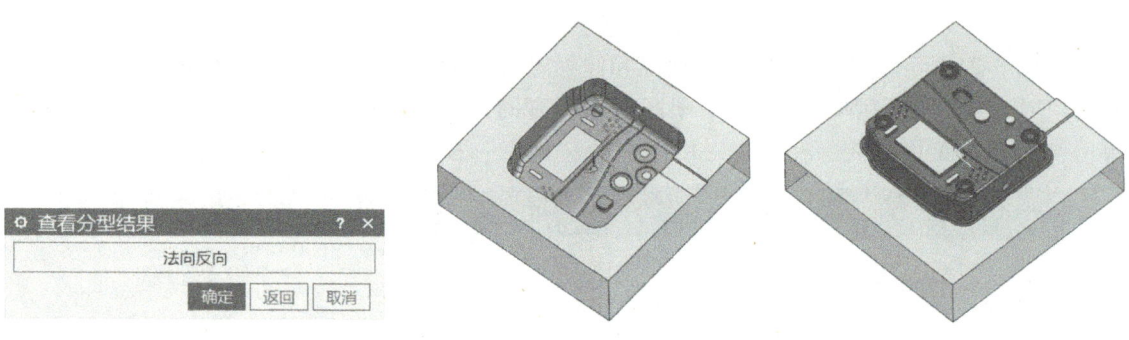

图 3-26 查看分型结果　　　　　图 3-27 分型结果

任务三　设计滑块头

如图3-28所示单独打开型腔零件。如图3-29所示,单击"拉伸"命令,然后在选择工具条中切换选择类型为"相切曲线",将图示的相切线添加到"拉伸"对话框中的"截面"中,设置拉伸方向为-XC轴,设置拉伸距离为28mm,将拔模方式设置为"从起始限制",拔模角设置为3°,最后单击"拉伸"对话框中的"确定"按钮。

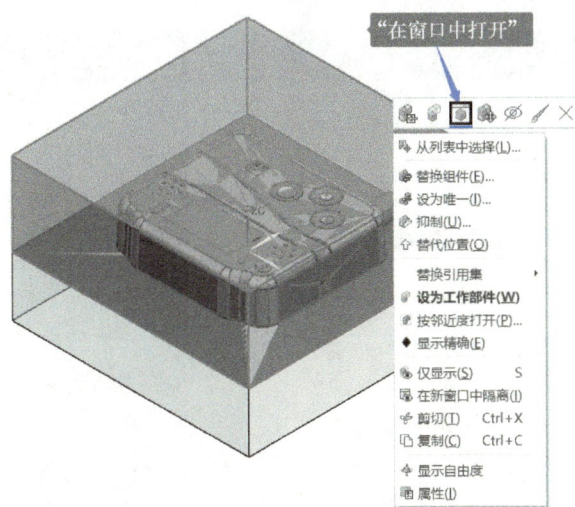

设计滑块头

图 3-28 单独打开型腔零件

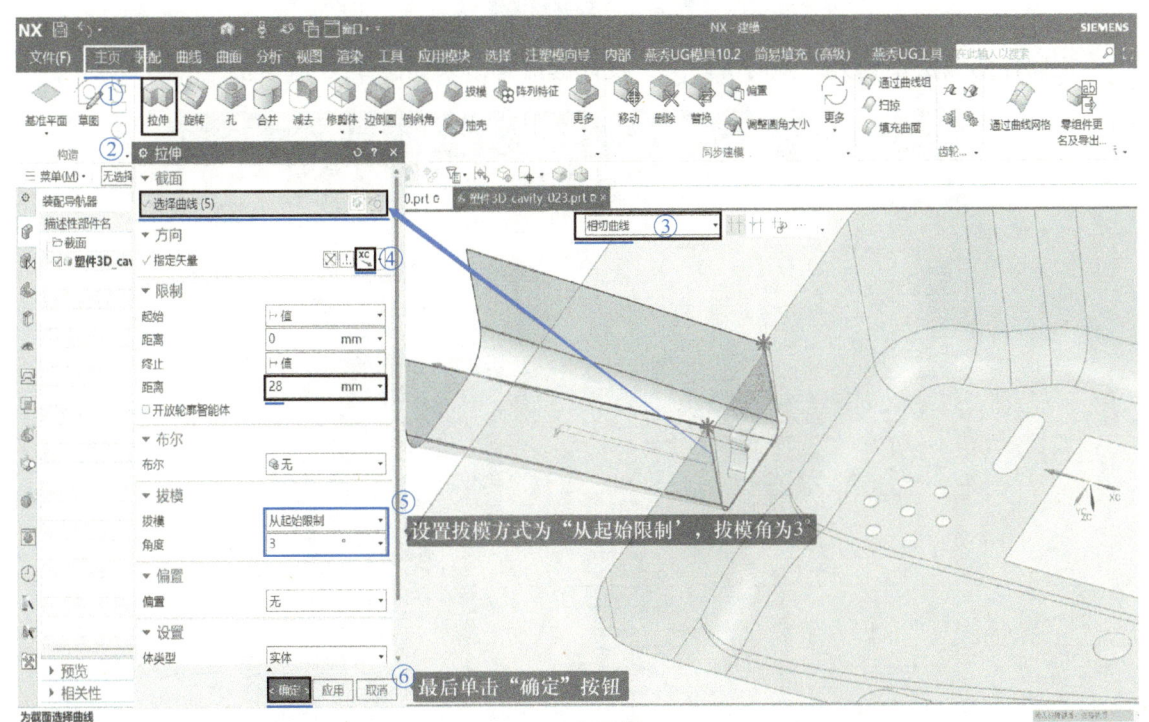

图 3-29 拉伸滑块头片体

如图 3-30 所示，单击"减去"命令，将绘图区的型腔实体添加到"减去"的"目标"中，在选择工具条中单击"包含片体"，将绘图区中刚拉伸的片体添加到"减去"的"工具"中，不勾选"保存目标"和"保存工具"，最后单击"减去"对话框中的"确定"按钮，完成滑块头的分割。

如图 3-31 所示，单击"移除参数"命令。如图 3-32 所示，将绘图区中的型腔添加到"移除参数"对话框中的"对象"中，最后单击"移除参数"对话框中的"确定"按钮，完成消参。

塑料模具CAD/CAM/CAE

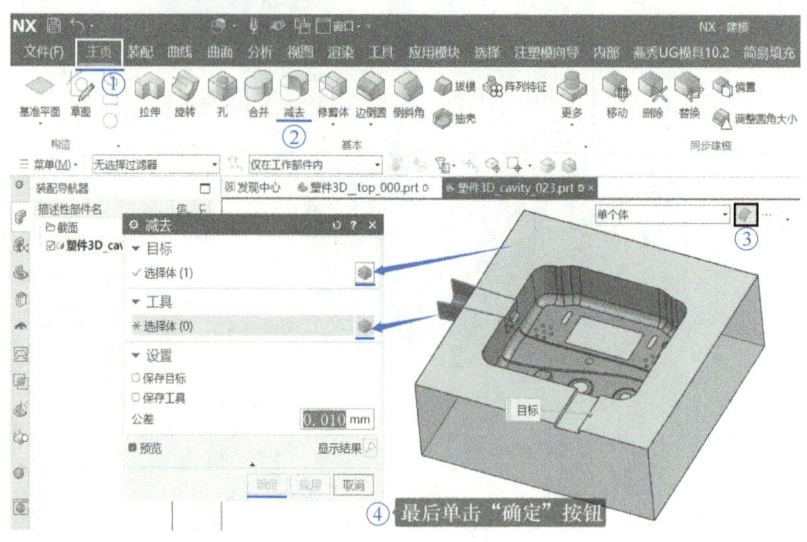

图 3-30　分割出滑块头

用同样的方法设置另一侧的滑块头，设计的最终结果如图 3-33 所示。

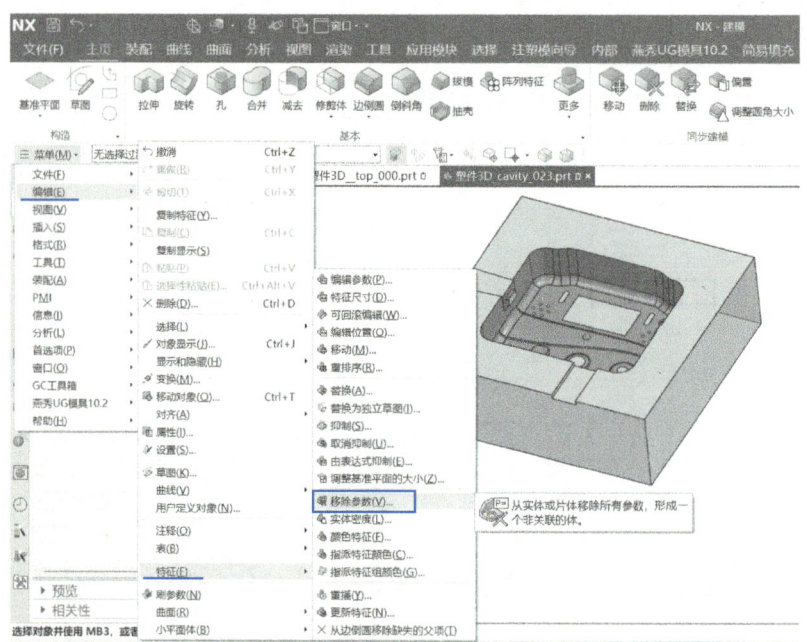

图 3-31　启动"移除参数"命令

图 3-32　移除参数

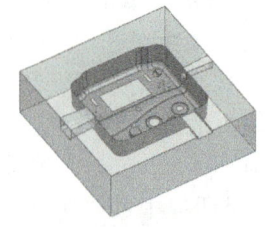

图 3-33　滑块头最终设计结果

任务四　设计排气槽

单击"打开"命令，选择打开的文件"塑件3D_cavity_023.prt"，再单击"打开"对话框中的"确定"按钮；在弹出的"更新事件列表"对话框中，直接单击"确定"按钮即可，如图3-34所示。

单击"排气槽"命令，在弹出的对话框中选择"简单排气槽"，再单击"按点创建排气引导线"，然后在绘图区单击分型线上要设置排气槽的位置，如图3-35所示。单击"排气槽"对话框中"编辑曲线位置"栏中的"选择曲线"，在绘图区拖动排气槽的中心线，修改"起始值"，改动排气槽的位置到合适位置。在"排气槽"对话框中单击"指定方向"，可以修改排气槽中心线的方向。排气槽的宽度和深度可采用系统默认值，最后单击"排气槽"对话框中的"确定"按钮，完成排气槽的设计。

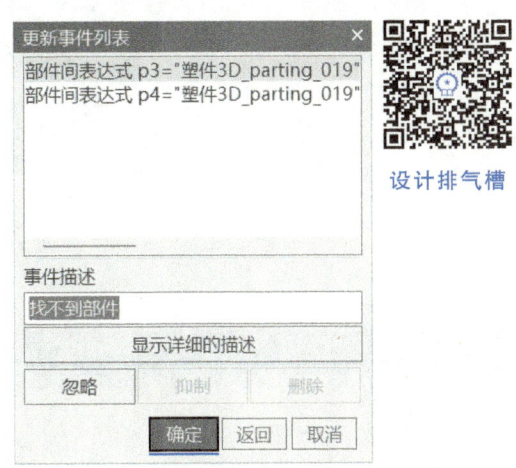

图3-34　更新事件列表

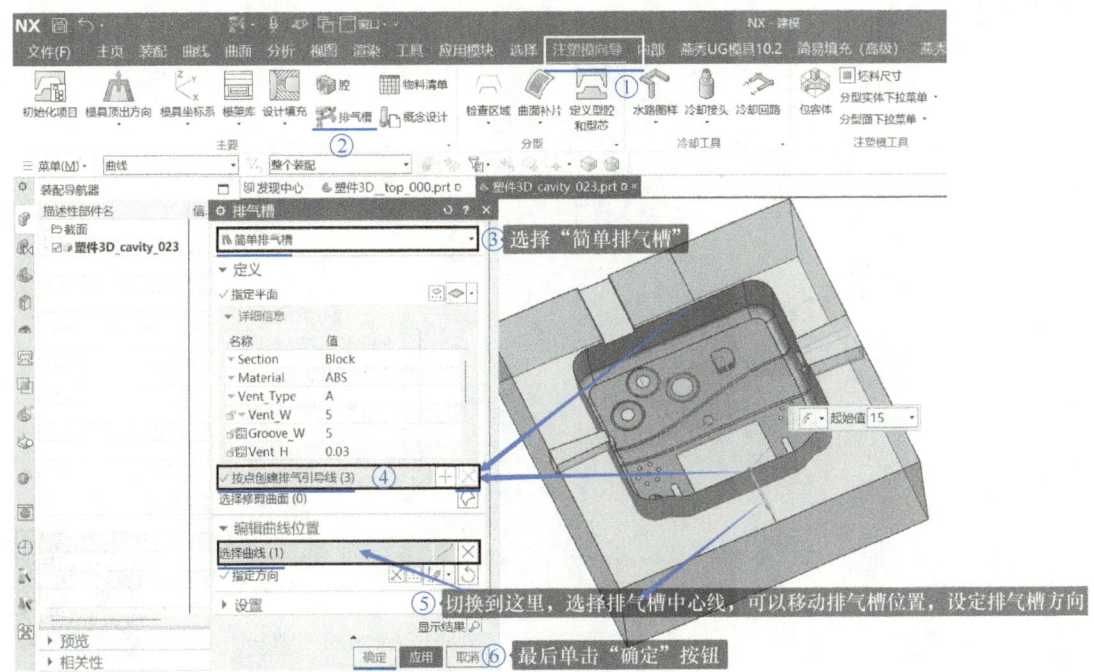

图3-35　设计排气槽

本例设计的型芯、型腔结构相对简单，又有两个滑块头，一个枕位，若干顶针司筒协助排气，故设计的排气槽结构相对简单，只做2个简单的排气槽。排气槽设计的最终结果如图3-36所示。

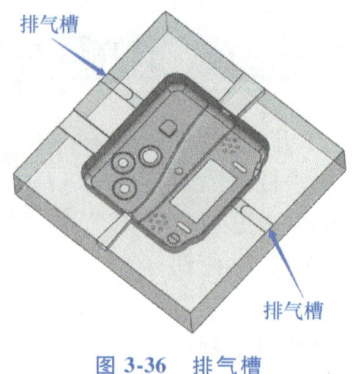

图 3-36 排气槽

任务五 设计虎口

1. 建模方法手动设计虎口

为保证型芯型腔装配后有较好的重合度，通常会在型芯、型腔上设计精定位。最常用的精定位是虎口。

单击"打开"命令，选择装配总档"塑件 3D_top_000.prt"并打开。在绘图区的型芯零件上单击右键，在弹出的命令组中单击"在窗口中打开"命令，如图 3-37 所示，单独打开型芯零件。

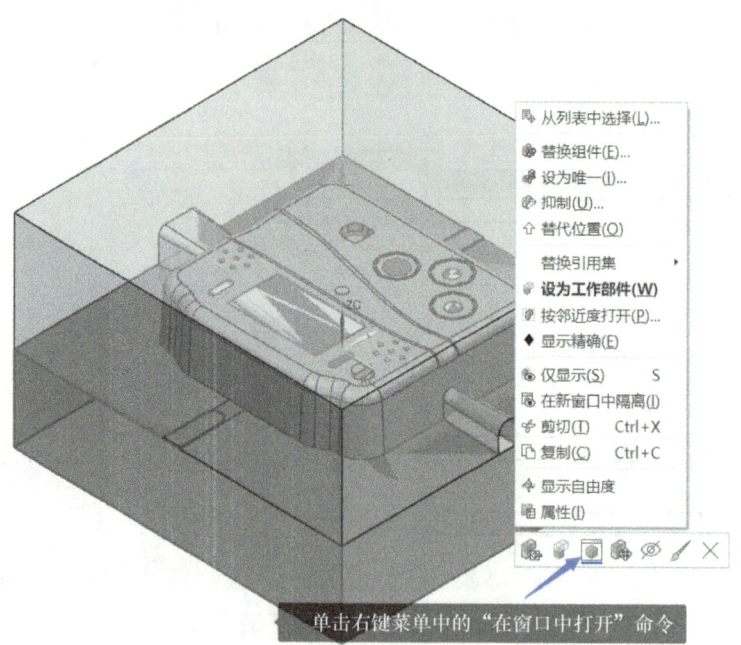

图 3-37 单独打开型芯零件

手动设计虎口

单击"菜单"→"插入"→"设计特征"→"块"命令，如图 3-38 所示；在弹出的"块"对话框中选择"原点和边长"选项，在绘图区单击块的原点，按图 3-39 所示设置块的边长，最后单击"块"对话框中的"确定"按钮。

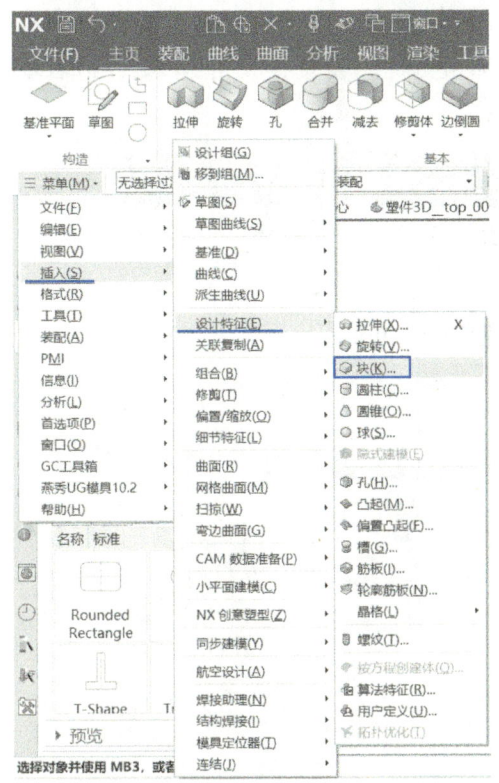
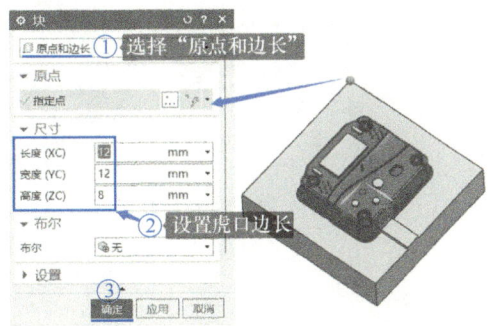

图 3-38　启动插入块命令　　　　　　　图 3-39　插入块

单击"主页"→"边倒圆"命令，按图 3-40 所示选择要倒圆的边，输入倒圆半径为 5mm。

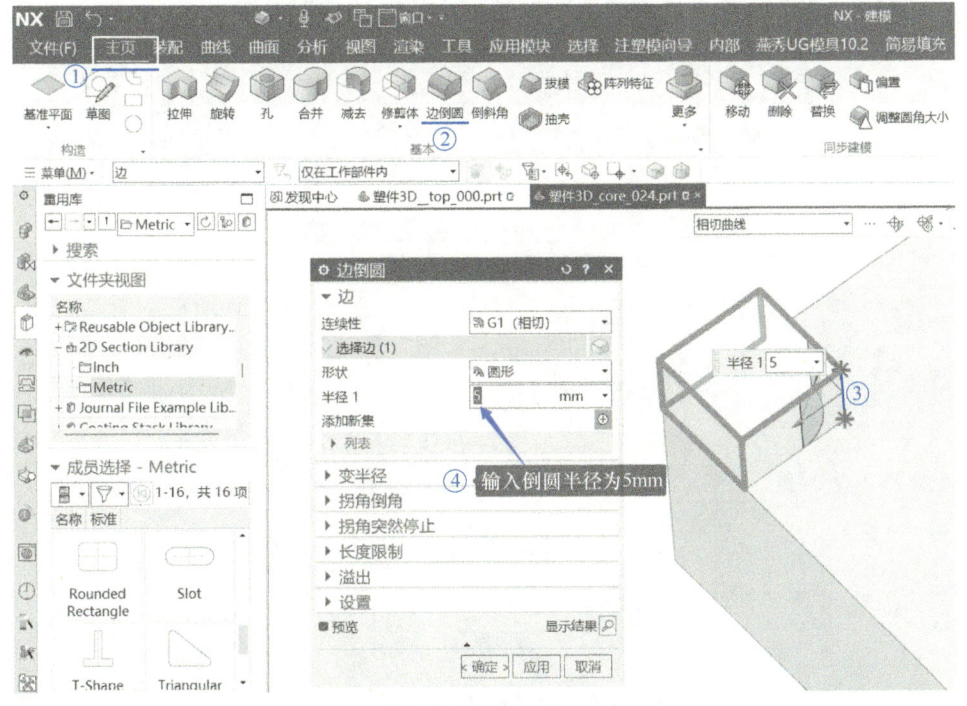

图 3-40　虎口倒角

如图 3-41 所示，单击"拔模"命令，选择"脱模方向"为"ZC"轴，选择"大分型面"作为"固定面"，"要拔模的面"选择相切的那组侧面，设置拔模角为 10°，最后单击"拔模"对话框中的"确定"按钮，完成虎口拔模。

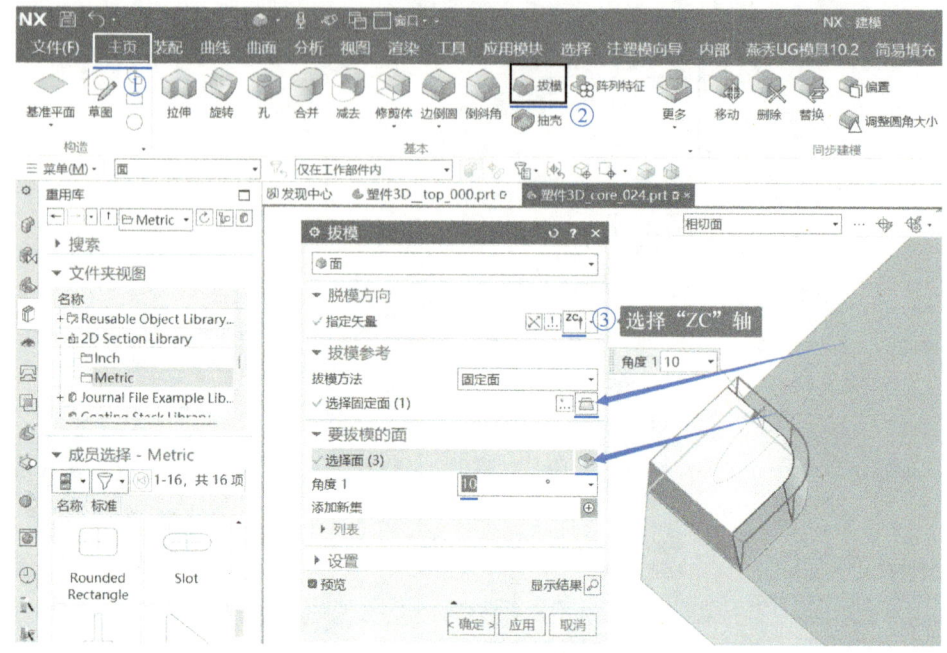

图 3-41　拔模虎口侧面

如图 3-42 所示，单击"偏置"命令，选择虎口的两个外侧面作为要偏置的面，输入偏置距离"-0.5"，最后单击"偏置区域"对话框中的"确定"按钮。

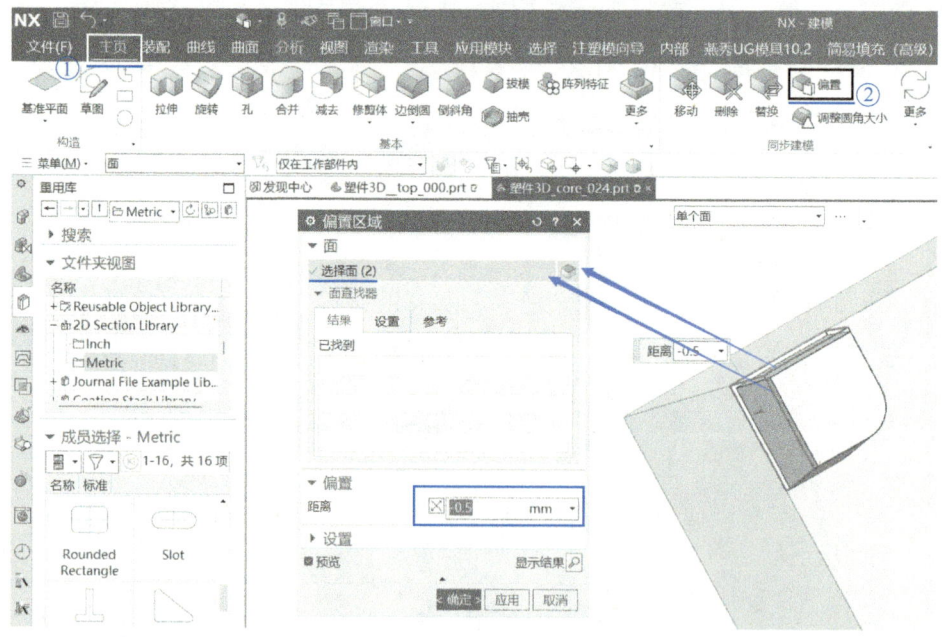

图 3-42　偏置虎口侧面

如图 3-43 所示，单击"镜像几何体"命令。如图 3-44 所示，选择刚设计的虎口作为要镜像的几何体，选择图 3-44 中的面 3 为镜像平面。面 3 不用事先创建，当选择"镜像平面"时，单击面 1，再单击面 2，软件能自动找到面 1 和面 2 的中面即面 3。最后单击"镜像几何体"对话框中的"确定"按钮，完成镜像。用同样的方法再做一次镜像几何体，可以得到型芯侧 4 个虎口的几何体。

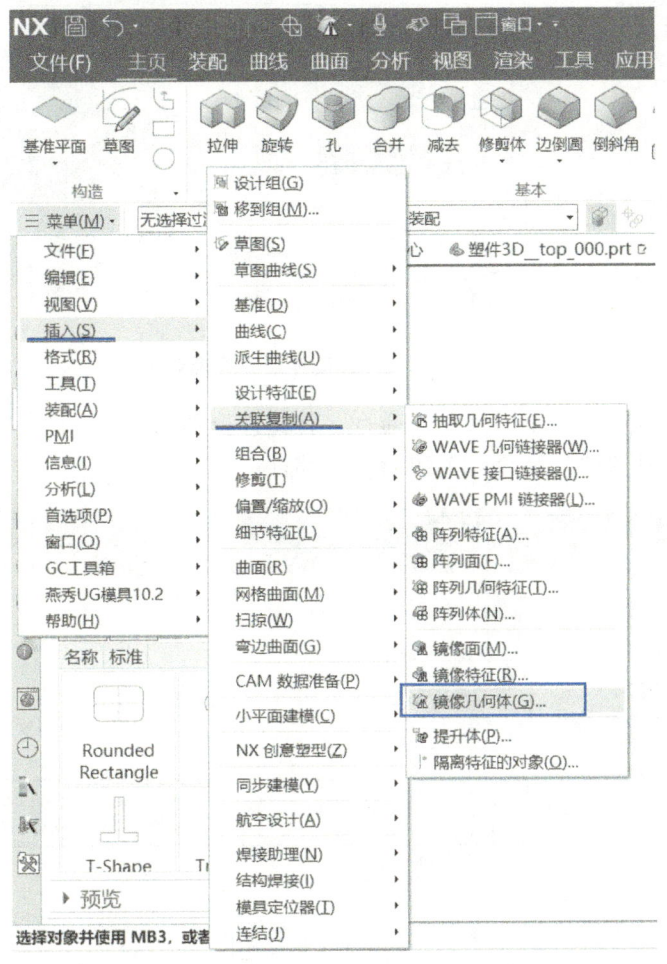

图 3-43　启动"镜像几何体"命令

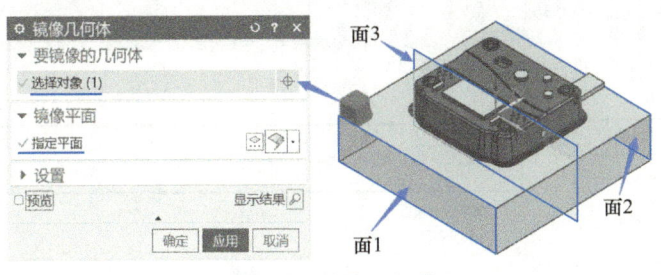

图 3-44　镜像几何体

如图 3-45 所示，单击"合并"命令，选择型芯主体为"合并"的"目标"，选择 4 个虎口特征为"合并"的"工具"，将型芯和 4 个虎口合并为一个零件。

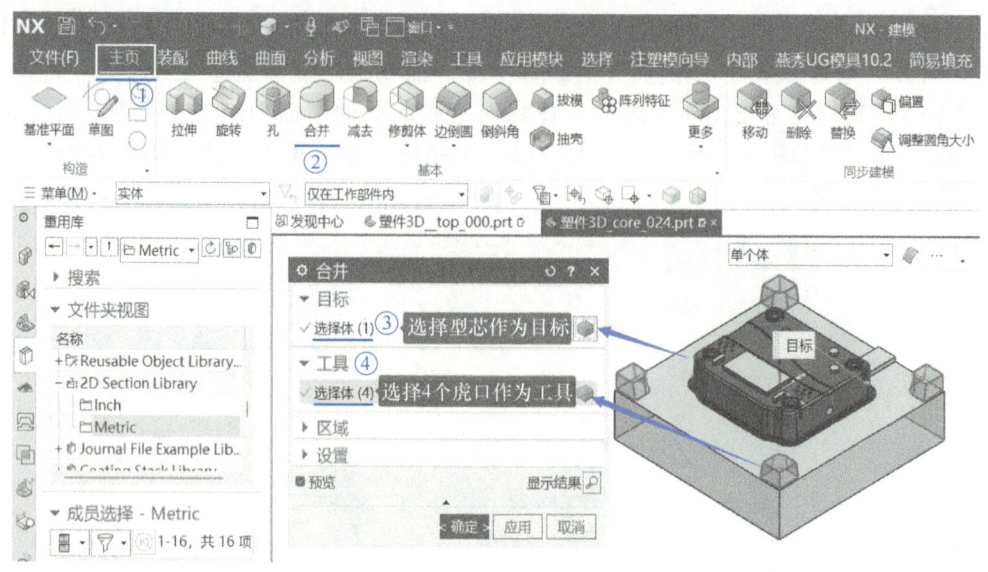

图 3-45　合并型芯和型芯侧虎口

如图 3-46 所示，单击"全部保存"命令，将文件全部保存。如图 3-47 所示，单击"文件"→"关闭"→"所有部件"命令，关闭所有零部件。

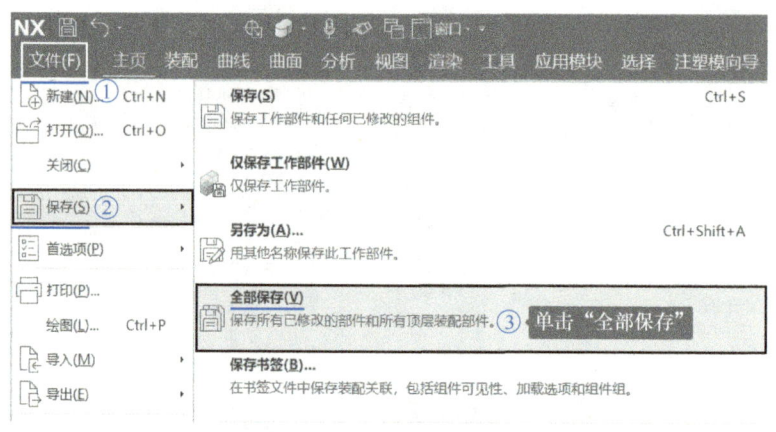

图 3-46　全部保存零件

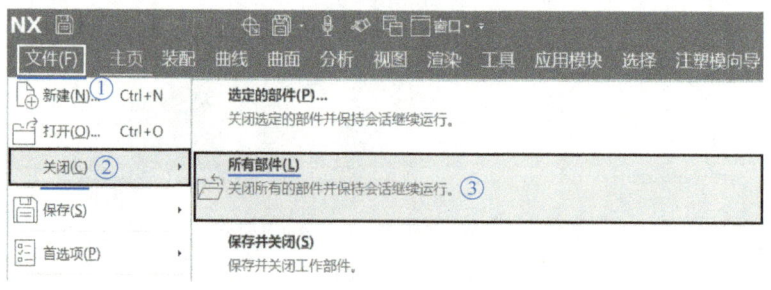

图 3-47　关闭所有零部件

单击"打开"命令，选择装配总档"塑件 3D_top_000.prt"，打开总装配。如图 3-48 所示，单击"腔"命令，在弹出的"开腔"对话框中，"模式"选择"去除材料"，选择型腔作为"目标","工具类型"选择"实体",选择绘图区的型芯作为"工具",最后单击"开腔"对话框中的"确定"按钮,完成型腔侧虎口开腔。

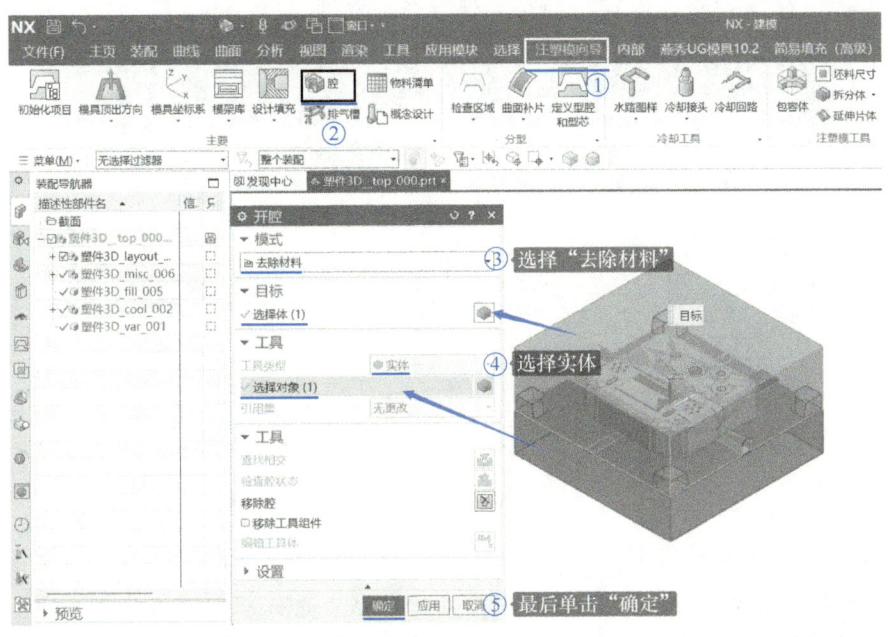

图 3-48　开腔

单击"打开"命令,选择"塑件3D_cavity_023.prt",打开型腔零件。如图 3-49 所示,单击"主页"→"偏置"命令,然后在绘图区选择型腔侧虎口的 12 个非配合面作为偏置面,在"偏置区域"对话框中设置偏置距离为 -1mm,最后单击"偏置区域"对话框中的"确定"按钮,完成型腔侧虎口面的偏置。

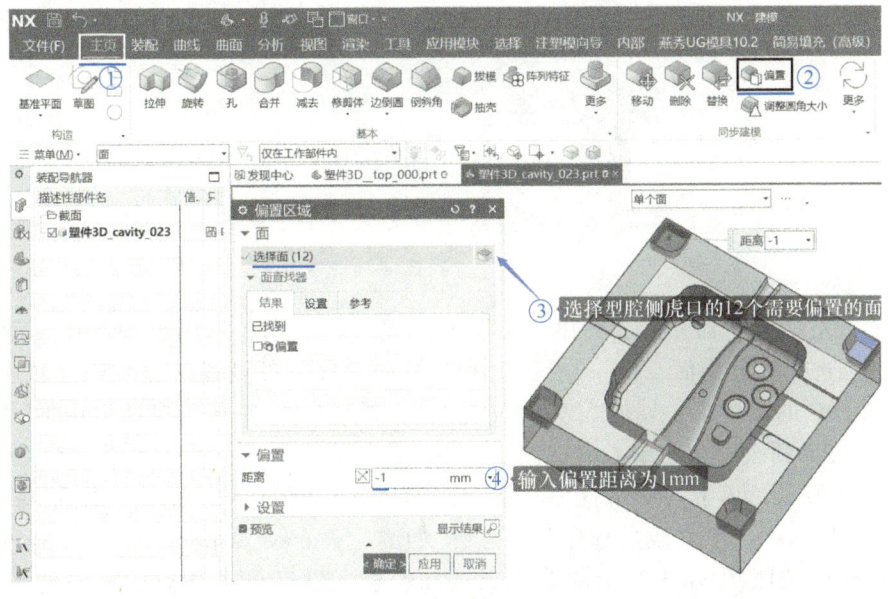

图 3-49　型腔侧虎口非配合面偏置

如图 3-50 所示，单击左侧的"装配导航器"，选择"塑件 3D_cavity_023"并单击右键，在弹出的菜单中单击"在窗口中打开父项"→"塑件 3D__top_000"，回到装配总档。最后单击"文件"→"保存"→"全部保存"命令，保存全部文件。

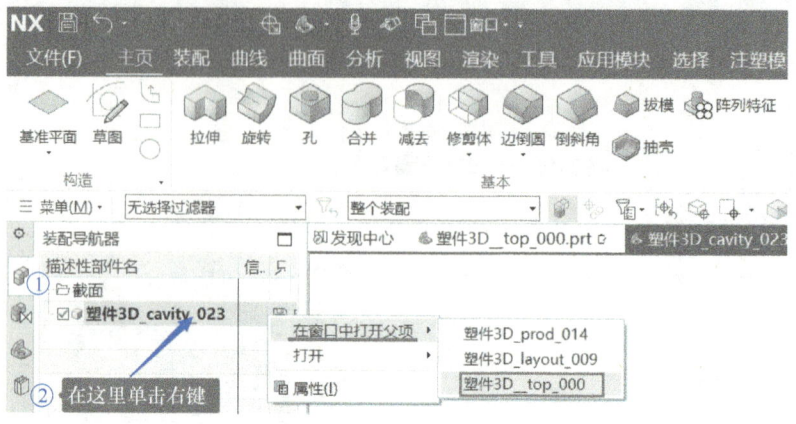

图 3-50　回到父项

2. Moldwizard 调用虎口

先将工作坐标系 WCS 放到大分型面的中心。方法：首先双击工作坐标系 WCS，再单击 WCS 的原点，然后单击捕捉命令组中的"点对话框"命令，如图 3-51 所示。

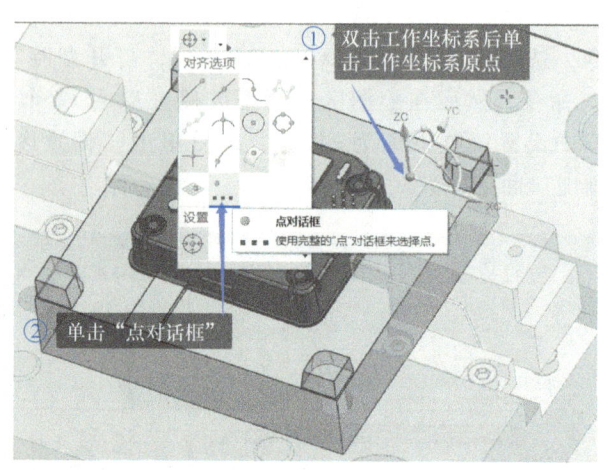

调用虎口

图 3-51　"点对话框"命令

单击"点对话框"命令后会弹出"点"对话框，在"点"对话框中选择"面上的点"，然后在绘图区选择大分型面，"U 向参数"和"V 向参数"都设置为"0.5"（意思是点在大分型面 U 向 50% 的位置上，V 向 50% 的位置上），最后单击"点"对话框中的"确定"按钮，将 WCS 移动到大分型面中心，如图 3-52 所示。

如图 3-53 所示，单击"标准件库"命令，然后在左侧的"重用库"中选择"UNIVERSAL_MM"→"Locks"，在"成员选择"中选择"Core_convex_platform"，在弹出的"标准件管理"对话框中按照图 3-53 所示的顺序点选和设置，最后单击该对话框中的"确定"按钮，完成虎口的调用。

项目三 三板模设计

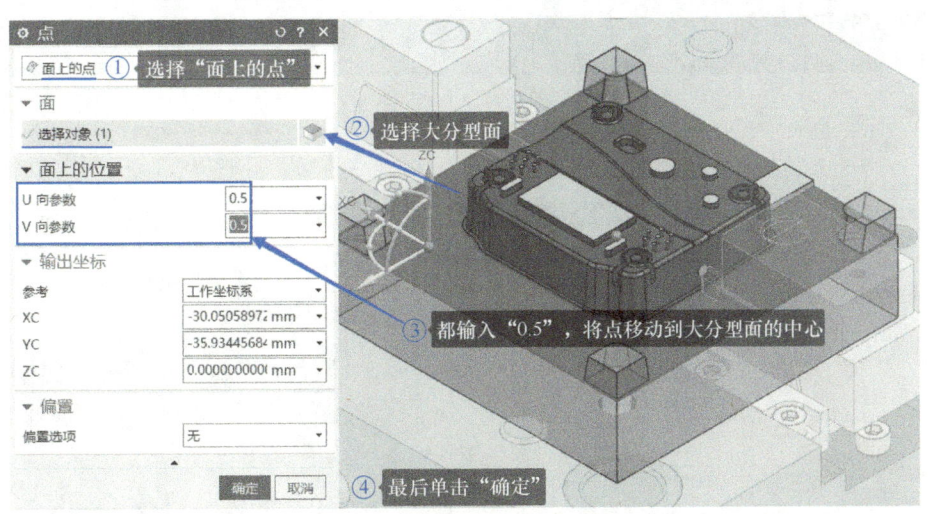

图 3-52 移动坐标系到模具中心

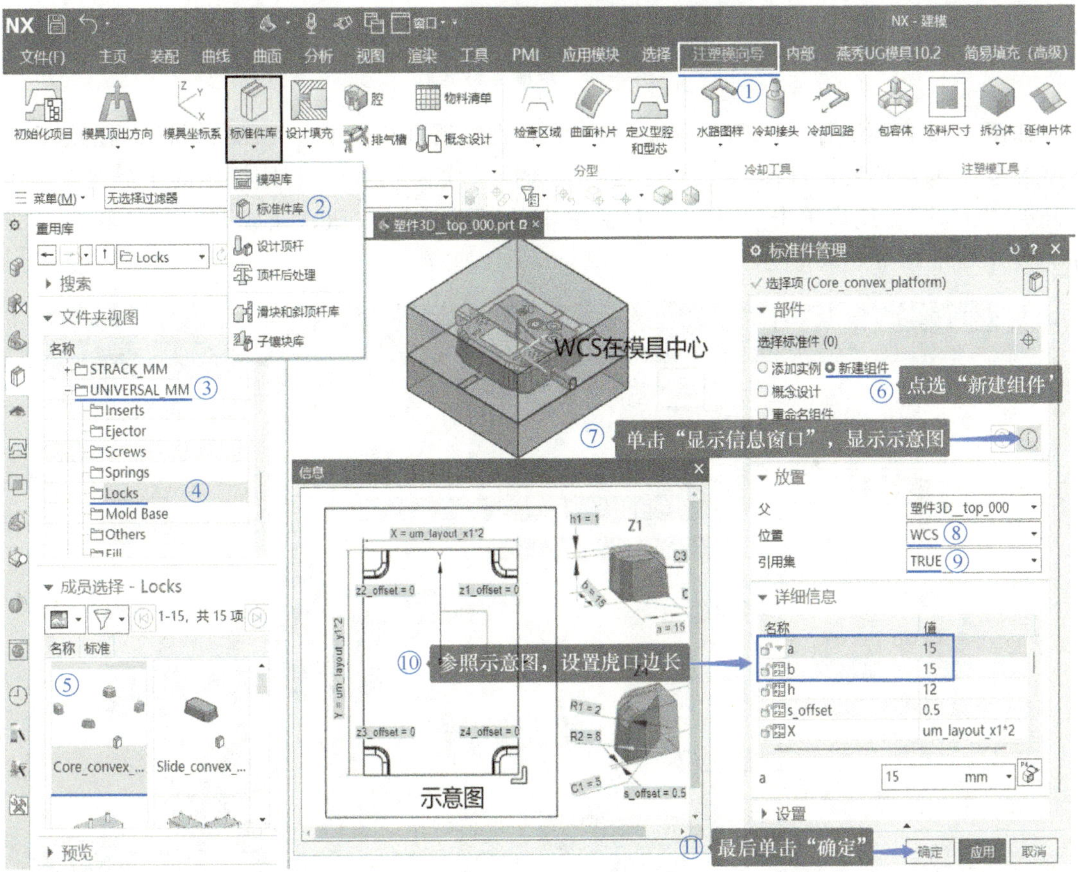

图 3-53 调用虎口

单击"腔"命令,在弹出的对话框中选择"去除材料",在绘图区选择型腔零件作为开腔"目标","工具类型"选择"组件",再选择刚调用的 4 个虎口作为开腔"工具",最后单击"开腔"对话框中的"应用"按钮,完成虎口与型腔零件的开腔,如图 3-54 所示。

119

塑料模具CAD/CAM/CAE

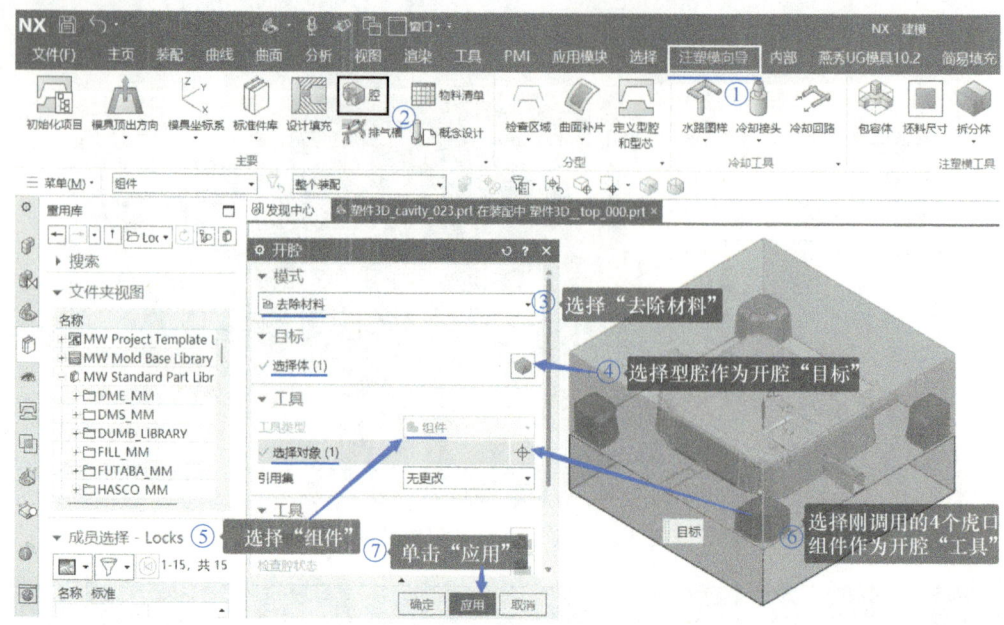

图 3-54 型腔零件开腔

如图 3-55 所示，单击"腔"命令，在弹出的对话框中选择"添加材料"，在绘图区选择型芯零件作为开腔"目标"，"工具类型"选择"实体"，再选择刚调用的 4 个虎口实体作为开腔"工具"，最后单击"开腔"对话框中的"确定"按钮，完成型芯零件和虎口的合并。设计结果如图 3-56 所示。

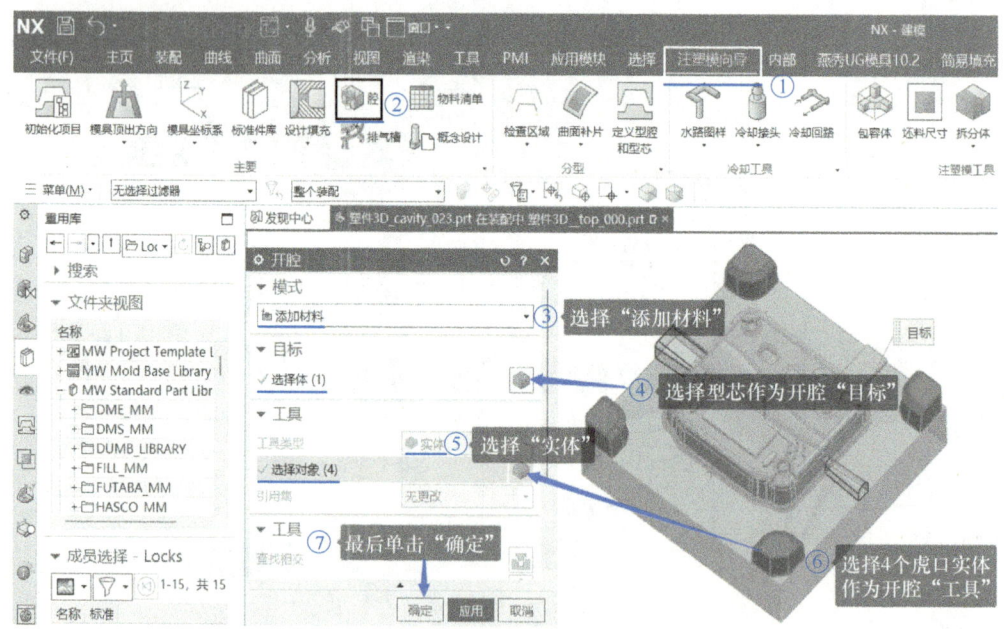

图 3-55 型芯零件与虎口实体合并（一）

3. 燕秀 UG 外挂设计虎口

利用燕秀 UG 外挂设计虎口更加简单，不过燕秀 UG 外挂是基于零件进行设计的，不能

120

在有装配关系的零件上进行设计。要用燕秀 UG 外挂设计虎口，需要将型芯、型腔、滑块头导出为一个零件。

如图 3-57 所示，单击"文件"→"导出"→"STEP"命令。在弹出的"导出 STEP 文件"对话框中选择导出路径，设定导出文件名为"模仁.stp"，如图 3-58 所示。

在"导出 STEP 文件"对话框中单击"要导出的数据"选项卡，选择"选定的对象"，然后将型芯、型腔、滑块头、塑件选择为导出对象，最后单击"导出 STEP 文件"对话框中的"确定"按钮，将 5 个零件导出为一个零件，如图 3-59 所示。如果导出过程中弹出图 3-60 所示的文件导出警告，直接单击"是"即可。

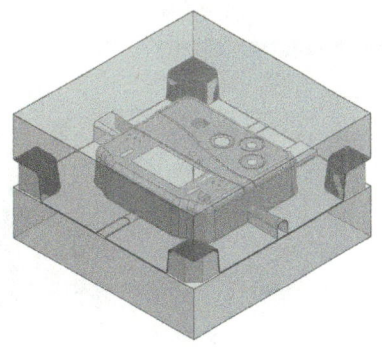

图 3-56　型芯零件与虎口实体合并（二）

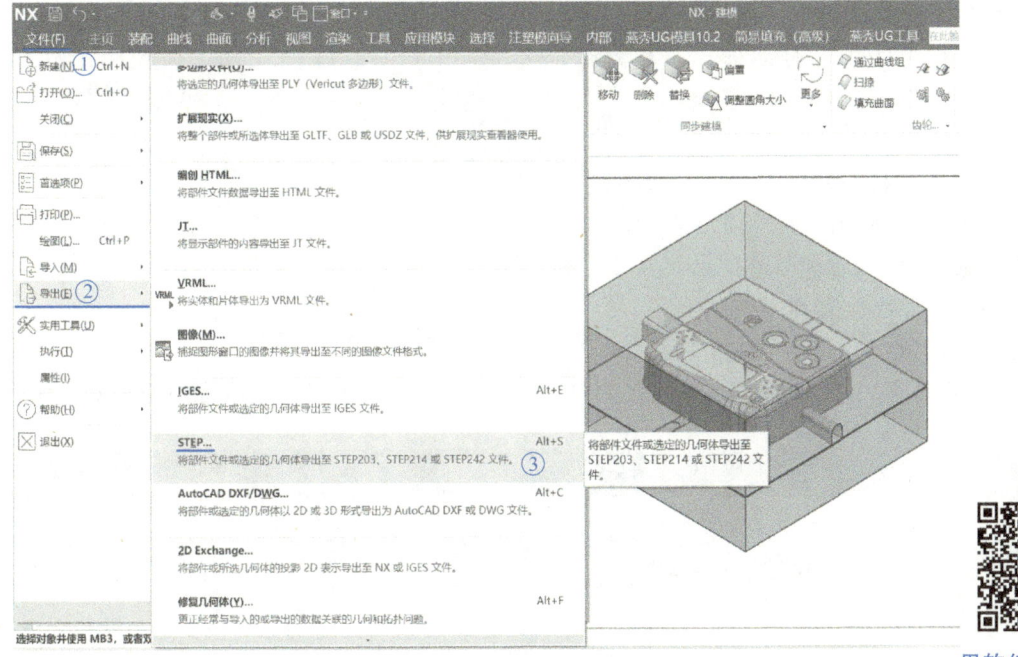

图 3-57　启动导出 STEP 命令

用软件设计虎口

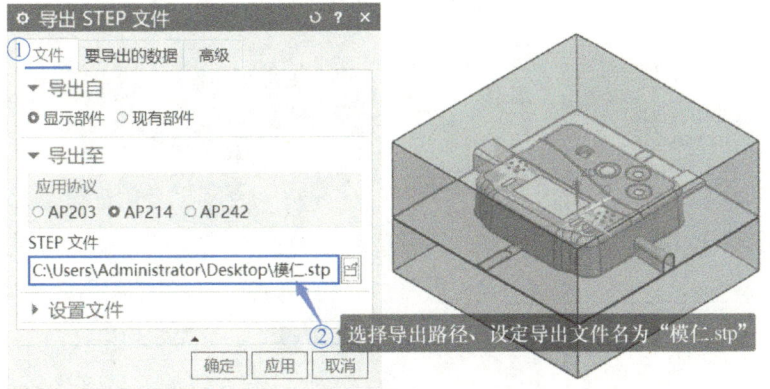

图 3-58　设定导出路径和导出文件名

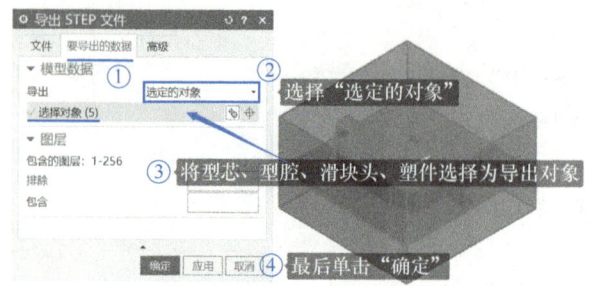
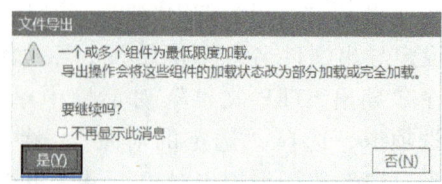

图 3-59 选择导出对象　　　　　图 3-60 文件导出警告

单击"文件"→"打开"命令，选择打开类型为"所有文件（*.*）"，选择要打开的文件"模仁.stp"，最后单击"打开"对话框中的"确定"按钮，打开模仁零件，如图 3-61 所示。

如图 3-62 所示，单击"虎口"命令，选择型腔作为"前模"，选择型芯作为"后模"，在将要出现虎口的大致位置单击一下作为"虎口面上点"，设置虎口的参数如图 3-62 所示，最后单击"虎口"对话框中的"确定"按钮，完成虎口设计。

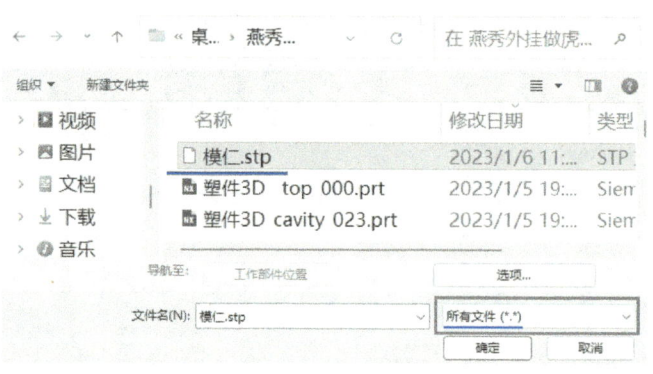

图 3-61 打开模仁零件

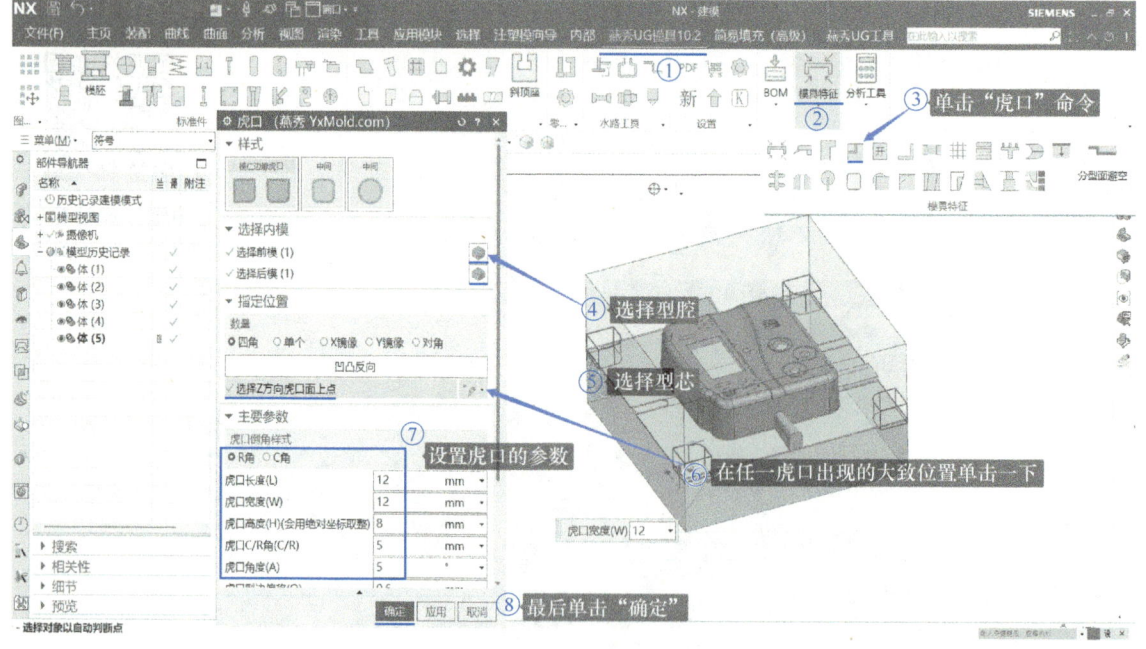

图 3-62 设计虎口

项目三　三板模设计

任务六　修改标准件（移动位置、镜像位置、删除）

设计中经常会出现调用的标准件与已经设计好的标准件位置冲突、尺寸错误或者结构不合理等情况，需要进行尺寸修改、移动位置或者删除等操作。

1. 修改标准件尺寸

如图 3-63 所示，单击需要修改的标准件，在弹出的命令组中单击"编辑工装组件"命令；如图 3-64 所示，在弹出的"标准件管理"对话框中点选"修改"，直接修改"详细信息"栏中的尺寸，然后单击"标准件管理"对话框中的"应用"按钮，观察是否合理，合理后直接单击"标准件管理"对话框中的"确定"按钮，完成标准件尺寸的修改。

2. 删除标准件

如图 3-63 所示，单击需要删除的标准件，在弹出的命令组中单击"编辑工装组件"命令；如图 3-65 所示，在弹出的"标准件管理"对话框中单击"移除组件"，就可以把标准件移除了。如果弹出图 3-66 所示的"删除文件"对话框，直接单击对话框中的"是"。

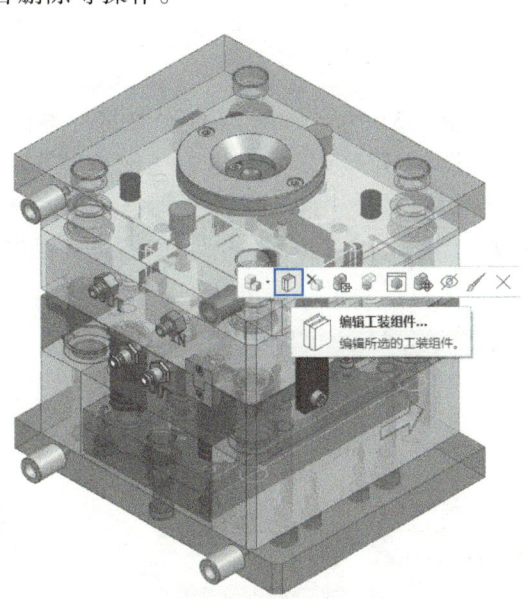

图 3-63　编辑工装组件

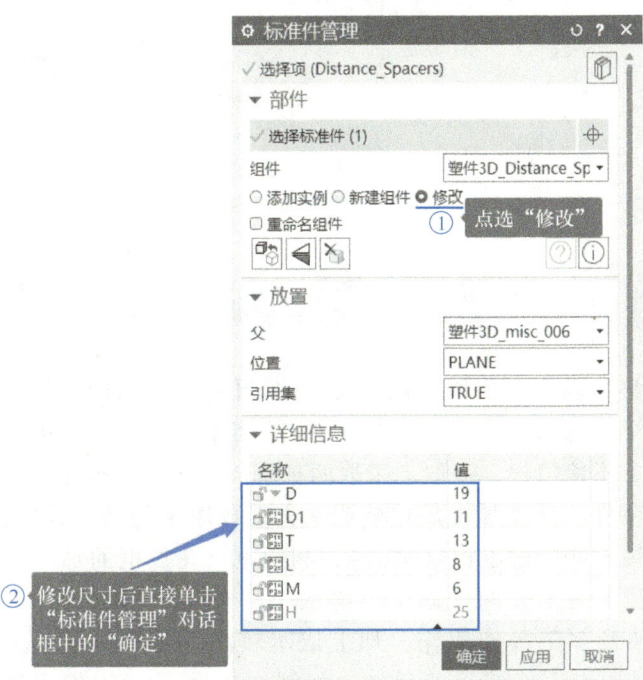

图 3-64　修改标准件尺寸

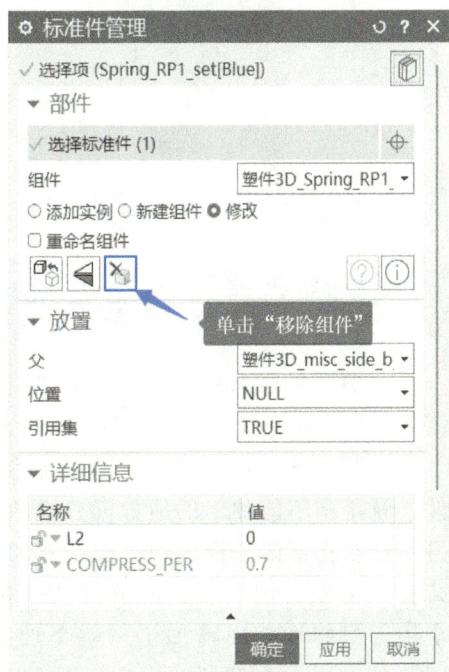

图 3-65　删除组件

123

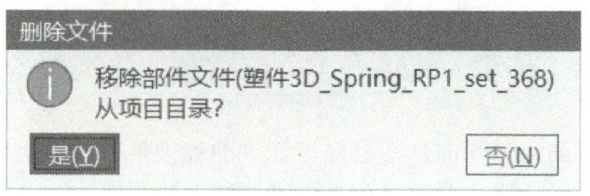

图 3-66 是否删除装配关系　　修改标准件

3. 移动标准件位置

如图 3-63 所示，单击需要修改的标准件，在弹出的命令组中单击"编辑工装组件"命令。如图 3-67 所示，在弹出的"标准件管理"对话框中单击"翻转方向"，标准件会镜像到定位面的另外一侧；单击对话框中的"重定位"，会弹出图 3-68 所示的"标准件位置"对话框，可以拖动 XC 箭头、YC 箭头将标准件移动到合适位置，最后单击"标准件位置"对话框中的"确定"按钮。

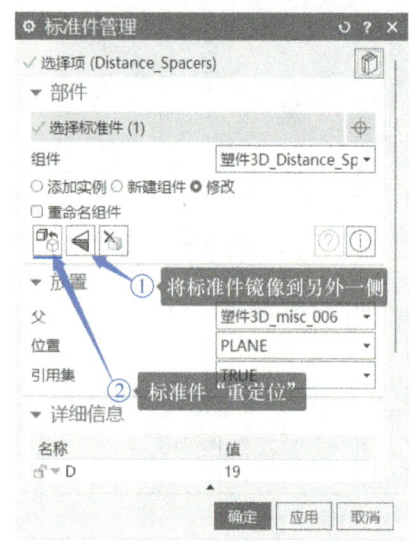
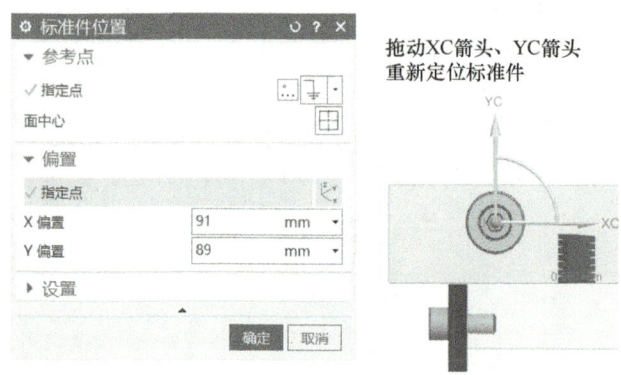

图 3-67　标准件翻转、标准件重定位　　　图 3-68　重定位标准件位置

任务七　设计镶件（入子）

注塑模向导 Moldwizard 采用"引用集"技术，引用集包含设计的零件实体"TRUE"和该零件所占据的空间"FALSE"，"FALSE"通常用于开腔，以及它们的组合"Entire_part"。

型腔或型芯在铣削加工时，有些地方不能清根，一般会采取两种解决方案：一种是拆镶件，就是将不能加工的地方拆分成两个零件，分别加工后组装起来，形成原来的结构特征；另一种是在不能清根的地方设计并加工结构相配的电极（铜公），利用电火花放电的加工方式完成清根。用电极放电的方式一般需要两个或两个以上的电极，一个用于粗加工，一个用于半精加工或精加工，整个加工涉及多工种间协作，加上成本较高，一般尽量不采用这种方法。本例型腔上有一处用铣削加工不能清根的区域，如图 3-69 所示。本例采用镶件方式。

单击"打开"命令,选择"塑件 3D_cavity_023.prt",打开型腔零件。如图 3-70 所示,单击"注塑模向导"→"子镶块库"命令,在左侧"重用库"→"成员选择"中选择"Cylinder_Insert",在弹出的"子镶块库"对话框中选择电极头的成型形式为"包容体",按图 3-70 所示选择不能清根的特征面,再选择"FLANGE_TYPE"(杯头的止转形式)为"2",最后单击"子镶块库"对话框中的"确定"按钮。镶件的最终设计结果如图 3-71 所示。

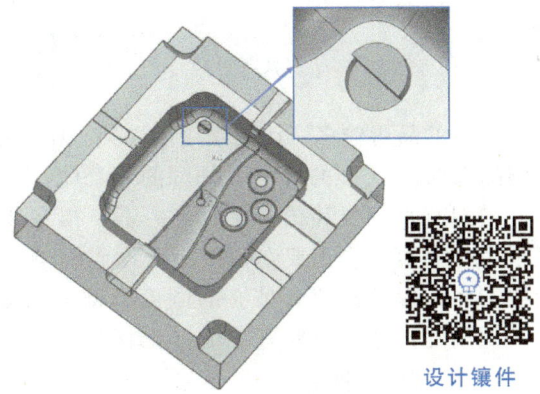

图 3-69 铣削加工无法清根的区域

设计镶件

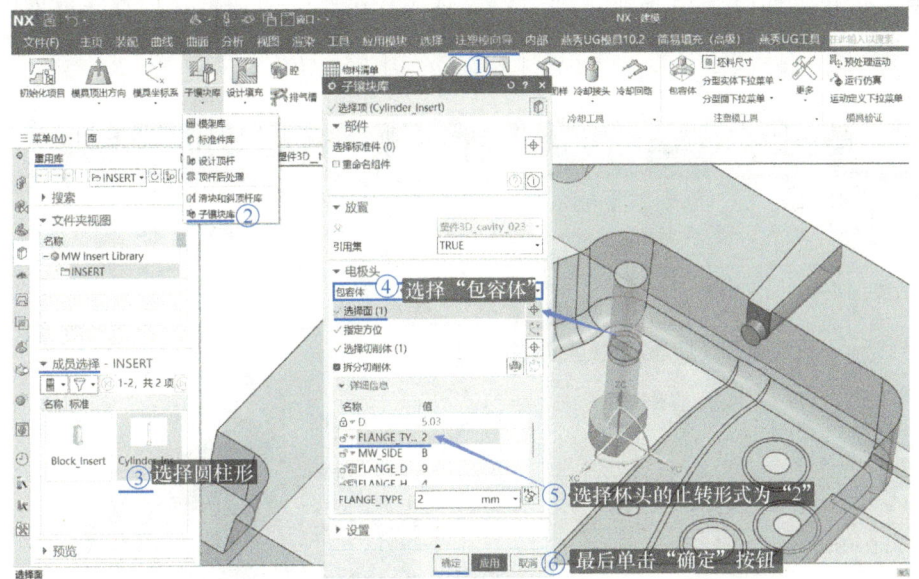

图 3-70 设计镶件

型芯、型腔、滑块头、镶件,以及排气槽特征、虎口特征等组成了一套模具的模芯。至此,该套模具的模芯部分设计完成,设计结果如图 3-72 所示。

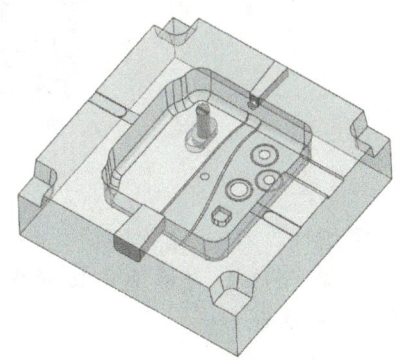

图 3-71 镶件设计结果

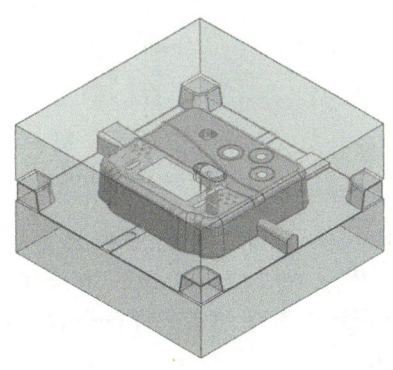

图 3-72 模芯设计结果

任务八 调用模架

模架的品牌较多，比较常用的模架有中国的龙记LKM、日本的FUTABA、日本的MISUMI、美国的DME、美国的DMS、德国的HASCO、德国的STRACK及奥地利的MEUSBURGER。

模架有直身模和工字模之分。工字模在装入注射机时压板可以直接压在上模座板和下模座板上，而直身模需要在模架上开设码模槽，压板才能压在码模槽内。无论是二板模还是三板模，为了保证模架有足够的刚度，都有可能加上U板（支撑板）。如果模具采用推板推出，调用的模架上还要有S板（推板）。

1. 插入模仁腔体

单击"型腔布局"命令，然后选择模仁作为"产品"，在弹出的对话框中单击"编辑镶块窝座"按钮，如图3-73所示，弹出"设计镶块窝座"对话框。设置参数如图3-74所示，最后单击"设计镶块窝座"对话框中的"确定"按钮，镶块窝座设计结果如图3-75所示。

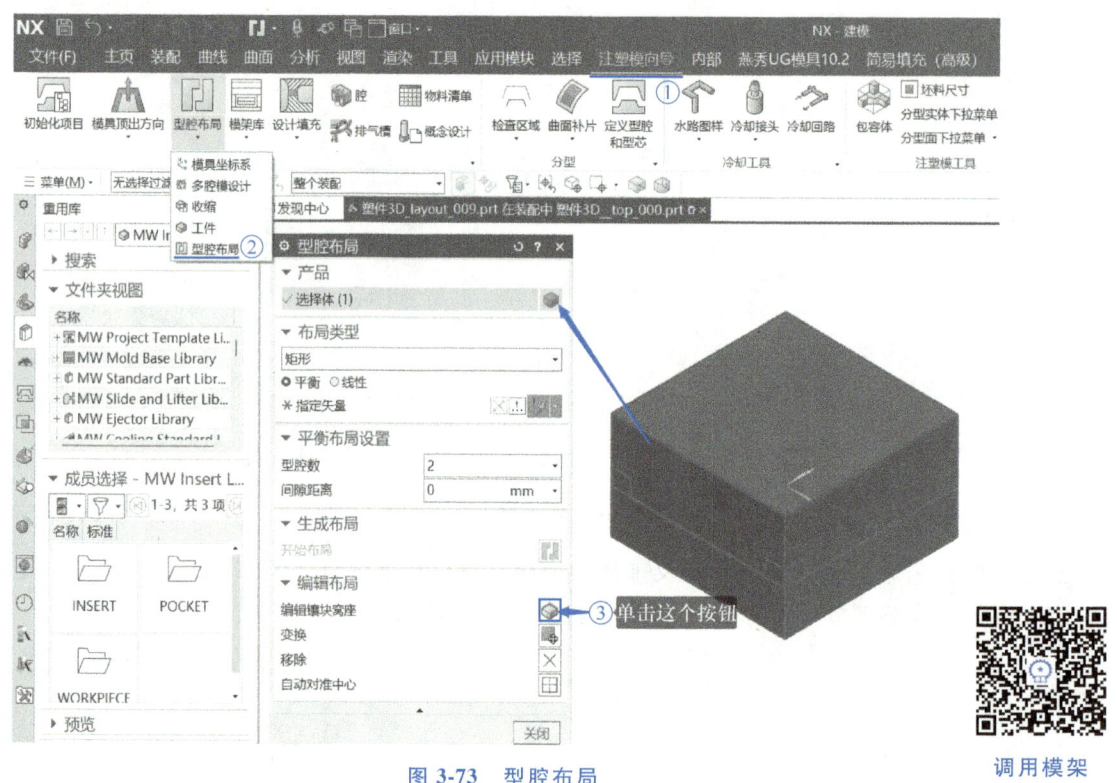

图3-73 型腔布局

调用模架

2. 调用模架库

如图3-76所示，单击"模架库"命令；在左侧"重用库"中选择龙记简化细水口模"LKM_TP"，在"成员选择"中选择"FC"；在弹出的"模架库"对话框中按照图3-76、图3-77所示的顺序和参数进行设置，最后单击"模架库"对话框中的"确定"按钮，完成模架调用。

技巧：三板模如果要调用限位拉杆、斜顶等标准件，限位拉杆可能会和中托司干涉，可以在调模架时调整中托司的Y向距离，模架参数为"eg_y"，本例中的"eg_y"设置为170mm。

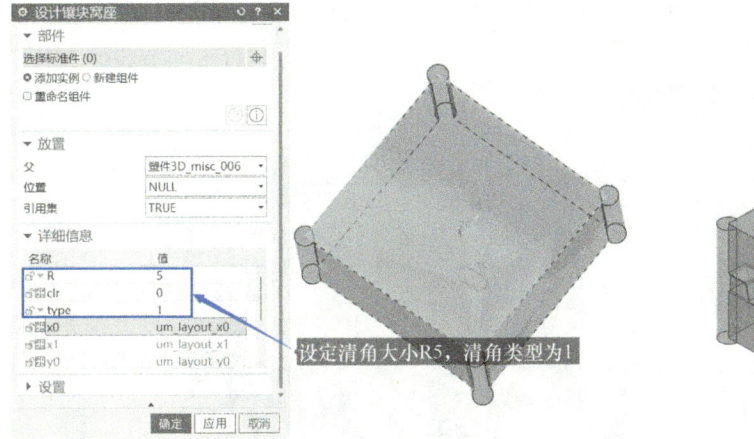

图 3-74 设计镶块窝座

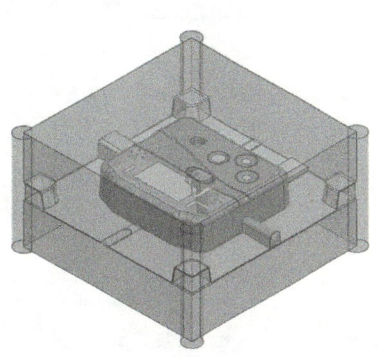

图 3-75 镶块窝座设计结果

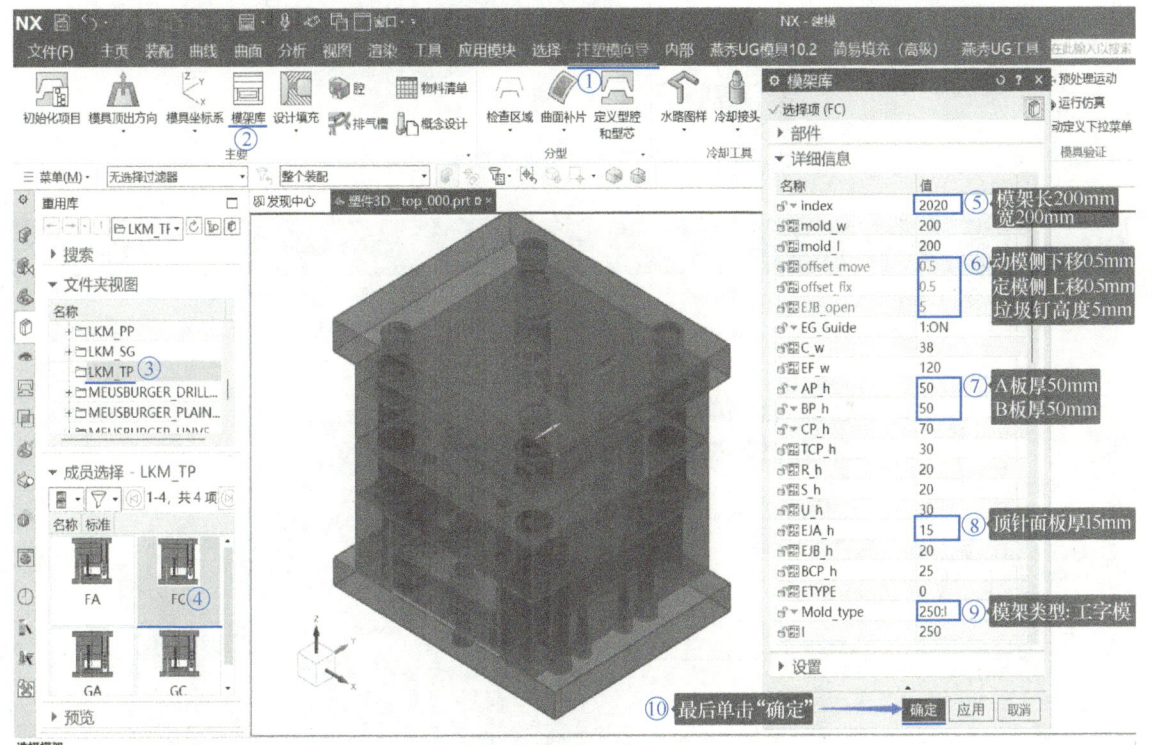

图 3-76 调模架参数 1

3. 模仁开腔

单击"注塑模向导"→"腔"命令，在弹出的"开腔"对话框中选择"去除材料"，选择B板作为"开腔"的"目标"，"工具类型"选择"组件"，选择创建的模仁腔体作为"开腔"的"工具"，最后单击"开腔"对话框中的"确定"按钮，完成B板开腔，如

图3-78所示。用同样的方法完成A板开腔。

如图3-79所示，单击模仁腔体，按<Ctrl>+<J>键，在弹出的"编辑对象显示"对话框中的"图层"中输入"256"，最后单击"编辑对象显示"对话框中的"确定"按钮，将模仁腔体放到垃圾层（256层）中。

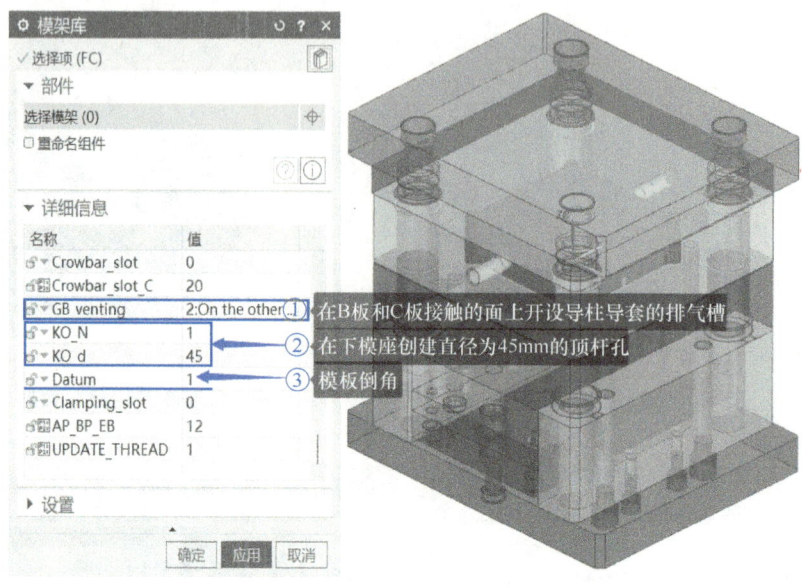

图 3-77　调模架参数 2

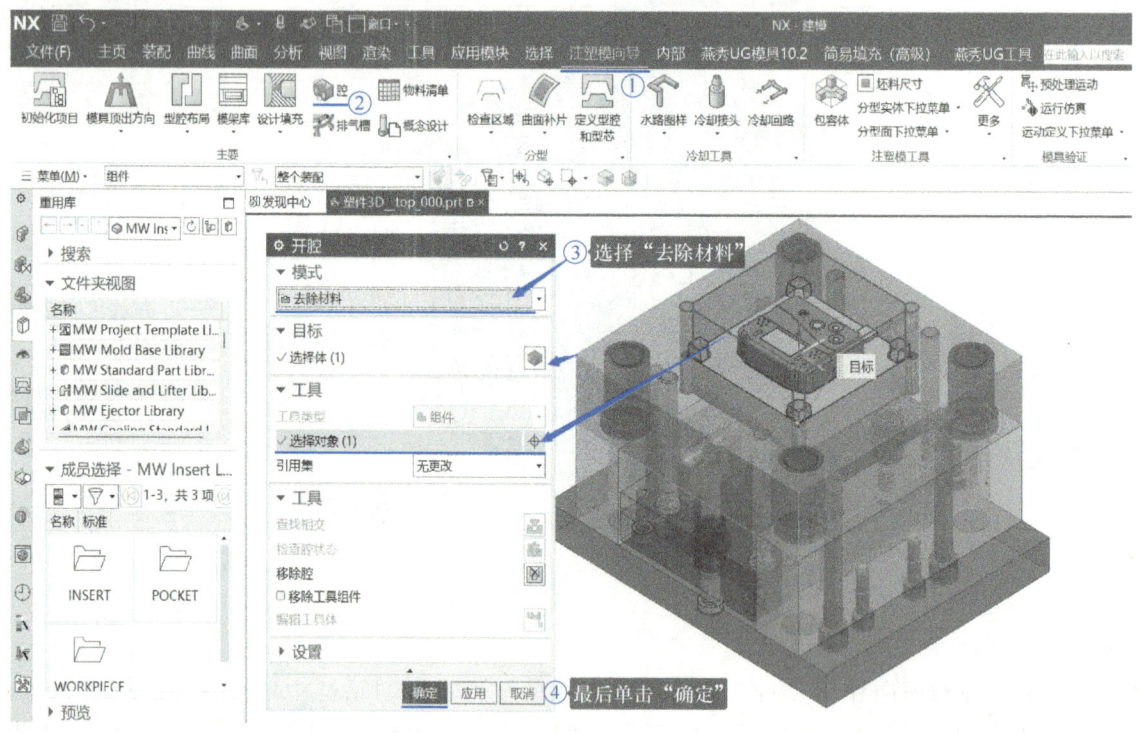

图 3-78　B 板开腔

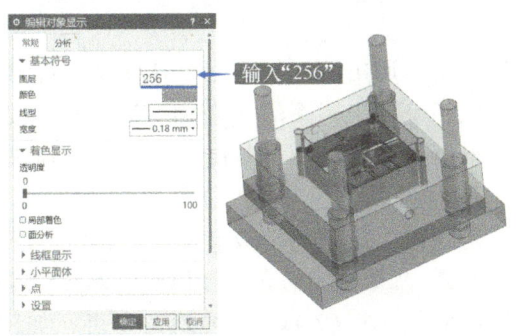

图 3-79 将模仁腔体移动到垃圾层

任务九　设计模具基准

1. 模具基准的作用

模具零件加工很可能不止一道工序（如 CNC 加工、普铣、深孔钻、线割、电火花等）。如果 CNC 和线切割采用不同的基准（如 CNC 采用四面分中取数，基准在零件中心，线切割采用基准角单边取数，基准在基准角），那么 CNC 加工后获得的轮廓形状是和零件中心一致的，而线切割后获得的轮廓和基准角一致。如果加工前毛坯不存在任何误差，零件中心和基准角之间也不会有误差，CNC 加工后获得的外形轮廓和线切割后获得的外形就不会有误差。但实际上毛坯不可能没有误差，这个误差就会导致 CNC 加工后获得的外形轮廓和线切割后获得的外形轮廓有误差，这种误差会导致塑件尺寸不准确，甚至会影响装配。这就是不同工序基准统一的重要性，如图 3-80 所示。

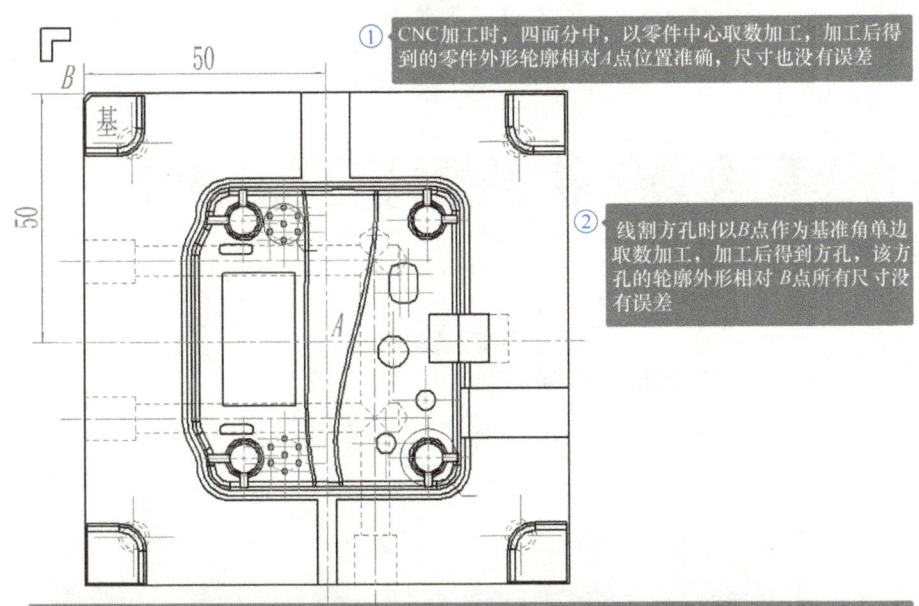

设计模具基准

图 3-80 基准的重要性

2. 判定和标记基准

模具的基准角不能随便标记。调出的模架有一个导柱是不对称的，该导柱所在的位置才是基准角。一般这个基准角位于绝对坐标系的 X 正向、Y 负向，按<End>键，模架切换到正等轴测图，基准角在屏幕的最下边。标记模架基准角时，务必确认一下。基准角一般用倒角标记，如图 3-81 所示。

模架标记基准的方法就是在需要标记的模板上单击右键（单击左键也可以），在弹出的命令组中单击"在窗口中打开"命令（此步也可以直接双击该模板代替），用建模模块的"倒斜角"命令，在基准角位置倒一个 C3 或 C5 的斜角即可，如图 3-82、图 3-83 所示。标记完一块模板，需要在左侧的"装配导航器"中选择该模板并单击右键，回到父项，如图 3-84 所示，然后重新利用"在窗口中打开"命令打开另外需要标记的模板，用"倒斜角"命令倒斜角，直到每块模板都完成倒角。

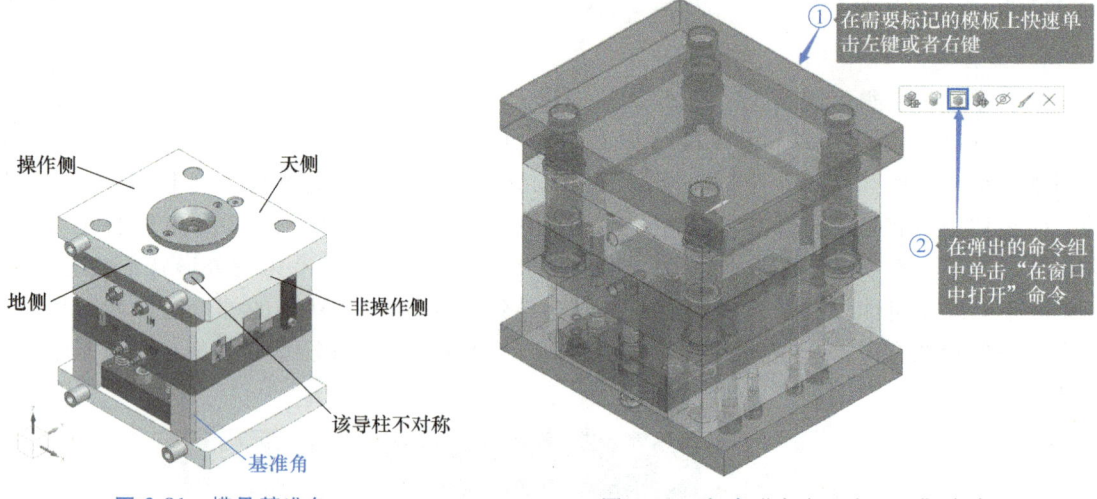

图 3-81 模具基准角　　　　图 3-82 启动"在窗口中打开"命令

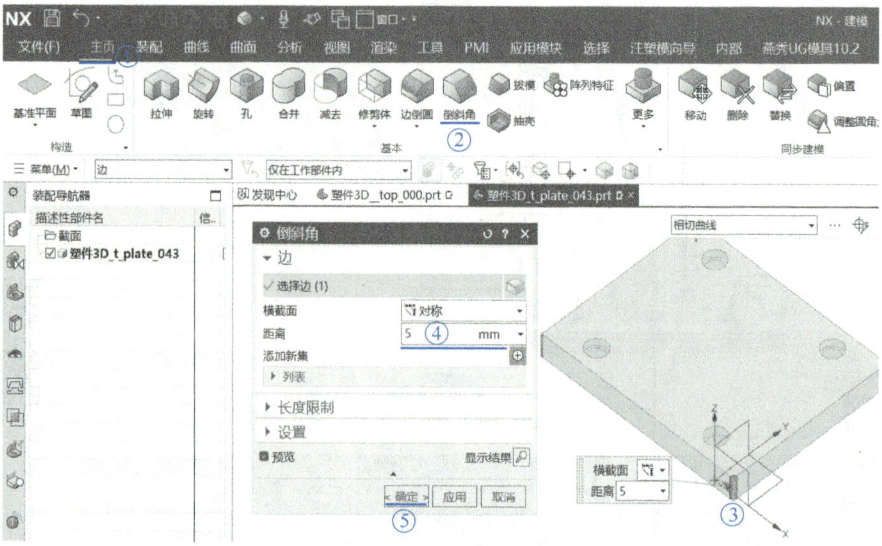

图 3-83 标记基准角

项目三　三板模设计

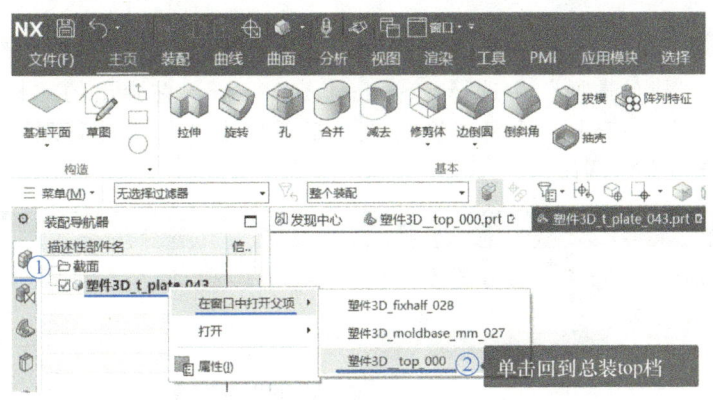

图 3-84　回到父项

任务十　设计浇注系统

1. 调用定位圈

如图 3-85 所示，单击"注塑模向导"→"标准件库"命令，在左侧"重用库"中选择"UNIVERSAL_MM"→"Fill"，在"成员选择"中单击第 4 个"Locate_ring"，在弹出的"标准件管理"对话框中设置定位圈直径为100mm，最后单击"标准件管理"对话框中的"确定"按钮，完成定位圈的调用。

调用定位圈
及浇口套

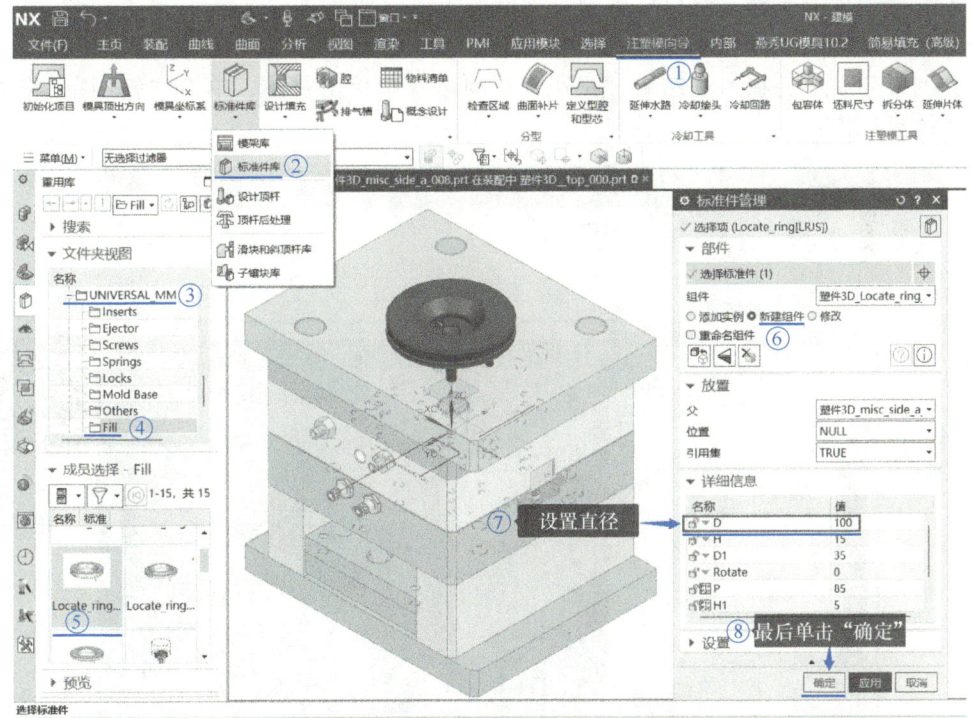

图 3-85　调用定位圈

2. 调用浇口套

如图 3-86 所示，单击"标准件库"命令，在左侧"重用库"中选择"UNIVERSAL_MM"→"Fill"，在"成员选择"中选择"Sprue［A-cone］"，在弹出的"标准件管理"对话框中设置浇口套外径为 12mm，内径锥度为 3°，最后单击"标准件管理"对话框中的"确定"按钮，完成浇口套的调用。

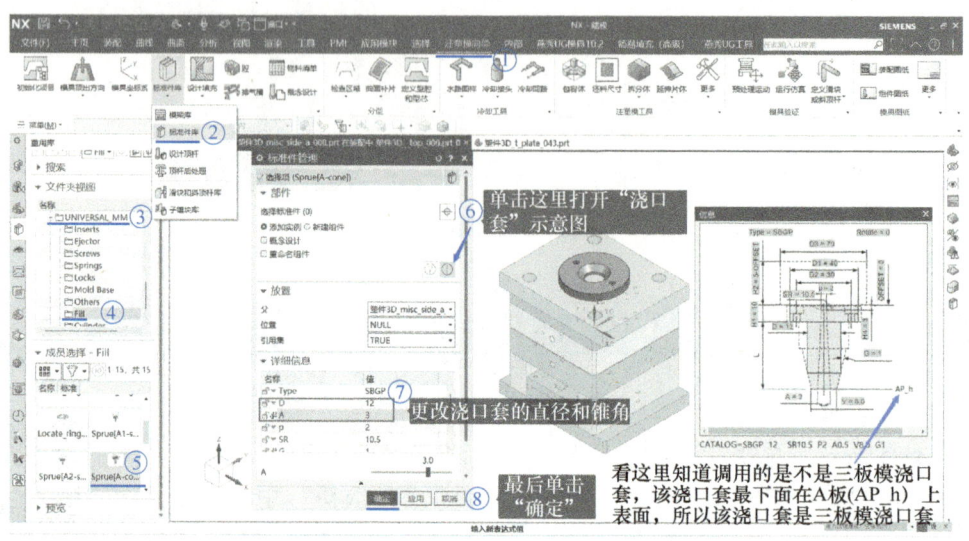

图 3-86　调用浇口套

3. 设计点浇口、拉料杆

首先测量塑件上表面点浇口位置到分型面的距离。如图 3-87 所示，单击"测量"命令，将大分型面和点浇口面选择到测量列表中，然后在"测量"对话框中点选"矢量"，将 ZC 轴添加到测量列表中，在测量结果"最小投影间隙"中单击右键，单击"复制"，将测量结果复制到计算机内存。

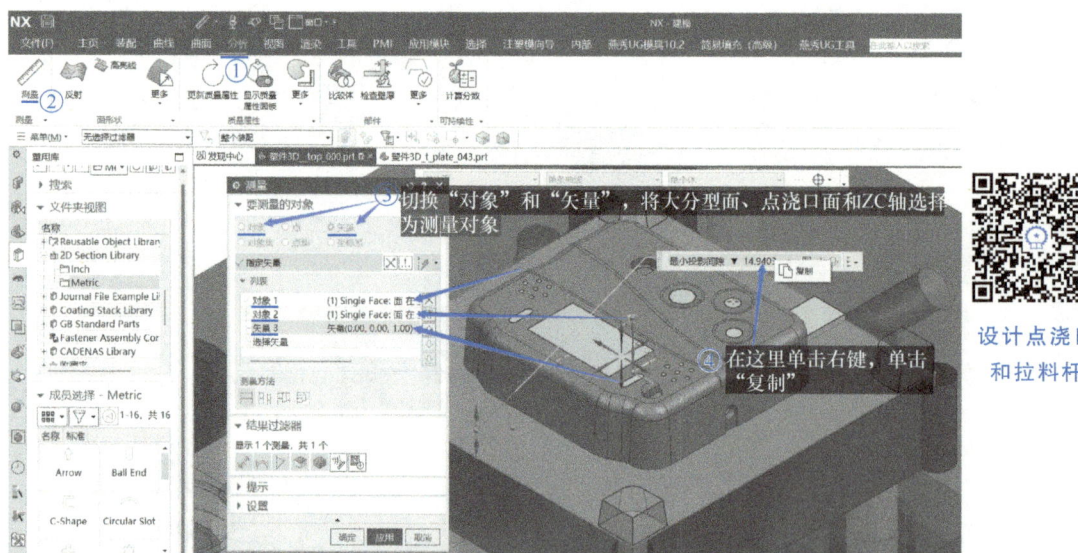

图 3-87　测量点浇口面到分型面的距离

如图 3-88 所示，单击"标准件库"命令，在左侧"重用库"中选择"UNIVERSAL_MM"→"Fill"，在"成员选择"中选择"Runner Pin_Gate［Set］"，在弹出的"标准件管理"对话框中按照图 3-88 所示设置参数，最后单击"标准件管理"对话框中的"确定"按钮，完成点浇口组件的调用。

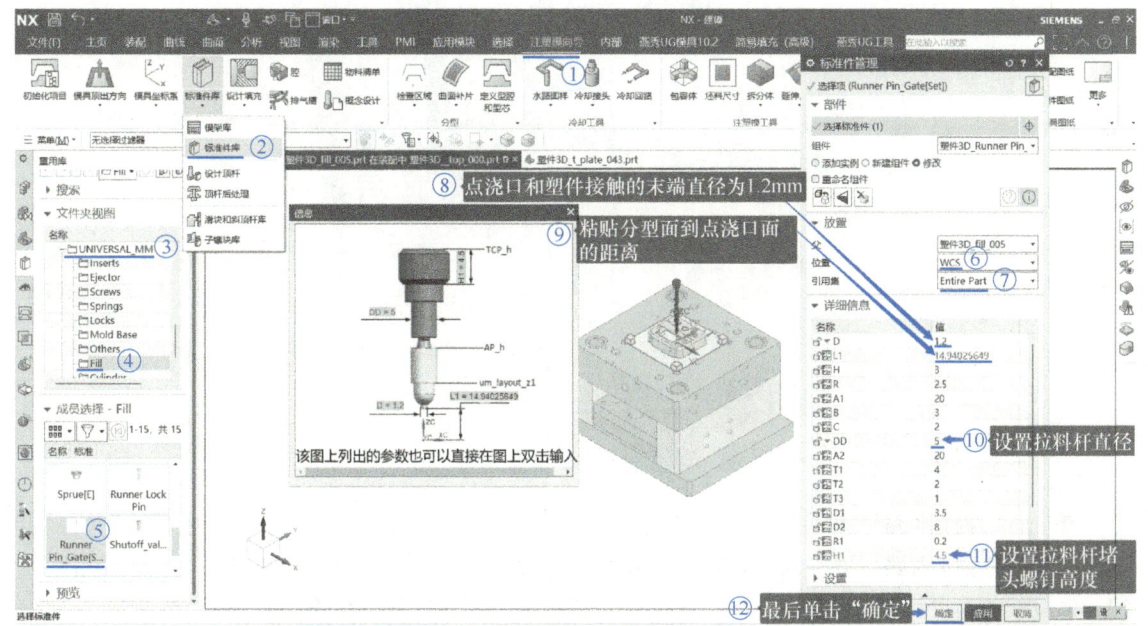

图 3-88　调用点浇口组件

双击拉料杆，选中拉料杆组件（包含拉料杆 TRUE 和 FALSE），按<Ctrl>+<T>键，在弹出的"移动对象"对话框中点选"复制原先的"，在绘图区单击坐标系 XC 轴上的箭头，在"距离"框中输入"30"，最后单击"移动对象"对话框中的"确定"按钮，完成复制拉料杆，如图 3-89 所示。

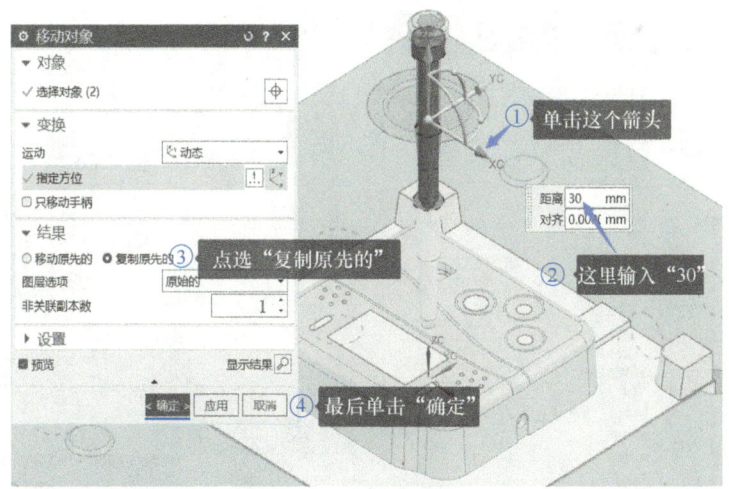

图 3-89　复制拉料杆

用相同的方法在 XC 轴负方向 30mm 的位置复制一个拉料杆。选中中间的拉料杆和拉料杆堵头螺钉（此时要将 TRUE 和 FALSE 一起选中），按<Ctrl>+<J>键，在弹出的"编辑对象显示"对话框的"图层"中输入"256",将多余的拉料杆和堵头螺钉放入垃圾层,如图3-90所示。

图3-90 将多余的拉料杆组件放入垃圾层

单击"直接水路"命令,如图3-91所示。将点浇口末端圆心指定为"直接水路"的起点,设定"直接水路"的末端为圆形,水路直径为8mm,单击XC轴的箭头,设置距离为40mm,分流道设计如图3-91所示。单击"直接水路"对话框中的"确定"按钮,完成一半分流道的设计。

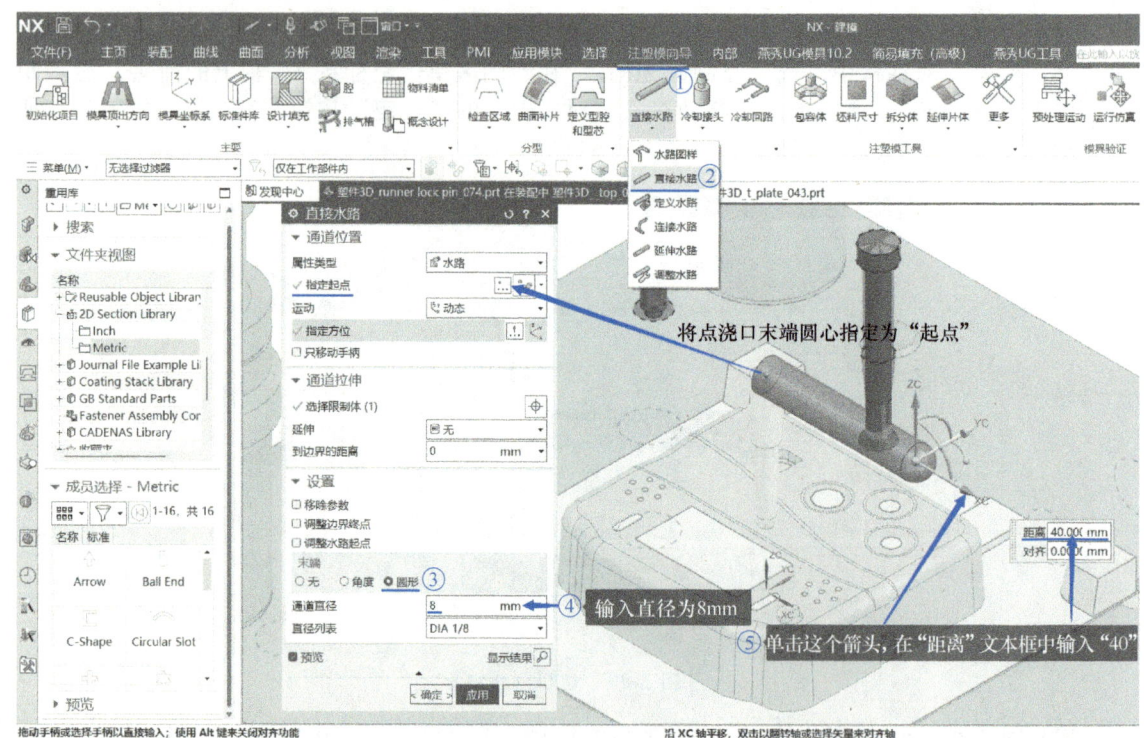

图3-91 分流道设计

如图3-92所示，单击"修剪体"命令，选择分流道作为"修剪体"的"目标"，"工具选项"选择"新平面"，在绘图区指定点浇口末端平面为"指定平面"，最后单击"修剪体"对话框中的"确定"按钮，保留分流道下面部分。

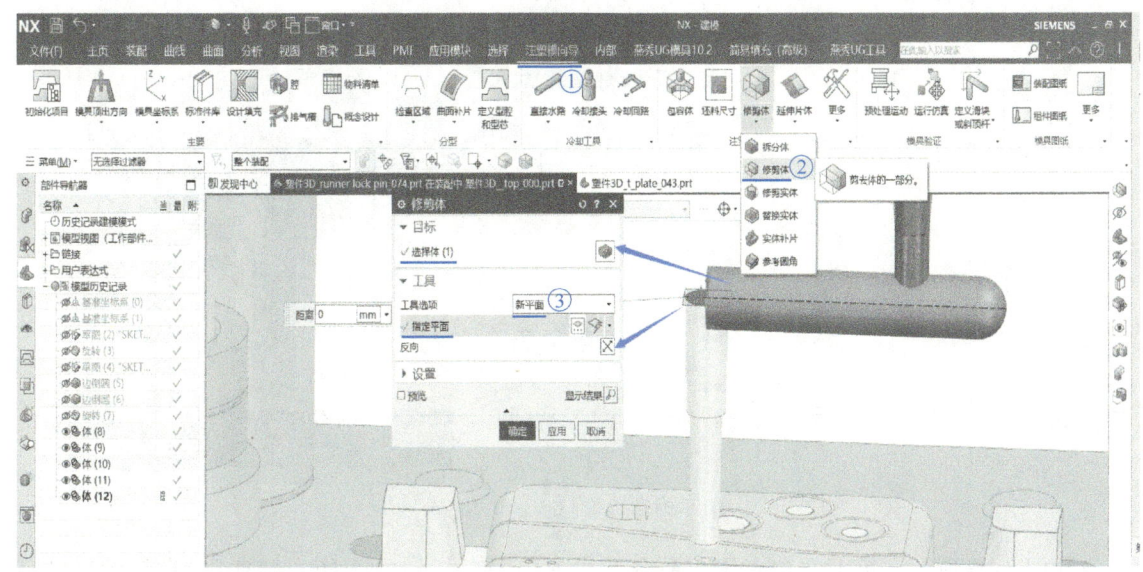

图3-92 修剪分流道

技巧：修剪步骤用"求交"命令实现更简单。如图3-93所示，单击"主页"→"求交"命令，在弹出的"求交"对话框中选择分流道作为"求交"的"目标"，单击对话框中"工具"栏中的"选择体"，在选择工具条中选择"整个装配"，然后选择绘图区中的A板作为"求交"的"工具"，勾选或不勾选"保存工具"均可，最后单击"求交"对话框中的"确定"按钮。用同样的办法设计分流道的另外一部分，最终结果如图3-94所示。

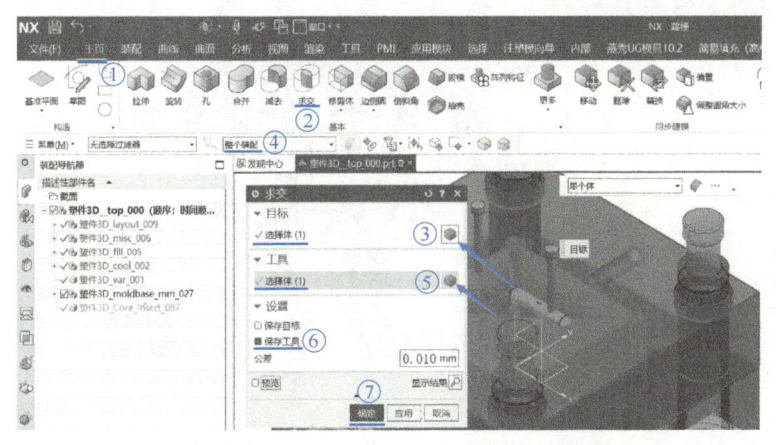

图3-93 用"求交"命令修剪分流道

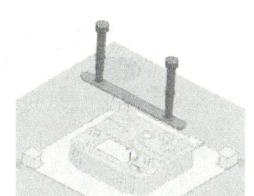

图3-94 最终结果

4. 设计浇注系统凝料

如图3-95所示，双击浇口套后，单击"偏置"命令，选择缝隙过大的false面，设置偏置距离为-3mm，最后单击"偏置区域"对话框中的"确定"按钮。

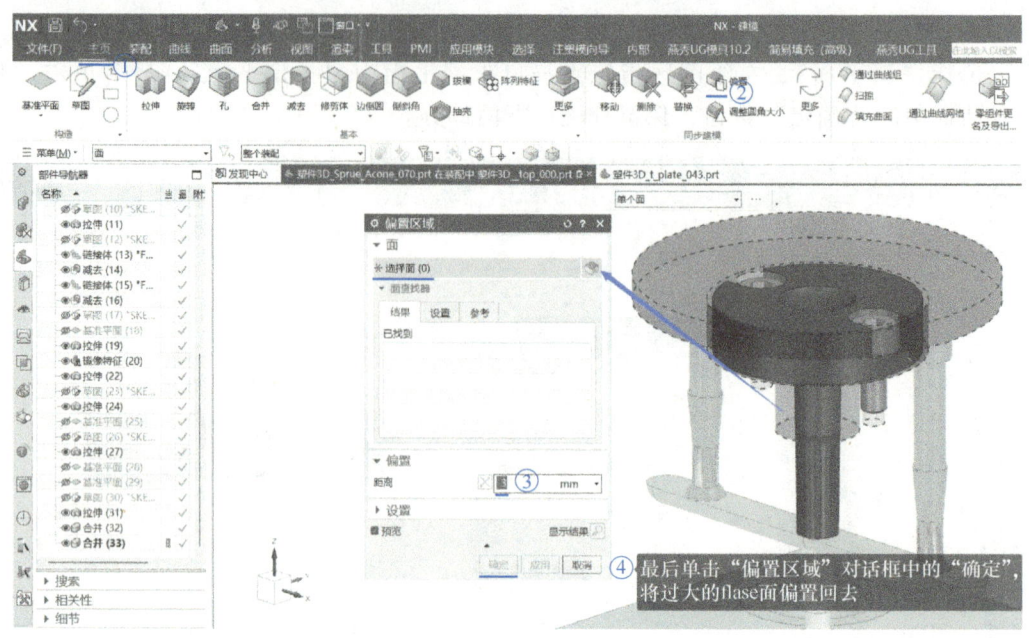

图 3-95 偏置过大的 false 面

如图 3-96 所示，单击"包容体"命令，在弹出的对话框中选择"圆柱"，在绘图区选择浇口套内表面作为包容体的"选择对象"，最后单击"包容体"对话框中的"确定"按钮。

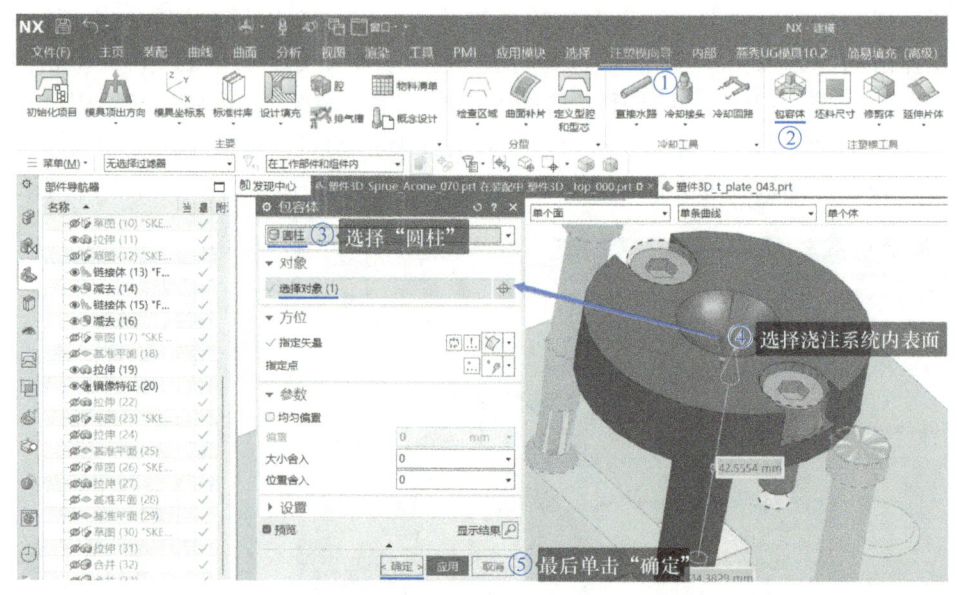

图 3-96 包容体

如图 3-97 所示，单击"减去"命令，选择刚做的包容体作为"减去"的"目标"，选择浇口套作为"减去"的"工具"，勾选"保存工具"，最后单击"减去"对话框中的"确定"按钮，设计出主流道凝料。

如图 3-98 所示，单击"腔"命令，在弹出的对话框中，"模式"选择"添加材料"，"工具类型"选择"实体"，在绘图区选择主流道凝料为"开腔"的"目标"，选择分流道和点浇口为"开腔"的"工具",最后单击"开腔"对话框中的"确定"按钮,将浇注系统凝料合并为一个实体。

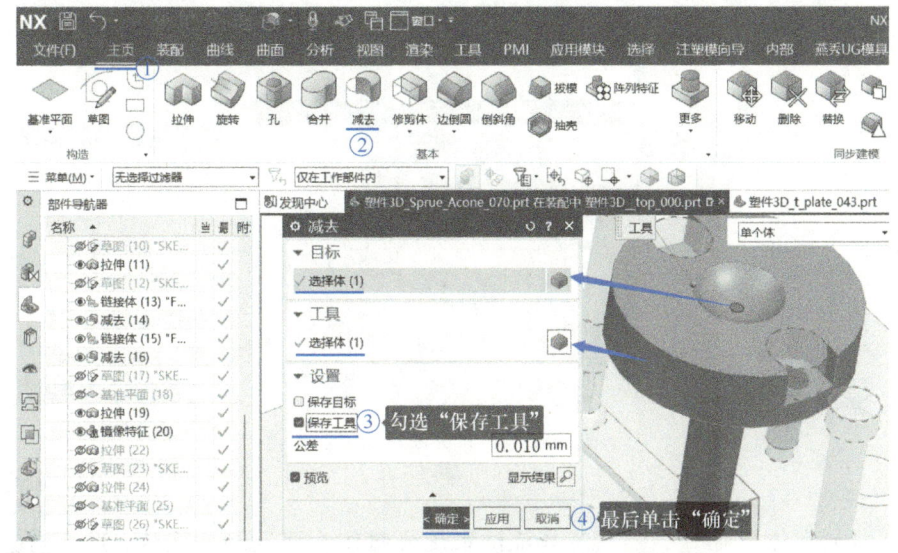

图 3-97 设计主流道凝料

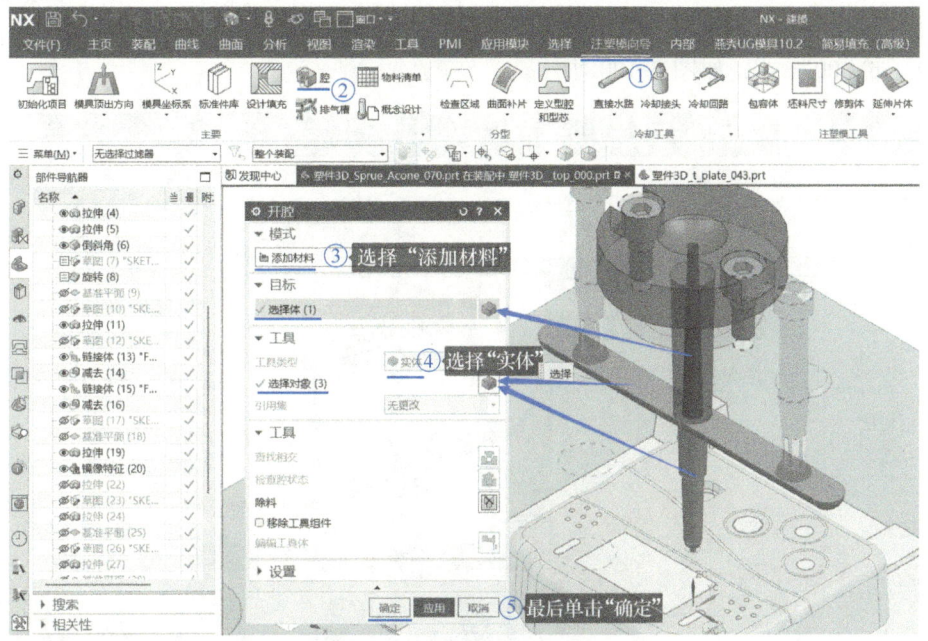

图 3-98 合并浇注系统凝料

技巧:上述步骤用"合并"命令实现更加简单。如果采用"合并"命令,还可以省去下面的"复制实体"操作。在装配总档中,不用单独激活(左键双击)哪一个零件。如图3-99 所示,单击"合并"命令,选择点浇口组件作为"合并"的"目标",单击"合并"对话框中"工具"选项中的"选择体",在选择工具条中将选择类型切换为"整个装配",然后单击绘图区中的两段分流道和主流道凝料作为"合并"的"工具",最后单击"合并"对话框中的"确定"按钮,完成浇注系统凝料的合并。

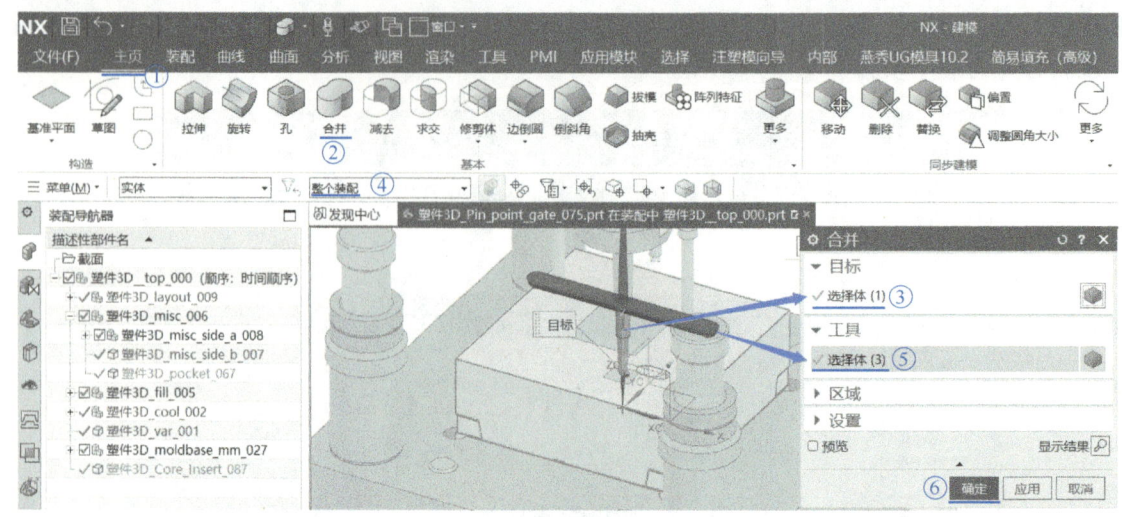

图 3-99 求和浇注系统凝料

5. 复制浇注系统凝料实体到装配总档中

单击"复制实体"命令,然后选择浇注系统凝料作为要复制的实体,将"复制实体"对话框中的"父项"设置为"塑件3D_top_000",最后单击"复制实体"对话框中的"确定"按钮,将浇注系统凝料复制到装配总档"塑件3D_top_000"中,如图 3-100 所示。

复制实体
(浇注系统凝料)

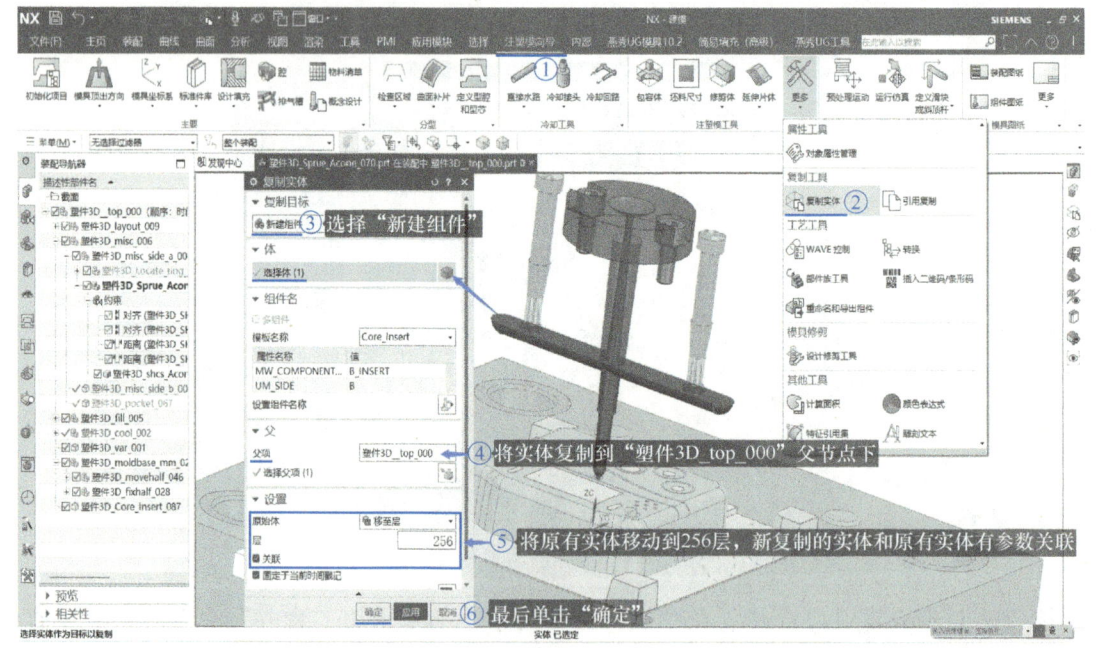

图 3-100 复制实体

如果复制实体报错,那就是引用集不对,这时需要打开左侧的"装配导航器",如图 3-101 所示,在组件名称上单击右键,选择"替换引用集"→"Entire Part",然后再用"复制实体"命令就不会报错了。

项目三　三板模设计

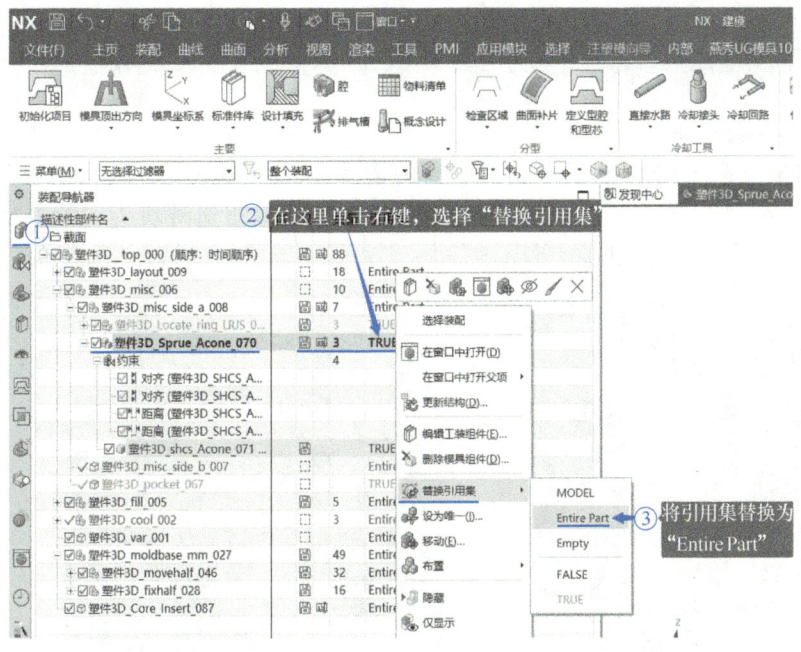

图 3-101　替换引用集

6. 浇注系统开腔

单击"腔"命令,在弹出的对话框中,"模式"选择"去除材料","工具类型"选择"组件",将上模座板、R 板、A 板、型腔添加为"开腔"的"目标",将定位圈、浇口套和点浇口组件设置为"开腔"的"工具",最后单击"开腔"对话框中的"确定"按钮,完成浇注系统开腔,如图 3-102 所示。

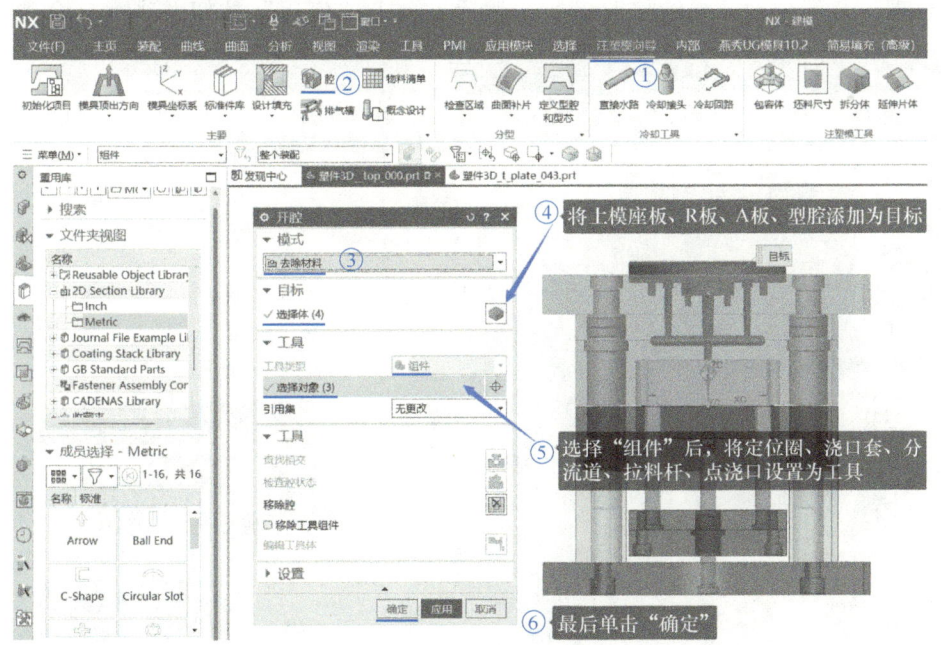

检查及修改

图 3-102　浇注系统开腔

139

任务十一　设计滑块座

1. 移动工作坐标系

双击工作坐标系 WCS，然后单击 YC 轴的箭头，选择图 3-103 所示型腔的一条边作为 YC 轴的方向，在"距离"框中输入"-50"，将坐标系移动到滑块头末端的底边中点，YC 轴正向指向模具中心，如图 3-104 所示。

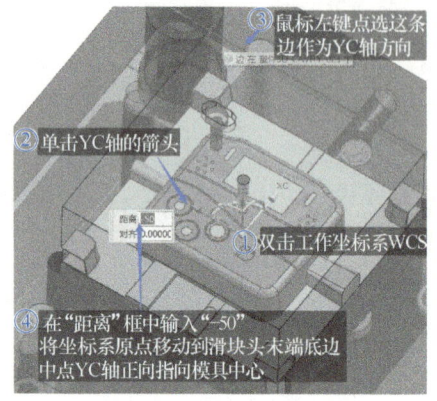
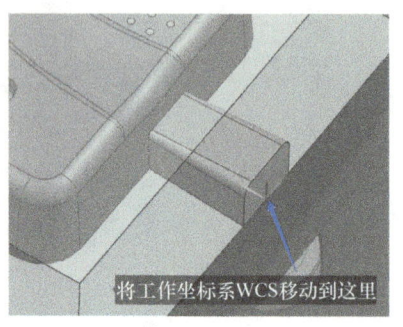

图 3-103　移动 WCS　　　　　图 3-104　WCS 位置　　　　设计滑块座

2. 调用滑块座

单击"滑块和斜顶杆库"命令，在左侧"重用库"中选择"UNIVERSAL_MM"→"Slide"，在"成员选择"中选择"Slider_Small"，按照图 3-105 所示设置参数，最后单击"滑块和斜顶杆设计"对话框中的"应用"按钮。旋转绘图区中的滑块组件，观察滑块座的结构和尺寸是否合理，若不合理，继续修改参数，然后再单击"应用"按钮并观察；合理

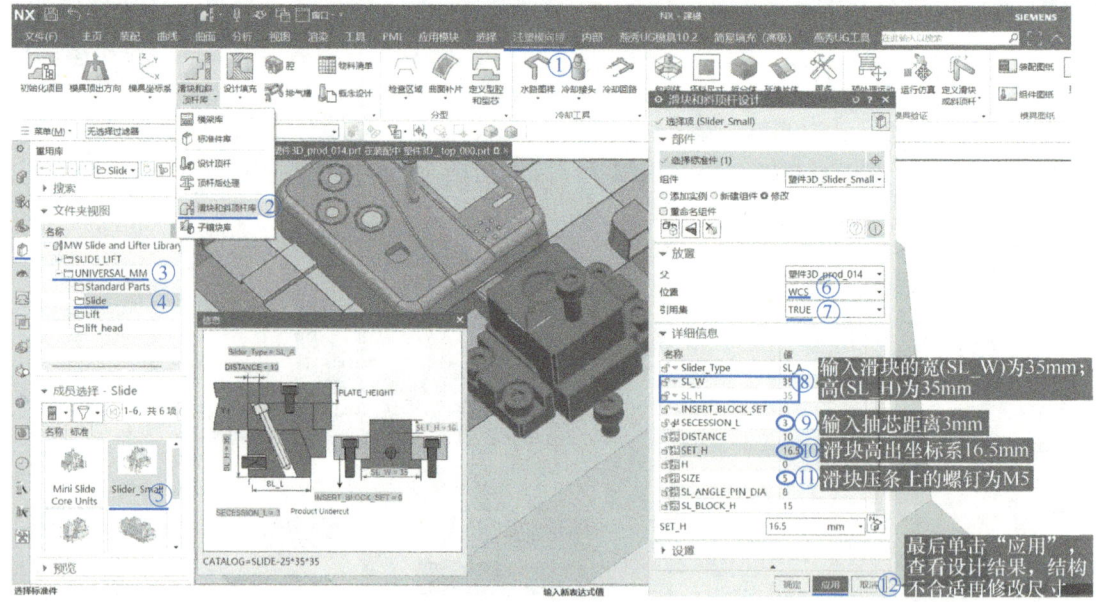

图 3-105　调用滑块座

后单击"取消"按钮，关闭"滑块和斜顶杆设计"对话框。如果单击"确定"按钮，软件会再次计算后关闭对话框。

如图 3-106 所示，单击滑块座上的任一零件，在弹出的命令组中单击"编辑工装组件"命令，弹出"滑块和斜顶杆设计"对话框，该对话框中的尺寸和刚才选中的滑块座尺寸一致；点选该对话框中的"新建组件"，然后双击工作坐标系 WCS，将工作坐标系 WCS 移动到图 3-107 所示的另一个需要设置滑块的位置，最后单击"滑块和斜顶杆设计"对话框中的"确定"按钮，得到一个一模一样的滑块座。

注释："滑块和斜顶杆设计"对话框中的选项"新建组件"和"添加实例"有区别。"新建组件"方式得到的两个滑块座组件，其参数和结构一模一样，但如果修改其中一个，另外一个不会跟着变化；"添加实例"得到的两个滑块座，其参数和结构也是一模一样的，后期修改其中一个，另外一个会跟着变化。

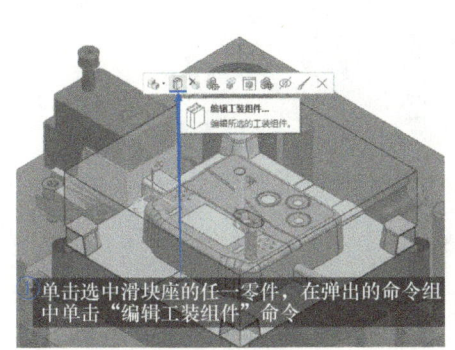

图 3-106 编辑工装组件

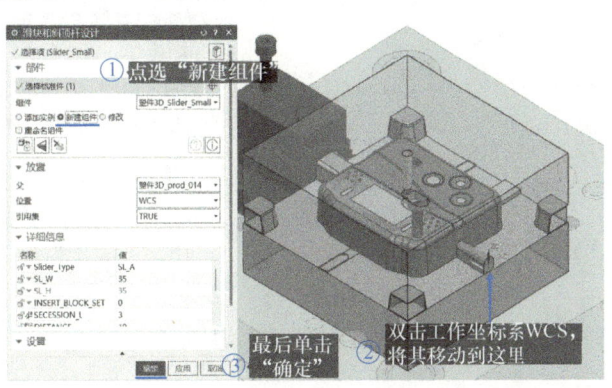

图 3-107 调用另一侧滑块座

3. 滑块座开腔

按照图 3-108 所示的方法进行滑块座"开腔"。

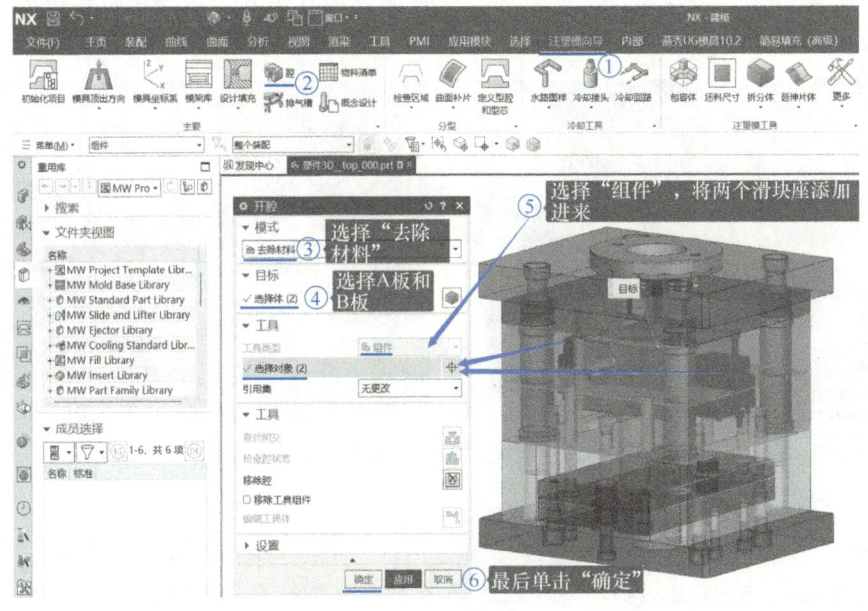

图 3-108 滑块座开腔

4. 合并滑块和滑块头

单击"合并"命令,在弹出的"合并"对话框中,单击"目标"选项中的"选择体",在选择工具条中将选择类型切换为"整个装配",选择滑块主体作为"合并"的"目标",然后单击"合并"对话框中"工具"选项中的"选择体",在选择工具条中将选择类型切换为"整个装配",选择滑块头实体作为"合并"的"工具",最后单击"合并"对话框中的"确定"按钮,如图3-109所示,完成滑块主体和滑块头的合并。

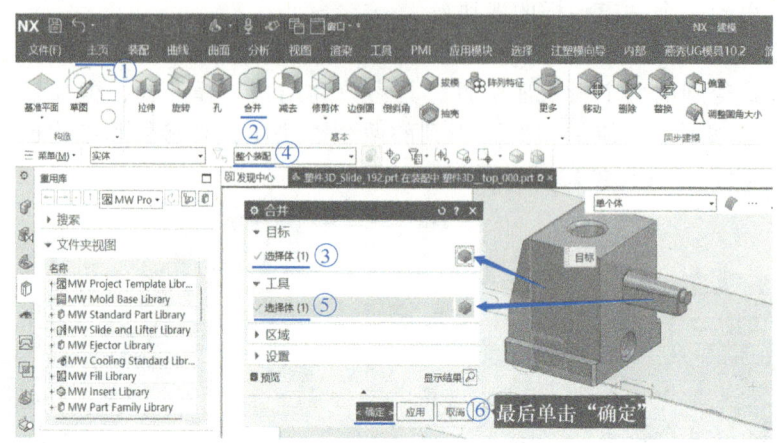

图3-109　合并滑块头和滑块主体

用同样的方法合并另一个滑块头和滑块主体。

任务十二　修改调用的组件(以滑块座为例)

1. 客户需求

调出的滑块组件、斜顶组件有些可能和用户的需求有出入,这是可以修改的。本任务介绍如何修改调用的组件。图3-110所示是调用的滑块压条与用户需求的滑块压条。

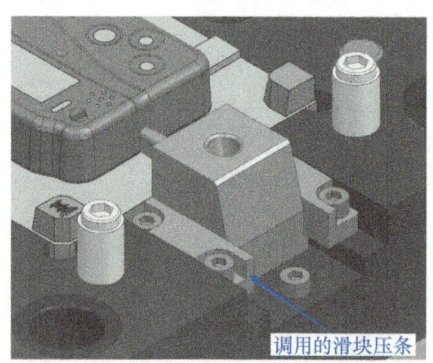
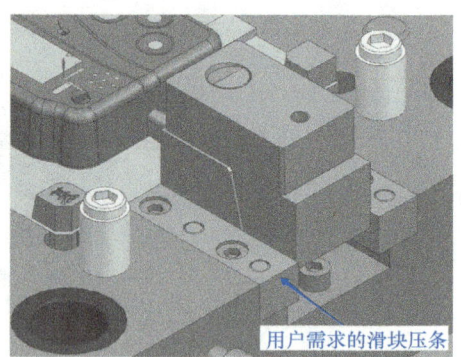

调用的滑块压条　　　　　　　　　用户需求的滑块压条

图3-110　调用的滑块压条与用户需求的滑块压条

2. 设计压条毛坯

在调用的滑块压条上双击鼠标左键,如图3-111所示,单击选中压条的false(选中false的一部分也可以),按<Ctrl>+<B>键隐藏压条的false(或按住右键不放,将鼠标指针拖动到隐藏命令上)。

项目三 三板模设计

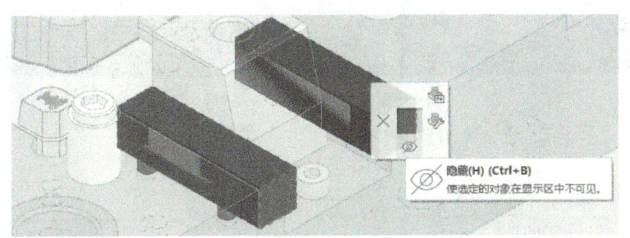

图 3-111 隐藏滑块压条的 false

修改滑块压条

如图 3-112 所示，单击"包容体"命令，然后选中滑块压条的侧面和顶面作为包容对象，按照图 3-112 所示的参数设置需要偏置的距离，最后单击"包容体"对话框中的"确定"按钮。

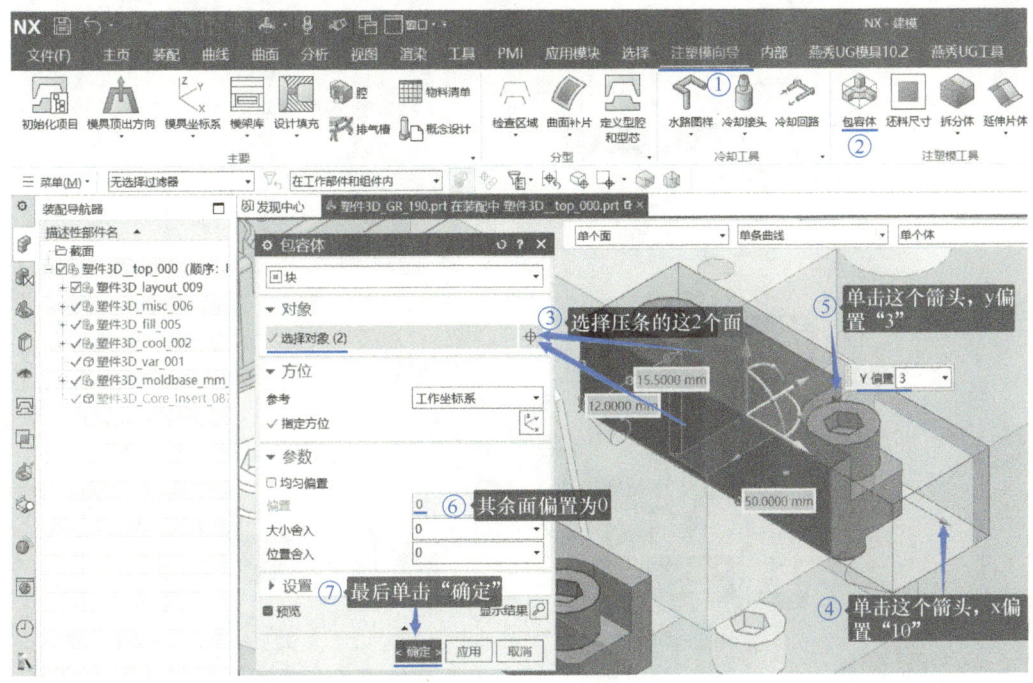

图 3-112 用"包容体"命令创建方块

3. 设计圆柱销

如图 3-113 所示，按<Ctrl>+<B>键隐藏原有压条、铲机等零件；然后单击"包容体"命令，在弹出的对话框中将类型切换到"圆柱"，选中螺钉的两个圆柱面作为包容对象，最后单击"包容体"对话框中的"确定"按钮。

单击选中刚用"包容体"命令创建的圆柱，按<Ctrl>+<T>键，按照图 3-114 所示，在 YC 正向 10mm 的位置复制一个圆柱。

如图 3-115 所示，单击"调整面大小"命令，选中圆柱的侧面作为要调整的对象，设置新的直径为 5mm，最后单击"调整面大小"对话框中的"确定"按钮，完成圆柱直径的调整。

如图 3-116 所示，选中刚做好的圆柱实体，按<Ctrl>+<T>键，在弹出的"移动对象"对话框中，点选"复制原先的"，单击"移动对象"对话框中的"确定"按钮，在原位置上复制一个一模一样的圆柱。

143

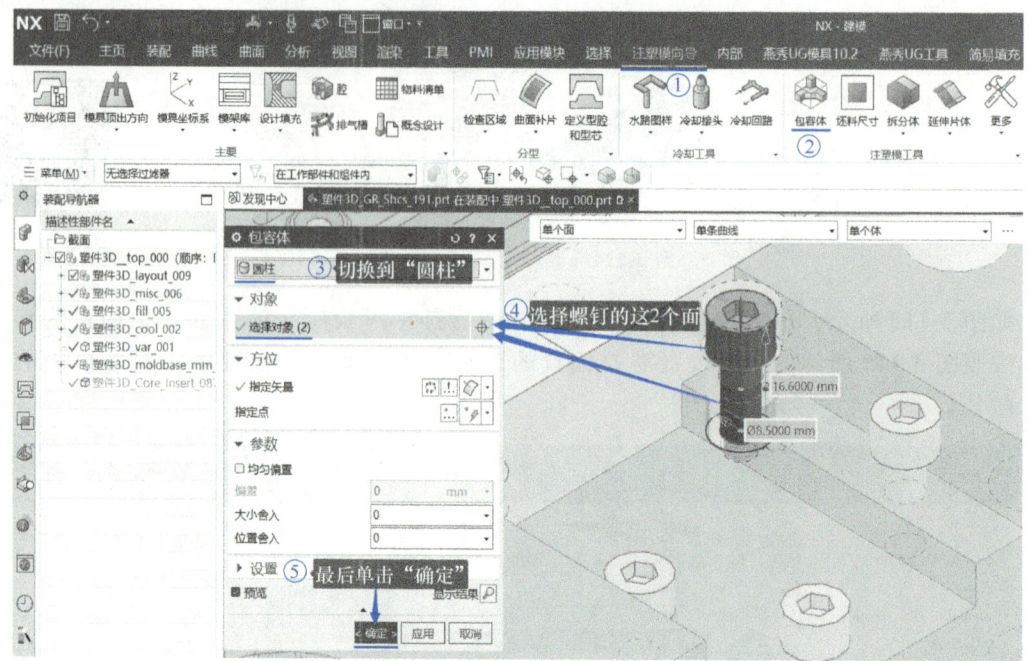

图 3-113 用"包容体"命令创建圆柱

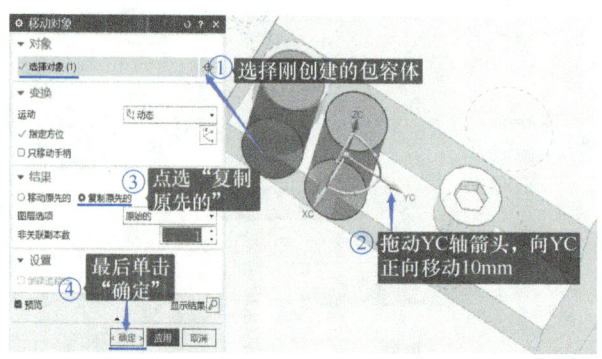

图 3-114 复制圆柱

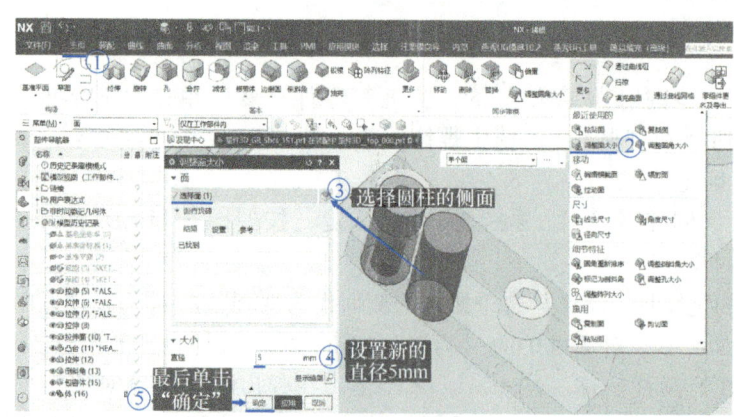

图 3-115 调整圆柱面的大小

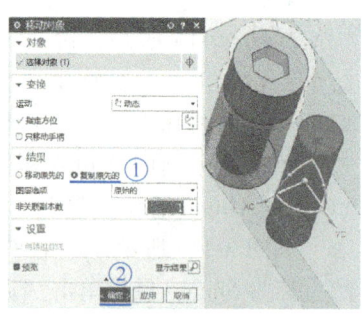

图 3-116 复制圆柱

如图 3-117 所示，单击"倒斜角"命令，选中圆柱销的 2 条边作为要倒角的边，设置倒角大小为 0.5mm，最后单击"倒斜角"对话框中的"确定"按钮，完成圆柱销的设计。

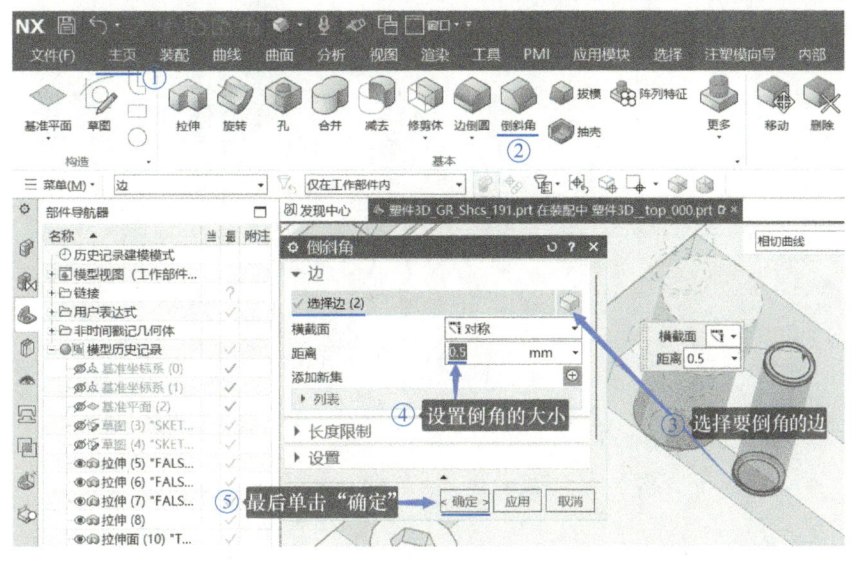

图 3-117　圆柱销倒角

4. 设计引用集

设计的圆柱销，如果引用集有误，回到总装配中有可能看不见。如图 3-118 所示，单击"引用集"命令，在弹出的对话框中选中"TRUE"，可以看到现在的引用集"TRUE"中只有 4 个螺钉，在绘图区将圆柱销选中也添加到"TRUE"中，添加成功后会自动生成 4 个圆柱销。

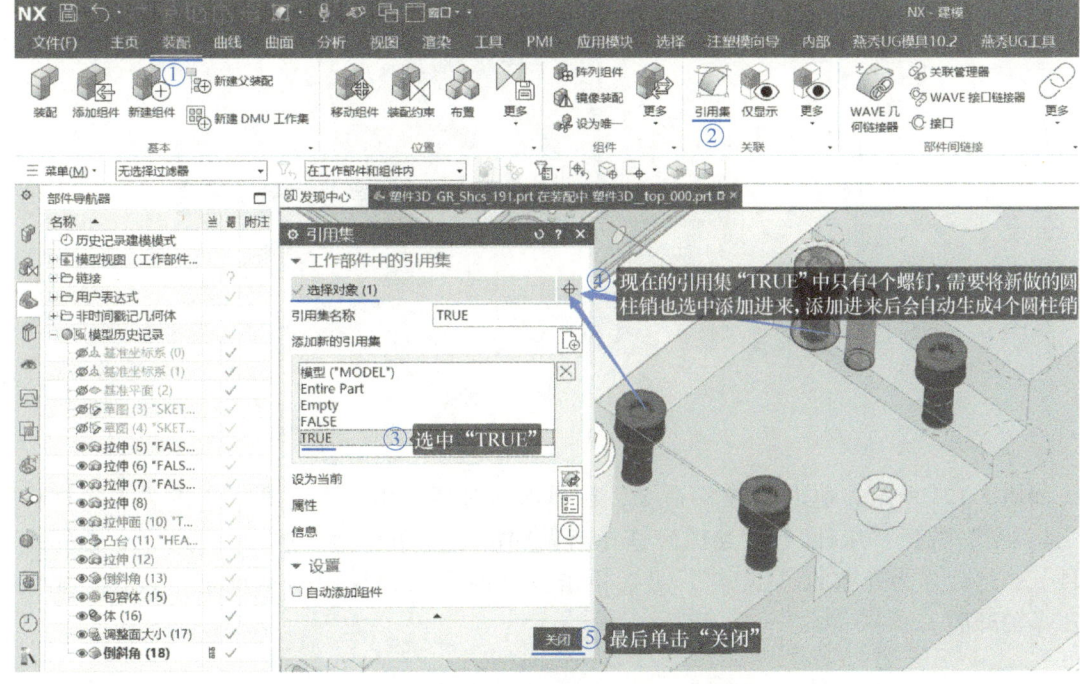

图 3-118　更改引用集

用同样的方法将没有倒角的圆柱添加为 FALSE。结果如图 3-119 所示。

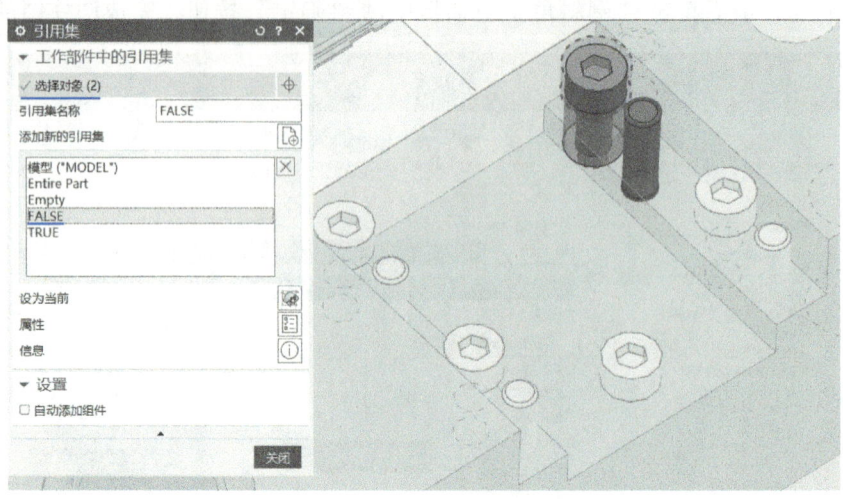

图 3-119　添加 FALSE

5．移入垃圾层

如图 3-120 所示，选择多余的圆柱体后，按<Ctrl>+<J>键，在弹出的对话框中，将"图层"设置为"256"，最后单击"确定"按钮。

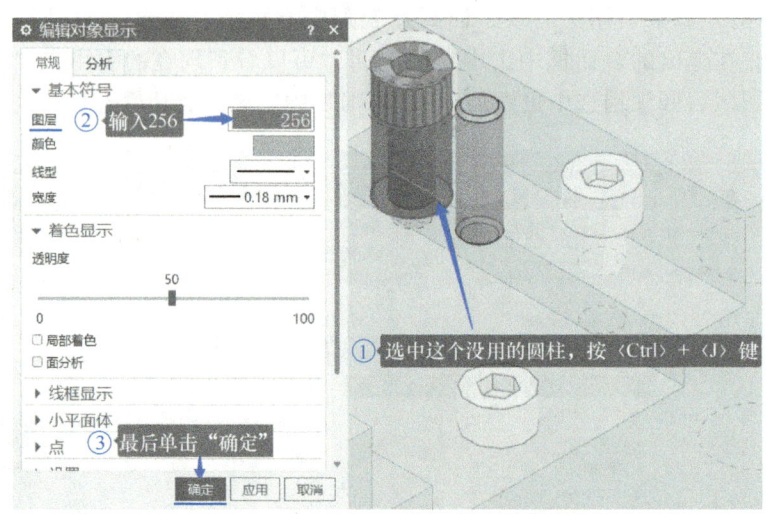

图 3-120　移入垃圾层

6．开腔

如图 3-121 所示，单击"腔"命令，在弹出的对话框中，"模式"选择"去除材料"，"工具类型"选择"组件"，在绘图区选择新做的滑块压条作为开腔的"目标"，选择螺钉组件、销组件作为开腔的"工具"，最后单击"开腔"对话框中的"确定"按钮，完成滑块压条的开腔。

7．镜像几何体

单击"镜像几何体"命令，如图 3-122 所示。

项目三　三板模设计

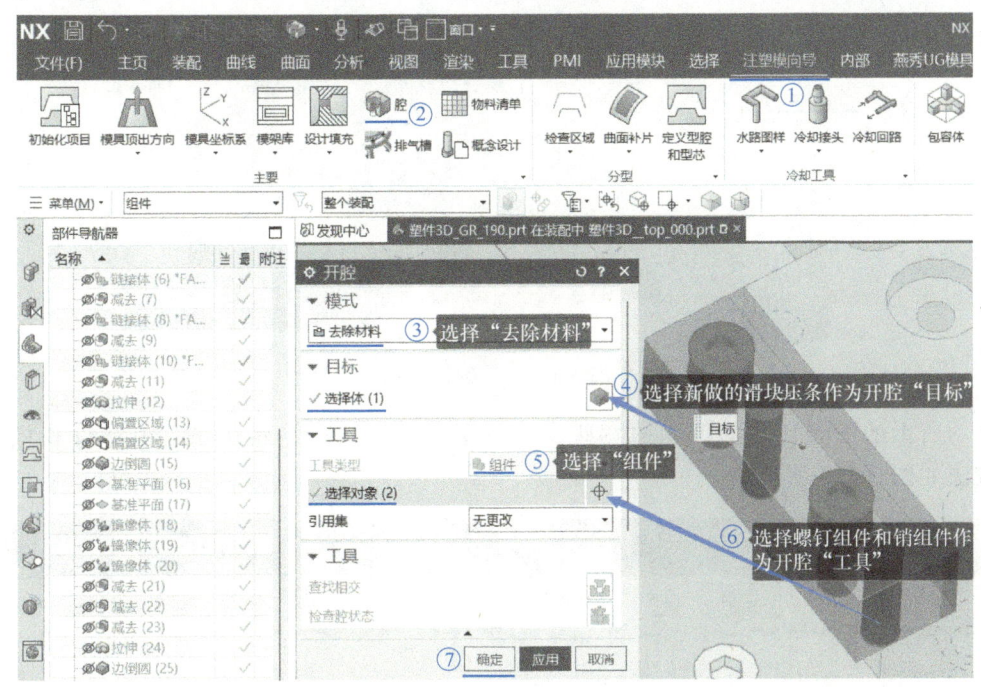

图 3-121　滑块压条开腔

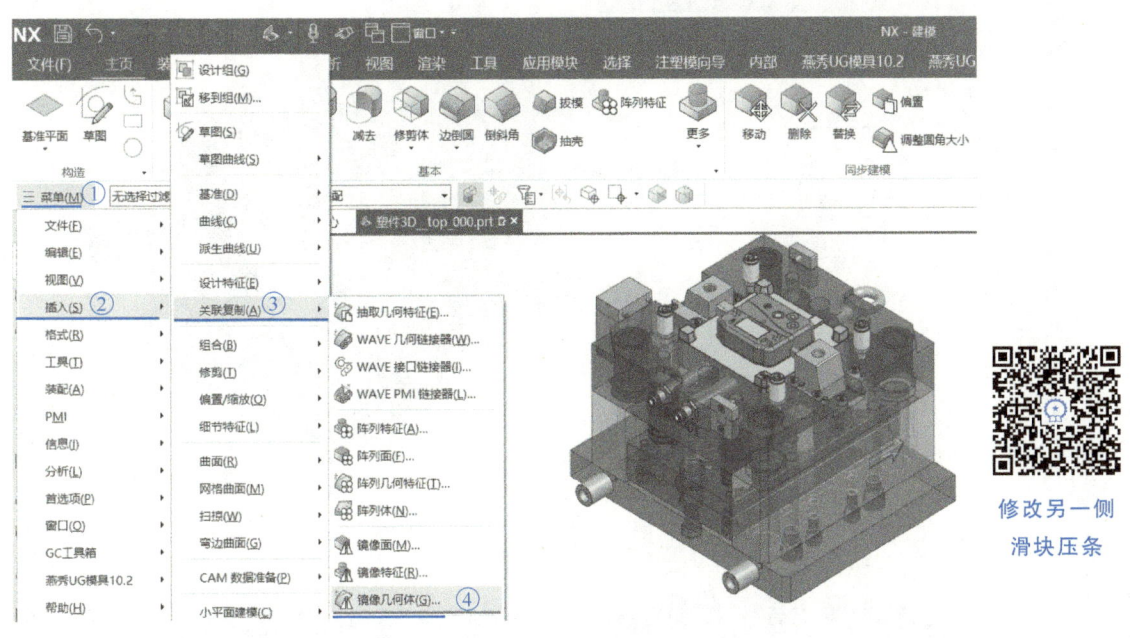

图 3-122　"镜像几何体"命令

在弹出的"镜像几何体"对话框中，选择做好的压条作为"要镜像的几何体"，按照图 3-123 所示的方法选择镜像平面，最后单击"镜像几何体"对话框中的"应用"按钮，完成滑块压条的镜像。

注意：镜像几何体和镜像特征有区别。镜像几何体镜像的是整个实体，镜像特征镜像的不一定是整个几何体，而是一个特征或者一组特征。

147

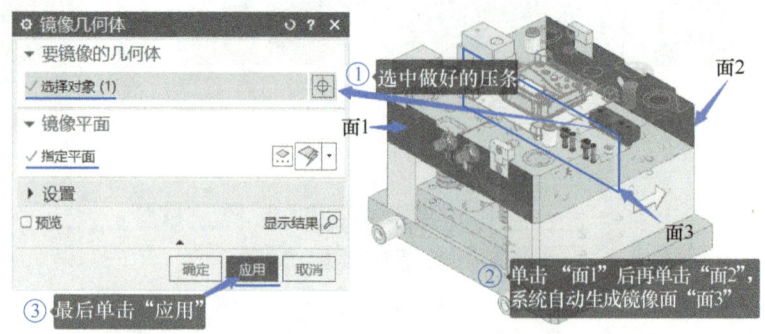

图 3-123 镜像几何体

本例所做的压条比之前调用的宽些,可以用"腔"命令,将压条、销钉与 B 板开腔,具体方法如图 3-124 所示。

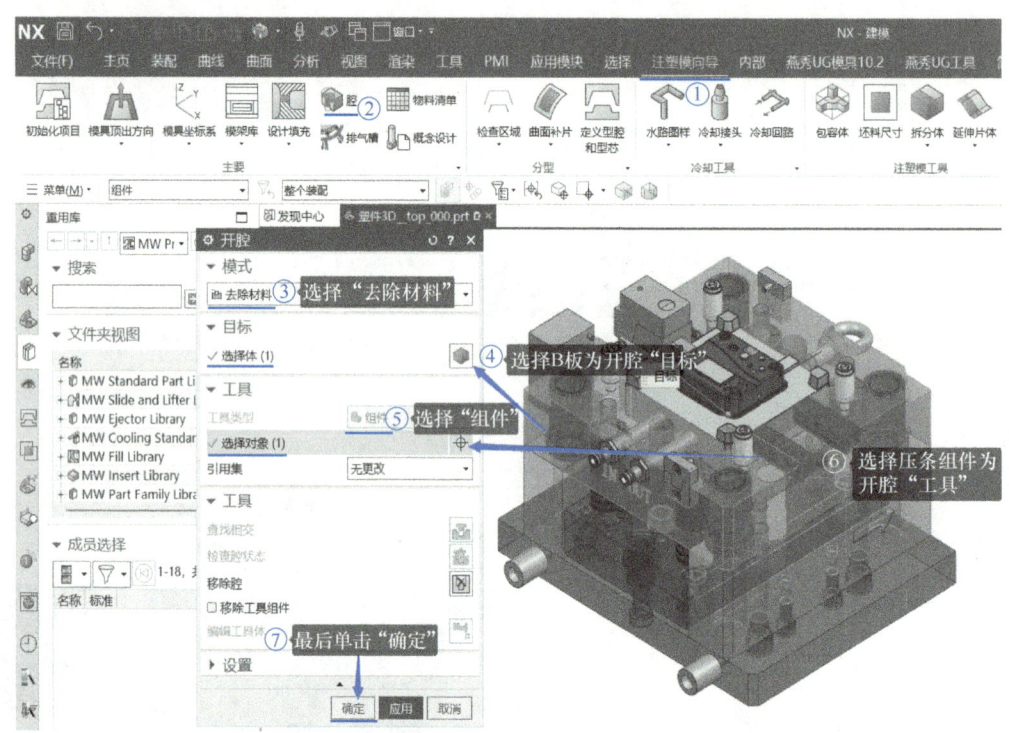

图 3-124 开腔

任务十三 设计斜顶

1. 移动工作坐标系

将工作坐标系坐标原点移动到大分型面中心。方法：双击工作坐标系 WCS 后单击 WCS 的原点,再单击捕捉命令组中的"点对话框"命令,如图 3-125 所示。

单击"点对话框"命令后,弹出"点"对话框。如图 3-126 所示,在"点"对话框中选择"面上的点",然后在绘图区选择大分型面,U 向参数和 V 向参数都设置为"0.5"（意

项目三 三板模设计

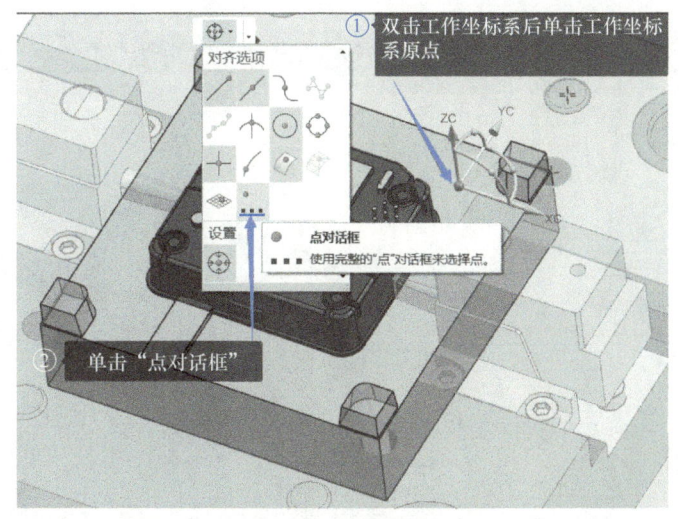

设计斜顶

图 3-125 "点对话框"命令

思是点在大分型面 U 向 50%的位置上，V 向 50%的位置上），最后单击"点"对话框中的"确定"按钮，将 WCS 移动到大分型面的中心。

如图 3-127 所示，双击 WCS 后单击 YC 轴箭头，在"距离"框中输入"-31"，并按回车键，将工作坐标系移动到特定位置。

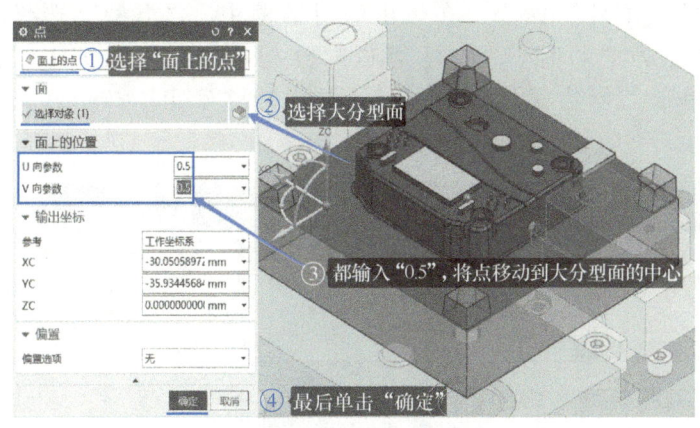

图 3-126 移动坐标系到模具中心

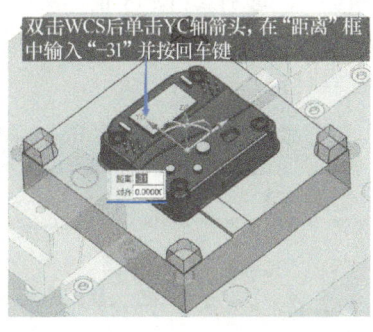

图 3-127 移动工作坐标系

2. 调用斜顶

如图 3-128 所示，单击"滑块和斜顶杆库"命令，在左侧"重用库"中选择"UNIVERSAL_MM"→"Lift"，在"成员选择"中选择"Lifter [General]"，在弹出的"滑块和斜顶杆设计"对话框中，放置"位置"选择"WCS"，"引用集"选择"TRUE"，设置斜顶的厚度（ROD_THK）为 10mm，斜顶的宽度（ROD_WIDTH）为 10mm，设置抽芯距离（SECESSION_L）为 5mm，看斜顶的示意图设置斜顶头的尺寸"ROD_HH"为 30mm，"CUT_WIDTH"为 0，"FIX_WIDTH"为 0，最后单击"滑块和斜顶杆设计"对话框中的"确定"按钮，完成斜顶调用。

说明：抽芯距离直接决定斜顶的角度。本例中的抽芯距离为 5mm 时，斜顶角度为 10°；抽芯距离为 4mm 时，斜顶角度为 8°；抽芯距离为 3mm 时，斜顶角度为 6°。

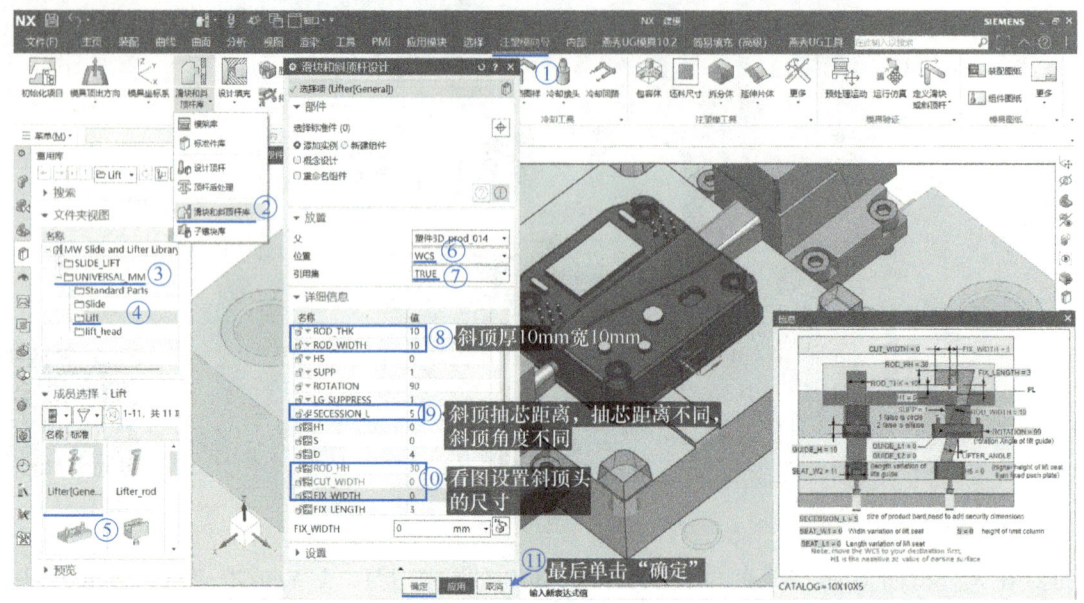

图 3-128 调用斜顶

3. 修剪斜顶头部

如图 3-129 所示，单击"修边模具组件"命令；在弹出的对话框中，"类型"选择"修剪"，选择绘图区的斜顶主体作为"目标"，选择型芯侧分型面"CORE_TRIM_SHEET"作为"修边曲面"，最后单击"修边模具组件"对话框中的"确定"按钮，完成斜顶修剪。

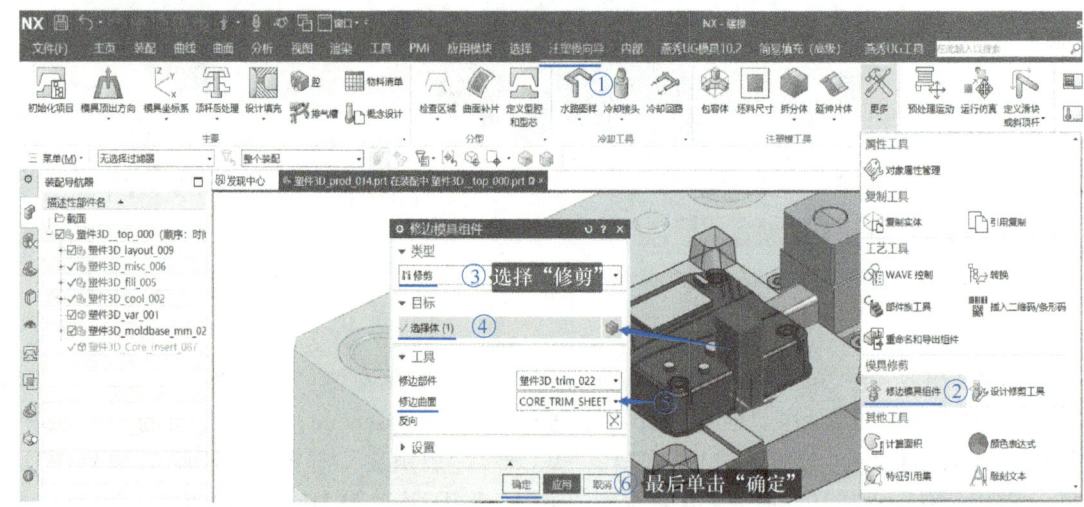

图 3-129 修剪斜顶头部

4. 斜顶开腔

如图 3-130 所示，单击"注塑模向导"→"腔"命令；在弹出的对话框中，开腔模式选择"去除材料"，"工具类型"选择"组件"，在绘图区选择 B 板、顶针面板、顶针底板作为开腔"目标"，选择斜顶组件作为开腔"工具"，最后单击"开腔"对话框中的"确定"

按钮。

如图 3-131 所示，依次鼠标左键依次单击主菜单上的"主页"→"减去"命令，在弹出

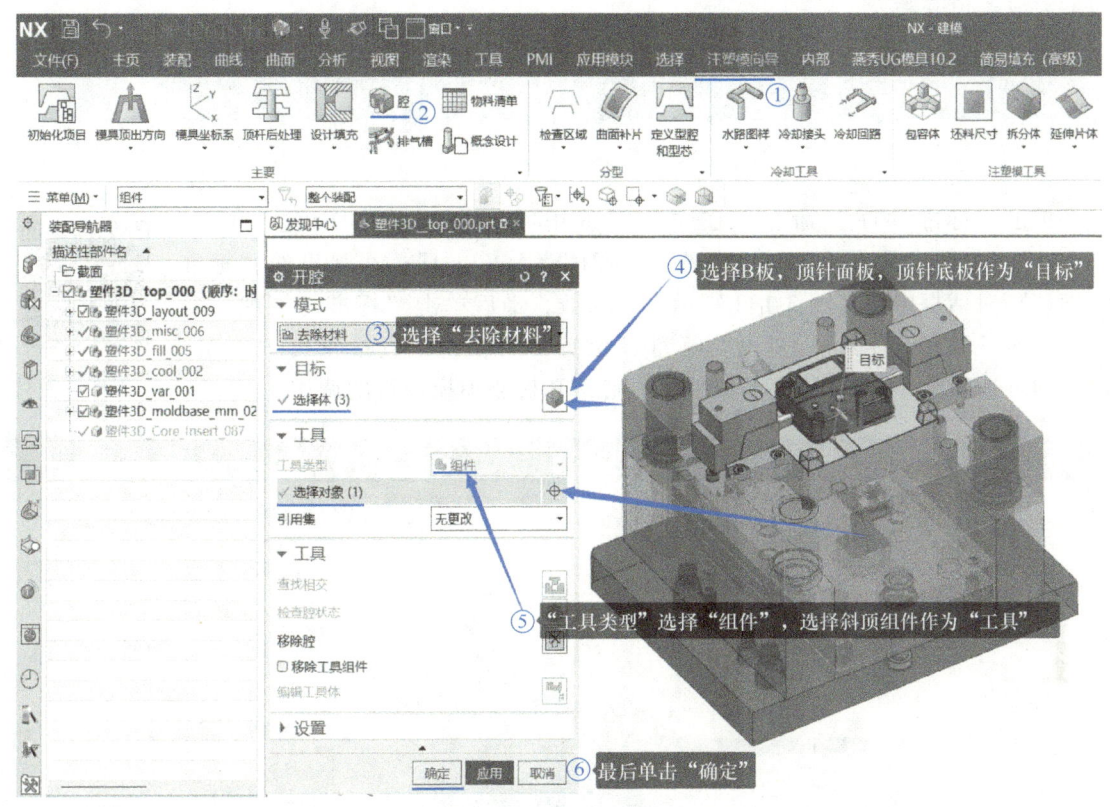

图 3-130 斜顶开腔

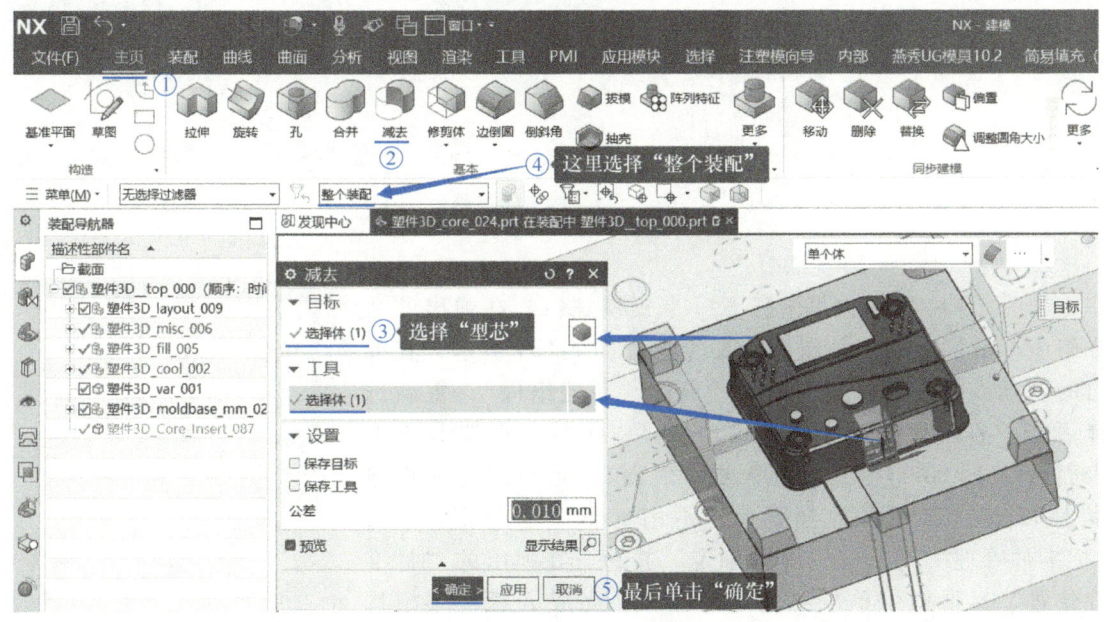

图 3-131 斜顶开腔结果

的"减去"对话框中选择型芯作为减去"目标",在选择工具条上选择"整个装配",在绘图区选择斜顶主体作为减去"工具",最后鼠标左键单击"减去"对话框中的"确定"按钮,完成斜顶开腔。

任务十四 调用锁模螺钉

1. 调用 B 板侧锁模螺钉

单击"标准件库"命令,在左侧"重用库"中选择"DMS_MM"→"Srews",在"成员选择"中单击选择"SHCS_Auto_set";在弹出的"标准件管理"对话框中,按图3-132所示设置参数,最后单击"标准件管理"对话框中的"确定"按钮,弹出"标准件位置"对话框,直接单击"确定"按钮即可,如图3-132、图3-133所示,完成 B 板侧锁模螺钉的调用。

调用锁模螺钉

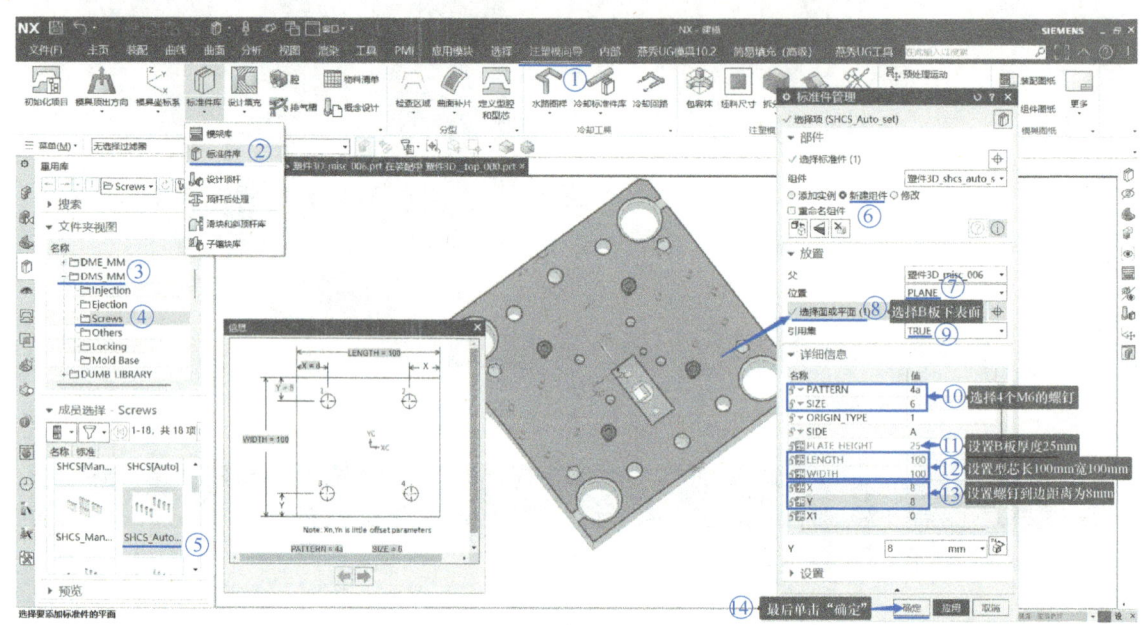

图3-132 调用锁模螺钉

2. 调用 A 板侧锁模螺钉

如图3-134所示,单击任意一个锁模螺钉,在弹出的命令组中单击"编辑工装组件"命令。如图3-135所示,在弹出的"标准件管理"对话框中,点选"新建组件",重新选择 A 板上表面作为定位面(按<Shift>键不放,点选 B 板下表面后松开<Shift>键,单击 A 板上表面),重新设定 A 板厚度为15mm,其他参数会继承,不用重新设定,最后单击"标准件管理"对话框中的"确定"按钮,在弹出的"标准件位置"对话框中单击"确定"按钮,完成 A 板侧锁模螺钉的调用。

图3-133 标准件位置

项目三 三板模设计

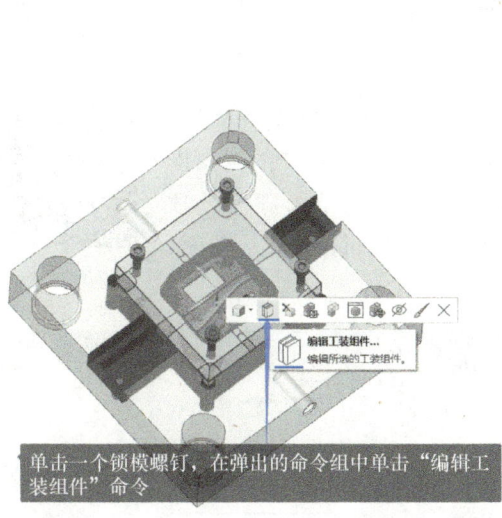

图 3-134 编辑工装组件

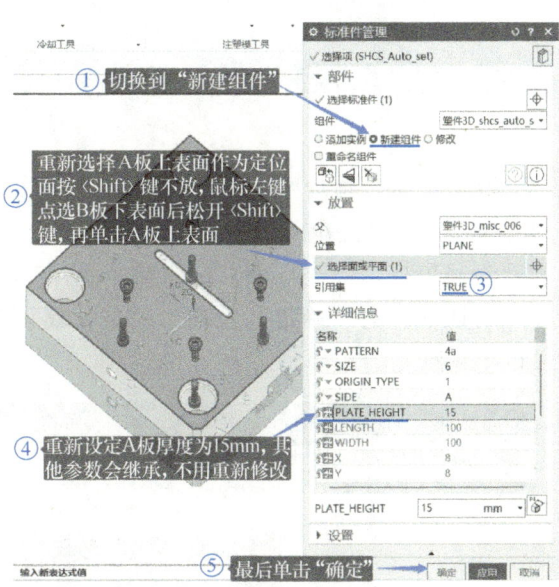

图 3-135 调用 A 板侧锁模螺钉

3. 锁模螺钉开腔

按照图 3-136 所示的步骤对锁模螺钉进行开腔。

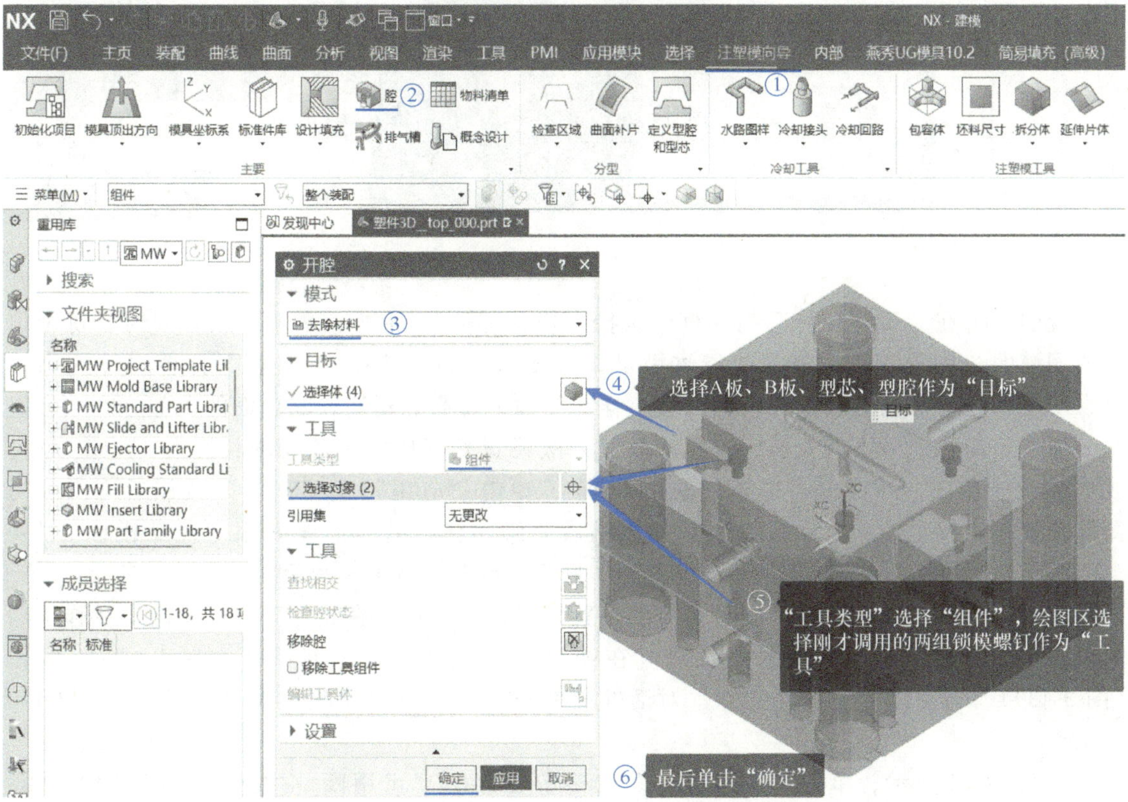

图 3-136 锁模螺钉开腔

153

任务十五 设计顶出系统

1. 设计司筒

单击"设计顶杆"命令,在左侧"重用库"中选择"FUTABA_MM"→"Ejector Sleeve",在"成员选择"中选择"Ejector Sleeve [E-SZ]";在弹出的"设计顶杆"对话框中,按照图3-137所示设置参数,最后单击"设计顶杆"对话框中的"确定"按钮,完成司筒调用。本例中司筒针顶面是平面,可以不设置止转。

调用司筒

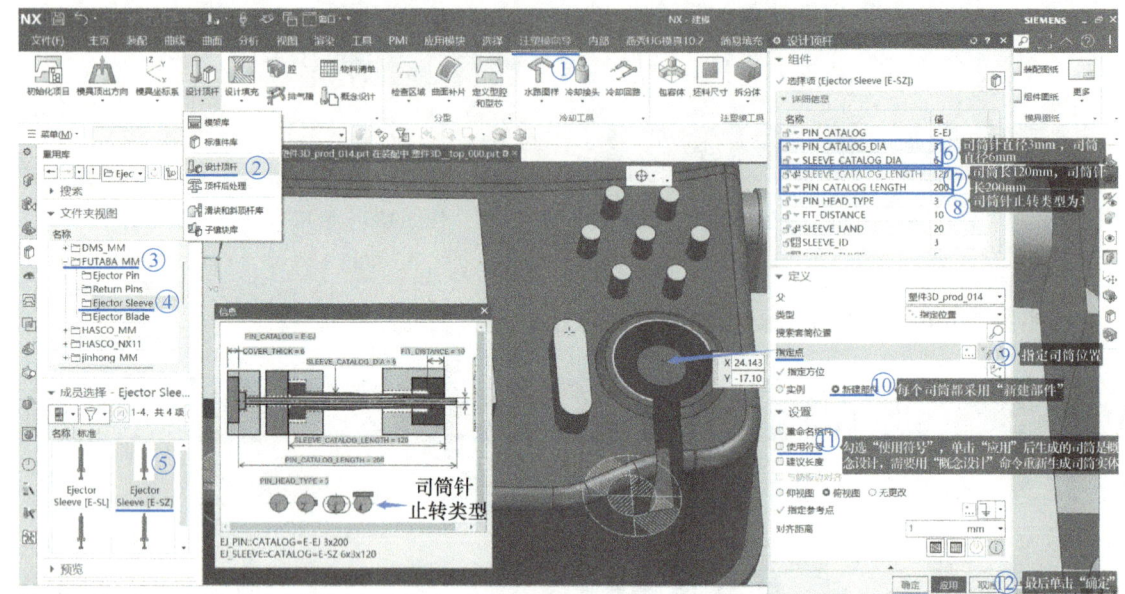

图3-137 调用司筒

说明:①在"设计顶杆"对话框中选择"新建部件",后期修剪顶针或司筒时,每个顶针或司筒的长度可以不一样长,能够满足设计要求;如果选择"实例",修剪顶针或司筒时,所有顶针和司筒的长度和结构都会一样。②因为司筒和司筒针配合面的大部分区域有避空,设置司筒长度时不能太长,以免漏胶,一般设置长度比实际需要的长度大10mm以内。③在"设计顶杆"对话框中选择"使用符号",单击"应用"或"确定"按钮后调用的司筒和顶针将以符号形式显示,如果需要显示成三维实体形式,需要使用"注塑模向导"→"概念设计"命令。"概念设计"命令的具体操作步骤如图3-138所示。

如果司筒针参数设计错误或者司筒针位置设置错误,可以在绘图区单击司筒,在弹出的命令组中单击"编辑工装组件"命令。在弹出的"设计顶杆"对话框中单击"×"按钮(图3-139),在弹出的"删除文件"对话框中单击"是"即可删除错误的司筒,如图3-140所示。

如图3-141所示,单击"标准件库"命令,在左侧"重用库"中选择"UNIVERSAL_MM"→"Screws",在"成员选择"中选择"SSS [Grub]",在弹出的"标准件管理"对话框中，按照图 3-141 所示设置参数，最后单击"标准件管理"对话框中的"确定"按钮，完成堵头螺钉的尺寸设计。

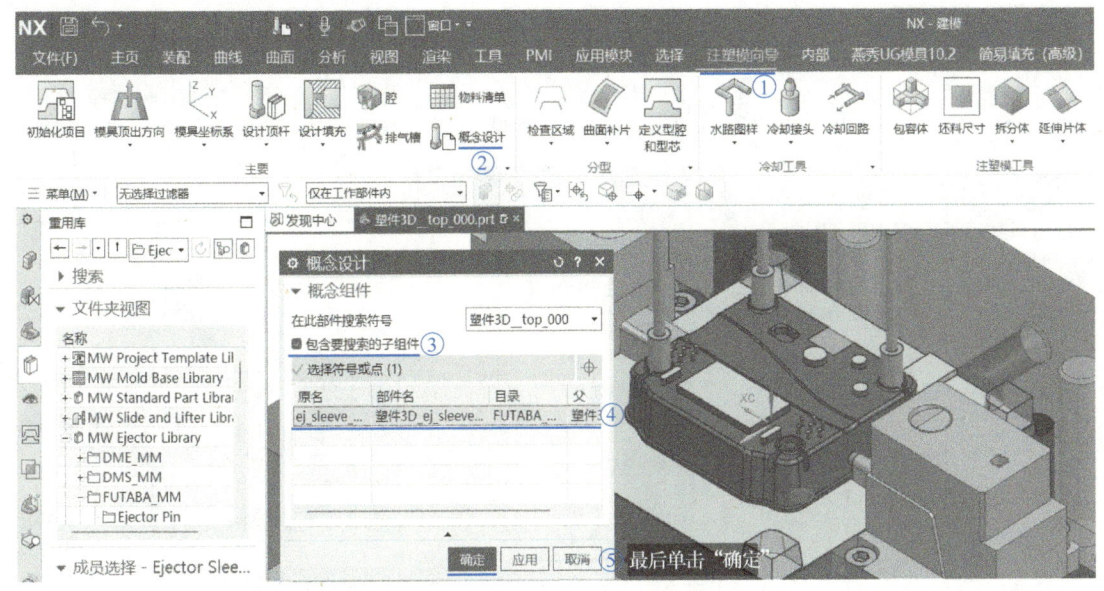

图 3-138 "概念设计"命令

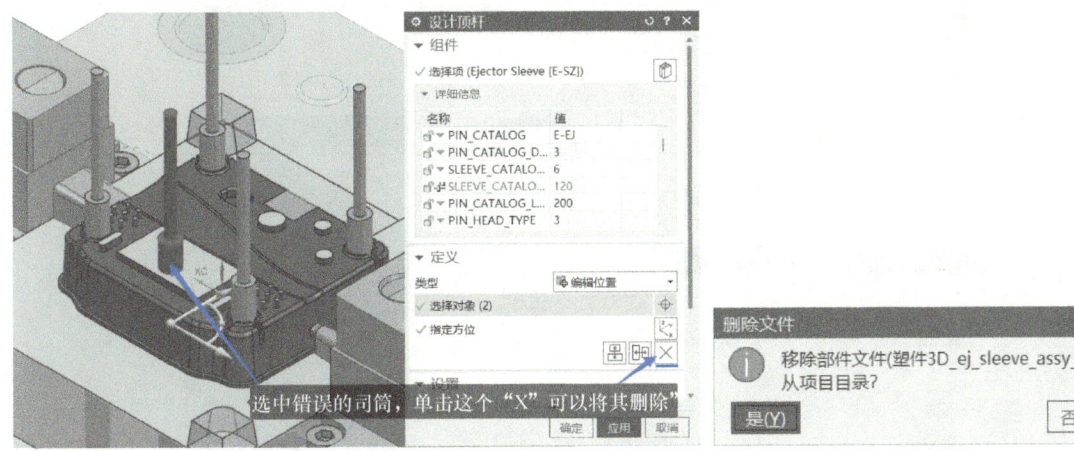

图 3-139 删除错误的司筒　　　　　　　　图 3-140 删除文件

单击"标准件管理"对话框中的"确定"按钮后，弹出"标准件位置"对话框，如图 3-142 所示，将绘图区的图形切换到线框显示（单击"视图"→"样式"→"静态线框"命令），在绘图区选择司筒中心作为堵头螺钉的定位点，每点一个司筒中心就要单击一下"标准件位置"对话框中的"应用"按钮，以确认堵头螺钉的位置。最后一个堵头螺钉位置确定后，单击"标准件位置"对话框中的"取消"按钮，完成堵头螺钉的设计。

2. 设计顶针

单击"设计顶杆"命令，在左侧"重用库"中选择"FUTABA_MM"→"Ejector Pin"，在"成员选择"中选择"Ejector Pin Straight［EJ，EH，EQ，

设计顶针

155

EA〕"，在弹出的"设计顶杆"对话框中，按照图3-143所示设置参数，最后单击"设计顶杆"对话框中的"确定"按钮，完成顶针的设计。

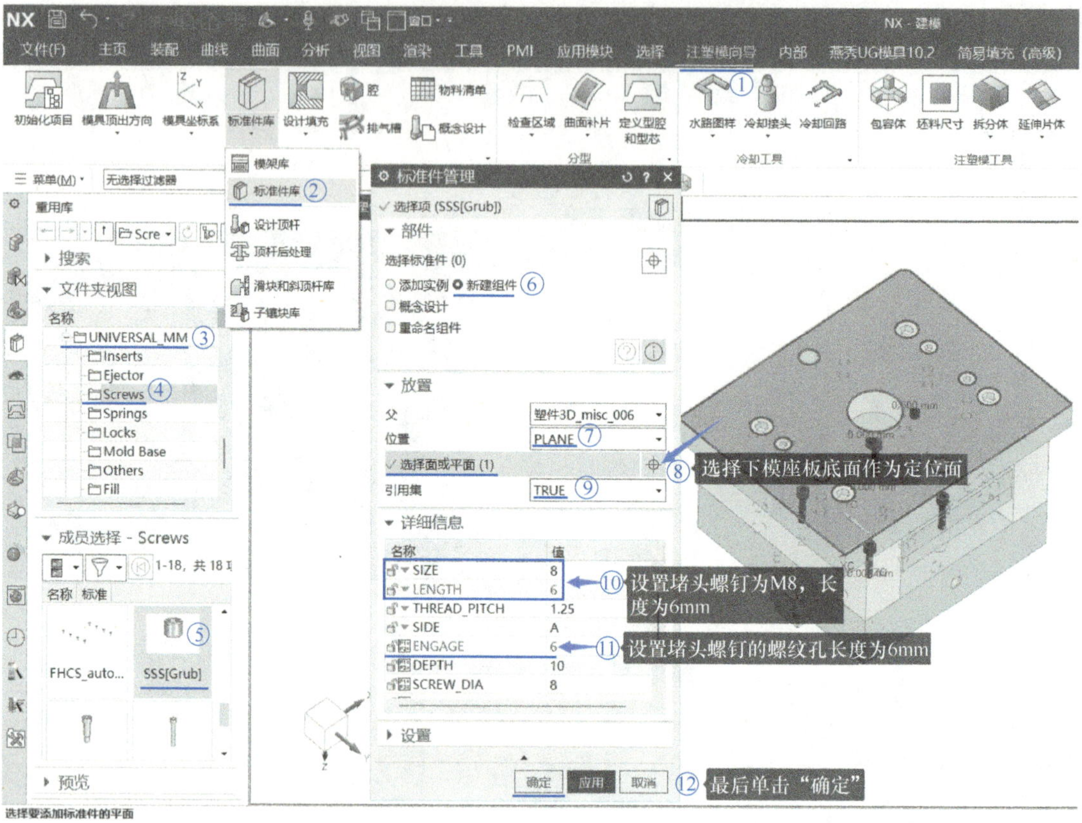

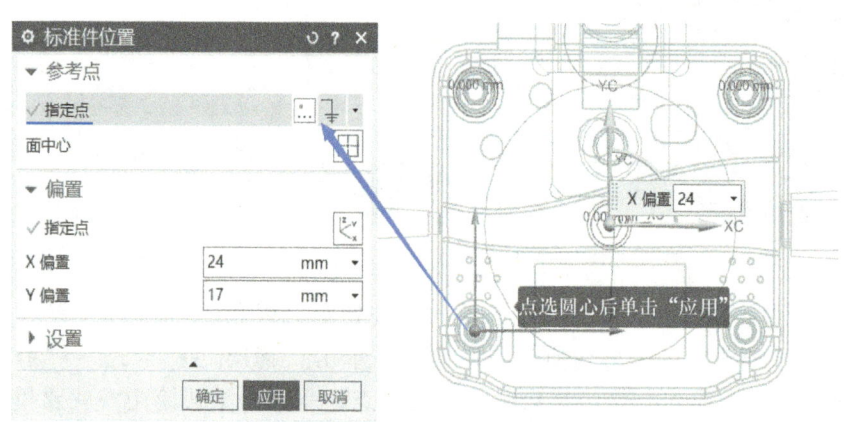

图3-141 调用堵头螺钉

图3-142 标准件位置设定

3. 修剪顶针司筒

单击"顶杆后处理"命令，在弹出的"顶杆后处理"对话框中，"类型"选择"修剪"，选中所有的顶针和司筒，"修边曲面"选择"CORE_TRIM_SHEET"，最后单击"顶杆后处理"对话框中的"确定"按钮，完成顶针修剪，如图3-144所示。

项目三 三板模设计

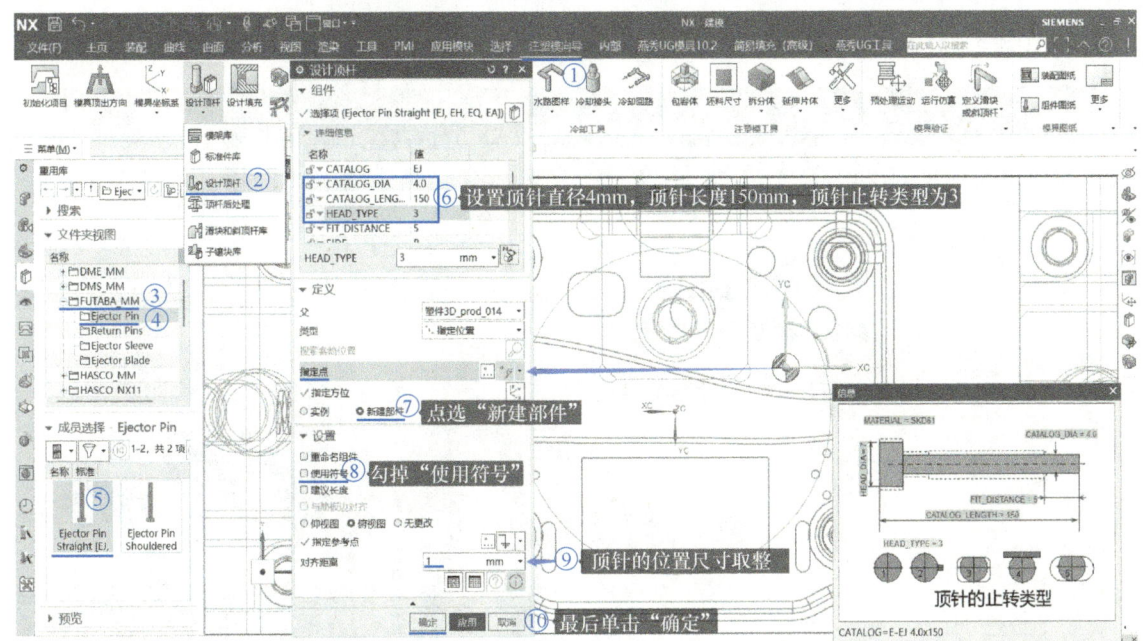

图 3-143 调用顶针

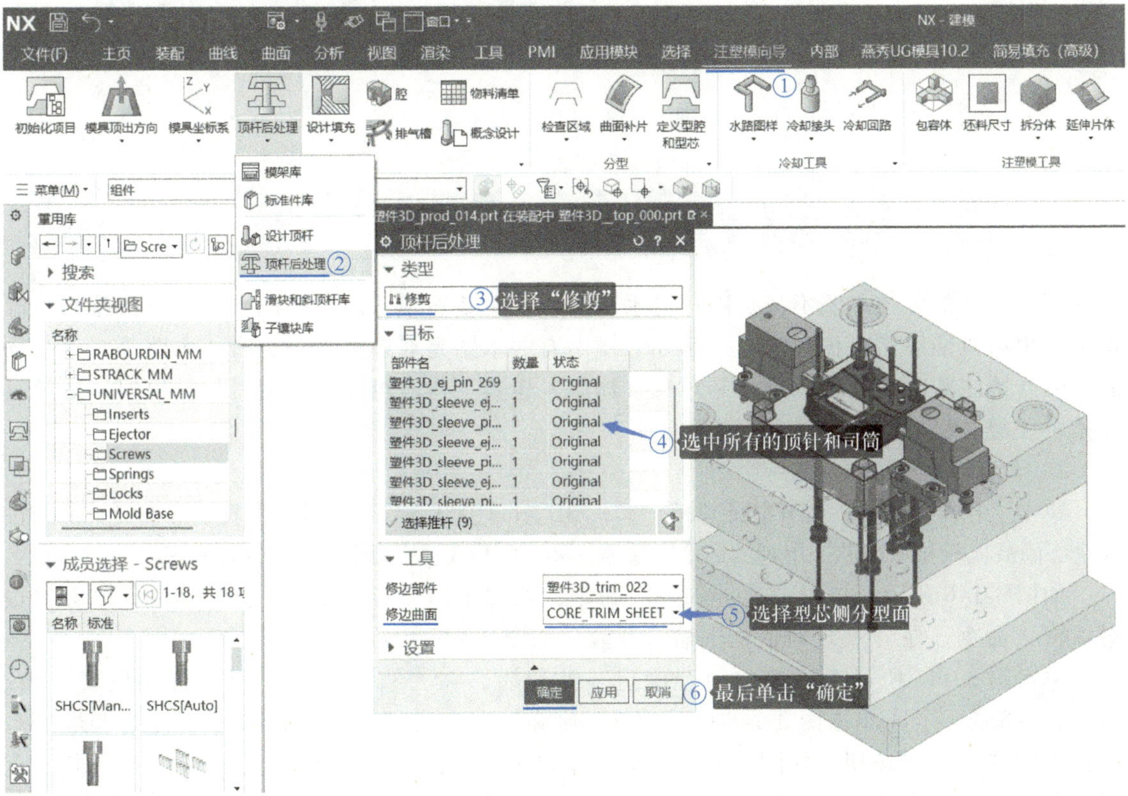

图 3-144 修剪顶针

157

塑料模具CAD/CAM/CAE

4. 顶出系统开腔

按照图 3-145 所示的方法进行顶出系统的开腔。

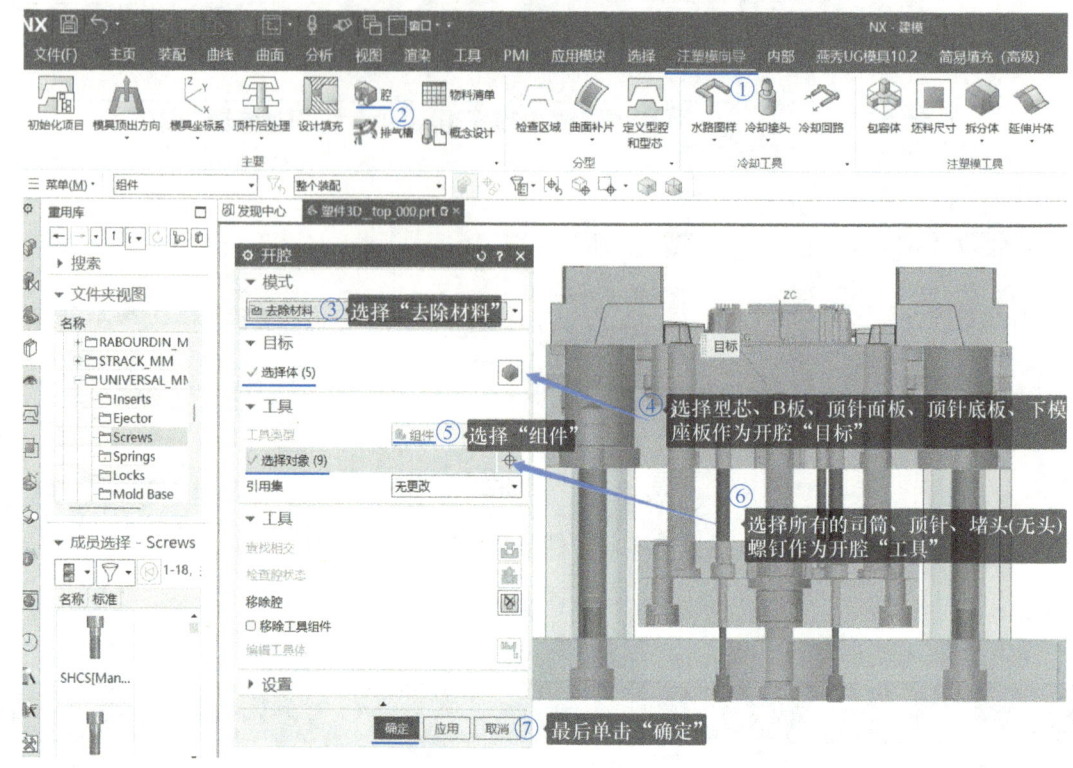

图 3-145 顶出系统开腔

任务十六 设计模具温控系统

现代模具的温控系统不只是冷却运水系统。现用塑料模冷却系统的水嘴会直接接到模温机上，模温机能够实时控制水温。实际工作中有些水路是对模具冷却，有些水路是对模具加温，刚开始注塑时温控系统可能是对模具加温，模具工作时可能是让模具保持恒温，使模具在整个注塑过程中保持恒温下工作。

1. 设计下模水路

单击"打开"命令，打开装配总档"塑件3D__top_000.prt"，然后把模具上之前设计的零部件全部隐藏，只显示型芯。用到的命令有隐藏（<Ctrl>+<B>），反隐藏（<Ctrl>+<Shift>+<B>）。

如图 3-146 所示，单击"直接水路"命令，在弹出的"直接水路"对话框中，单击"点对话框"命令，在"点"对话框中输入参数，如图 3-147 所示。

单击图 3-147 所示对话框中的"确定"按钮后，在"直接水路"对话框中设置参数，如图 3-148 所示。①单击图 3-148 所示的 YC 轴箭头，输入"-45"，再单击"直接水路"对话框中的"应用"按钮，如图 3-148 所示；②单击 XC 轴箭头，输入"-30"，再单击"直接水路"对话框中的"应用"按钮；③单击 YC 轴箭头，输入"45"，再单击"直接水路"对话框中的"确定"按钮。

158

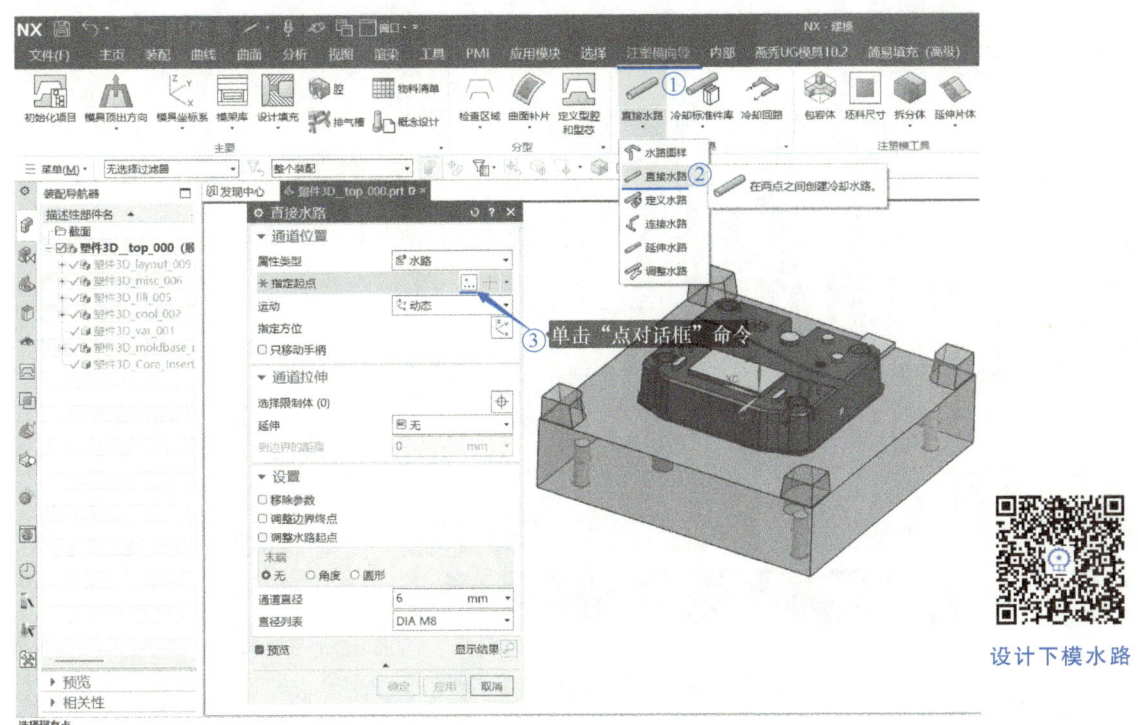

图 3-146 调用直接水路

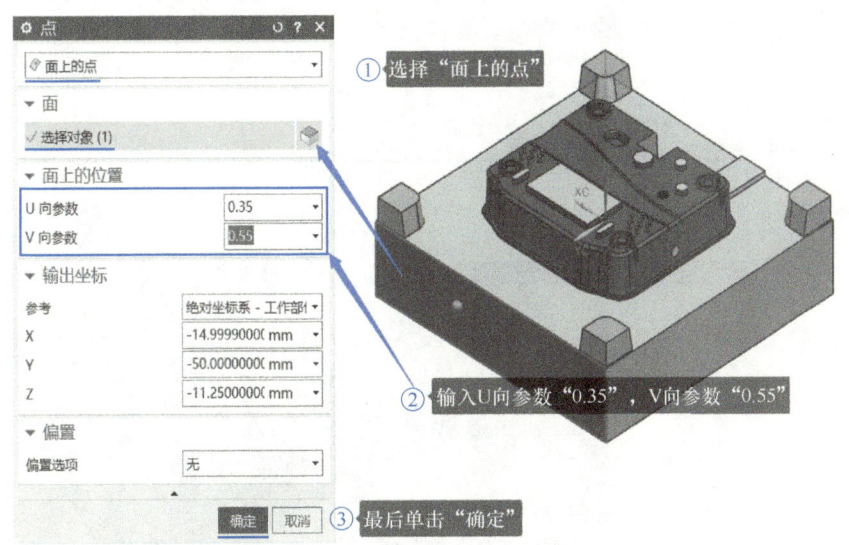

图 3-147 构造面上的点

单击"主页"→"替换"命令,在弹出的"替换面"对话框中,将不够长的水路端面替换到 B 板侧面(选择步骤如图 3-149 所示),最后单击"替换面"对话框中的"确定"按钮,完成水路的加长。

单击"注塑模向导"→"延伸水路"命令,按图 3-150 所示设置参数和选择水路。需要注意的是:选择水路的时候,单击哪一端,就会延伸这条水路的哪一端。

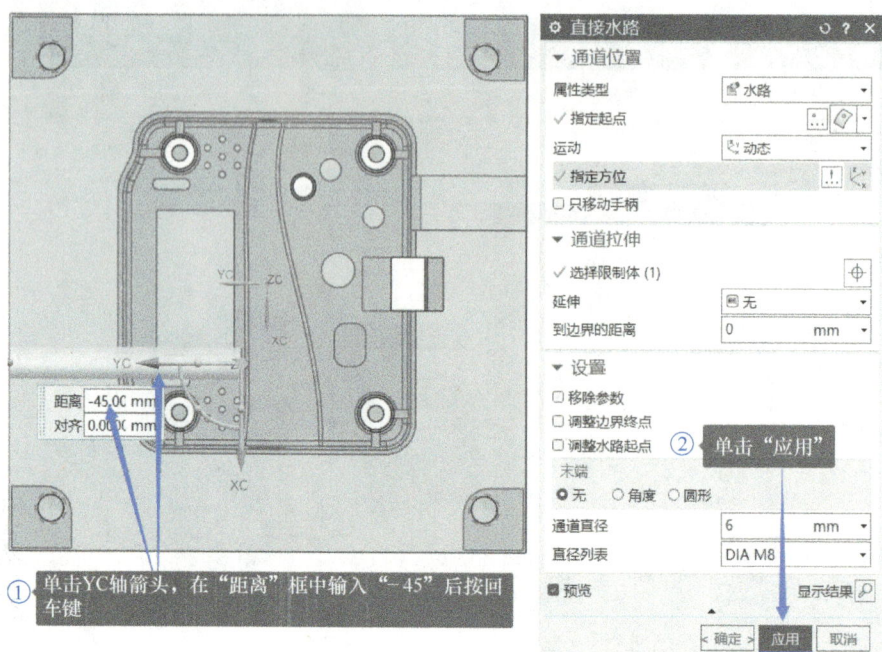

图 3-148 设计直接水路

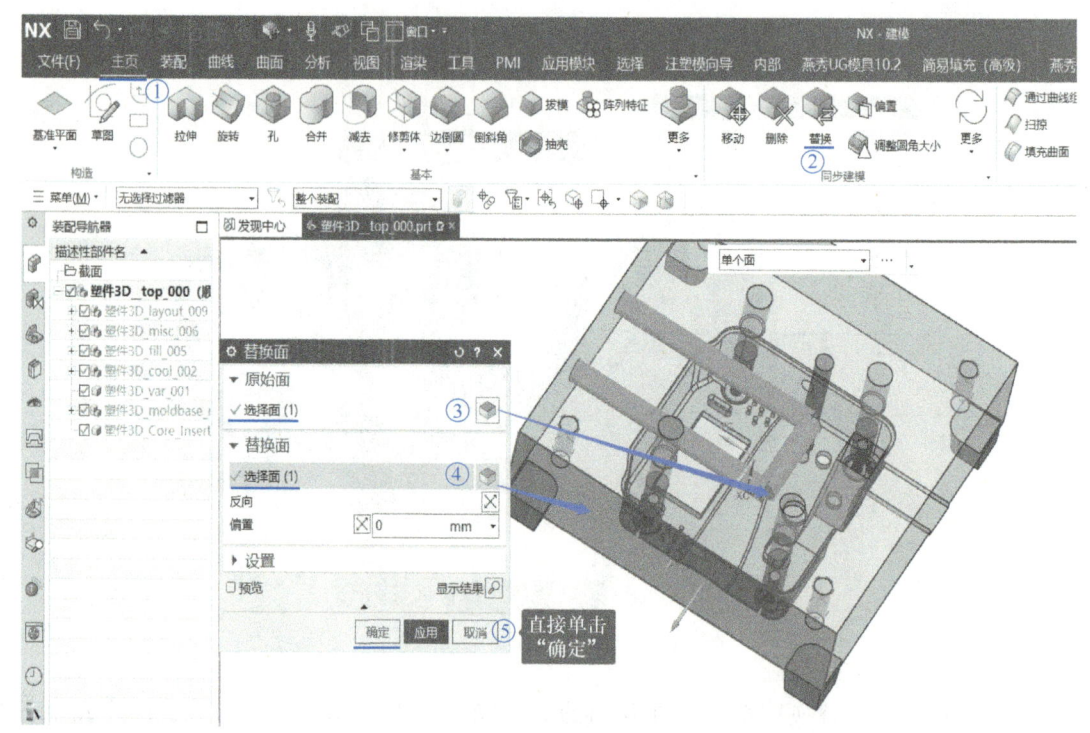

图 3-149 替换水路

添加加长水嘴和堵头。单击"注塑模向导"→"冷却回路"命令,按图 3-151 和图 3-152 所示设置参数,选择水路的水流方向。

项目三 三板模设计

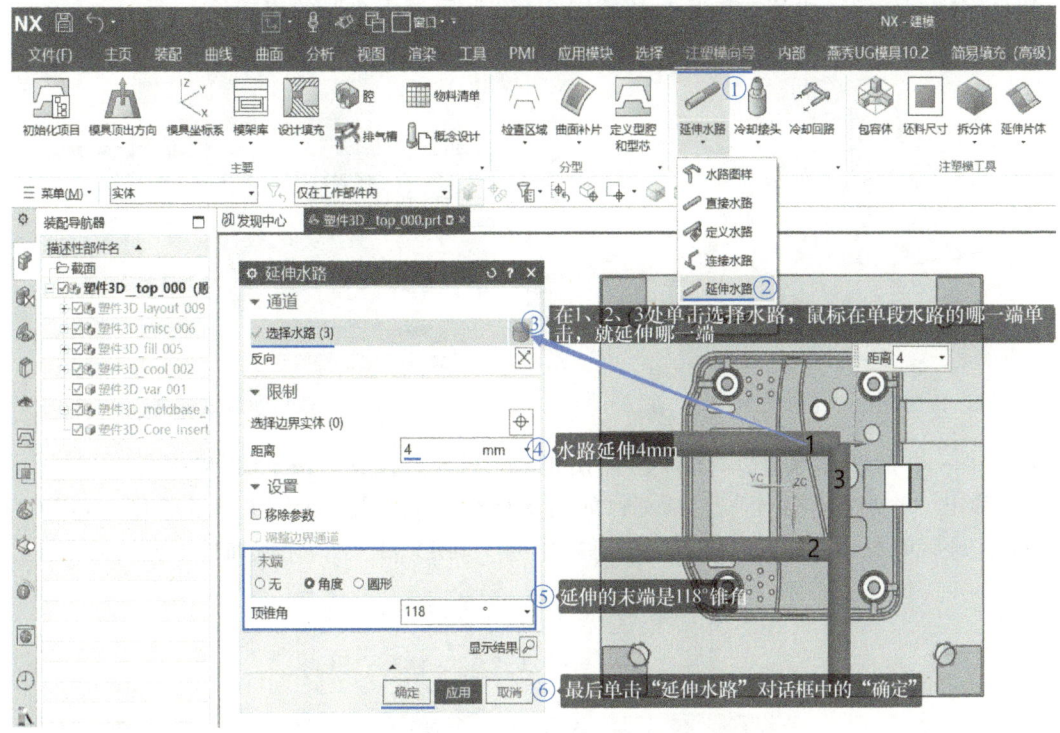

图 3-150 延伸水路

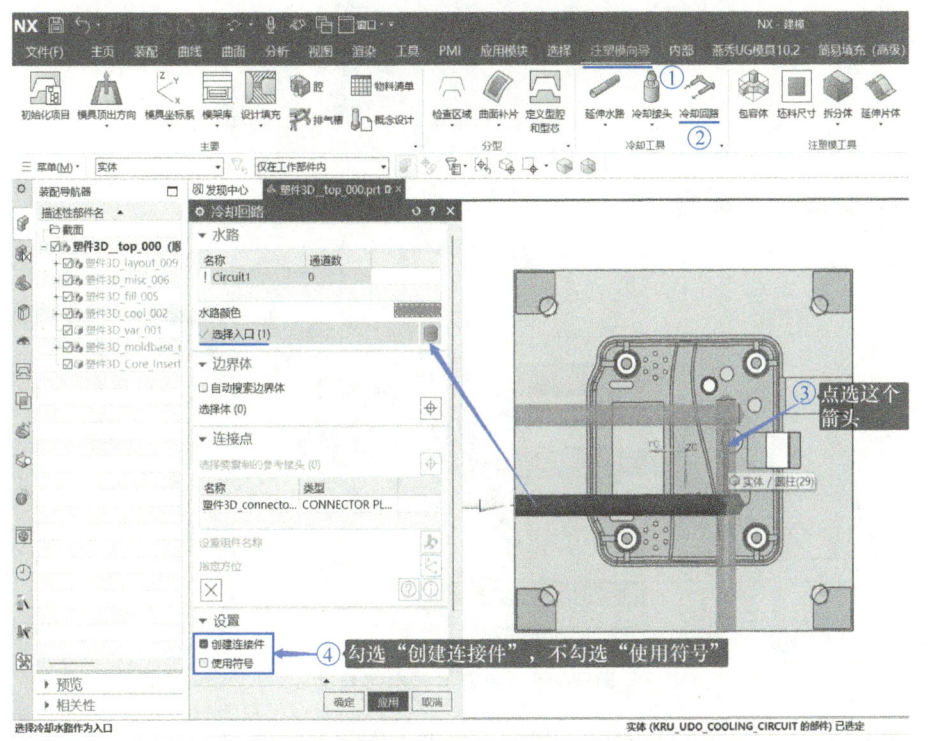

图 3-151 冷却回路

选择完冷却回路的水流方向后，按照图3-153所示选用水路的连接件。

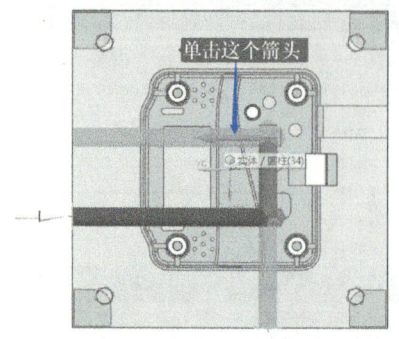
图3-152 选择冷却回路水流方向

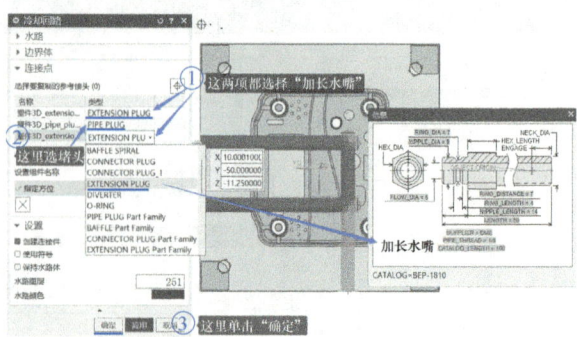
图3-153 选用水路连接件

在其中一个加长水嘴上单击，在弹出的命令组中单击"编辑工装组件"命令（图3-154），弹出"冷却标准件库"对话框；如图3-155所示，设置加长水嘴的长度"LENGTH"为73mm，最后单击"冷却标准件库"对话框中的"确定"按钮，完成加长水嘴长度调整。

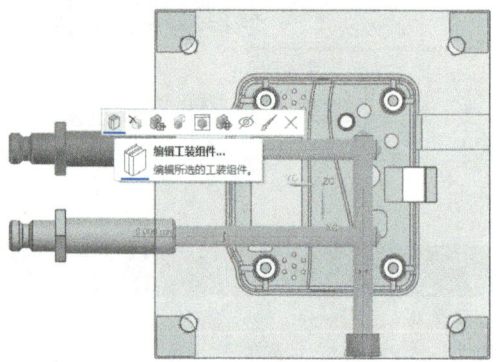
图3-154 编辑工装组件

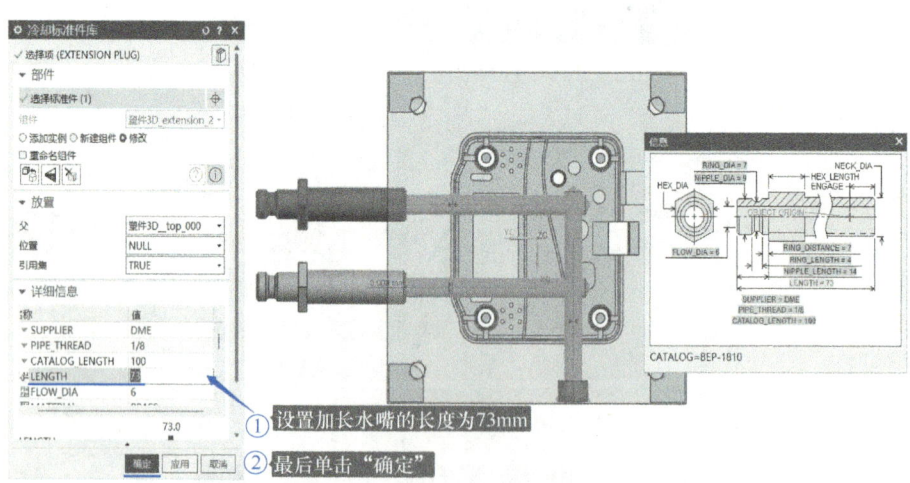
图3-155 调整加长水嘴长度

按照图3-156所示完成加长水嘴、堵头与B板、型芯的开腔。
按照图3-157所示完成水路与型芯的开腔。

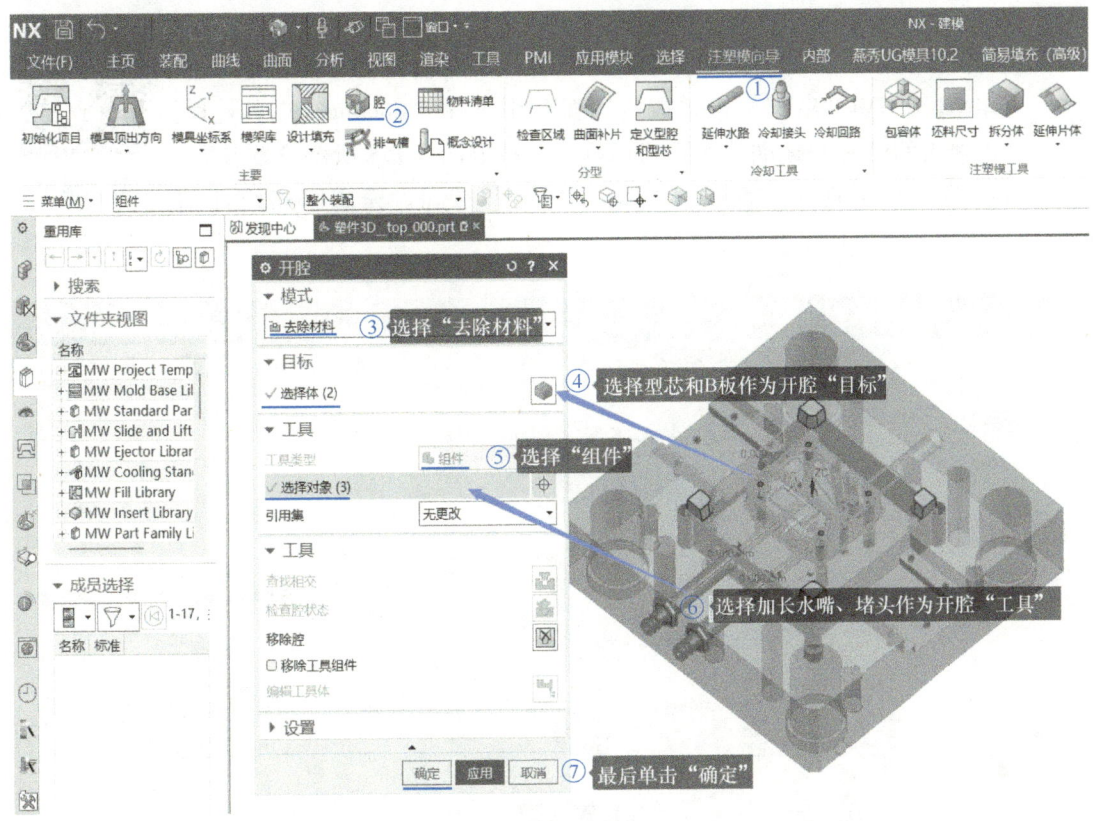

图 3-156 水路开腔

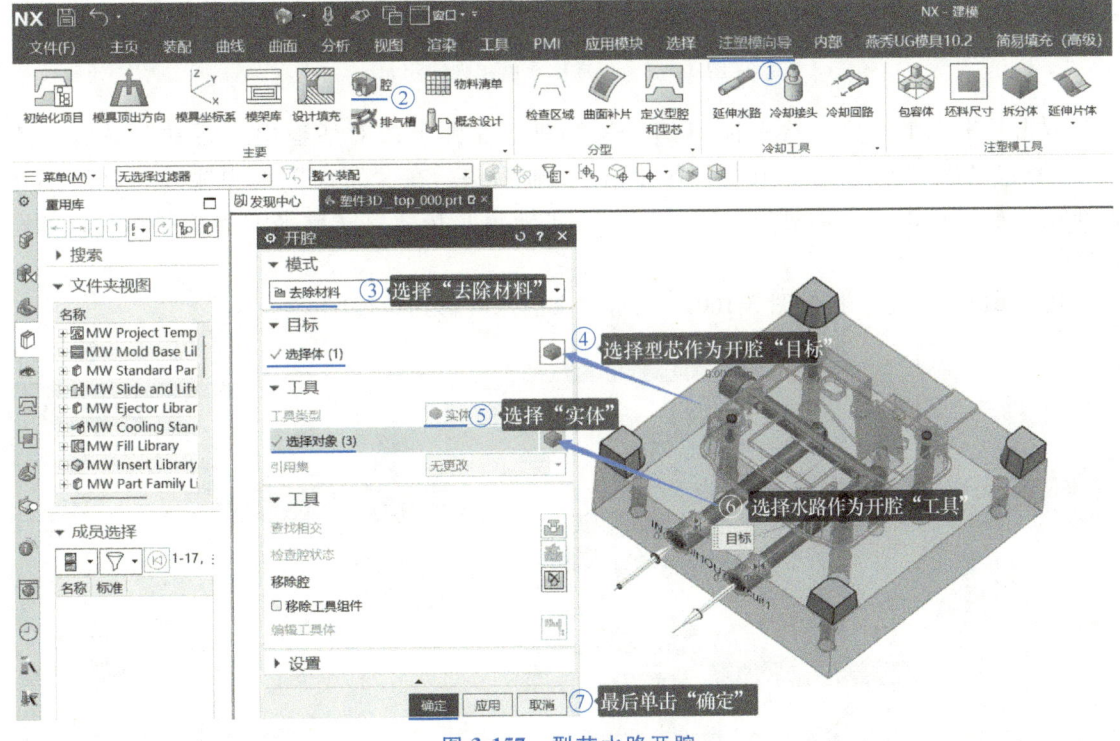

图 3-157 型芯水路开腔

2. 设计上模水路

如图 3-158 所示，单击"冷却标准件库"命令，单击左侧"重用库"中的"COOLING_UNIVERSAL"，在"成员选择"中选择"Cooling［Cavity_U_type］"；在弹出的"冷却标准件库"对话框中，按照图 3-158 所示设置参数，最后单击"冷却标准件库"对话框中的"确定"按钮，完成水路组件的调用。

设计上模水路

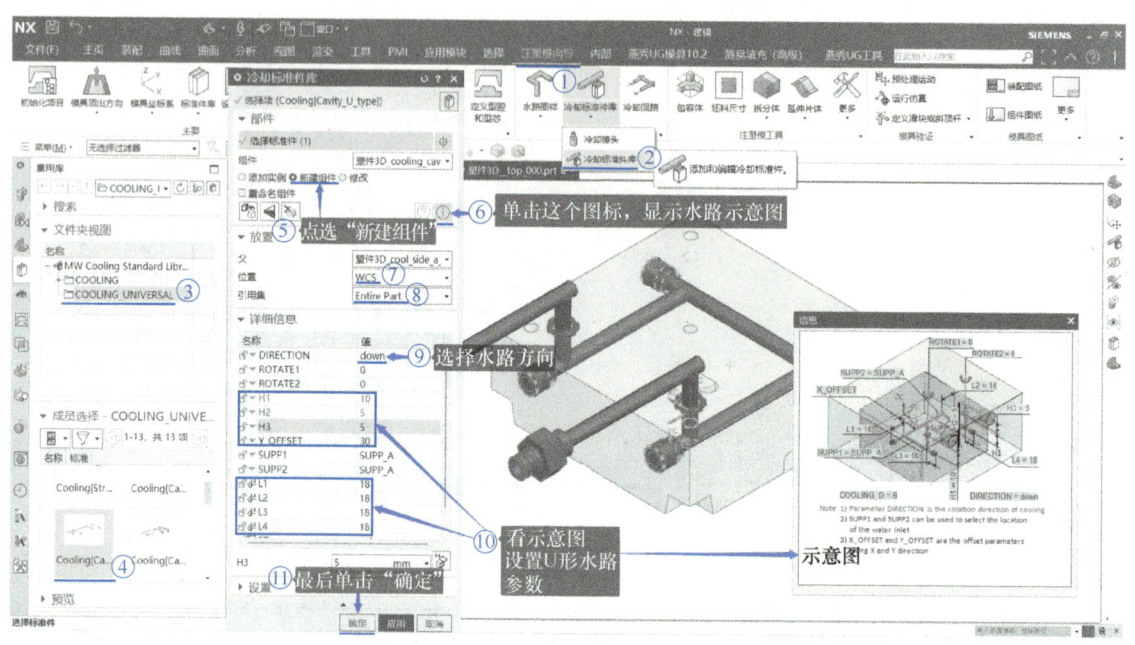

图 3-158 标准库水路组件调用

双击其中一个水嘴，然后按<Ctrl>+<T>键，在弹出的对话框中"运动"选择"动态"，点选"复制原先的"，在绘图区单击 ZC 轴箭头，在"距离"框中输入"26"后按回车键，最后单击"移动对象"对话框中的"确定"按钮，完成水嘴的复制移动，如图 3-159 所示。

按<Ctrl>+<J>键，按照图 3-160 所示将多余的水嘴移到垃圾层。

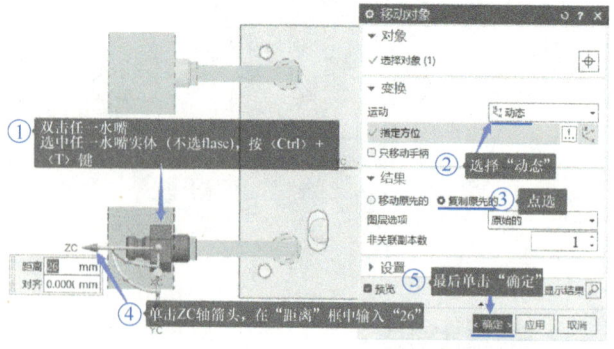

图 3-159 复制移动水嘴

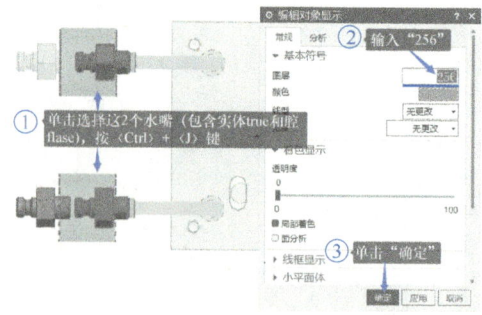

图 3-160 多余水嘴移入垃圾层

单击"主页"→"移动"命令,按图3-161所示加长水路。

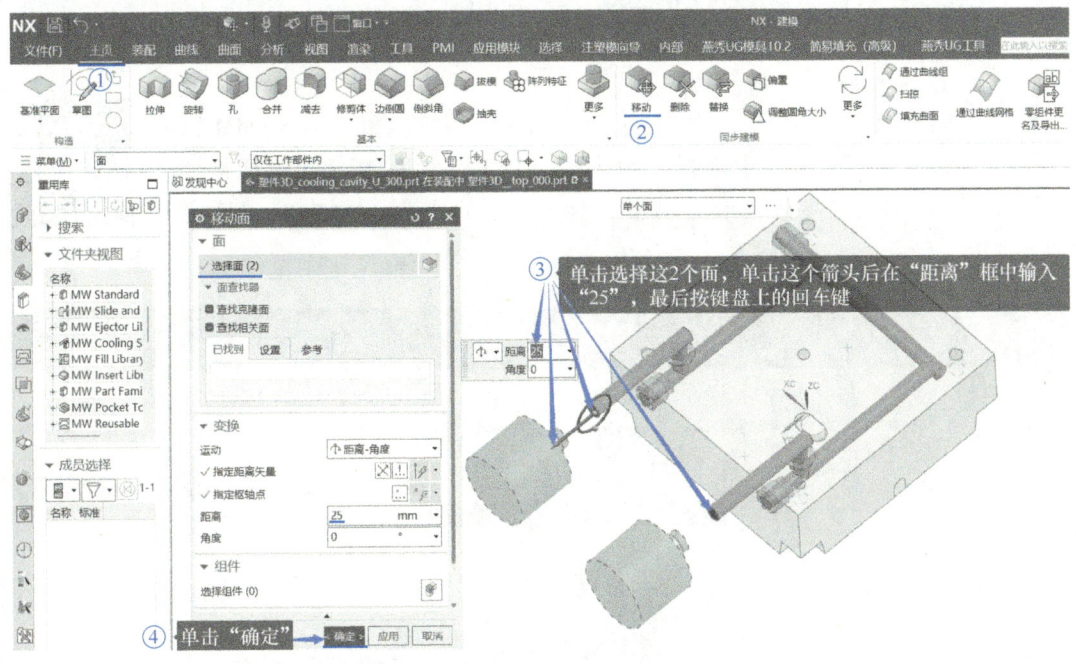

图 3-161　加长水路

按照图3-162所示对上模水路进行开腔。

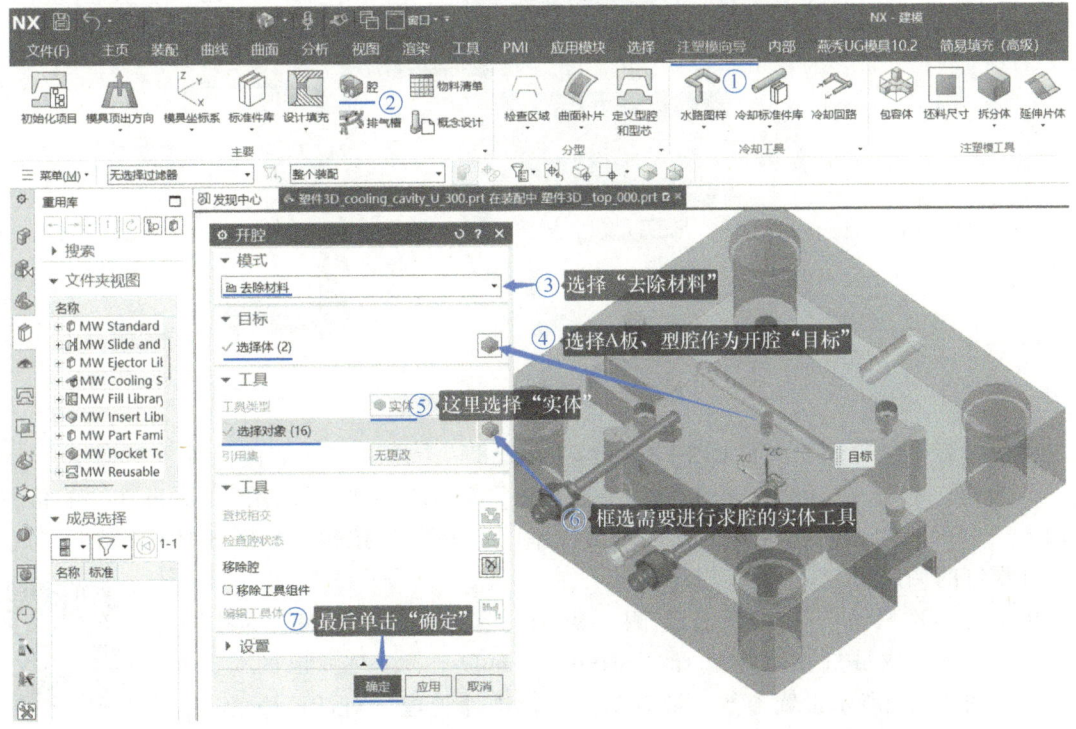

图 3-162　上模水路开腔

任务十七　Moldwizard 调用模架运动控制组件

1. 设计限位拉杆、限位螺钉

单击"标准件库"命令，在左侧"重用库"中选择"DMS_MM"→"Screws"，在"成员选择"中选择"SHSP［PULL］"；在弹出的对话框中，参照图 3-163 所示设置参数，最后单击"标准件管理"对话框中的"确定"按钮。

设计限位拉杆

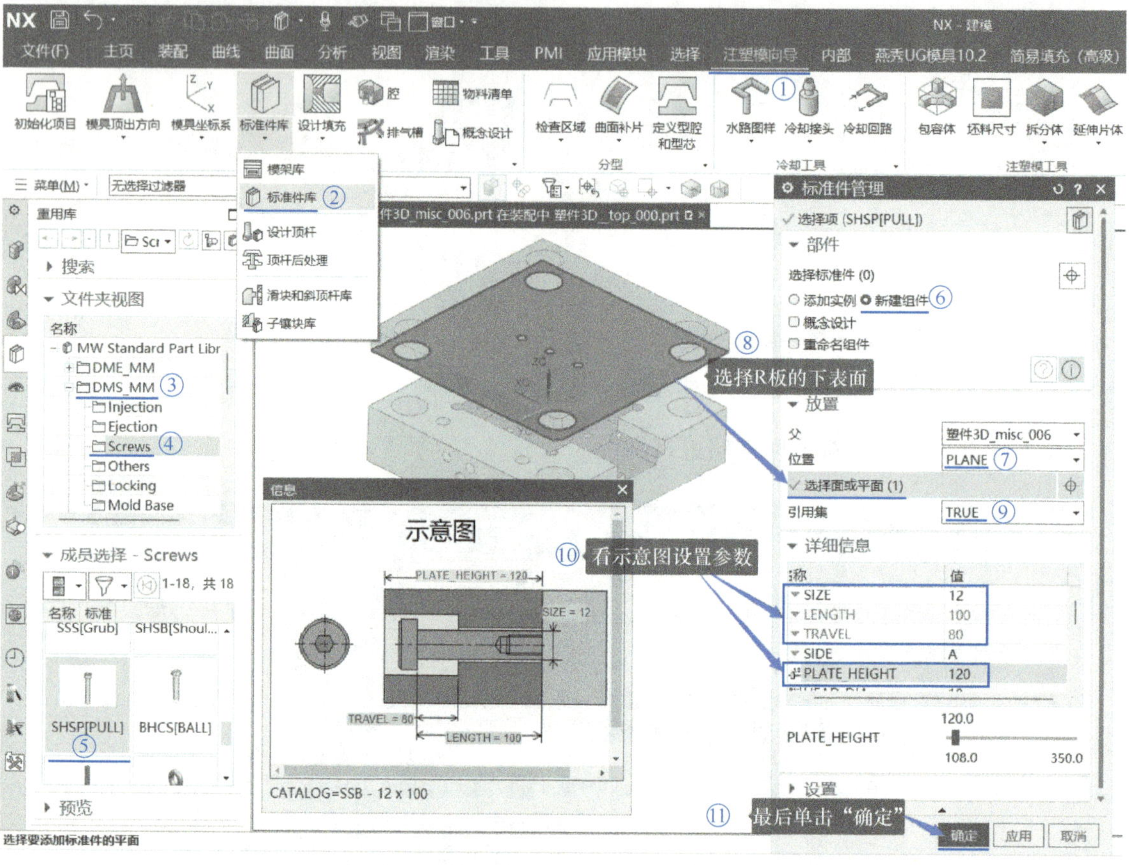

图 3-163　调用限位拉杆螺钉

单击"标准件管理"对话框中的"确定"按钮后，弹出"标准件位置"对话框：①先在"Y 偏置"中输入"66"，单击"标准件位置"对话框中的"应用"；②再在"Y 偏置"中输入"-66"，单击"标准件位置"对话框中的"确定"按钮，如图 3-164 所示，完成限位拉杆螺钉的调用。

单击"标准件库"命令，在左侧"重用库"中选择"DMS_MM"→"Screws"，在"成员选择"中选择"SHSB［Shoulder］"；在弹出的对话框中，参照图 3-165 所示设置参数，最后单击"标准件管理"对话框中的"应用"按钮。

设计限位螺钉

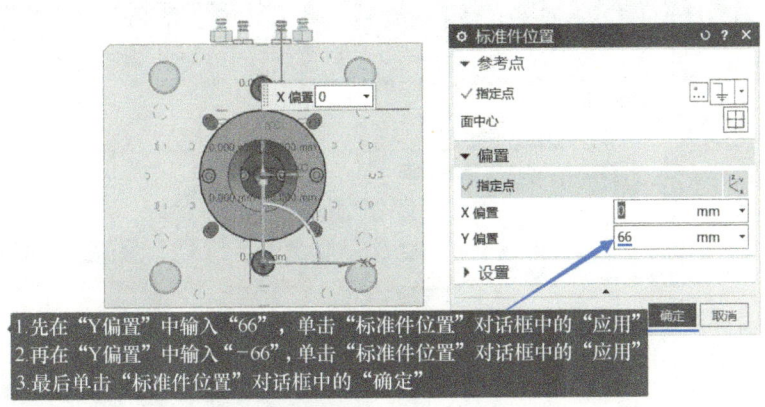

图 3-164 确定螺钉位置

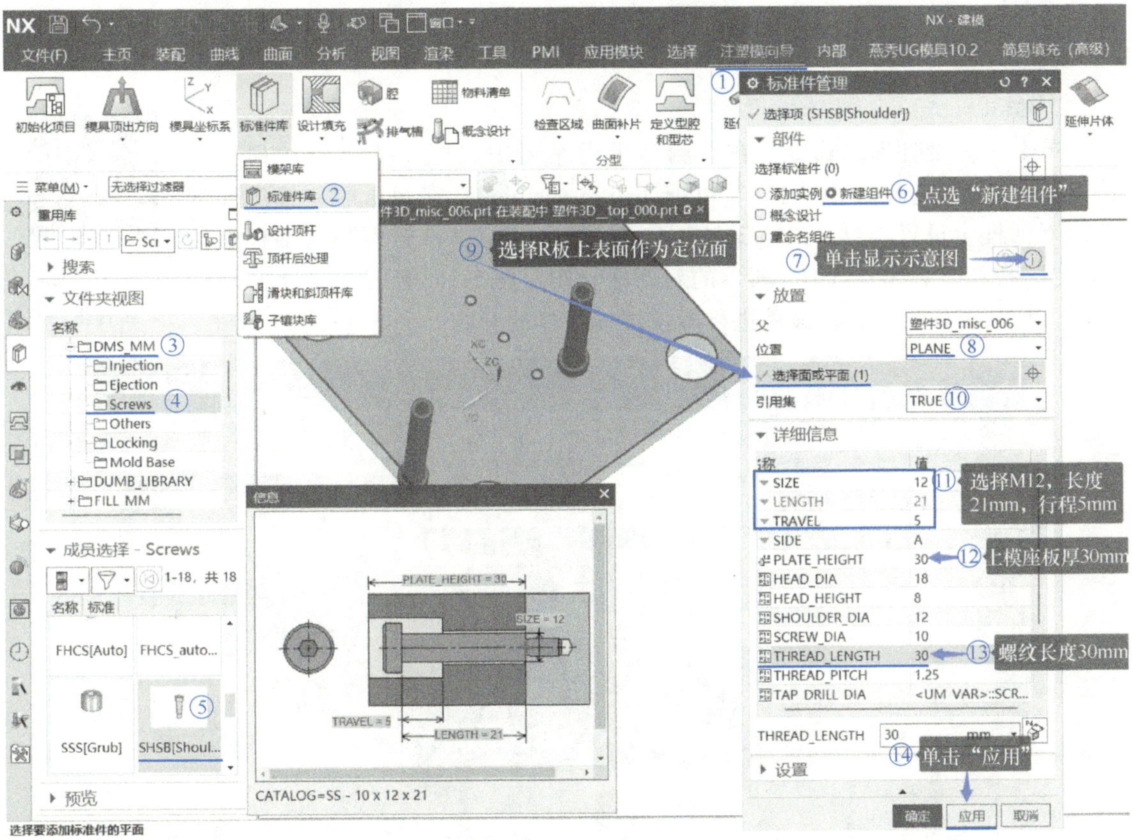

图 3-165 设计限位螺钉

单击"标准件管理"对话框中的"应用"按钮后,弹出"标准件位置"对话框:①先在"Y偏置"中输入"66",单击"标准件位置"对话框中的"应用"按钮;②再在"Y偏置"中输入"-66",单击"标准件位置"对话框中的"确定"按钮,如图 3-164 所示,完成限位螺钉的调用。

最后按照图 3-166 所示,完成限位拉杆和限位螺钉的开腔。

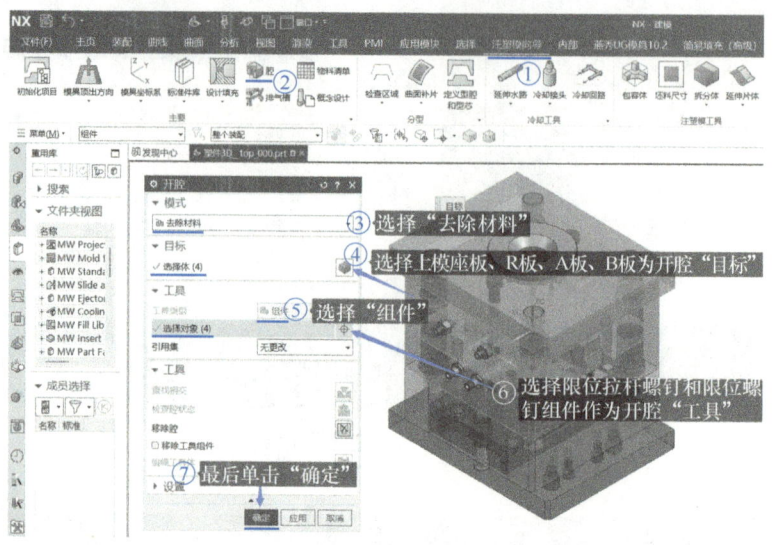

图 3-166 限位拉杆、限位螺钉开腔

2. Moldwizard 调用限位组件

单击"标准件库"命令,在左侧"重用库"中选择"锦鸿"→"模具配件",在"成员选择"中选择"puller_bolt_assembly";在弹出的"标准件管理"对话框中设置参数,如图 3-167 所示;单击"标准件管理"对话框中的"确定"按钮,弹出图 3-168 所示的对话框,按照图 3-168 所示的 4 个步骤设置限位拉杆组件的位置。最后进行限位拉杆组件的开腔。

调用限位
拉杆组件

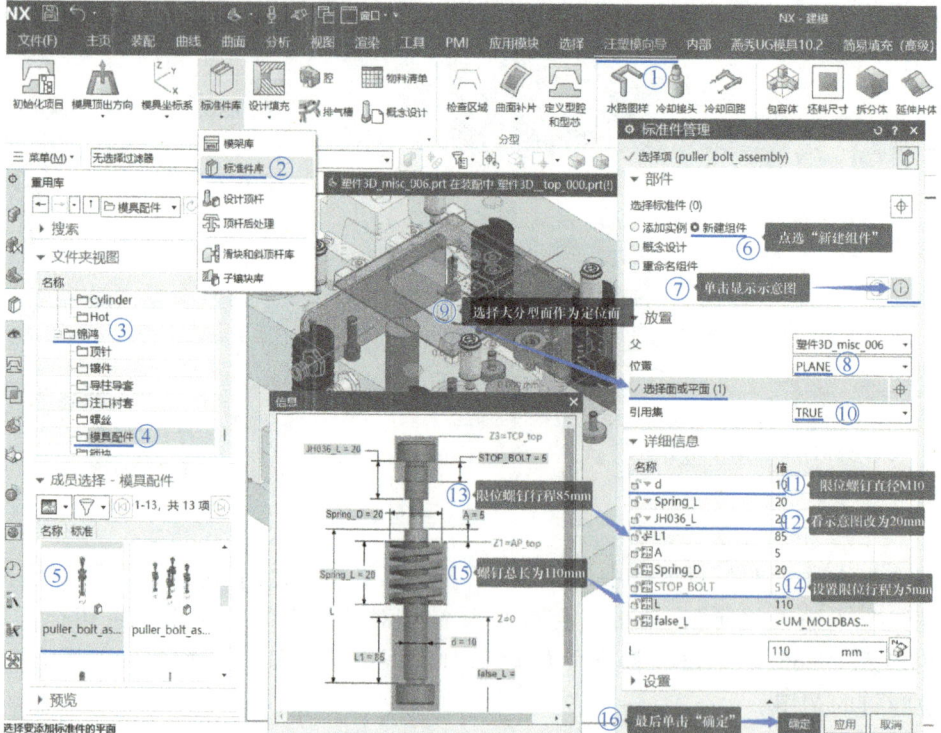

图 3-167 设计限位拉杆组件

项目三 三板模设计

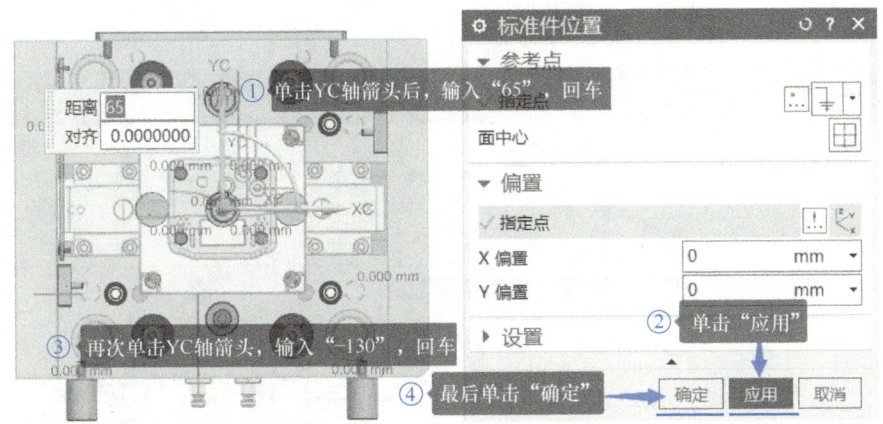

图 3-168 标准件位置设定

3. 设计阻尼套（胶塞）

如图 3-169 所示，单击"标准件库"命令，在左侧"重用库"中选择"UNIVERSAL_MM"→"Others"，在"成员选择"中选择"Parting_Lock_Set"；在弹出的对话框中，参照图 3-169 所示设置参数，最后单击"标准件管理"对话框中的"确定"按钮，完成阻尼套的调用。

设计胶塞

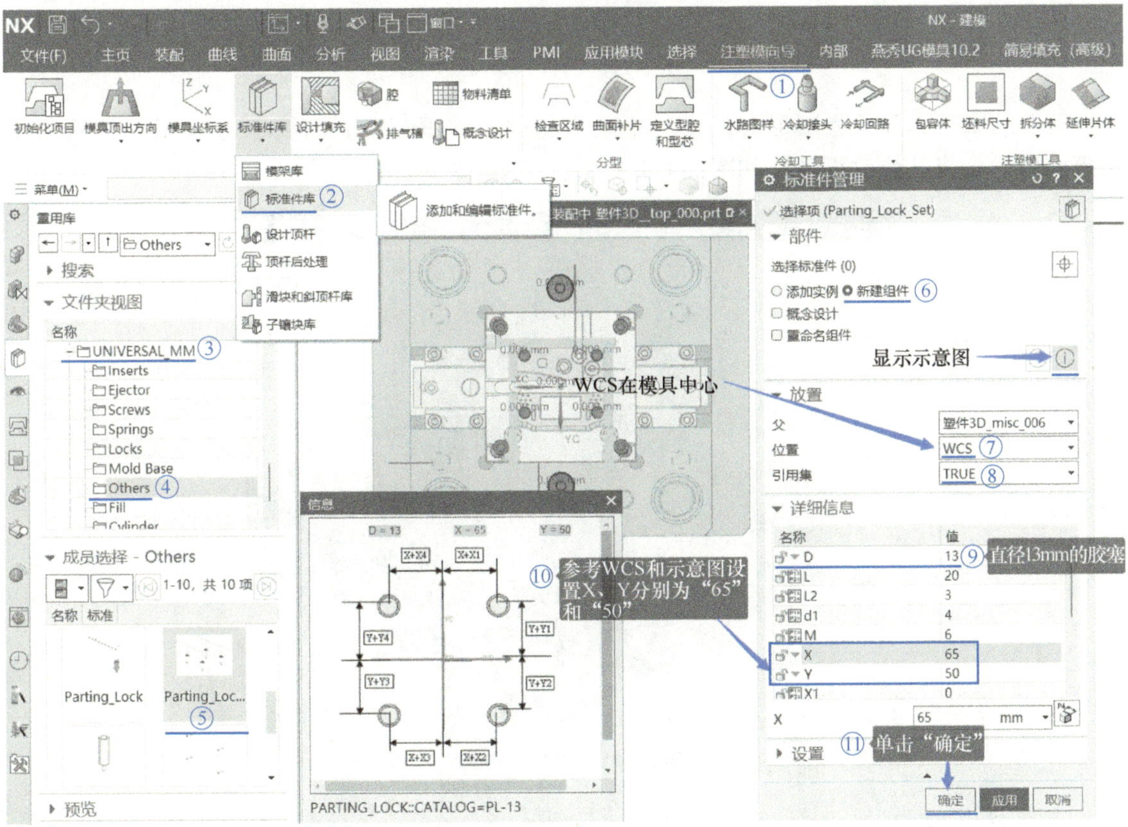

图 3-169 设计阻尼套

169

按照图3-170所示完成阻尼套的开腔。

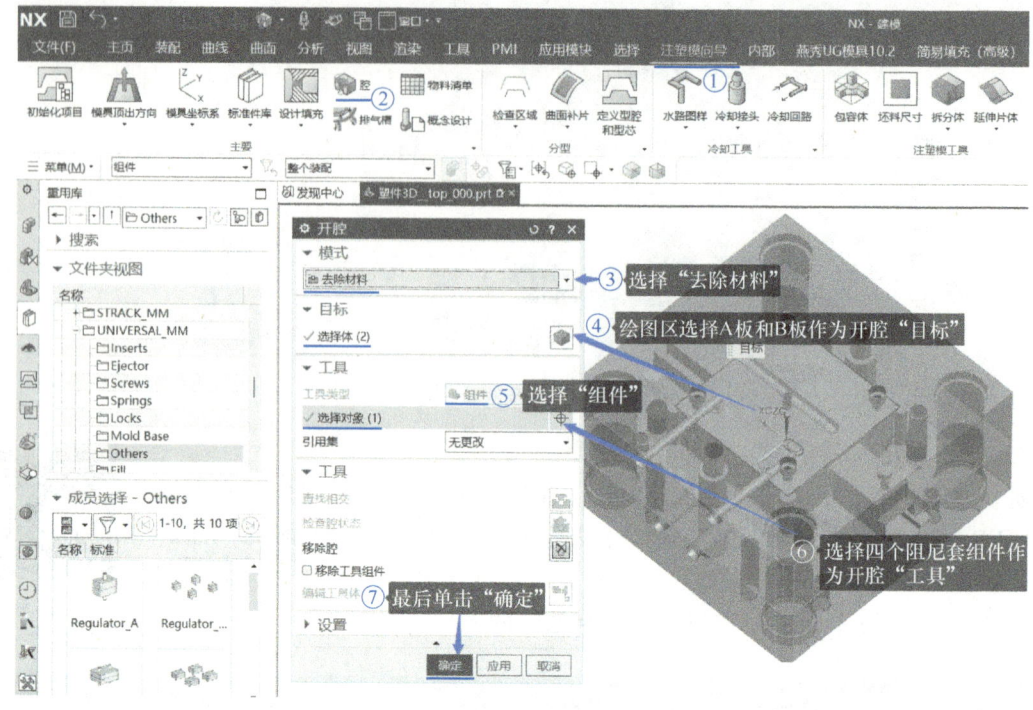

图3-170　阻尼套开腔

开腔结束后，要检查阻尼套的排气槽是否正确。如不正确，需要双击A板，然后利用建模中的命令将其修改正确，如图3-171所示。

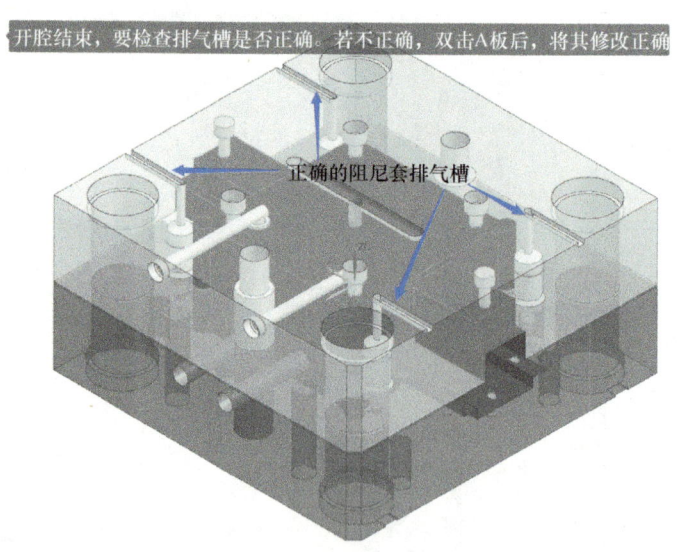

图3-171　排气槽结构

4. 设计R板弹簧

为保证浇注系统凝料能顺利地从拉料杆上脱下来，一般会在R板和上模座板之间装上弹簧，如图 3-172 所示。单击"标准件库"命令，在左侧"重用库"中选择"UNIVERSAL_MM"→"Springs"，在"成员选择"中选择"Spring［Blue］"；在弹出的"标准件管理"对话框中，参照图 3-172 所示设置参数，最后单击"标准件管理"对话框中的"确定"按钮。

设计 R 板弹簧

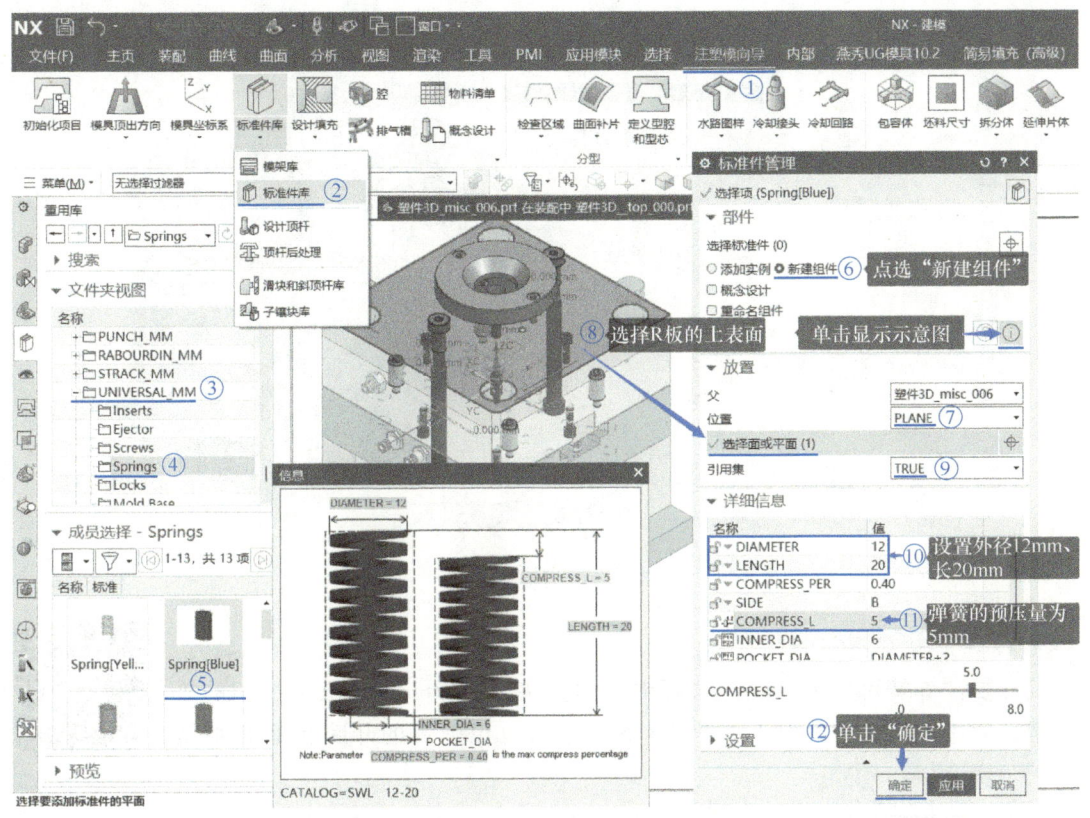

图 3-172　设计弹簧

单击"标准件管理"对话框中的"确定"按钮后，弹出"标准件位置"对话框。具体步骤：①在弹出的"标准件位置"对话框中，"指定点"选择"圆心"；②在绘图区选择 1 号胶塞的圆心；③单击"标准件位置"对话框中的"应用"按钮。重复步骤①②③，在重复步骤时，每次选择的圆心都不一样，分别为 1 号~4 号胶塞；最后一次选择完成时，单击"标准件位置"对话框中的"确定"按钮。过程如图 3-173 所示。

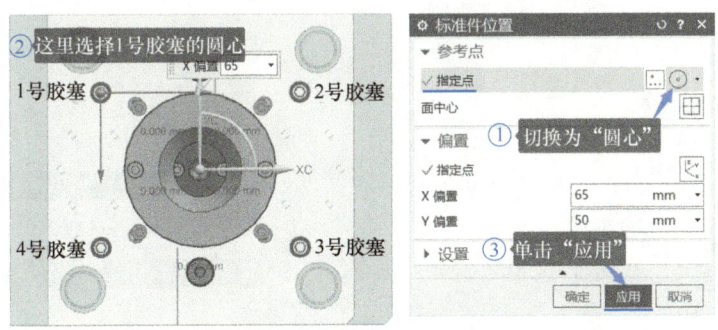

图 3-173　标准件位置

按照图3-174所示对弹簧进行开腔。

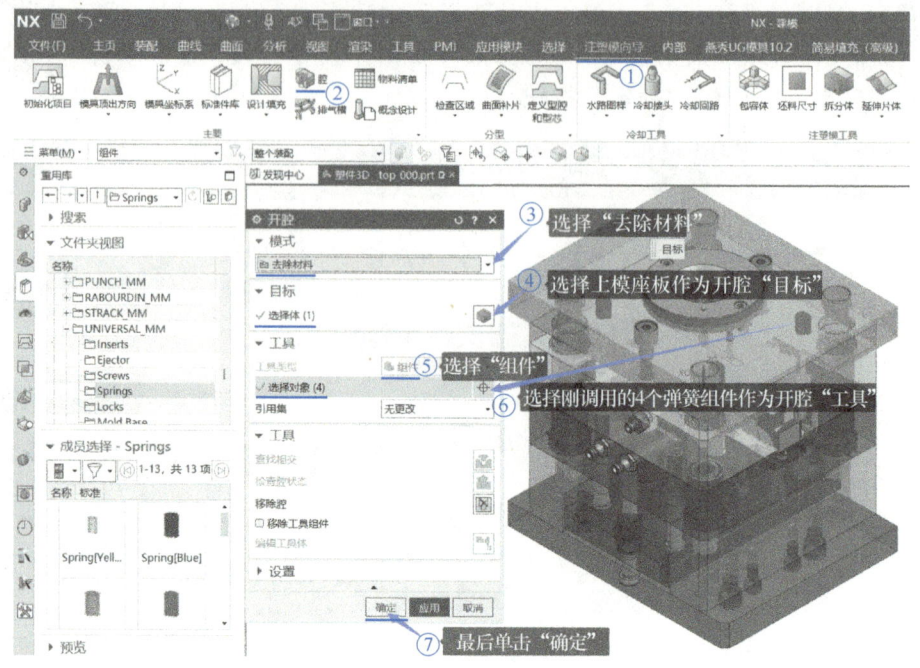

图3-174 弹簧开腔

5. 设计复位弹簧

设计复位弹簧可以采用设计R板弹簧的方法，但MoldWizard有专门的复位弹簧，调用方法也更简单，如图3-175所示。复位弹簧的开腔和R板弹簧的开腔一模一样。

设计复位弹簧

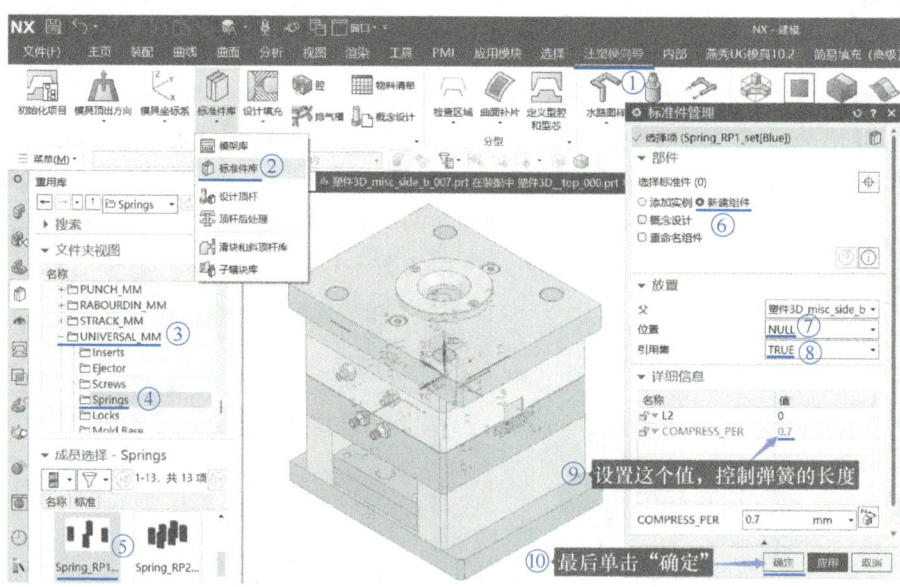

图3-175 设计复位弹簧

6. 设计限位柱

本任务中的塑件产品需要顶出的距离为 18.5mm（注意：不是产品的总高），如图 3-176 所示。考虑到制造误差，顶出距离要有一定的余量，本例将顶出距离设定为 20mm。顶针面板上表面到 B 板下表面的距离为 30mm，如图 3-177 所示，由此可知限位柱的高度为 30mm−20mm＝10mm。

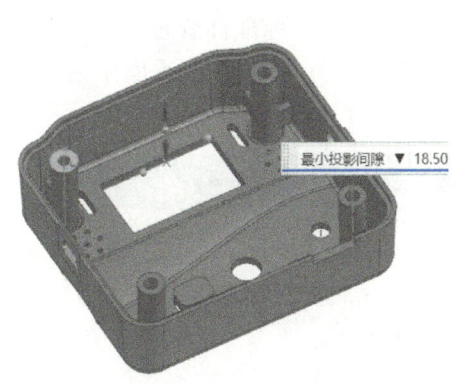

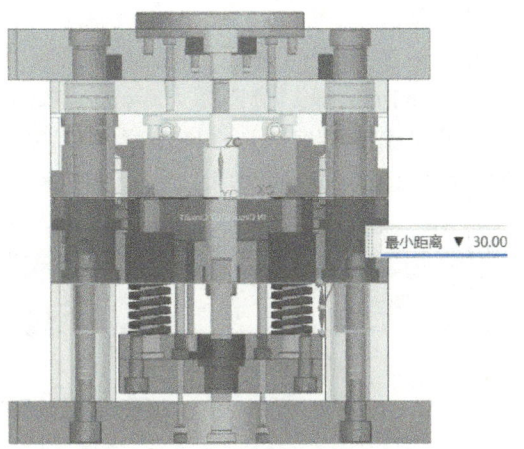

图 3-176　塑件顶出高度　　　　　图 3-177　顶针面板与 B 板下表面的间距

如图 3-178 所示，单击"注塑模向导"→"标准件库"命令，在左侧"重用库"中选择"UNIVERSAL_MM"→"Mold Base"，在"成员选择"中选择"Spacing_Block_Sets"；在弹出的"标准件管理"对话框中，设置限位柱高度"H"为 10mm，限位柱数量"NUM"为 2，限位柱 Y 向定位距离"Y"为 65mm，限位柱内部螺钉"SCREW_SIZE"为"6"；单击"标准件管理"对话框中的"确定"按钮，完成限位柱的调用。最后进行限位柱开腔。

设计限位柱

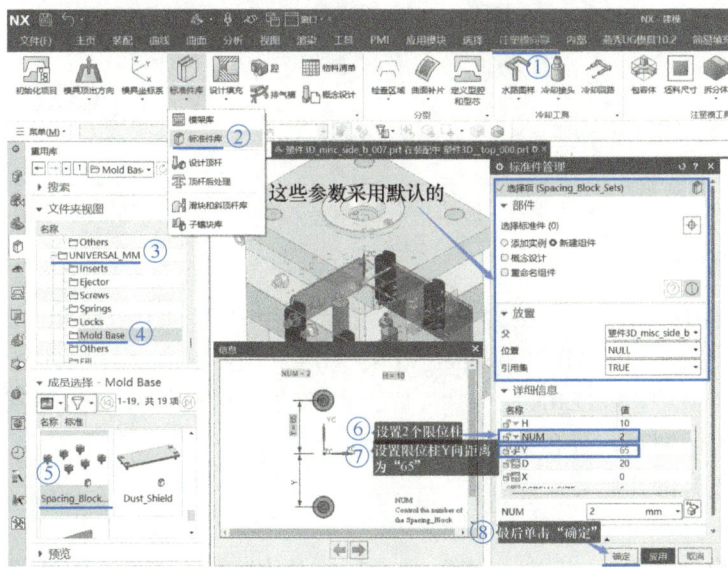

图 3-178　设计限位柱

任务十八　设计模具附件

1. 设计支撑柱

单击"打开"命令,打开装配总档"塑件3D__top_000.prt",仅显示下模座板、顶针底板和顶针面板。

单击"标准件库"命令,在左侧"重用库"中选择"UNIVERSAL_MM"→"Mold Base",在"成员选择"中选择"Support_Pillars_Sets";在弹出的"标准件管理"对话框中仅需要设置支撑柱类型"PATTERN"为"B2",再单击"标准件管理"对话框中的"确定"按钮,完成支撑柱的调用,过程如图3-179所示。最后进行支撑柱的开腔。

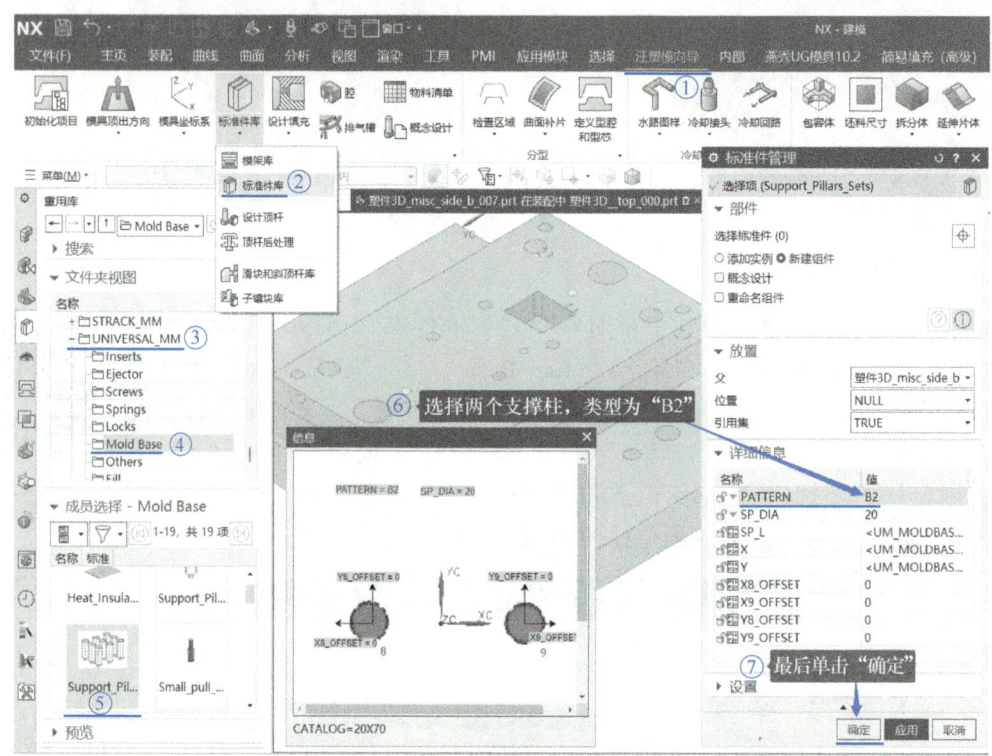

图3-179　设计支撑柱

2. 设计垃圾钉

单击"标准件库"命令,在左侧"重用库"中选择"UNIVERSAL_MM"→"Mold Base",在"成员选择"中选择"Stopper_Pins_Sets";在弹出的"标准件管理"对话框中仅需要设置垃圾钉类型"PATTERN"为"A4",再单击"标准件管理"对话框中的"确定"按钮,完成垃圾钉的调用,过程如图3-180所示。

最后进行垃圾钉的开腔。

3. 设计铭牌

单击"注塑模向导"→"标准件库"命令,在左侧"重用库"中选择"UNIVERSAL_MM"→"Mold Base",在"成员选择"中选择"Name_Plate";在弹出的"标准件管理"对

项目三 三板模设计

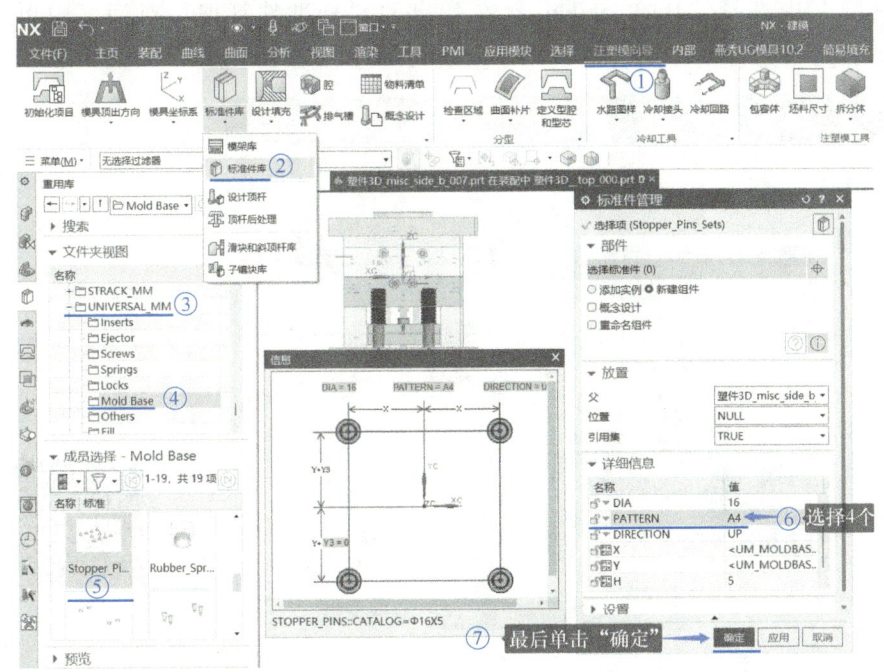

图 3-180 设计垃圾钉

设计垃圾钉

话框中无需修改任何参数,单击"标准件管理"对话框中的"确定"按钮,完成铭牌的调用,过程如图 3-181 所示。最后进行铭牌的开腔。

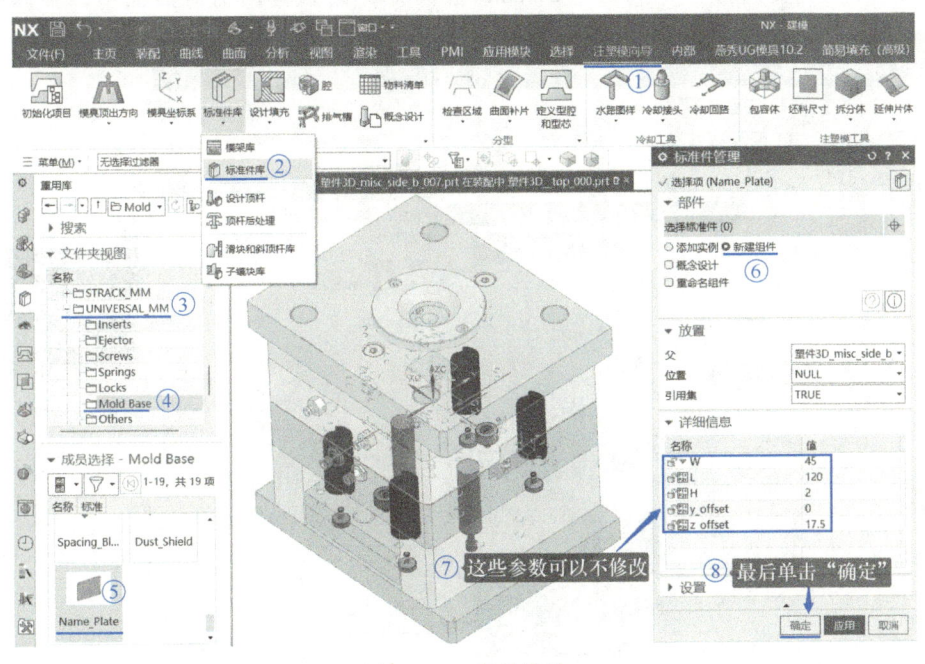

图 3-181 设计铭牌

设计铭牌

4. 设计防尘板

单击"标准件库"命令,在左侧"重用库"中选择"UNIVERSAL_MM"→"Mold

175

Base",在"成员选择"中选择"Dust_Shield";在弹出的"标准件管理"对话框中单击"确定"按钮,完成防尘板的调用,过程如图3-182所示。最后进行防尘板的开腔。

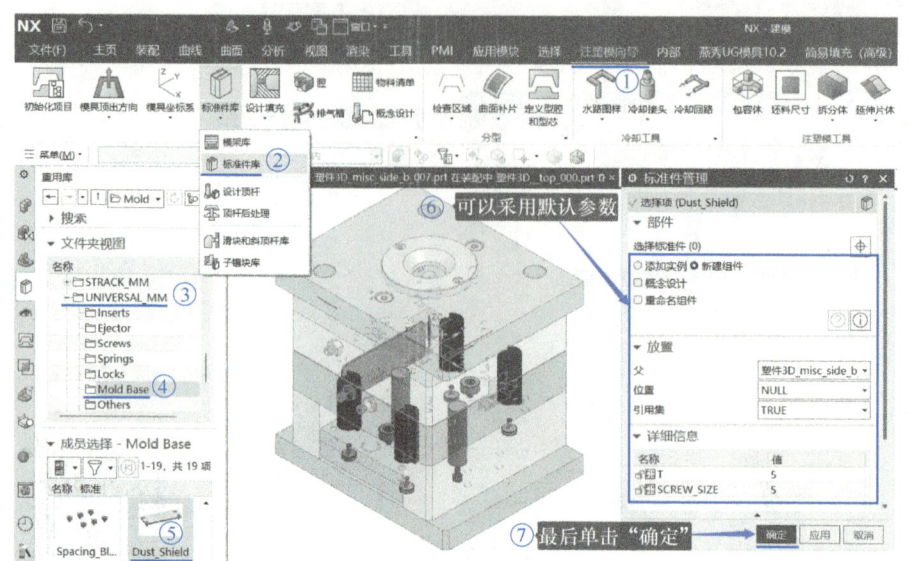

设计防尘板

图 3-182　设计防尘板

5. 设计站脚

如图3-183所示,单击"标准件库"命令,在左侧"重用库"中选择"UNIVERSAL_MM"→"Others",在"成员选择"中选择"Distance_Spacers";在弹出的对话框中,参照图

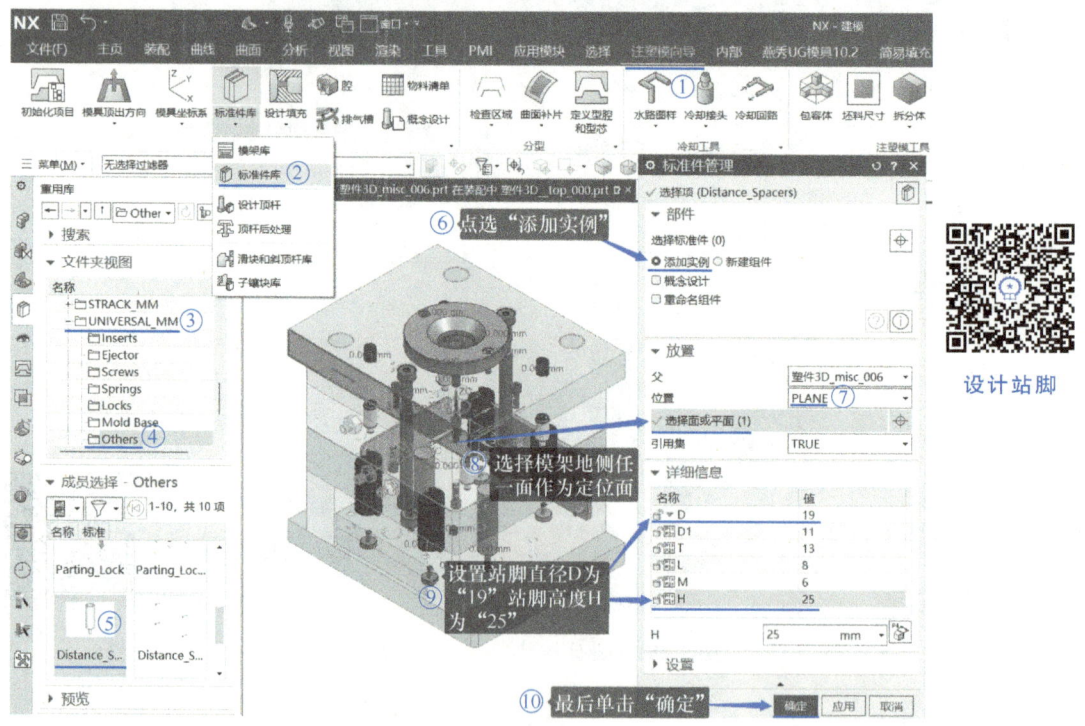

图 3-183　设计站脚

3-183 设置参数；单击"标准件管理"对话框中的"确定"按钮，弹出"标准件位置"对话框，如图 3-184 所示，拖动 XC 箭头、YC 箭头到合适位置后，单击"标准件位置"对话框中的"应用"按钮，完成一个站脚位置设定。依次完成 4 个站脚的位置设置，最后一个站脚位置确定后，单击"标准件位置"对话框中的"确定"按钮，完成站脚设计。最后进行站脚的开腔。

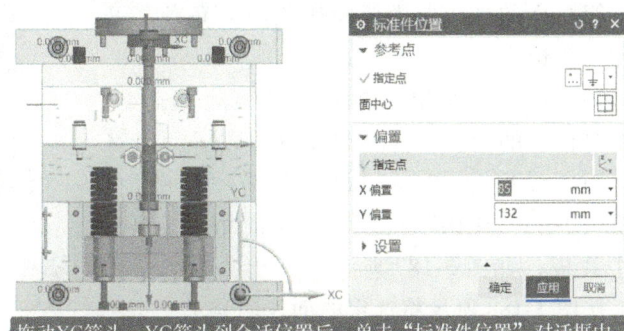

图 3-184 标准件位置

6. 设计锁模扣

如图 3-185 所示，单击"标准件库"命令，在左侧"重用库"中选择"UNIVERSAL_MM"→"Others"，在"成员选择"中选择"Prevention_Plates"；在弹出的"标准件管理"对话框中，参照图 3-185 所示设置参数，最后单击"标准件管理"对话框中的"确定"按钮，弹出"标准件位置"对话框。

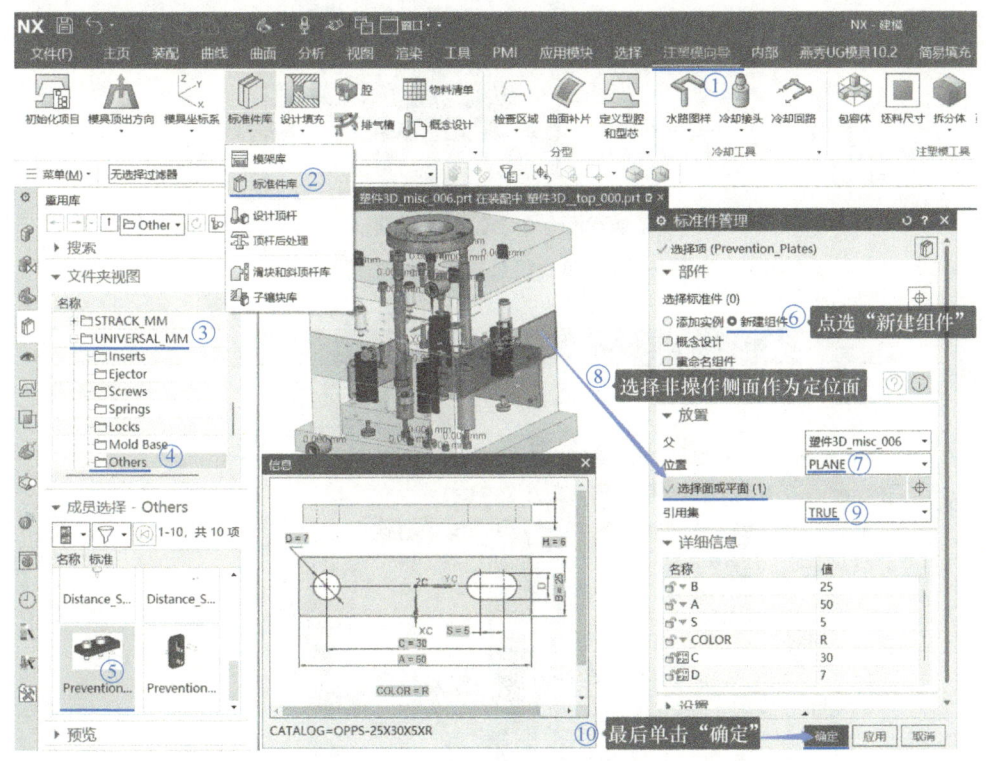

设计锁模扣

图 3-185 设计锁模扣

按图 3-186 所示，单击 XC 箭头，在"XC 偏置"中输入"45"，再单击"标准件位置"对话框中的"确定"按钮，完成一个锁模扣位置设定。

177

用同样的方法在模架操作侧斜对角位置再设计一个锁模扣。

双击任一锁模扣，再单击"移动"命令，框选要移动的面，设定移动的矢量方向为+ZC轴，距离设置为48mm，最后单击"移动面"对话框中的"应用"按钮，将锁模扣拉长到能锁住 R 板，如图 3-187 所示。

按图 3-188 所示将选定的面往回移动，以缩短腰型槽的长度。锁模扣上的螺钉以锁模板为基准定位，有参数关联，不用单独处理，螺钉就可以到合适的位置。最后进行锁模扣的开腔。

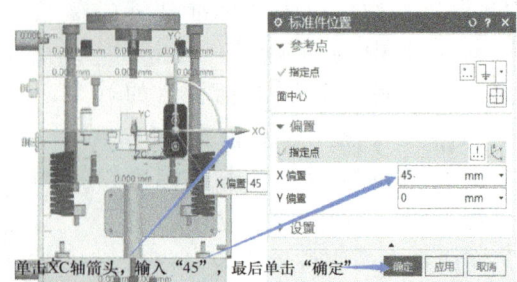

图 3-186　标准件位置设定

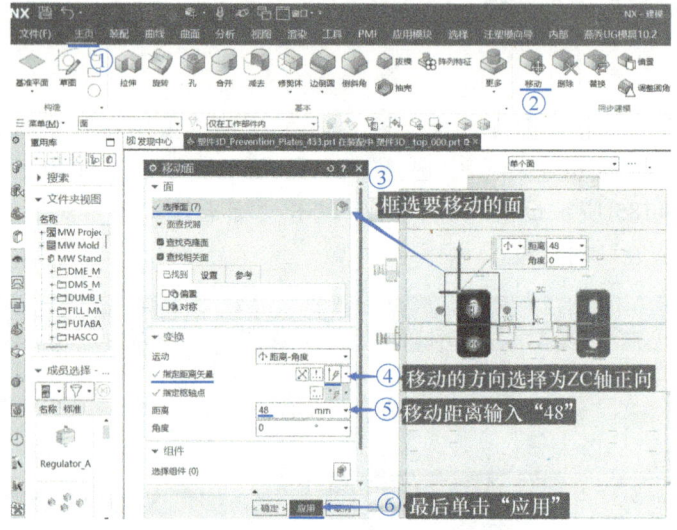

图 3-187　加长锁模扣

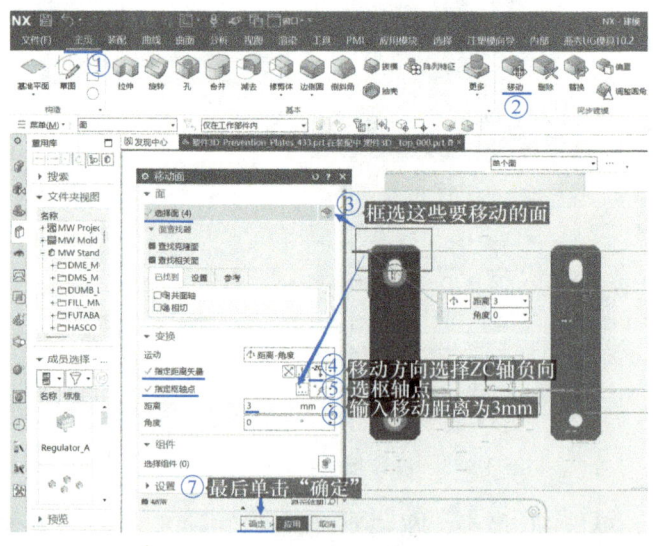

图 3-188　移动面

项目三　三板模设计

7. 设计精定位

图 3-189 所示是常见的 11 种精定位。1 号、2 号、3 号、5 号、8 号、10 号、11 号精定位最常用，8 号精定位用圆台的侧面定位，3 号、4 号、5 号精定位常用于行程较大的模具，3 号、5 号、6 号、11 号精定位常用于中大型的模具，1 号、8 号精定位常用于小型模具，6 号精定位用于多模板有较高配合精度的模具，10 号精定位和 11 号精定位常设计在型芯和型腔上。

因为本例中的模架总体尺寸不大，结构设计紧凑，决定设计 2 号精定位。其余精定位调用的方法和 2 号精定位相似，在此不再赘述。

如图 3-190 所示，单击"标准件库"命令，在左侧"重用库"中选择"UNIVERSAL_MM"→"Locks"，在"成员选择"中选择"Side_Block_Sets_Assy"；在弹出的"标准件管理"对话框中，参照图 3-190 所示设置参数，再单击"标准件管理"对话框中的"确定"按钮；在弹出的"标准件位置"对话框中设定位置后，单击对话框中的"确定"按钮，完成精定位设计。最后进行精定位的开腔。

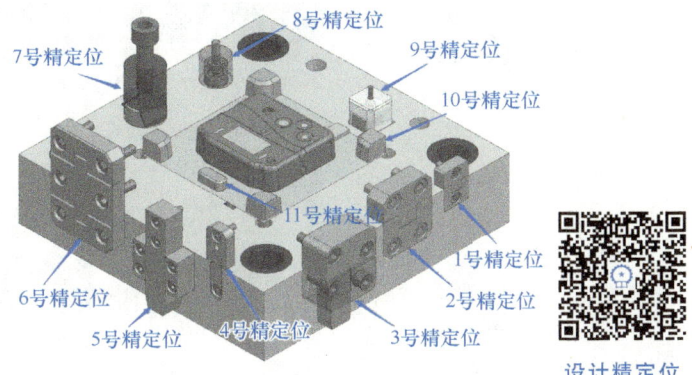

图 3-189　常见精定位

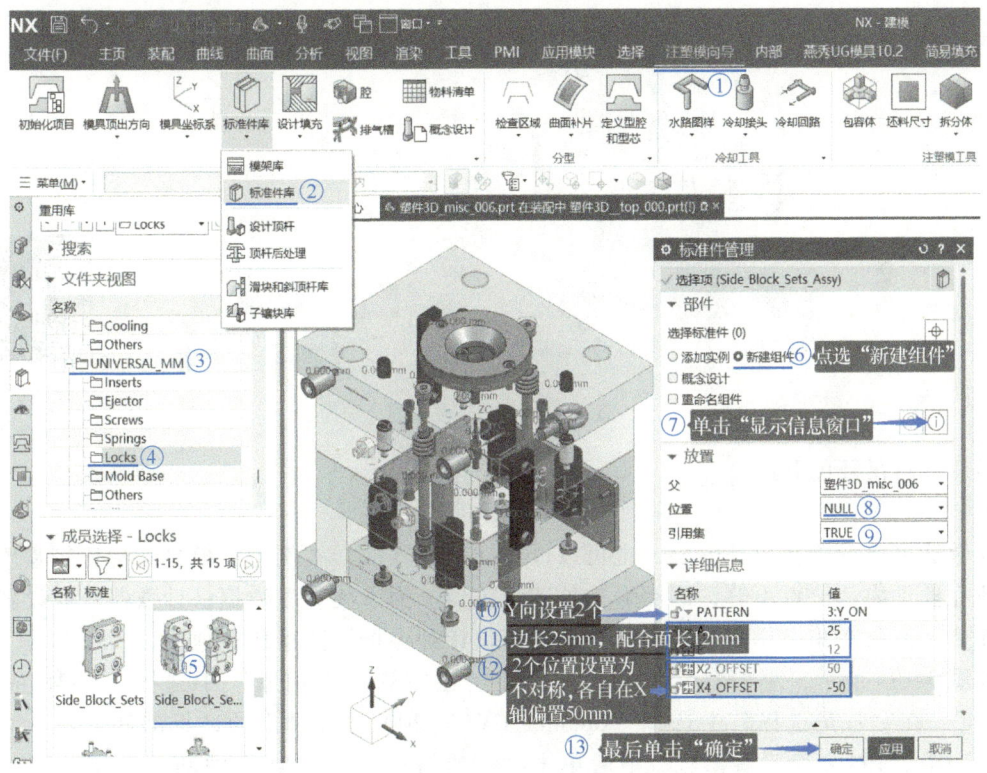

图 3-190　设计精定位

179

8. 设计吊环

图 3-191 所示是常见的吊环。如图 3-192 所示，单击"标准件库"命令，在左侧"重用库"中选择"LKM_MM"→"Screws"，在"成员选择"中选择"Eye Bolt"；在弹出的"标准件管理"对话框中，参照图 3-192 所示设置参数，最后单击"标准件位置"对话框（图 3-193）中的"确定"按钮，完成吊环的设计。

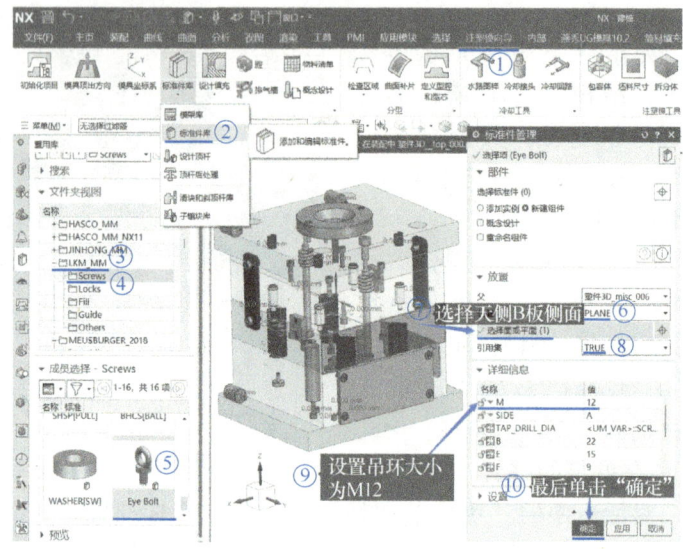

图 3-191　常见吊环　　　　　　　　图 3-192　设计吊环

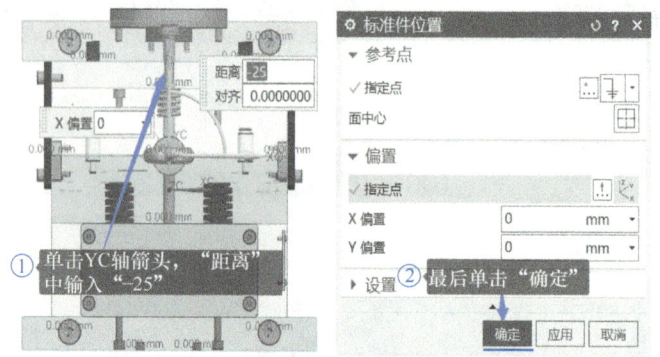

图 3-193　标准件位置

设计吊环

最后进行吊环的开腔。

9. 设计计数器

计数器可以设置在模具内部，也可以设置在模具外部。本例中的模具结构比较紧凑，计数器放在模具内部位置不够，因而采用外置计数器。为方便查看数据，计数器一般设置在模具操作侧，不放在非操作侧和天侧，几乎没有设计师会把计数器放在地侧。

如图 3-194 所示，单击"标准件库"命令，在左侧"重用库"中选择"LKM_MM"→"Others"，在"成员选择"中选择"Counter_CVEX_200"；在弹出的"标准件管理"对话框中，参照图 3-194 所示设置参数，最后单击"标准件管理"对话框中的"确定"按钮，完成计数器的调用。

项目三 三板模设计

最后进行计数器的开腔。

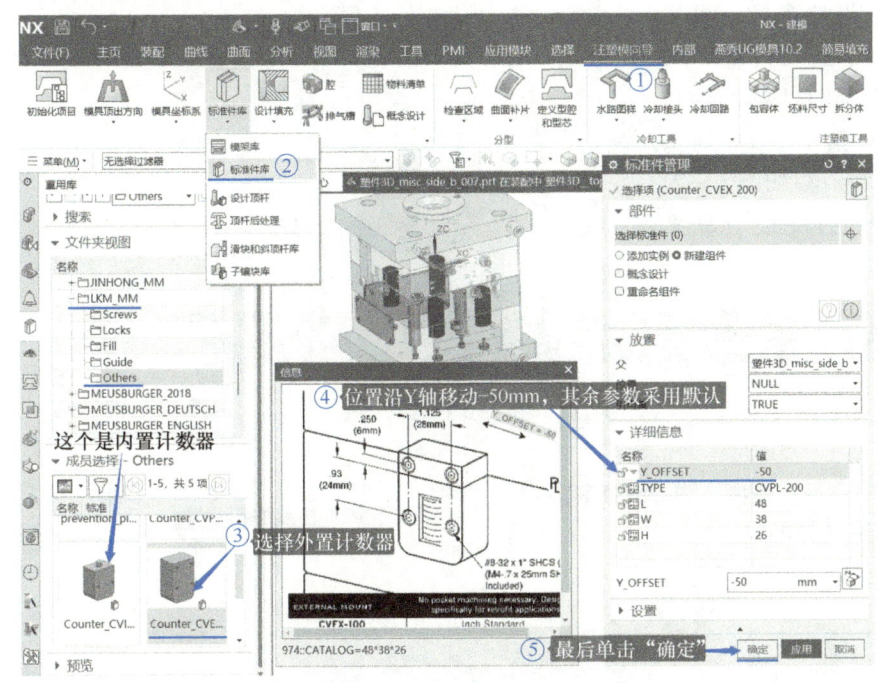

设计计数器

图 3-194 设计外置计数器

10. 设计点浇口套

为了方便加工，一般会采购点浇口套。按照图 3-195 所示设置参数，最后单击"标准件管理"对话框中的"确定"按钮，弹出图 3-196 所示的"标准件位置"对话框，直接单击该对话框中的"确定"按钮，完成点浇口套的调用。最后进行点浇口套的开腔。

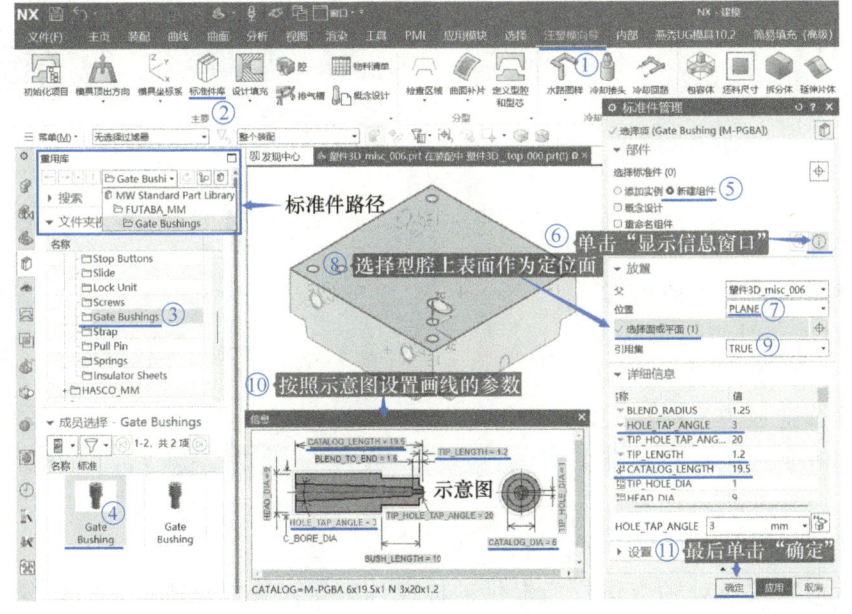

设计点浇口套

图 3-195 调用点浇口套

11. 设计日期章

按照图 3-197 所示设置参数,单击"标准件管理"对话框中的"确定"按钮后,弹出图 3-198 所示的"标准件位置"对话框;拖动 XC 箭头、YC 箭头到合适位置后,单击"标准件位置"对话框中的"确定"按钮,完成日期章设计。

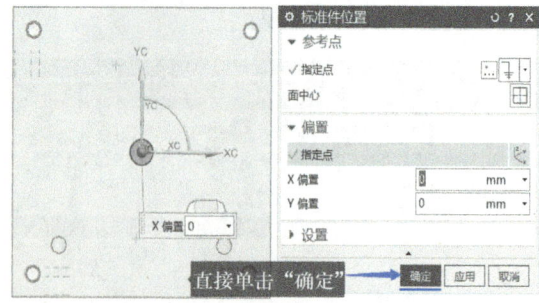

图 3-196 标准件位置(点浇口套)

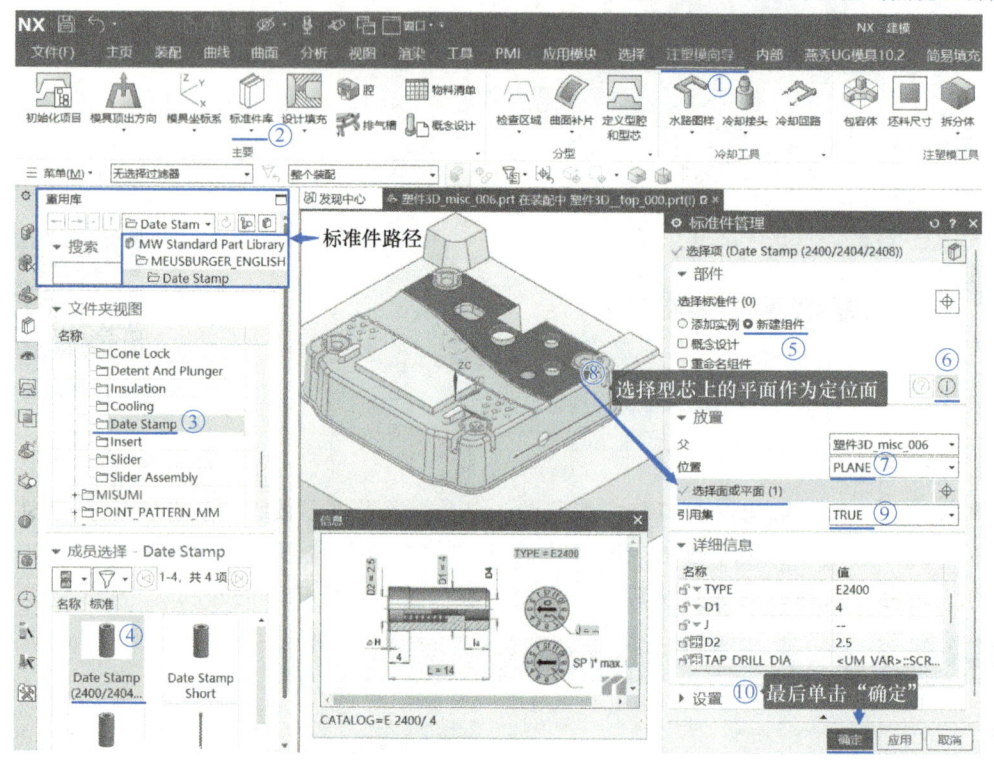

图 3-197 设计日期章

设计日期章

最后进行日期章的开腔。

12. 设计行程开关

在合模过程中,顶针底板有可能出现不能完全复位的情况,如果此时注射机合模,会造成模具(顶针、斜顶等组件)损坏。为防止注射机错误动作而造成模具损坏,在模具设计和制造时可以在顶针底板和下模座上装上行程开关。

图 3-198 标准件位置(日期章)

Moldwizard 各个版本中都没有行程开关的标准件。在模具设计时需要设计师查供货商提供的标准件数据,选择合适大小的行程开关,用建模中的命令手动绘制一个行程开关。本例采用燕秀 UG 外挂调用一个。

在下模座上单击,在弹出的命令组中单击"在窗口中打开"命令,如图 3-199 所示。

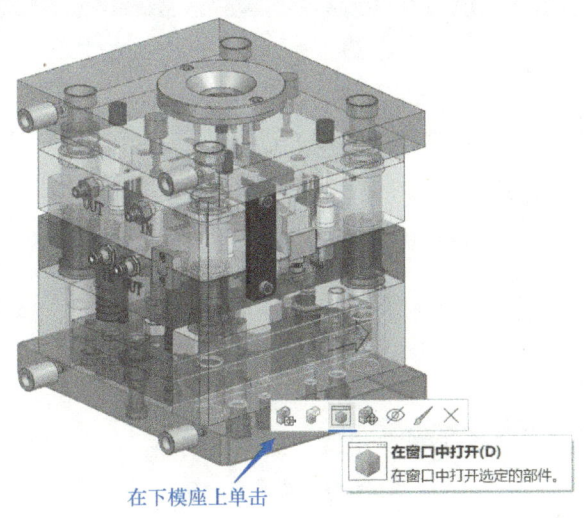

图 3-199 "在窗口中打开"命令

设计行程开关

按照图 3-200 所示设置参数;点选"不沉",在绘图区选择下模座板地侧侧面作为定位面,在该面上边线上找一个合适的点作为定位点,最后单击"计数器扣行程开关"对话框中的"确定"按钮,完成行程开关的调用。

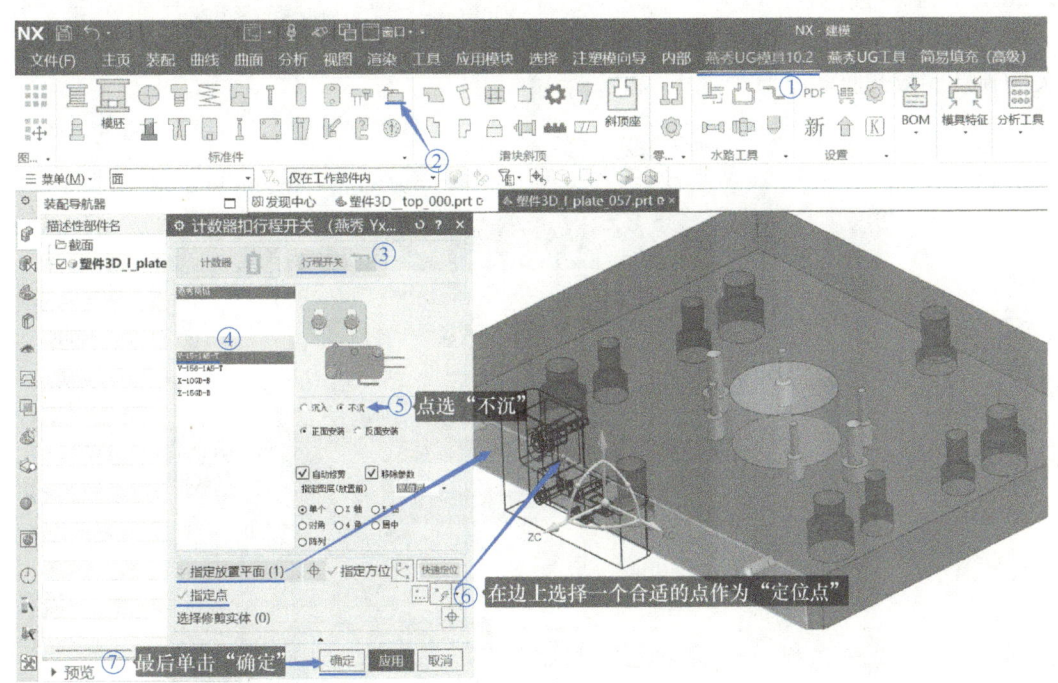

图 3-200 调用行程开关

如图 3-201 所示,单击"装配"→"引用集"命令;在弹出的"引用集"对话框中,选择"模型(MODEL)",在绘图区将行程开关的 false 也添加进来;最后单击"引用集"对话框中的"关闭"按钮。

图 3-201　更改引用集

如图 3-202 所示，单击左侧"装配导航器"，在下模座板零件名称"塑件 3D l plate 057"上单击右键，选择"在窗口中打开父项"→"塑件 3D_top_000.prt"，回到装配总档。

按照图 3-203 所示的方法完成行程开关和顶针底板开腔。

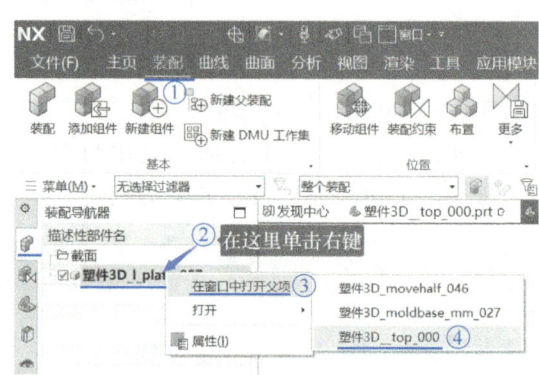

图 3-202　回到装配总档

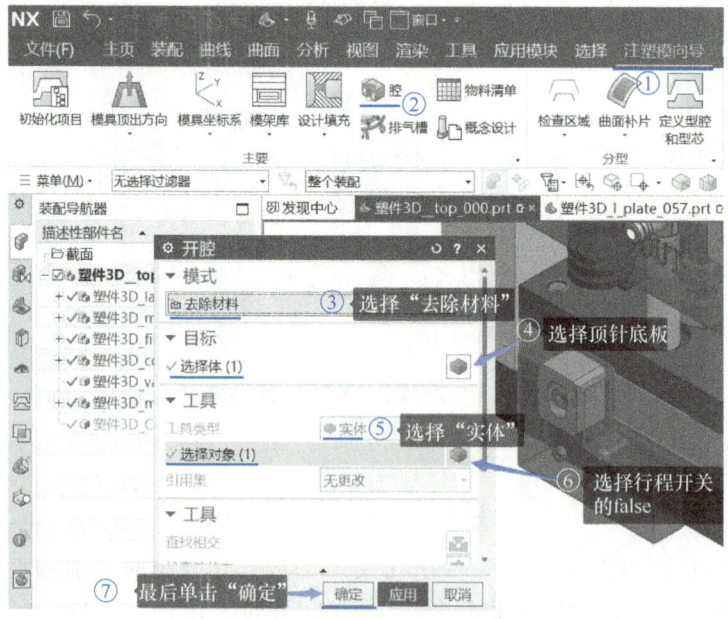

图 3-203　行程开关和顶针底板开腔

再次用"在窗口中打开"命令打开下模座板,然后再次打开图3-201所示的"引用集"对话框,将"行程开关"的false体从引用集"模型(MODEL)"中删除。回到总装配档中,行程开关的设计到此全部完成。设计结果如图3-204所示。

图3-204 行程开关设计结果

任务十九 设计基准和标识

模仁的基准通常会采用图3-205所示的两种标记方式进行标识。无论采用哪种方法,都要保证模仁基准和模架基准统一。

1. 设计第一种模仁基准

在绘图区型芯零件上单击,在弹出的命令组中选择"在窗口中打开"命令,单独打开型芯零件,如图3-206所示。

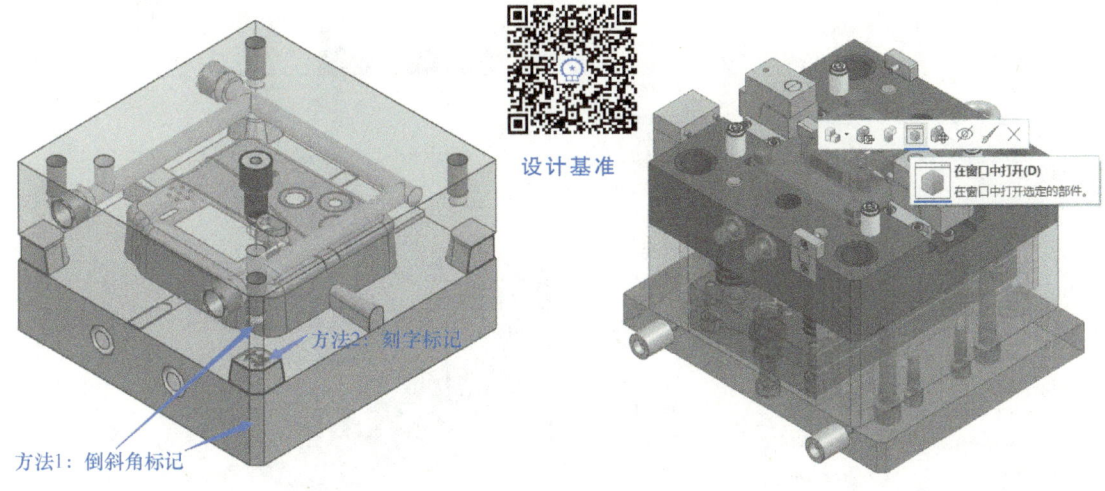

图3-205 模仁基准　　　　　　　　图3-206 "在窗口中打开"命令

如图3-207所示,单击"倒斜角"命令,选择型芯上基准角的边作为"倒斜角"的边,在弹出的"倒斜角"对话框中输入"距离"为3mm,最后单击"倒斜角"对话框中的"确定"按钮,完成型芯基准角标识。

用同样的方法完成型腔基准角标识,设计结果如图3-208所示。

2. 设计第二种模仁基准

按照图3-206所示的方法"在窗口中打开"型芯零件,如图3-209所示;然后单击"主页"→"菜单"→"插入"→"曲线"→"文本"命令,弹出图3-210所示的"文本"对话框。

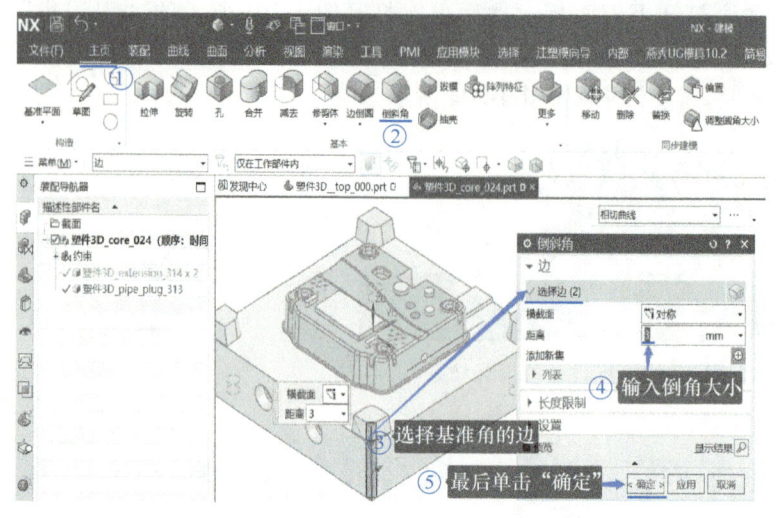

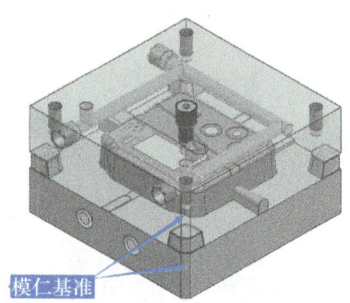

图 3-207 倒斜角　　　　　　图 3-208 设计结果 1

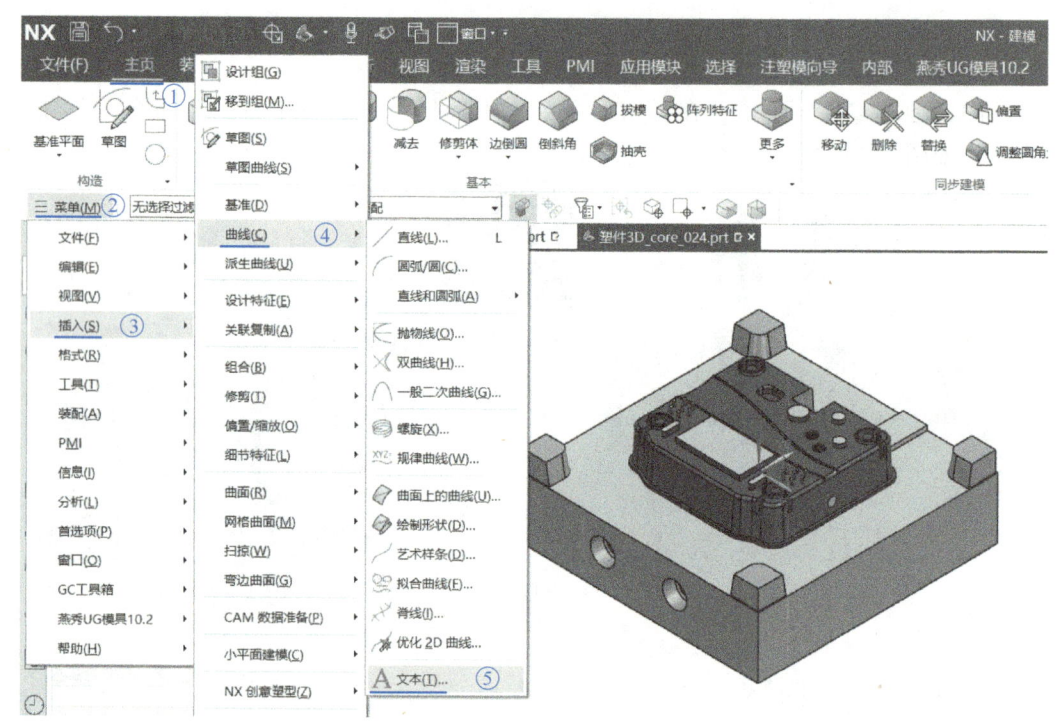

图 3-209 "文本"命令

如图 3-210 所示，在"文本"对话框中选择"在面上"，选择虎口上表面作为"放置面"，"放置方法"选择"面上的曲线"，选择虎口上表面的一条边作为放置的边，在"文本属性"文本框中输入文字，并选择合适的字体，调整绘图区箭头移动文字的位置和文字的大小，最后单击"文本"对话框中的"确定"按钮，完成插入文字。

如图 3-211 所示，单击"主页"→"拉伸"命令；在弹出的"拉伸"对话框中，选择文本曲线作为拉伸的截面线，选择-ZC 轴作为拉伸矢量，输入拉伸距离"0.5"，选择布尔"减

项目三　三板模设计

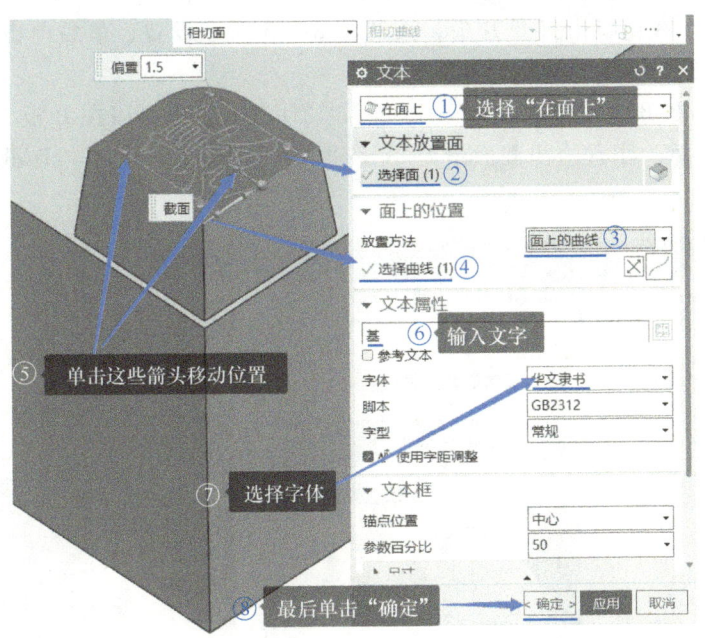

图 3-210　设置文字

去",选择虎口作为目标(被减数),最后单击"拉伸"对话框中的"确定"按钮,完成第二种模仁基准的设计。设计结果如图 3-212 所示。

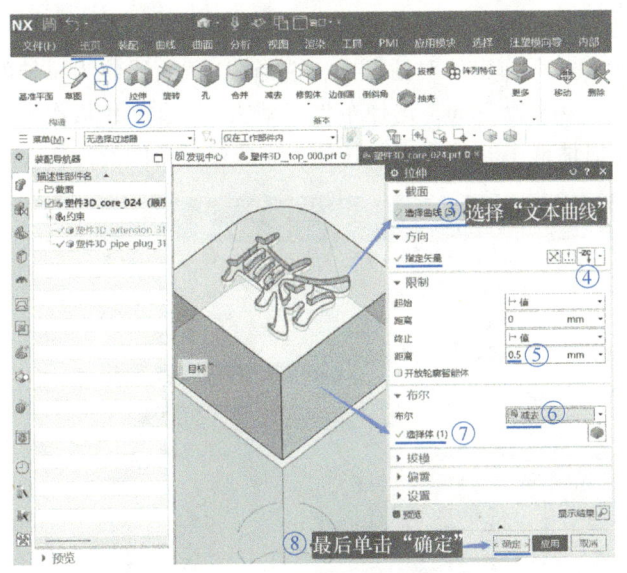

图 3-211　拉伸基准字符

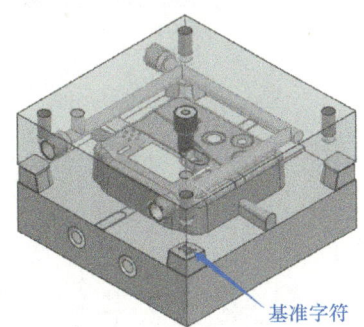

图 3-212　设计结果 2

3. 设计撬模角

模具加工完成后,为了防锈和润滑,需要在导柱、导套内注油,有时也会在模板上擦油。擦过油的模具,钳工师傅很难拆开,因而模具设计和制造时通常会在 A 板和 B 板之间开设撬模角,撬模角也称为撬模槽。对于较大的模具,还需要在方铁上、水口板上设计和加工撬模角。撬模角一般都需要至少 5mm 深。

参照图 3-206，在窗口中打开 B 板，按照图 3-213 所示设置，最后单击"粘贴"对话框中的"确定"按钮，完成 2D 截面图的插入。

用同样的方法在 B 板对角也插入一个同样的 2D 截面。也可以在 B 板上表面合适位置上插入 U 形槽 2D 截面，注意这些截面最好不要插入在模架基准角上。2D 截面插入的最终结果如图 3-214 所示。

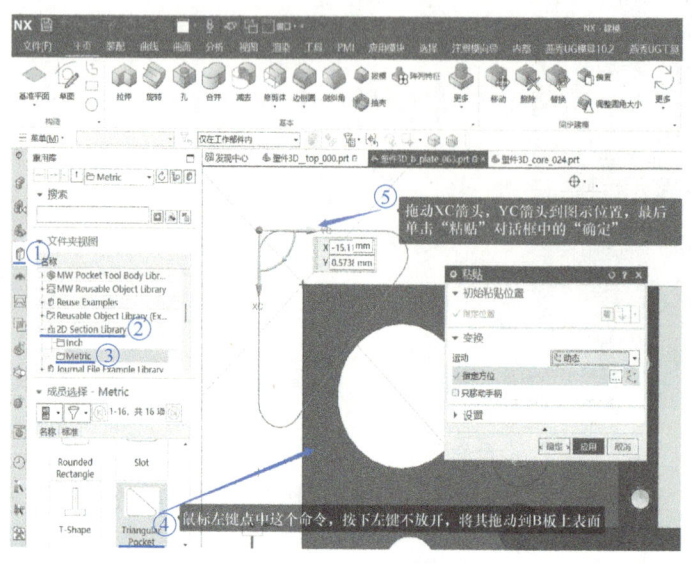

设计撬模角
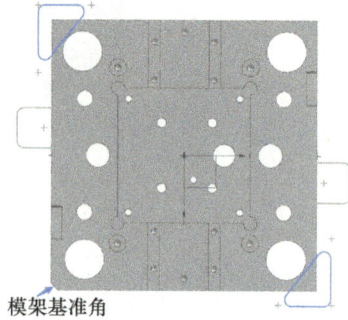

图 3-213　插入 2D 截面　　　　　　　图 3-214　插入 2D 截面最终结果

如图 3-215 所示，单击"拉伸"命令；在弹出的对话框中，选择 2D 截面线作为拉伸的截面线，选择-ZC 轴作为拉伸矢量，输入拉伸距离为 5mm，选择布尔"减去"，选择 B 板作为减去的"目标"（被减数），最后单击"拉伸"对话框中的"确定"按钮，完成撬模角的设计。

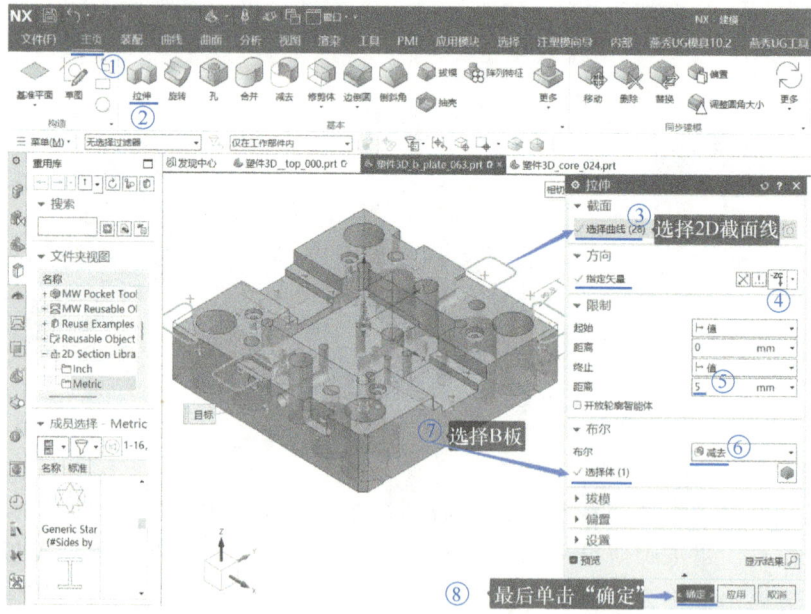

图 3-215　拉伸撬模角

4. 设计吊模标识

按照图 3-216 所示，调用 2D 截面。

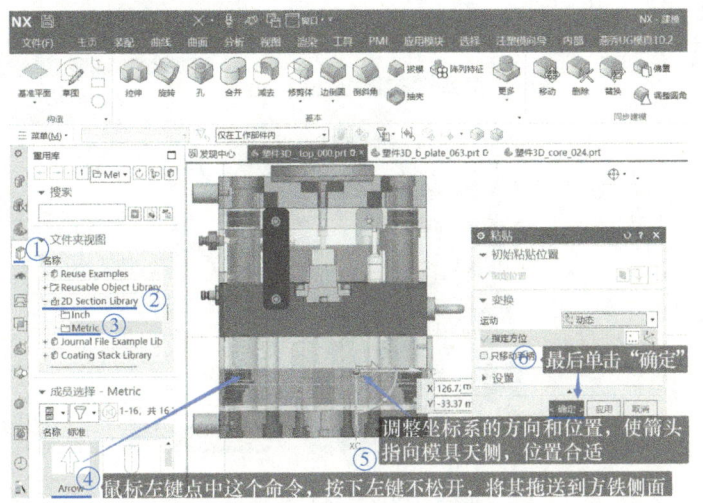

设计吊模标
识及出入
水口标识

图 3-216　调用 2D 截面

如图 3-217 所示，双击插入的 2D 截面（箭头截面），单击出现的尺寸，拖动箭头或直接输入尺寸后按回车键，调整箭头的大小。

按照图 3-218 所示拉伸吊模标识。按照图 3-219 所示对吊模标识进行开腔。

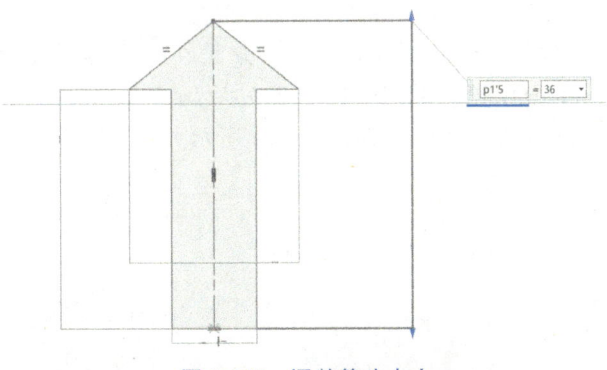

图 3-217　调整箭头大小

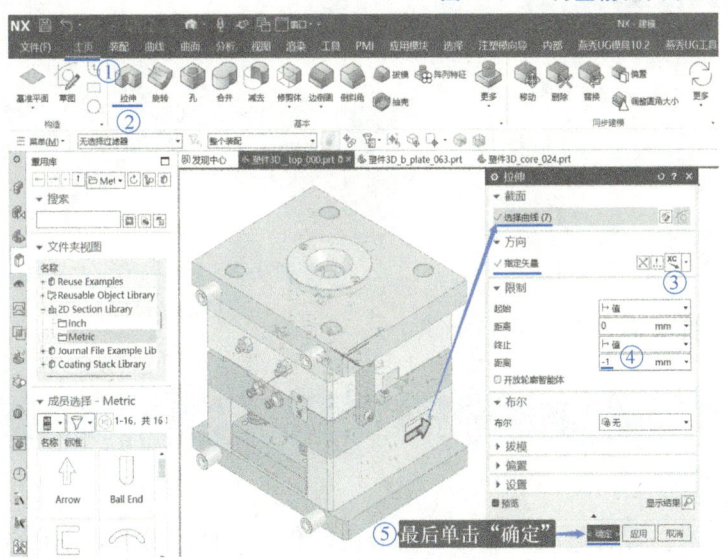

图 3-218　拉伸吊模标识

189

塑料模具CAD/CAM/CAE

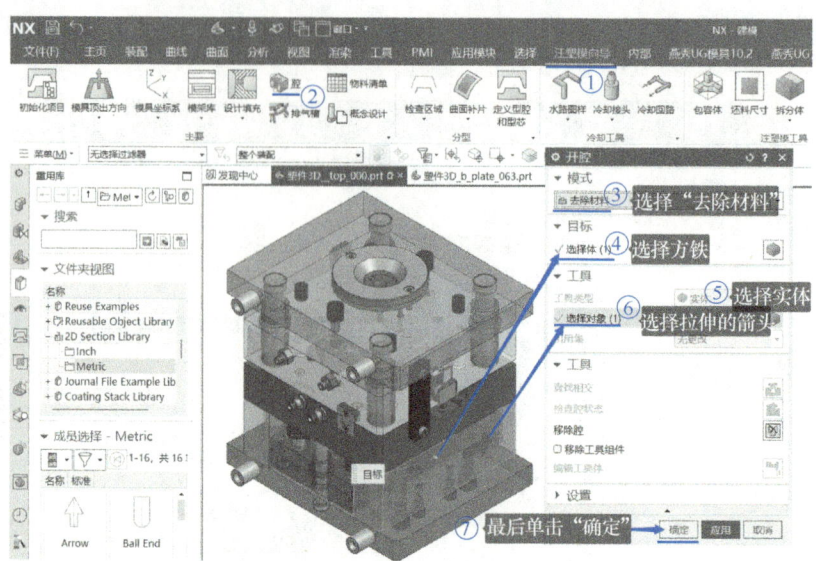

图 3-219　吊模标识开腔

5. 设计出入水口标识

参照图 3-209、图 3-210 所示方法在 A 板侧面、B 板侧面水嘴位置注写出入水口标识"IN"和"OUT",结果如图 3-220 所示。

双击激活 A 板,参照图 3-211 所示方法,将字体"IN"和"OUT"拉伸并与 A 板求差,如图 3-221 所示。

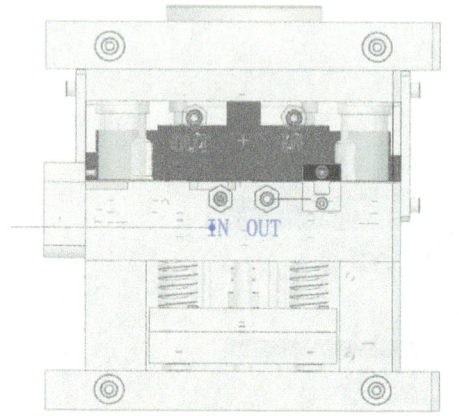

图 3-220　出入水口标识文字

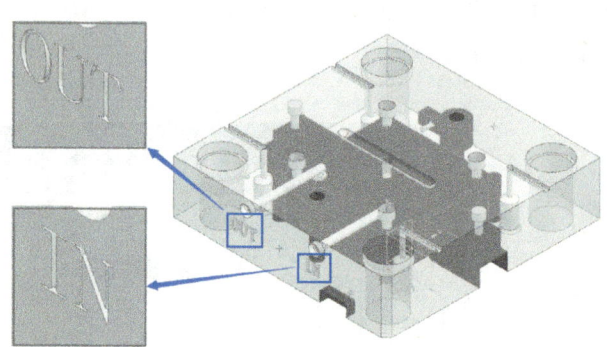

图 3-221　A 板出入水口标识拉伸

用同样的方法完成 B 板出入水口标识。

任务二十　模具三维零件设计结果的导出

1. 导出为三维零件

设计中经常会有将零件转化为装配、将装配转化为零件的要求。本任务讲解将装配转化为零件,并导出通用格式(如 *.stp 格式),以方便设计师、编程人员在不同版本的软件或者不同的软件中打开查看。

如图 3-222 所示，单击"STEP"命令。在弹出的对话框中，单击"浏览"图标，设置导出路径为"桌面"，导出名称为"模具三维设计结果 .stp"，如图 3-223 所示，最后单击"导出 STEP 文件"对话框中的"确定"按钮。

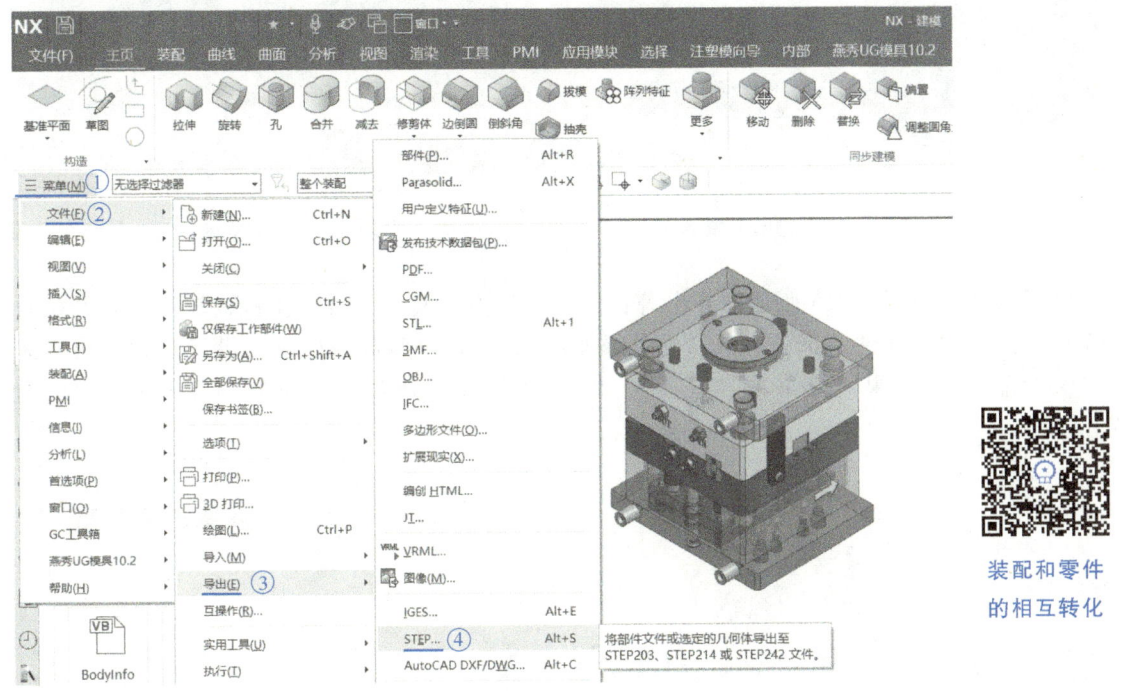

图 3-222　导出 STEP 命令

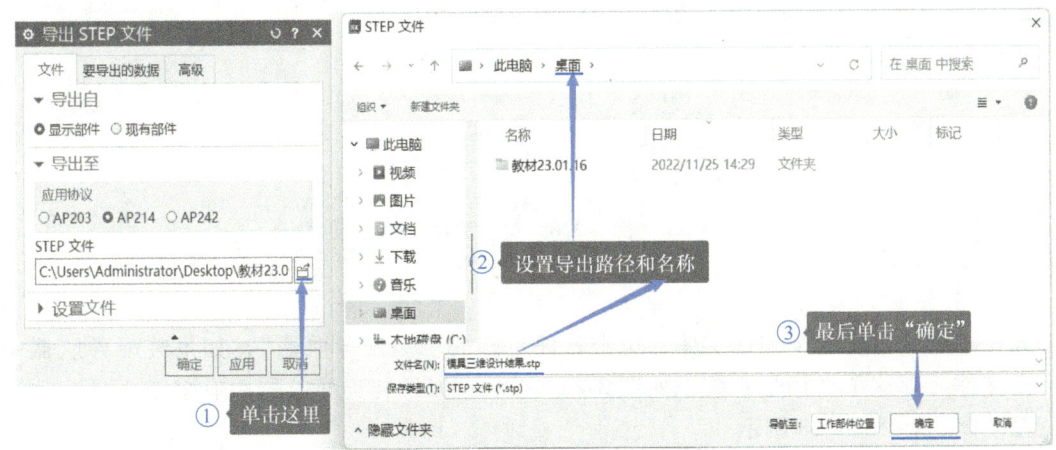

图 3-223　设置导出路径和名称

如图 3-224 所示，单击"导出 STEP 文件"对话框中的"要导出的数据"选项卡，选择导出的模型数据为"选定的对象"，在绘图区框选所有实体，最后单击"导出 STEP 文件"对话框中的"确定"按钮。导出过程中如果出现图 3-225 所示的警告，直接单击"文件导出"对话框中的"是"按钮即可。

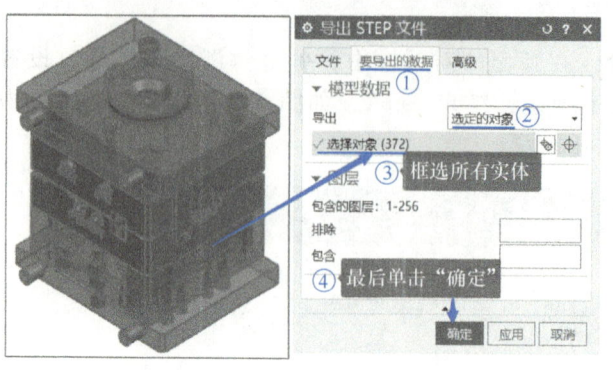
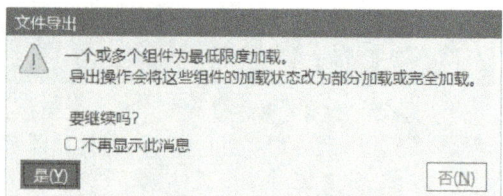

图 3-224　选择导出对象　　　　　　　图 3-225　文件导出警告

之所以会弹出图 3-225 所示的导出警告，是因为为了使设计过程流畅，软件在打开文件时没有完全加载零部件（部分加载，轻量级显示），如果电脑配置较好，设计过程中可以采用"完全加载"。如果需要采用"完全加载"，在打开文档时需要按照图 3-226 所示进行操作。

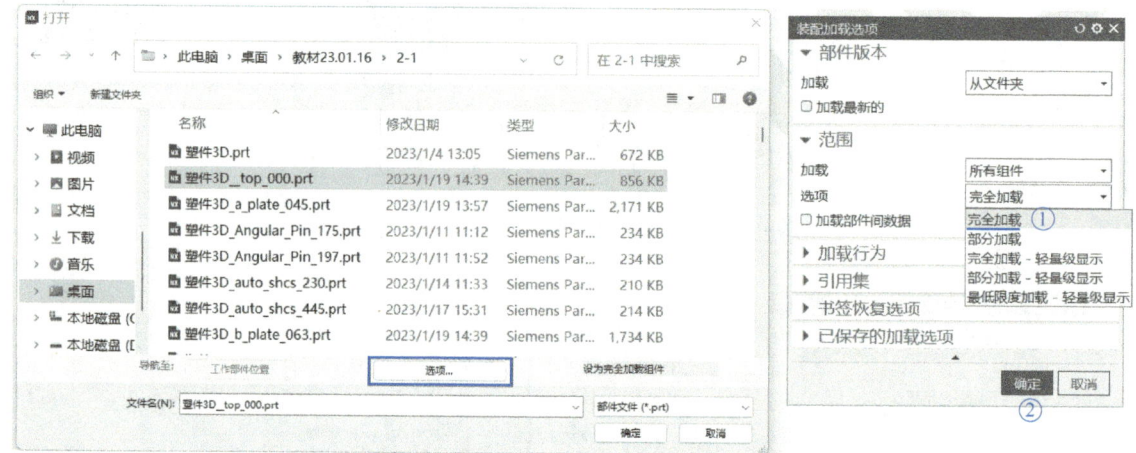

图 3-226　完全加载

2. 将零件变为装配

无论绘图区有多少个零件实体，单击软件左侧的"装配导航器"，如果装配导航器中只有一个文件，那这个文档是零件，如图 3-227 所示；如果装配导航器中有多个文件，这个文档就是装配，如图 3-228 所示。

NX 的低版本只需要将零件另存为"*.x_t"格式，然后单击"文件"→"打开"命令，打开"*.x_t"格式的文件就可以将零件转化为装配（注意：不是"文件"→"导入"命令，用"导入"命令，无论是哪个版本，导入后都是零件，不能转换成装配）。但是从 NX 12.0 以后，这个功能不可以用了，直到 NX 2212 该功能才又一次恢复。由于这个功能对于有较多零件组成的装配来说，操作简单，本任务先讲解这个功能。

项目三　三板模设计

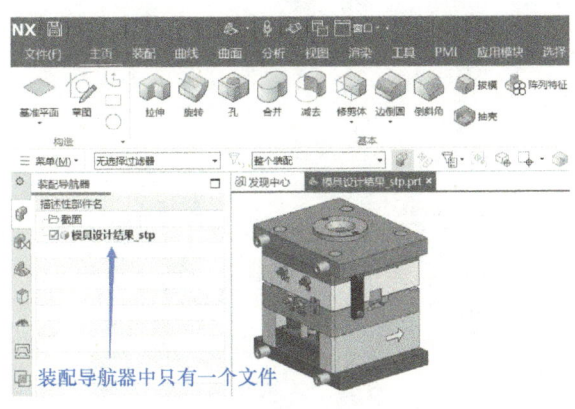

图 3-227　零件

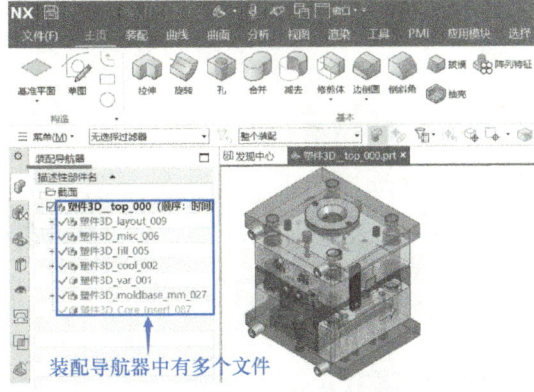

图 3-228　装配

如图 3-229 所示，单击"Parasolid"命令。在弹出的对话框中，如图 2-230 所示，单击"浏览"图标，设置导出路径和导出的文件名（本例中路径为"桌面"，文件名为"模具设计结果 ok.x_t"），在绘图区框选所有零件作为导出对象，最后单击"导出 Parasolid"对话框中的"确定"按钮，即可完成"*.x_t"格式文件的导出。

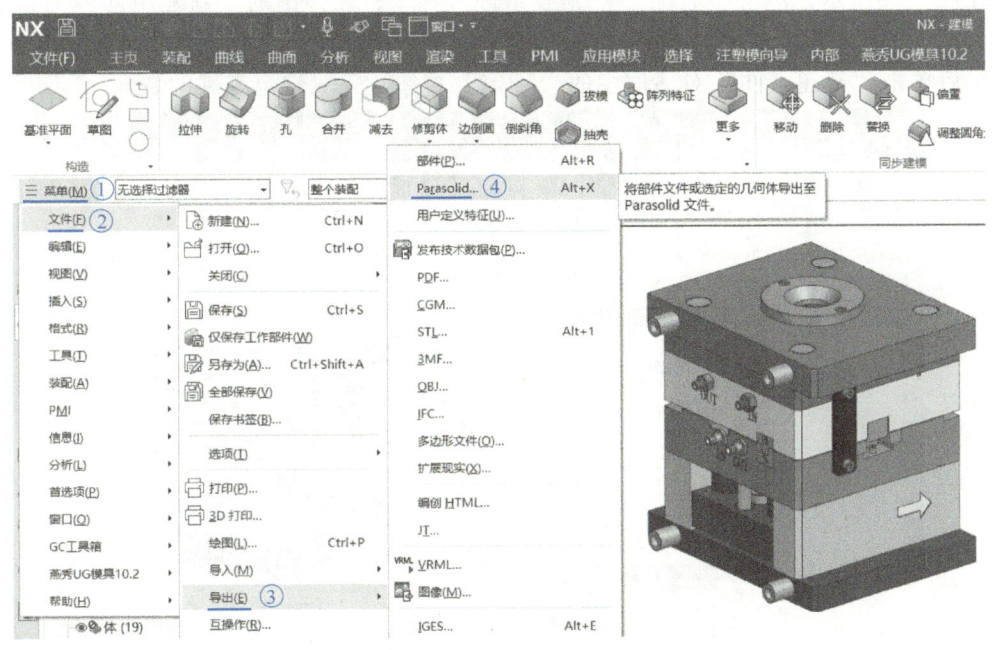

图 3-229　导出"*.x_t"格式文件的命令

说明：关于"导出 Parasolid"对话框中的"展平装配"选项，依据官方的帮助文件，勾选了"展平装配"选项，将不能形成装配；不勾选，才能形成装配。但对于 NX 2212，无论是否勾选这个选项，只要是用"文件"→"打开"命令打开"*.x_t"格式的文件，都可以形成装配，都可以生成子零件。但是用"文件"→"导入"命令导入"*.x_t"格式的文件，不能形成装配。

打开"*.x_t"格式文件形成的装配如图 3-231 所示。子零件的名称是自动生成的。用这种方法操作简单，速度快。

193

塑料模具CAD/CAM/CAE

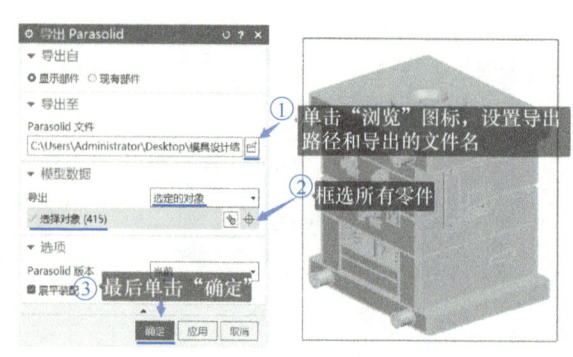

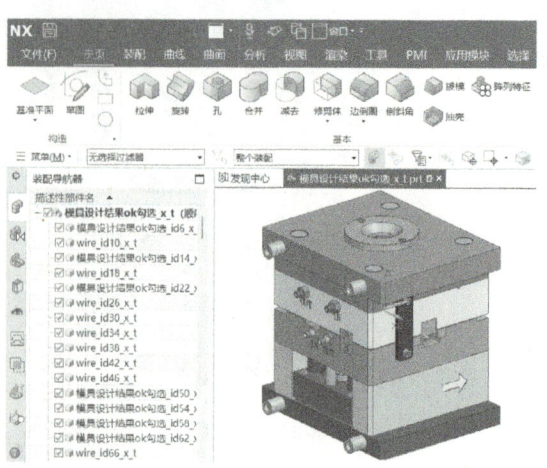

图 3-230　设置路径和文件名　　　　图 3-231　打开 *.x_t 格式文件形成的装配

3. 将零件转化为装配（通用方法："装配"→"新建组件"）

现介绍一种通用的将零件转化为装配的方法。这种方法不受 NX 版本的限制。

如图 3-232 所示，单击"装配"→"新建组件"命令；在弹出的"新建组件"对话框中，选择绘图区的任一零件作为"新建组件"的"对象"，输入"组件名"，勾选"删除原对象"，最后单击"新建组件"对话框中的"确定"按钮，完成选定零件的装配。

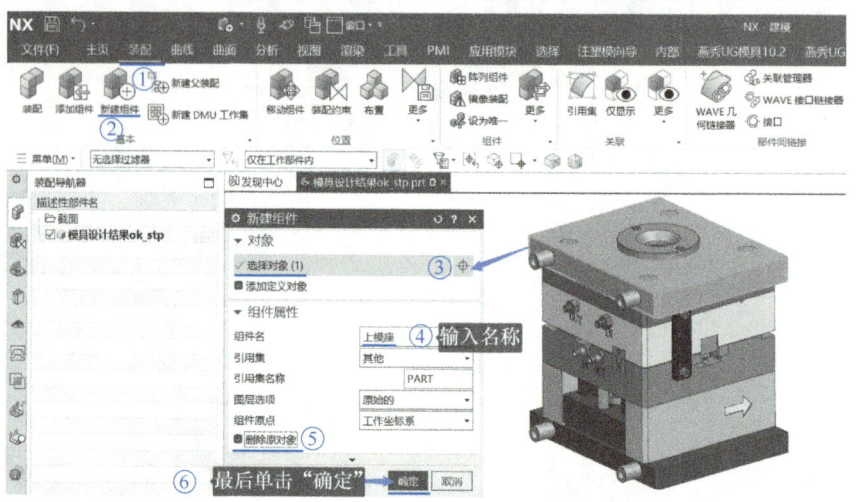

图 3-232　新建组件

说明：①关于"新建组件"对话框中的"删除原对象"选项，是指完成该零件的装配后，系统将删除原来选定的对象。②关于"新建组件"对话框中的"组件名"选项，输入这个组件名，单击"新建组件"对话框中的"确定"按钮后，新建的组件中该零件的名称就不是之前设置的名称了。如果软件的默认设置有错误，可以通过图 3-233 所示的"用户默认设置"命令来更改。具体的做法是单击"文件"→"实用工具"→"用户默认设置"命令；在弹出的"用户默认设置"对话框中，单击该对话框左侧的"装配"→"常规"，在"新建组件"中选择"从文件新建"选择，最后单击"用户默认设置"对话框中的"确定"按钮，如图 3-234 所示；之后重启 NX，就可以了。

项目三　三板模设计

图 3-233　"用户默认设置"命令

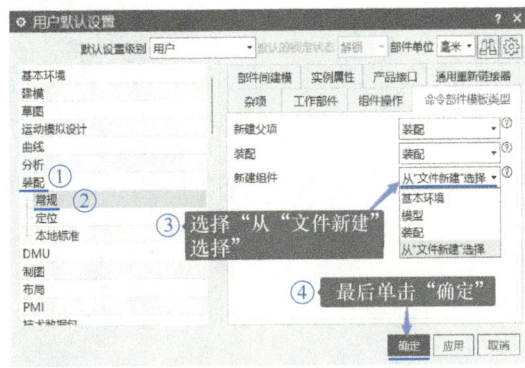

图 3-234　设置首选项

4. 修改装配中零件或组件的名称

如图 3-235 所示，单击"菜单"→"GC 工具箱"→"GC 数据规范"→"其他工具"→"零组件更名及导出"命令。

在弹出的"零组件更名及导出"对话框中，在绘图区选择要改名的零件作为重命名组件，输入"新名称"，勾选"删除原零件"，最后单击"零组件更名及导出"对话框中的"应用"按钮，如图 3-236 所示，完成第 1 个零件的重命名。

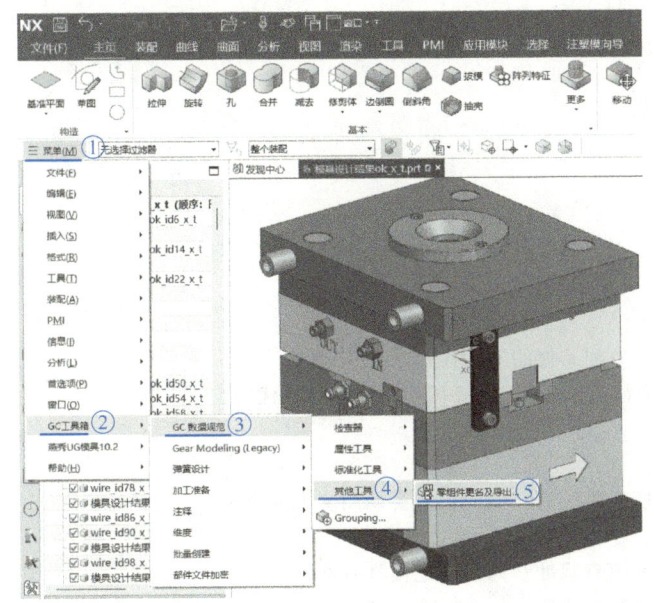

图 3-235　"零组件更名及导出"命令

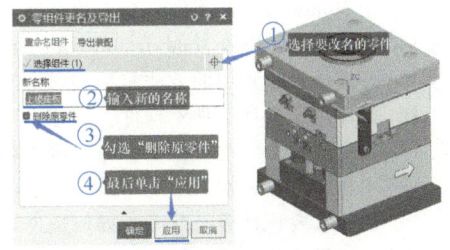

图 3-236　零组件的更名及导出

接下来继续在绘图区点选要修改名称的零件，输入"新名称"，按下鼠标中键，完成第 2 个零件的重命名。重复操作，直到更改完所有需要重命名的组件。

5. 三板模三维设计结果

至此，整套三板模三维设计完成。设计结果如图 3-237 所示。

195

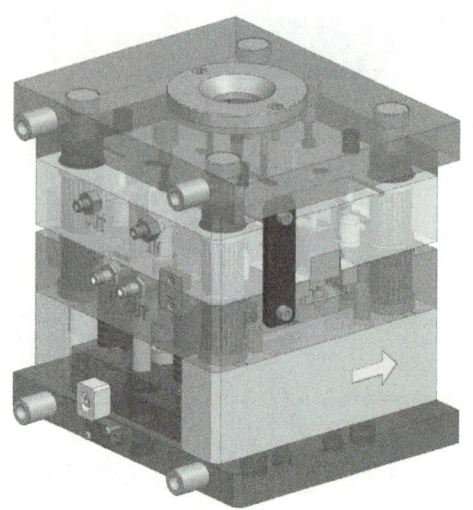

图 3-237　三板模三维设计结果

习题与思考

1. 为什么要进行塑模部件验证？如何确定哪些区域是侧抽型芯区域？
2. 什么是模具尖钢？
3. 为什么要将滑块区域的面定义为型腔区域面？
4. 常用的分型方法有哪些？
5. 参考点方式建立工件有什么优势？
6. 用扩大曲面命令创建大分型面有什么优点？
7. 为什么要设计枕位？
8. 设计滑块头怎么做才能更好地避免设计错误？
9. 滑块头为什么要拔模？
10. 常见排气槽的尺寸是多少？为什么塑料不会从排气槽中流出来？
11. 为什么要设计虎口？
12. 怎么做才能保证设计的零件都能保存好？
13. 用 Moldwizard 调用虎口，为什么有一个虎口和其他的不一样？
14. 燕秀 UG 外挂和 Moldwizard 最大的区别是什么？Moldwizard 调用虎口有什么优势？
15. 标准件修改常用的方法有哪些？
16. 为什么要设计镶件？镶件上为什么要做挂台？
17. 常见的模架结构有哪些？你知道有哪些模架供应商？如何确定要调用多大的模架？
18. 中托司有什么作用？
19. 为什么要设计模具基准？如何快速地找到模具基准？如何标记模具基准？
20. 浇注系统包含哪些结构？常见的浇口形式有哪些？
21. 三板模为什么要设计拉料杆？
22. 潜伏式浇口下面要设计顶针吗？为什么？
23. 如何分辨调用的浇口套是二板模用的还是三板模用的？
24. 常见的滑块座有哪些？滑块座包含哪些零件？可以购买整套的滑块座吗？
25. 组件中的零件可以删除吗？可以在组件中新增零件吗？
26. 如何重新设置引用集？

27. 镜像几何体和镜像特征有什么区别？
28. 斜顶座都有哪些结构？如何确定斜顶的坐标系？
29. 可以修改斜顶组件中的部分零件吗？
30. 锁模螺钉一般用多大的？用多少个比较合适？如何设置锁模螺钉的长度？
31. 如何快速地重复调用标准件？
32. 常见的顶出结构有哪些？什么情况下顶出结构必须设置止转？
33. "新建组件"和"添加实例"的区别是什么？
34. 为什么称为温控系统？
35. 调用水路组件需要注意哪些问题？
36. 为什么要进行开腔？开腔和布尔运行有什么本质区别？能相互替代吗？
37. 三板模是如何开模的？常见的控制开模的零件有哪些？
38. Moldwizard调用限位拉杆组件有哪些优势？调用的限位拉杆组件包含哪些零件？
39. 为什么要设计胶塞？设计胶塞时要注意哪些问题？常用胶塞的大小是多少？胶塞的价格大约多少？在哪里可以买到胶塞？
40. 为什么要设计R板弹簧？怎样才能买到合适的弹簧？弹簧的规格都有哪些？不同颜色的弹簧代表什么含义？为什么不设计截面是圆形的弹簧？如何计算复位弹簧的长度？
41. 如何计算限位柱的高度？
42. 设计受力零部件时应注意哪些问题？设计定位零件时应注意哪些问题？
43. 为什么要设计支撑柱？支撑柱能自己加工吗？能购买整套的支撑柱吗？支撑柱的长度一般会取多少？支撑柱和B板接触的面最后一道加工工序是什么？
44. 垃圾钉有什么作用？垃圾钉的高度一般取多少？模具中一般会设计多少个垃圾钉？设计垃圾钉时必须对称放置吗？
45. 防尘板有什么作用？防尘板是必须设计的零部件吗？防尘板一般设置在模具的哪一侧？地侧要设计防尘板吗？
46. 站脚有什么作用？站脚是必须设计的零部件吗？站脚一般设计多大？模具上一般设计几个站脚？
47. 为什么必须设计锁模扣？2020的模架上能用M6的螺钉作为锁模螺钉吗？为什么？
48. 常用的精定位有哪些？分别都用在哪些场合？
49. 模架上已经有导柱、导套了，为什么还要设计精定位？精定位一般设计几个？设计时有什么注意事项？
50. 常用的吊环都有哪些？模架上一般会装几个吊环？都装在什么位置？
51. 内置计数器和外置计数器在结构上有什么区别？各有什么好处？
52. 计数器在哪里可以买到？价格一般是多少？一套模具一般会配几个计数器？
53. 为什么要设计点浇口套？点浇口套是模具设计时必须设计的零部件吗？
54. 点浇口套在哪里可以买到？价格一般为多少？装点浇口套后在试模时要注意哪些问题？
55. 为什么要设计日期章？日期章是模具设计时必须设计的零部件吗？最小的日期章的直径有多大？
56. 行程开关有什么作用？
57. 如何更改引用集？
58. 为什么要设计模仁基准？模仁基准是模具设计时必须设计的吗？模仁基准和模架基准不统一会有什么后果？
59. 为什么要设计撬模角？常见的撬模角都有哪些结构？撬模角的尺寸一般设计多大比较合适？
60. 在哪些情况下可以不设计吊模标识？吊模标识一般加工多深？
61. 出、入水口标识是必须设计、必须加工的吗？
62. 零件三维模型的通用格式有哪些？
63. 完全加载与部分加载的区别是什么？
64. 一套完整的三板模必须包含哪些零部件？

项目四　工程图设计

【知识目标】

1. 了解出图前模型前处理的方法和步骤。
2. 掌握视图的剖切方法、创建各种视图的方法和步骤。
3. 掌握装配图的表达方法。
4. 了解并掌握装配图要标注的尺寸，零件图要标注的尺寸。会定制标注样式，会标注工程图的必备尺寸。
5. 了解定形尺寸和定位尺寸，掌握零件图标注尺寸的方法和步骤。
6. 了解公差和偏差，掌握标注合理的尺寸公差、几何公差和表面粗糙度的方法。
7. 掌握螺钉、弹簧等标准件的工程图表达方法。
8. 了解龙腾塑胶模、中望机械版 CAD、NX 等软件界面的定制方法。
9. 了解并掌握软件常用命令的快捷键。
10. 了解二维图图层的作用。掌握常见线型的线宽、线性比例。

【能力目标】

1. 具备模型导入及导出的能力、零件和装配相互转换的能力、重命名组件的能力。
2. 具备用 NX 创建视图、创建剖视图的能力。
3. 具备用 CAXA 3D 实体设计创建视图、创建剖视图、创建局部放大图的能力。
4. 具备装配二维图尺寸标注的能力、零件工程图尺寸标注的能力。具备对零件工程图标注合理的尺寸公差、几何公差和表面粗糙度的能力。
5. 具备定制软件界面和软件常用命令快捷键的能力。
6. 具备使用图层的能力，设置常见线型的线宽、线性比例、颜色的能力。
7. 具备修改工程图表达错误的能力。
8. 具备调用和填写图框、标题栏的能力，具备书写技术要求的能力。
9. 具备标注零件序号、填写明细表的能力。

【素质目标】

1. 养成科学严谨的职业素养。

项目四　工程图设计

2. 培养精益求精的工匠精神。
3. 培养和提升诚信意识和规则意识，养成诚实守信、遵守规则的好习惯。

项目引入

【案例】　根据模具三维设计结果，绘制符合国家标准的模具二维装配图和型腔工程图样。图 4-1 和图 4-2 所示是模具的三维设计结果和型腔的三维模型。

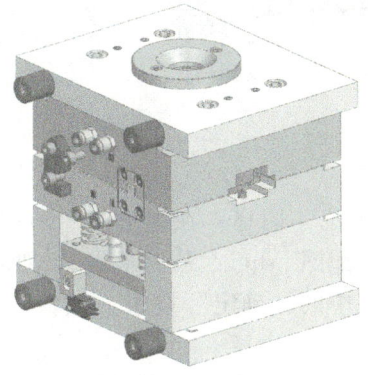

图 4-1　整套模具的三维设计结果

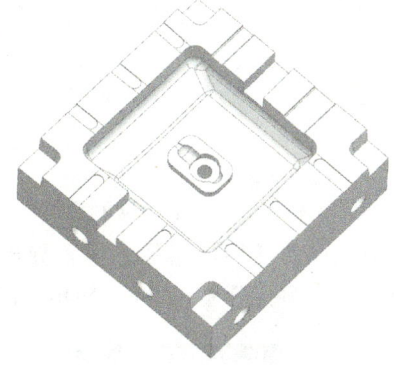

图 4-2　型腔零件的三维模型

项目实施

任务一　二维装配图出图前处理

1. 导出零件

启动 NX 软件，单击"打开"命令，选择"GZ2023OK.PRT"，单击"打开"对话框中的"确定"按钮，打开之前设计好的整套模具三维模型。

如图 4-3 所示，单击"文件"→"导出"→"STEP"命令。如图 4-4 所示，在弹出的"导出 STEP 文件"对话框中单击"要导出的数据"选项卡，在选择工具条中切换到"实体"，在绘图区框选所有三维对象，选择所有的实体零件。

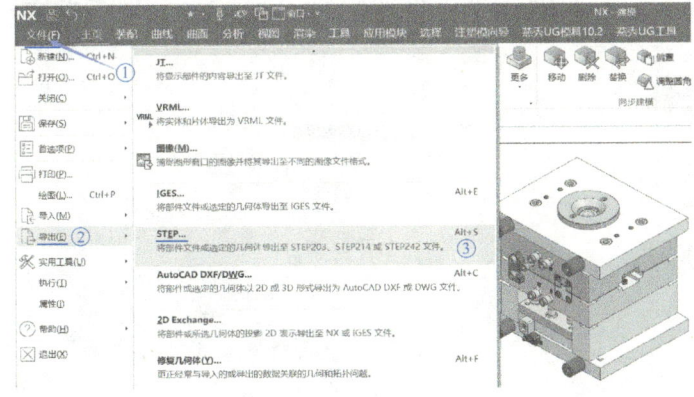

图 4-3　导出 STEP 命令

模型的导出

199

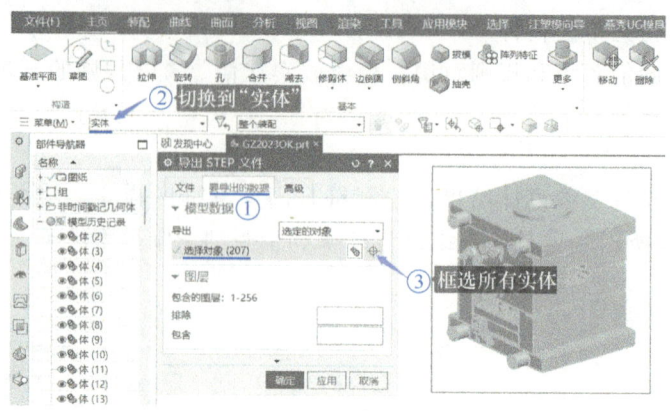

图 4-4 框选所有实体

如图 4-5 所示，单击"文件"选项卡，再单击"浏览"图标；在弹出的"STEP 文件"对话框中，设置导出的路径，设置导出的文件名为"装配图.stp"，最后单击"STEP 文件"对话框中的"确定"按钮和"导出 STEP 文件"对话框中的"确定"按钮。

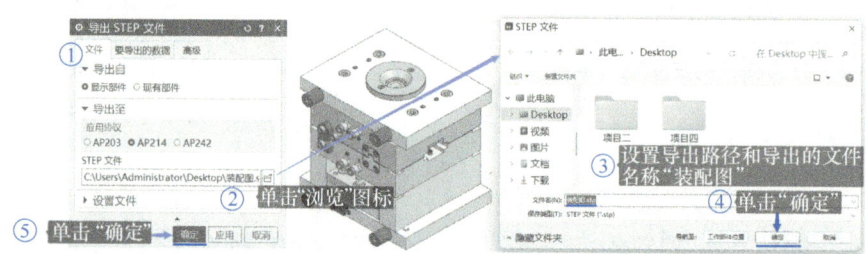

图 4-5 导出 STEP 文件

2. 归类图层

如图 4-6 所示，单击"主页"→"打开"命令；在弹出的"打开"对话框中，选择打开文件的类型为"所有文件（*.*）"，再选择打开的路径为桌面（Desktop），点选打开的文件"装配图.stp"，最后单击"打开"对话框中的"确定"按钮，打开去除参数的模具三维零件。

框选下模部分，按<Ctrl>+<J>键，弹出"编辑对象显示"对话框，在"图层"中输入"2"，最后单击该对话框中的"确定"按钮，将下模部分移到第 2 图层，如图 4-7 所示。

归类图层
等前处理

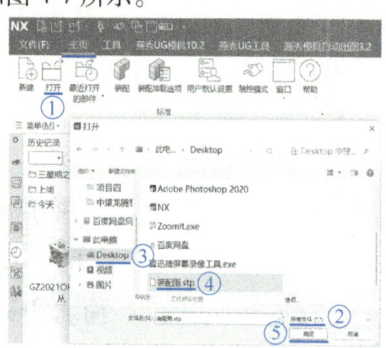

图 4-6 打开文件

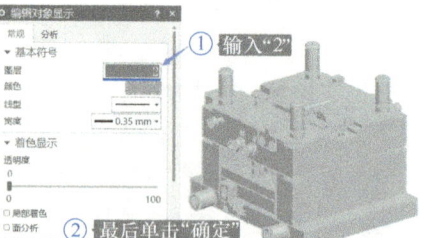

图 4-7 下模部分移到第 2 图层

用同样的方法将上模部分移动到第1图层。

3. 装配零件和水路

如图4-8所示,单击"新建组件"命令;在左侧的工具栏中单击"装配导航器"图标,在绘图区选中塑件作为新建组件的"对象",在"新建组件"对话框中勾选"删除原对象",最后单击"新建组件"对话框中的"确定"按钮,完成塑件的装配。用同样的方法按图4-9所示装配水路。

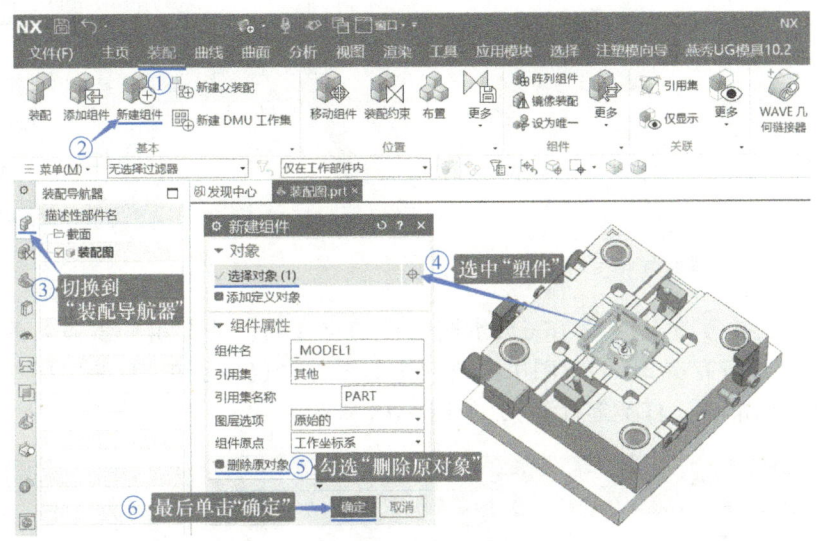

图4-8 装配塑件

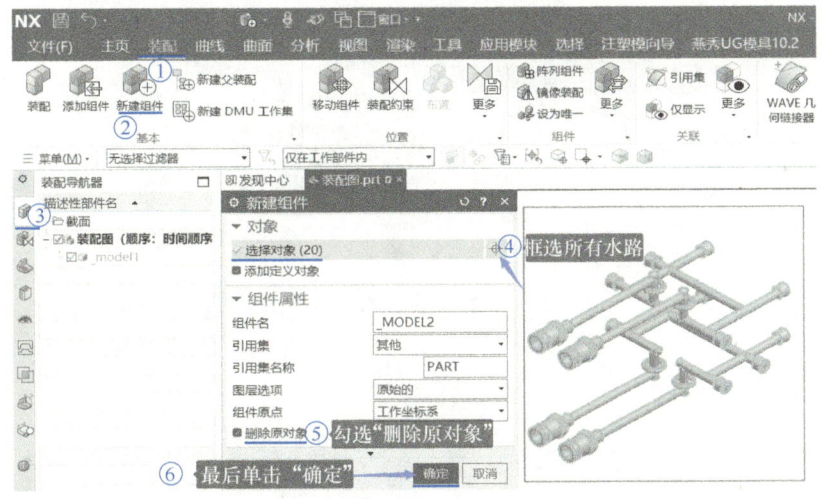

图4-9 装配水路

4. 重命名装配组件

如图4-10所示,单击"零组件更名及导出"命令。

如图4-11所示,在装配导航器中选择"_model1"作为要重命名的组件,在"零组件更名及导出"对话框中输入新名称"塑件",勾选"删除原零件",最后单击"零组件更名及导出"对话框中的"确定"按钮,完成塑件的重命名。

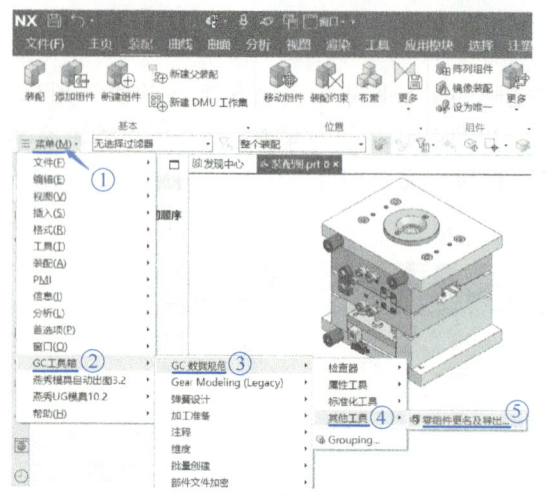

图 4-10 "零组件更名及导出"命令

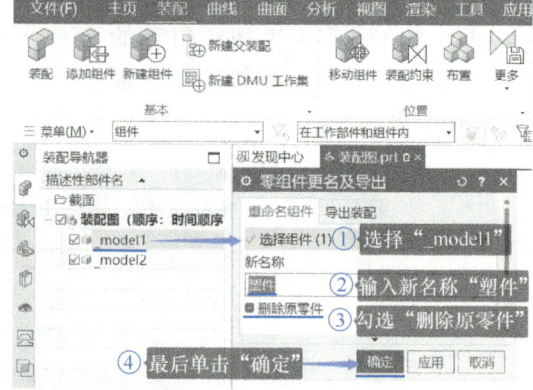

图 4-11 更改塑件名称

用同样的方法参考图 4-12 所示完成水路组件的重命名。装配组件重命名的最终结果如图 4-12 所示。隐藏所有在 2D 装配图中需要剖切的零件，仅显示在 2D 装配图中不需要剖切的零件（螺钉等标准件，杆类零件等），如图 4-13 所示。

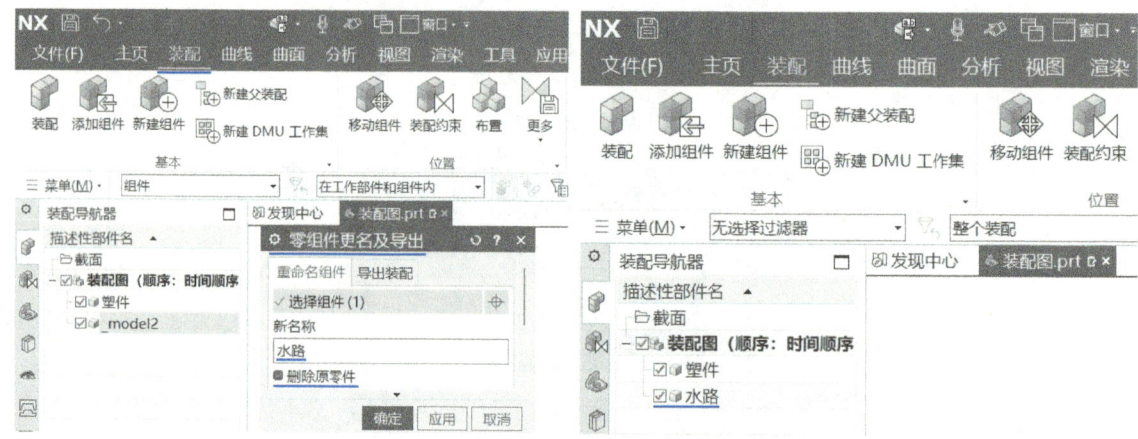

图 4-12 更改水路名称及最终结果

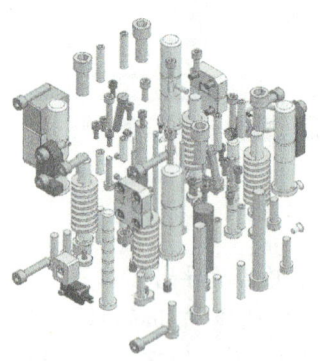

图 4-13 不需要剖切的零件

任务二　创建二维装配图视图

如图 4-14 所示，单击"应用模块"→"制图"命令，进入 NX 的制图环境。

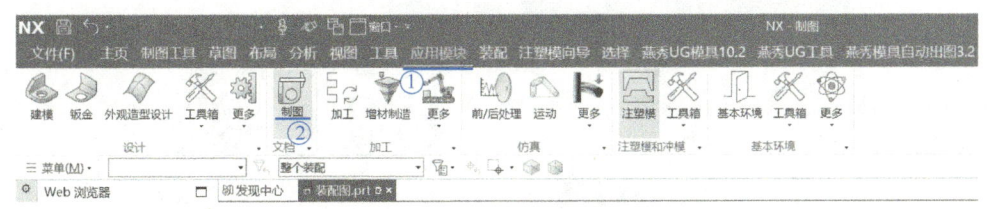

图 4-14　进入制图环境命令

如图 4-15 所示，单击"主页"→"新建图纸页"命令；在弹出的"图纸页"对话框中，选择"使用模板"→"A0-无视图"，选择"基本视图命令"，最后单击"图纸页"对话框中的"确定"按钮。

如图 4-16 所示，单击"主页"→"基本视图"命令；在弹出的"基本视图"对话框中，选择"俯视图"，在绘图区合适位置单击以确定俯视图的位置，最后单击"基本视图"对话框中的"确定"按钮，完成俯视图的创建。用同样的方法再创建一个仰视图。

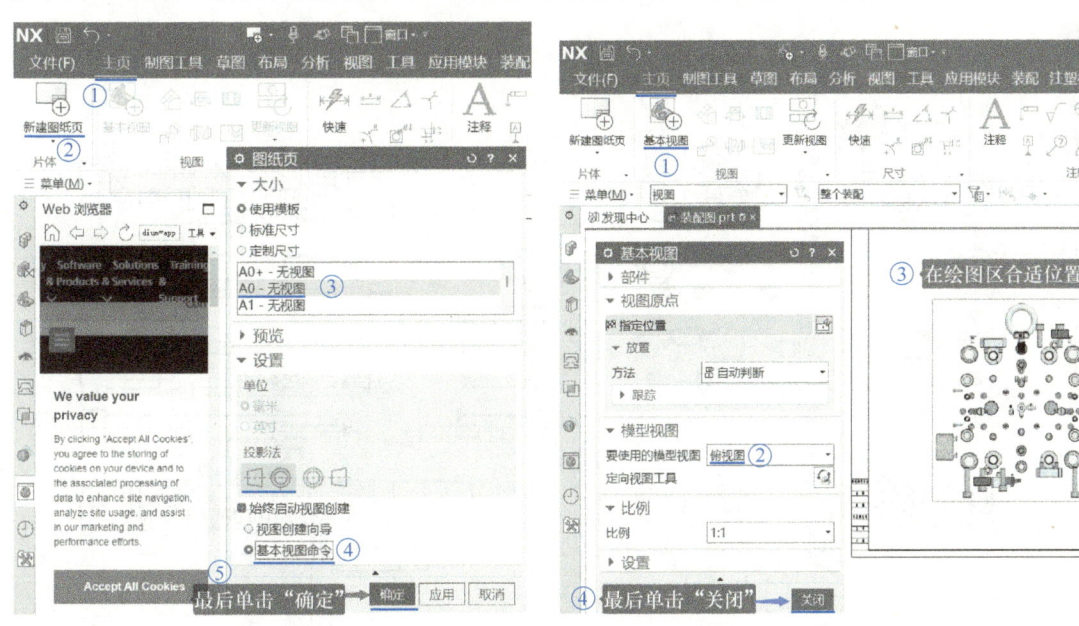

图 4-15　新建图纸页　　　　　　图 4-16　创建俯视图

如图 4-17 所示，单击"主页"→"剖视图"命令，弹出"剖视图"对话框；在绘图区单击 B 点（圆心），再单击"剖视图"对话框中的"截面线段"→"指定位置"，在绘图区依次单击指定 C 点、D 点、E 点、F 点，然后再单击"剖视图"对话框中的"视图原点"→"指定位置"，在绘图区指定剖视图的放置位置，最后单击"剖视图"对话框中的"关闭"按钮，完成剖视图的创建。

用同样的方法，按照图 4-18 所示的剖切位置，创建另外一个剖视图。

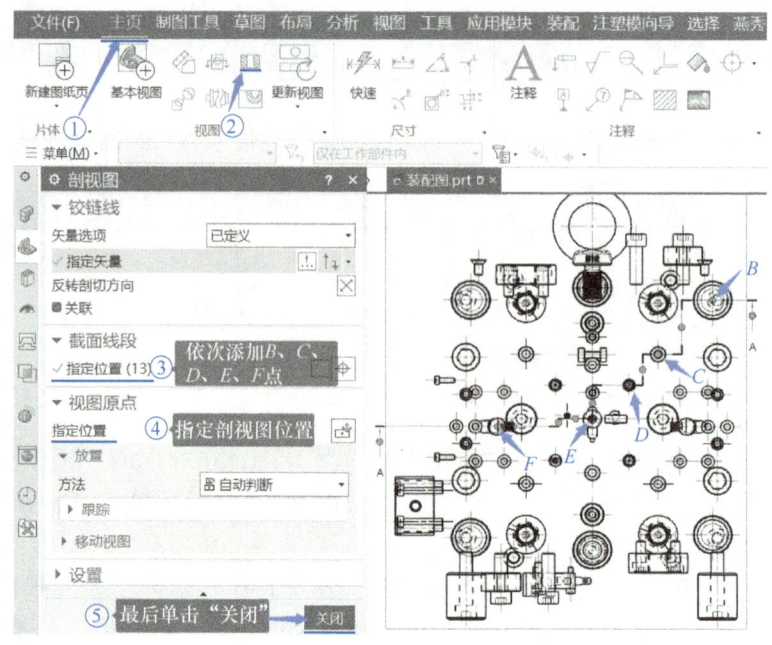

图 4-17 创建横剖视图

创建剖视图

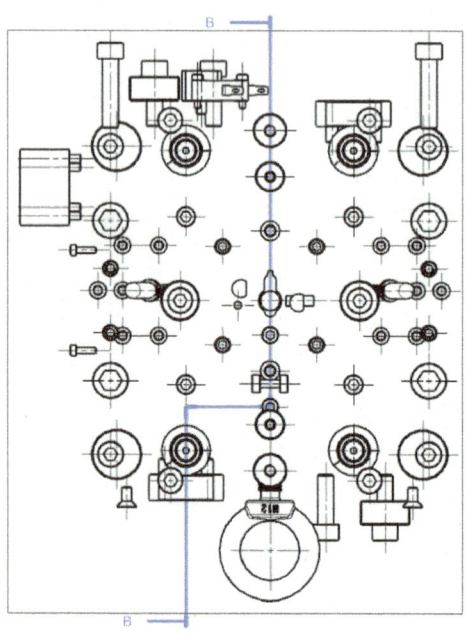
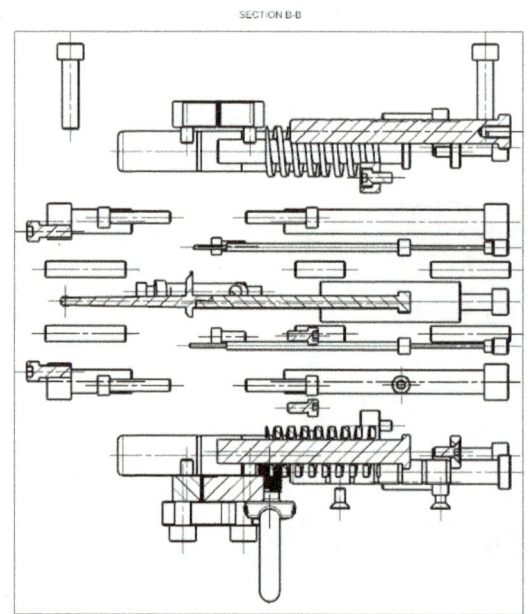

图 4-18 创建纵剖视图

如图 4-19 所示，在绘图区右键单击剖切符号，在弹出的命令中单击"设置"命令，弹出图 4-20 所示的"设置"对话框；在该对话框中单击"剖切线"，在"显示"→"类型"中选择符合国家标准的剖切符号，设置箭头等需要修改的参数，最后单击"设置"对话框中的"确定"按钮，完成剖切符号的修改。

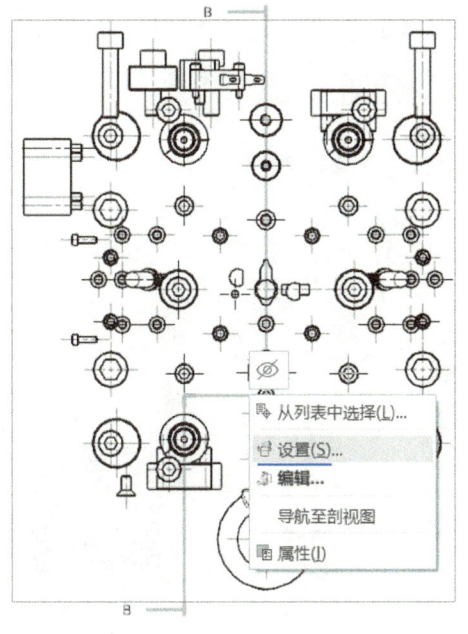

图 4-19 "设置"命令

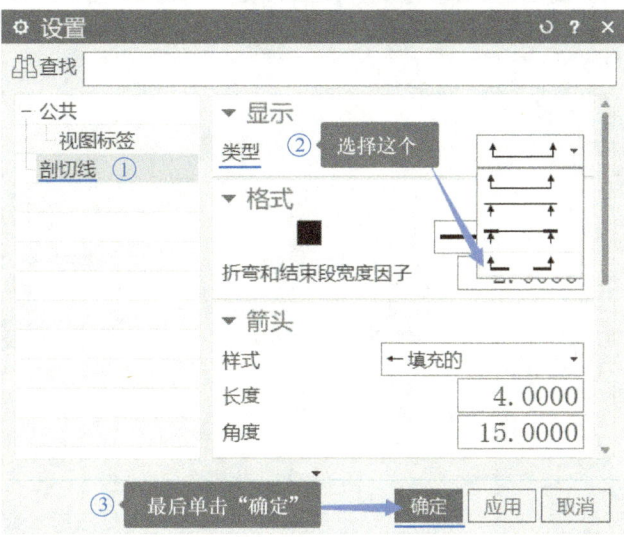

图 4-20 设置剖切符号

如图 4-21 所示,单击"主页"→"视图中剖切"命令;在弹出的"视图中剖切"对话框中,选择全部(4个)视图,在绘图区框选所有零件,再在对话框中点选"变成非剖切",最后单击"视图中剖切"对话框中的"确定"按钮。4个视图中的零件如果要变成剖切,还需要单击主菜单中的"更新视图"命令。

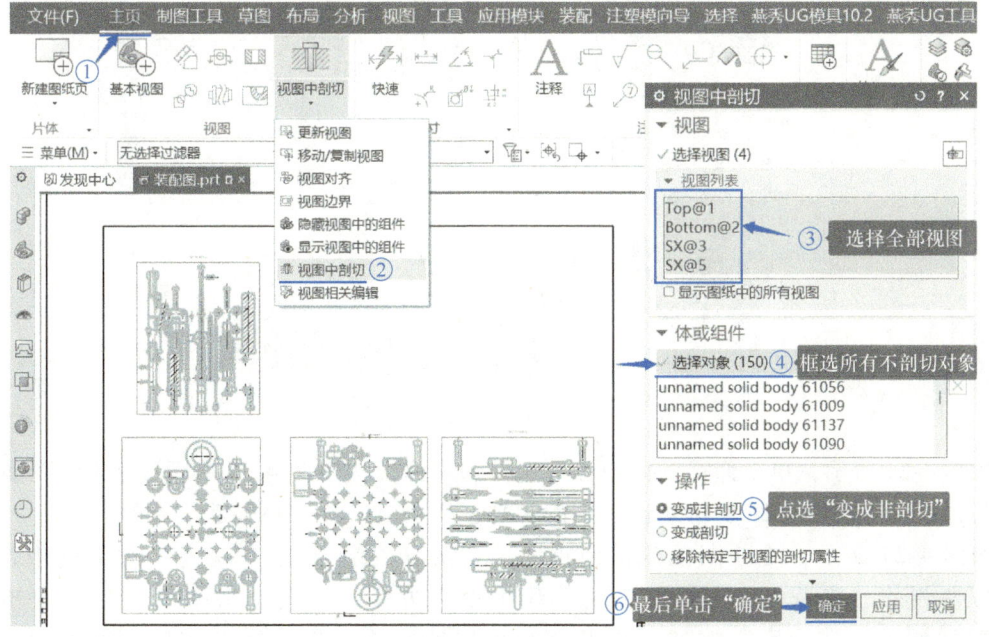

图 4-21 设置非剖切

如图 4-22 所示，单击"菜单"→"格式"→"视图中可见图层"命令，弹出"视图中可见图层"对话框；直接在绘图区点选俯视图的边界，弹出图 4-23 所示的对话框。

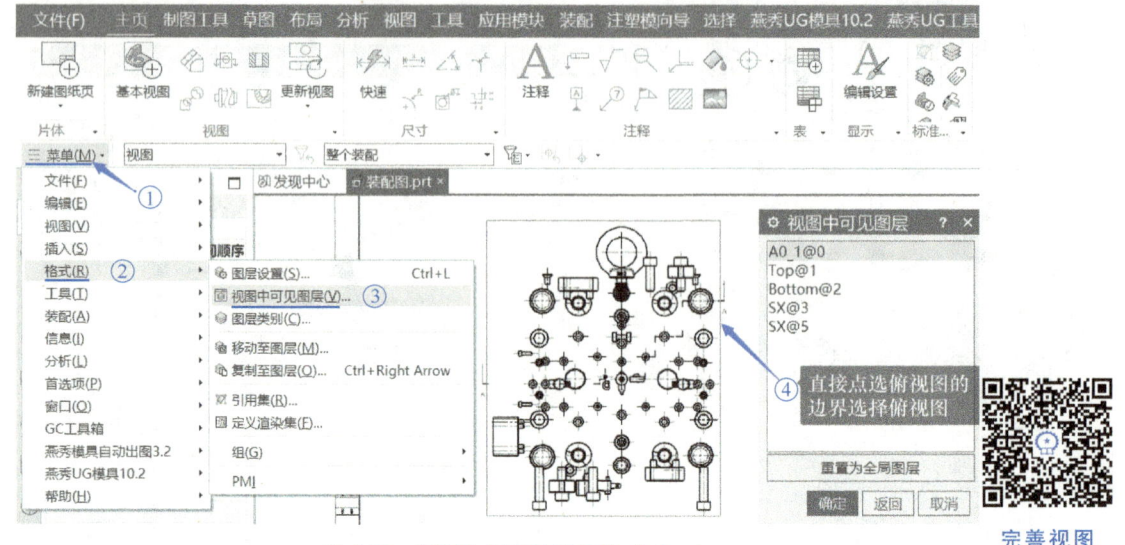

图 4-22 "视图中可见图层"命令

如图 4-23 所示，在"图层"列表中单击"1 可见"，再单击"视图中可见图层"对话框中的"不可见"按钮（或者鼠标左键双击"1 可见"），最后单击"视图中可见图层"对话框中的"确定"按钮，关闭俯视图第 1 层的可见性。

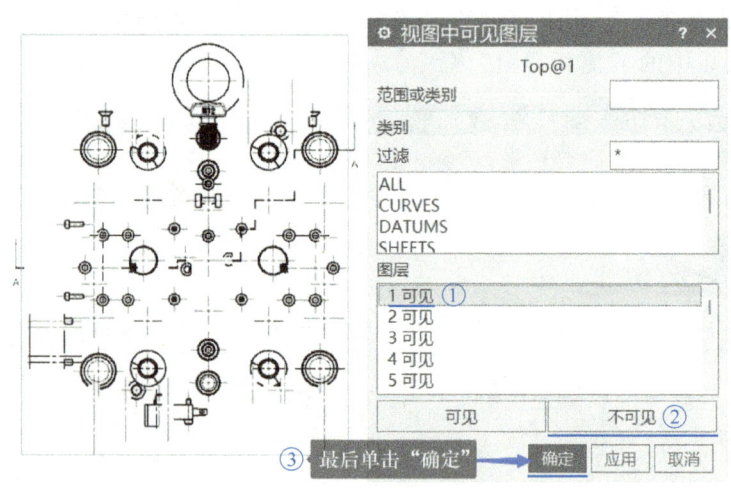

图 4-23 设置第 1 层不可见

如图 4-24 所示，单击仰视图的边界框选择仰视图。按照图 4-25 所示设置仰视图第 2 层不可见，最后单击图 4-26 所示对话框中的"取消"按钮，结束图层设置命令。

如图 4-27 所示，在绘图区双击俯视图的边界；在弹出的"设置"对话框中，单击对话框左侧的"隐藏线"，将右侧的"不可见"切换到虚线"--------"，最后单击"设置"对话框中的"确定"按钮，打开俯视图中的虚线。用同样的方法打开仰视图中的虚线。

项目四　工程图设计

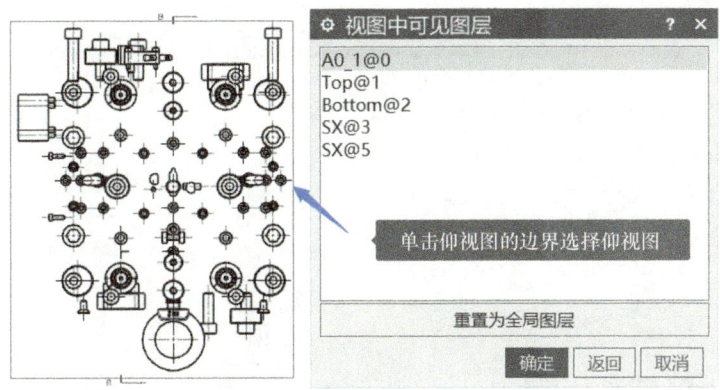

图 4-24　选择仰视图

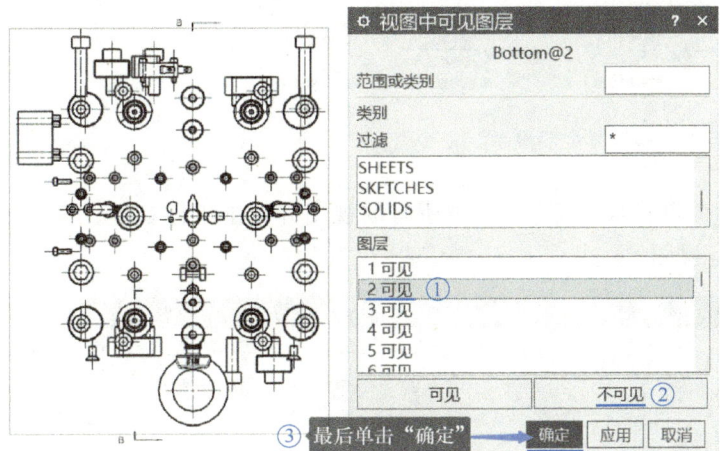

图 4-25　设置第 2 层不可见　　　　　　图 4-26　"视图中可见图层"对话框

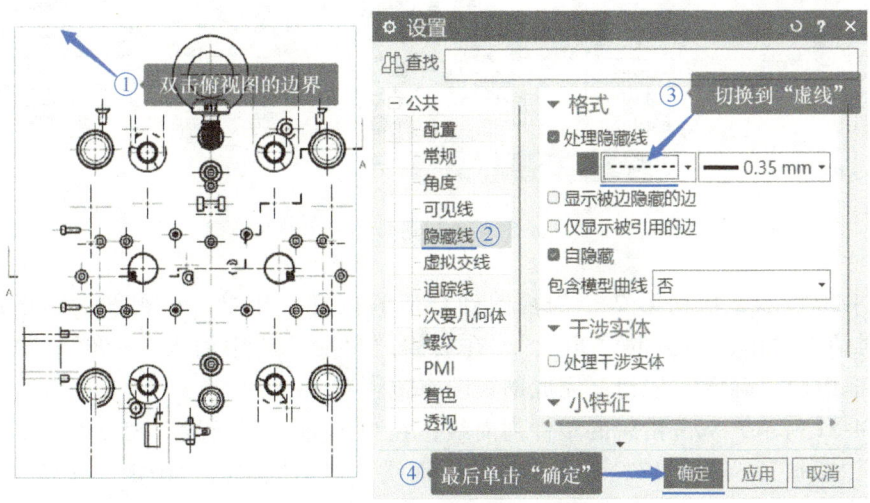

图 4-27　打开虚线显示

207

如图 4-28 所示，单击"菜单"→"编辑"→"显示和隐藏"→"全部显示"命令。

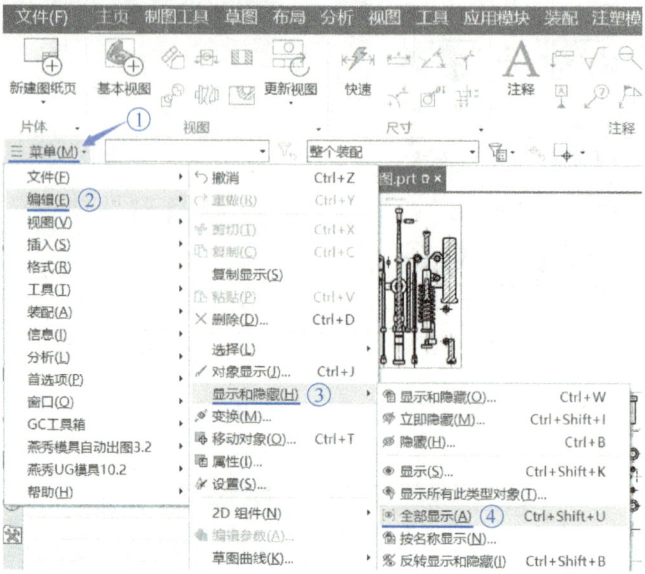

图 4-28 "全部显示"命令

如图 4-29 所示，单击左侧的"部件导航器"，选中所有的视图并单击鼠标右键，在弹出的命令中选择"更新"，更新所有视图。

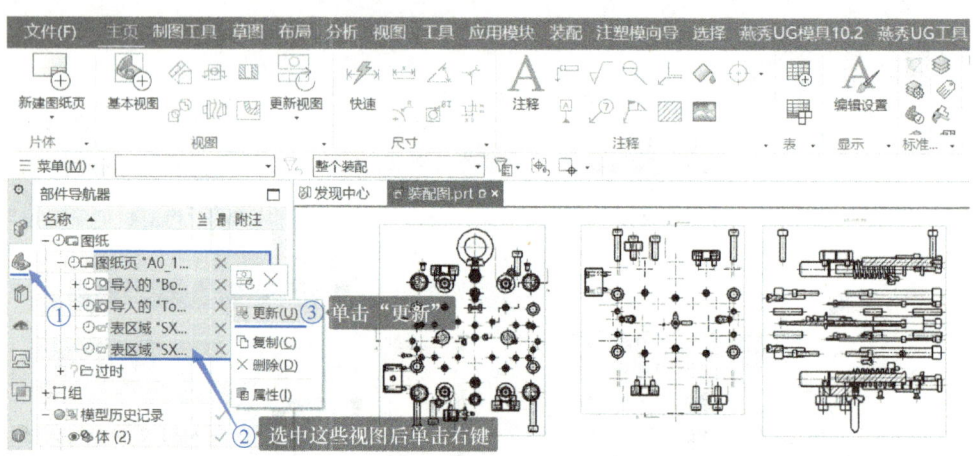

图 4-29 更新视图

如图 4-30 所示，拖动第 2 个剖视图到合适的位置，并双击该视图的边框；在弹出的"设置"对话框中单击左侧的"角度"，在右侧"角度"栏中输入"-90"，最后单击"设置"对话框中的"确定"按钮，完成剖视图旋转。

如图 4-31 所示，双击错误的塑件剖面线，在弹出的"剖面线"对话框中，"图样"选择"铅"，"距离"调为"1"，最后单击"剖面线"对话框中的"确定"按钮，完成塑件剖面线修改。

项目四 工程图设计

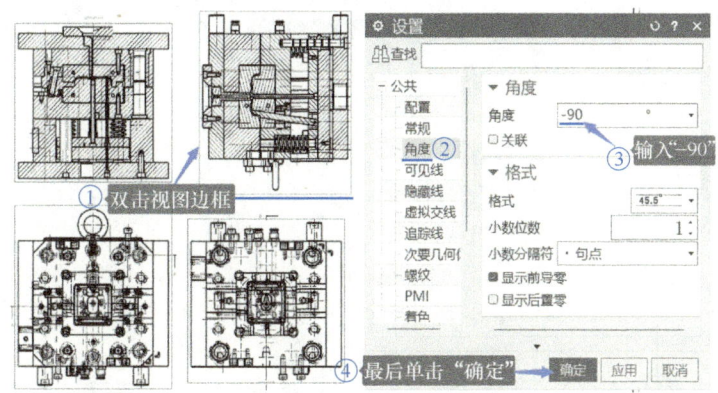

图 4-30 剖视图旋转-90°

如图 4-32 所示，单击"主页"→"基本视图"命令；在弹出的"基本视图"对话框中，单击"部件"，选择"塑件.prt"作为基本视图的部件，选择"俯视图"作为要使用的模型视图，在绘图区的左上角单击选择合适的位置放置俯视图。接下来弹出图 4-33 所示的"投影视图"对话框，在绘图区向上拖动到合适位置放置一个视图，向左拖动放置另外一个视图。调整三个视图的位置，最终的塑件三视图如图 4-34 所示。

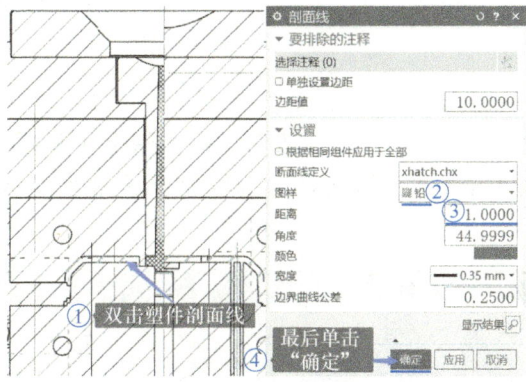

图 4-31 修改剖面线

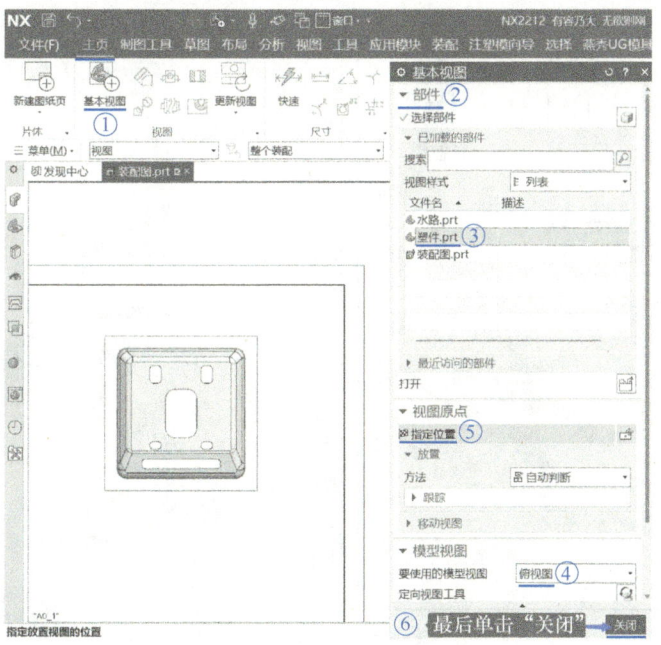

图 4-32 放置产品缩略图

209

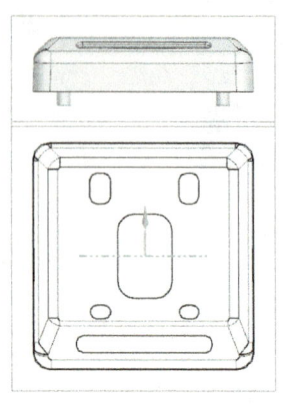 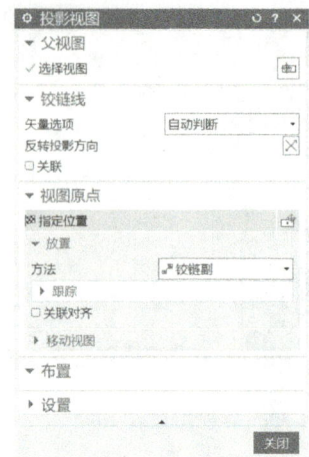 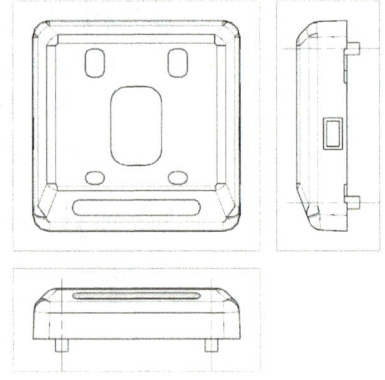

图 4-33　投影视图　　　　　　　图 4-34　塑件三视图

如图 4-35 所示，单击"主页"→"基本视图"命令；在弹出的"基本视图"对话框中，单击"部件"，选择"水路.prt"作为基本视图的部件，选择"正等测图"，然后在绘图区的右上角单击选择合适的位置放置水路的正等测图。二维装配图的基本视图结果如图 4-36 所示。

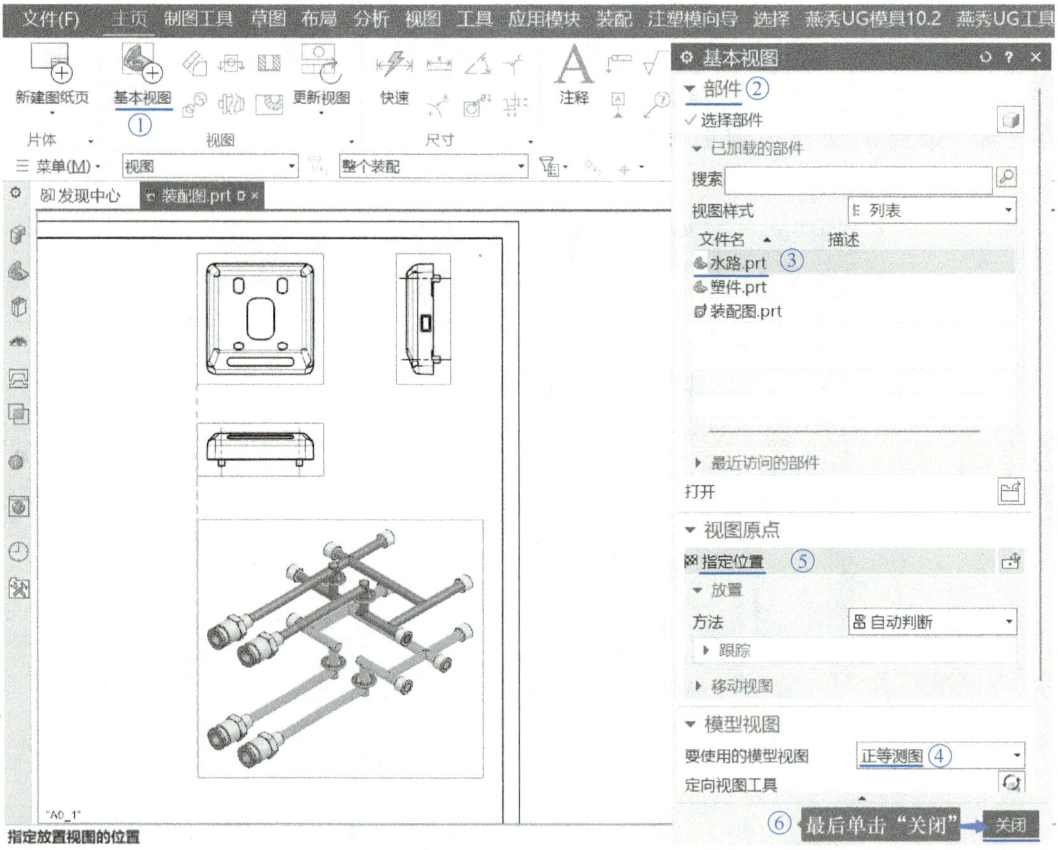

图 4-35　水路正等测图

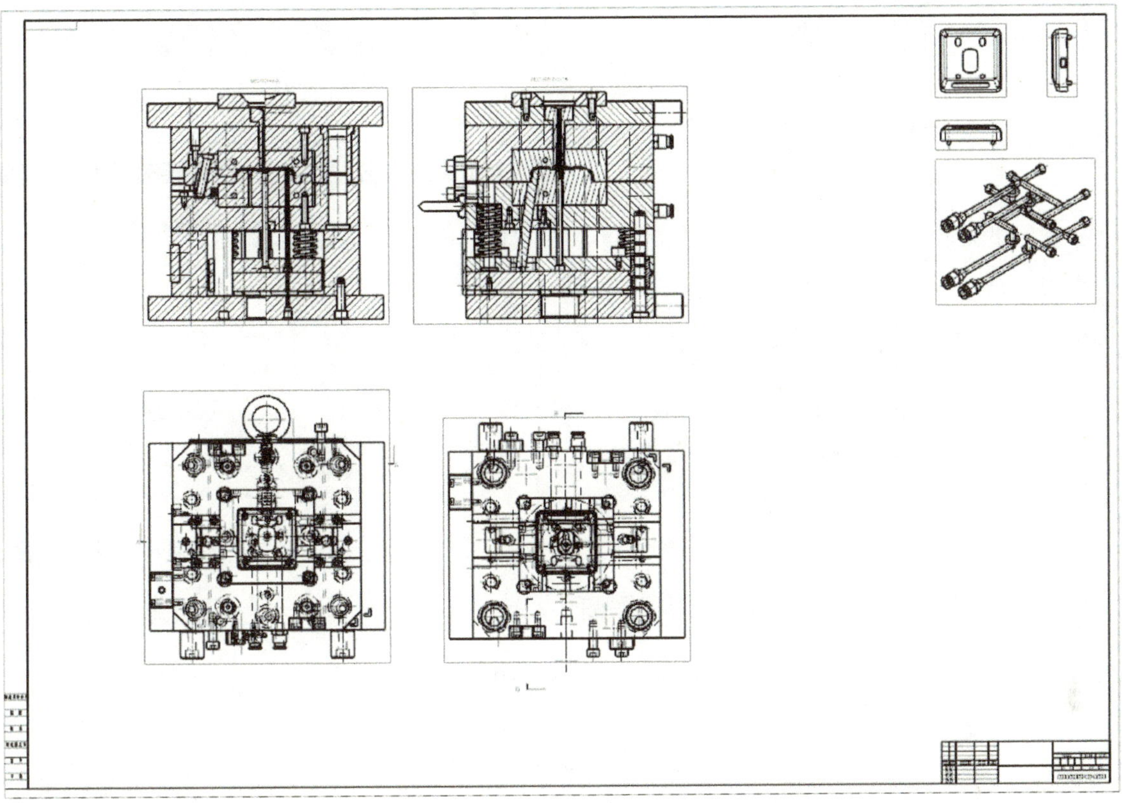

图 4-36 二维装配图的基本视图

任务三　细化装配图视图

用 NX 继续完成二维装配图的标注、明细表等也是可以的，但如果用专业软件，速度上会提升不少。

1. 图样的导出与导入

如图 4-37 所示，单击 "文件"→"导出"→"AutoCAD DXF/DWG" 命令，在弹出的对话框中单击 "浏览" 图标；如图 4-38 所示，在弹出的对话框中设置导出路径和导出的文件名并单击 "确定" 按钮；最后单击图 4-37 所示对话框中的 "完成" 按钮，导出格式为 "*.dwg" 的二维图。

初识中望机械 CAD 和龙腾塑胶模

注意：①图样文件导出前一定要先保存，否则导出的图可能不完整或者没有。②安装 NX 的时候，一定要确保安装 "转换器" 模块，否则无法导出 DWG 格式的文件。具体的做法如图 4-39 所示，在 "转换器" 前面的图标上单击，在弹出的选项中选择 "整个功能将安装在本地硬盘上"。

塑料模具CAD/CAM/CAE

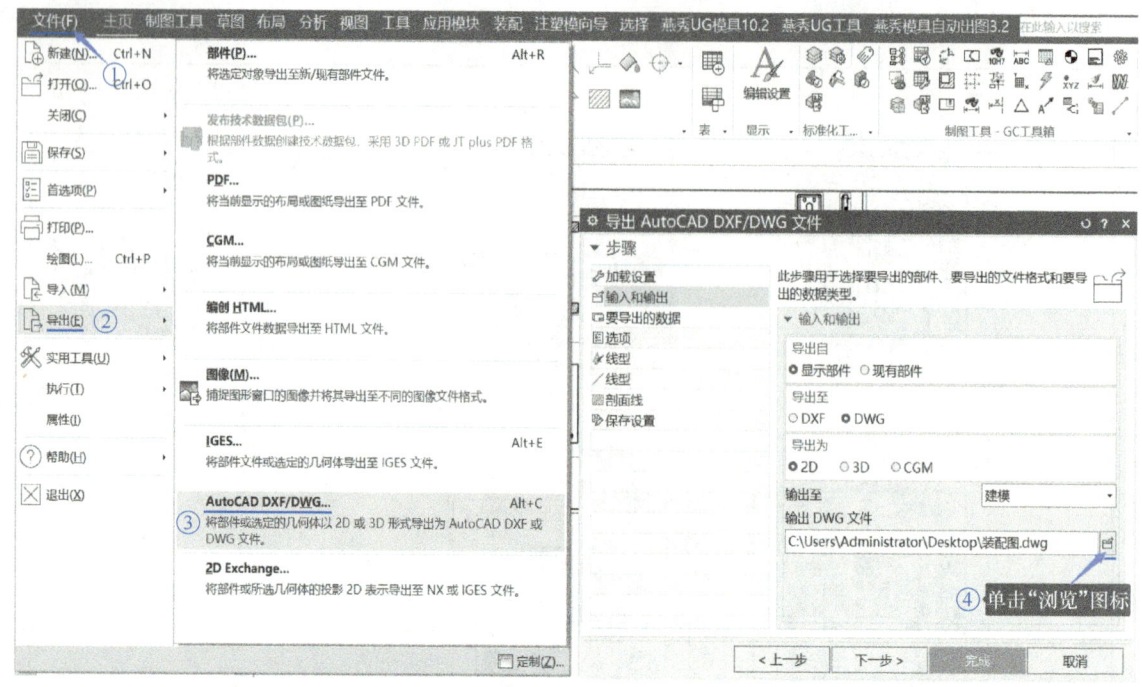

图 4-37 导出 DWG

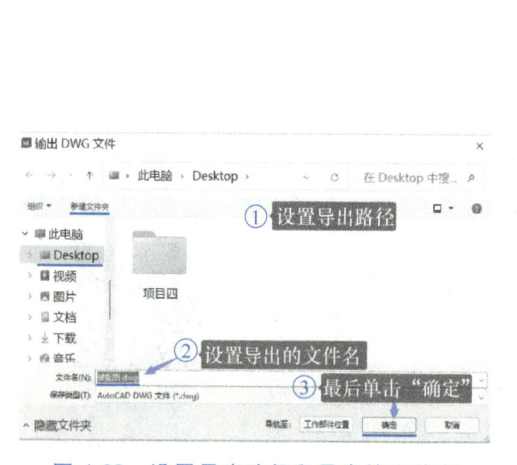

图 4-38 设置导出路径和导出的文件名

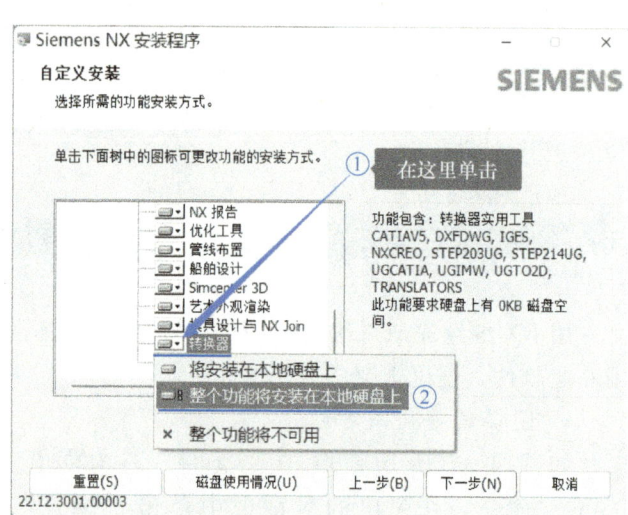

图 4-39 选择"转换器"模块

启动中望龙腾塑胶模具，如图 4-40 所示。单击"打开"命令，在弹出的"选择文件"对话框中，选择从 NX 导出的 2D 装配图，单击"打开"按钮，打开刚才导出的格式为"*.dwg"的二维工程图样。

2. 创建图层及图线清理

单击"TSD_LAYER"工具条上的任一个中文字的命令，如单击图 4-41 所示的"中"，软件自动建立绘图需要的图层。本例单击这个命令后会新建 26 个图层。

项目四　工程图设计

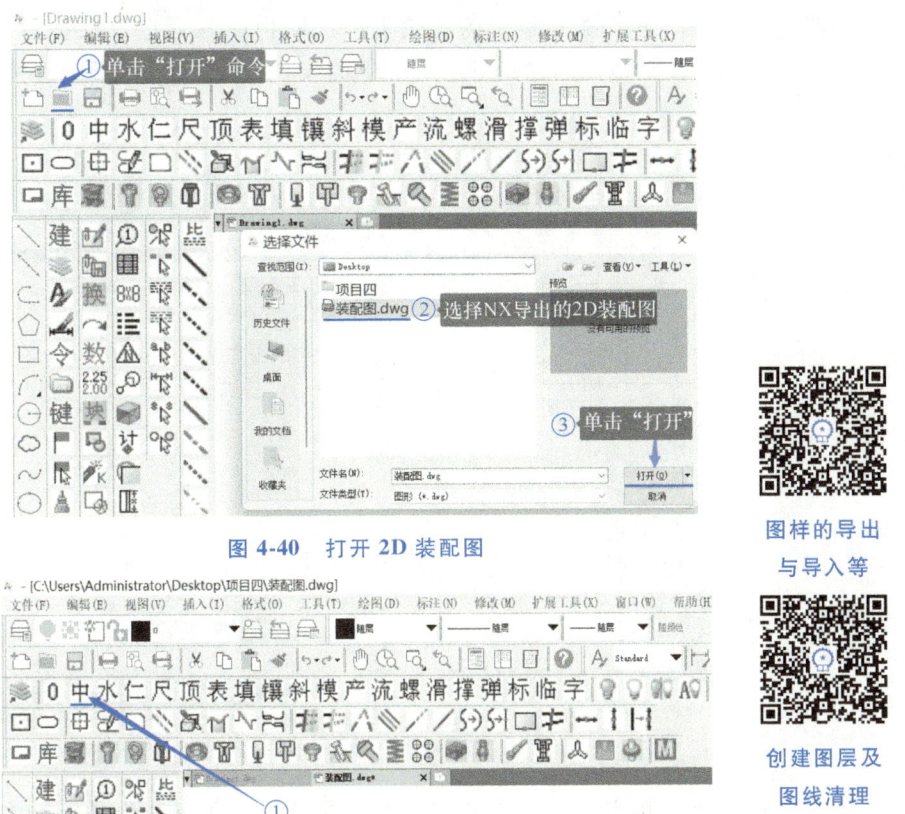

图 4-40　打开 2D 装配图

图 4-41　新建图层

如果对新建的图层不满意，可以单击菜单栏中的"图层特性管理器"命令（快捷键"LA"），打开"图层特性管理器"对话框，单击需要修改的图层，可重新设置图层的名称、线型、线宽和颜色，如图 4-42 所示。

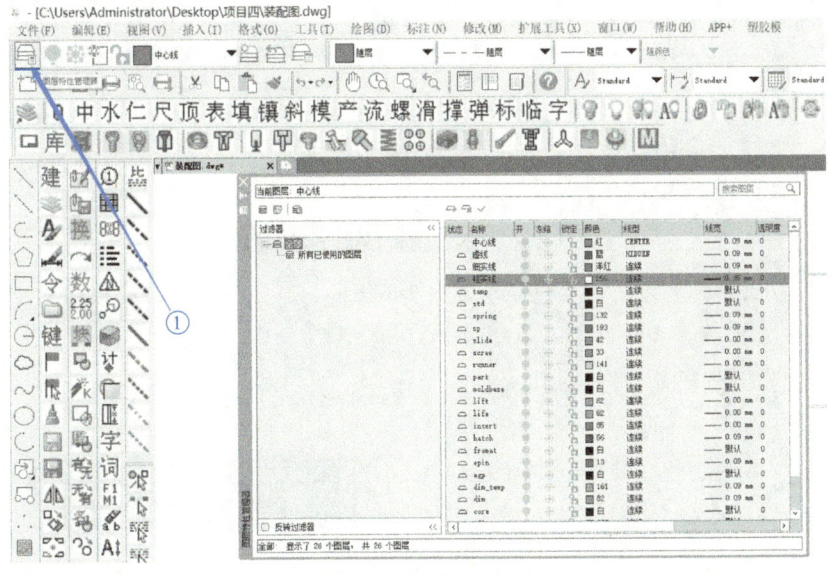

图 4-42　重新设置图层

213

如图 4-43 所示，单击菜单栏中的"按类型选取物体"命令（快捷键"FS"），在绘图区单击任一剖面，按空格键后会选到所有的剖面线，按<Delete>键删除所有剖面线。

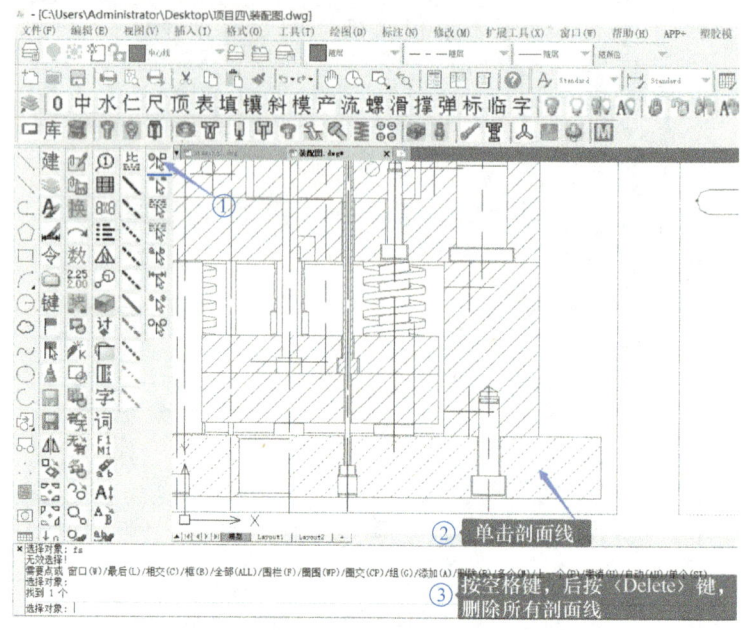

图 4-43　删除剖面线

如图 4-44 所示，单击菜单栏中的"按颜色及线型选取物体"命令（快捷键"FS3"），在绘图区单击任一视图的一条视图边框线，按空格键后会选到所有视图的边框线，再按<Delete>键删除所有视图的边框线。

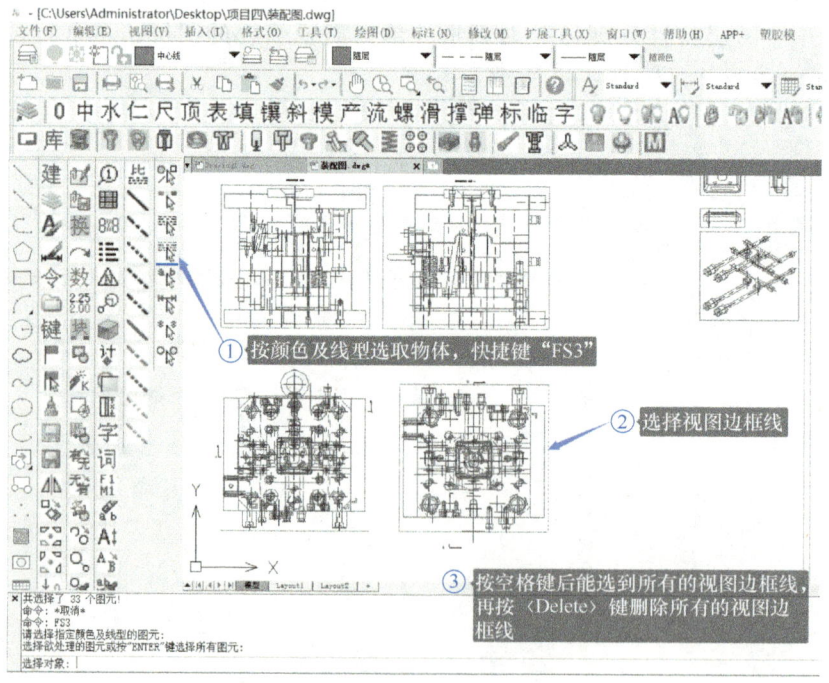

图 4-44　删除视图边框线

如图 4-45 所示，框选不太标准的图框和标题栏，按<Delete>键删除。

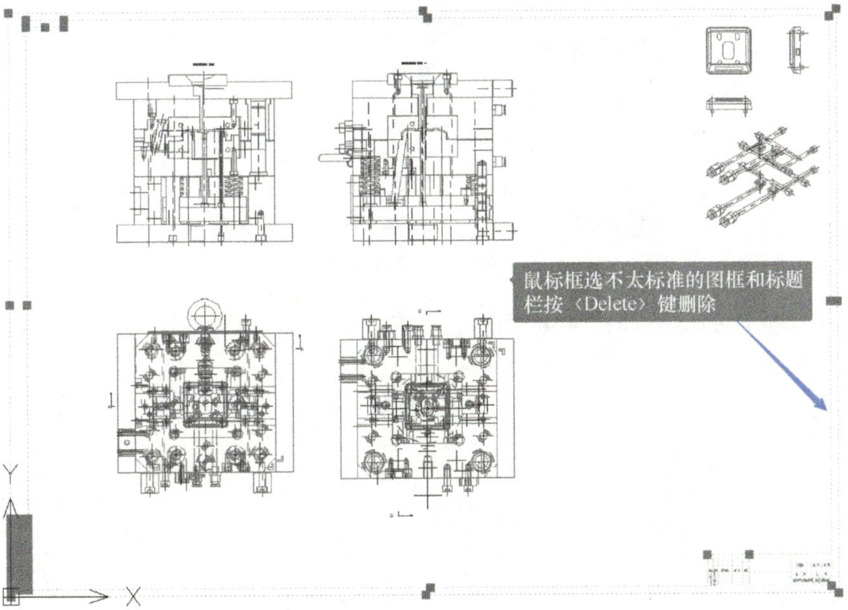

图 4-45 删除图框和标题栏

如图 4-46 所示，单击菜单栏中的"按颜色及线型选取物体"命令（快捷键"FS3"），在绘图区单击任意一条中心线，按空格键后会选到所有的中心线，在图层工具条中将图层切换到"中心线"层，再将颜色、线型、粗细全部设为"随层"，完成视图中心线的整理。

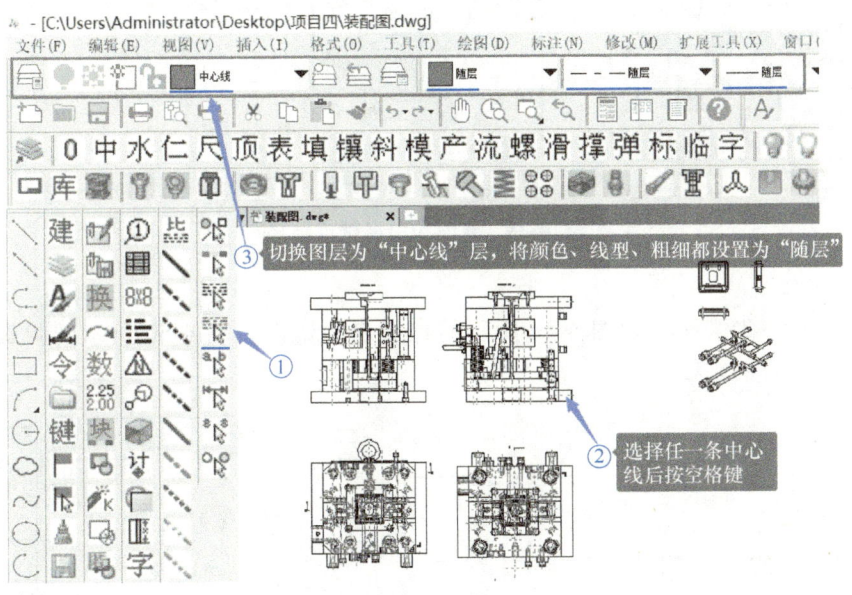

图 4-46 整理中心线层

用同样的方法整理粗实线层和虚线层。

在命令栏输入"LW"，按空格键，在弹出的"线宽设置"对话框中按照图 4-47 所示设置参数，最后单击该对话框中的"确定"按钮，打开线宽显示。

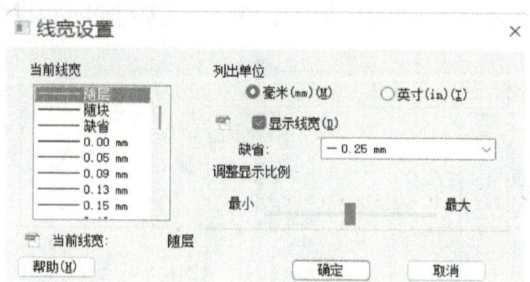

图 4-47 线宽设置

线型和图层整理的结果如图 4-48 所示。

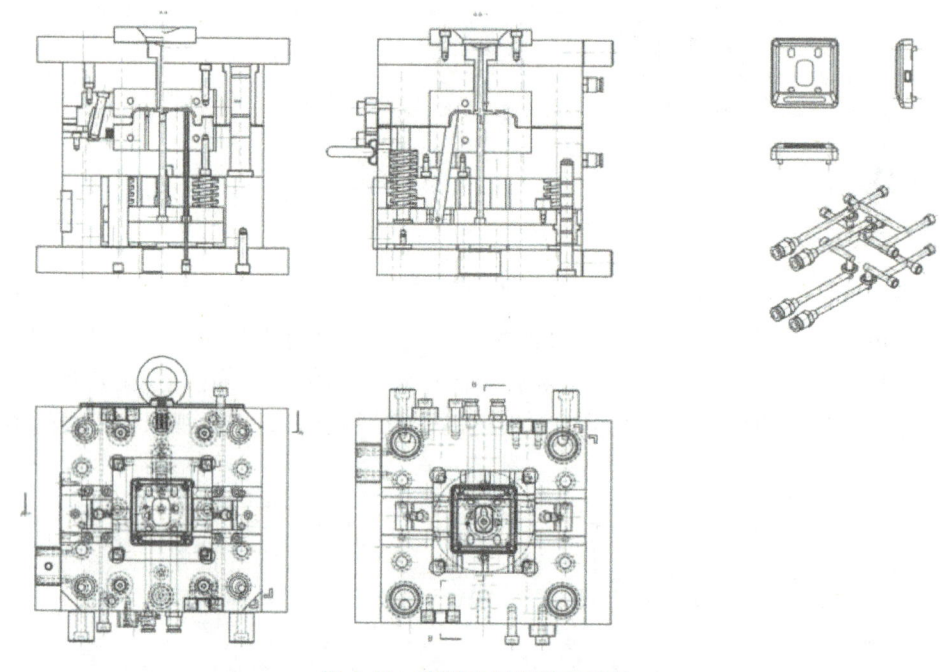

图 4-48 线型和图层整理结果

3. 修改图线

视图中还有一些错误，如图 4-49 所示的螺钉表达错误，图 4-50 所示的弹簧表达错误。另外，还有较多的重复线。

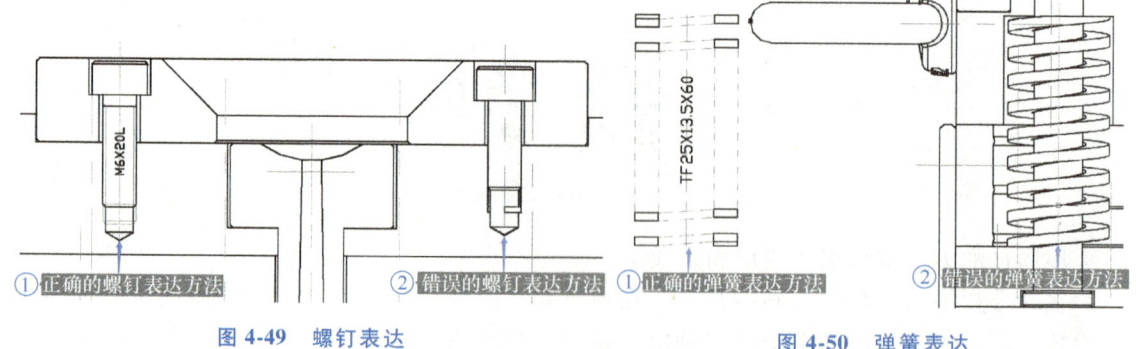

图 4-49 螺钉表达　　　　图 4-50 弹簧表达

如图4-51所示，在①处单击后向右下方移动鼠标，在②处再次单击即可选中螺钉，按<Delete>键删除该螺钉。

如图4-52所示，单击菜单栏中的"内六角螺丝"命令（快捷键"SWW"）；在弹出的"内六角螺丝"对话框中，选择绘制内六角螺钉主视图，选择M6大小的"公制"螺钉后单击该对话框中的"确定"按钮，在绘图区单击A点和B点，完成内六角螺钉的绘制，结果如图4-53所示。用同样的方法完成所有螺钉的更改。

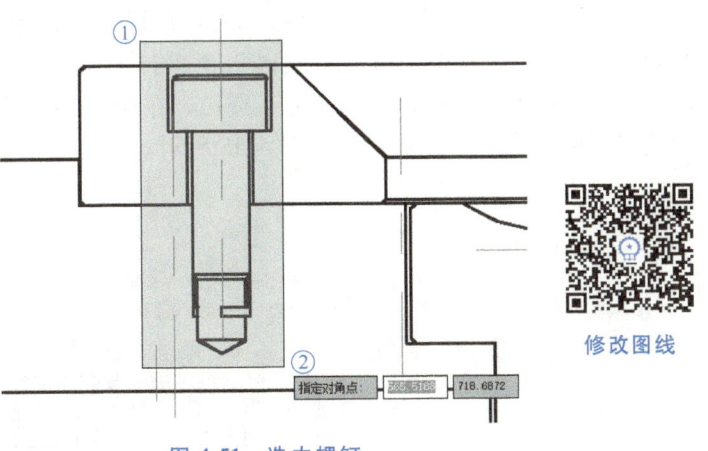

修改图线

图 4-51 选中螺钉

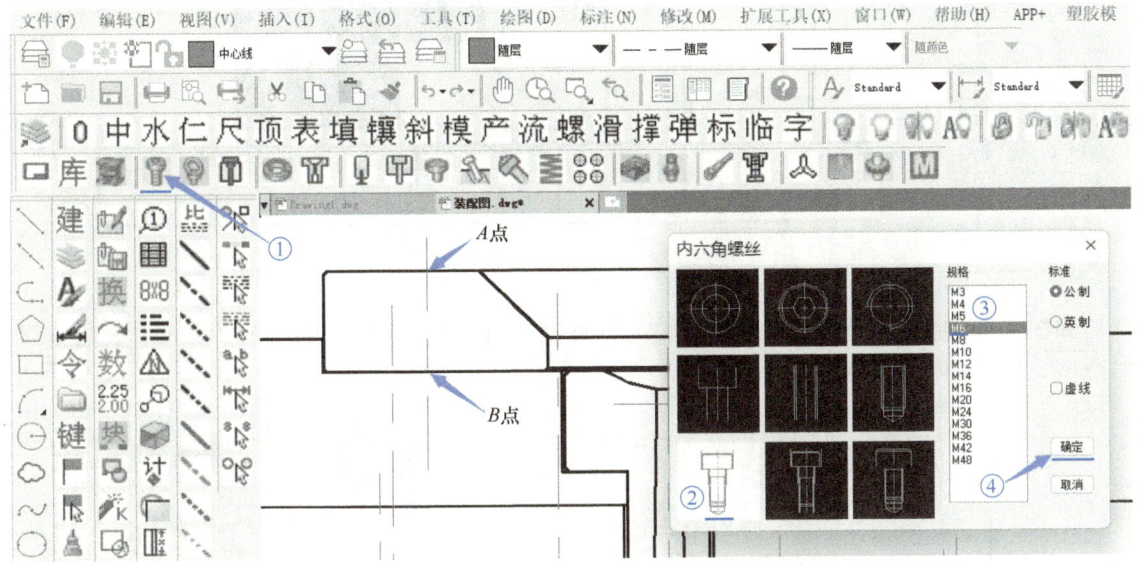

图 4-52 绘制螺钉

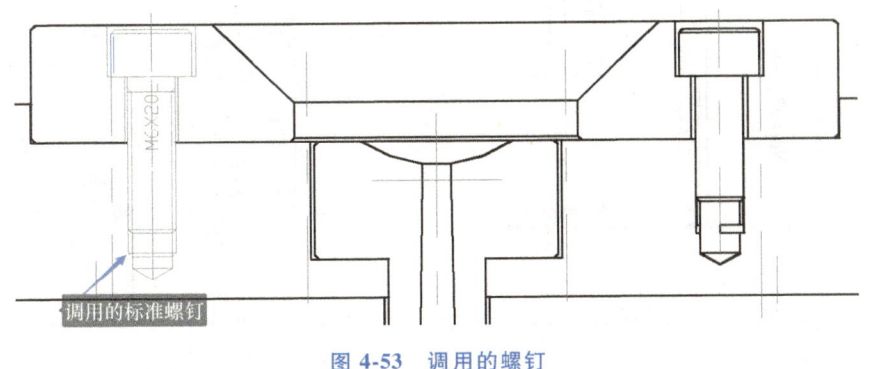

图 4-53 调用的螺钉

如图 4-54 所示，单击菜单栏中的"内六角螺丝"命令（快捷键"SWW"）；在弹出的"内六角螺丝"对话框中，选择绘制内六角螺钉主视图，选择 M12 大小的公制螺钉，勾选"虚线"后单击该对话框中的"确定"按钮，在绘图区单击 A 点和 B 点，完成虚线内六角螺钉的绘制。虚线螺钉的绘制结果如图 4-55 所示。

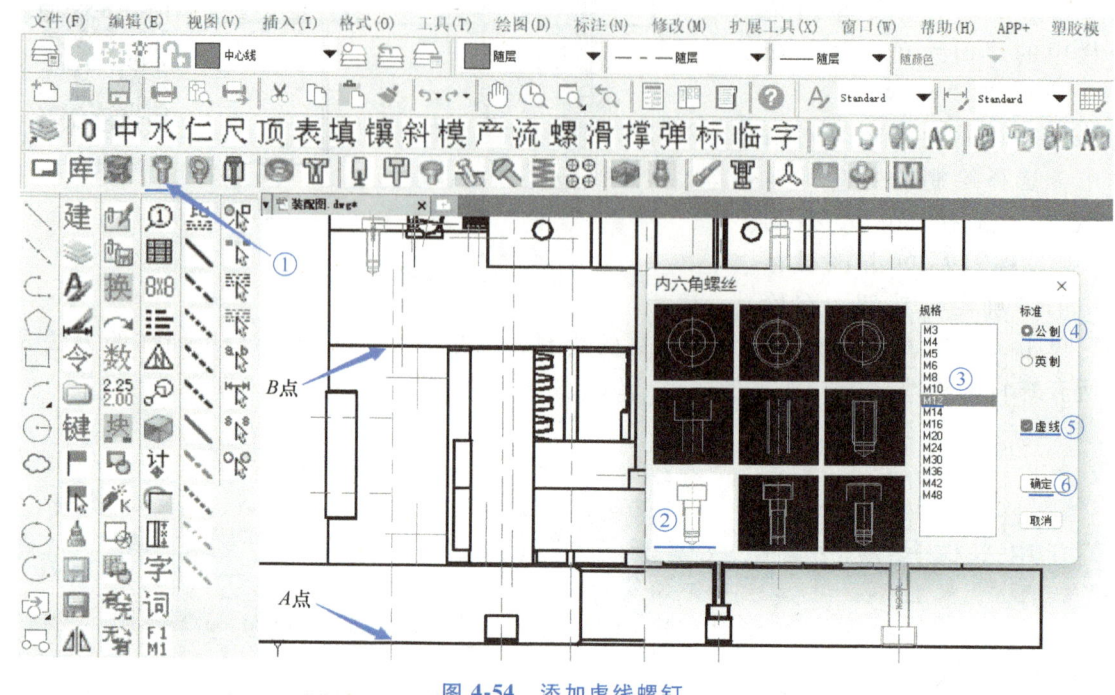

图 4-54 添加虚线螺钉

如图 4-56 所示，在①处单击后向右上方移动鼠标，在②处再次单击即可选中表达错误的弹簧，按<Delete>键删除该弹簧。

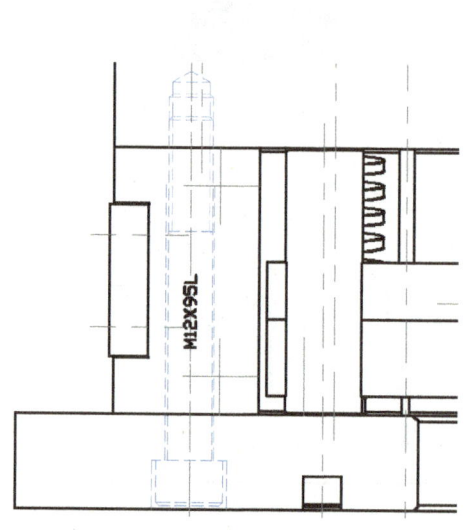

图 4-55 添加虚线螺钉结果

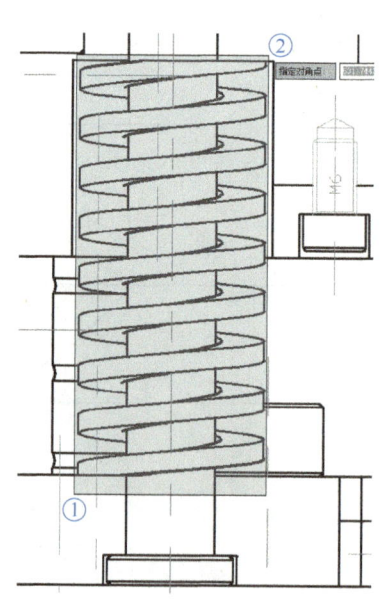

图 4-56 选择表达错误的弹簧

注意：在 CAD 软件中，用鼠标左键框选图素时，从右向左选择和从左向右选择是不同的。从左向右选择时，被选择的对象需要被完全框选到；而从右向左选择时，只要被选的图素和框有接触或者完全位于框内，就可以被选到。

如图 4-57 所示，单击菜单中的"弹簧"命令；在弹出的"弹簧"对话框中，选择截面是矩形弹簧的主视图，选择"轻小载荷（黄）"，选择型号"TF 25×13.5×60"，设置预压长度为"3"后单击"弹簧"对话框中的"确定"按钮。如图 4-57 所示，在绘图区依次单击交点 A、弹簧中心线上的点 B、交点 C。弹簧的修改结果如图 4-58 所示。用相同的方法完成所有弹簧的修改。

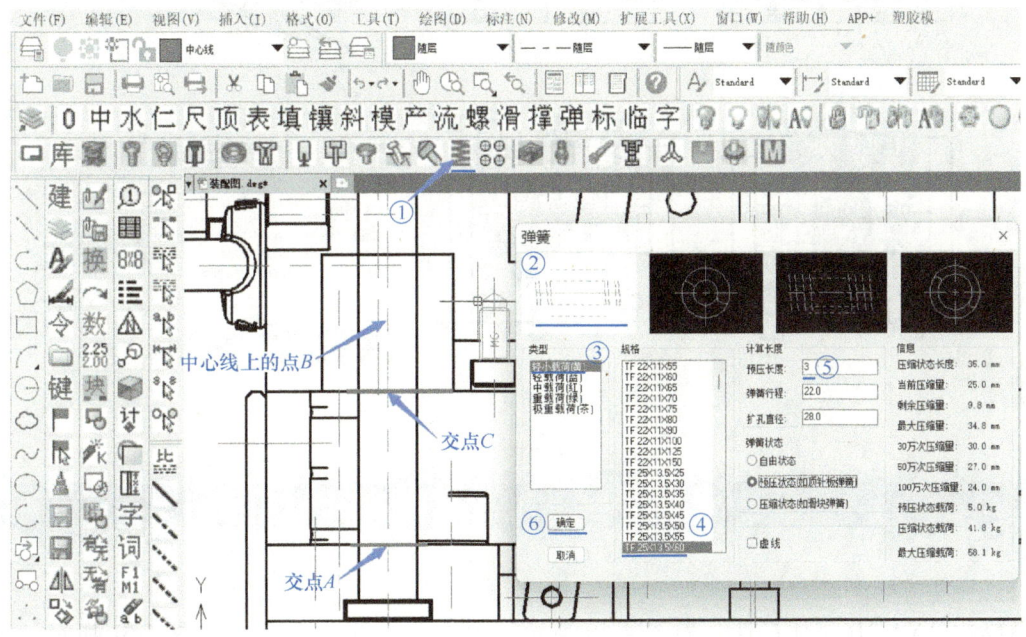

图 4-57　调用弹簧

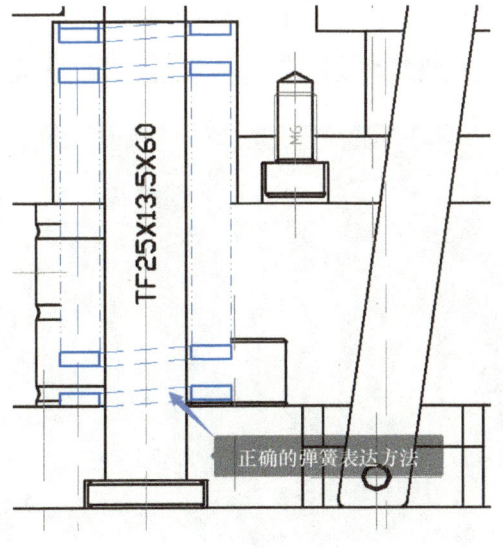

图 4-58　弹簧的修改结果

在命令行输入"OV"（"overkill"命令），按空格键，在绘图区框选所有图素，并单击右键确定，在弹出的"删除重复对象"对话框中单击"确定"按钮，软件经过计算会删除重复的对象，如图 4-59 所示。

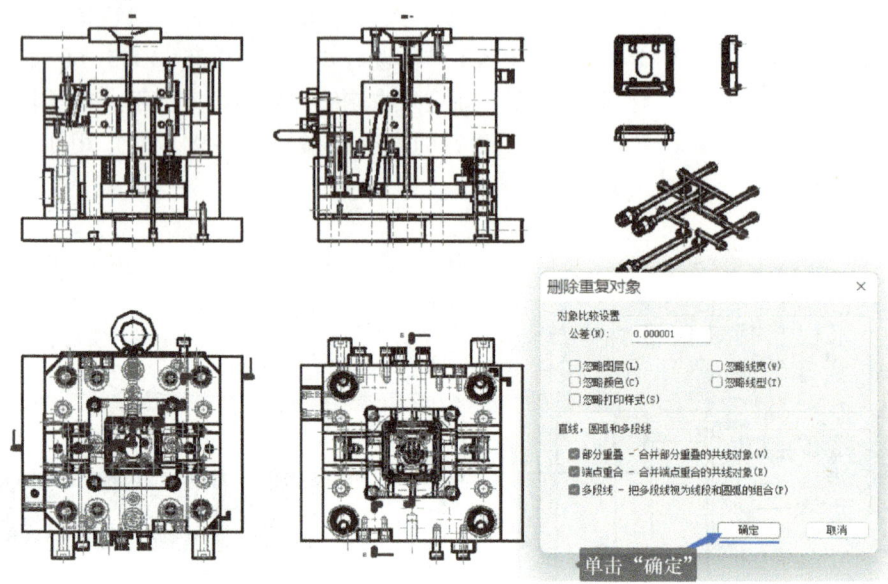

图 4-59 删除重复对象

任务四 细化装配图

1. 调用图框和标题栏

启动 CAXA 3D 实体设计，如图 4-60 所示，单击"打开"命令。如图 4-61 所示，在弹出的"打开"对话框中，文件类型选择"所有文件（*.*）"，然后选择文件路径和需要打开的文件，最后单击"打开"对话框中的"打开"按钮，打开"装配图.dwg"文件。

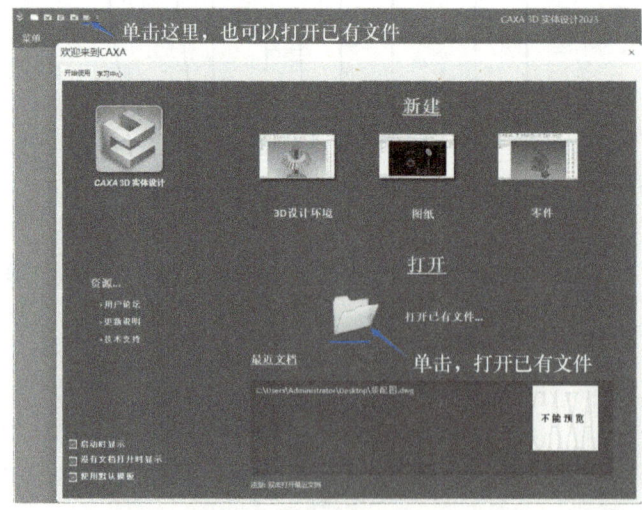

图 4-60 "打开"命令

项目四　工程图设计

调用图框
和标题栏

图 4-61　打开"装配图.dwg"

如图 4-62 所示，单击"图幅"→"图幅设置"命令（快捷键"PA"）；在弹出的"图幅设置"对话框中，"图纸幅面"选"A0"，"加长系数"选"0"，"绘图比例"选 1∶1，点选"横放"，"调入图框"选择"A0A-C-Mechanical（CHS）"，"标题栏"选择"Mechanical-A（CHS）"，"顶框栏"选择"Top_paratitle（CHS）"，其余选项选择默认，最后单击"图幅设置"对话框中的"确定"按钮，调入符合国家标准的图框和标题栏。如果视图位置不合理，可以用"移动"命令，移动视图到合适的位置（方法：输入"M"并按空格键，之后框选要移动的视图，单击右键确定，再单击并移动鼠标将视图移到合适位置后再次单击即可）。

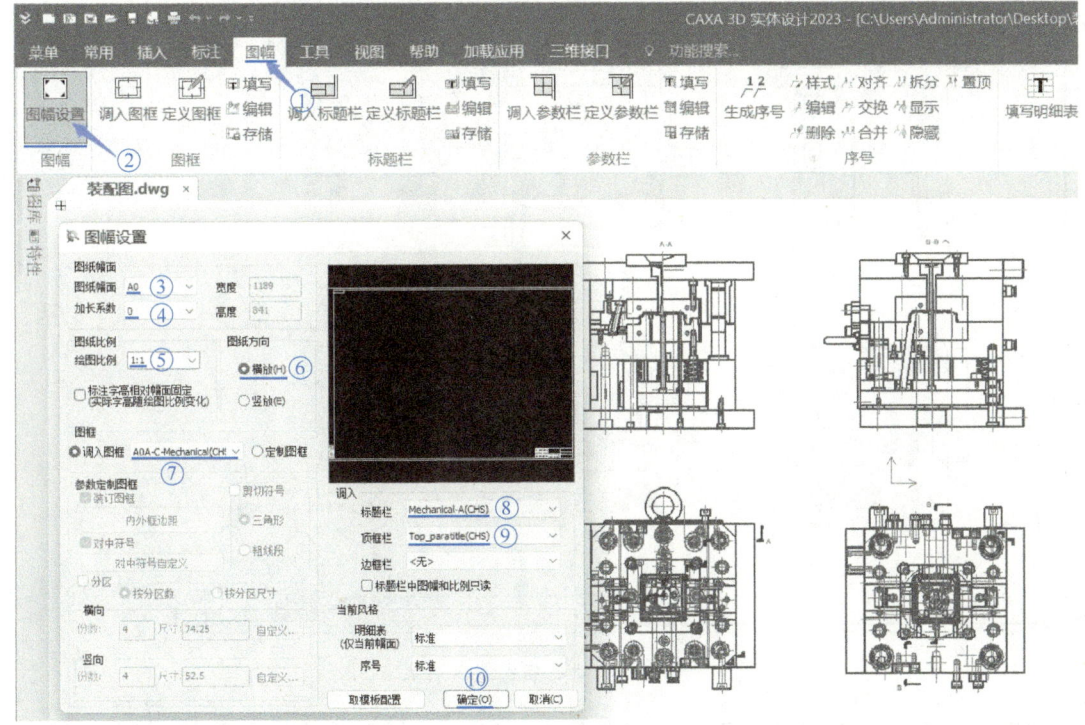

图 4-62　插入图框和标题栏

221

如图4-63所示，双击顶框栏，在弹出的"填写参数栏"对话框中，"图纸编号"中填入"zp"，最后单击"填写参数栏"对话框中的"确定"按钮，完成图纸顶框栏的填写。

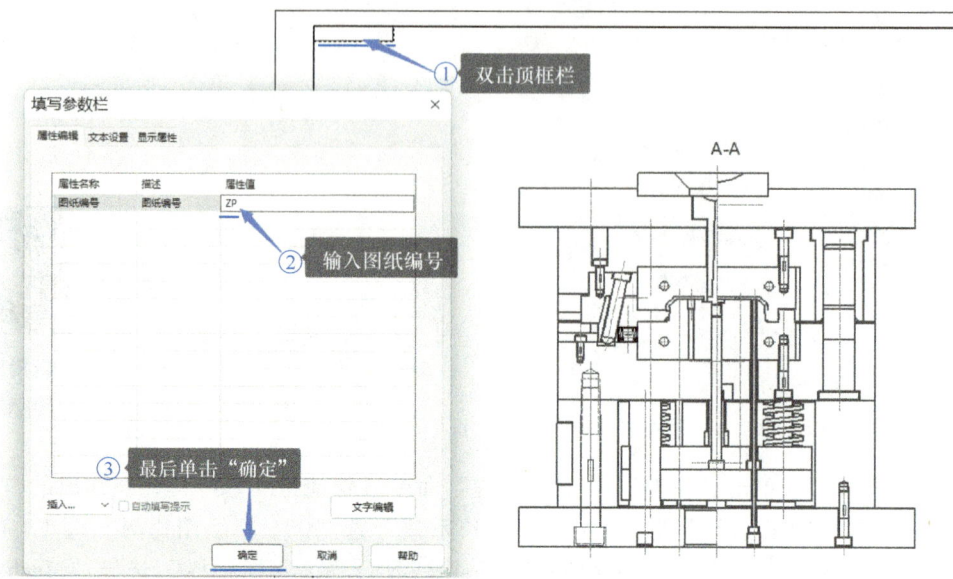

图 4-63　填写顶框栏（一）

如图4-64所示，用同样的方法，双击标题栏，在弹出的"填写标题栏"对话框中，按照实际情况填写。

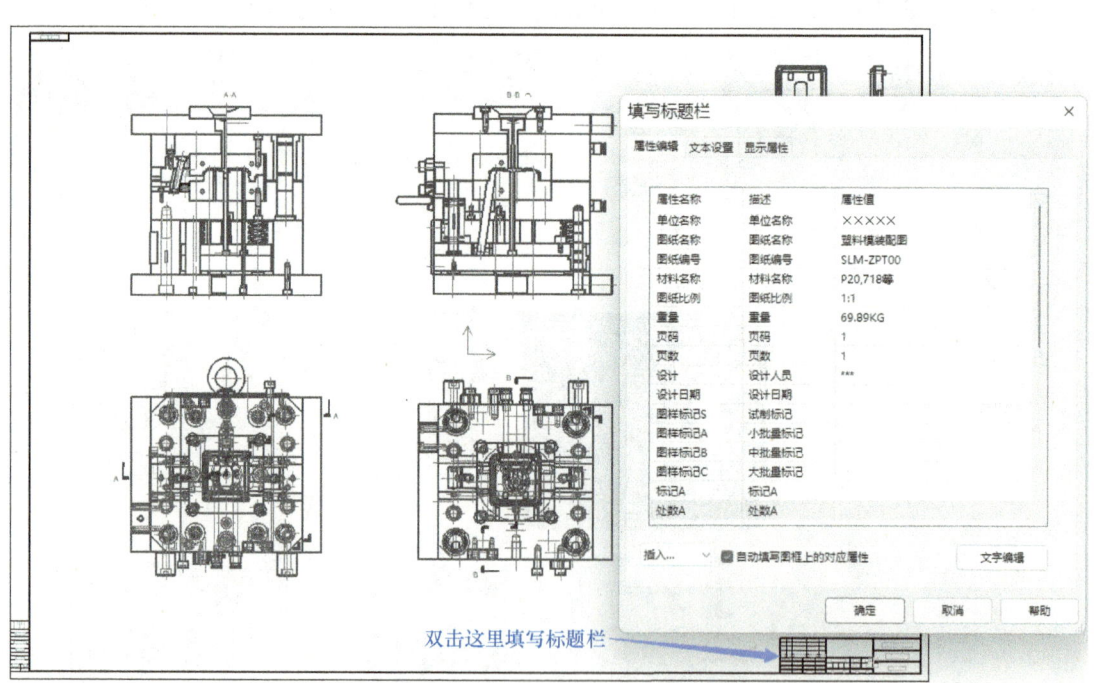

图 4-64　填写顶框栏（二）

如图4-65所示，用"直线"命令（快捷键"L"）、"圆"命令（快捷键"C"）、"自动中心线"命令（快捷键"CL"）绘制第一角画法识别符号。

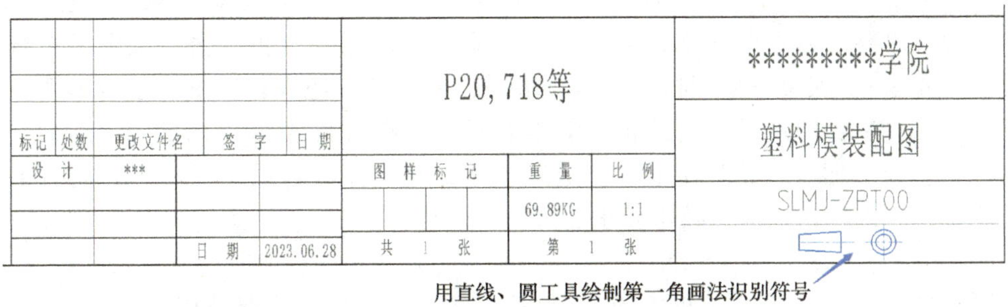

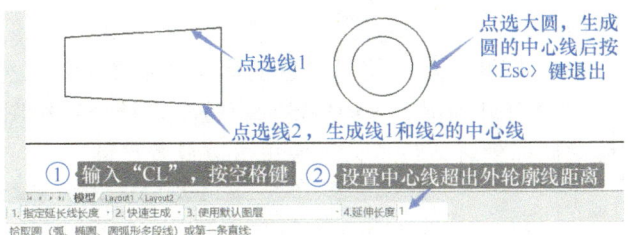

图 4-65 绘制第一角画法识别符号

如图 4-66 所示，第一角画法识别符号的绘制步骤：先用"直线"和"圆"命令绘制一个圆台的主视图和左视图；绘制完成后，输入"CL"并按空格键，设置中心线超出外轮廓线的距离，之后点选线 1，再点选线 2 会生成圆台的轴线，然后点选左视图中的大圆，会生成圆的中心线，最后按<Esc>键退出自动中心线命令。

图 4-66 自动中心线

2. 标注技术要求

如图 4-67 所示，单击"标注"→"技术要求"命令；在弹出的"技术要求库"对话框中，选中"标题内容"里的文字"技术要求"，按<Delete>键删除，在"序号类"中选择"无序号"，按图 4-67 所示手动输入文字，另外单击"标题设置"和"正文设置"可以设置标题字体类型和字高；单击"技术要求库"对话框中的"生成"按钮后，在绘图区 A 点击后并向右下方拖动到 B 点，再次单击，完成产品缩略图区域文字的输入。

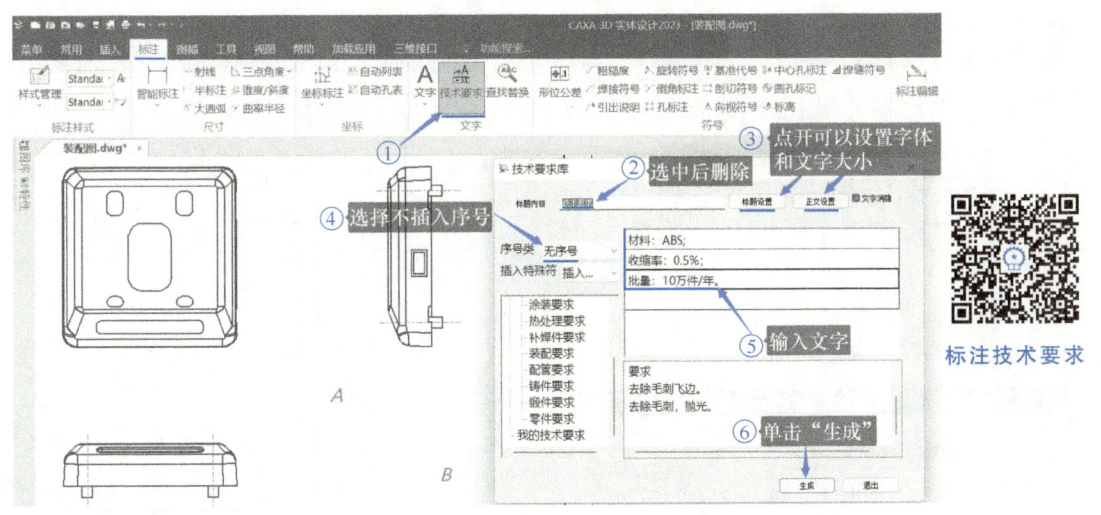

图 4-67 生成技术要求

223

如图4-68所示,单击"标注"→"技术要求"命令;在弹出的"技术要求库"对话框中,在"序号类"中选择"1.2.3.…",在左侧找到合适的技术要求(例如"装配要求"),看到合适的技术要求后直接在这条上双击(注意:不能选中了再双击,选中了再双击是编辑这条技术要求),就可以使用这条技术要求了;单击"标题设置"和"正文设置"(设置为"标准",字高为10)可以设置标题字体类型和字高(设置为"标准",字高为5),最后单击"技术要求库"对话框中的"生成"按钮,在绘图区合适位置单击并向右下方拖动到合适位置,再次单击以放置技术要求。

3. 标注尺寸及文字

如图4-69所示,单击主菜单中的"标注",在"标注样式"复选框中选择"标准",再单击"智能标注"命令(快捷键为"D"),在绘图区塑件的缩略图上选择合适的位置标注塑件的长宽高。

如图4-70所示,使用"智能标注"命令标注尺寸举例(以塑件长的尺寸"67"为例):按<F3>键打开捕捉,按<D>键后再按空格键,在绘图区依次单击A点、B点,松开鼠标并向左移动鼠标到合适位置,再次单击以放置尺寸。

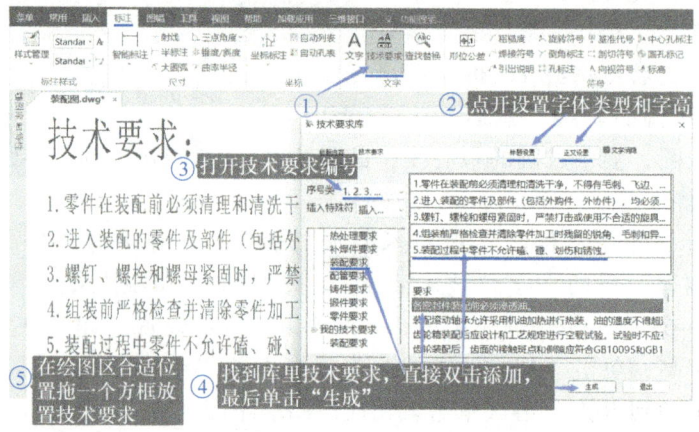

图4-68 插入库里的技术要求

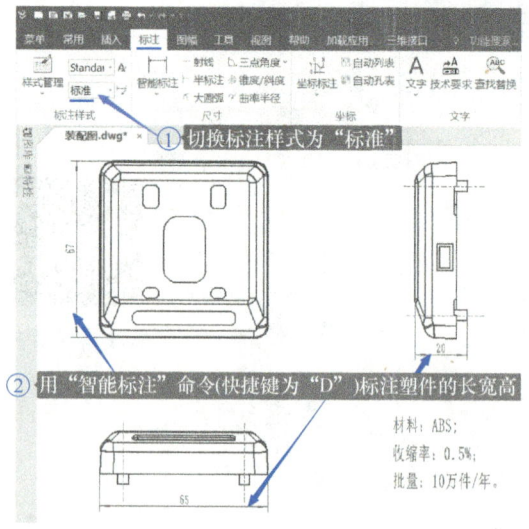

图4-69 标注塑件的长宽高

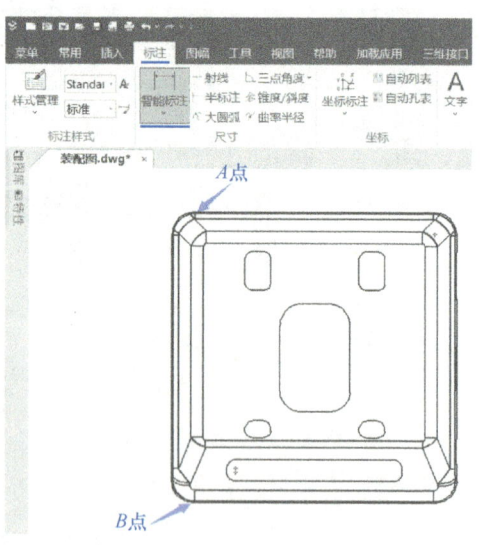

图4-70 智能标注

如图4-71所示，单击"标注"→"文字"命令；在绘图区A点单击后向右下方拖动鼠标到B点，再次单击，在出现的方框中输入"in"并选中该文本，在"文本编辑器"对话框中选择字体样式为"标准"，设置字体的高度为"10"，最后单击"文本编辑器"对话框中的"确定"按钮，完成字体的输入。用同样的方法完成水路出入水口文字标识。

键盘上输入"LE"后按空格键，如图4-72所示，在弹出的"引出说明"对话框中单击"确定"按钮，如图4-73所示，在绘图区水路中心线上依次单击A点、B点后，单击鼠标右键，绘制回路方向示意箭头。用同样的方法绘制若干个示意箭头（也可以用"箭头"命令绘制，快捷键是"ARROW"）。水路示意图的最终结果如图4-74所示。用"直线"命令绘制图4-75所示的4条双点画线作为分界线。

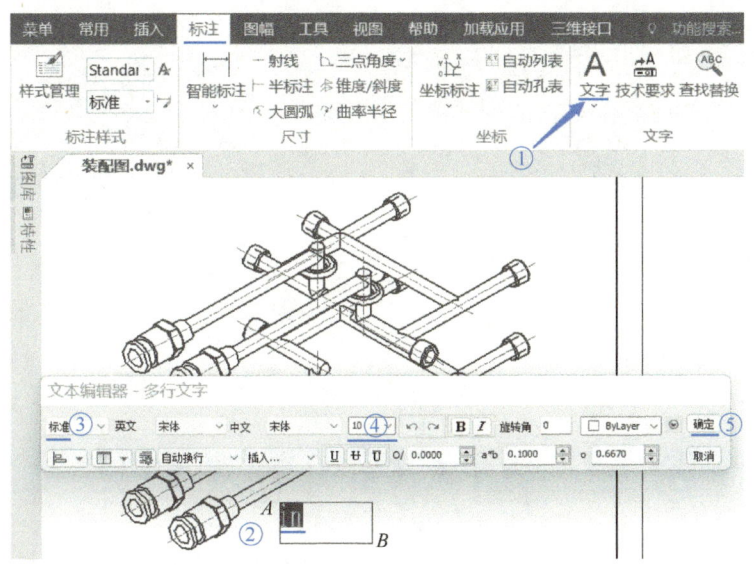

图4-71 输入文字

标注尺寸及文字

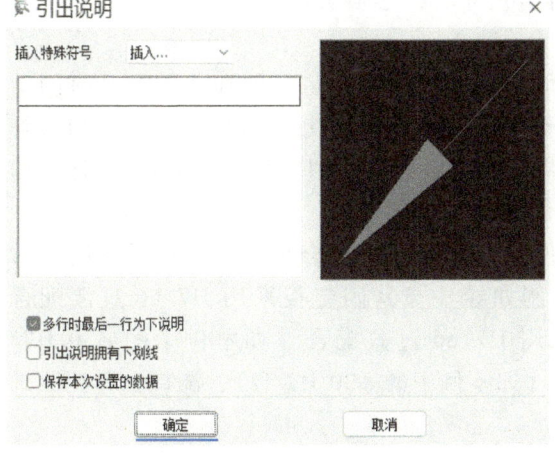

图4-72 引出说明

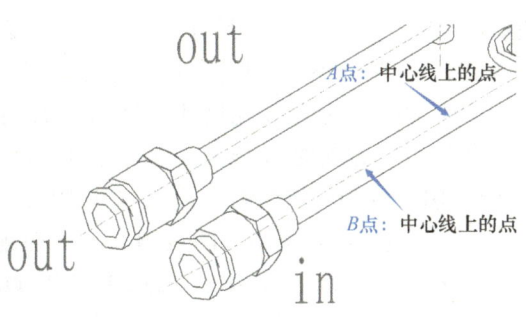

图4-73 绘制箭头说明

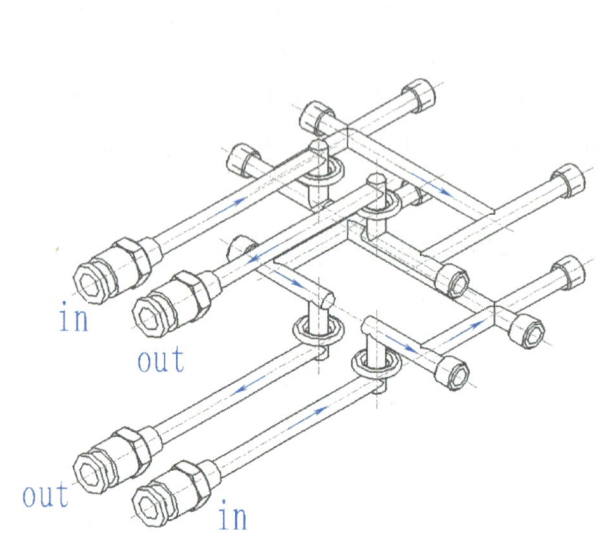

图 4-74 水路示意图最终结果

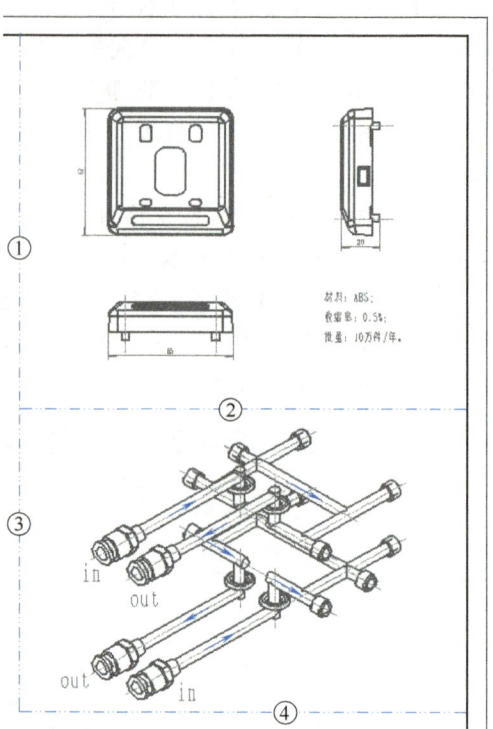

图 4-75 绘制双点画线

任务五　装配图尺寸标注

1. 尺寸种类

装配图不需要标注零件的全部尺寸，只需要标注一些必要的尺寸。需要标注的尺寸按其作用不同，可分为规格（性能）尺寸、装配尺寸、安装尺寸、外形尺寸和其他重要尺寸。一张装配图中也不一定都具有这五类尺寸。在标注尺寸时，必须明确每个尺寸的作用，不需要标出没有意义的结构尺寸。

（1）规格尺寸　即说明机器、部件工作性能或规格的尺寸，是了解和选用产品时的主要依据。如胶塞（阻尼套）直径、吊环的规格尺寸"M12"、日期章直径"$\phi 4$"、冷却水管直径"$\phi 6$"、模具站脚的尺寸"$4 \times \phi 25$"、复位弹簧的规格尺寸"TF 25×13.5×60"、计数器的规格尺寸"CVPL-200D"，以及螺钉的规格尺寸等。

（2）装配尺寸　装配尺寸包括保证有关零件间装配性质的配合尺寸、保证零件间相对位置的尺寸、装配时进行加工的有关尺寸等。例如导柱与其固定板采用 H7/k6 过渡配合（如本例中的 $\phi 20$ H7/k6），导套与其固定板采用 H7/n6 过盈配合（如本例中的 $\phi 30$ H7/n6），导柱与导向孔采 H7/f7 或 H8/f8 间隙配合（如本例中的 $\phi 20$ H7/f7）、浇口套和型腔采用过渡配合 H7/m6（如本例中的 $\phi 12$ H7/m6）。

（3）安装尺寸　指将机器或部件安装到地基上，或者部件与其他零部件相连接时所需要的尺寸。例如上模座板厚度"25"、下模座板厚度"25"、定位圈的直径"$\phi 100$"、模具的闭合厚度"231"（从下模座板底部到上模座板最上面的高度），水嘴的规格尺寸"1/8-φ8"、顶棍孔尺寸"φ40"等。

（4）外形尺寸　即机器或部件外形轮廓的总长、总宽、总高尺寸。它反映了机器或部件的体积大小，即该机器或部件在包装、运输和安装过程中所占空间的大小。

（5）其他重要尺寸　指除以上4类尺寸外，在设计中确定的、在装配或使用中必须说明的尺寸。例如本例中A、B板间距"1"、分型面标识、模仁大小"100×100"、滑块斜导柱的角度尺寸"78°"、斜顶的角度尺寸"82°"、顶出距离"20"、滑块限位距离、限位拉杆行程等。

2. 尺寸标注

吊环的规格尺寸"M12"、计数器的规格尺寸"CVPL-200D"、水嘴的规格尺寸"1/8-φ8"等通常会标记在明细表的备注栏中。螺钉、弹簧等规格尺寸在用中望龙腾塑胶模细化装配图视图时已经自动生成了。参照图4-70所示的方法标注上面提到的所有线性尺寸、滑块斜导柱的角度尺寸78°、斜顶的角度尺寸82°，以及冷却水管直径"φ6"，如图4-76～图4-78所示。

装配图尺寸标注

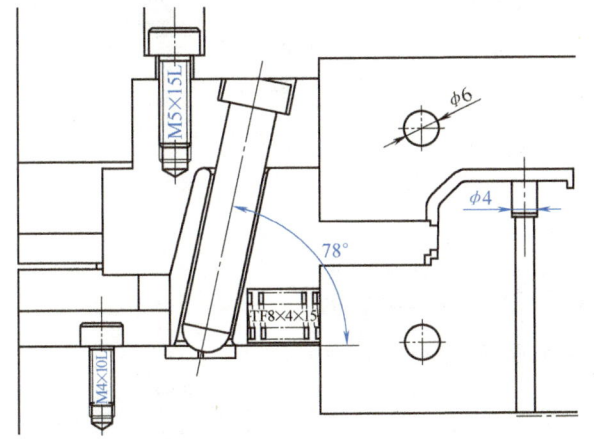

图4-76　螺钉、日期章的规格尺寸与斜导柱的角度尺寸标注

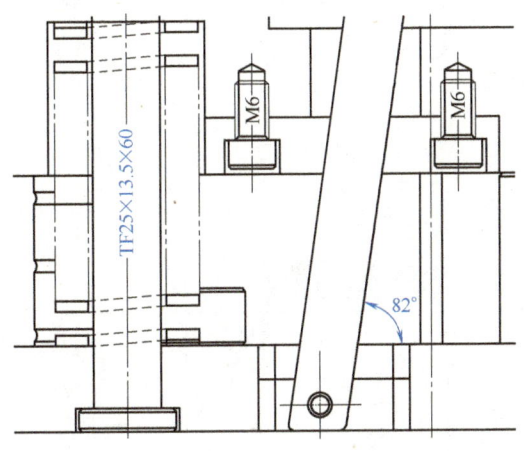

图4-77　弹簧的规格尺寸与斜顶的角度尺寸标注

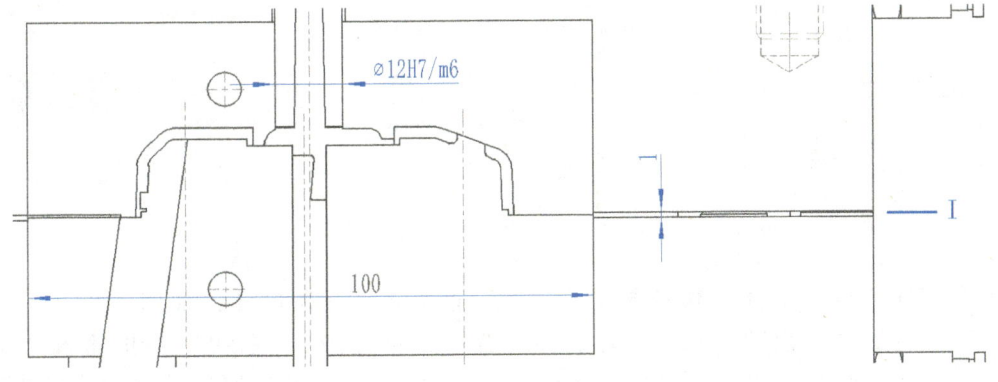

图4-78　A、B板间距与分型面标识、模仁大小尺寸标注

用"智能标注"命令（快捷键"D"）标注站脚尺寸"25"，如图 4-79 所示。双击标注的线性尺寸，在弹出的"尺寸标注属性设置"对话框中，"前缀"栏里输入"4×%c"，最后单击该对话框中的"确定"按钮，完成标注尺寸的修改。如图 4-80 所示，用同样的方法标注和修改导柱的装配尺寸。

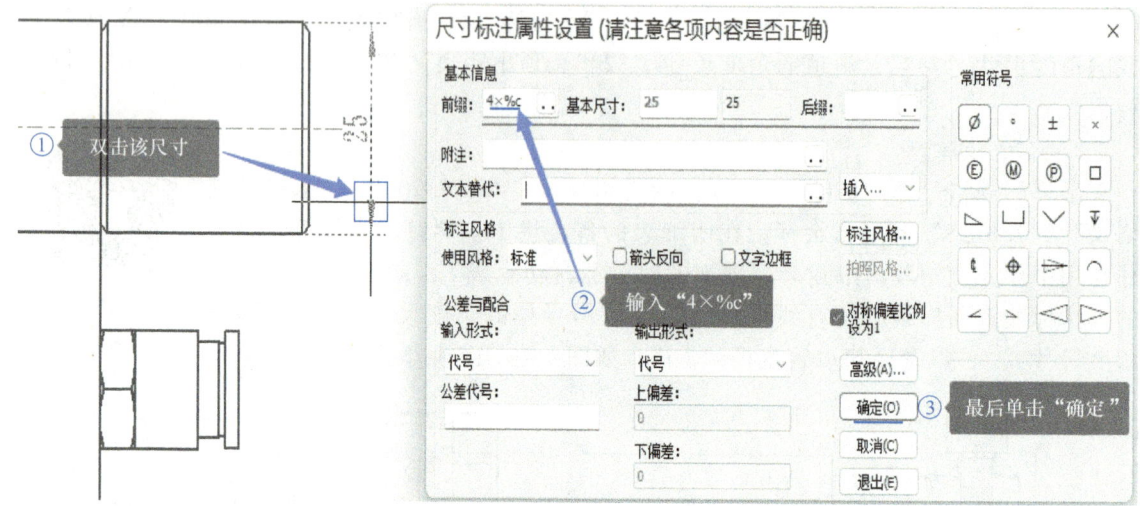

图 4-79　编辑标注的尺寸

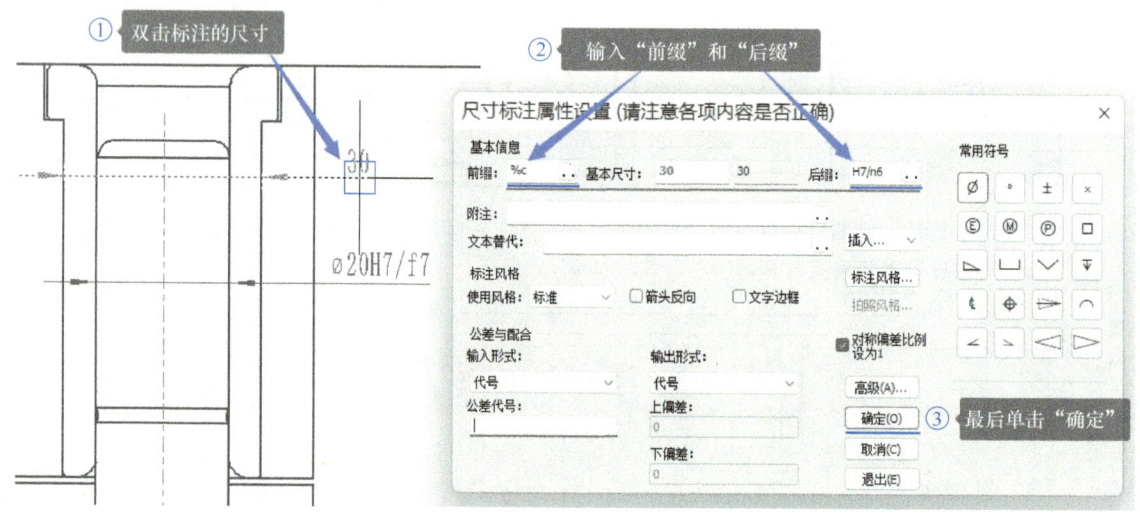

图 4-80　修改导柱的装配尺寸

用"智能标注"命令（快捷键"D"）标注定位圈直径尺寸，如图 4-81 所示。双击该直径尺寸，在弹出的"尺寸标注属性设置"对话框中，"前缀"栏里输入"%c"，"基本尺寸"修改为"100"，最后单击该对话框中的"确定"按钮，完成定位圈标注尺寸的修改。

项目四 工程图设计

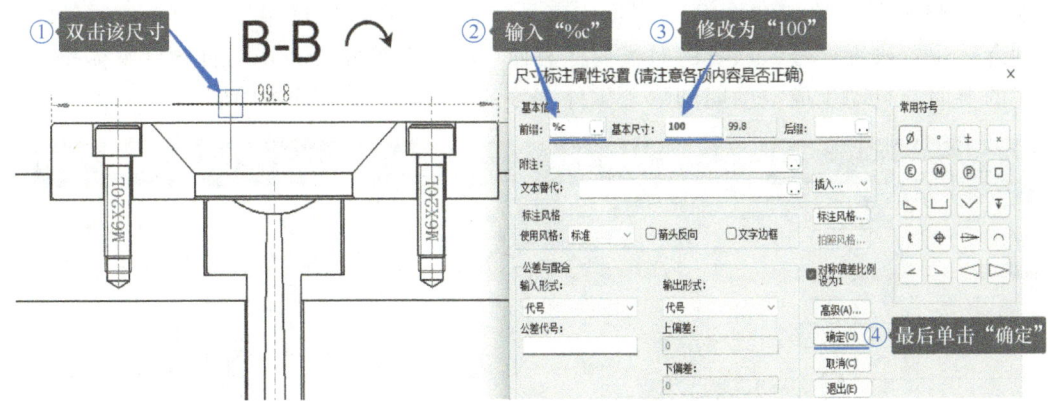

图 4-81 修改定位圈尺寸

任务六　设计明细栏

在装配图中同一零件只能有一个序号，并在标题栏上方填写与图中序号一致的明细栏。装配图中的序号编注一般由指引线（细实线）、圆点（或箭头）、横线（或圆圈）和序号数字组成。零件的序号应按顺时针或逆时针方向顺次整齐排列。明细栏按照 GB/T 10609.2—2009 的规定绘制。各工厂企业也有各自的标题栏、明细栏格式（企业标准，也称为"企标"）。

生成零件序号及填写明细栏

如图 4-82 所示，单击"图幅"→"样式"命令，在弹出的对话框中设置线型与颜色、引出序号的格式等序号风格（采用默认设置也可以），最后单击"序号风格设置"对话框中的"确定"按钮。

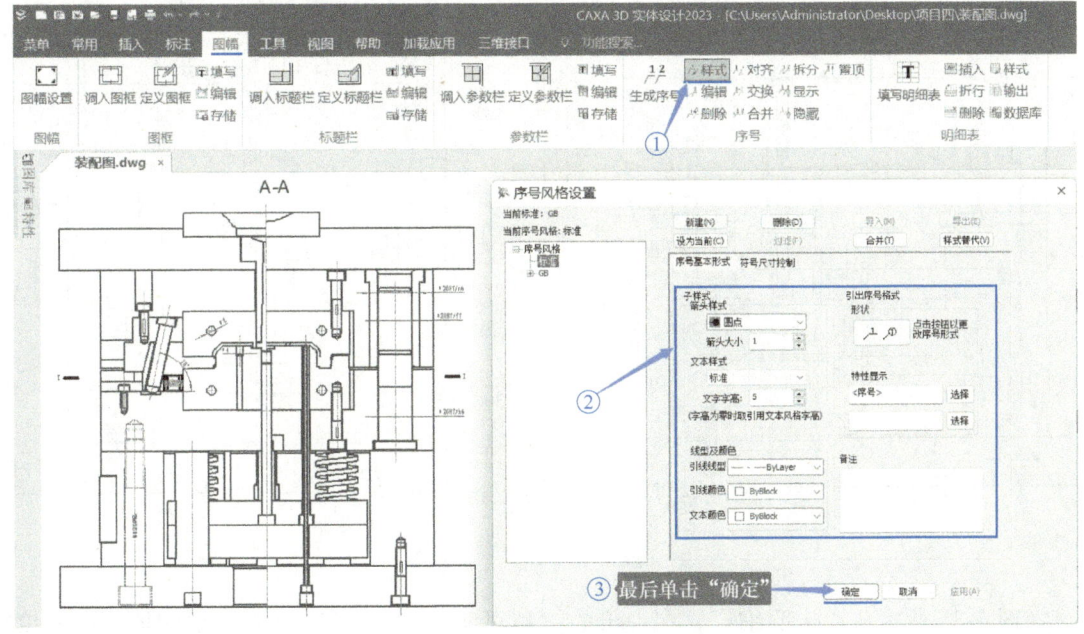

图 4-82 序号风格设置

229

如图 4-83 所示，单击"图幅"→"生成序号"命令，在绘图区单击视图中的零件，向外拖动到合适位置放置序号，放置的时候要注意使序号按照顺时针或逆时针顺序整体排列，在标题栏的上面会自动生成空的明细栏。零件序号的生成结果如图 4-84 所示。

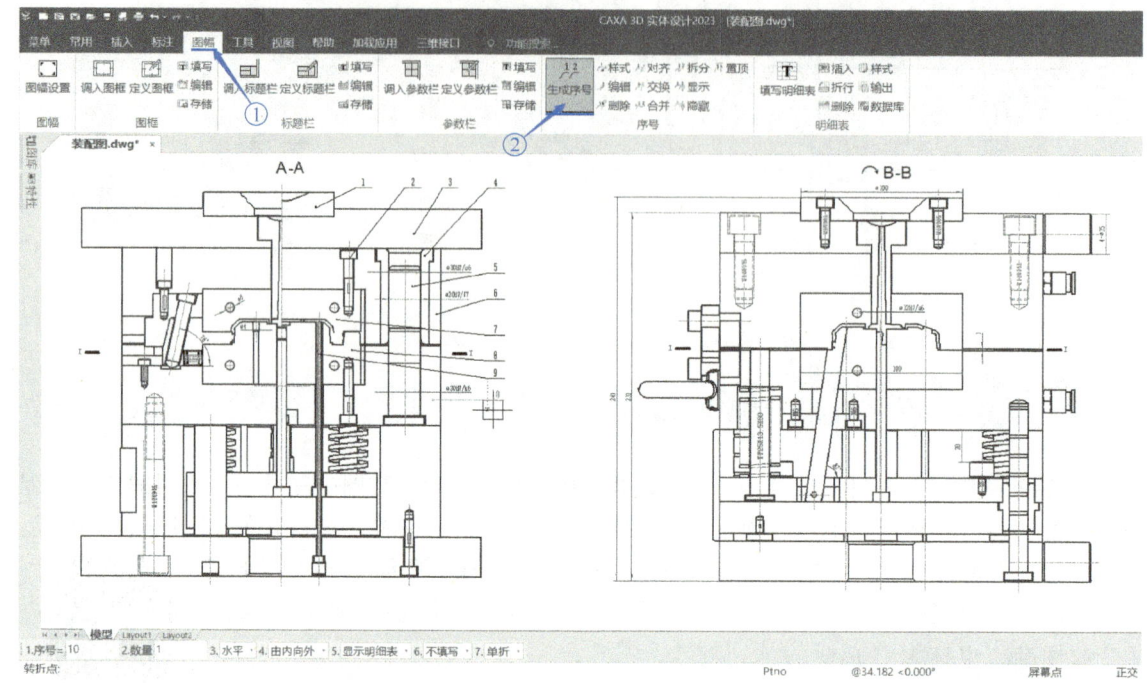

图 4-83　生成序号

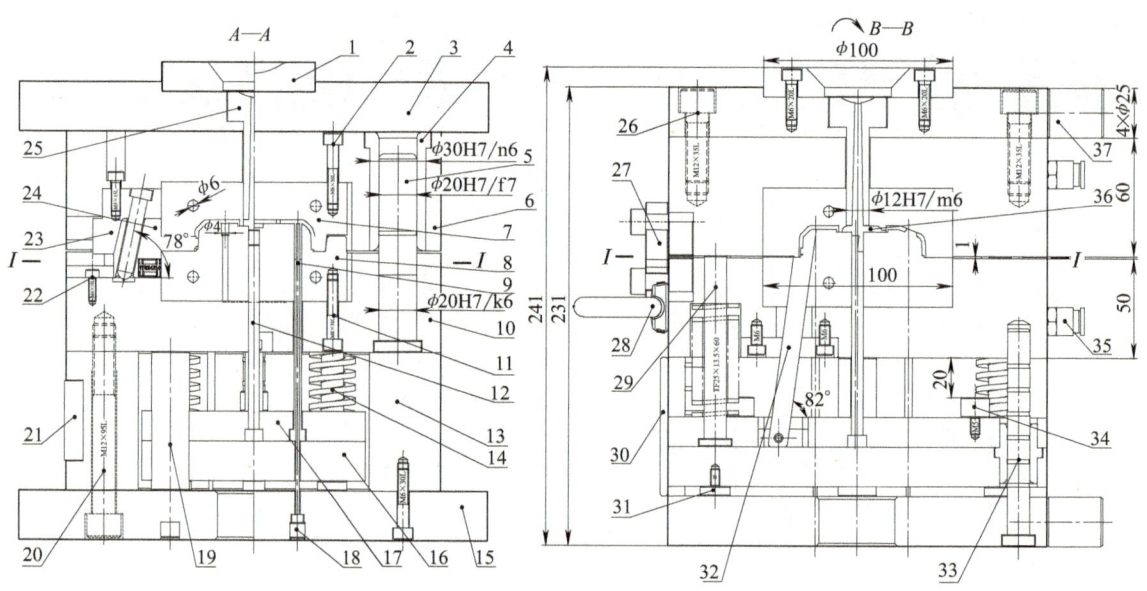

图 4-84　零件序号生成结果

如图 4-85 所示，双击明细栏，在弹出的"填写明细表（GB）"对话框中填写需要填写的项目。填写结果见表 4-1。装配图最终结果如图 4-86 所示。

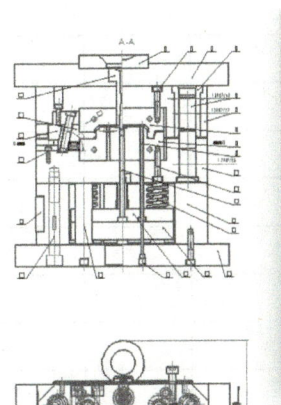
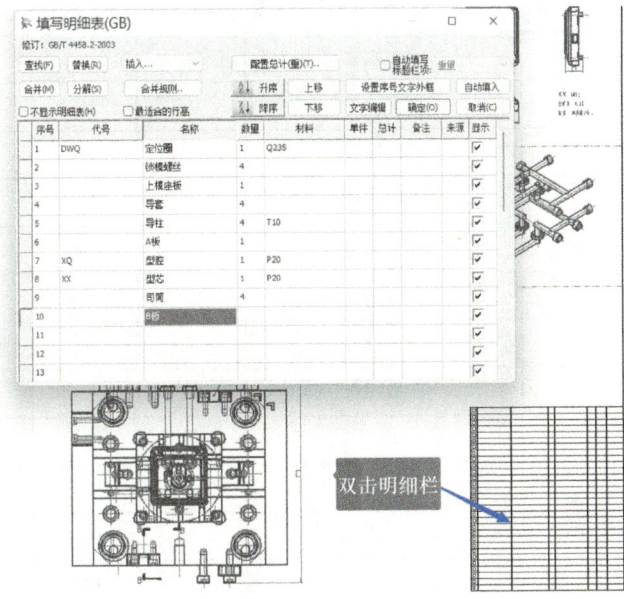

图 4-85 填写明细表

表 4-1 零件明细表

40		行程开关	1				V15-1A5-T
39		外置计数器	1				CVPL-200D
38		精定位	2				PL038-M6
37		站脚	4				
36		塑件	1				
35		水嘴	4	铜			1/8-ϕ8
34		限位柱	2				ϕ15×10
33		中托司导柱	2				
32		斜顶	1	718			10×10×110
31		垃圾钉	4				ϕ16×5
30		防尘板	1				不小于3mm厚
29		复位杆	4				
28		吊环	1				M12
27		锁模扣	2				A 扣型 12×25
26		内六角螺钉	4				GB/T 70.1—2008
25		浇口套	1	T10A			
24	HK	滑块	2	P20	1.58kg	1.58kg	
23		铲基	2				
22		限位螺钉	2				GB/T 70.1—2008
21		铭牌	1				
20		内六角螺钉	4				GB/T 70.1—2008
19		支撑柱	2	P20			ϕ20×70

（续）

18		无头螺钉	4				M8-8
17		顶针面板	1	718			
16		顶针底板	1	718			
15		下模座板	1	718			
14	Spring	复位弹簧	4	65Mn			外购
13		方铁	2	718			高 70mm
12		拉料杆	1				
11		锁模螺钉	4				GB/T 70.1—2008
10		B 板	1	718			200×200×50
9		司筒	4				
8	XX	型芯	1	P20	2.23kg	2.23kg	100×100×42
7	XQ	型腔	1	P20	2.08kg	2.08kg	100×100×35
6		A 板	1				200×200×50
5		导柱	4	T10			
4		导套	4				
3		上模座板	1	718			
2		锁模螺钉	4				GB/T 70.1—2008
1	DWQ	定位圈	1	Q235			
序号	代号	名称	数量	材料	单件	总计	备注
					重量		

任务七　设计型腔工程图

1. 零件图出图前模型的准备

启动 NX 软件，单击"文件"→"打开"命令，选择"GZ2023OK.PRT"，最后单击"打开"对话框中的"确定"按钮，打开之前设计好的整套模具三维模型。

如图 4-87 所示，单击"菜单"→"文件"→"导出"→"STEP"命令；在弹出的对话框中选择"AP214"，再单击"浏览"按钮，设置导出的路径和导出的文件名（本例为"型腔.stp"），完成后单击"导出 STEP 文件"对话框中的"要导出的数据"选项卡。如图 4-88 所示，接下来在"导出"栏中选择"选定的对象"，在绘图区选择型腔零件作为导出对象，最后单击"导出 STEP 文件"对话框中的"确定"按钮，完成型腔零件的导出。如果弹出图 4-89 所示的警告对话框，直接单击"是"即可。

如图 4-90 所示，启动 CAXA 3D 实体设计，按<Ctrl>+<O>键，在弹出的"打开"对话框中选择刚才导出的"型腔.stp"，最后单击"打开"对话框中的"打开"按钮。

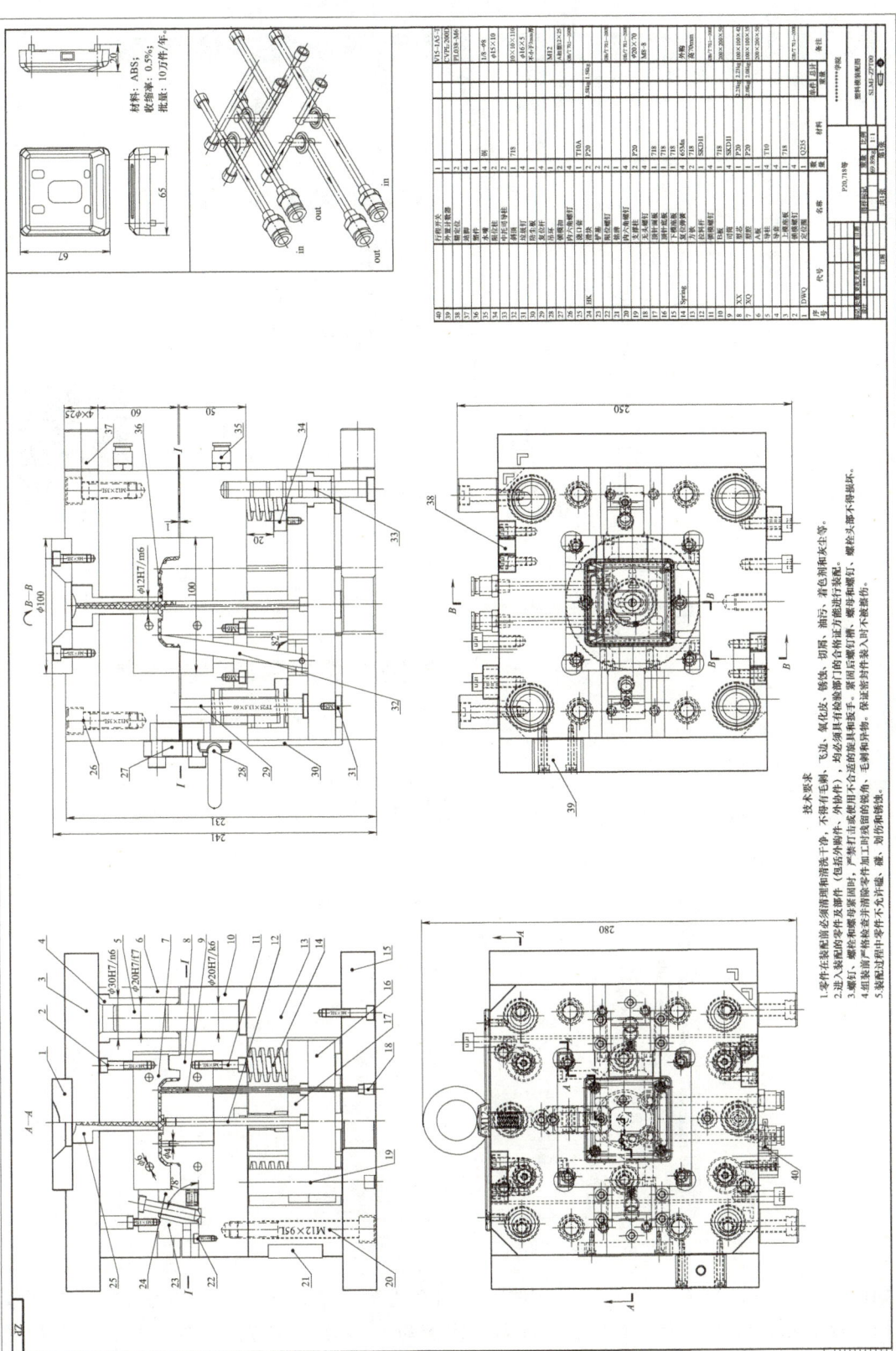

图 4-86 装配图最终结果

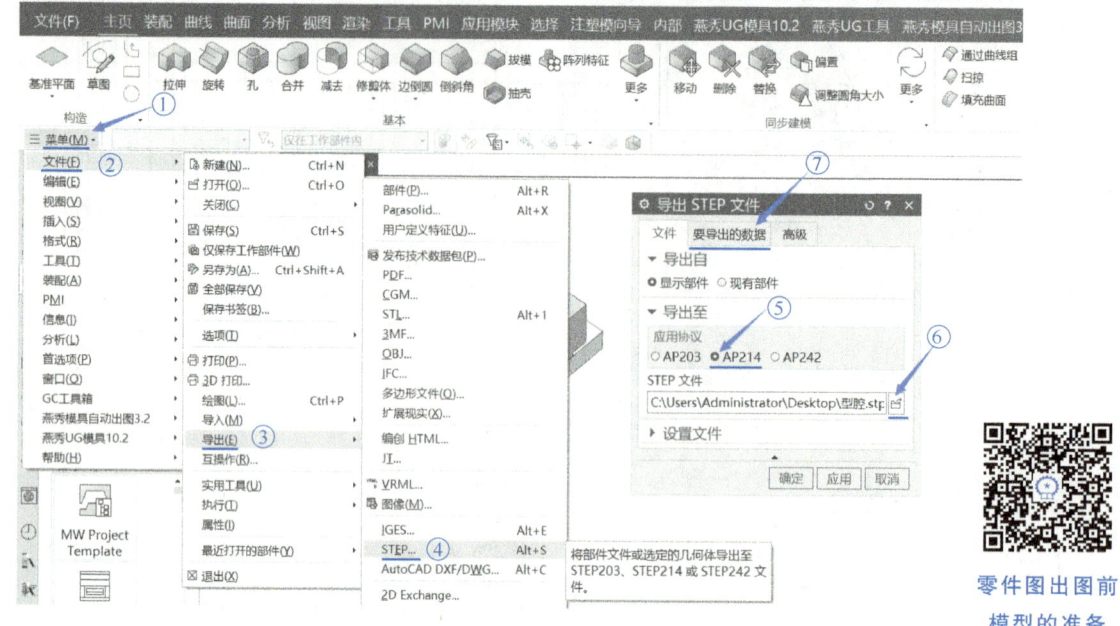

图 4-87 导出 *.STP 文件命令

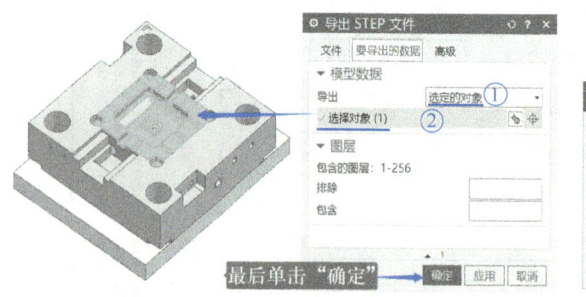

图 4-88 导出 *.STP 文件设置

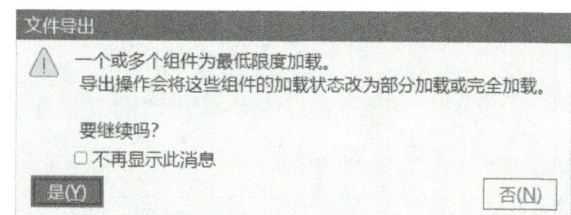

图 4-89 "文件导出"警告

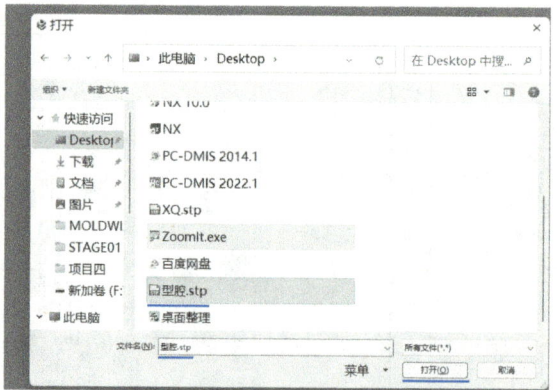

图 4-90 打开"型腔.stp"

如图 4-91 所示，单击"菜单"→"文件"→"另存为"命令，在弹出的"另存为"对话框中选择另存的路径（本例为桌面）和文件名（本例为"型腔.ics"），如图 4-92 所示。如图 4-93 所示，单击"新的图纸环境"命令，进入图纸环境。

项目四 工程图设计

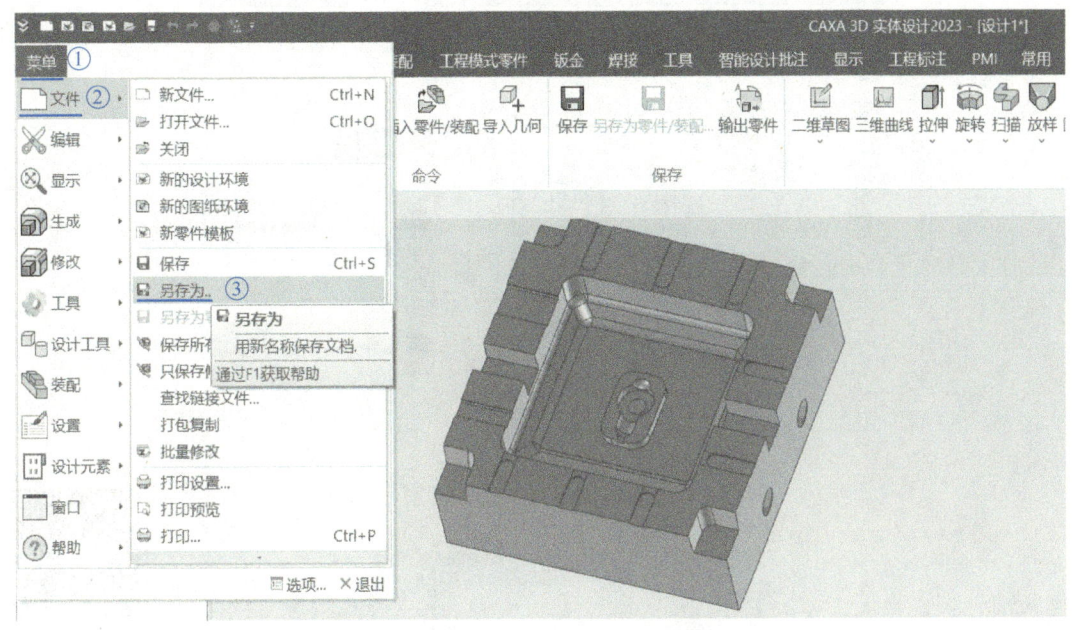

图 4-91 "另存为"命令

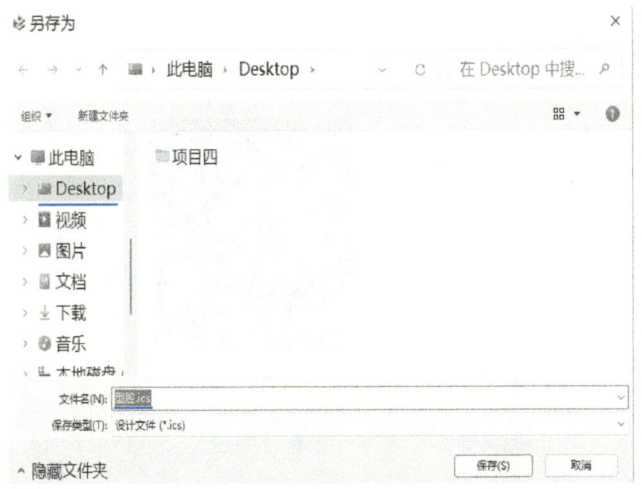

图 4-92 另存为"型腔.ics"

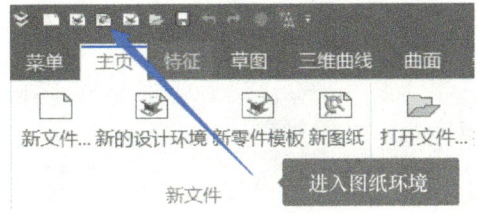

图 4-93 进入图纸环境

2. 创建基本视图

如图 4-94 所示，单击"三维接口"→"标准视图"命令，在弹出的"标准视图输出"对话框中，选择"文件"为"型腔.ics"，调整型腔零件到合适的方向后，单击选择需要的视图。单击"标准视图输出"对话框中的"选项"选项卡，切换到图 4-95 所示的对话框，选择"输出所有隐藏线"和"输出所有过渡线"。最后单击"标准视图输出"对话框中的"确定"按钮，在绘图区选择合适的位置放置视图，完成型腔主视图的创建。

235

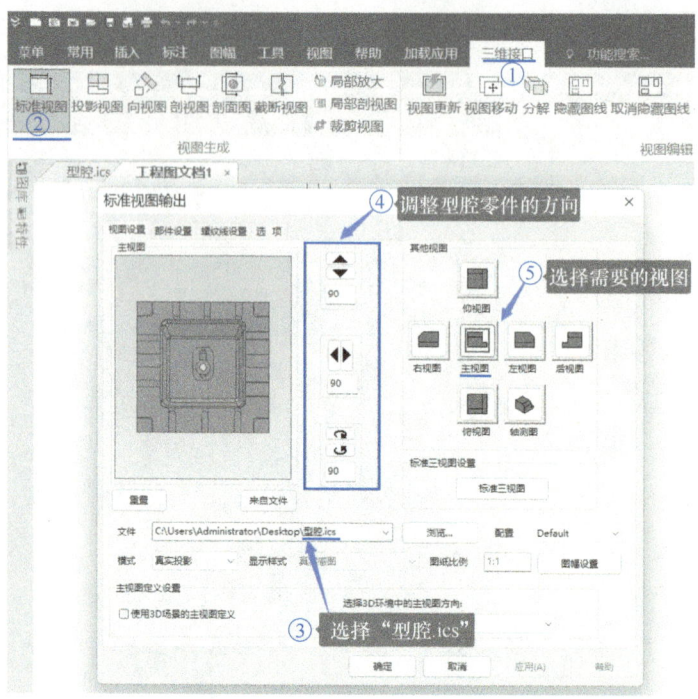

创建主视图

图 4-94 视图设置

图 4-95 设置隐藏线和过渡线

3. 创建剖视图

用"直线"命令绘制图 4-96 所示的剖切轨迹线（最粗的线）。需要强调的是，在绘制剖切轨迹线时不能中断画线命令，启动一次画直线的命令必须绘制完成所有的剖切轨迹线。

如图 4-97 所示，单击"三维接口"→"剖视图"命令，在命令栏依次选择"拾取剖切轨迹""自动放置剖切符号名""真实投影""平行放置"，"简单剖切时的深度"设置为"0"，设置好后在绘图区点选剖切轨迹线。按照图 4-98 所示选择投射方向，按图 4-99 所示移动鼠标到合适位置后单击，放置剖视图。

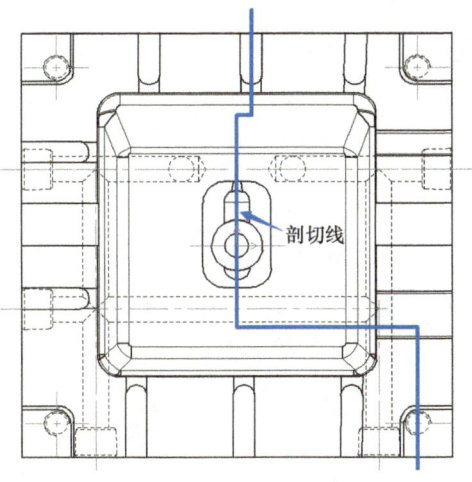

图 4-96　绘制剖切轨迹线

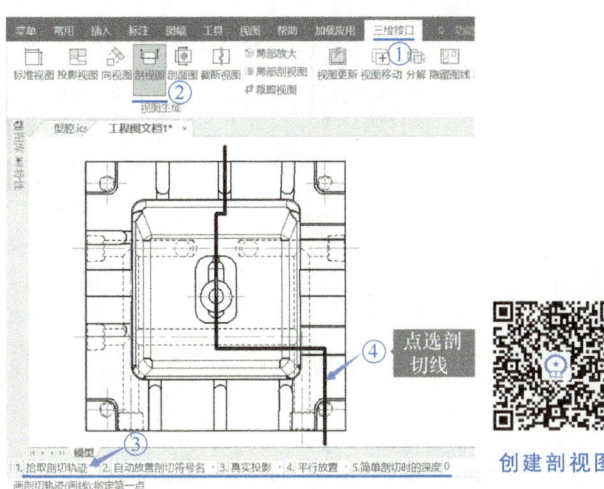

图 4-97　启动"剖视图"命令

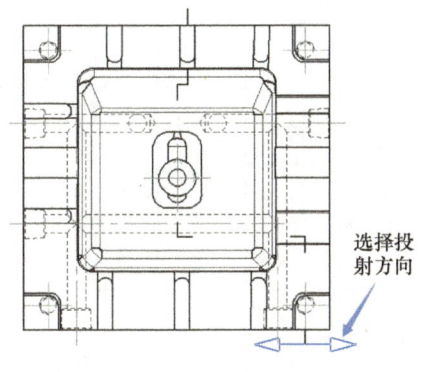

图 4-98　选择投射方向

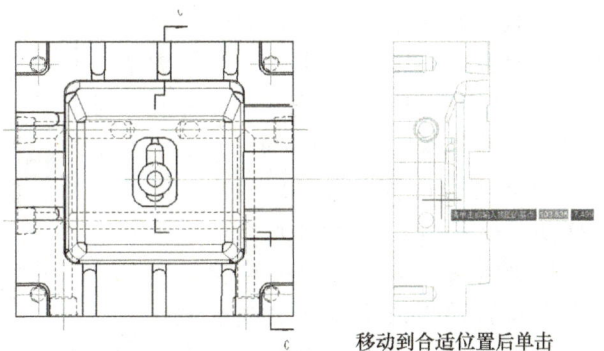

图 4-99　放置剖视图

如图 4-100 所示，选中剖视图后，在剖视图上单击右键，在弹出的命令菜单中选择"三维视图编辑"→"视图属性"命令。如图 4-101 所示，在弹出的"视图属性"对话框中将"隐藏线处理"设置为"不输出隐藏线"。最后单击"视图属性"对话框中的"确定"按钮，完成剖视图中虚线的关闭。

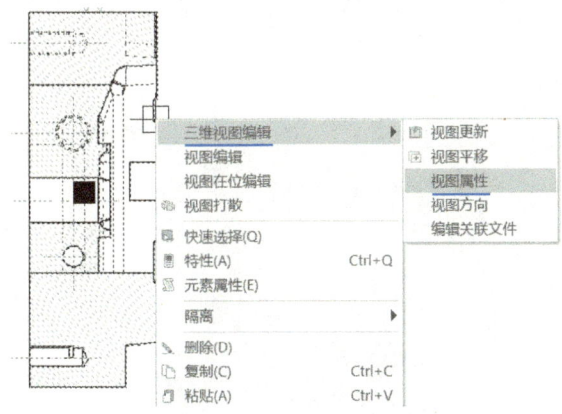

图 4-100　"视图属性"命令

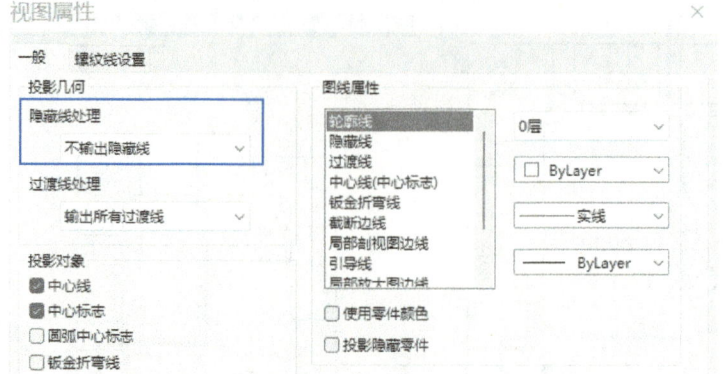

图 4-101 关闭隐藏线

用同样的方法再创建一个剖视图,最终结果如图 4-102 所示。

4. 创建局部放大图

如图 4-103 所示,单击"三维接口"→"局部放大"命令,在命令行选择"圆形边界"和"加引线","放大倍数"设置为"5","符号"(局部放大图的视图名称)设置为"D",在绘图区的排气槽位置(点 1)单击,向外拖动鼠标到合适位置(点 2)再次单击以确定放大区域,继续移动鼠标到点 3 位置单击以确定指引线放置位置,移动鼠标到点 4 位置单击以确定局部放大图所在位置,单击右键以确定局部放大图不旋转放置,最后在点 5 的位置单击以确定局部放大图视图名称的放置位置。

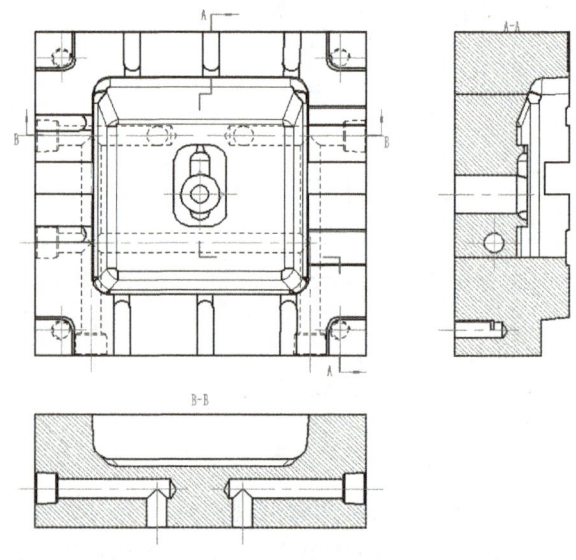

图 4-102 剖视图最终结果

创建局部放大图

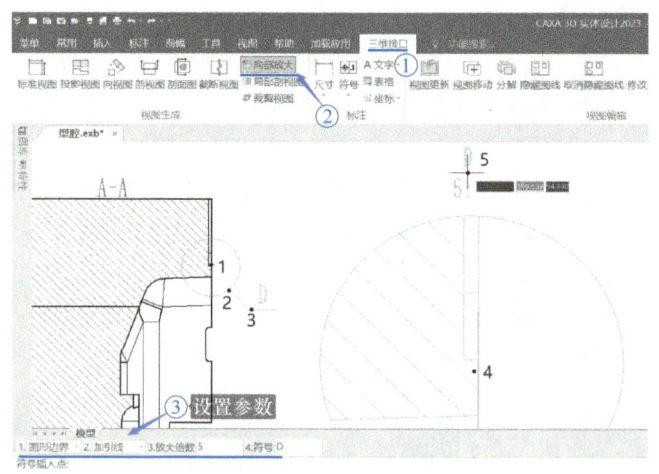

图 4-103 创建局部放大图

用同样的方法再创建一个浇口的局部放大图。局部放大图的最终结果如图 4-104 所示。

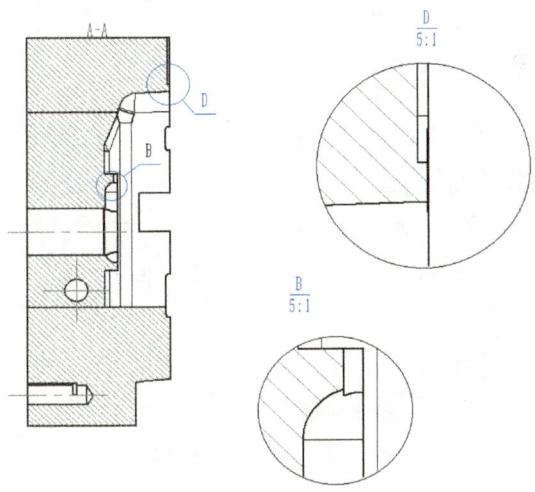

图 4-104　局部放大图最终结果

如图 4-105 所示，单击"三维接口"→"分解"命令（快捷键"X"），在绘图区框选所有视图后单击右键，将视图分解。

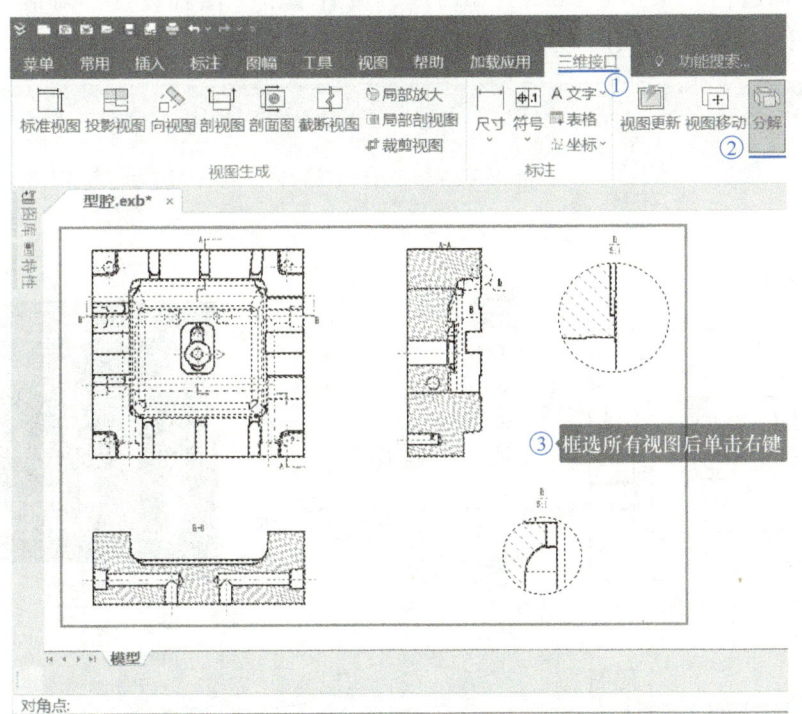

图 4-105　分解视图

选择生成剖视图时产生的错误线，直接按<Delete>键删除，用画线、修剪、删除等命令修改内螺纹的错误表达方法。图 4-106 所示是修改前后的对比。

239

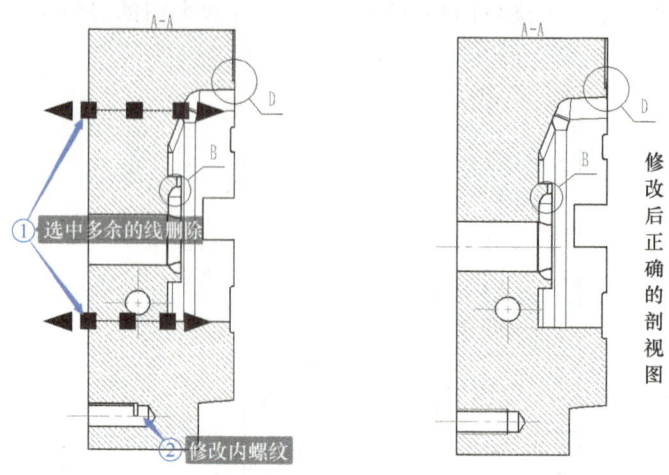

图 4-106 修改前后对比

5. 调用标题栏和图框

如图 4-107 所示，单击"图幅"→"图幅设置"命令（快捷键"pa"）；在弹出的"图幅设置"对话框中，设置"图纸幅面"为"A3"，"绘图比例"为"1∶1"，"图纸方向"为"横向"，"调入图框"为"A3A-B-Marked（CHS）"，"标题栏"采用"GB-A（CHS）"，最后单击"图幅设置"对话框中的"确定"按钮，完成图框和标题栏的调用。

调用标题栏和图框

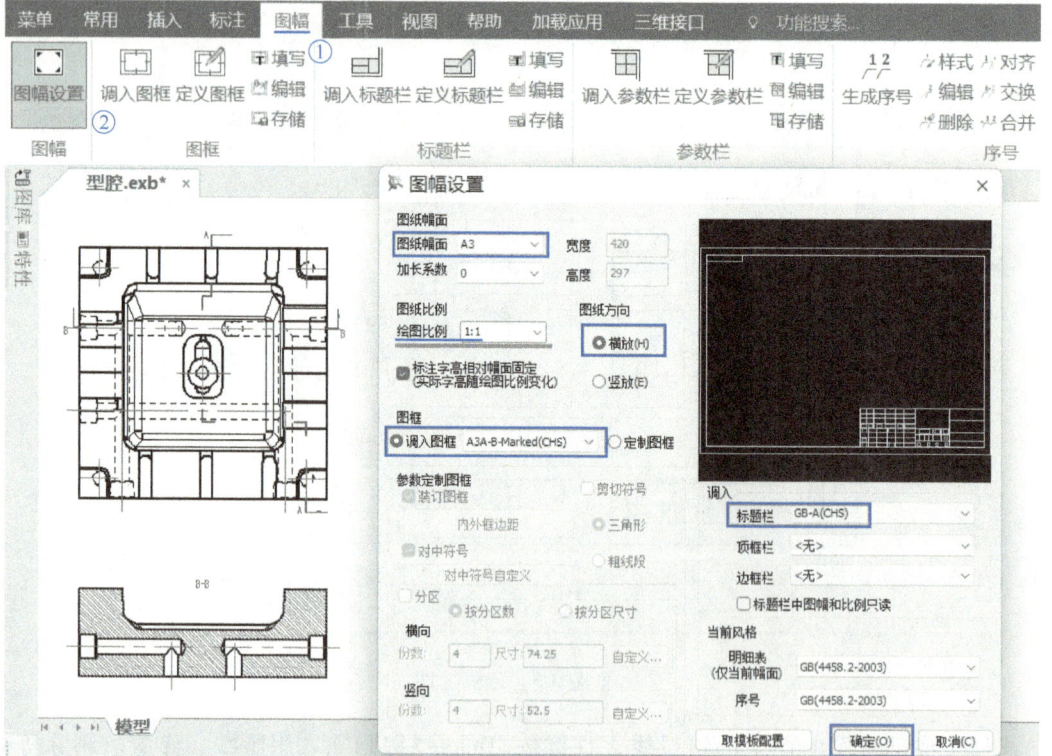

图 4-107 调用标题栏和图框

调入图框和标题栏后,双击标题栏,在弹出的"填写标题栏"对话框中按照实际情况完整填写标题栏内容,如图4-108所示。

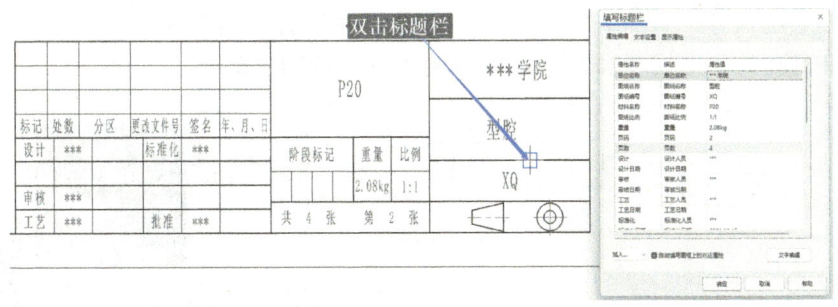

图4-108 填写标题栏

6. 零件图尺寸标注

在实际生产中,型芯、型腔和塑件的接触面一般无需标注过多尺寸,仅需标注部分需要检测的尺寸和几何公差。对于水路、锁模螺钉等在钻床上加工的部位,需要在图样上标注完整的尺寸和几何公差。

尺寸需要按照特征或者图素来标注。一般需标注每个特征或者图素的定形尺寸和定位尺寸,严格做到不遗漏、不重复。下面以锁模螺钉孔为例说明尺寸标注的方法。

首先用"智能尺寸"命令(快捷键"D")在主视图中标注锁模螺钉孔的两个定位尺寸(两个线性尺寸"84")。然后标注锁模螺钉的定形尺寸,锁模螺钉孔的定形尺寸包括螺纹的公称直径"M6"和螺纹深度"12",螺纹底孔的直径"φ4.8"和深度"15"。由于锁模螺钉采用的是标准的粗牙螺纹,标注了螺纹的公称直径就不需要再重复标注螺纹的底孔直径。

本例采用引线标注来标螺纹底孔的定形尺寸。如图4-109所示,单击"标注"→"引出说明"命令(快捷键"LE");在弹出的"引出说明"对话框中,第一行输入"4×M6-6H▼12",第二行输入"孔▼15",在输入深度符号"▼"时,可以在"插入特殊符号"栏中点选"尺寸特殊符号",如图4-110所示,在弹出的"尺寸特殊符号"对话框中选择深度符号。

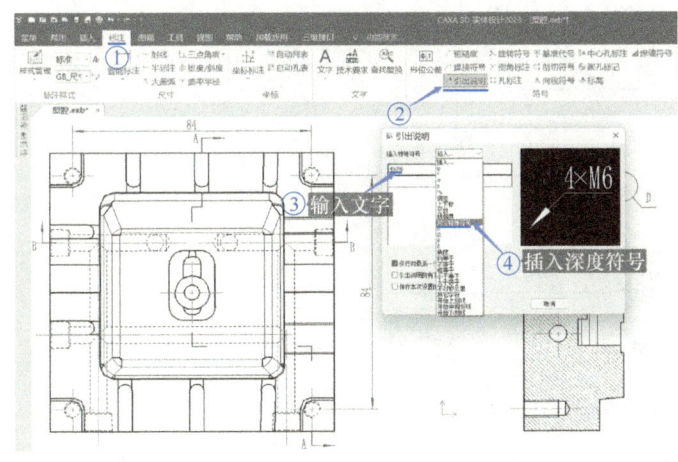

图4-109 引出说明

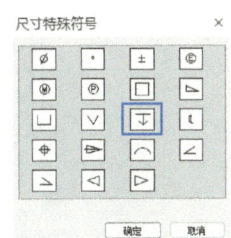

图4-110 选择深度符号

如图 4-111 所示，输入完成后单击"引出说明"对话框中的"确定"按钮，在绘图区"点 1"处单击，移动鼠标到"点 2"处再单击，最后在任意位置单击右键以确定尺寸的放置位置。双击定位尺寸"84"，在弹出的"尺寸标注属性设置"对话框中设置偏差为"±0.1"。锁模螺钉孔的定形尺寸和定位尺寸标注如图 4-112 所示。

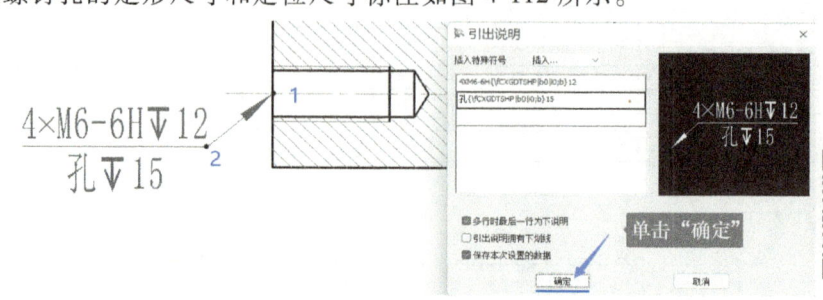

图 4-111　放置定形尺寸

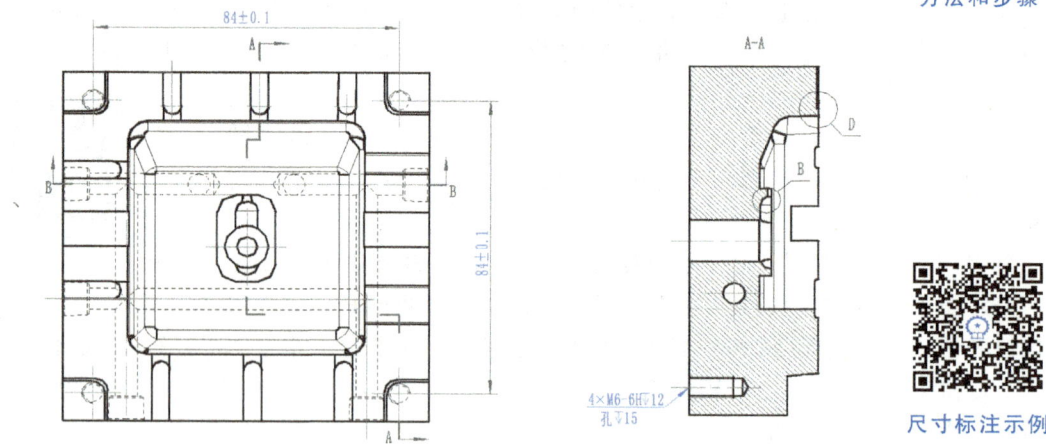

图 4-112　锁模螺钉孔的定形尺寸和定位尺寸标注

用同样的方法标注水路、虎口、排气槽、浇口的定形尺寸和定位尺寸。标注尺寸后，可以双击该尺寸，按照图 4-113 所示的方法设置尺寸的上、下极限偏差。

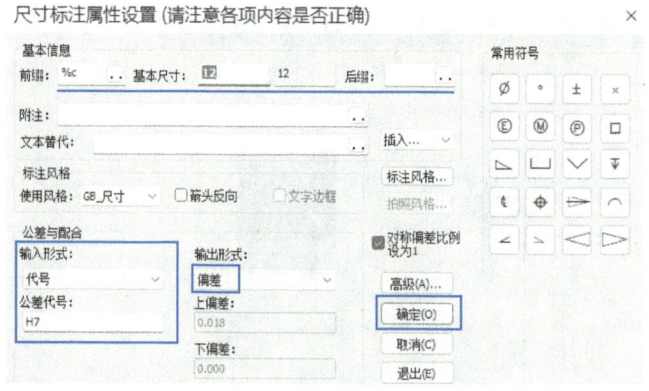

图 4-113　设置尺寸的上、下极限偏差

尺寸标注的最终结果如图 4-114 所示。

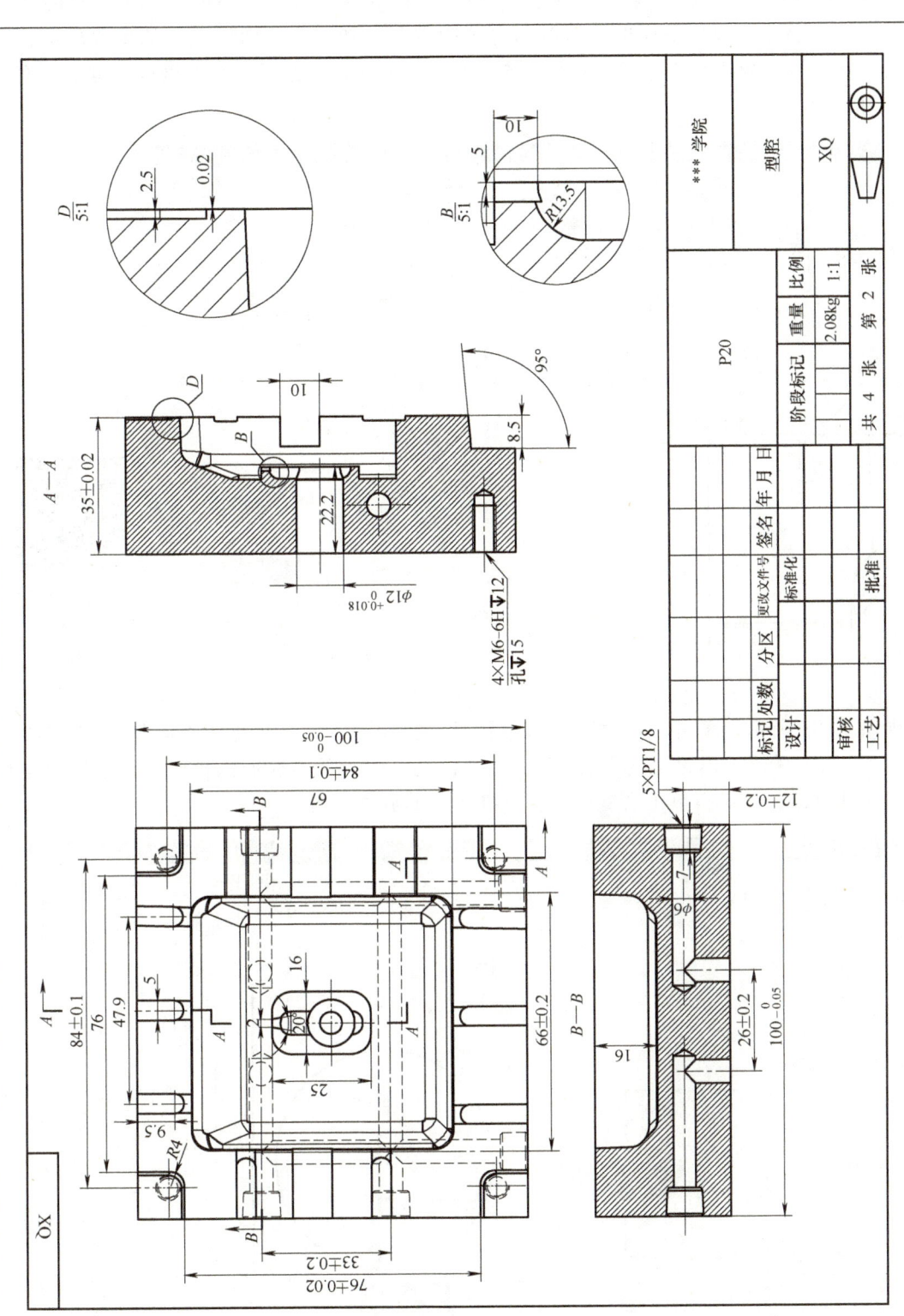

图 4-114　尺寸标注的最终结果

如图4-115所示，单击"标注"→"形位公差"命令（快捷键"TOL"），在弹出的"形位公差"对话框中，设置平面度数值并单击"确定"按钮，在绘图区点1的位置单击，移动鼠标到点2位置再次单击，移动鼠标到点3位置再次单击，最后单击右键以确定平面度的放置位置。

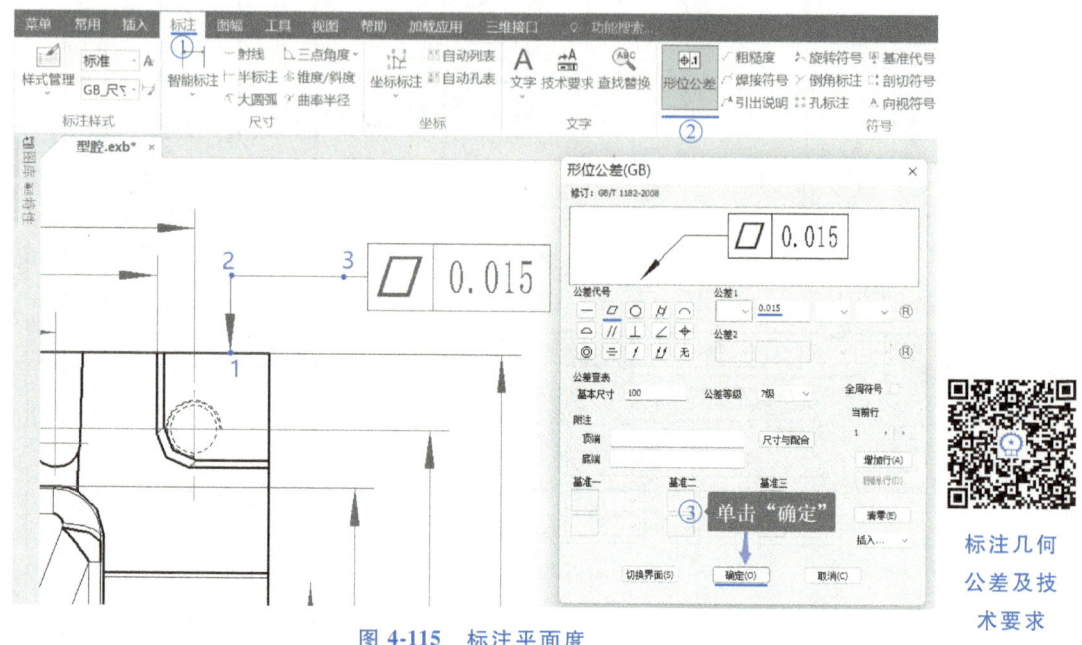

图4-115 标注平面度

如图4-116所示，单击"标注"→"基准代号"命令，在命令行选择"基准标注""给定基准""默认方式"，"基准名称"设置为"A"，在绘图区单击底面的投影线，鼠标向左移动到点1处单击，然后再单击右键以确认基准代号的放置位置。

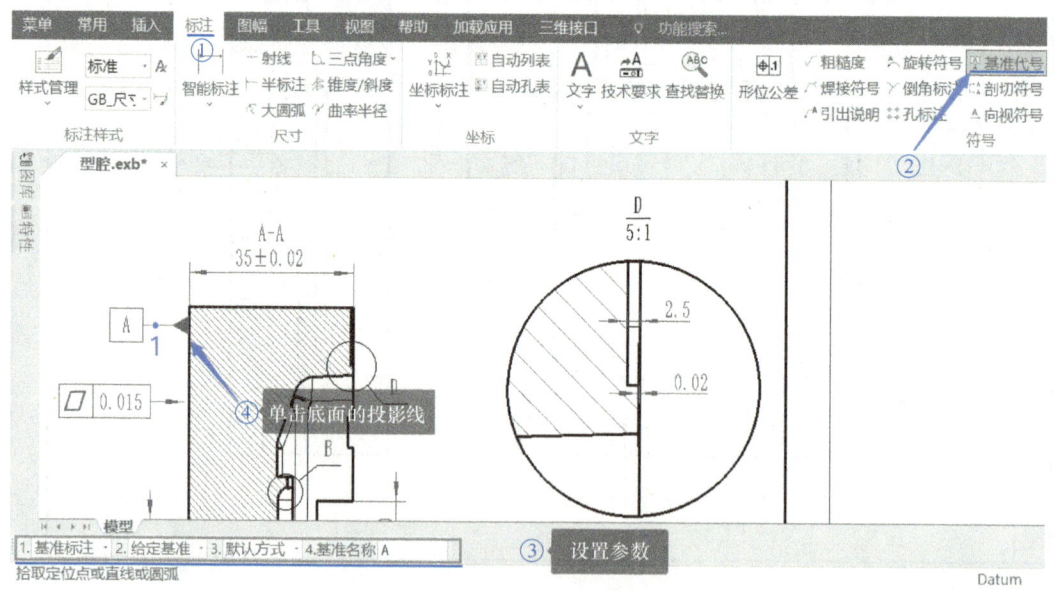

图4-116 标注基准

如图 4-117 所示，单击"标注"→"形位公差"命令，在弹出的"形位公差"对话框中，"公差代号"选择"//"，在"公差1"框里输入"0.03"，在"基准一"里输入"A"，最后单击"形位公差"对话框中的"确定"按钮，在绘图区选择大分型面后向右拖动鼠标到点1位置单击，然后再单击右键以确定放置位置。

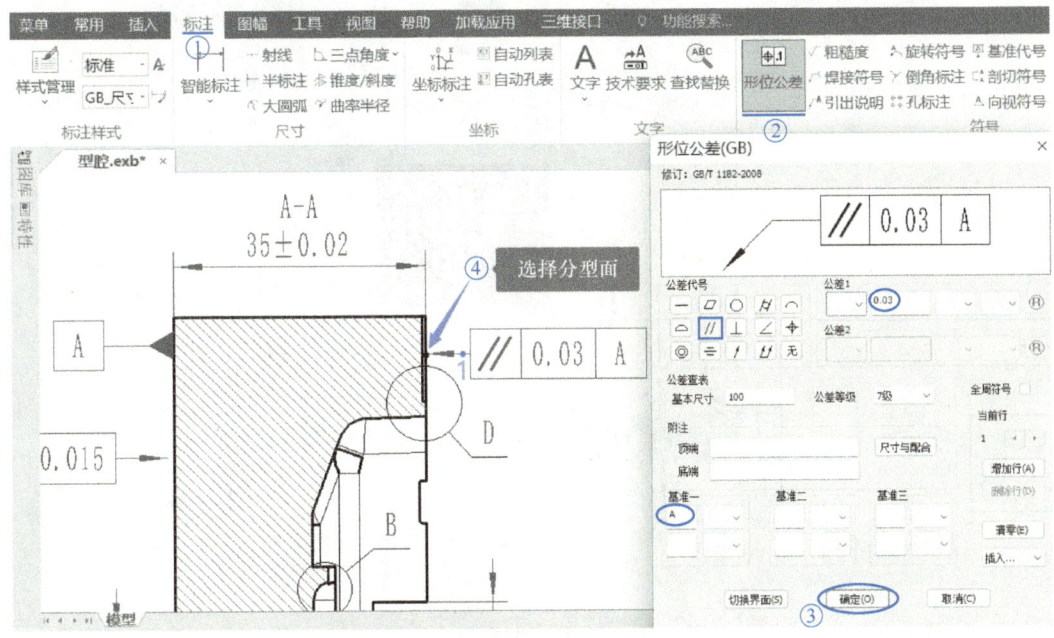

图 4-117 标注平行度

如图 4-118 所示，单击"标注"→"粗糙度"命令，在命令行单击"简单标注"。如

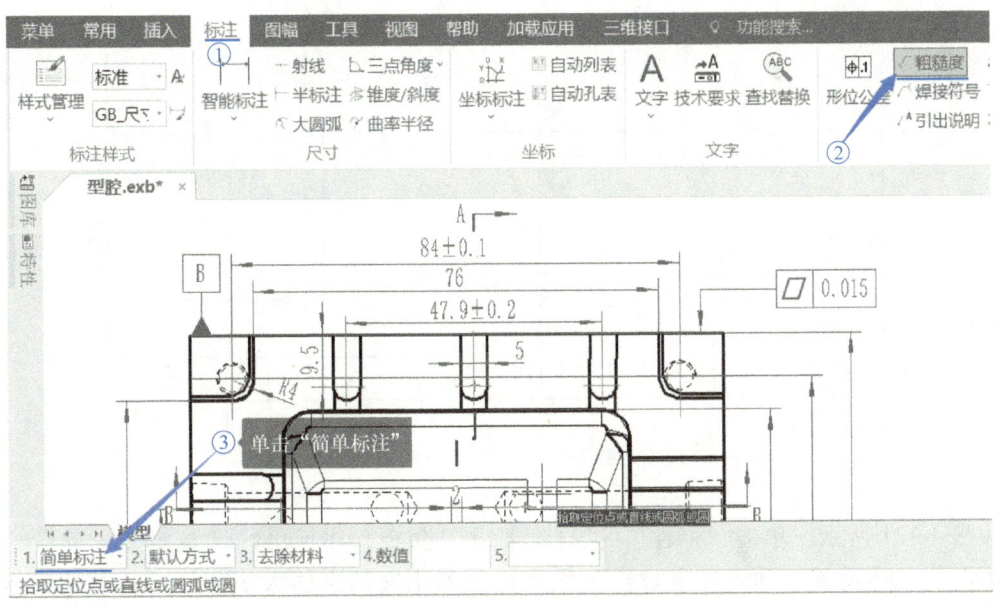

图 4-118 调用表面粗糙度命令

图4-119所示,在弹出的"表面粗糙度"对话框中,勾选"相同要求",输入"Ra 1.6",最后单击"表面粗糙度"对话框中的"确定"按钮;在绘图区拾取型腔零件的侧壁,向左移动鼠标到点2位置,单击后再单击右键以确定表面粗糙度的放置位置。

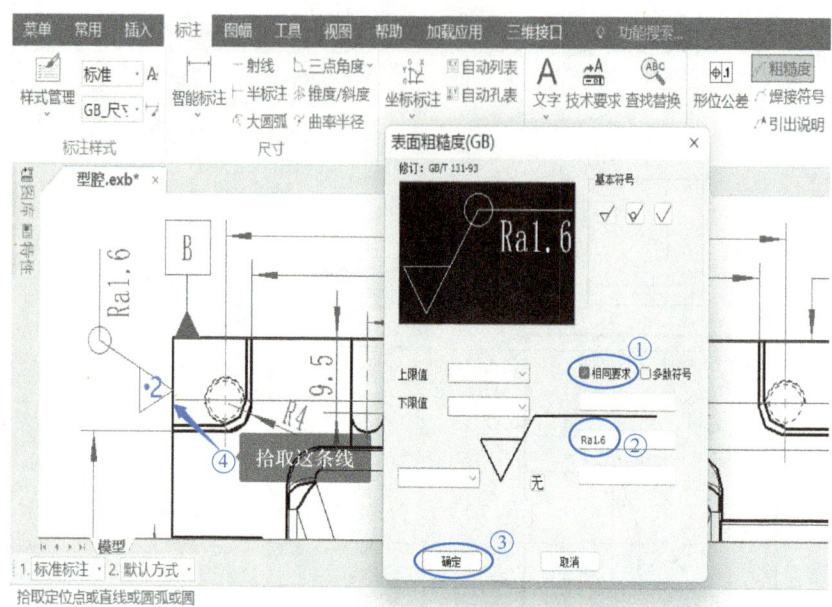

图4-119 表面粗糙度修改与标注

用同样的方法在标题栏附近标注其余表面的表面粗糙度要求(其中"( )"可以用文本输入),如图4-120所示。

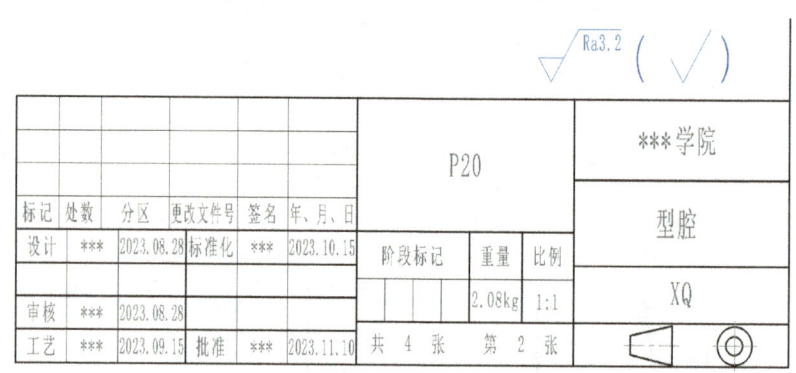

图4-120 型腔零件其余表面的表面粗糙度要求

如图4-121所示,单击"标注"→"技术要求"命令,在弹出的"技术要求库"对话框中,单击"标题设置"和"正文设置"设置标题和正文的字体大小和格式,在"技术要求库"对话框中输入具体的技术要求并单击"生成"按钮,在绘图区点1处单击后移动鼠标到点2位置,再次单击以确定技术要求的放置位置。

项目四　工程图设计

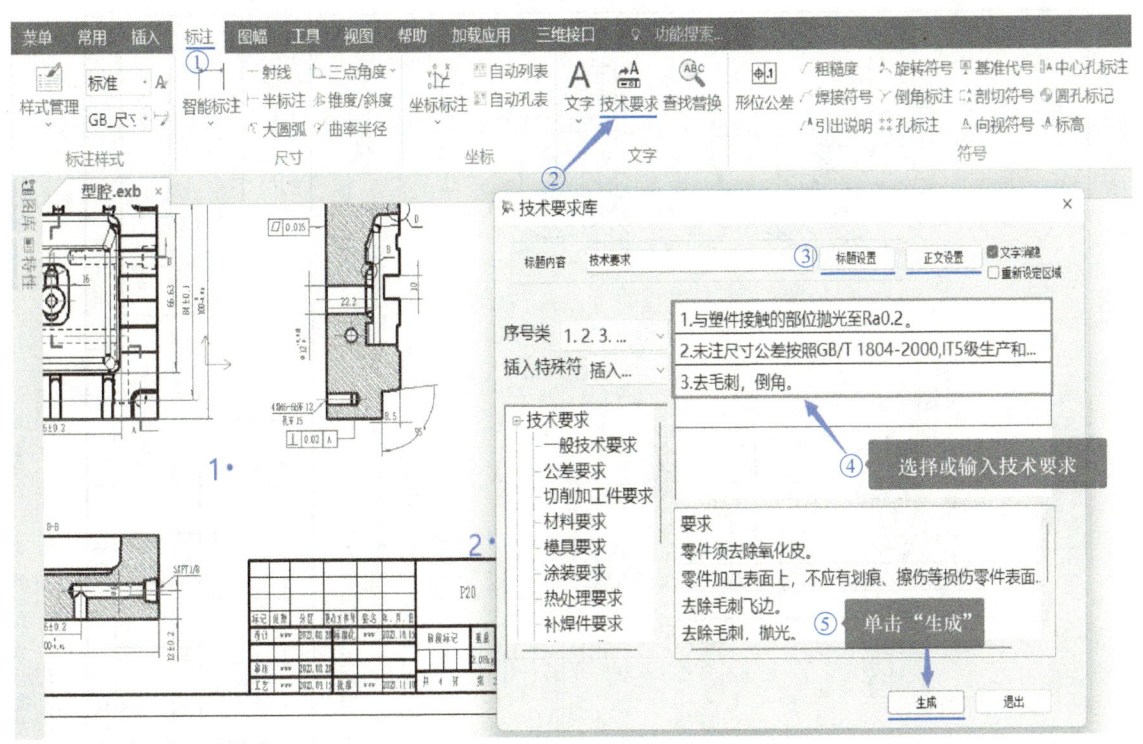

图 4-121　插入技术要求

技术要求的最终结果如图 4-122 所示。型腔零件图的最终结果如图 4-123 所示。

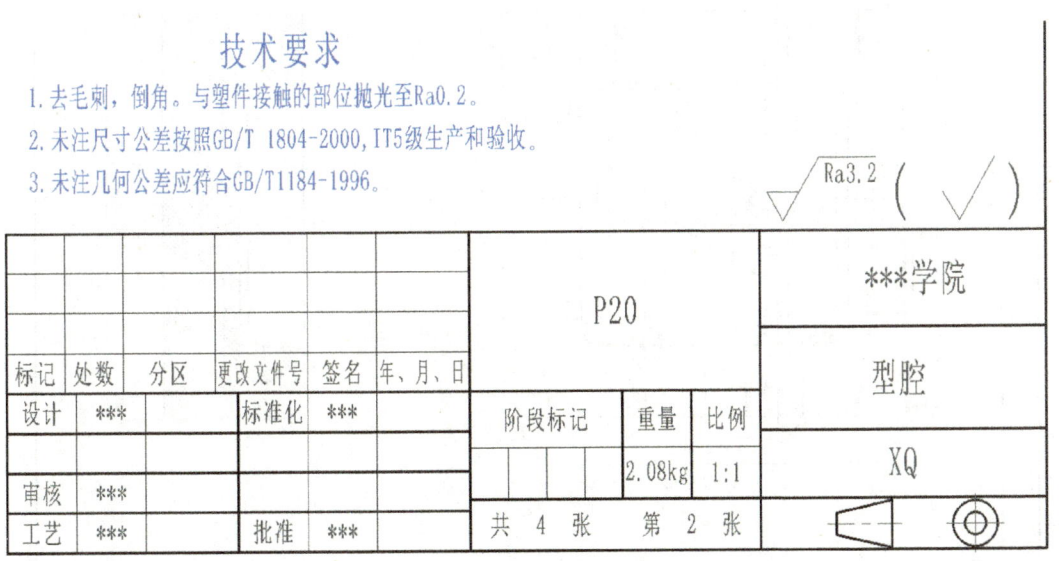

图 4-122　插入技术要求结果

247

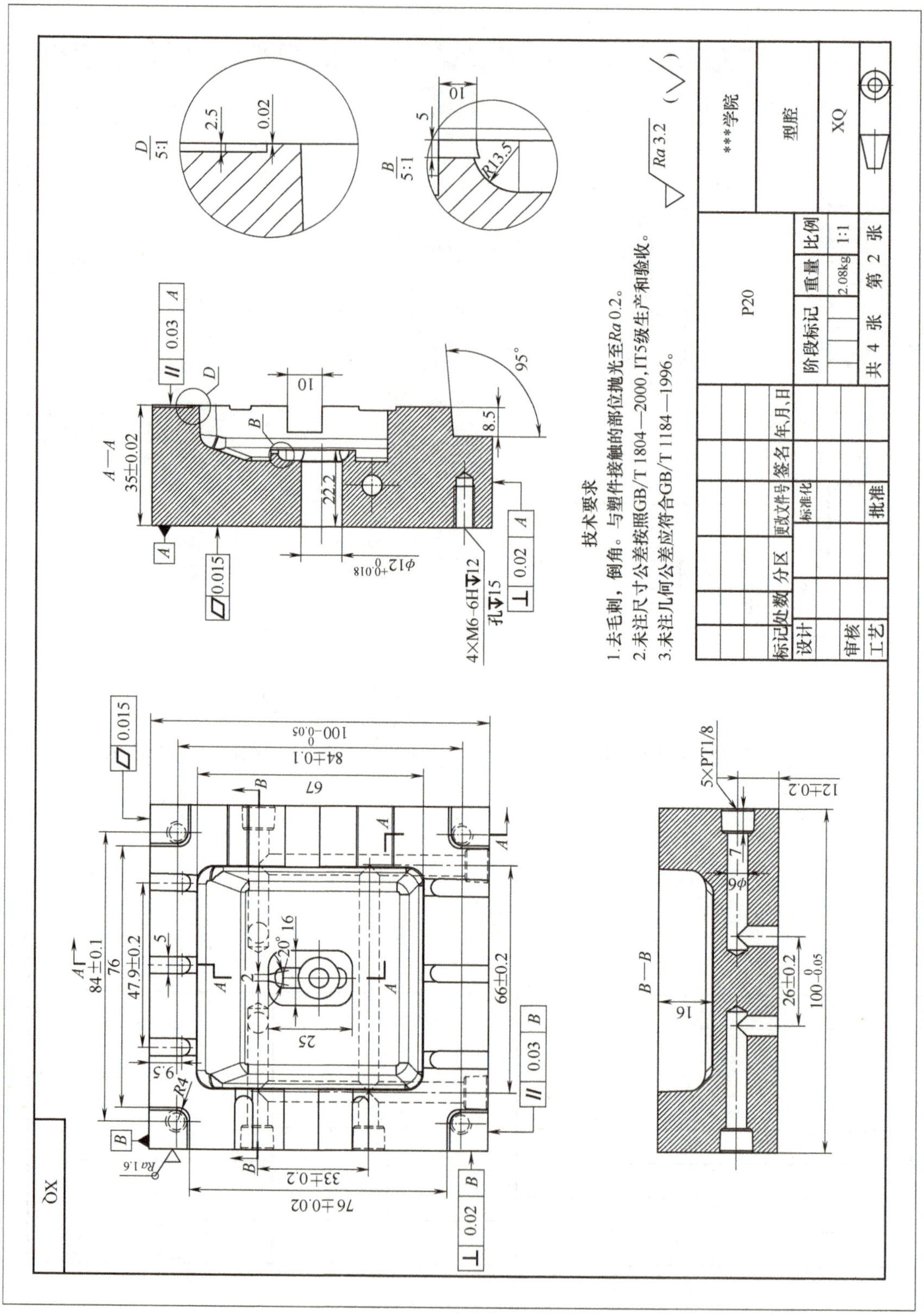
A—A
B—B
D
5:1
B
5:1
技术要求
1.去毛刺，倒角。与塑件接触的部位抛光至Ra 0.2。
2.未注尺寸公差按照GB/T 1804—2000，IT5级生产和验收。
3.未注几何公差应符合GB/T 1184—1996。
4×M6-6H↧12
孔↧15
5×PT1/8
Ra 3.2
***学院
型腔
XQ
P20
阶段标记
重量
比例
2.08kg
1:1
共 4 张
第 2 张
标记
处数
分区
更改文件号
签名
年、月、日
设计
标准化
审核
工艺
批准

图 4-123 型腔零件图的最终结果

习题与思考

1. 出图前都需做哪些前处理？
2. 结合后面的项目想想为什么要做这些前处理？
3. 二维装配图中为什么放置塑件的三视图？
4. 二维装配图都包含哪些视图？每个视图的基本要求是什么？
5. 视图中哪些零件不剖切？
6. NX 能导出 "∗.dwg" 文件的前提条件是什么？
7. 中望龙腾塑胶模有哪些独特的绘图优点？
8. 在中望龙腾塑胶模中快速选择同种线型的命令都有哪些？
9. 如何清除多余的线条？
10. 如何正确表达弹簧、内六角螺钉的二维工程图？
11. 完成一个工程图样为什么要用到这么多软件？
12. CAXA 3D 实体设计在二维绘图方面有哪些优势？
13. 装配图都包含哪五类尺寸？
14. 装配图为什么不需要标注尺寸公差和几何公差？
15. 定位圈的实际直径是 99.8mm，标注时为什么修改成 "φ100"？
16. 国家标准中明细栏都有哪些项目？
17. 明细栏的备注栏中一般都写哪些内容？
18. CAXA 3D 实体设计出工程图有哪些优点？
19. 型腔零件图一般都标注哪些尺寸？
20. 零件图常用的表达方法有哪些？
21. 常见的几何公差有哪些？

项目五 模具主要零件的数控加工编程

【知识目标】

1. 了解并掌握编程前处理的方法和步骤，能对零件三维模型进行必要的修复。
2. 了解雕刻刀和牛鼻刀，了解刀具、钻头的材料和性能，会创建刀具和钻头。
3. 了解软钳口、硬钳口的作用和优缺点。
4. 了解动态开粗、层切开粗的特点和优势，会编制开粗刀路。
5. 掌握"深度轮廓铣"和"Area_MILL"的区别，了解陡峭面和非陡峭面。
6. 会编制"底壁铣""深度轮廓铣""Area_MILL""实体 3D 轮廓""孔铣"等精加工刀路。
7. 了解"IPW"、顺铣和逆铣。掌握粗加工、半精加工、精加工的作用和意义。
8. 了解铣孔断刀的原因。掌握进刀"斜坡角""高度"的含义和作用。掌握进刀、退刀的形式和特点。
9. 掌握"余量""刀具补偿"的意义和作用。掌握内公差和外公差的意义。
10. 掌握刀路的复制和修改。了解机床的拐角减速和光顺刀路。
11. 掌握针对不同工序选择高效合理的切削参数的方法。
12. 掌握钻孔的常用指令 G81、G82、G83、G73、G98、G99。
13. 了解数控系统和对应的后处理。

【能力目标】

1. 具备三维模型修复的能力。
2. 具备制订数控铣工艺的能力。
3. 具备编制侧切开粗、层切开粗刀路的能力；具备编制"底壁铣""深度轮廓铣""Area_MILL""实体 3D 轮廓""孔铣"等精加工刀路的能力；具备编制刻字刀路、钻孔刀路（修改孔径和孔深）的能力。
4. 具备针对不同工序选择高效合理的切削参数的能力。
5. 具备将刀路后处理成正确的数控程序的能力。

【素质目标】

1. 养成科学严谨的职业素养。

项目五　模具主要零件的数控加工编程

2. 培养精益求精的工匠精神。
3. 提升民族自信心和自豪感。

项目引入

【案例】　零件的三维模型和数控加工结果如图 5-1 和图 5-2 所示。编制数控程序，加工机械零件，要求：局部需用 1mm 铣刀清根；所有型面精度为 ±0.01mm。

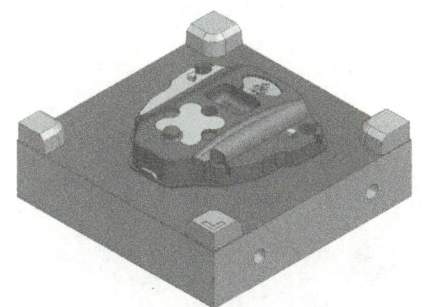

图 5-1　零件三维模型

图 5-2　零件的数控加工结果

项目实施

任务一　型芯零件编程前处理

如果编程中使用的三维模型存在错误，例如有多余的面和线段，就有可能导致生成错误的数控加工程序。因此编程之前需要先将需要编程的零件的三维模型单独导出，并对其进行必要的修复。

1. 导出型芯零件

单击选中 B 板和型芯，按 <Ctrl>+<B> 键将其隐藏（也可以在选中的零件上按下右键不放将鼠标向右下滑动，将鼠标指针滑动到九宫格上的"隐藏"命令上），如图 5-3 所示。

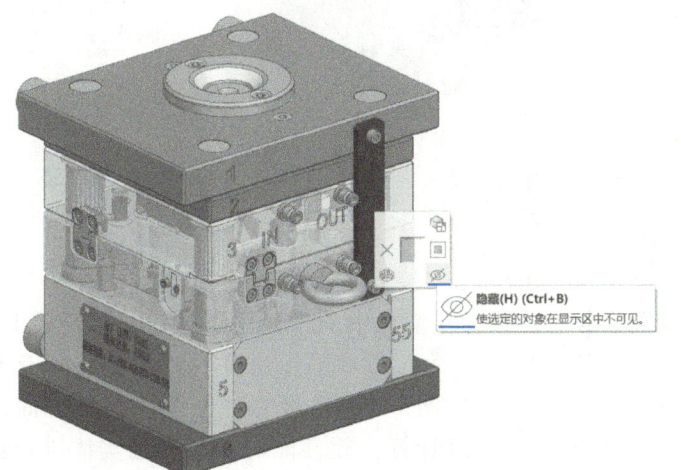

图 5-3　隐藏选定的对象

导出型芯零件

251

按<Ctrl>+<Shift>+<B>键,可以将显示的零件全部隐藏,将隐藏的 B 板和型芯显示出来。如图 5-4 所示,单击"文件"→"导出"→"STEP"命令。

图 5-4 导出 STEP 文件

如图 5-5 所示,在弹出的"导出 STEP 文件"对话框中单击"要导出的数据"选项卡,"导出"选择"选定的对象",然后在绘图区选择型芯。

如图 5-6 所示,单击"导出 STEP 文件"对话框中的"文件"选项卡,选择"AP214",单击"浏览"按钮,设置导出的路径和导出的文件名(本例路径设置为桌面,文件名设置为"XX.stp"),最后单击"导出 STEP 文件"对话框中的"确定"按钮。

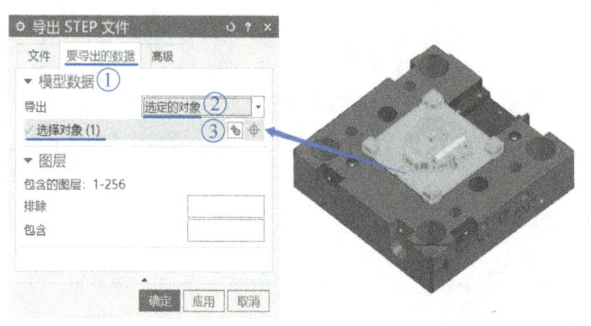

图 5-5 选择导出对象

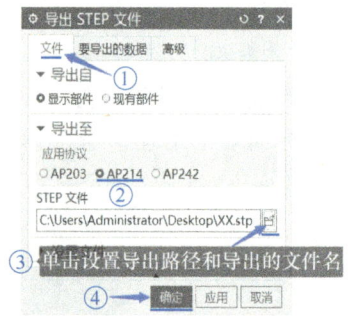

图 5-6 设置导出路径和文件名

2. 修复型芯零件

如图 5-7 所示,单击主菜单中的"打开"命令,在弹出的"打开"对话框中选择桌面上的"XX.stp",最后单击"打开"对话框中的"确定"按钮,打开导出的型芯三维实体。

如图 5-8 所示,单击"菜单"→"插入"→"同步建模"→"优化"→"优化面"命令,弹出图 5-9 所示的"优化面"对话框,在绘图区框选型芯三维零件的所有面,最后单击"优化面"对话框中的"确定"按钮。通过计算,软件能对型芯三维实体进行面和线的优化,并会弹出图 5-10 所示的优化结果信息窗口。

项目五 模具主要零件的数控加工编程

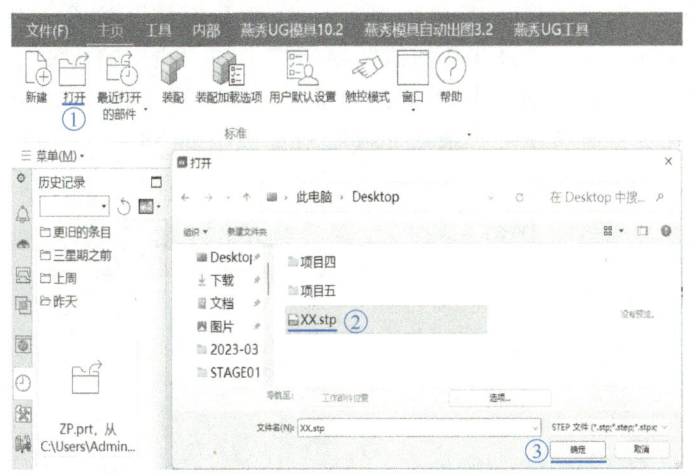

图 5-7 打开"XX.stp"文件　　修复型芯零件

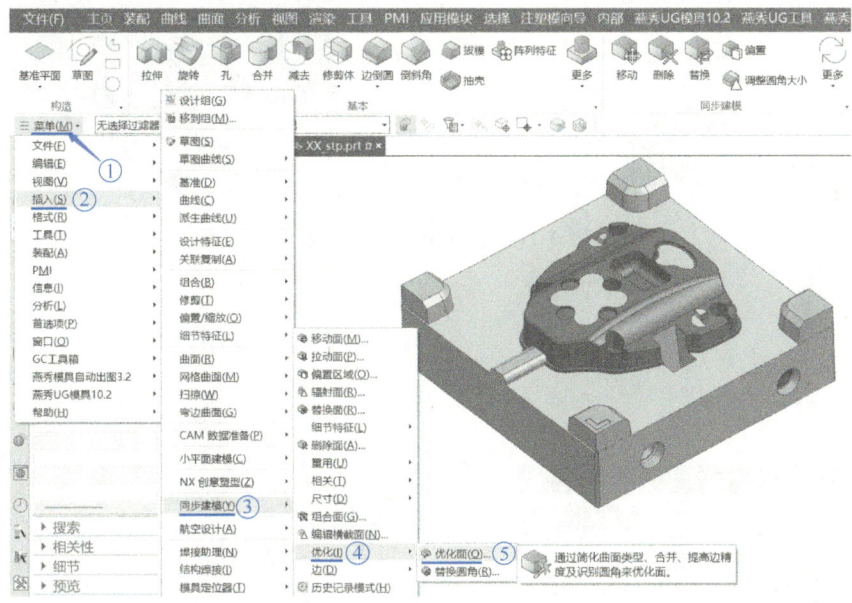

图 5-8 "优化面"命令

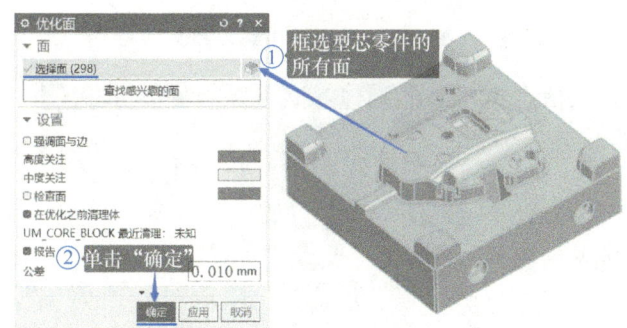

图 5-9 "优化面"对话框

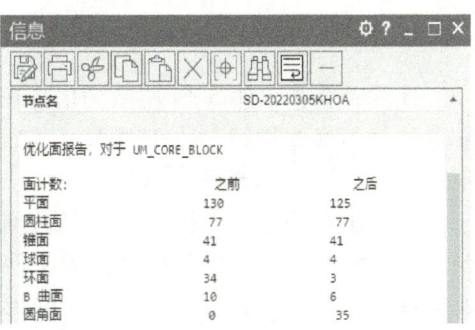

图 5-10 面和线的优化结果

如图 5-11 所示，单击"文件"→"导出"→"修复几何体"命令，弹出图 5-12 所示的"修复几何体"对话框。单击"修复几何体"对话框中的"指定输出文件"，打开图 5-13 所示的对话框，选择输出文件的路径（本例选的是桌面）和设定输出文件的名称（本例设定的是"XX-修复.prt"），最后单击"输出文件"对话框中的"确定"按钮和"修复几何体"对话框中的"确定"按钮。

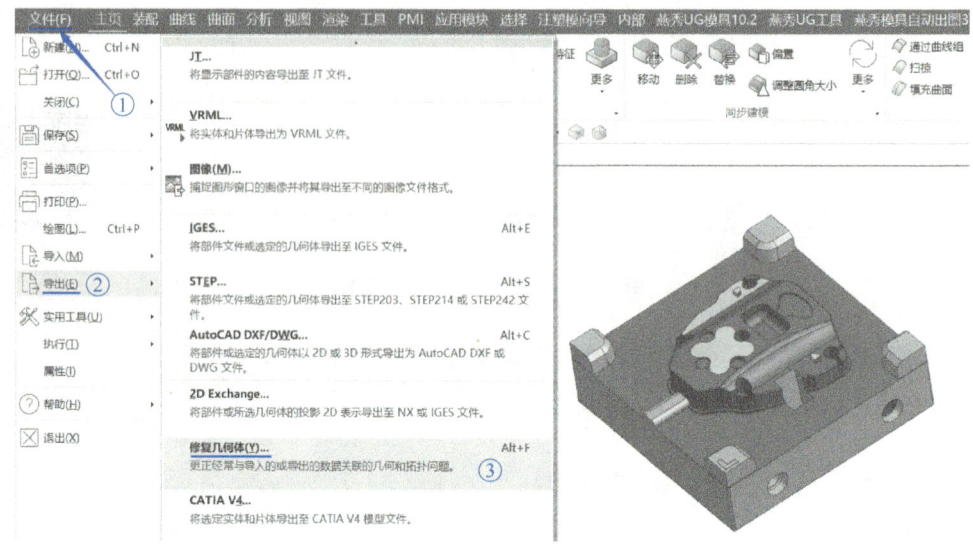

图 5-11 "修复几何体"命令

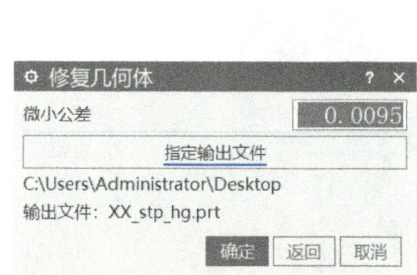

图 5-12 指定输出文件

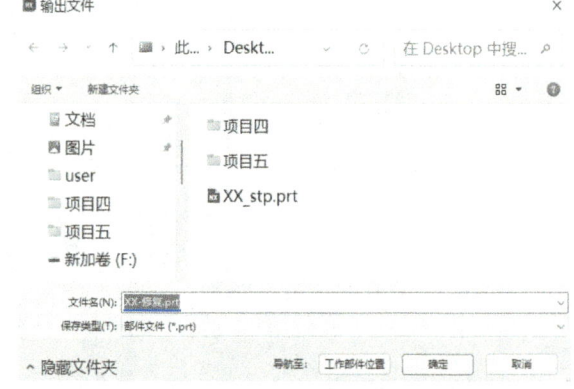

图 5-13 设定输出路径和文件名

计算后会弹出图 5-14 所示的信息窗口。该信息窗口显示修复了哪些错误。本例修复了 32 个边偏差，67 个顶点偏差，17 个简单的几何错误。

需要注意的是：①执行"修复几何体"命令后，需要关闭当前的文件，打开修复好的文件（如本例修复后的文件是"XX-修复.prt"）。②"优化面"命令主要完成线和面的优化、简化；而"修复几何体"命令主要完成边、顶点、细小边、滑移面等错误的修复。

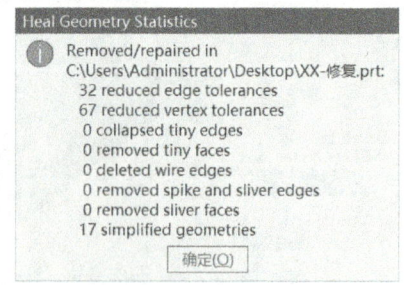

图 5-14 修复结果统计

项目五　模具主要零件的数控加工编程

至此，完成了型芯三维零件编程前的模型处理。如果型芯零件还有错误，一般情况下需要执行"取消缝合"命令和"移除参数"命令，将实体转化为片体，删除错误的面后，用建模里的创建面和编辑面命令重新修复面，最后使用"缝合"命令将封闭的曲面组转变为三维实体零件。

高级修复

任务二　编制型芯零件的开粗刀路

1. 打开修复好的型芯零件

如图 5-15 所示，单击主菜单中的"打开"命令，在弹出的"打开"对话框中，选择要打开的文件"XX-修复后.prt"，最后单击"打开"对话框中的"确定"按钮。

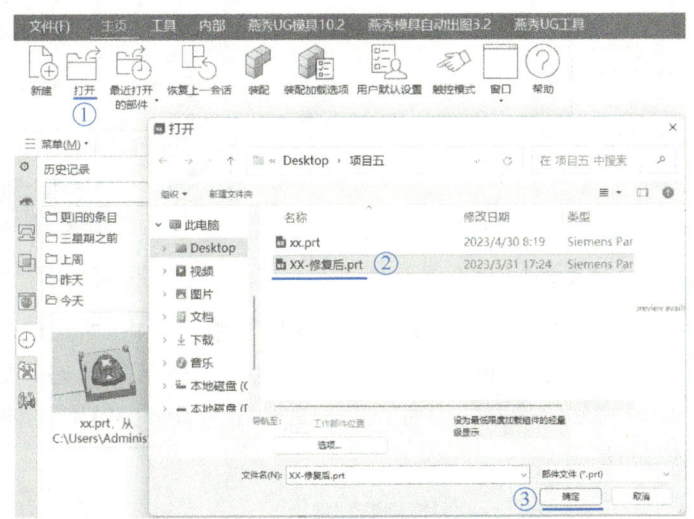

进入加工环境及
设定加工坐标系

图 5-15　打开修复后的型芯零件

打开型芯零件后，如图 5-16 所示，单击"应用模块"→"加工"命令，启动进入加工环境命令（也可以直接按<Ctrl>+<Alt>+<M>键启动进入加工环境命令）。

单击主菜单中的"加工"命令后弹出图 5-17 所示的"加工环境"对话框，在该对话框的"CAM 会话配置"中选择"cam_general"，在"要创建的 CAM 组装"中选择"mill_planar"或"mill_contour"，最后单击"加工环境"对话框中的"确定"按钮，进入数控铣加工环境。

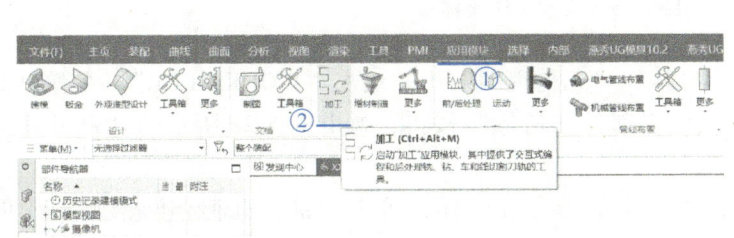

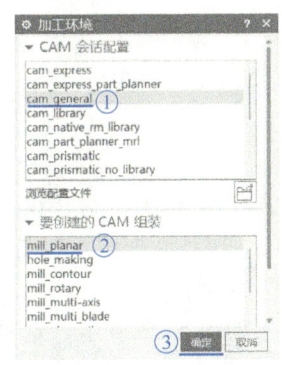

图 5-16　启动进入加工环境命令　　　　　　图 5-17　"加工环境"对话框

255

2. 设定加工坐标系、部件和毛坯

如图 5-18 所示，单击 NX 软件左侧工具栏中的"工序导航器"，单击"几何视图"选项卡，在"MCS_LOCAL"上单击右键，在弹出的菜单中选择"删除"。

注意：如图 5-19 所示，如果找不到"MCS_LOCAL"，单击"MCS_MAIN"及"WORKPIECE"前面的"+"，展开选项，就可以看到"MCS_LOCAL"了。

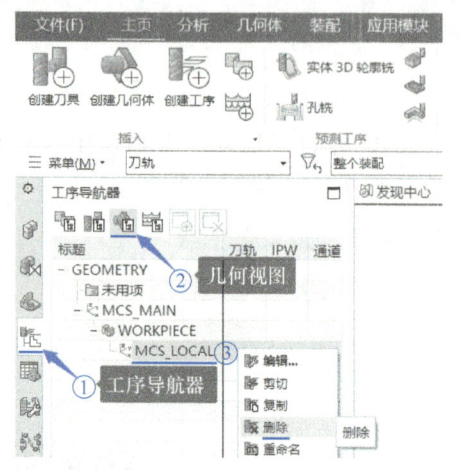
图 5-18 删除多余的局部坐标系

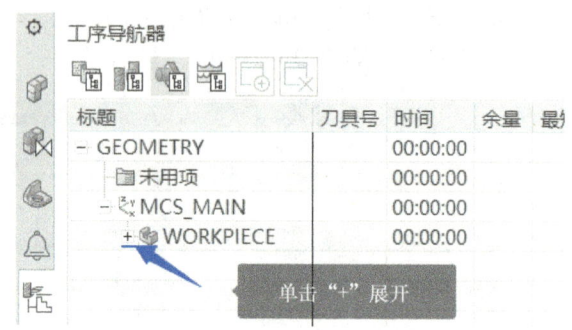
图 5-19 展开 WORKPIECE

如图 5-20 所示，在"工序导航器"→"几何视图"中，双击"MCS_MAIN"；在弹出的"MCS_Main"对话框中，系统会自动跳转到"指定机床坐标系"状态，如果加工中采用软钳口，建议按照图 5-20 所示设定加工坐标系，最后单击"MCS_MAIN"对话框中的"确定"按钮，完成机床坐标系设定。

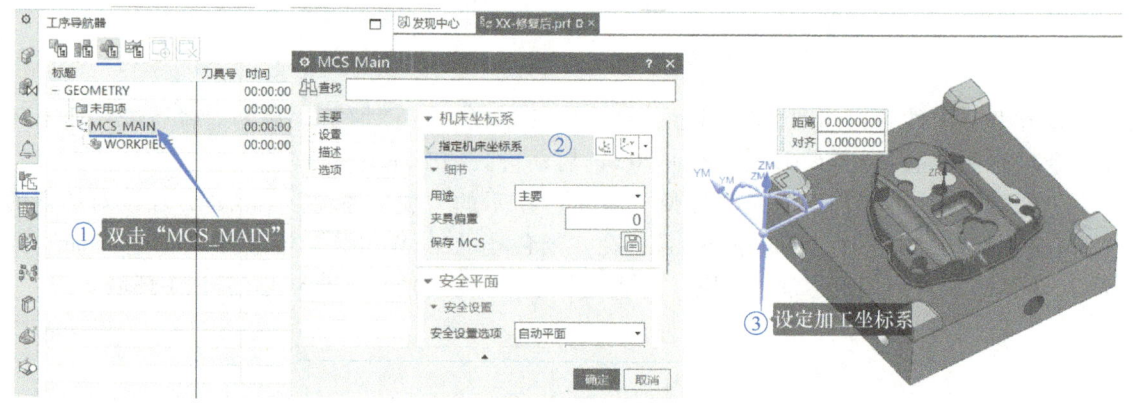
图 5-20 设定机床坐标系

如图 5-21 所示，在"工序导航器"→"几何视图"中，双击"WORKPIECE"；在弹出的"工件"对话框中，单击"选择或编辑部件几何体"按钮，弹出图 5-22 所示的"部件几何体"对话框。

如图 5-22 所示，选择型芯作为加工的部件几何体，单击"部件几何体"对话框中的"确定"按钮，完成加工部件的设定。

项目五 模具主要零件的数控加工编程

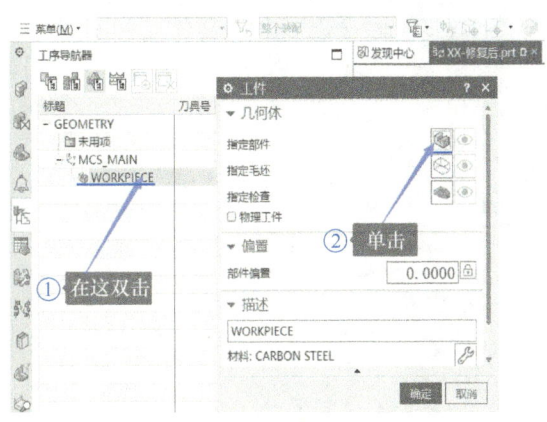

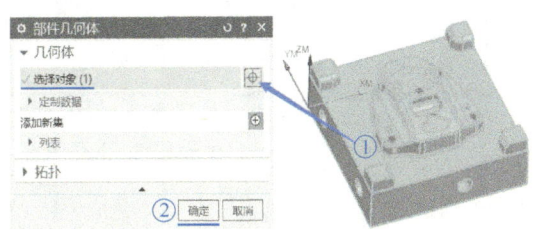

图5-21 设定工件

图5-22 选择型芯作为部件

如图5-23所示，单击"选择或编辑毛坯几何体"按钮，弹出图5-24所示的"毛坯几何体"对话框。

如图5-24所示，在弹出的"毛坯几何体"对话框中，在第一栏中单击，在弹出的选项中选择"包容块"，并按实际情况设定毛坯的大小，最后单击"毛坯几何体"对话框中的"确定"按钮，再单击"工件"对话框中的"确定"按钮，完成部件和毛坯的设定。

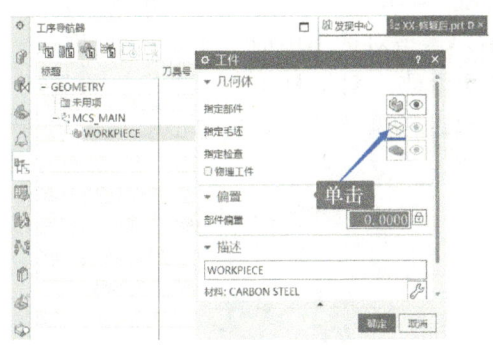

图5-23 指定毛坯

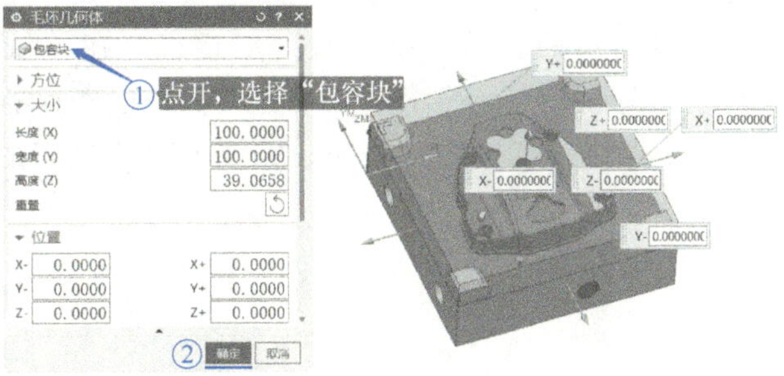

图5-24 设定毛坯几何体

3. 动态刀路开粗

如图5-25所示，单击主菜单中的"创建工序"命令；在弹出的"创建工序"对话框中，"类型"选择"mill_contour"，"工序子类型"选择"3D自适应粗加工"图标，"几何体"选择"WORKPIECE"，"方法"选择"MILL_ROUGH"，最后单击"创建工序"对话框中的"确定"按钮，弹出图5-26所示的"3D自适应粗加工"对话框。

在弹出的"3D自适应粗加工"对话框中，先设定刀具半径方向上的步距。该值的设定和刀具的性能及进给速度有很大关系，如果采用性能较好的D10立铣刀开粗，进给速度大于2000mm/m，"步距"一般设置为刀具直径的10%～15%，最大不超过20%。用同样的立铣刀，如果进给速度为700mm/m，主轴转速为5500r/m，径向"步距"可以设定为刀具直径的90%。

257

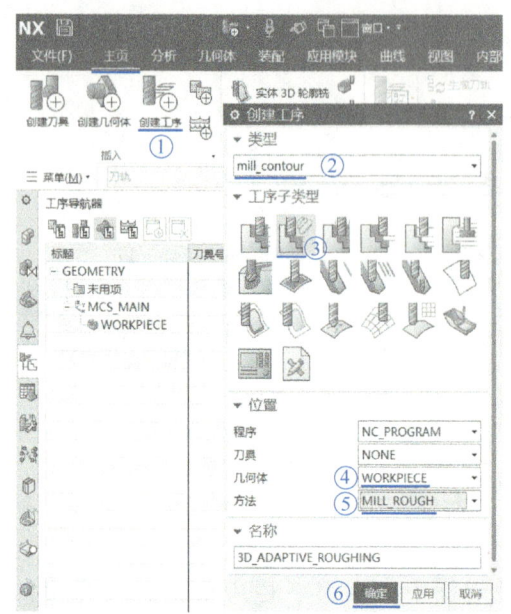
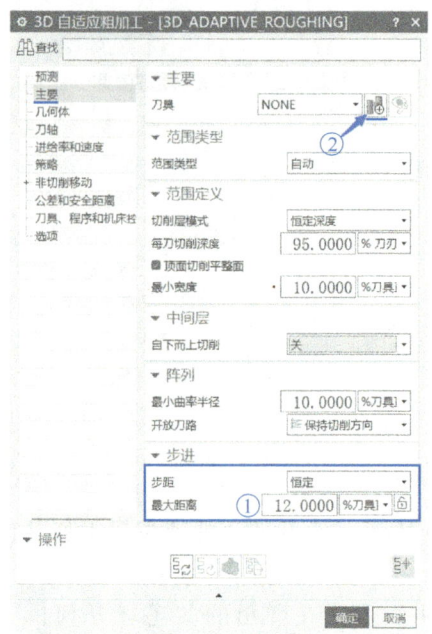

图 5-25　选择"3D 自适应粗加工"工序　　　图 5-26　设定径向步距　　　动态开粗

本例采用性能较好的 D10 四刃立铣刀。如图 5-26 所示，径向步距采用刀具直径的 12%，设定好径向步距后，单击"刀具"栏中的"新建"按钮。如图 5-27 所示，在弹出的"新建刀具"对话框中，在"名称"栏中输入"D10"，最后单击该对话框中的"确定"按钮，弹出图 5-28 所示的"铣刀-5 参数"对话框。在"铣刀-5 参数"对话框中，"直径"设置为"10"，"刀具号""补偿寄存器""刀具补偿寄存器"都设置为"1"，最后单击"铣刀-5 参数"对话框中的"确定"按钮，完成 D10 立铣刀的创建。

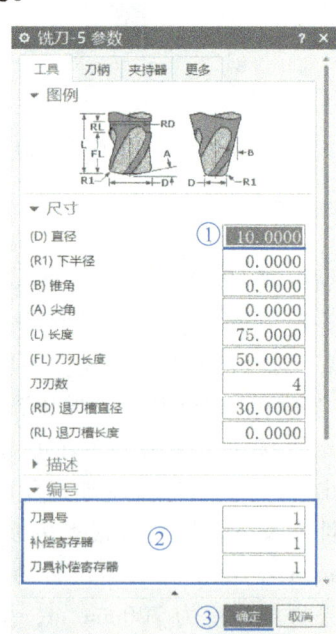

图 5-27　设定刀具名称　　　　　　　　图 5-28　设置刀具参数

如图 5-29 所示，单击"3D 自适应粗加工"对话框中的"几何体"，勾选"使用与部件相同的最终底面余量"，设置"部件余量"为"0.2"。开粗的余量一般采用 0.1~0.25mm，开粗的余量和开粗时采用的切削参数、机床精度有关，切削参数大，余量要适当放大；如果对机床精度未知，为确保开粗不过切，也需要适当放大余量。

如图 5-30 所示，单击"3D 自适应粗加工"对话框中的"进给率和速度"，"主轴速度"设置为 5555r/m，"切削"进给率设置为 4000mm/m，"进刀"和"步进"分别设为正常"切削"的 20%和 50%，最后单击"基于此值计算进给和速度"按钮，完成主轴转速和进给率的设定。

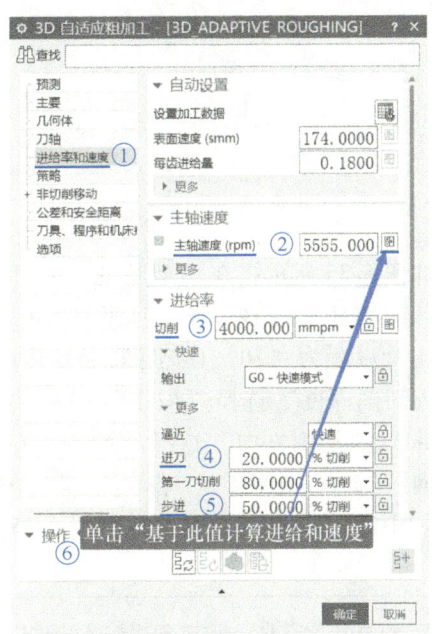

图 5-29　设置开粗余量　　　　图 5-30　设置转速和进给率

如图 5-31 所示，单击"3D 自适应粗加工"对话框中的"策略"，"切削方向"选择"顺铣"。（逆铣开粗噪声大。）

如图 5-32 所示，单击"3D 自适应粗加工"对话框中的"公差和安全距离"，设置"内公差"和"外公差"均为"0.2"（"内公差"要小于粗加工留的余量），最后单击"3D 自适应粗加工"对话框中的"生成"按钮，生成的刀路结果如图 5-33 所示。

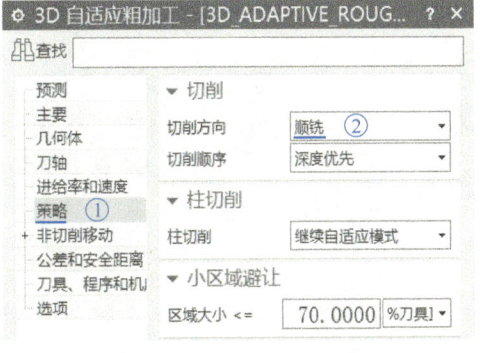

4. 层切二次开粗

图 5-31　设置切削方向

如图 5-34 所示，单击主菜单中的"创建工序"命令，在弹出的"创建工序"对话框中，"类型"选择"mill_contour"，"工序子类型"选择"型腔铣"图标，"几何体"选择"WORKPIECE"，"方法"选择"MILL_ROUGH"，最后单击"创建工序"对话框中的"确定"按钮，弹出图 5-35 所示的"型腔铣"对话框。

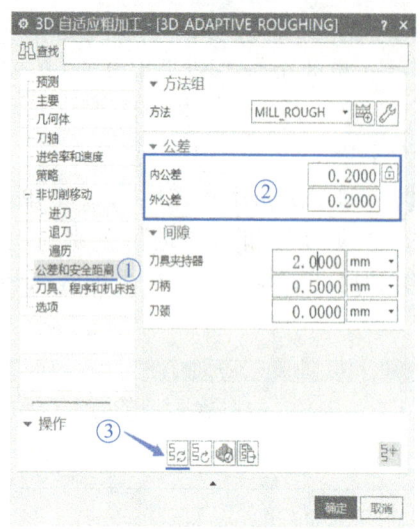
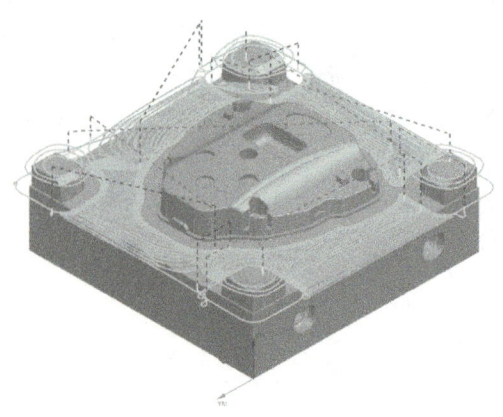

图 5-32 设置内外公差及生成刀路　　　图 5-33 生成的刀路结果（动态刀路开粗）

如图 5-35 所示，在"型腔铣"对话框中，左侧选择"主要"，"切削模式"选择"跟随周边"，"步距"选择"%刀具平直"（"%刀具平直"即"刀具直径百分比"），"平面直径百分比"设置为"70"（步距采用刀具直径的 70%，一般选择刀具直径的 60%~80%），"公共每刀切削深度"选择"恒定"，"最大距离"设置为"1"（Z 方向上每层的最大切削深度为 1mm），"切削方向"选择"顺铣"（逆铣噪声大），"切削顺序"选择"深度优先"，"刀路方向"选择"向内"，"空间范围"中的"过程工件"选择"使用 3D"，最后单击"刀具"栏中的"新建"按钮，弹出图 5-36 所示的"新建刀具"对话框。

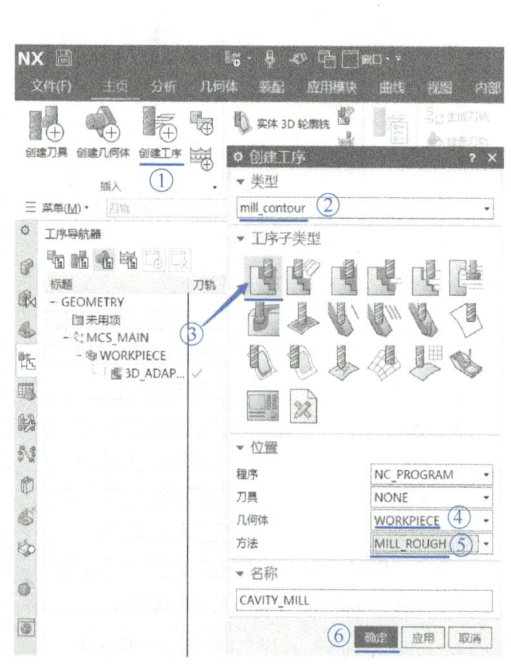
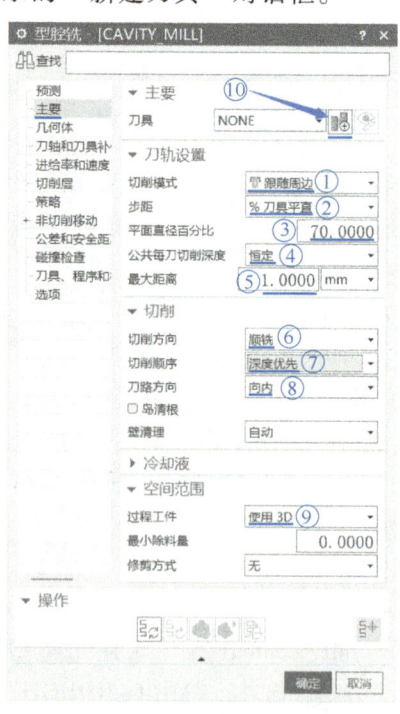

图 5-34 选择"型腔铣"加工工序　　图 5-35 "型腔铣"对话框　　层切二次开粗

如图 5-36 所示，在"新建刀具"对话框中，"刀具子类型"选择球刀"BALL_MILL"图标，在"名称"栏中输入"R3"，最后单击"新建刀具"对话框中的"确定"按钮，弹出图 5-37 所示的"铣刀-球头铣"对话框。

在"铣刀-球头铣"对话框中，设置"球直径"（球刀直径）为"6"，设置"刀具号""补偿寄存器"和"刀具补偿寄存器"均为"2"，最后单击"铣刀-球头铣"对话框中的"确定"按钮，完成 2 号球刀的创建。

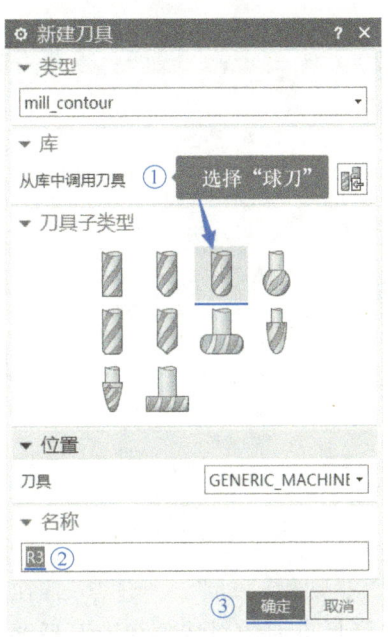

图 5-36 "新建刀具"对话框（R3）

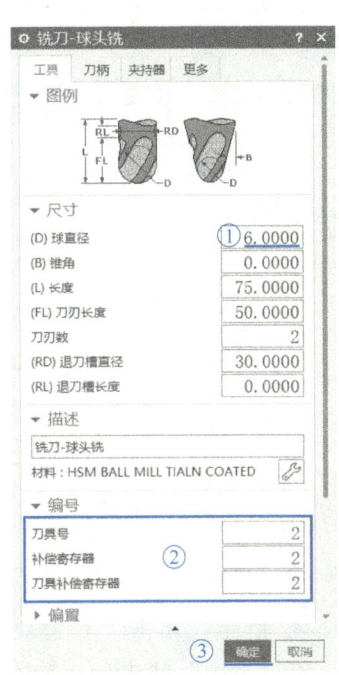

图 5-37 "铣刀-球头铣"对话框

如图 5-38 所示，单击"型腔铣"对话框左侧的"几何体"，勾选该对话框右侧的"使底面余量与侧面余量一致"，在"部件侧面余量"栏中输入"0.2"（设置余量为 0.2mm），接下来单击"指定切削区域"后面的"选择或编辑切削区域几何体"按钮，弹出图 5-39 所示的"切削区域"对话框。

如图 5-39 所示，在绘图区用按下鼠标中键旋转的方式调整型芯零件的方位，再框选需要进行二次开粗的面（如果多选了，可以按下<Shift>键不松开，单击已经选择的面，可以实现减选），选择完成后，直接单击"切削区域"对话框中的"确定"按钮。

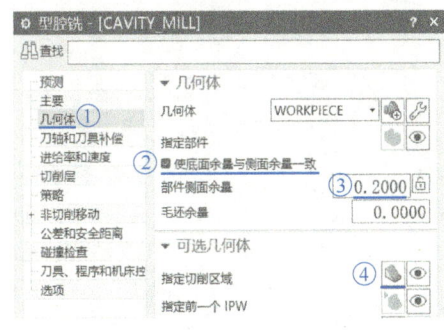

图 5-38 指定切削区域

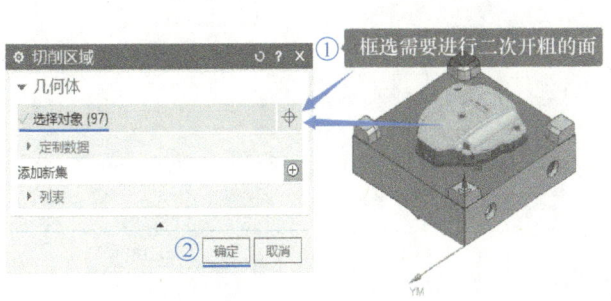

图 5-39 选择切削区域

261

如图 5-40 所示，单击"型腔铣"对话框左侧的"进给率和速度"，在右侧设置"主轴转速"为"5500rpm"；"进给率"中的"切削"为"3000mmpm"（刀具直径小，进给速度要降低），"进刀"和"步进"分别为切削的 20% 和 50%（进刀和步进时刀具很容易崩刃、断刀，最好把进给速度降下来），进给和主轴转速数值输入完成后需要单击"基于此值计算进给和速度"按钮，完成型腔铣二次开粗进给率和主轴的设定。

如图 5-41 所示，单击"型腔铣"对话框左侧的"策略"，在右侧的"光顺"栏中选择"所有刀路"。

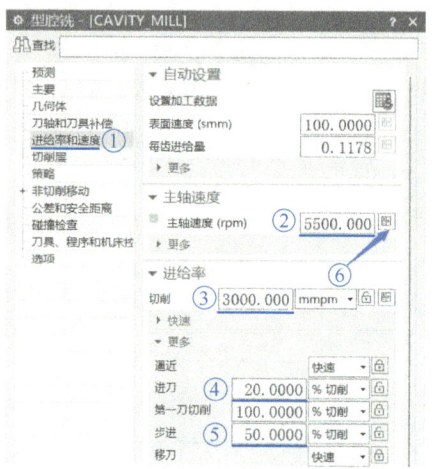

图 5-40　设置进给率和主轴速度（型腔铣）

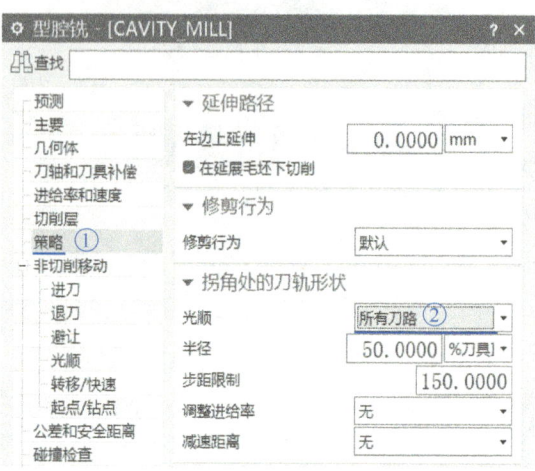

图 5-41　光顺刀路

如图 5-42 所示，单击"型腔铣"对话框左侧的"非切削移动"→"进刀"，在右侧的"斜坡角"和"高度"栏中分别输入"2"和"0.3"（降低进刀的斜坡角和进刀高度）。

如图 5-43 所示，单击"型腔铣"对话框左侧的"非切削移动"→"转移/快速"，右侧"区域之间"中的"转移类型"设置为"毛坯平面"，"区域内"中的"转移类型"设置为"直接"，最后单击"型腔铣"对话框中的"生成"按钮，生成二次开粗层切刀路。

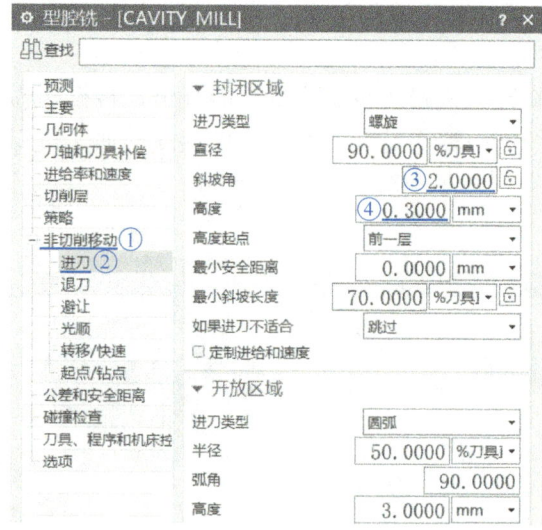

图 5-42　设置进刀

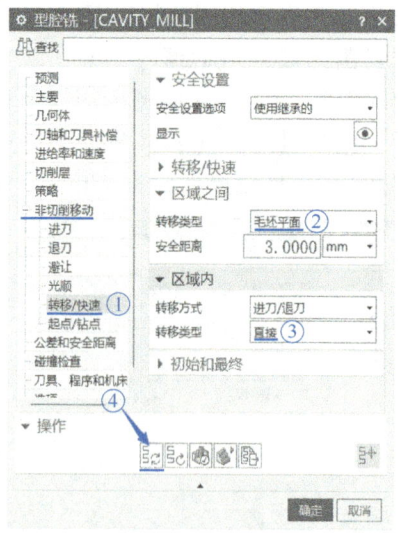

图 5-43　设置转移类型及生成程序

任务三 精加工

1. 精加工虎口工作面和型芯主要型面的陡峭区域

如图 5-44 所示,单击主菜单中的"创建工序"命令,在弹出的"创建工序"对话框中,"类型"选择"mill_contour","工序子类型"选择"深度轮廓铣-陡峭"图标,"几何体"选择"WORKPIECE","方法"选择"MILL_FINISH",最后单击"创建工序"对话框中的"确定"按钮,弹出图 5-45 所示的"深度轮廓铣-陡峭"对话框。

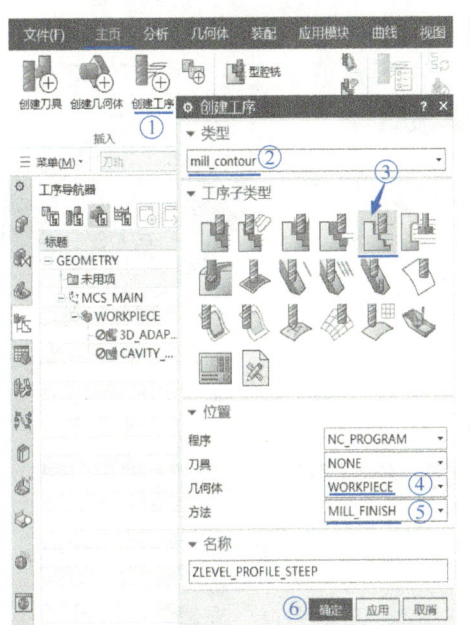

图 5-44 选择"深度轮廓铣-陡峭"工序

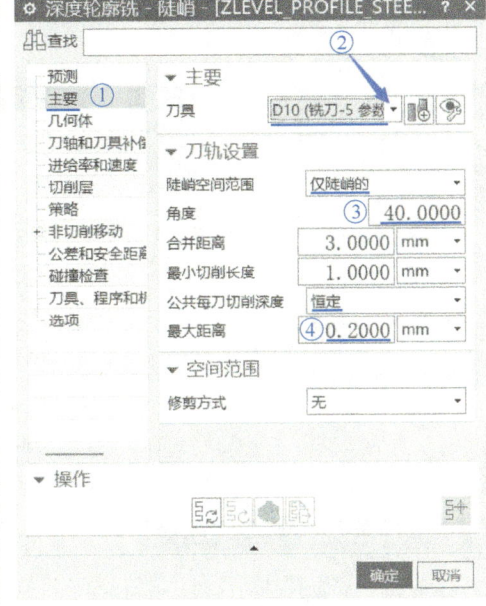

图 5-45 设置主要参数

精加工虎口和型芯侧壁

如图 5-45 所示,在弹出的"深度轮廓铣-陡峭"对话框中,单击左侧的"主要",右侧"刀具"选择之前创建好的刀具"D10(铣刀-5 参数)","陡峭空间范围"选择"仅陡峭的","角度"设置为"40"(选择的加工面中与 XY 面的夹角大于或等于 40°的才会生成刀路),"公共每刀切削深度"选择"恒定","最大距离"设置为"0.2"(生成的刀路每层 Z 方向上的最大距离为 0.2mm)。

如图 5-46 所示,在"深度轮廓铣-陡峭"对话框中,单击左侧的"几何体",勾选右侧的"使底面余量与侧面余量一致",设置"部件侧面余量"为"0",最后单击"选择或编辑切削区域几何体"按钮,弹出图 5-47 所示的"切削区域"对话框。

如图 5-47 所示,首先在"场景条选项"中切换选择类型为"相切面",再单击需要加工的陡峭面,因为前面设置了只在陡峭的面上生成刀路,所以选择时可以包含平坦的面,如果选择时多选了面,可以按下<Shift>键不松开,框选已选的面就可以减减,选择完成后,单击"切削区域"对话框中的"确定"按钮。

如图 5-48 所示,在"深度轮廓铣-陡峭"对话框中,单击左侧的"刀轴和刀具补偿",在右侧"刀具补偿位置"选择"所有精加工刀路",设置后如果后期采用的后处理中有刀具半径补偿，就可以输出刀补指令了。

如图5-49所示，在"深度轮廓铣-陡峭"对话框中，单击左侧的"策略"，在右侧"切削方向"选择"混合"，"切削顺序"选择"始终深度优先"，勾选"在边上延伸"，"距离"设置为"1mm"；"层到层"选择"直接对部件进刀"，"光顺"选择"所有刀路"。

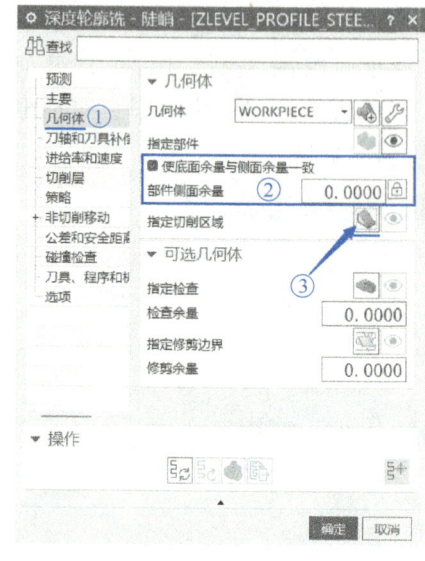

图 5-46 设置余量和切削区域

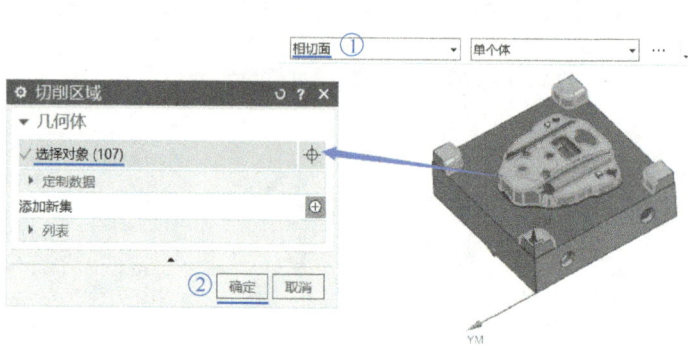

图 5-47 选择切削区域

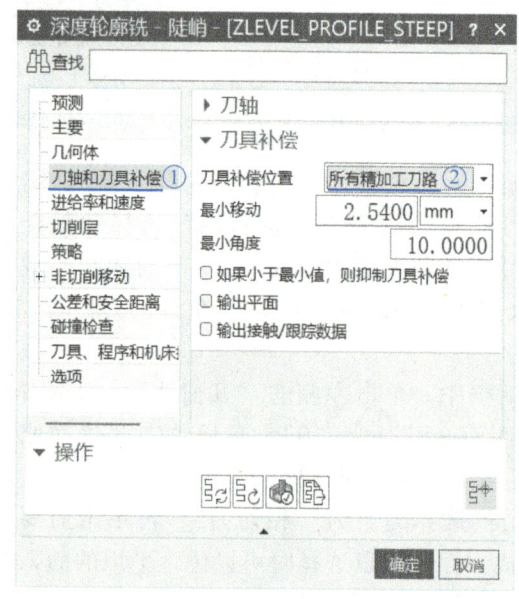

图 5-48 添加刀补

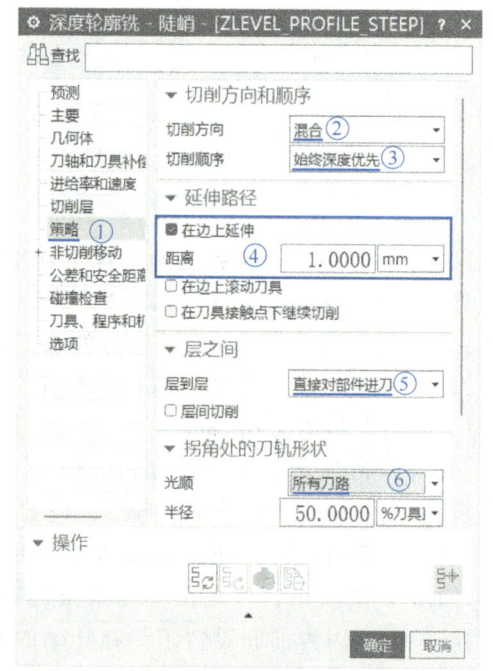

图 5-49 设置"策略"

如图5-50所示，在"深度轮廓铣-陡峭"对话框中，单击左侧的"进给率和速度"，在右侧设置"主轴速度"为"7000rpm"；"进给率"为"3000mmpm"，最后单击"基于此值计算进给和速度"按钮。

如图 5-51 所示,在"深度轮廓铣-陡峭"对话框中,单击左侧的"切削层",在右侧"切削层"选择"优化"(优化刀路可以使所有能生成刀路的面上的刀路尽可能步距均匀)。

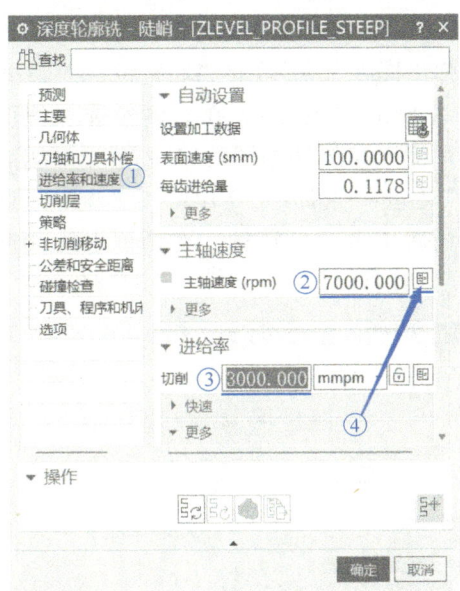

图 5-50 设置进给率和速度

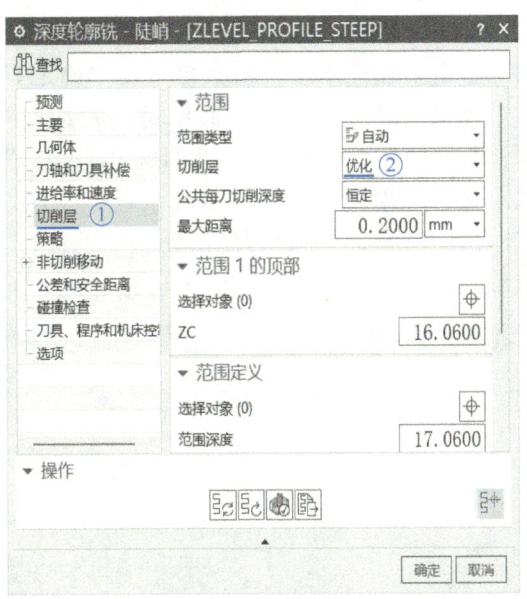

图 5-51 设置切削层

如图 5-52 所示,在"深度轮廓铣-陡峭"对话框中,单击左侧的"公差和安全距离",在右侧"内公差"和"外公差"都设定为"0.008"(设置值越大,精度越低;设置值越小,精度越高,计算刀路的时间越长,生成的程序数量越多),最后单击"深度轮廓铣-陡峭"对话框中的"生成"按钮,生成刀路。

生成的精加工虎口和型芯侧壁的刀路如图 5-53 所示。最后单击图 5-52 所示的"深度轮廓铣-陡峭"对话框中的"确定"按钮,完成刀路创建。

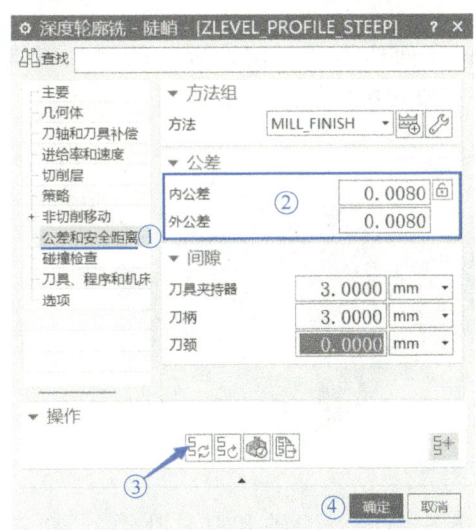

图 5-52 设置内外公差及生成刀路

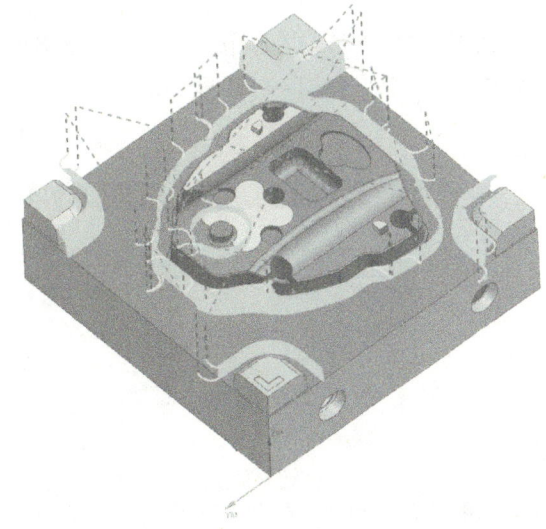

图 5-53 精加工虎口和型芯侧壁的刀路

2. 精加工大分型面

如图 5-54 所示,单击主菜单中的"创建工序"命令,在弹出的"创建工序"对话框中,"类型"选择"mill_planar","工序子类型"选择"底壁铣"图标,"刀具"选择"D10(铣刀-5 参数)","几何体"选择"WORKPIECE","方法"选择"MILL_FINISH";最后单击"创建工序"对话框中的"确定"按钮,弹出图 5-55 所示的"底壁铣"对话框。

如图 5-55 所示,在"底壁铣"对话框中,单击左侧的"主要",在右侧勾选"使用与部件相同的最终底面余量",勾选"自动壁",勾选"使用与部件相同的壁余量","切削模式"选择"跟随周边","部件余量"设置为"0","毛坯"选择"3D IPW","步距"选择"%刀具平直","平面直径百分比"设置为"70";最后单击"底壁铣"对话框中的"选择或编辑切削区域几何体"按钮,弹出图 5-56 所示的"切削区域"对话框。

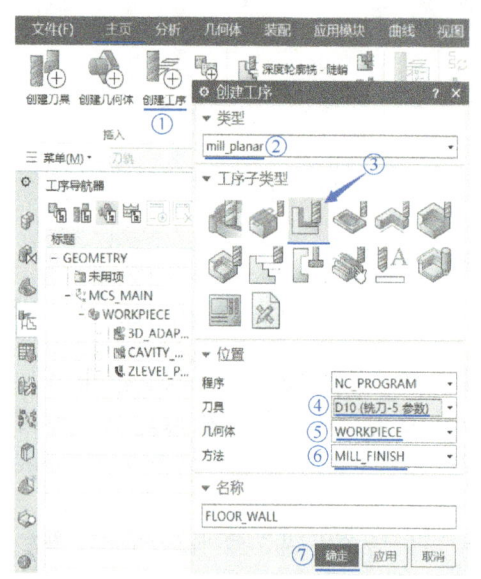

图 5-54 选择"底壁铣"工序

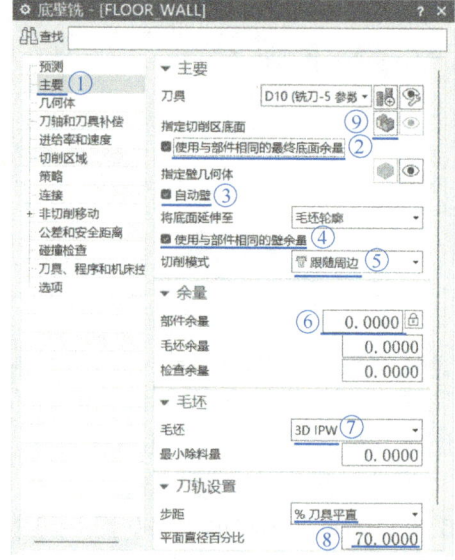

图 5-55 主要参数设置

精加工大分型面

如图 5-56 所示,在绘图区选择大分型面和虎口顶面作为"切削区域"的"几何体",最后单击"切削区域"对话框中的"确定"按钮,完成切削区域的设置。

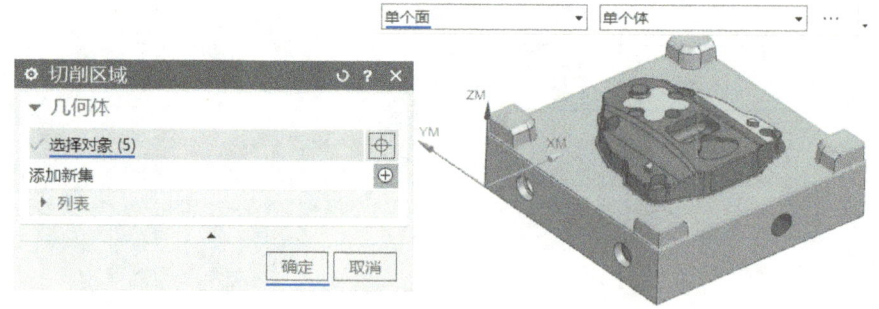

图 5-56 设置切削区域

如图 5-57 所示,在"底壁铣"对话框中,单击左侧的"刀轴和刀具补偿",在右侧"刀具补偿位置"选择"所有精加工刀路"。

如图 5-58 所示，在"底壁铣"对话框中，单击左侧的"进给率和速度"，在右侧设置"主轴速度"为"7000rpm"，"进给率"为"1000mmpm"；最后单击"基于此值计算进给和速度"按钮。

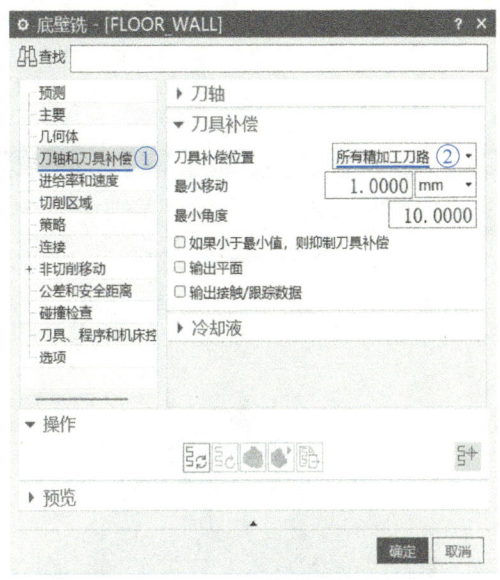

图 5-57　添加精加工刀路

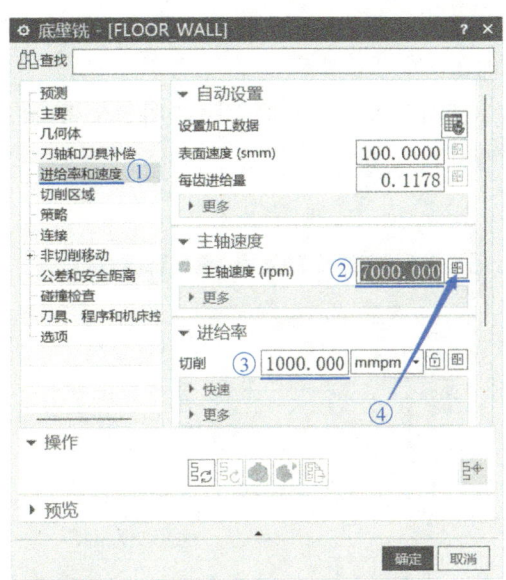

图 5-58　设置进给率和主轴转速

如图 5-59 所示，在"底壁铣"对话框中，单击左侧的"策略"，在右侧"刀路方向"设置为"向内"，勾选"添加精加工刀路"，"刀路数"设置为"1"。

如图 5-60 所示，在"底壁铣"对话框中，单击左侧的"非切削移动"→"进刀"，在右侧"开放区域"中的"进刀类型"设置为"线性"，"封闭区域"中的"进刀类型"设置为"与开放区域相同"。

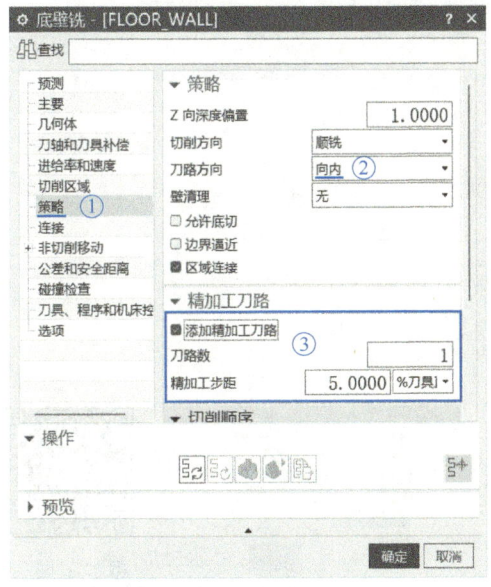

图 5-59　设置"策略"

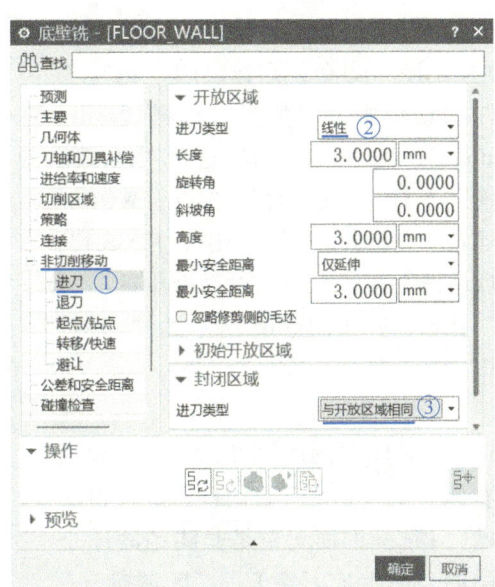

图 5-60　设置线性进刀

267

如图5-61所示,在"底壁铣"对话框中,单击左侧的"公差和安全距离",在右侧"内公差"和"外公差"都设定为"0.008",最后单击"底壁铣"对话框中的"生成"按钮,生成刀路。

如果弹出图5-62所示的"工序生成"警告对话框,直接单击该对话框中的"确定"按钮即可。

精加工大分型面的刀路如图5-63所示。

图5-62 "工序生成"警告对话框

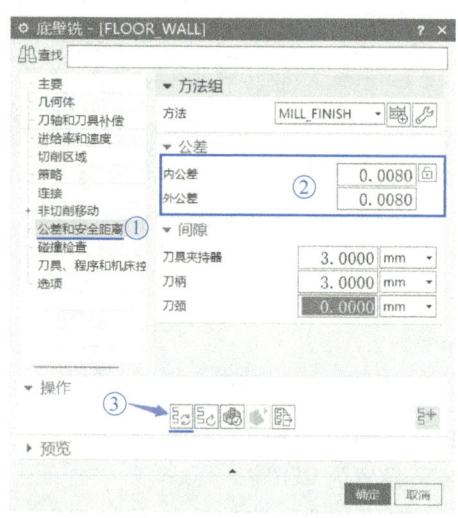

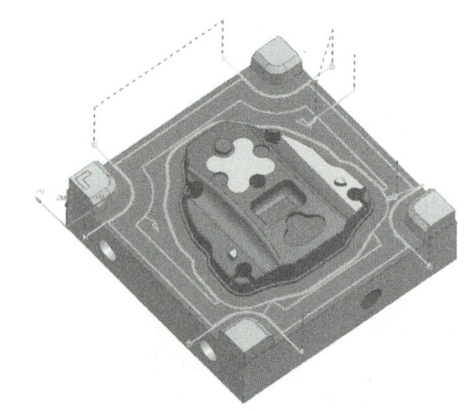

图5-61 设置内外公差及生成刀路

图5-63 精加工大分型面的刀路

3. 精加工型芯主要型面

如图5-64所示,单击主菜单中的"创建工序"命令,在弹出的"创建工序"对话框中,"类型"选择"mill_contour","工序子类型"选择"区域轮廓铣"图标,"几何体"选择"WORKPIECE","方法"选择"MILL_FINISH",最后单击"创建工序"对话框中的"确定"按钮,弹出图5-65所示的"Area_Mill"对话框。

如图5-65所示,单击"Area_Mill"对话框左侧的"主要";在对话框右侧:①"方法"选择"陡峭和非陡峭"(选择的面无论是非陡峭的还是陡峭的,都生成刀路),"区域排序"选择"先陡"(先铣陡峭的区域),

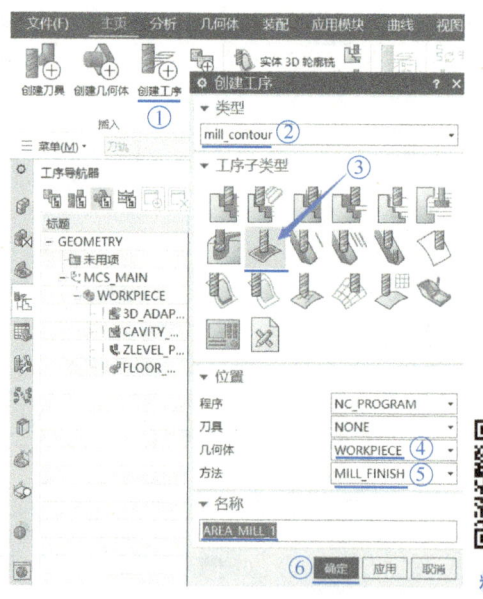

图5-64 选择"区域轮廓铣"工序

精加工型芯主要型面

"重叠距离"设置为"0.2"（陡峭面上的刀路和非陡峭面上的刀路有0.2mm的重叠），②"非陡峭切削模式"选择"往复"，"切削方向"采用"顺铣"，"步距"选择"恒定"，"最大距离"设置为"0.2"（最大步距0.2mm），"剖切角"选择"指定"，"与XC的夹角"输入"90"（非陡峭面上生成的刀路与Y轴平行），③"陡峭切削模式"选择"往复深度加工"，"深度切削层"选择"恒定"，"切削方向"选择"顺铣"，"深度加工每刀切削深度"设置为"0.2"，"合并距离"设置为"0.2"；最后单击"刀具"栏中的"新建"按钮，弹出图5-66所示的"新建刀具"对话框。

如图5-66所示，在"新建刀具"对话框中，"刀具子类型"选择端铣刀"MILL"，"名称"设置为"d4r0.5"，最后单击"新建刀具"对话框中的"确定"按钮，弹出图5-67所示的"铣刀-5参数"对话框。

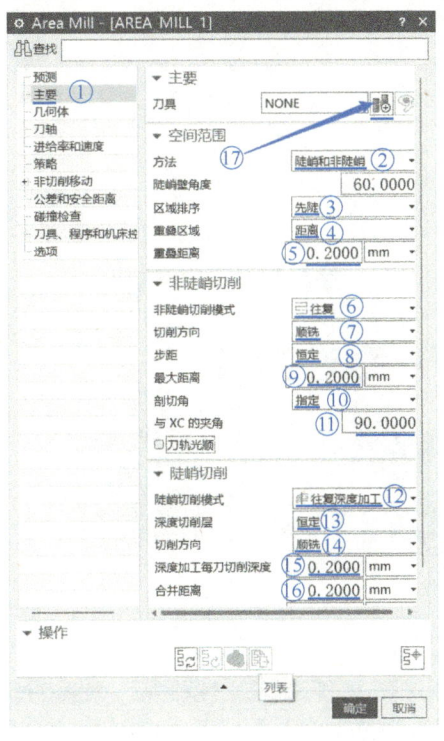

图5-65 "Area_Mill"对话框

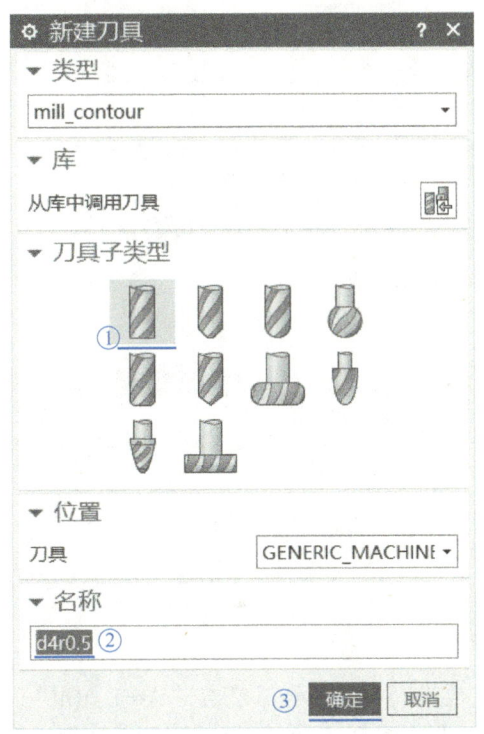

图5-66 新建刀具（d4r0.5）

如图5-67所示，在"铣刀-5参数"对话框中，"直径"设置为"4"，"下半径"设置为"0.5"，"刀具号""补偿寄存器"和"刀具补偿寄存器"都设置为"3"，最后单击"铣刀-5参数"对话框中的"确定"按钮，完成牛鼻刀（d4r0.5）的创建。

如图5-68所示，单击"Area_Mill"对话框左侧的"几何体"，在该对话框右侧设置"部件余量"为"0"，单击"指定切削区域"后面的"选择或编辑切削区域几何体"按钮，弹出图5-69所示的"切削区域"对话框。

如图5-69所示，按<F8>键切换视图到图5-69所示方位后，框选要生成刀路的区域，然后按下鼠标中键旋转视图，检查选择的区域是否正确，直接单击可以加选，按下<Shift>键不松开，再次单击已选区域就是减选；待面全部选择正确后，单击"切削区域"对话框中的"确定"按钮，完成切削区域的指定。

塑料模具CAD/CAM/CAE

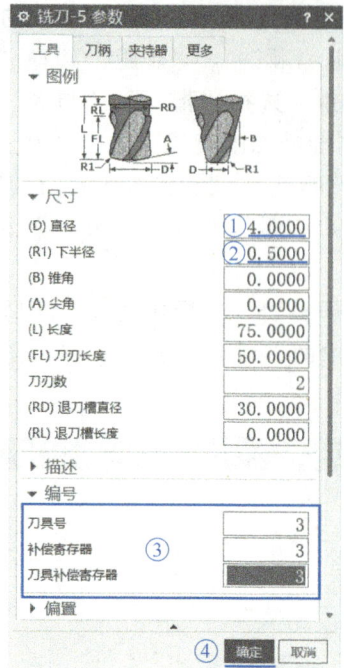

图 5-67 "铣刀-5 参数"对话框

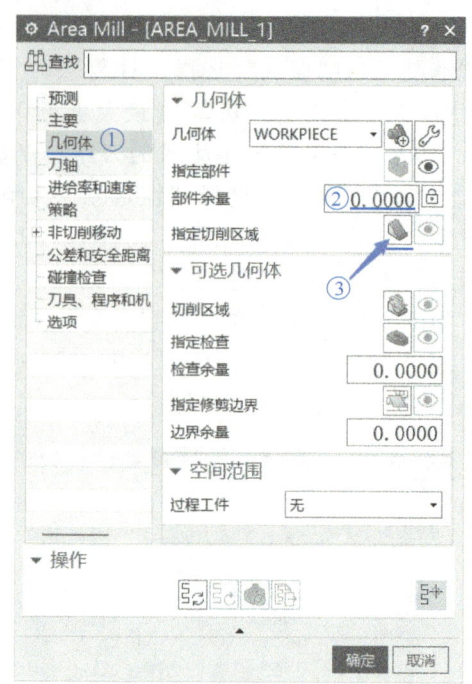

图 5-68 指定切削区域

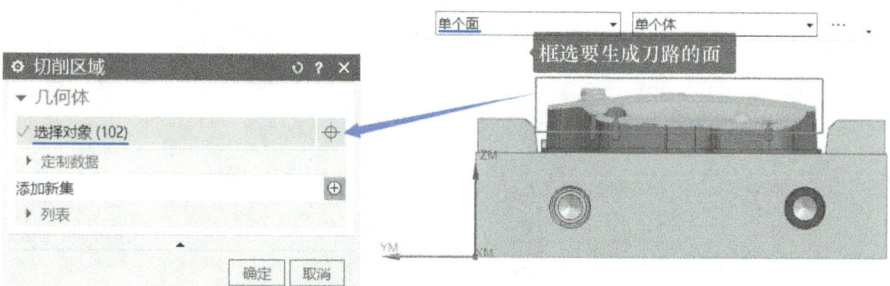

图 5-69 选择切削区域

如图 5-70 所示，单击"Area_Mill"对话框左侧的"进给率和速度"，在对话框右侧设置"主轴速度"为"6500rpm"，"进给率"为"1000mmpm"，最后单击"基于此值计算进给和速度"按钮，完成主轴转速和进给率的设定。

如图 5-71 所示，单击"Area_Mill"对话框左侧的"公差和安全距离"，在对话框右侧设置"内公差"和"外公差"均为"0.005"，最后单击"Area_Mill"对话框中的"生成"按钮，生成刀路。

最终生成的刀路如图 5-72 所示。

4. 精铣内部沉孔侧壁

如图 5-73 所示，单击主菜单中的"创建工序"命令；在弹出的"创建工序"对话框中，"类型"选

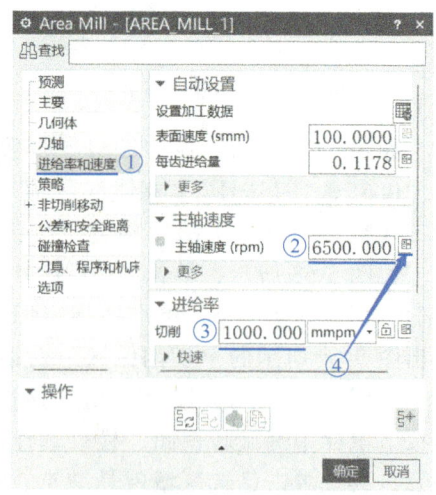

图 5-70 设置主轴转速和进给率

270

择"mill_contour","工序子类型"选择"实体 3D 轮廓铣"图标,"几何体"选择"WORK-PIECE","方法"选择"MILL_FINISH",最后单击"创建工序"对话框中的"确定"按钮,弹出图 5-74 所示的"实体 3D 轮廓铣"对话框。

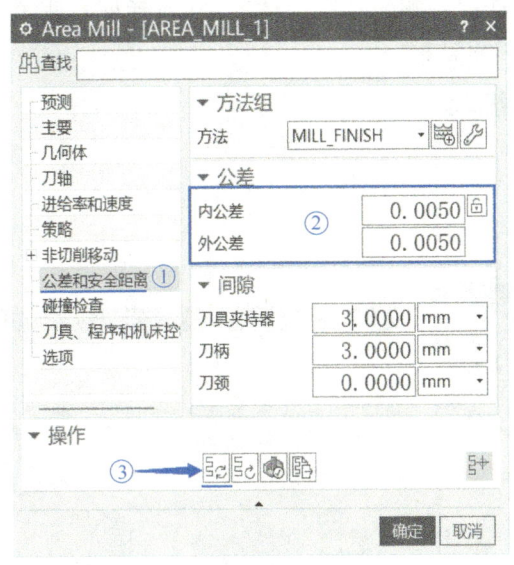

图 5-71 设置精加工内外公差

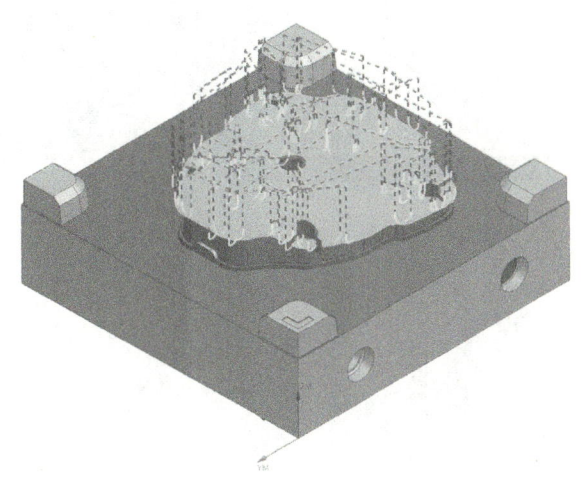

图 5-72 精加工型芯主要型面的刀路

如图 5-74 所示,单击"实体 3D 轮廓铣"对话框中"刀具"栏中的"新建"按钮,弹出图 5-75 所示的"新建刀具"对话框。

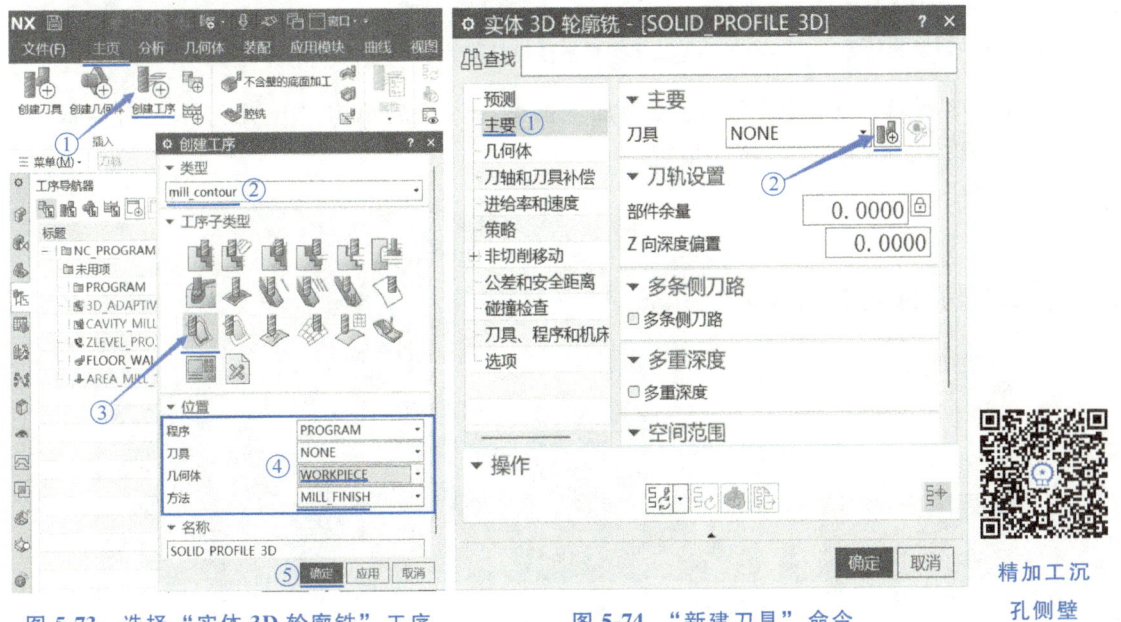

图 5-73 选择"实体 3D 轮廓铣"工序　　图 5-74 "新建刀具"命令

精加工沉孔侧壁

如图 5-75 所示,在"新建刀具"对话框中,"刀具子类型"选择端铣刀"MILL","名称"设置为"D4",最后单击"新建刀具"对话框中的"确定"按钮,弹出图 5-76 所示的"铣刀-5 参数"对话框。

271

如图 5-76 所示，在"铣刀-5 参数"对话框中，"直径"设置为"4"，"刀具号""补偿寄存器"和"刀具补偿寄存器"都设置为"4"，最后单击"铣刀-5 参数"对话框中的"确定"按钮，完成端铣刀（D4）的创建。

如图 5-77 所示，单击"实体 3D 轮廓铣"对话框左侧的"几何体"，在对话框右侧单击"选择或编辑壁几何体"按钮，弹出"壁几何体"对话框。

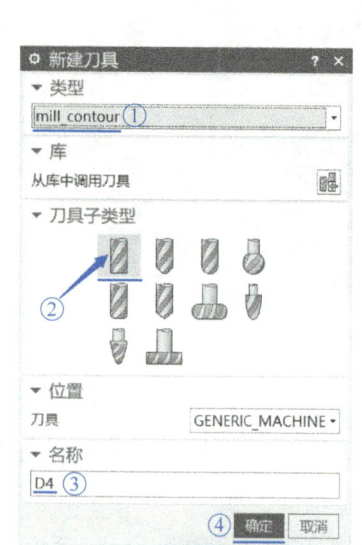
图 5-75　新建端铣刀

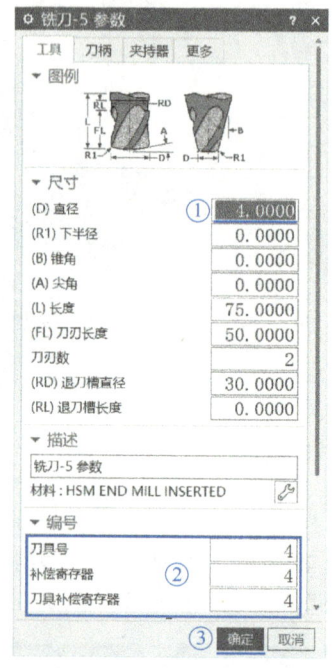
图 5-76　设置刀具直径和刀具编号

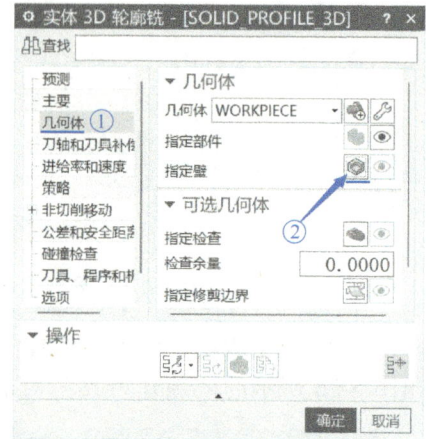
图 5-77　指定壁几何体

如图 5-78 所示，在绘图区选择要精加工的侧壁，最后单击"壁几何体"对话框中的"确定"按钮，完成精加工区域的指定。

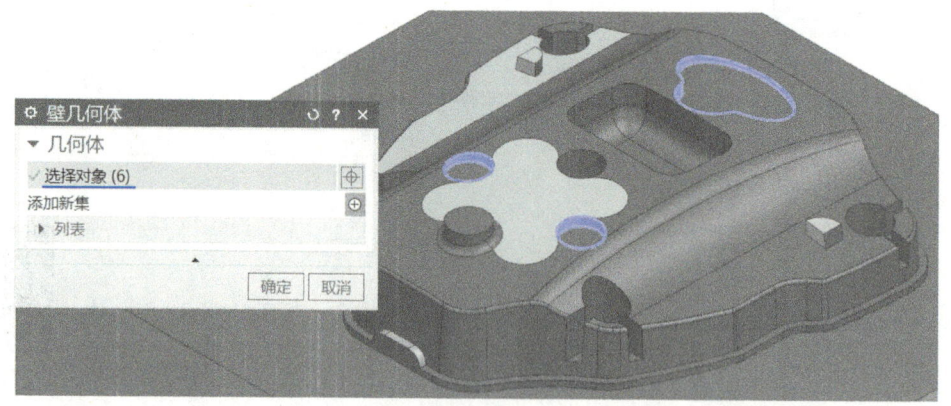
图 5-78　选择要精加工的侧壁

如图 5-79 所示，单击"实体 3D 轮廓铣"对话框左侧的"进给率和速度"，在对话框右侧设置"主轴速度"为"7000rpm"；"进给率"为"1200mmpm"，最后单击"基于此值计算进给率和速度"按钮，完成进给率和主轴转速的设定。

如图 5-80 所示，单击"实体 3D 轮廓铣"对话框左侧的"非切削移动"→"进刀"，在对话框右侧设置"斜坡角"为"1.5"，设置"高度"为"2mm"，再单击对话框"操作"栏中的"生成"按钮，生成刀路。最后单击"实体 3D 轮廓铣"对话框中的"确定"按钮，完成精加工刀路的创建。

5. 精铣司筒孔

如图 5-81 所示，在"工序导航器"中右键单击"SOLID_PROFILE_3D"，在弹出的菜单中单击"复制"命令。如图 5-82 所示，继续在"工序导航器"中右键单击"SOLID_PROFILE_3D"，在弹出的菜单中单击"粘贴"命令。在"粘贴"复制的刀路时，如果弹出图 5-83 所示的"粘贴对象"对话框，直接单击该对话框中的"确定"按钮即可。

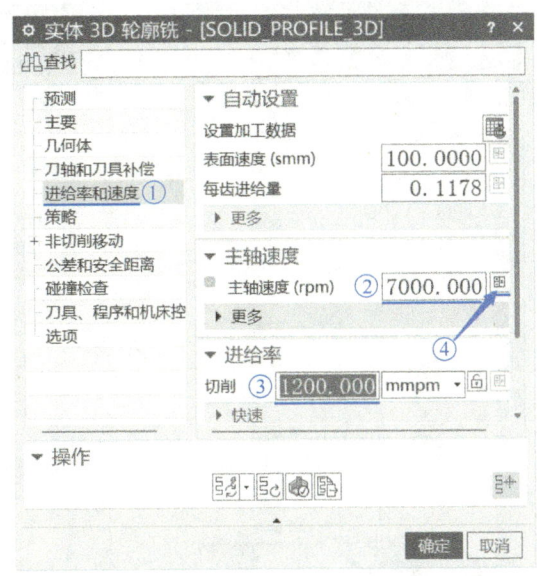

图 5-79 设置主轴转速和进给率

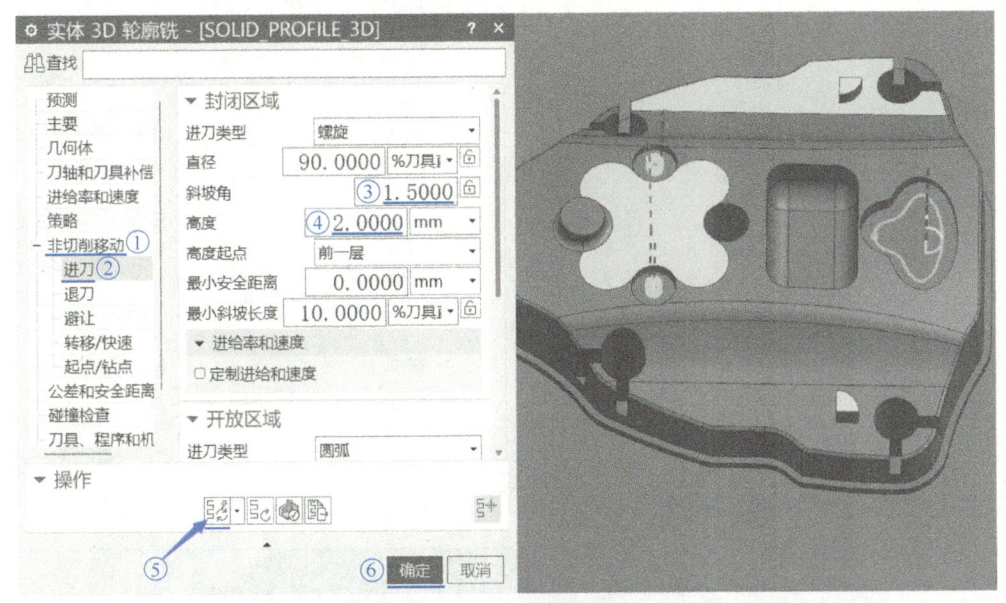

图 5-80 设置主轴转速和进给率

如图 5-84 所示，在"工序导航器"中，双击"SOLID_PROFILE_3D_COPY"，在弹出的"实体 3D 轮廓铣"对话框中，单击左侧的"几何体"，然后单击该对话框右侧的"选择或编辑壁几何体"按钮，弹出图 5-85 所示的"壁几何体"对话框。

如图 5-85 所示，按下<Shift>键不放，框选之前指定的壁，然后松开<Shift>键，再重新选择司筒孔内壁作为"实体 3D 轮廓铣"的壁，最后单击"壁几何体"对话框中的"确定"按钮，完成加工区域的指定。

图 5-81 复制刀路

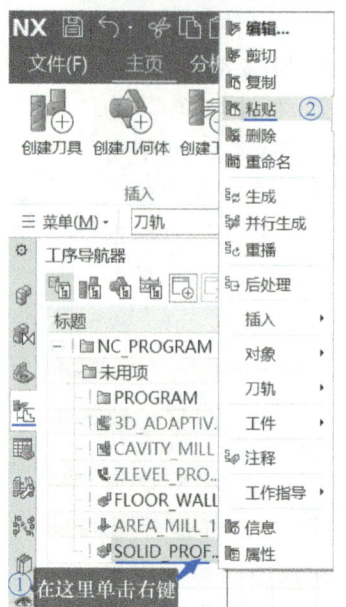
图 5-82 粘贴刀路

精加工司筒孔

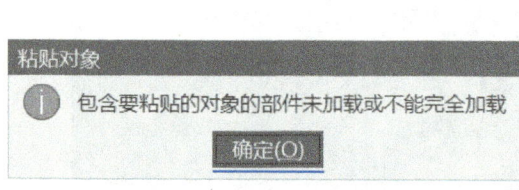
图 5-83 "粘贴对象"对话框

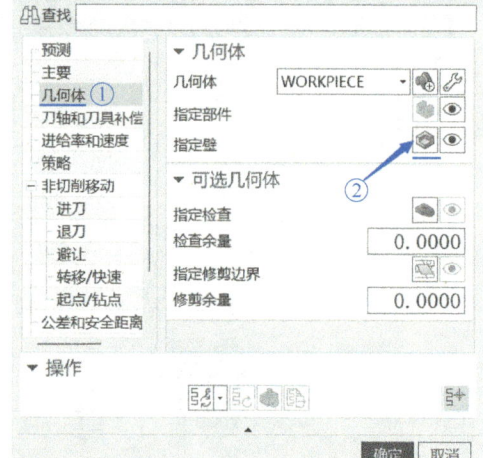
图 5-84 指定壁几何体

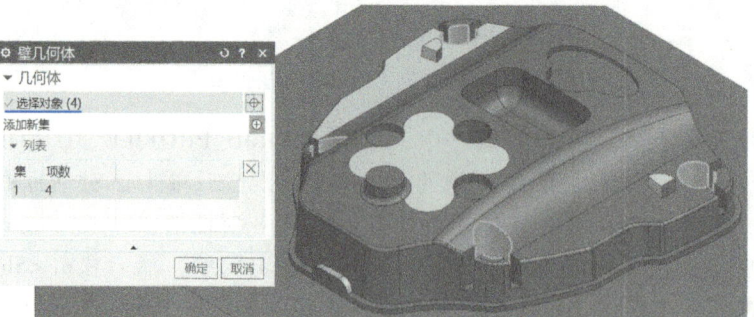
图 5-85 重新指定侧壁

如图5-86所示，单击"实体3D轮廓铣"对话框左侧的"非切削移动"→"进刀"，在对话框右侧修改"高度"为25mm，再单击对话框中的"生成"按钮，生成刀路，最后单击"实体3D轮廓铣"对话框中的"确定"按钮，完成精铣司筒孔刀路的创建。

6. 粗加工加强筋

如图5-87所示，在"工序导航器"中右键单击"SOLID_PROFILE_3D"，在弹出的菜单中单击"复制"命令。如图5-88所示，继续在"工序导航器"中右键单击"SOLID_PROFILE_3D"，在弹出的菜单中单击"粘贴"命令。

在"粘贴"复制的刀路时，如果弹出图5-89所示的"粘贴对象"对话框，直接单击该对话框中的"确定"按钮即可。

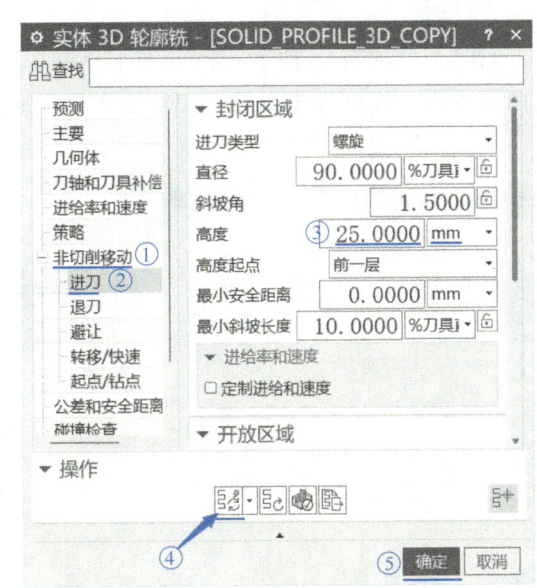

图5-86　重新指定下刀高度及生成刀路

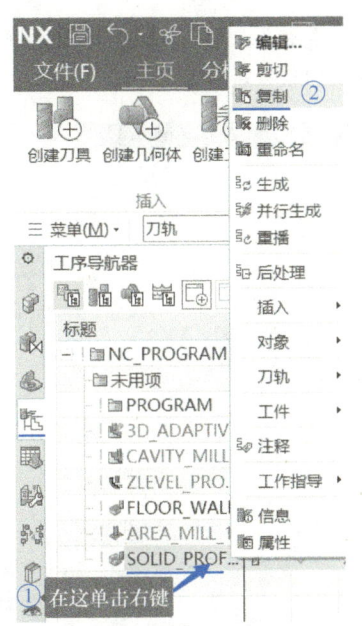

图5-87　复制刀路　　　　图5-88　粘贴刀路

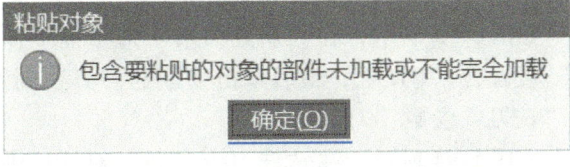

图5-89　"粘贴对象"对话框

粗加工加强筋

在"工序导航器"中，双击"SOLID_PROFILE_3D_COPY_1"，在弹出的"实体3D轮廓铣"对话框中，如图5-90所示，单击左侧的"几何体"，然后单击该对话框右侧的"选择或编辑壁几何体"按钮，弹出图5-91所示的"壁几何

275

体"对话框。

如图 5-91 所示,按下<Shift>键不松开,框选之前指定的壁,然后松开<Shift>键,重新选择加强筋的侧壁作为"实体 3D 轮廓铣"的壁,最后单击"壁几何体"对话框中的"确定"按钮,完成加工区域的重新指定。

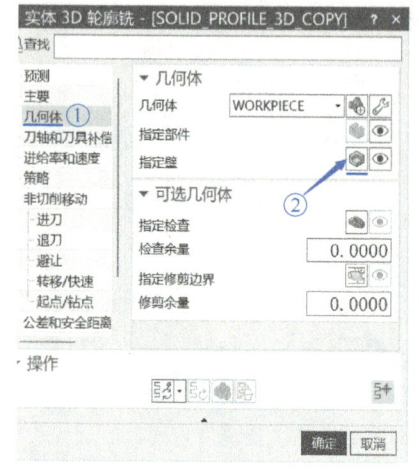
图 5-90 指定壁几何体

图 5-91 重新指定壁(加强筋)

如图 5-92 所示,单击"实体 3D 轮廓铣"对话框左侧的"主要",然后单击该对话框右侧"刀具"栏中的"新建"按钮,弹出图 5-93 所示的"新建刀具"对话框。

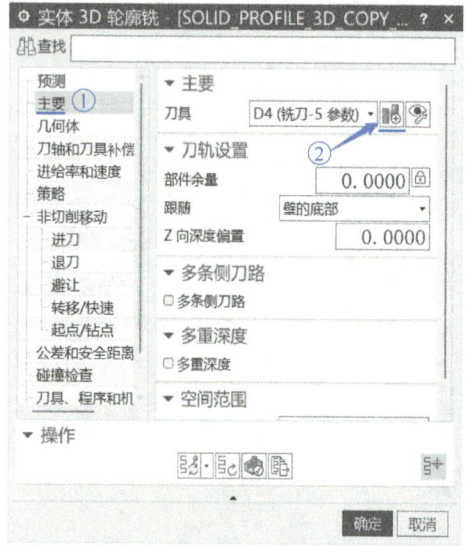
图 5-92 新建刀具

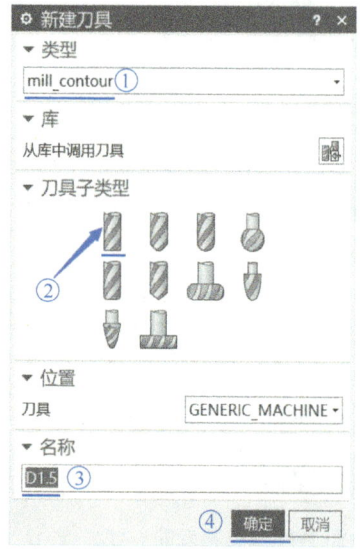
图 5-93 新建端铣刀

如图 5-93 所示,在"新建刀具"对话框中,"刀具子类型"选择端铣刀"MILL","名称"设置为"D1.5",最后单击"新建刀具"对话框中的"确定"按钮,弹出图 5-94 所示的"铣刀-5 参数"对话框。

如图 5-94 所示,在"铣刀-5 参数"对话框中,"直径"设置为"1.5","刀具号""补偿寄存器"和"刀具补偿寄存器"都设置为"5",最后单击"铣刀-5 参数"对话框中的

"确定"按钮，完成端铣刀（D1.5）的创建。

如图 5-95 所示，单击"实体 3D 轮廓铣"对话框左侧的"非切削移动"→"进刀"，在该对话框右侧，"封闭区域"中的"进刀类型"设置为"沿形状斜进刀"，"斜坡角"修改为"1"，"高度"修改为"7mm"，"开放区域"中的"进刀类型"选择"与封闭区域相同"，然后单击对话框中的"生成"按钮，生成刀路，最后单击对话框中的"确定"按钮，完成粗铣加强筋刀路的创建。

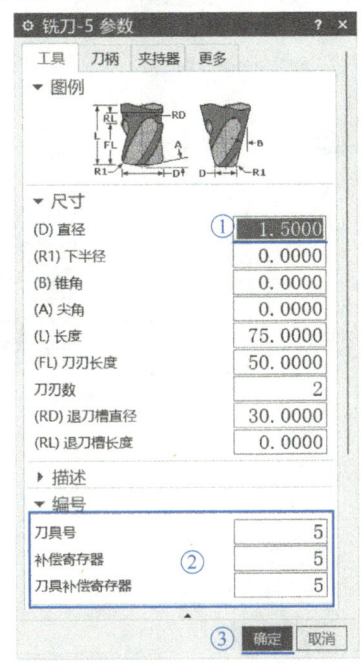

图 5-94 设置刀具直径和刀具编号

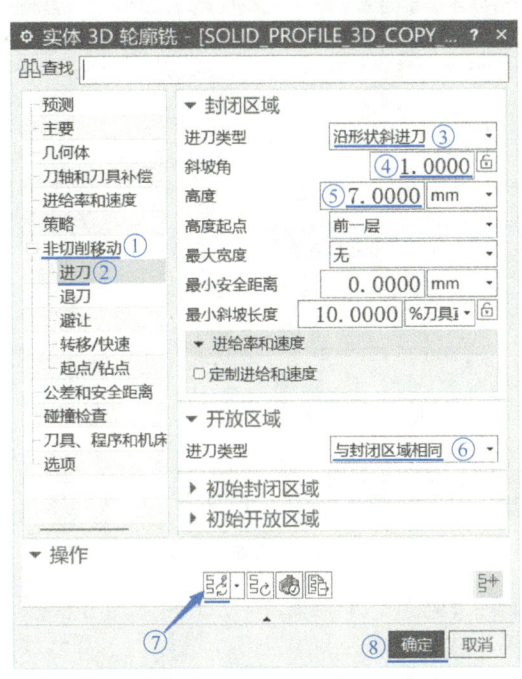

图 5-95 设置下刀深度

7. 精加工加强筋

按照前节所讲的方法复制粗加工加强筋的刀路，并粘贴在工序导航器中。

双击复制的粗加工加强筋刀路，在弹出的"实体 3D 轮廓铣"对话框中，如图 5-96 所示，单击左侧的"非切削移动"→"进刀"，在该对话框的右侧将"高度"改为"0"，然后单击该对话框中的"生成"按钮，生成刀路，最后单击该对话框中的"确定"按钮，完成精铣加强筋刀路的创建。

8. 精加工凸台根部

如图 5-97 所示，在"工序导航器"中右键单击"ZLEVEL_PROFILE_STEEP"，在弹出的菜单中单击"复制"命令。如图 5-98 所示，在"工序导航器"中右键单

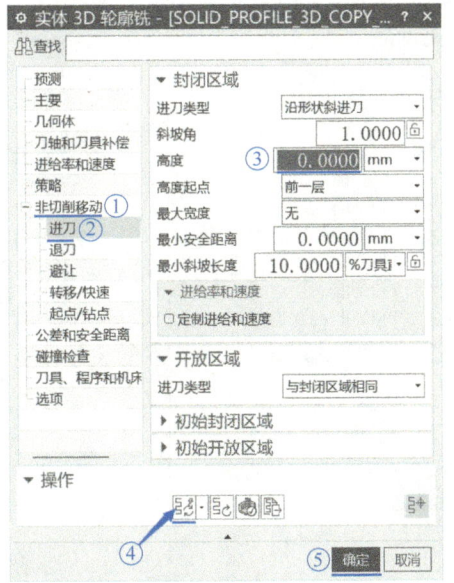

精加工加强筋

图 5-96 设置下刀深度（精加工加强筋）

击"NC PROGRAM",在弹出的菜单中单击"内部粘贴"命令。

双击"工序导航器"中的"ZLEVEL_PROFILE_STEEP_COPY",如图5-99所示,在弹出的"深度轮廓铣-陡峭"对话框中,单击左侧的"主要",在右侧"刀具"栏中选择"D1.5(铣刀-5 参数)"。

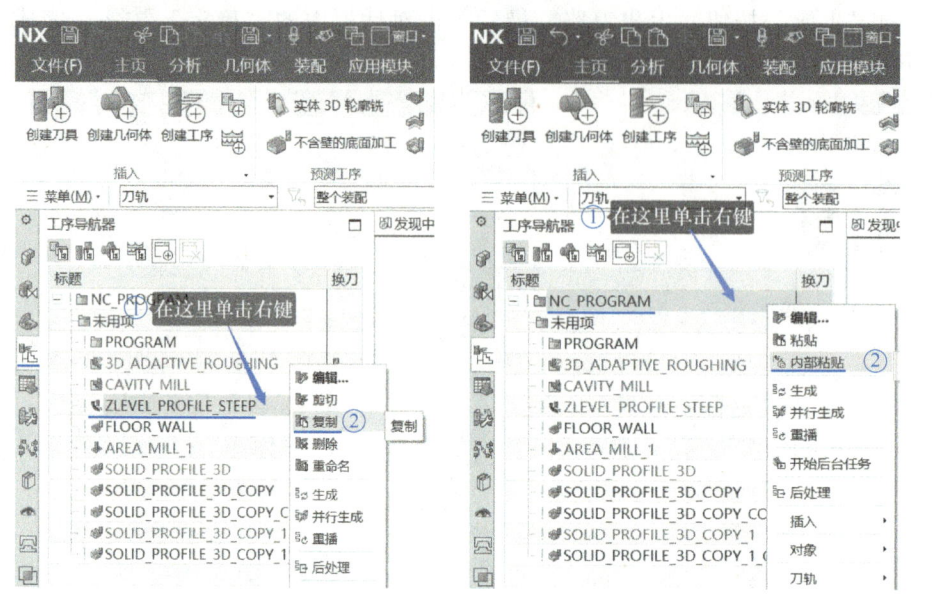

图 5-97 复制刀路　　　　　图 5-98 粘贴刀路

精加工凸台根部

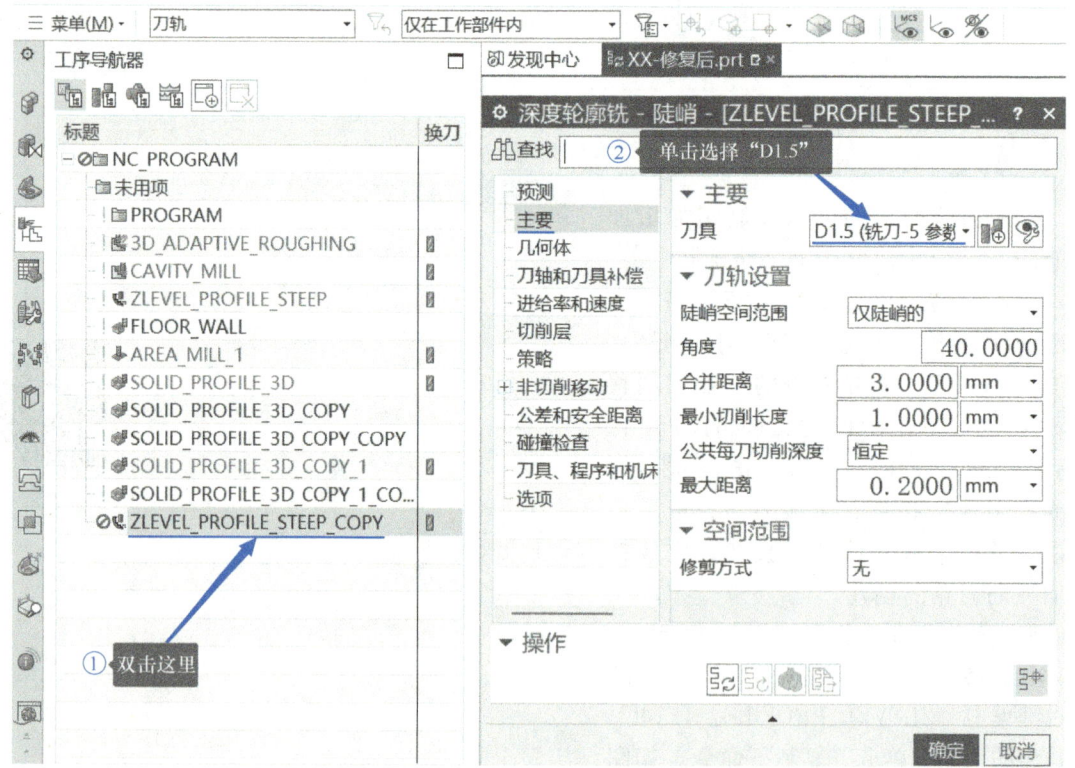

图 5-99 选择直径为 1.5mm 的端铣刀

如图 5-100 所示，在"深度轮廓铣-陡峭"对话框中，单击左侧的"几何体"，然后单击该对话框右侧的"选择或编辑切削区域几何体"按钮，弹出图 5-101 所示的"切削区域"对话框。

如图 5-101 所示，按下<Shift>键不松开，再框选之前指定的区域，然后松开<Shift>键，重新选择凸台的侧壁作为"深度轮廓铣"的切削区域，最后单击"切削区域"对话框中的"确定"按钮，完成加工区域的指定。

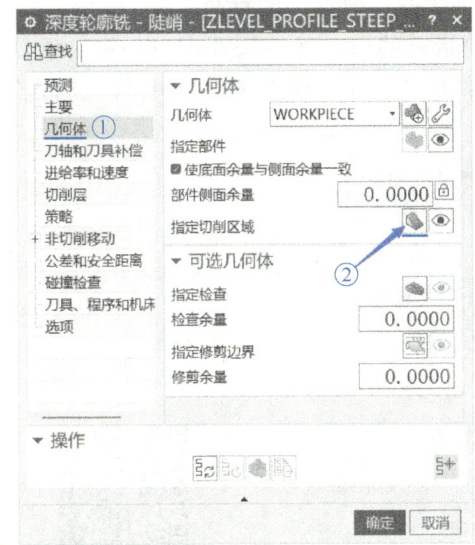

图 5-100　指定切削区域几何体　　　　图 5-101　重新指定切削区域（凸台根部）

如图 5-102 所示，单击"深度轮廓铣-陡峭"对话框左侧的"进给率和速度"，在该对话框的右侧设置"切削"的进给率为"1200mmpm"，然后单击该对话框中的"生成"按钮，生成小凸台侧壁的精加工刀路。

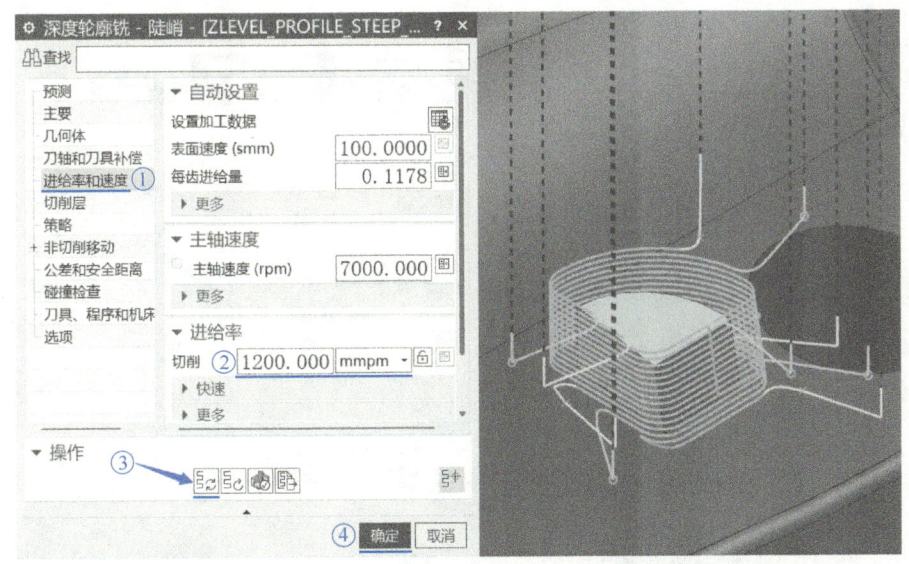

图 5-102　生成小凸台侧壁的精加工刀路

279

9. 精加工侧壁底部的圆角

如图 5-103 所示，在"工序导航器"中右键单击"SOLID_PROFILE_3D"，在弹出的菜单中单击"复制"命令。如图 5-104 所示，在"工序导航器"中右键单击"NC PROGRAM"，在弹出的菜单中单击"内部粘贴"命令。

如图 5-105 所示，在"工序导航器"→"SOLID_PROFILE_3D_COPY_2"上双击，在弹出的"实体 3D 轮廓铣"对话框中，单击该对话框左侧的"几何体"，然后单击该对话框右侧的"选择或编辑壁几何体"按钮，弹出图 5-106 所示的"壁几何体"对话框。

如图 5-106 所示，按下<Shift>键不松开，框选之前指定的壁，然后松开<Shift>键，重新选择凸台的侧壁作为"实体 3D 轮廓铣"的壁，最后单击"壁几何体"对话框中的"确定"按钮，完成加工区域的重新指定。

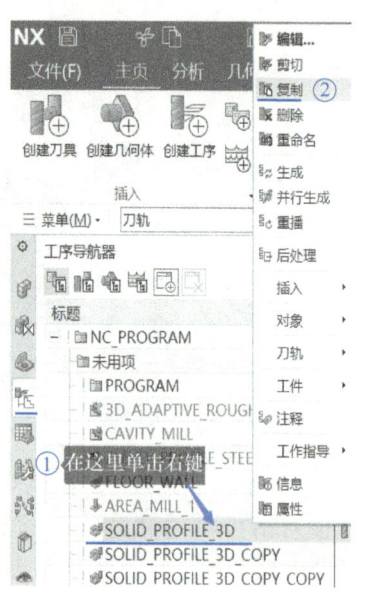

图 5-103　复制刀路

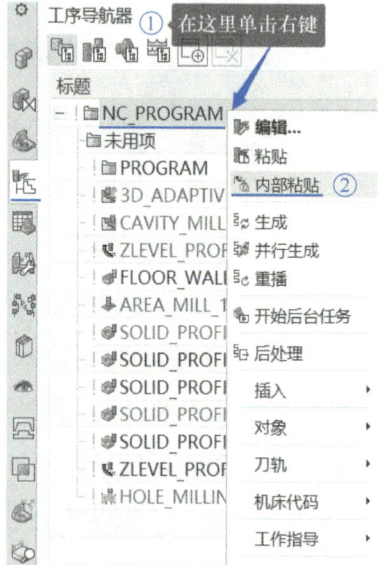

图 5-104　粘贴刀路

精加工侧壁底部圆角

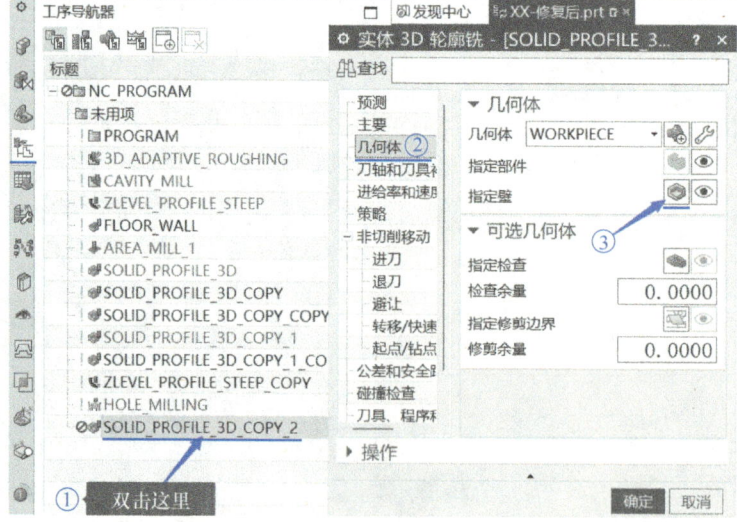

图 5-105　指定壁几何体

图 5-106 修改壁

如图 5-107 所示,单击"实体 3D 轮廓铣"对话框左侧的"主要",然后单击该对话框右侧"刀具"栏中的"新建"按钮。

如图 5-108 所示,在"新建刀具"对话框中,"刀具子类型"选择端铣刀"MILL","名称"设置为"R1",最后单击"新建刀具"对话框中的"确定"按钮,弹出图 5-109 所示的"铣刀-5 参数"对话框。

如图 5-109 所示,在"铣刀-5 参数"对话框中,"直径"设置为"2","下半径"设置为"1","刀具号""补偿寄存器"和"刀具补偿寄存器"都设置为"6",最后单击"铣刀-5 参数"对话框中的"确定"按钮,完成球刀(R1)的创建。

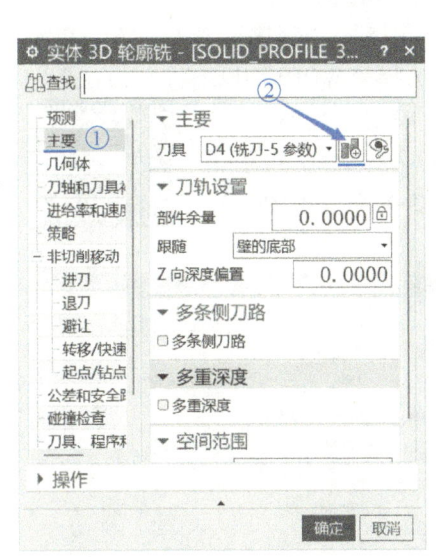

图 5-107 新建刀具命令

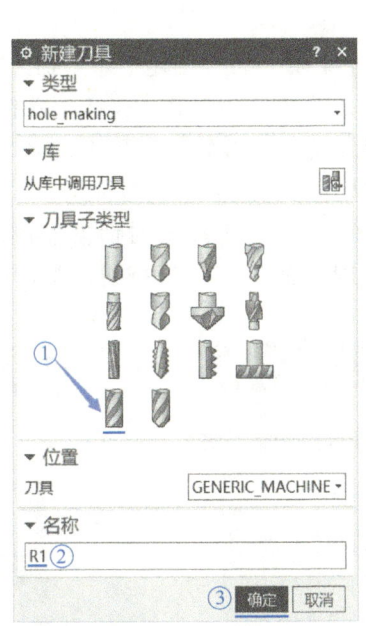

图 5-108 新建刀具(R1)

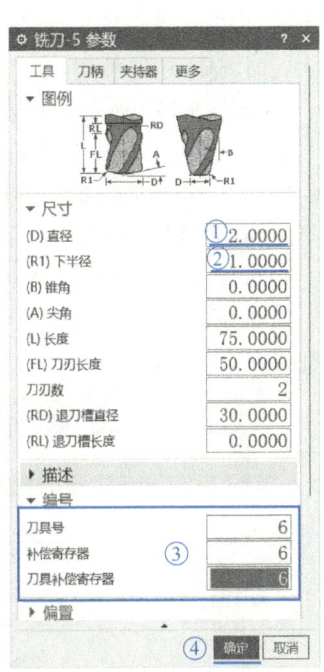

图 5-109 设置刀具参数

如图 5-110 所示,在"实体 3D 轮廓铣"对话框中,单击左侧的"主要",勾选该对话框右侧的"多重深度","深度余量偏置"设置为"0.5","步进方法"选择"增量","增量"设置为"0.2",最后单击"实体 3D 轮廓铣"对话框中的"生成"按钮,生成精加工侧壁底部圆角的刀路。生成的精加工侧壁底部圆角刀路如图 5-111 所示。

塑料模具CAD/CAM/CAE

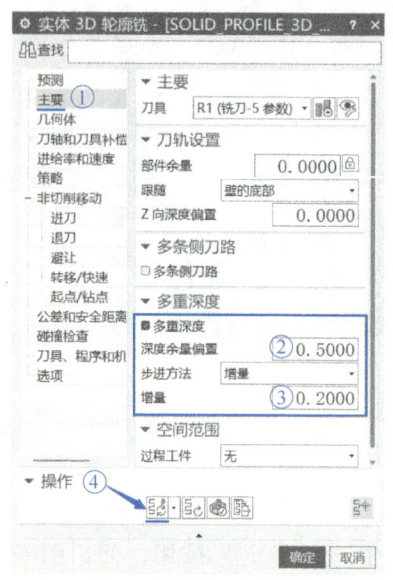

图 5-110 多重刀路

图 5-111 生成的精加工侧壁底部圆角刀路

10. 孔铣

孔铣是很常用的命令，但很容易断刀。断刀的主要原因就是排屑不良或下刀的斜坡角过大，所以用"孔铣"命令加工时，刀具直径要比孔小 2mm 以上，切削刃长度要比孔深更大，才能较好地排屑。

如图 5-112 所示，单击主菜单中的"创建工序"命令，在弹出的"创建工序"对话框中，"类型"选择"hole_making"，"工序子类型"选择"孔铣"图标，"程序"选择"NC_PROGRAM"，"刀具"选择"D4（铣刀-5 参数）"，"几何体"选择"WORKPIECE"，"方法"选择"MILL_FINISH"，最后单击"创建工序"对话框中的"确定"按钮。

如图 5-113 所示，单击弹出的"孔铣"对话框左侧的"主要"，再单击该对话框右侧的"选择或编辑特征几何体"按钮，弹出图 5-114 所示的"特征几何体"对话框。

孔铣

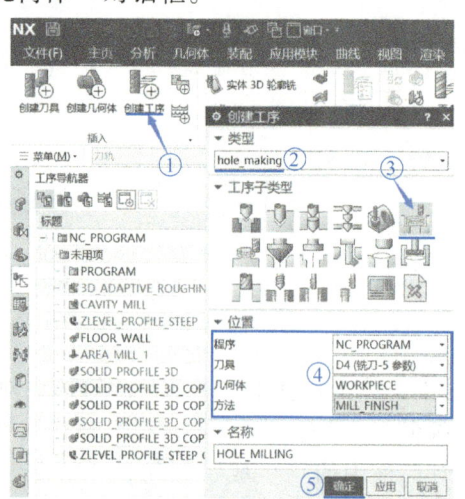

图 5-112 选择"孔铣"

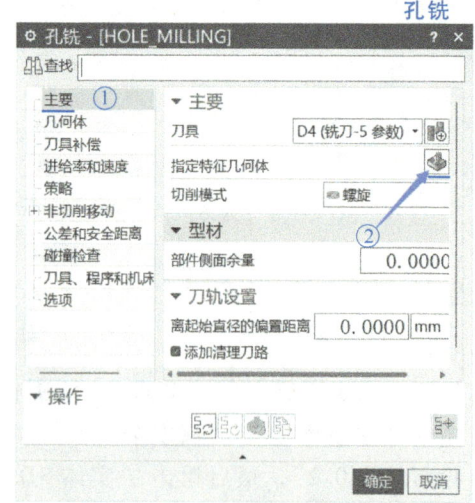

图 5-113 指定几何体

如图 5-114 所示，选择型芯零件上的孔作为特征几何体，最后单击"特征几何体"对话框中的"确定"按钮，完成加工区域的指定。

如图 5-115 所示，单击"孔铣"对话框左侧的"进给率和速度"，在对话框右侧设置"主轴速度"为"7200rpm"，"进给率"为"1200mmpm"，最后单击"基于此值计算进给和速度"按钮，完成进给率和主轴转速的设定。

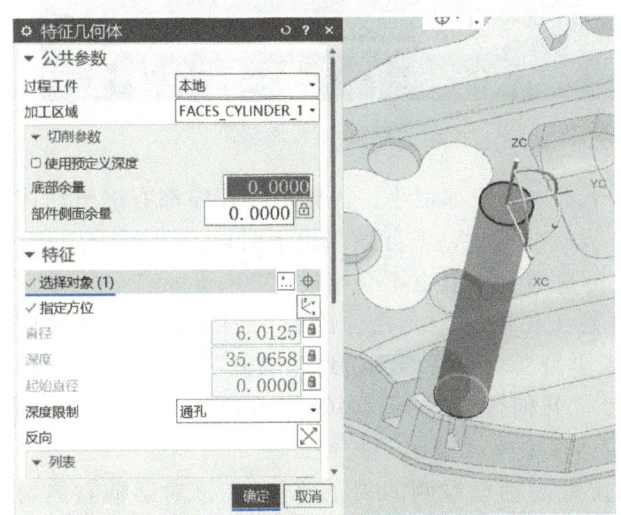

图 5-114 选择孔的侧壁

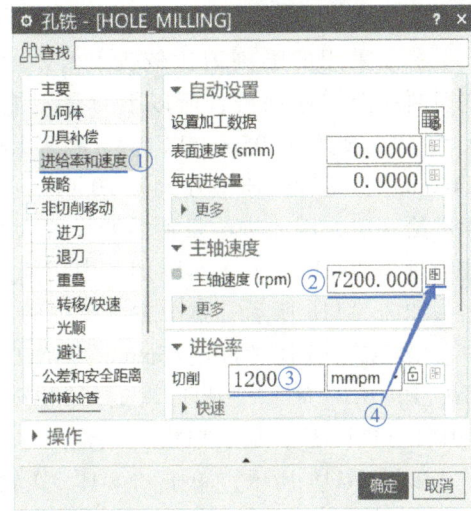

图 5-115 设置进给率和速度

如图 5-116 所示，单击"孔铣"对话框左侧的"策略"，在对话框右侧设置"每转深度"的类型为"斜坡角"，"斜坡角"为"2"，最后单击"孔铣"对话框中的"生成"按钮，完成刀路的生成。

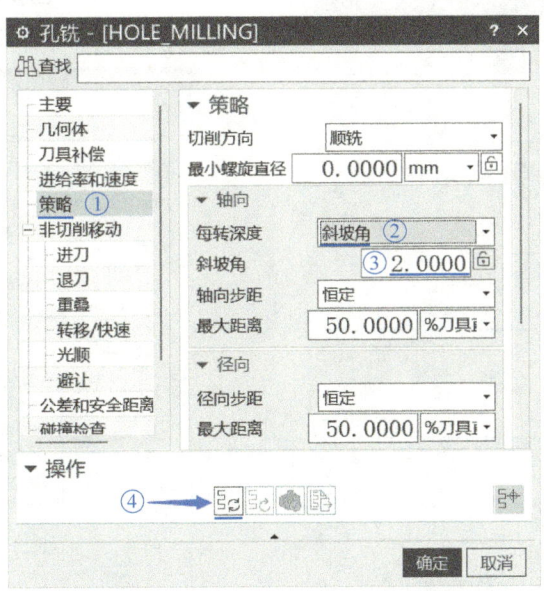

图 5-116 设置下刀深度及生成刀路

任务四 刻字程序

加工模具时经常需要在模仁上刻字。刻字有专用的雕刻刀，雕刻刀如图 5-117 所示。生成刻字刀路的方法有很多，NX 也有专用的刻字程序"轮廓文本"。本任务讲解通用的刻字刀路。

刻字采用的雕刻刀比较尖利，Z 轴进刀时一般采用插铣，所以下刀量不能太大，一般为 0.05mm 以内（常采用 0.02mm），主轴转速最好大于 7000r/m。由于字体一般都很小，机床每段程序都有进给加速和进给减速，因此进给量不需要设置太大，设置的值大，实际效果也不明显。例如即使设置进给量为 2000mm/m，实际加工中切削的实际进给量一般也不会超过 1200mm/m。

图 5-117 常见雕刻刀

如图 5-118 所示，单击主菜单中的"创建工序"命令，在弹出的"创建工序"对话框中，"类型"选择"mill_contour"，"工序子类型"选择"实体 3D 轮廓铣"，"程序"选择"NC_PROGRAM"，"刀具"选择"NONE"，"几何体"选择"MCS_MILL"，"方法"选择"MILL_FINISH"，最后单击"创建工序"对话框中的"确定"按钮。

如图 5-119 所示，单击"实体 3D 轮廓铣"对话框左侧的"主要"，在该对话框右侧勾选"多重深度"，"深度余量偏置"设置为"0.15"，"步进方法"采用"增量"，"增量"设置为"0.02"（每层下刀 0.02mm），最后单击"刀具"栏中的"新建"按钮。

图 5-118 选择"实体 3D 轮廓铣"

刻字程序

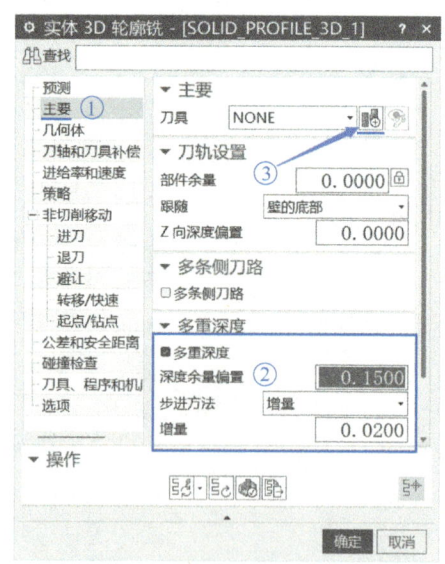

图 5-119 设置 Z 轴进刀深度

如图 5-120 所示，在"新建刀具"对话框中，"类型"选择"mill contour"，"刀具子类型"选择"MILL"图标，"名称"设置为"d0.1"，最后单击"新建刀具"对话框中的"确定"按钮。

如图 5-121 所示，在"铣刀-5 参数"对话框中，"直径"设置为"0.1"，其余参数都采用默认值，最后单击"铣刀-5 参数"对话框中的"确定"按钮，完成刀具的创建。

如图 5-122 所示，单击"实体 3D 轮廓铣"对话框左侧的"几何体"，然后单击该对话框右侧的"选择或编辑壁几何体"按钮，弹出图 5-123 所示的"壁几何体"对话框。

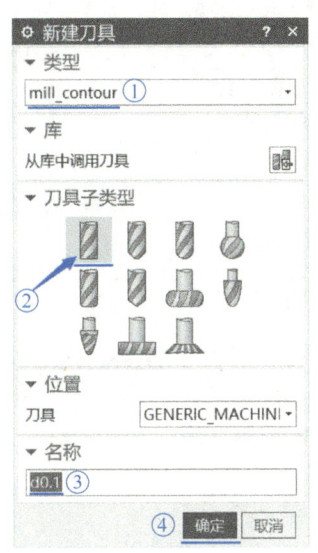
图 5-120 新建刀具（d0.1）

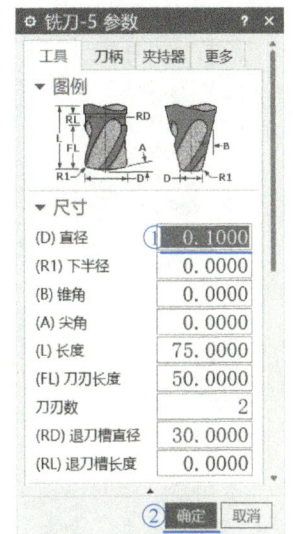
图 5-121 设置刀具直径

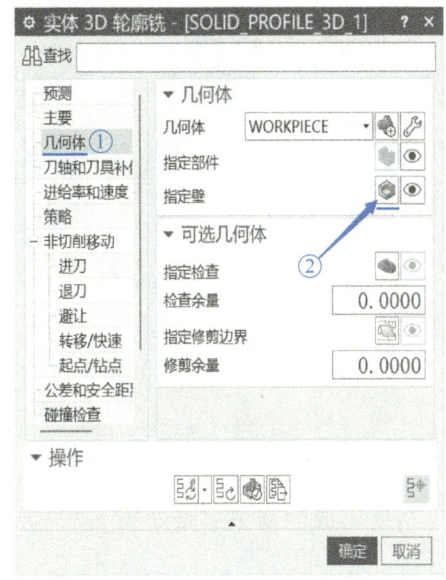
图 5-122 指定壁几何体

如图 5-123 所示，框选要刻字的字体和图案，选中字体的底面和侧面，然后按下 <Shift> 键不松开，再依次单击所有字体和图案的底面，将其减选，最终选择的结果如图 5-124 所示，最后单击"壁几何体"对话框中的"确定"按钮，完成刻字区域的指定。

图 5-123 框选字体

图 5-124 减选字体的底面

如图 5-125 所示，单击"实体 3D 轮廓铣"对话框左侧的"进给率和速度"，在该对话框右侧设置"主轴速度"为"7500rpm"，设置"进给率"为"2000mmpm"，最后单击"基于此值计算进给和速度"按钮，完成进给率和主轴转速的设置。

如图 5-126 所示，单击"实体 3D 轮廓铣"对话框左侧的"非切削移动"→"进刀"，在该对话框右侧设置"封闭区域"中的"进刀类型"为"插削"，设置"开放区域"中的

285

"进刀类型"为"与封闭区域相同",最后单击"实体 3D 轮廓铣"对话框中的"生成"按钮,生成刻字的刀路。

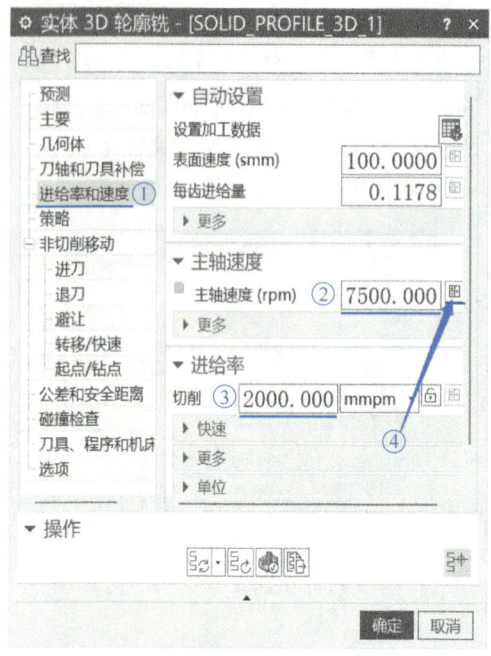

图 5-125 设置主轴转速和进给率

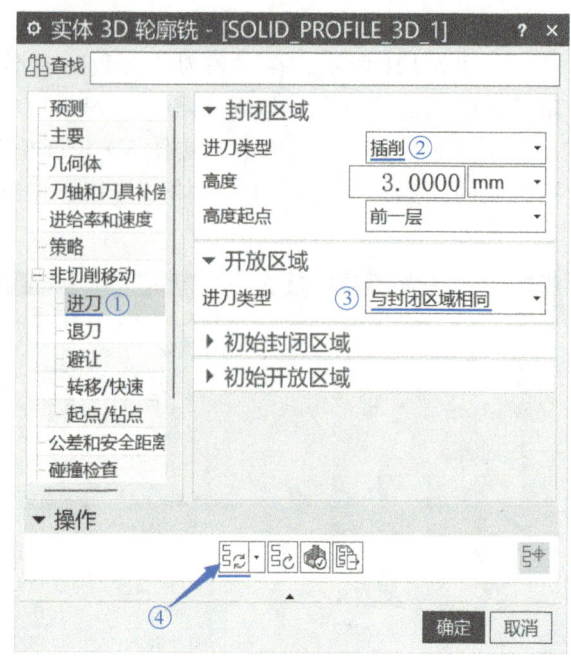

图 5-126 设置进刀

最终生成的刻字刀路如图 5-127 所示。

图 5-127 最终生成的刻字刀路

任务五 钻孔程序

1. 常用钻孔循环介绍

利用数控机床钻孔,常用的钻孔循环有 G81、G82、G83、G73。与钻孔相关的常用 G 代码主要有以下几个。

G94——切削进给量使用每分钟进给(mm/min)。

常用钻孔指令

G98——退刀，刀具返回初始点。

G99——退刀，刀具返回 R 点平面。

G98 指令抬刀抬得高，浪费时间，但比较安全。特别是在连续钻多个台阶孔下面的小孔时，钻完第一个台阶孔的小孔时，最好用 G98 抬刀到初始点。如果用 G99，抬刀只是抬到小孔上面的 R 点平面，刀具（钻头）有可能还在台阶孔的大孔内，如果这时候钻头直接往第二个台阶孔移动，钻头就会撞到工件。

G81——普通的钻孔循环。钻头从开始钻到结束中间不停顿，直接钻到孔底。

G81 的代码实例：G94 G99 G81 X50. Y50. Z-50. F350. R3.

G82——带孔底暂停的钻孔循环。钻头从开始钻到结束中间不停顿，钻到孔底后停几秒（P 值），钻头再抬起来。

G82 的代码实例：G94 G99 G82 X50. Y50. Z-50. R3. F350. P2.

G83——排屑深孔钻。钻头钻下一定的距离（Q 值）后，快速抬刀（G00）到 R 点平面（G99）或初始平面（G98），然后再快速移动（G00）到刚刚钻到的深度，钻（G01）下一个距离（Q 值），然后再快速抬刀，再慢速下钻……直到钻孔结束，最终抬刀。

G83 的代码实例：G94 G99 G83 X50. Y50. Z-50. R3. F350. Q4.

G73——断屑深孔钻。钻头钻下一定的距离（Q 值）后，钻头停止 Z 向进给（目的是断屑），然后再慢速下钻……直到钻孔结束，最终抬刀。

G73 的代码实例：G94 G99 G73 X50. Y50. Z-50. R3. F350. Q4.

2. 钻孔循环的使用场合

普通钻孔 G81：一钻到底，中间没有往复、没有停留。适合不太深的孔或者硬度不太大的材料。

断屑钻 G73：钻孔每个步进，都停留一下，用来断屑，钻深孔效率高于 G81，但效果不如 G83。适合中等深度的孔，钻同样的孔 G73 比 G83 用时少。

深孔钻 G83：钻孔过程中，每走一个步进，就抬到 R 点平面（G99）或初始平面（G98），周而复始。适合钻深孔，因为抬起可以排屑，保证冷却到位，也可减小钻深孔因为排屑不良、冷却不好而断钻头的风险。

3. 钻孔编程实例——复制加工坐标系

如图 5-128 所示，打开左侧工具栏中的"工序导航器"，在"MCS_MAIN"上单击右键，在弹出的菜单中单击"复制"命令。

如图 5-129 所示，打开左侧工具栏中的"工序导航器"，在"MCS_MAIN"上单击右键，在弹出的菜单中单击"粘贴"命令。

如图 5-130 所示，单击坐标系"MCS MAIN_COPY"前面的"+"号，然后单击工件"WORKPIECE_COPY"前面的"+"号，选择所有不要的刀路，按<Delete>键删除。

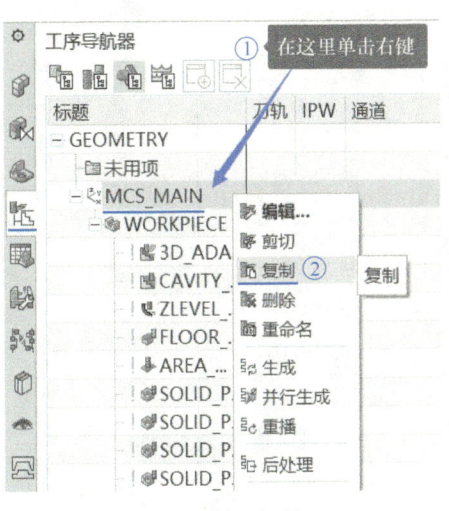

图 5-128　复制

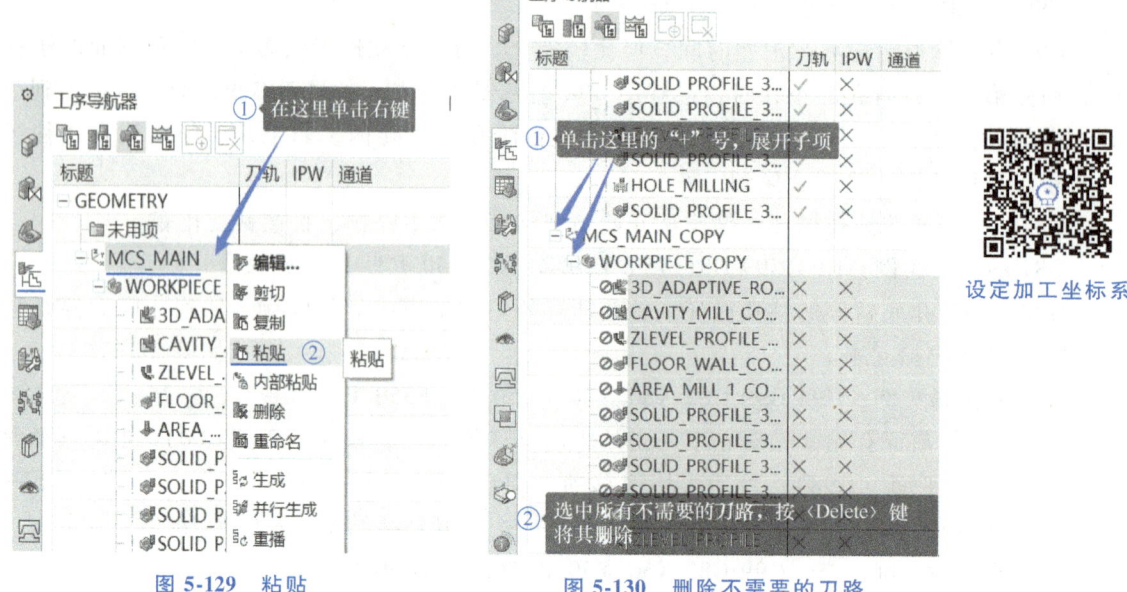

图 5-129　粘贴

图 5-130　删除不需要的刀路

如图 5-131 所示，双击加工坐标系"MCS MAIN_COPY"，在绘图区先单击坐标系的原点控制点，再单击图 5-131 所示的零件侧面顶点，将加工坐标系原点移动到图示位置，再单击坐标系上的箭头，选择合适的面的法向或者边，将坐标系调整到图 5-131 所示位置，最后单击"MCS Main"对话框中的"确定"按钮，完成加工坐标系的调整。

本任务的工件和毛坯无需调整。如果需要重新设置，可以双击"WORKPIECE_COPY"进行设置。

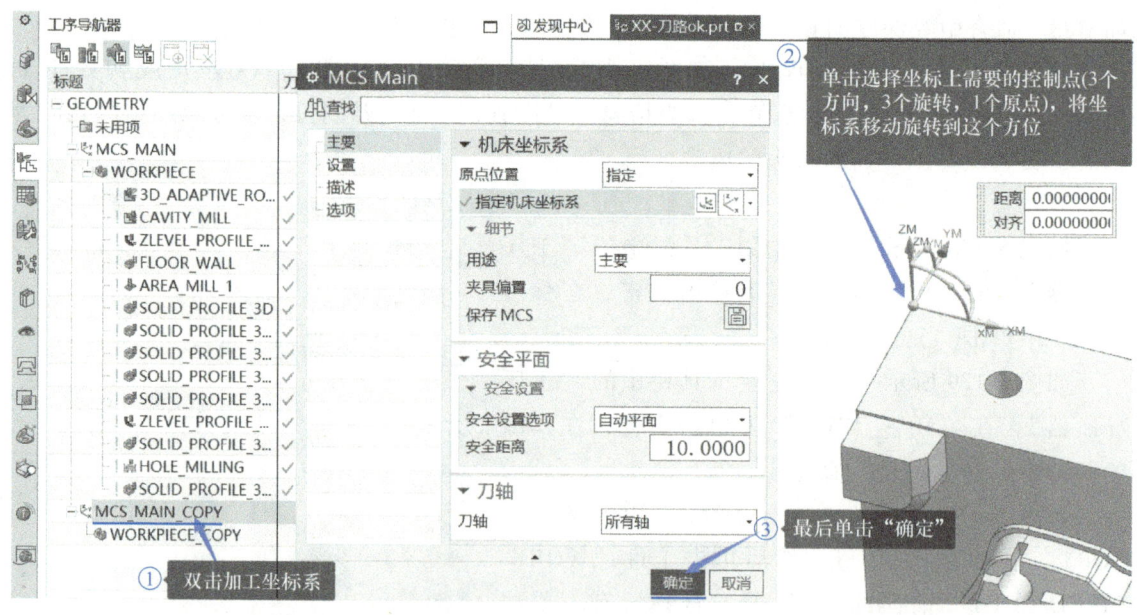

图 5-131　设置加工坐标系

4. 钻孔编程实例——定心钻

如图 5-132 所示，单击主菜单中的"创建工序"命令，在弹出的"创建工序"对话框中，"类型"选择"hole_making"，"工序子类型"选择"定心钻"图标，"程序"选择"NC_PROGRAM"，"刀具"选择"NONE"，"几何体"选择"WORKPIECE_COPY"，"方法"选择"DRILL_METHOD"，最后单击"创建工序"对话框中的"确定"按钮。

如图 5-133 所示，单击"定心钻"对话框左侧的"主要"后再单击该对话框右侧"刀具"栏中的"新建"按钮。如图 5-134 所示，在弹出的"新建刀具"对话框中选择"hole_making"，"刀具子类型"选择"SPOT_DRILL"，"名称"设置为"Z12"，最后单击"新建刀具"对话框中的"确定"按钮，弹出图 5-135 所示的"定心钻"对话框。在"定心钻"对话框中设置"直径"为"12"，并单击该对话框中的"确定"按钮，完成定心钻"Z12"的创建。

定心钻

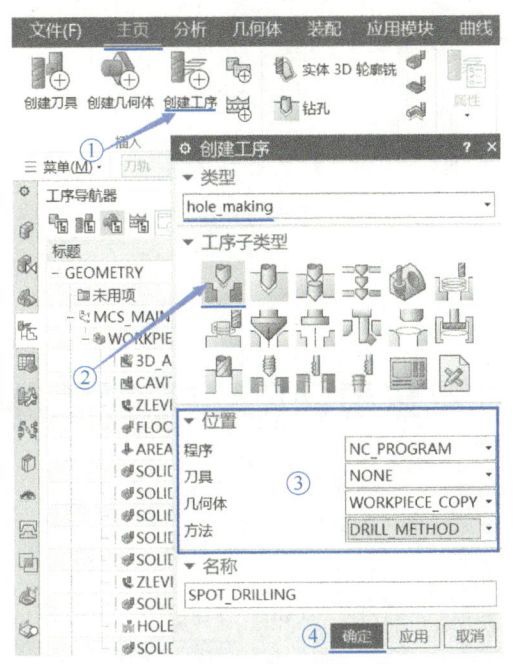

图 5-132　定心钻

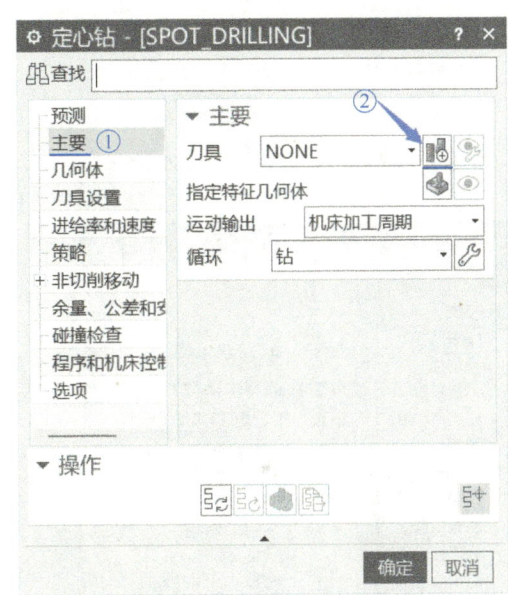

图 5-133　"新建刀具"命令（钻头）

如图 5-136 所示，单击"定心钻"对话框左侧的"主要"，在该对话框右侧"循环"下拉列表中选择"钻"，"运动输出"选择"机床加工周期"（图 5-137），最后单击"指定特征几何体"后面的"选择或编辑特征几何体"按钮，弹出图 5-138 所示的"特征几何体"对话框。

说明一：图 5-136 中，"循环"可以选择的种类很多，钻孔中比较常用的是"钻""钻，深孔""钻，深孔，断屑"。

① 如果选择"钻"，后处理后输出的 G 代码是 G81，如果设置了孔底暂停，输出的代码是 G82。

② 如果选择"钻，深孔"，后处理后输出的 G 代码是 G83。

③ 如果选择"钻，深孔，断屑"，后处理后输出的 G 代码是 G73。

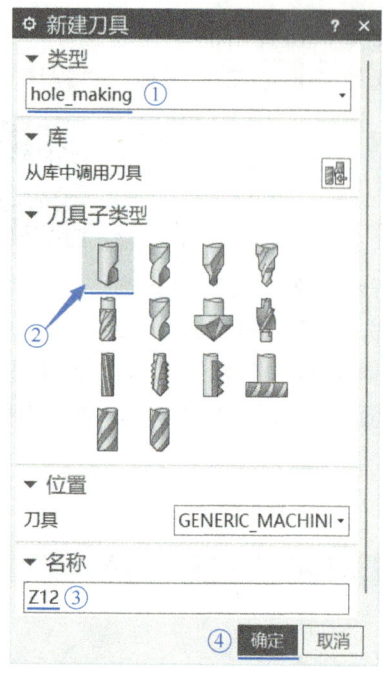

图 5-134 新建刀具（Z12）

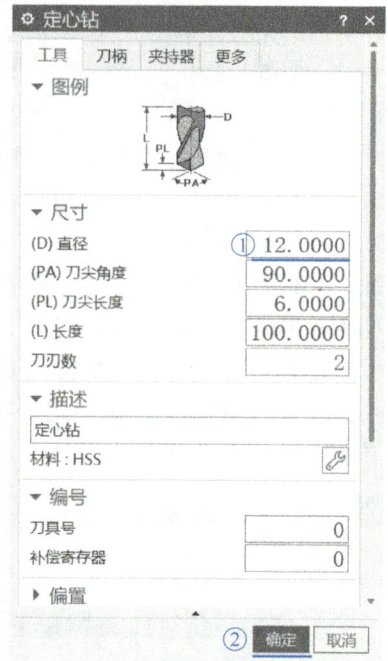

图 5-135 设置刀具参数（Z12）

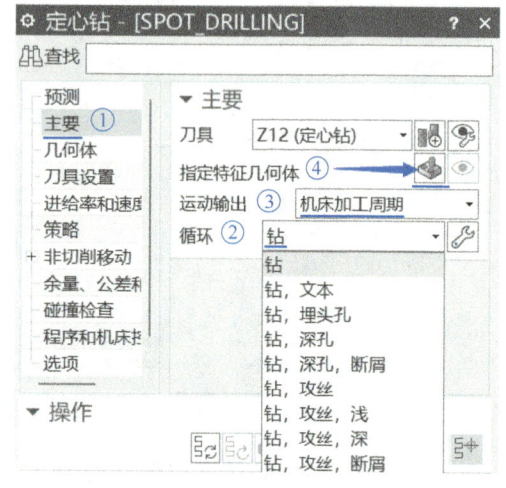

图 5-136 设置"主要"参数

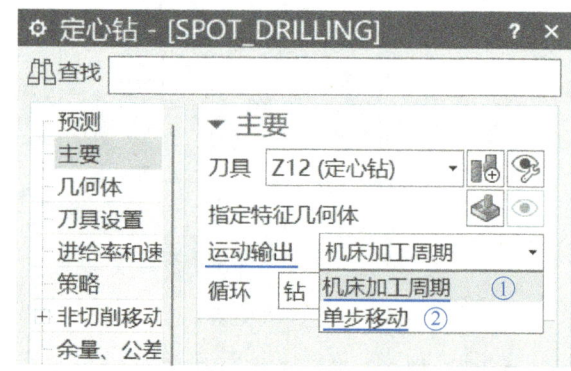

图 5-137 "运动输出"选项

说明二：如图 5-137 所示，"运动输出"类型有"机床加工周期"和"单步移动"两种。如果在"运动输出"中选择了"机床加工周期"，后处理后代码中有钻孔循环代码（如 G83、G81、G73 等）；如果在"运动输出"中选择了"单步移动"，后处理后代码中没有钻孔循环代码，只有 G01、G00 等。

如图 5-138 所示，在绘图区单击选择要加工的孔，再单击"特征几何体"对话框中"深度"后面的绿色小锁图标，在弹出的菜单中单击"用户定义"，可以修改和设定孔的加工深度，最后单击"特征几何体"对话框中的"确定"按钮，完成需要加工孔的选择。

项目五 模具主要零件的数控加工编程

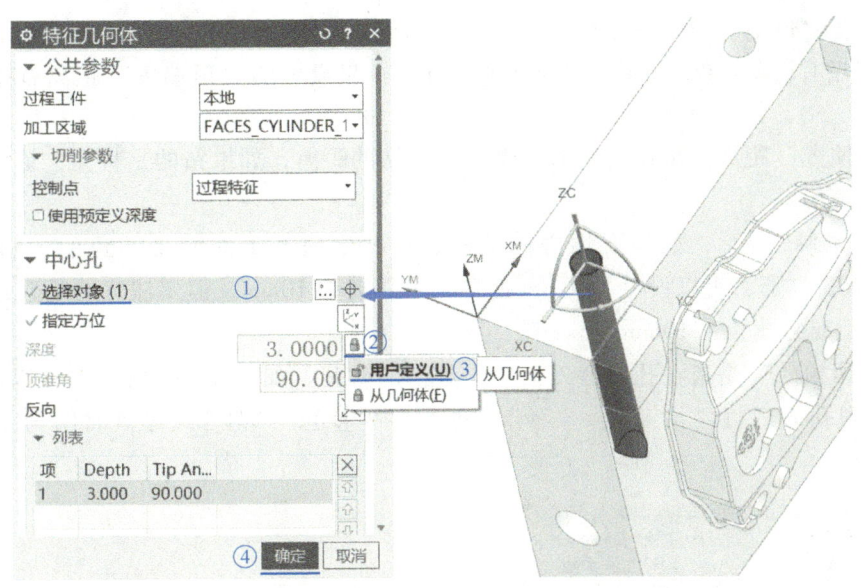

图 5-138 选择孔

如图 5-139 所示，单击"定心钻"对话框左侧的"进给率和速度"，在右侧设置"主轴速度"为"2500rpm"，"进给率"为"350mmpm"，最后单击"基于此值计算进给和速度"按钮，完成进给率和主轴转速的设置。

如图 5-140 所示，单击"定心钻"对话框左侧的"策略"；在右侧设置"顶偏置"为"距离"，"距离"设置为"3"；"底偏置"为"距离"，"距离"设置为"0"；"Rapto 偏置"为"距离"，"距离"设置为"0"；"驻留模式"设置为"关"；最后单击"定心钻"对话框中的"生成"按钮，生成钻中心孔的刀路。

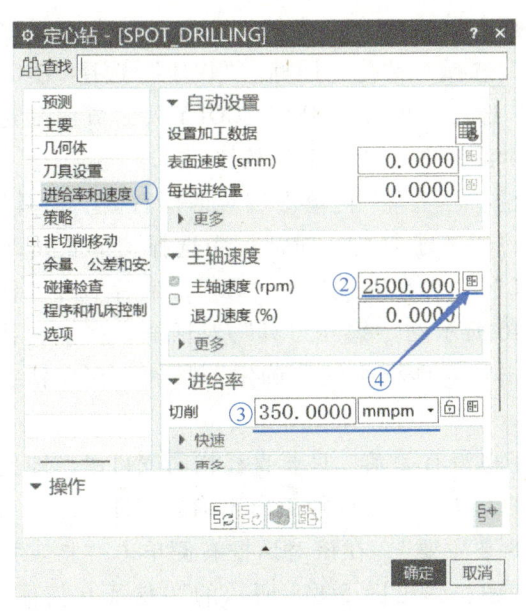

图 5-139 设置主轴转速和进给率

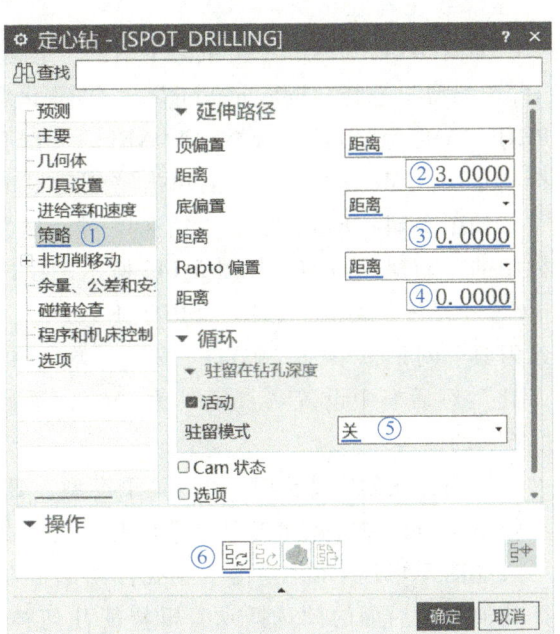

图 5-140 设置"策略"参数

291

说明：①"顶偏置"距离是指从孔上面多高的地方开始钻孔，本例设置为3mm，也就是如果对刀没有误差，钻3mm后才会钻到工件。这里设置的"顶偏置"距离就是钻孔循环中的R值。

②"底偏置"距离是指钻孔钻通后继续向下钻的距离，如果钻的是盲孔，该值设置多少都不起作用。

③如图5-141所示，如果要钻中间的孔，钻孔之前孔上面的带圆角的方形凹槽（深10mm）没有铣。那么可以设置"Rapto偏置"的距离为10mm，但要注意的是，这时设置的"顶偏置"距离必须大于10mm。

④"驻留模式"是指在孔底后刀具停止进给的时间。如图5-142所示，可以选择"关"（不停留，到孔底后直接抬刀）；"秒"（停留多少秒）；"转"（停留时间为主轴转了多少圈）。

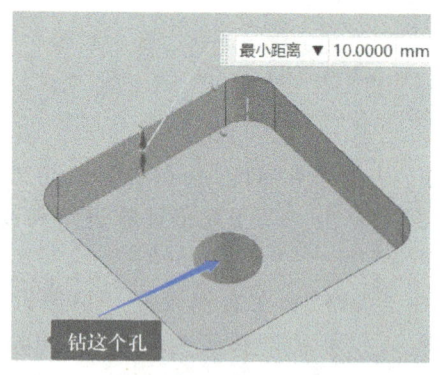

图5-141 Rapto偏置　　　　图5-142 "驻留模式"选项

5. 钻孔编程实例——钻孔

如图5-143所示，单击主菜单中的"创建工序"命令，在弹出的"创建工序"对话框中，"类型"选择"hole_making"，"工序子类型"选择"钻孔"图标。"程序"选择"NC_PROGRAM"，"刀具"选择"NONE"，"几何体"选择"WORKPIECE_COPY"，"方法"选择"DRILL_METHOD"，最后单击"创建工序"对话框中的"确定"按钮。

如图5-144所示，单击"钻孔"对话框左侧的"主要"，再单击该对话框右侧"刀具"栏中的"新建"按钮。如图5-145所示，在弹出的"新建刀具"对话框中选择"hole_making"，"刀具子类型"选择"SPOT_FACING_TOOL"，"名称"设置为"Z6"，最后单击"新建刀具"对话框中的"确定"按钮，弹出图5-146所示的"锪孔刀具"对话框。在"锪孔刀具"对话框中设置"直径"为"6"，最后单击该对话框中的"确定"按钮，完成钻头"Z6"的创建。

说明：在创建钻头时，"刀具子类型"选错了也没有关系，只要直径相同就可以。即使直径不相同，在实际加工中只要装夹了正确直径的钻头，也可以加工出正确的零件。

如图5-147所示，单击"钻孔"对话框左侧的"主要"，在该对话框右侧单击"指定特征几何体"后面的"选择或编辑特征几何体"按钮，弹出图5-148所示的"特征几何体"对话框。

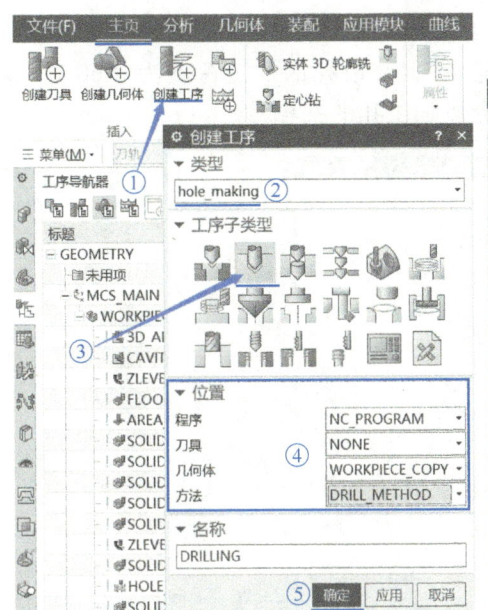

图 5-143 定心钻

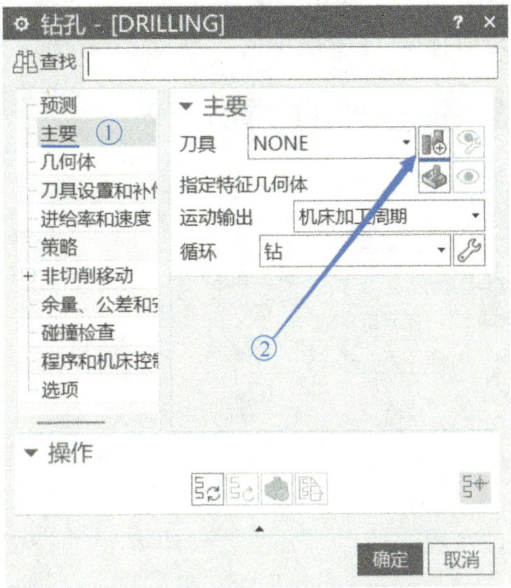

图 5-144 新建刀具（一）

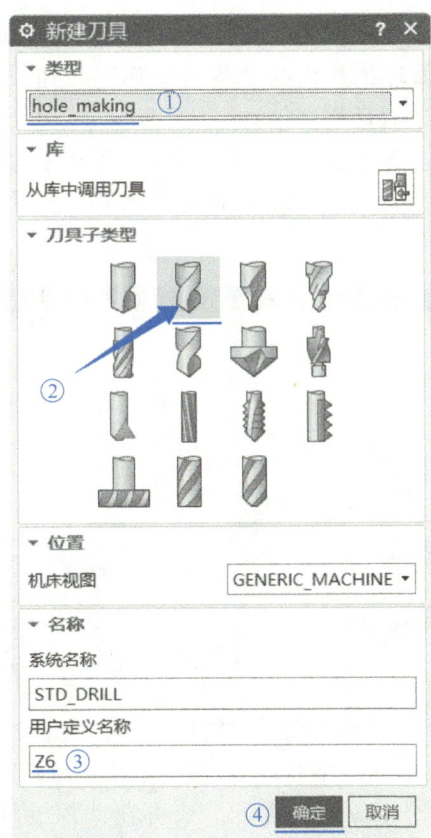

图 5-145 新建刀具（二）

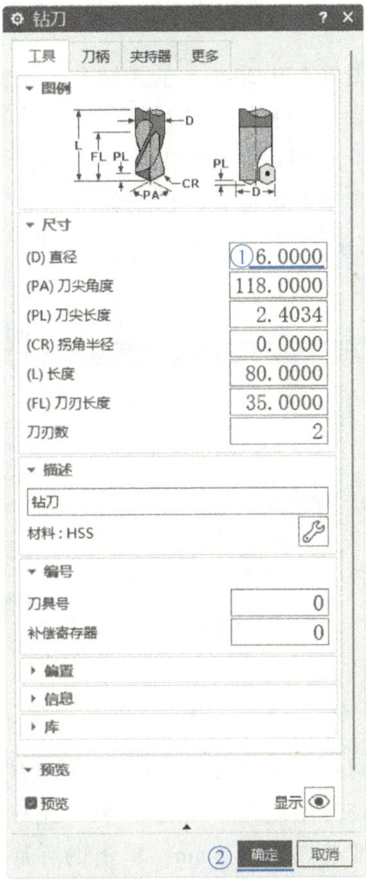

图 5-146 设置刀具参数

如图5-148所示，在绘图区选择要加工的孔，再单击"特征几何体"对话框中"深度"后面的绿色小锁图标，在弹出的菜单中单击"用户定义"，修改孔的加工深度为"60"，最后单击"特征几何体"对话框中的"确定"按钮，完成加工孔的选择。

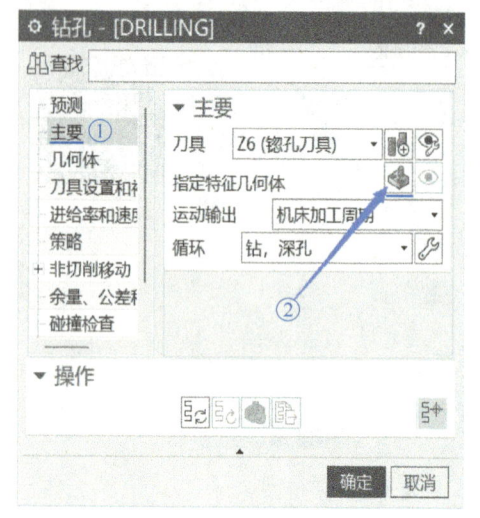

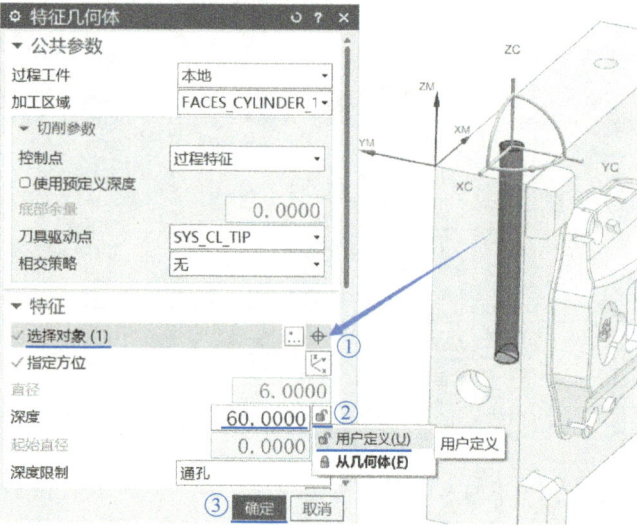

图5-147 设置"特征几何体"

图5-148 选择孔及设定深度

如图5-149所示，在"钻孔"对话框中，"运动输出"选择"机床加工周期"，"循环"选择"钻，深孔"（G83深孔排屑钻），最后单击"循环"后面的"编辑循环"按钮（看上去像扳手的图标），弹出图5-150所示的"循环参数"对话框。

如图5-150所示，在"循环参数"对话框中，"驻留模式"选择"关"（孔底不停留），"深度增量"选择"精确"，"距离"设置为"4"（每次下钻4mm就快速抬刀，再快速下刀，再慢速钻孔）。

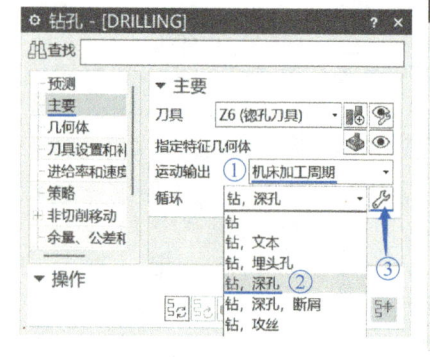

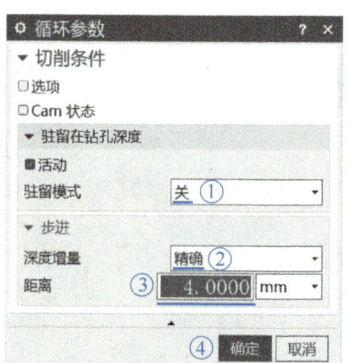

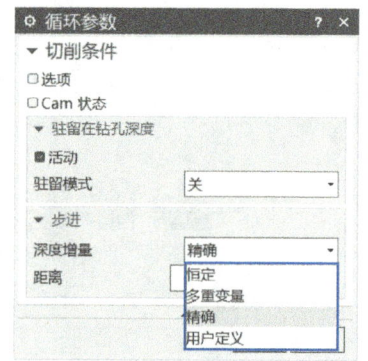

图5-149 设置"主要"参数　　图5-150 "循环参数"对话框　　图5-151 "深度增量"选项

说明：如图5-151所示，"深度增量"有"恒定""多重变量""精确""用户定义"四种，比较常用的是"恒定"和"精确"。如选择"恒定"，"距离"设置为"4"，则每次下钻的深度最大值为4mm，输出的程序中深度可能会比4mm小一点儿。只有在"深度增量"中选择"精确"，每次下钻的深度才能是准确的4mm。

如图 5-152 所示，单击"钻孔"对话框左侧的"进给率和速度"，在右侧设置"主轴速度"为"2500rpm"，"进给率"为"350mmpm"，最后单击"基于此值计算进给和速度"按钮，完成主轴转速和进给率的设定。

如图 5-153 所示，单击"钻孔"对话框左侧的"策略"，在右侧"顶偏置""底偏置""Rapto 偏置""距离""深度增量"等都选择默认值，最后单击"钻孔"对话框中的"生成"按钮，生成钻孔的刀路。

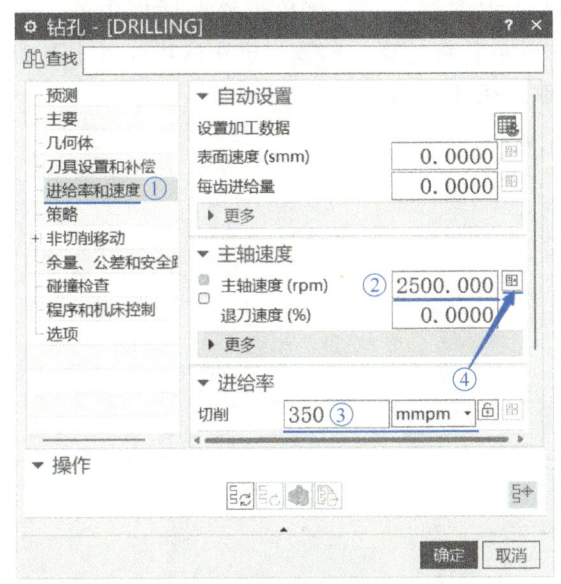

图 5-152　设置主轴转速和进给率

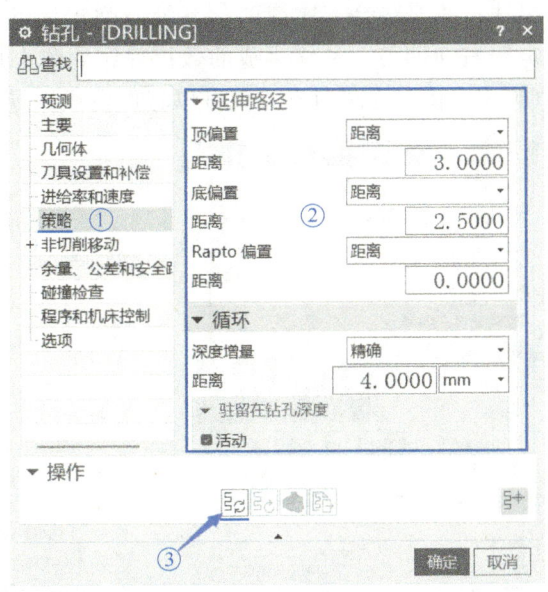

图 5-153　设置"策略"参数

任务六　后处理

生成刀路后，需要后处理才能生成对应数控系统的数控程序。不同的数控系统对数控程序的格式也有不同的要求。针对不同的数控系统，要选用不同的后处理文件，通过后处理文件对生成的刀路文件进行后处理，生成需要的数控程序。

如图 5-154 所示，单击软件左侧工具栏中的"工序导航器"，在工序导航器中单击"几何视图"并选中一个或多个刀路，然后在选中的刀路上单击右键，在弹出的菜单中单击"后处理"，弹出图 5-155 所示的"后处理"对话框。

如图 5-155 所示，单击"后处理"对话框中的"浏览"按

后处理

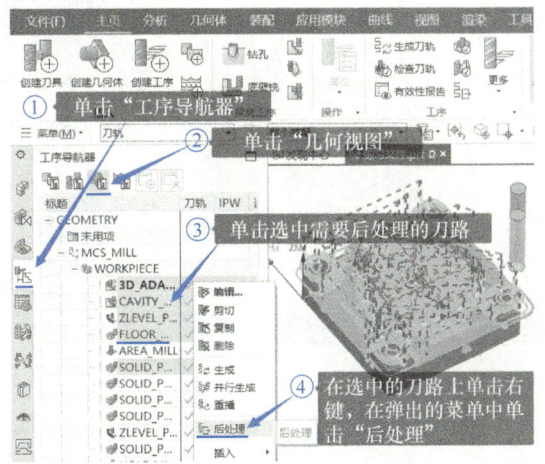

图 5-154　"后处理"命令

295

钮。如图 5-156 所示，在弹出的"打开后处理器"对话框中选择保存在桌面上的"F-C-TUBRO.pui"法兰克三轴后处理文件并单击该对话框中的"确定"按钮。这个法兰克三轴后处理文件由本书作者亲自制作，并经过多年上机验证及不断完善。如果只是学习编程，也可以选择 NX 自带的后处理文件（如图 5-155 所示，直接单击"后处理"对话框中的"MILL_3_AXIS"）。

选择需要的后处理器后，单击"后处理"对话框（图 5-155）中的"确定"按钮。如果选择的刀路是不连续的，系统会弹出图 5-157 所示的警告，直接单击该对话框中的"确定"按钮即可。最终生成的数控程序如图 5-158 所示。将计算机和数控机床联机或者用 U 盘（或 CF 卡）复制的方式就可以将数控程序导入数控机床，用于加工零件。

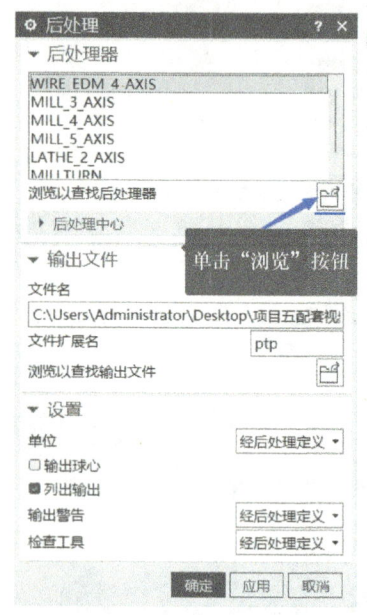

图 5-155　"后处理"对话框

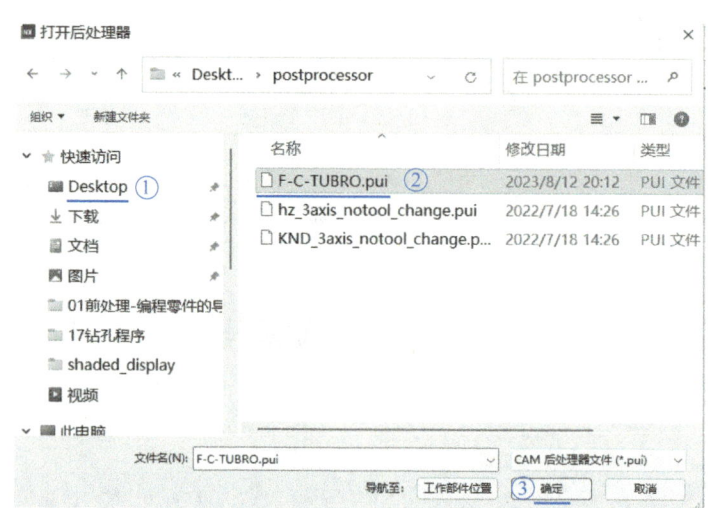

图 5-156　"打开后处理器"对话框

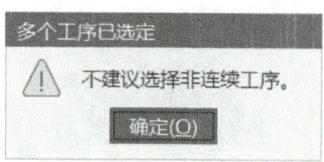

图 5-157　多工序不连续警告

图 5-158　最终生成的数控程序

习题与思考

1. 编程前一般要做哪些前处理？
2. 用"优化面"命令和"修复几何体"命令修复后仍有错误的模型，一般会采用哪些命令做进一步修复？
3. "优化面"命令和"修复几何体"命令各有什么特点？
4. 使用软钳口加工有什么优缺点？
5. 动态刀路有什么优缺点？
6. 动态刀路和层切刀路的切削参数有什么不同？
7. "深度轮廓铣"与"AREA_Mill"分别用于什么场合？
8. 顺铣和逆铣各有什么优缺点？
9. "内公差"和"外公差"设置不合理会导致哪些问题？
10. 如何有效避免"孔铣"断刀？"孔铣"命令需要铣的孔能在不改变模型尺寸的情况下铣出更大的直径或更深的孔吗？
11. 使用直径小于 3mm 的铣刀加工有哪些注意事项？
12. 编程中复制刀路有哪些优势和注意事项？
13. 雕刻刀下刀为什么不能下得太深？下刀时为什么可以采用插削？
14. 刻字程序的进给率为什么不宜设置太大？
15. G81、G82、G83、G73 有什么区别？G98、G99 有什么不同？
16. "机床加工周期"与"单步移动"两个选项输出的程序有什么不同？
17. 钻孔和铣孔的切削参数有何不同？
18. 不同数控系统的后处理一样吗？如何选用需要的后处理文件？

项目六　塑料模CAE分析及结果解读

【知识目标】

1. 了解常用模流分析软件。
2. 掌握常用网格类型及其应用场合。
3. 能解读分析报告。
4. 能对模具的优化设计提出合理化建议。

【能力目标】

1. 具备分析模型前处理能力。
2. 具备网格划分与修复能力。
3. 具备建立分析模型能力。
4. 具备工艺条件设置和修改能力。
5. 能进行中等难度的模流分析，正确解读分析结果。

【素质目标】

1. 养成科学严谨的职业素养。
2. 培养精益求精的工匠精神。
3. 提升民族自信心和自豪感。

项目引入

【案例】　图6-1所示为某企业生产的电器罩盖的模具设计结果（二板模，2020模架，侧浇口）。

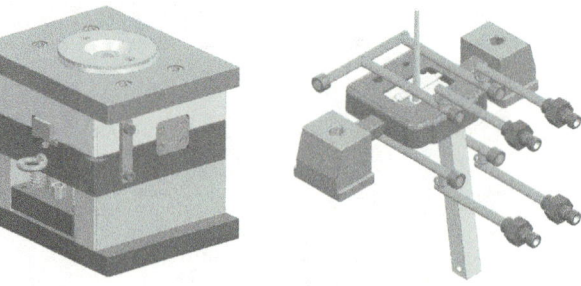

图6-1　电器罩盖的模具结构

项目六　塑料模CAE分析及结果解读

要求：通过模流分析，对模具设计方案的合理性进行验证；分析该模具设计方案中浇注系统的大小、冷却系统的大小和位置等结构对产品合格率的影响；分析气穴情况（数量和分布），熔合纹情况（大小和位置），翘曲变形情况、缩孔或缩痕、短射等可能产生的缺陷；确定合理的注射温度、注射压力、保压压力、保压时间、顶出时间、成型周期等注塑工艺参数。

相关知识

1. 模流分析软件的组成

模流分析软件通常由充填模块、保压分析模块、冷却模块、应力/翘曲模块组成。这些模块可以有效地预测产品缺陷，优化模具结构与成型工艺参数，缩短成型周期，降低生产成本。

（1）充填模块　可以模拟塑料熔体的充填过程，指导塑件设计，优化浇口位置，平衡流动，预测潜在的短射、熔接线、困气等现象。

（2）保压分析模块　可以预测塑件的密度分布与收缩程度，确定浇口凝固时间，预测锁模力大小，优化保压时间、保压压力等关键参数，减少塑件翘曲变形。

（3）冷却模块　可以优化冷却系统设计，使塑件均匀一致地冷却，减少冷却引起的翘曲变形，同时缩短成型周期，降低生产成本。

（4）应力/翘曲模块　可以分析成型过程中产生的残余应力，预测塑件的收缩、自由变形与装配变形。通过分析收缩与翘曲的原因，可以在建模前改进塑件的结构，合理选择材料和优化成型参数。

2. 常用模流分析软件介绍

40多年的模流技术发展史可以说是一部雄壮的史诗，期间产生了10多种模流分析软件，比如 Moldflow、C-Mold、Moldex3D、Sigmasoft、VISI Flow、华塑 CAE、Z-Mold、3D Timon 等，而真正被市场所接受和广泛使用的主要是 Moldflow 和 Moldex3D，其中 Moldflow 在传统分析领域占据80%份额，Moldex3D 在新兴领域则占据80%份额。Autodesk 收购 Moldflow 后将其作为制造业三维技术解决方案的组成部分，Moldex3D 则秉持其专业、中立和开放精神，逐步形成了新的模流行业标准。

（1）Moldflow　Moldflow 公司是专业从事塑料成型 CAE（计算机辅助工程）软件和咨询的公司，它推出的流动分析软件 Moldflow，一直主导着塑料成型 CAE 软件市场。

20世纪70年代成立的 CIMP 研究项目，针对塑料注射成型进行系统的理论研讨，产品名为 C-Mold。后来 C-Mold 被合并到 Moldflow。

（2）Moldex3D　Moldex3D 是全球塑料成型产业中的 CAE 模流软件领导品牌，它以先进的真实三维模拟分析技术，帮助全球各产业使用者解决各种塑料产品设计与制造问题。Moldex3D 可运用于各类型塑胶射出产品。利用实体混合网格，搭配高效能有限体积计算方法（HPFVM），可在深度设计验证及问题解决方面，精确预测产品制造的可行性与建议最佳化设计方案。即便产品属于粗厚件、厚度差异大、难以定义中间面，甚至产品设计的几何结构相当复杂，皆可借 Moldex3D 真实呈现全三维模拟分析。Moldex3D 除可模拟分析热塑性塑料在充填保压、成型冷却、纤维配向及塑件翘曲等射出制程情形，还提供多材质射出成型（MCM）或反应射出成型（RIM）等特殊制程的模拟分析。Moldex3D 可与一般结构分析软件连接，包含 ANSYS、ABAQUS、NASTRAN、LS-Dyna 等知名软件，为使用者提供全方位整合式产品设计与分析方案。Moldex3D 不只拥有计算核心，同时针对 CAE 模流分析的需求，开发出许多专属的网格设置与编辑工具，除可让使用者高效设置模型网格外，其使用界面更可让使用者快速上手。

（3）Hs CAE 3D　华塑塑料注射成型过程仿真集成系统（Hs CAE 3D）是华中科技大学模具技术国家重点实验室华塑软件研究中心推出的注射成型 CAE 系列软件，可用来模拟、分析、优化和验证塑料零件和模具设计。它采用了国际上流行的 OpenGL 图形核心和高效精确的数值模拟技术，支持 STL、UNV、INP、MFD、DAT、ANS、NAS、COS、FNF、PAT 等十种通用的数据交换格式，支持 IGES 格式的流道和冷却管道的数据交换。目前国内外流行的造型软件（如 Creo、NX、Solid Edge、I-DEAS、ANSYS、SolidWorks、Inte Solid 等）所生成的制品模型通过其中任一格式均可以输入并转换到 Hs CAE 3D 系统中，进行方案设计、分析及显示。Hs CAE 3D 包含了丰富的材料数据参数和上千种型号的注射机参数，保证了分析结果的准确可靠。Hs CAE 3D 还可以为用户提供塑料的流变参数测定，并将数据添加到 Hs CAE 3D 的材料数据库中，使分析结果更符合实际的生产情况。

Hs CAE 3D 能预测充模过程中的流前位置、熔合纹和气穴位置、温度场、压力场、剪切力场、剪切速率场、表面定向、收缩指数、密度场及锁模力等物理量；冷却过程模拟支持常见的多种冷却结构，为用户提供型腔表面温度分布数据；应力分析可以预测塑件在出模时的应力分布情况，为最终的翘曲和收缩分析提供依据；翘曲分析可以预测塑件出模后的变形情况，预测最终的塑件形状；气辅分析用于模拟气体辅助注射成型过程，可以模拟具有中空结构的塑件的成型和预测气体的穿透厚度、穿透时间及气体体积占塑件总体积的百分比等结果。利用这些分析数据和动态模拟，可以极大限度地优化浇注系统设计和工艺条件，指导用户优化布置冷却系统和工艺参数，缩短设计周期、减少试模次数、提高和改善塑件质量，从而达到降低生产成本的目的。

（4）Plastic Advisor　Plastic Advisor（塑料顾问）是 Creo 自带的一种具有强大的分析、计算和动态仿真功能的模流分析模块，主要用于塑件在模具型腔内注射成型分析，用户可直观地观测塑料熔体的流动情况、塑件的填充状态、注射力的变化情况等，并得到可靠的反馈信息和建议，从而使塑件和模具在设计阶段就能得到完善与改进，达到用户的设计要求和最终使用目的。

Plastic Advisor 提供了浇口位置分析、充模动画、描述设计、可塑性的图形，以及熔接线和气泡可能出现的位置，模拟塑料熔体在模具型腔中的流动、保压、冷却过程，预测塑件可能发生的翘曲等，其结果对优化模具结构和注塑工艺参数有重要的指导意义。

在 Creo 中完成 3D 模型后，可直接启动 Plastic Advisor 进行模流分析，不需要建立网格划分模型。此时，系统会询问是否要指定注射点，可以选择事先建立好的基准点，随即打开 Plastic Advisor 界面。当然，也可在 Plastic Advisor 中指定注射点，但是却不会有 Creo 的基准点供选择，完全是凭视觉选择的，因此可能发生偏差。

（5）POLYFLOW　POLYFLOW 是业界公认解决复杂非牛顿流变问题包括黏弹性流动问题的 CFD 求解器。直接耦合求解器采用有限元技术，确保高分子材料加工以及玻璃成型等复杂流动问题得到收敛。针对业内常见的各种问题如畸形网格、固体零部件的复杂运动以及自由表面和模具之间的接触检测等，POLYFLOW 拥有先进的技术处理方案。

POLYFLOW 采用有限元法，专用于黏弹性材料的流动模拟。它适用于塑料、树脂等高分子材料的挤出成型、吹塑成型、拉丝、层流混合、涂层过程中的流动及传热和化学反应问题，另外也可用于模拟聚合物流动的问题。

（6）3D TIMON　3D TIMON 只是近年才进入我国，其专长在光学双折射线方面。

3. 分析网格的种类及特点

高质量的有限元网格是有限元分析精度的保障。不同的模流分析软件，采用不同的网格分析类型。Moldflow 使用中性面网格、双层面网格、3D 实体网格（实体四节点四面体网格），见表 6-1。

表 6-1　Moldflow 网格类型

零件	中性面网格	双层面网格	3D 实体网格
划分方法	抽取零件的中性面，然后在中性面上划分网格（三角形单元）	抽取零件的表面作为模具的型芯、型腔面，然后进行网格划分（三角形单元）	直接在 3D 数模上进行有限元网格划分
优点	网格少，分析速度快，计算效率高	无需抽取中性面，后处理更具真实感	计算精度高
缺点	中性面抽取困难，分析精度低	零件上下表面的网格要求一定对应关系，网格划分要求高	网格数量大，运算效率低
适用场合	适用于简单、规则、壁厚均匀的塑料制品	不适用于曲面多、回转面多的塑料制品	几乎所有的塑料制品都适合，但对分析用的计算机要求较高

项目实施

任务一　分析模型优化与导出

1. 启动 NX 软件，打开模具 3D 文件

双击 NX 软件图标，待启动成功后，单击"文件"→"打开"命令，在弹出的对话框中选择要打开的模具 3D 文件，最后单击"确定"按钮，如图 6-2 所示。

塑料模具CAD/CAM/CAE

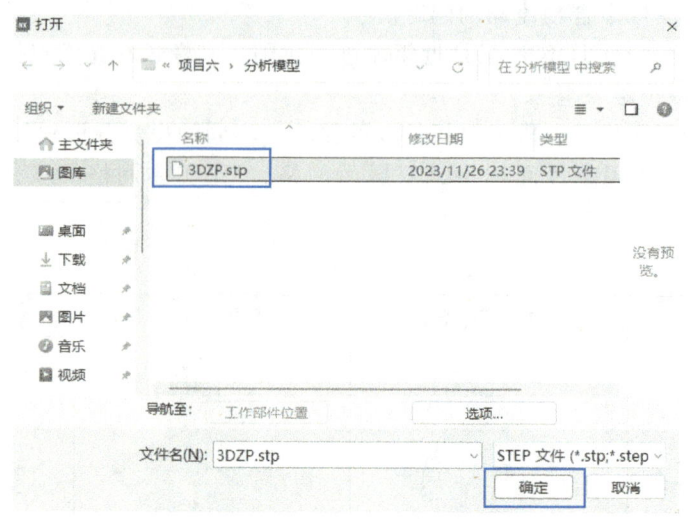

导出塑件的
分析模型

图 6-2　打开模具 3D 文件

2. 单独显示产品、冷却水路、浇注系统

利用隐藏命令（快捷键<Ctrl>+<B>）和反隐藏命令（快捷键<Ctrl>+<Shift>+<B>）将塑件、冷却水路、浇注系统单独显示出来，最终效果如图 6-3 所示。

3. 删除不影响模流分析结果的细小特征

模流分析过程中的一些细小特征不会影响模流分析结果，如半径小于 0.3 mm 的圆角、斜角，深度小于 0.1 mm 的环保标志、日期章等。如果模流分析前不删除这些特征，在网格划分阶段不减小网格划分边长，这些细小特征会加大网格的纵横比，降低网格的匹配率，形成孤立单元等，严重影响网格划分质量，给网格修复工作带来极大困难，甚至导致不能进行模流分析。如果网格划分的边长太小，网格数量就会成倍增加，影响模流分析速度。

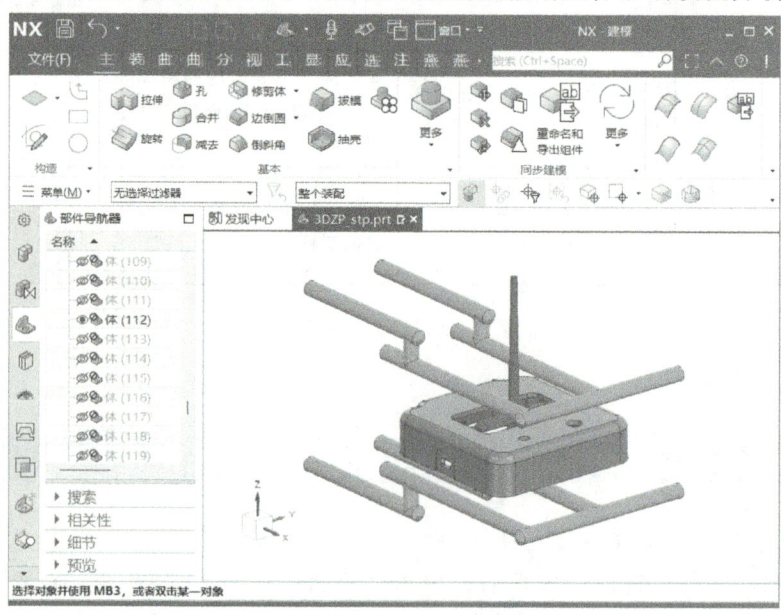

图 6-3　单独显示塑件、冷却水路、浇注系统

本任务中没有小于 0.3 mm 圆角，仅有环保标志（图 6-4）。在此可以使用直接建模工具条中的"删除面"命令将环保标志删除。"删除面"命令如图 6-5 所示。

启动"删除面"命令后，在 NX 软件绘图区框选环保标志，最后单击"确定"按钮，结果如图 6-6 所示。

4. 导出"*.stl"格式的塑件模型

单击"文件"→"导出"→"STL"命令，如图 6-7 所示。

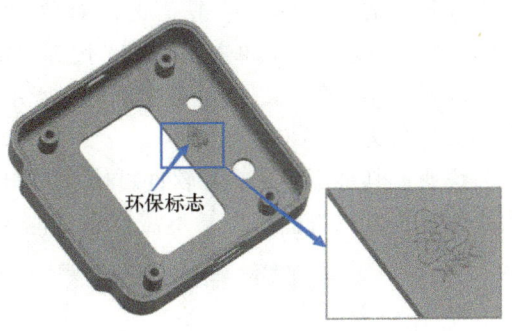

图 6-4 环保标志

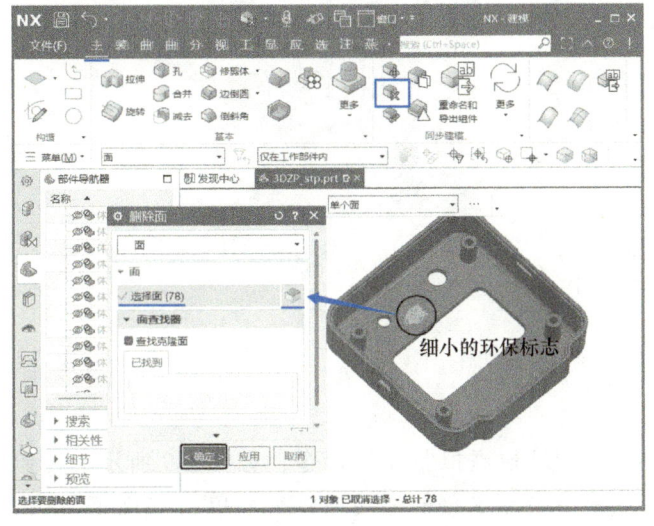

图 6-5 "删除面"命令

图 6-6 删除环保标志

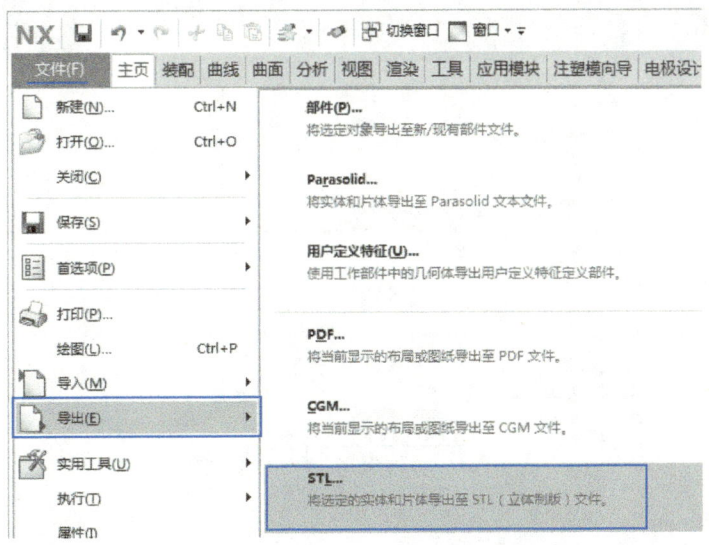

图 6-7 导出 STL 格式的塑件模型

303

在弹出的对话框中单击"选择对象",然后在 NX 软件绘图区单击三维塑件模型。在"STL 导出"对话框中单击"浏览"按钮(图 6-8 中①处),在弹出的对话框中选择导出位置,设置导出文件名,最后单击图 6-8 所示对话框中的"确定"按钮。本任务导出位置为桌面,文件名为"塑料制品.stl"。

说明:其他版本的 NX 软件可能会弹出负坐标错误、修改默认公差等提示信息,对此可以修改,也可以直接接受,不需要做其他操作。

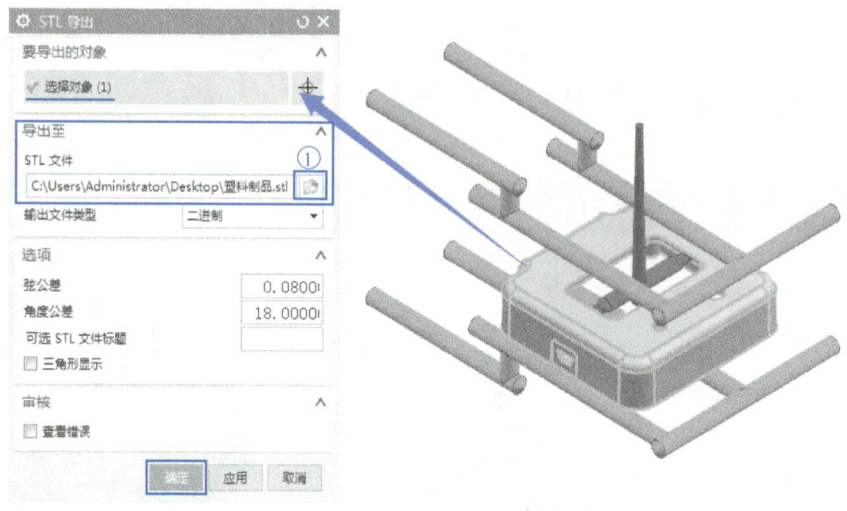

图 6-8 导出文件

5. 抽取冷却水路中心线

单击"菜单"→"插入"→"派生曲线"→"抽取虚拟曲线"命令,如图 6-9 所示。在弹出的对话框中选择"旋转面",再在绘图区单击冷却水路的回转面,最后单击"确定"按钮,如图 6-10 所示。

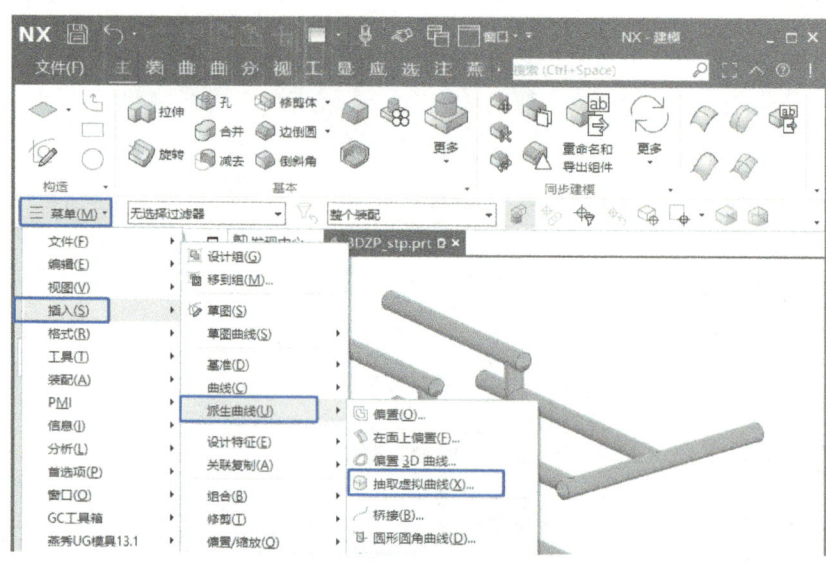

导出水路中心线

图 6-9 "抽取虚拟曲线"命令

项目六 塑料模CAE分析及结果解读

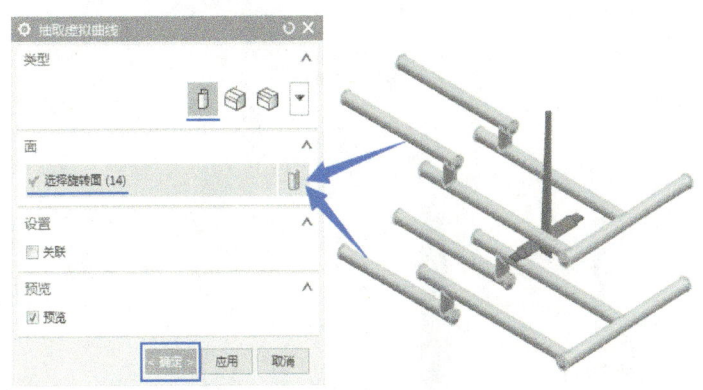

图 6-10 抽取冷却水路中心线

6. 修剪水路中心线

利用隐藏命令（快捷键<Ctrl>+<B>）将水路实体隐藏。方法是选中水路实体，按<Ctrl>+<B>键，结果如图 6-11 所示。

利用"修剪拐角"命令修剪水路中心线。选择"曲线"→"修剪拐角"命令，如图 6-12 所示。

在执行"修剪拐角"命令时，要注意将鼠标指针停留在要修剪的象限内，单击即可。如图 6-13 所示，要修剪 1、2 两段线，启动"修剪拐角"命令后需要将鼠标指针停在图中圆圈内。水路修剪的最终结果如图 6-14 所示。在新版的 NX 中可以用"修剪曲线"命令完成曲线的修剪。

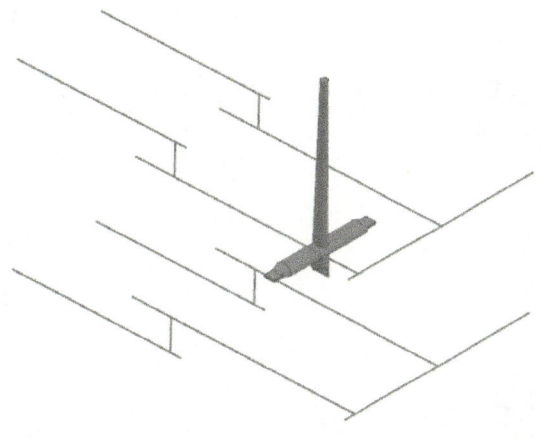

图 6-11 显示冷却水路中心线

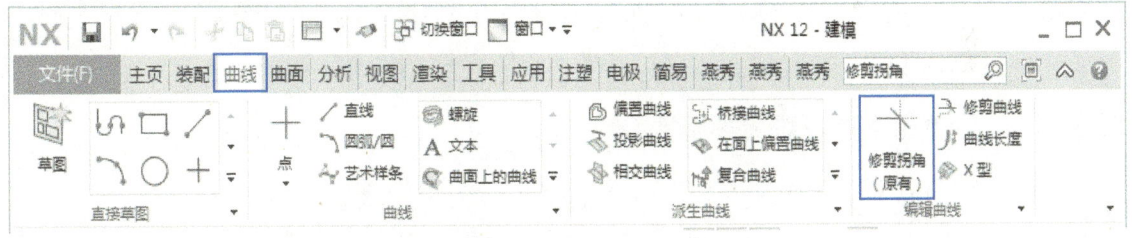

图 6-12 "修剪拐角"命令

7. 导出修改后的冷却水路中心线

单击"文件"→"导出"→"IGES"命令，如图 6-15 所示。

在弹出的对话框中单击"浏览"按钮，设置导出位置和导出文件名称，如图 6-16 所示。本任务设置路径为桌面，导出的文件名称为"冷却水路.igs"。

在图 6-17 所示的对话框中单击"要导出的数据"选项卡，接着单击"选定的对象"，再在绘图区单击修改好的水路中心线，最后单击"确定"按钮。至此，水路中心线导出完成。

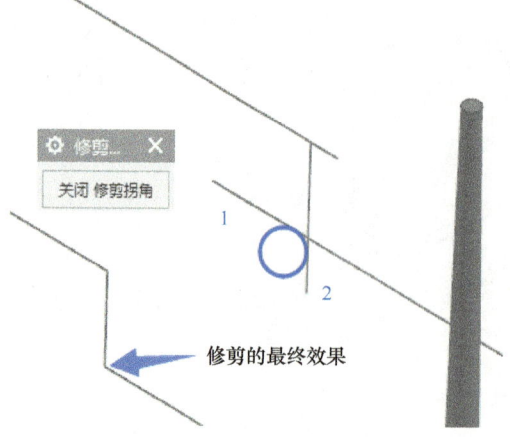
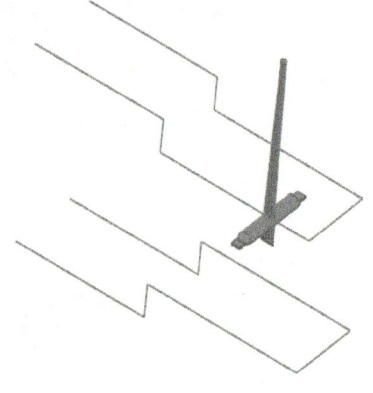

图 6-13 修剪拐角　　　　　图 6-14 水路中心线修剪的最终结果

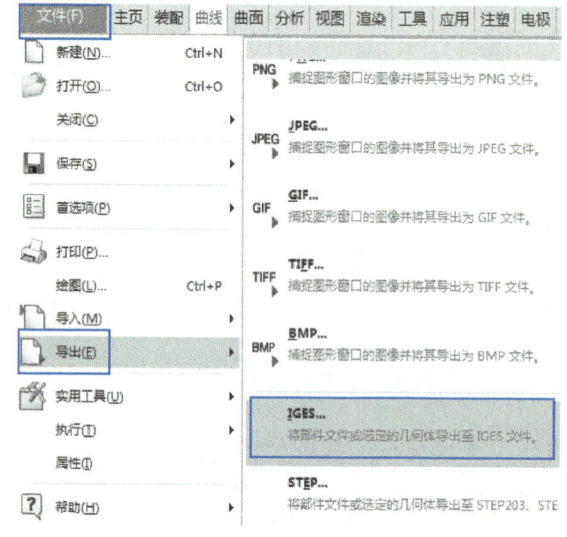
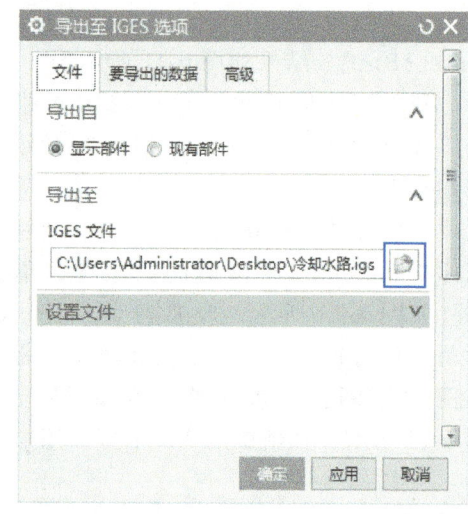

图 6-15 导出 IGES 文件　　　　图 6-16 设置导出路径和导出文件名称

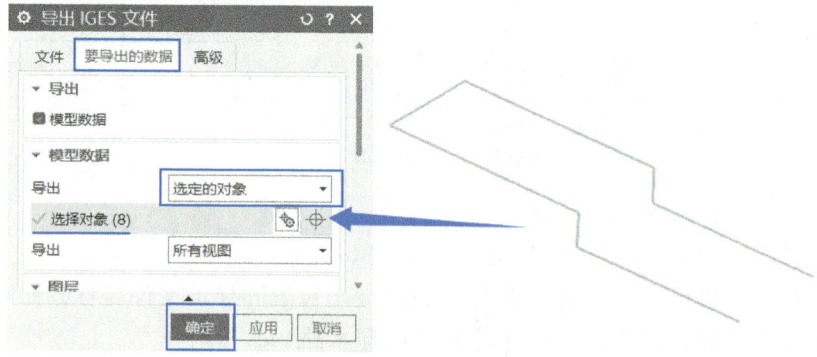

图 6-17 选择导出对象

8. 绘制浇注系统中心线

单独显示浇注系统，并将浇注系统切换到线框显示状态，如图 6-18 所示。利用"直线"

命令绘制主流道中心线（图6-19），用同样的命令绘制分流道中心线（图6-20）及浇口中心线（图6-21）。

绘制浇口中心线时，应将图6-21中的箭头往回（朝向点1方向）拖动一点，无须拖动太多（0.5 mm左右即可，拖动时绘图区鼠标指针附近有数据显示）。这是因为CAE分析运算原理是运用矩阵点到点计算，如果此时不往回拖动（往回拖动后，浇口中心线的端点和产品一定没有公共点，但Hs CAE软件中有"延伸到制品"的命令，该命令可以使浇口和制品有公共点），理论上浇口中心线的端点和制品可能有公共点，但在后续操作如导出模型、划分网格时都会产生误差。这个误差将有可能导致浇口和制品没有公共点，模流分析时由于浇口和制品之间的缝隙很小，很难找到问题所在。

导出流道中心线

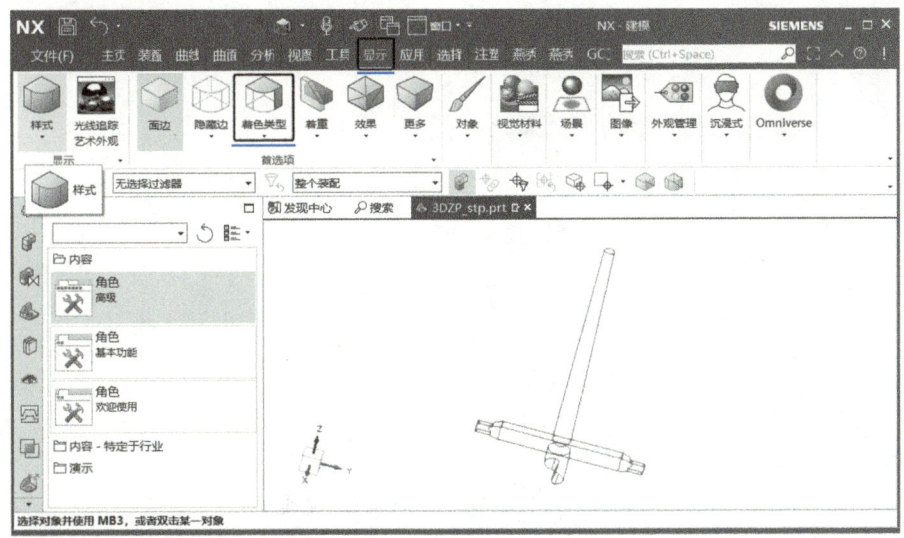

图6-18 将浇注系统切换为线框显示状态

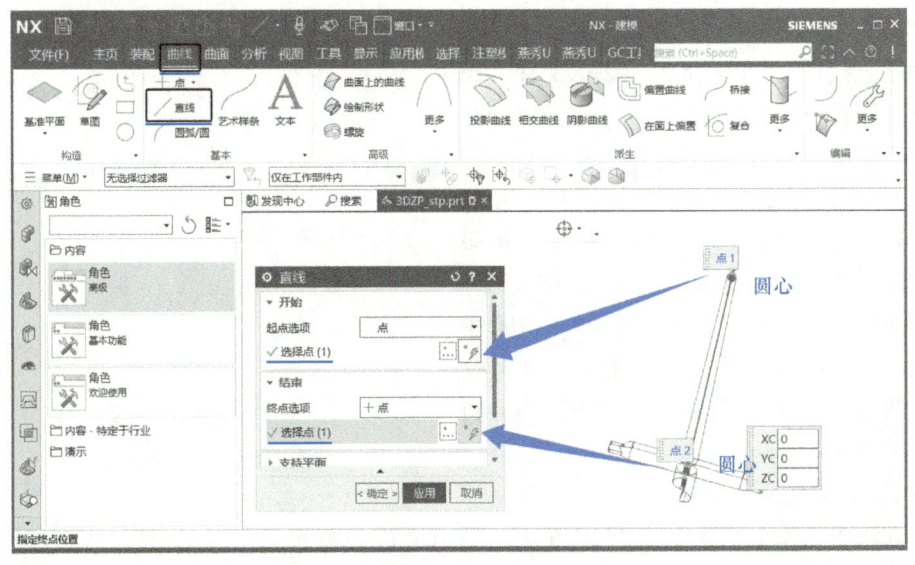

图6-19 绘制主流道中心线

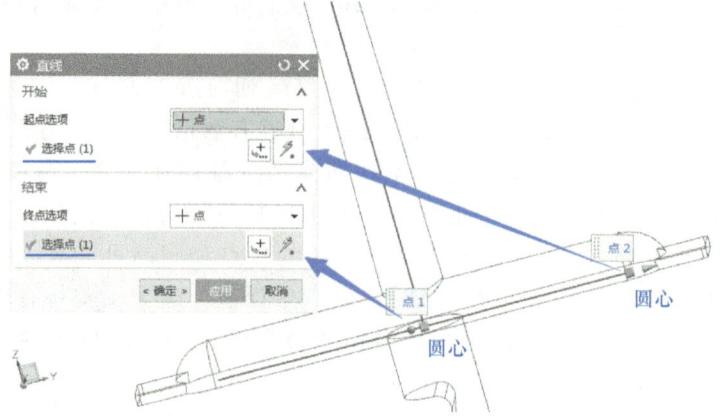

图 6-20 绘制分流道中心线

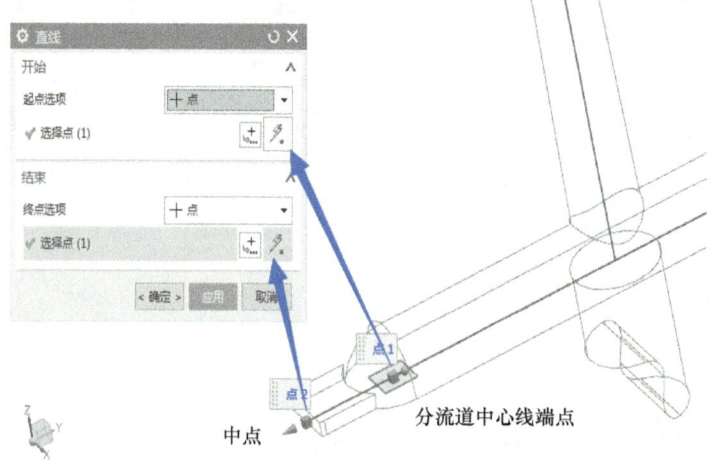

图 6-21 绘制浇口中心线

浇注系统中心线绘制结果如图 6-22 所示，共 5 条线段。线段 1 和线段 2、线段 3 有一个公共端点，线段 3 和线段 5 有一个公共端点，线段 2 和线段 4 有一个公共端点。虽然线段 2 和线段 3 都是分流道中心线，但是线段 2 和线段 3 不能合并成一条线，这是因为模流分析采用的是矩阵点到点算法，如果线段 2 和线段 3 合并成一条线，那么分流道中心线和主流道中心线（线段 1）没有公共端点，主流道和分流道没有公共端点会导致模流分析软件无法分析运算。

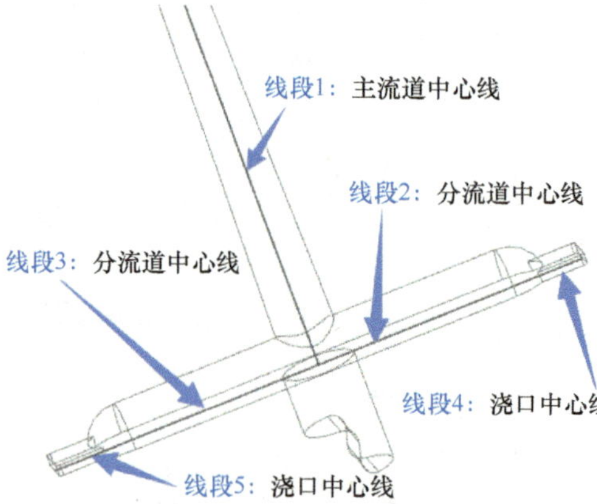

图 6-22 浇注系统中心线

9. 导出浇注系统中心线

导出方法参考水路中心线的导出方法，导出文件类型也是 "*.igs"。本任务导出路径为桌面，导出的文件名称为 "浇注系统.igs"。

项目六 塑料模CAE分析及结果解读

任务二 网格划分

1. 导入塑件模型

双击桌面上的华塑网格管理器的软件图标,启动后单击"文件"→"打开"命令,在弹出的对话框中选择要导入的塑件stl格式模型文件,选择制品尺寸单位为"毫米",最后单击"确定"按钮,如图6-23所示。

产品网格划分与网格评价

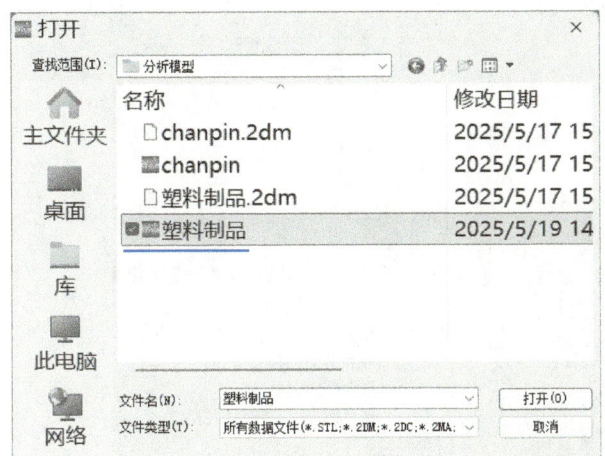
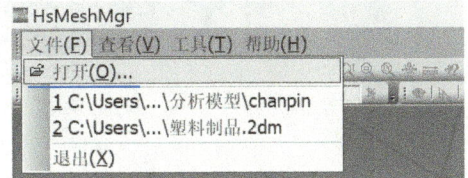
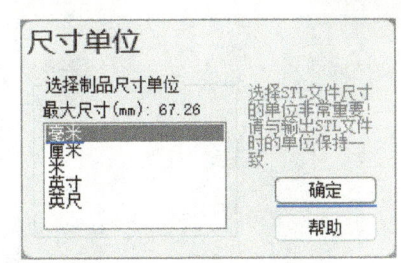

图 6-23　打开塑件模型

2. 划分网格

选择"网格"→"生成网格"命令,如图6-24所示。在右侧的对话框中将网格的"精细控制"指针拖动到标尺的左边1/3位置,最后单击"下一步"按钮,如图6-25所示。

接下来采用"网格修复和优化"的默认参数,直接单击"应用"按钮,如图6-26所示。

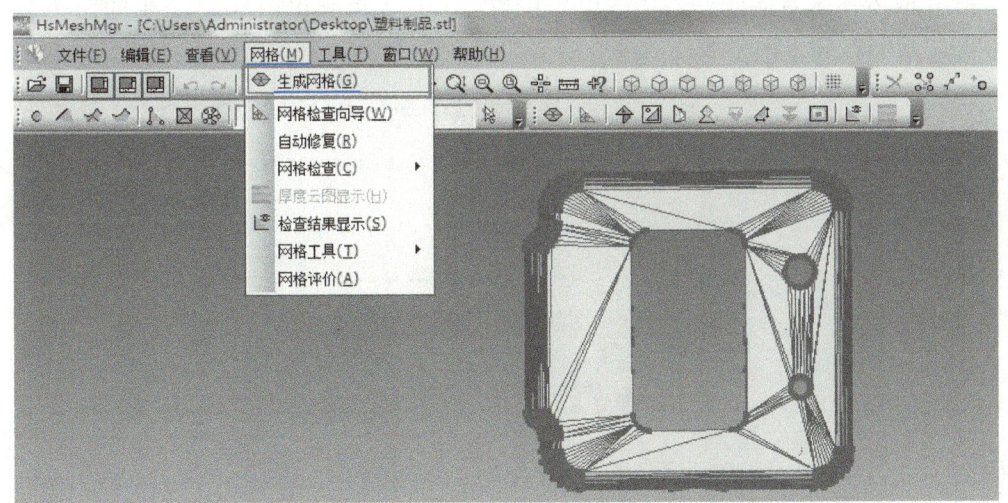

图 6-24　"生成网格"命令

309

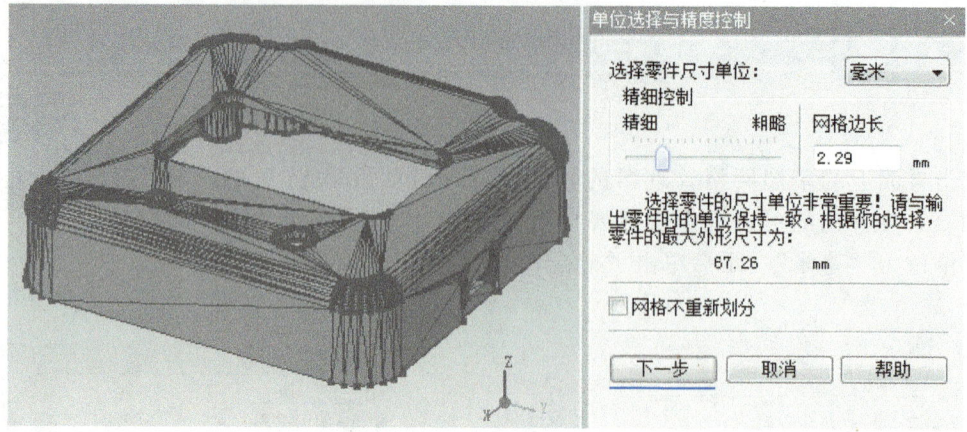

图 6-25 设置精细控制

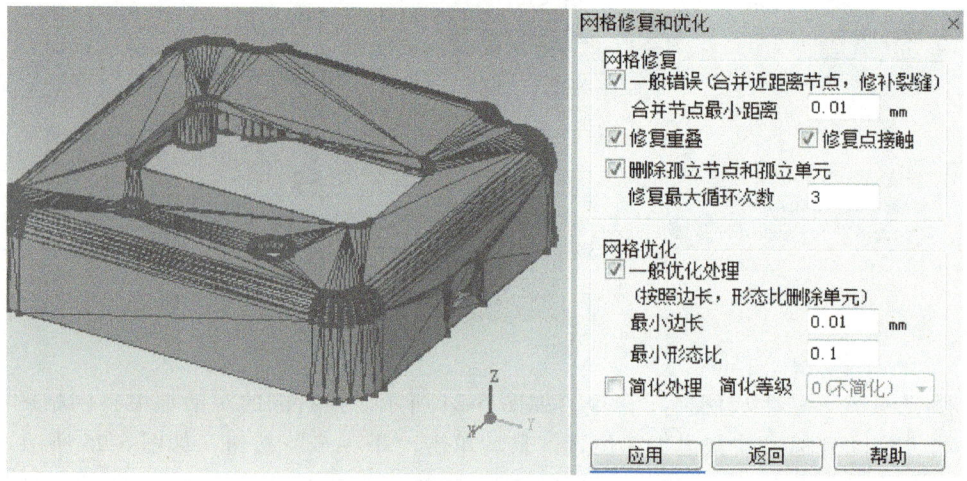

图 6-26 设置修复和优化参数

单击图 6-26 所示对话框中的"应用"按钮后，会先后弹出图 6-27 所示的两个对话框，依次单击"是"按钮，网格划分的最终结果如图 6-28 所示。

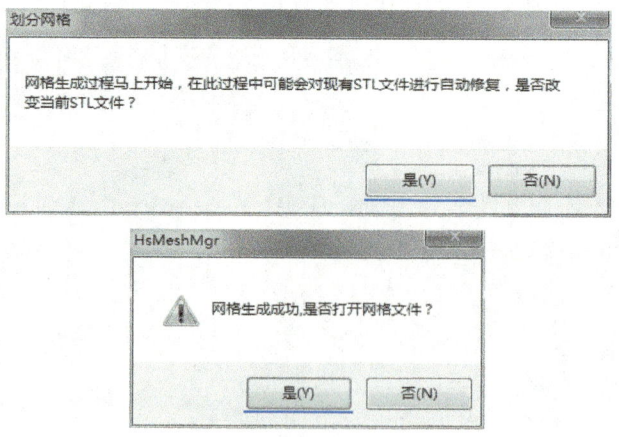

图 6-27 划分网格提示对话框

项目六　塑料模CAE分析及结果解读

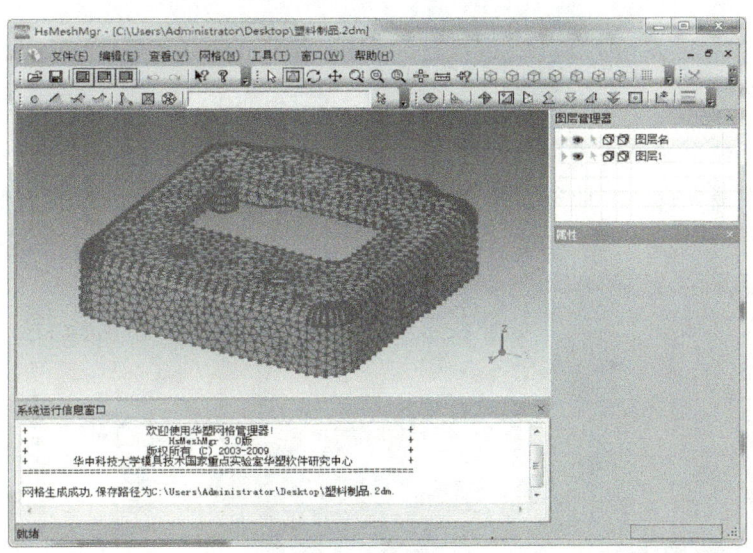

图 6-28　网格划分结果

任务三　网格质量评价

单击"网格"→"网格评价"命令，在右侧的对话框中可以单击"自定义参数"按钮定义网格评价指标，也可以直接单击右侧对话框中的"应用"按钮，采用默认参数进行网格评价。一般情况下采用默认参数即可，如图 6-29 所示。

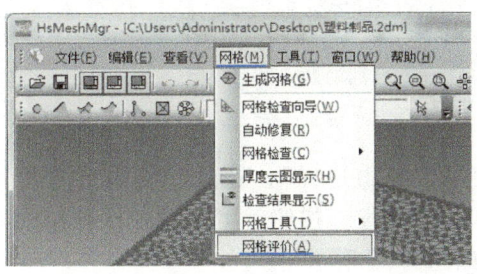 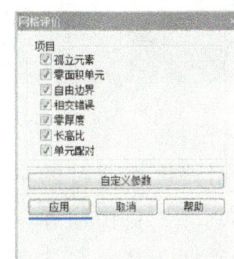

图 6-29　"网格评价"命令

评价结果如图 6-30 所示。由于 Hs CAE 采用了大容差算法，网格评价不通过的情况很少见。

图 6-30　网格评价结果

311

任务四　网格修复

网格评价过程中如果有不通过的提示，如图 6-31 所示，可以单击"网格检查工具条"中对应的错误类型查找。本任务需要单击"自由边界检查"命令，再在右侧的对话框中单击"检查"按钮，如图 6-32 所示。

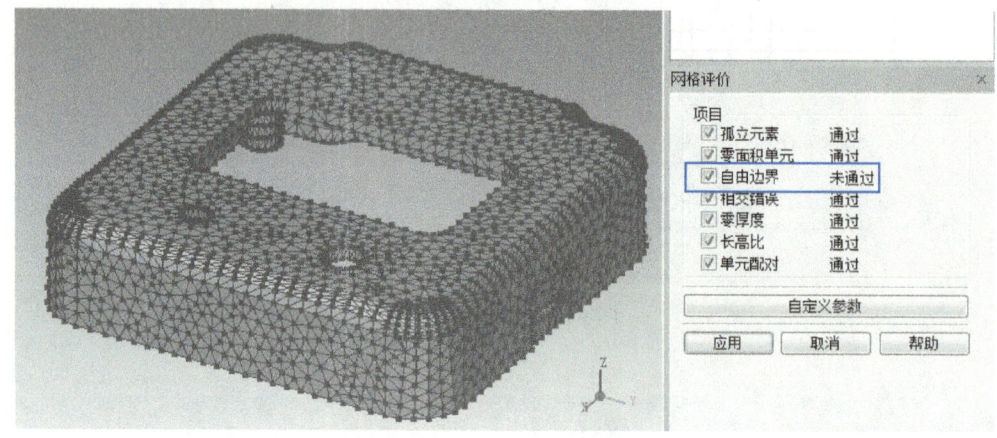

图 6-31　网格评价不通过提示

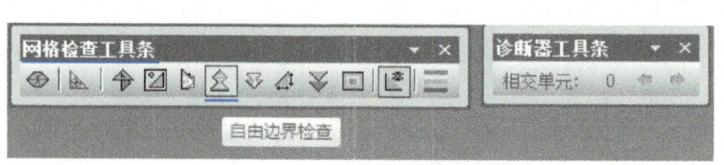 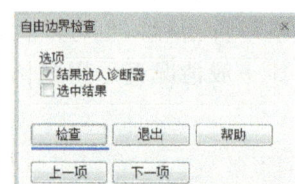

图 6-32　"自由边界检查"命令

本任务网格评价不通过的网格类型是"自由边界"，通过"自由边界检查"命令共找到 5 个自由边界单元（单击"检查"按钮后可以在软件界面的左下角或"诊断器工具条"中看到），如图 6-33 所示。

网格修复

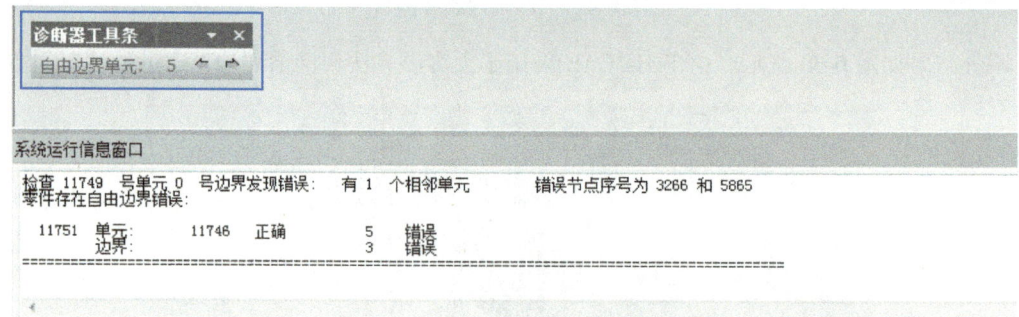

图 6-33　查找不通过的网格（自由边界）

如图 6-34 所示，单击"网格"→"自动修复"命令，再在右侧的对话框中单击"开始修复"按钮。一般的错误通过"自动修复"的方法都可以解决。

项目六 塑料模CAE分析及结果解读

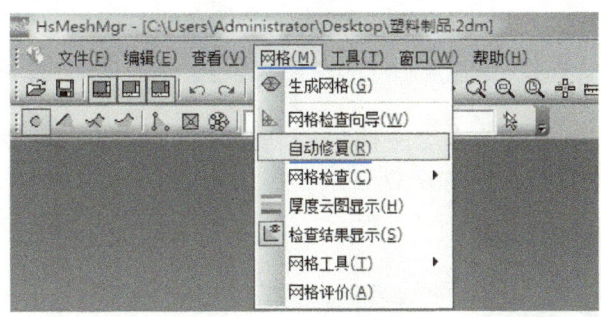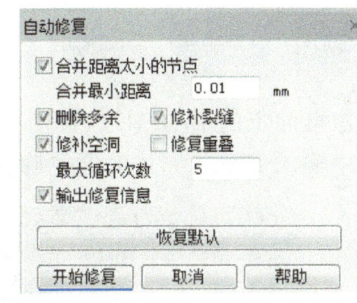

图 6-34　修复错误的网格

对于通过自动修复的方法不能修复的网格，可以利用"网格"→"生成网格"命令将网格重新划分得更精细点（减小网格边长）。如果仍有错误，可以利用"网格修复工具条""网格检查工具条""诊断器工具条"（图 6-35）中的工具手动修改和优化网格，将错误的网格删除，合并节点，删除孤立的点和孤立的单元，或者执行"创建单元"命令重新构建网格。

图 6-35　"网格修复工具条""网格检查工具条""诊断器工具条"

任务五　导出网格模型

网格评价通过后，单击"文件"→"导出网格"命令，在弹出的对话框中选择导出路径和导出文件名称，将塑件的网格导出为"＊.2dm"格式文件。本任务导出路径为桌面，导出文件名称为"塑料制品.2dm"，如图 6-36 所示。

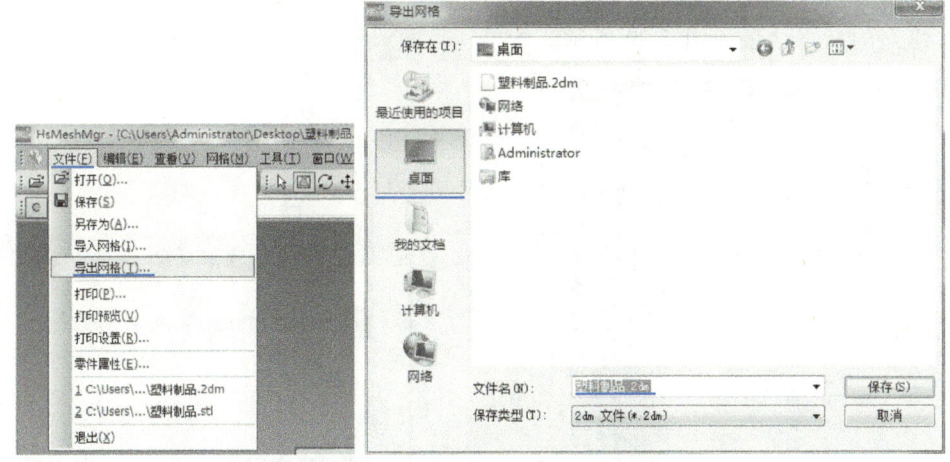

图 6-36　"导出网格"命令

313

任务六　导入塑件图形

双击桌面上的 Hs CAE 软件图标，启动后单击"文件"→"新建零件"命令，在弹出的对话框中输入方案名称并单击"确定"按钮，如图 6-37 所示。

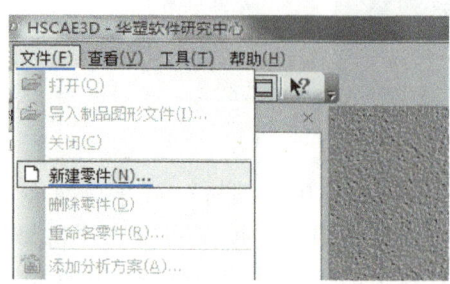 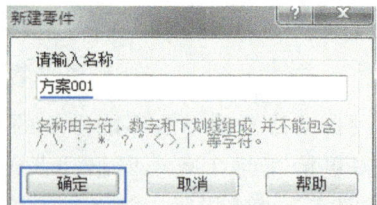

图 6-37　创建方案

在软件界面的左侧"方案 001"上单击右键，然后单击"添加分析方案"命令，在弹出的对话框中输入分析方案名称，如"验证方案"，最后单击"确定"按钮，如图 6-38 所示。

导入分析模型

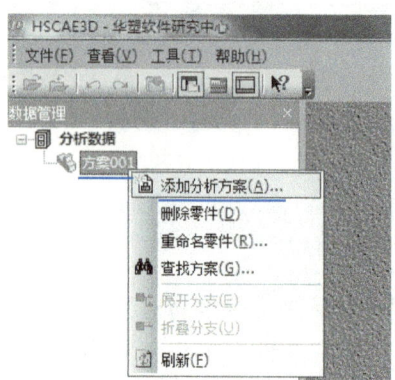 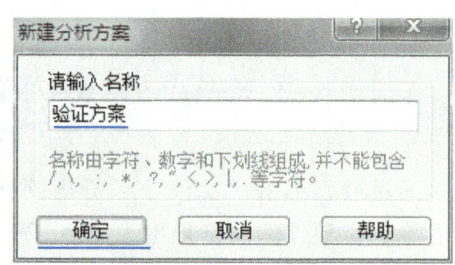

图 6-38　创建分析方案

方案建立的最终结果如图 6-39 所示。

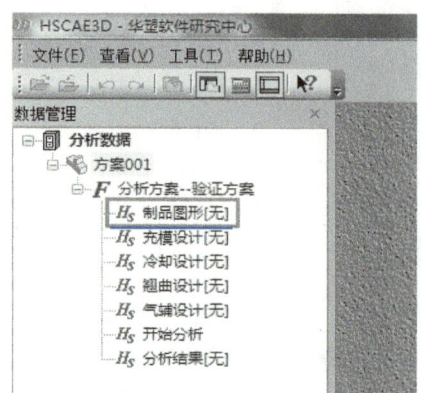 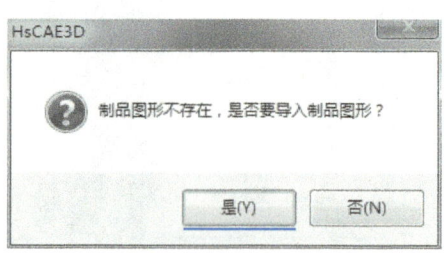

图 6-39　创建方案结果　　　　　　　　图 6-40　导入文件

项目六 塑料模CAE分析及结果解读

双击图6-39所示分析方案中的"制品图形",在弹出的对话框中单击"是"按钮,如图6-40所示。在弹出的"导入制品图形文件"对话框中选择之前导出的文件"塑料制品.2dm",最后单击"打开"按钮,如图6-41所示。

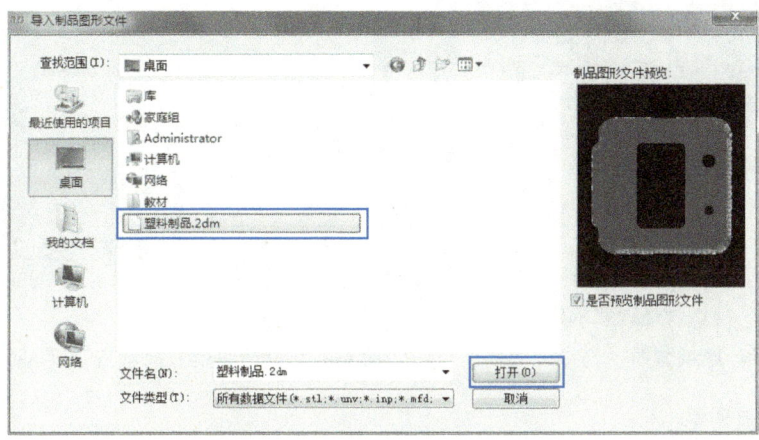

图6-41 打开塑料制品图形文件

任务七 充模设计

1. 进入充模设计

双击图6-42所示分析方案中的"充模设计[无]",进入充模设计。

充填分析设置

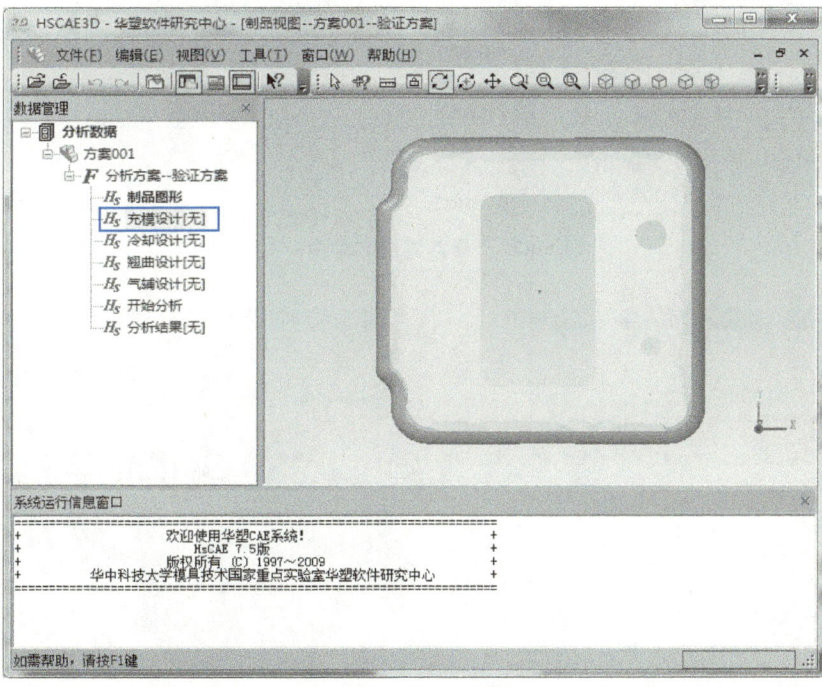

图6-42 进入充模设计

315

2. 设计脱模方向

单击工具栏中的"设计脱模方向"命令，如图6-43所示。在弹出的对话框中选择"X-Y"分模面，最后单击"确定"按钮，如图6-44所示。

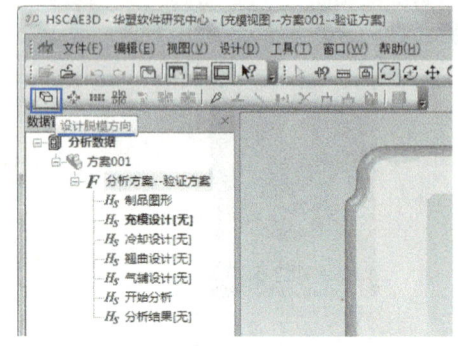

图6-43 "设计脱模方向"命令　　　　图6-44 设计脱模方向垂直于"X-Y"分模面

3. 导入浇注系统

单击"设计"→"导入流道"命令，如图6-45所示。在弹出的对话框中选择桌面上的文件"浇注系统.igs"，最后单击"打开"按钮，如图6-46所示。导入的浇注系统如图6-47所示。

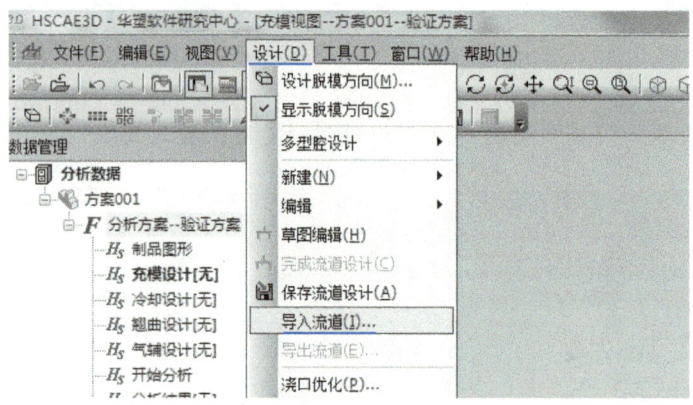

图6-45 "导入流道"命令

图6-46 选择要导入的浇注系统

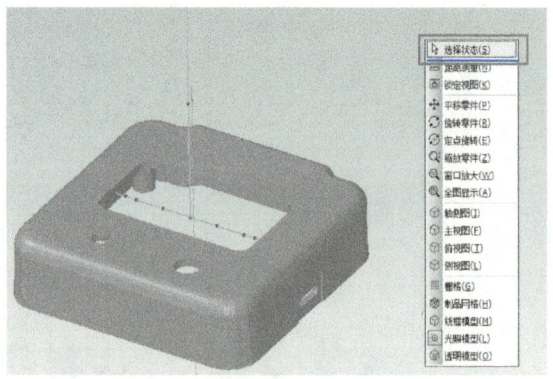

图6-47 导入的浇注系统

4. 设置浇注系统属性

1）在软件绘图区域单击右键，选择"选择状态"命令，如图 6-47 所示；接下来框选主流道中心线，然后单击工具栏中的"修改流道"命令，如图 6-48 所示。

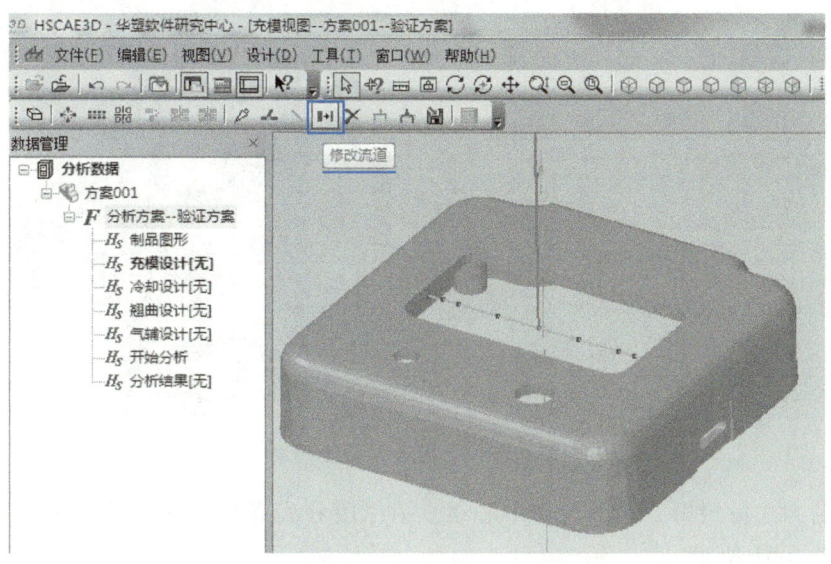

图 6-48 "修改流道"命令

图 6-49 设置主流道

在弹出的"流道属性"对话框中，将"截面类型"设置为"圆形"（单击图 6-49 中①处倒三角按钮，选择"圆形"），将"起始半径"设置为"2"，勾选"终止半径"，并输入"5.5"，起始半径和终止半径的大小可以在原始设计中查询，最后单击"确定"按钮。主流道的最终结果和设置过程如图 6-49 所示。

2）在软件绘图区域单击右键，选择"选择状态"命令，然后框选第一段分流道中心线，单击工具栏中的"修改流道"命令，设置分流道的尺寸，如图 6-50 所示。

317

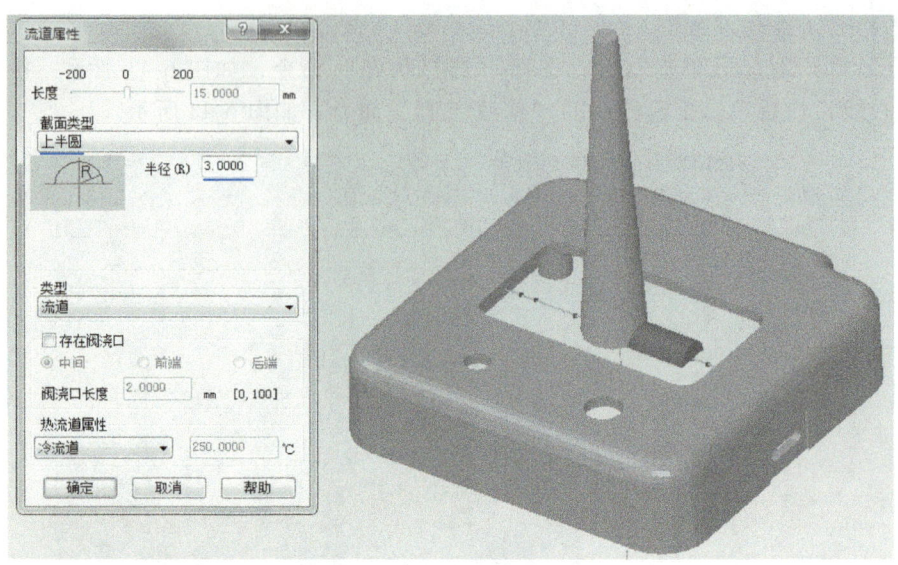

图 6-50　设置第一段分流道

用同样的方法设置第二段分流道中心线。第二段分流道的参数和第一段一致。分流道的最终结果如图 6-51 所示。

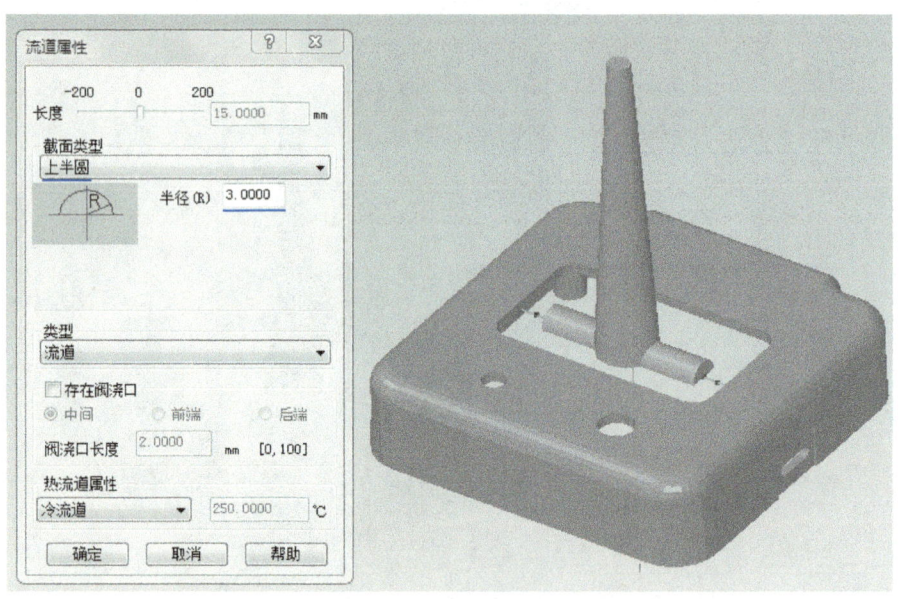

图 6-51　分流道的最终结果

3）在软件绘图区域单击右键，选择"选择状态"命令，然后框选第一个浇口中心线，单击菜单中的"修改流道"命令；在弹出的对话框中，"截面类型"选择"上梯形"，"类型"选择"浇口"，设置浇口的尺寸如图 6-52 所示。第二个浇口的设置方法和第一个浇口的设置方法一样，大小和第一个浇口一致。浇口的尺寸数据来自原始设计（从 NX 软件中测量出来）。

两个浇口的大小和形状设置完成后，单击右键并选择"选择状态"命令，接下来选择第一个浇口，按下<Ctrl>键不放选择第二个浇口，然后单击"设计"→"编辑"→"延长到制品"命令，如图 6-53 所示。

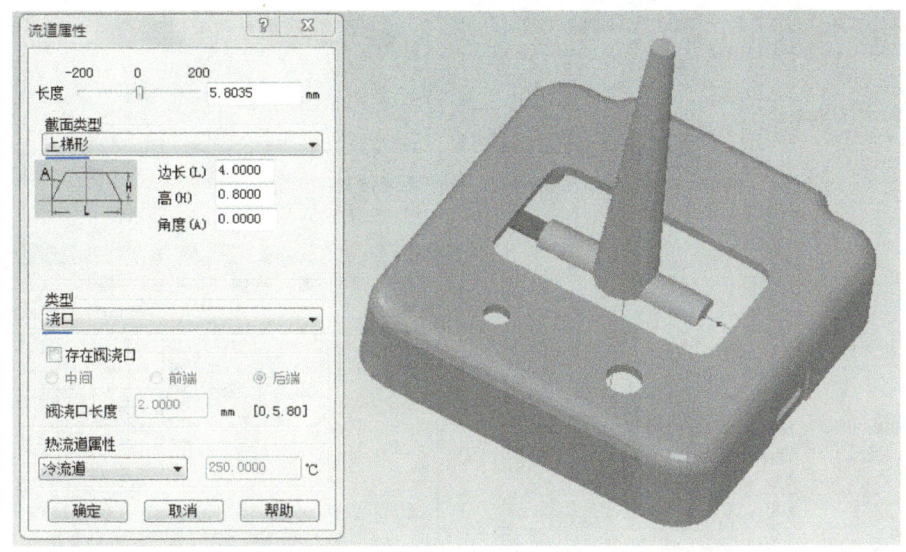

图 6-52 设置第一个浇口

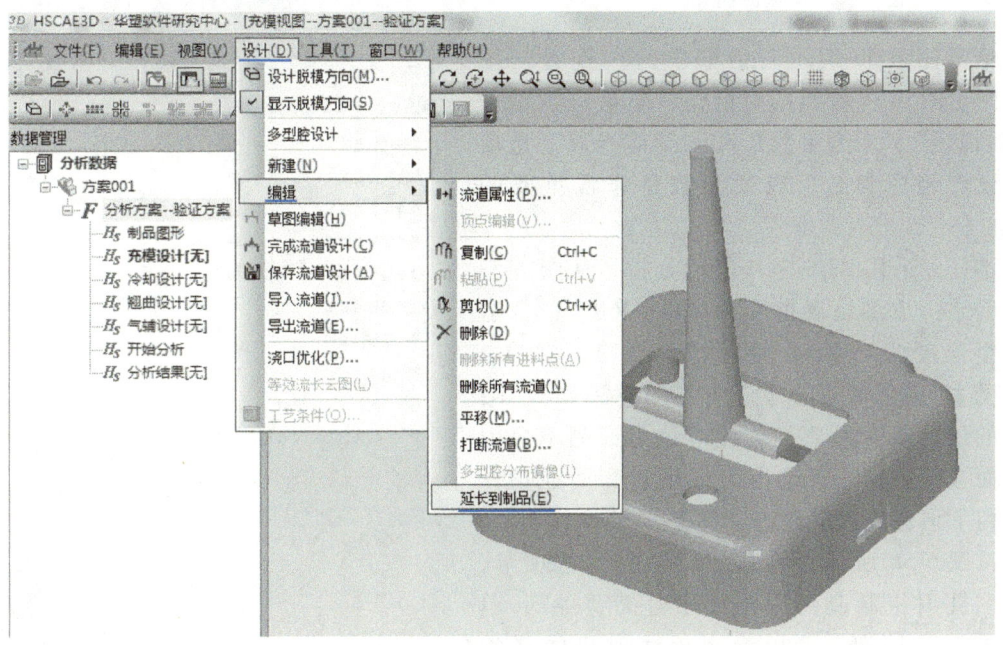

图 6-53 将浇口延长到制品

最后单击工具栏中的"完成流道设计"命令，在弹出来的对话框中单击"是"按钮，如图 6-54 所示。

5. 设置工艺条件

单击工具栏中的"设置工艺条件"命令，如图 6-55 所示；在弹出的对话框中分别单击"材料种类"和"商业名称"下拉菜单，选择对应的材料种类和名称，如图 6-56 所示。

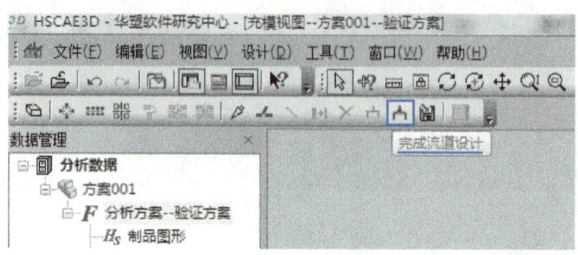
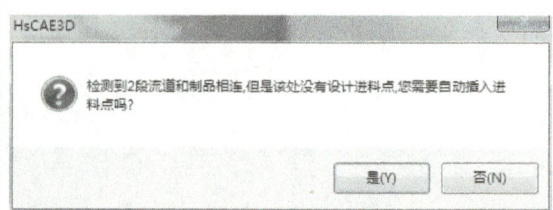

图 6-54　完成流道设计

图 6-55　完成流道设计

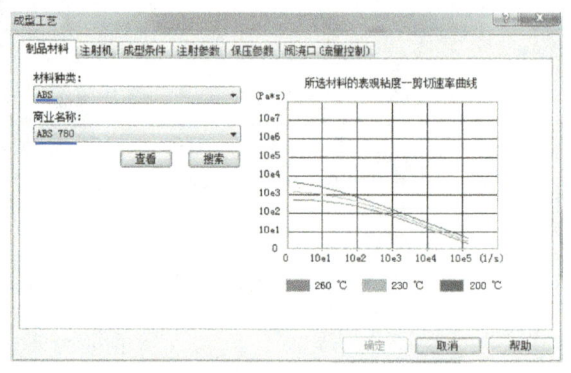

图 6-56　选择材料种类和商业名称

单击图 6-56 所示对话框中的"查看"按钮，弹出图 6-57 所示的对话框，然后分别单击"材料描述""成型参数"和"熔体指数"选项卡，设置相应参数。成型参数是非常重要的参数。

本任务采用 ABS 塑料进行分析。从图 6-57 可以看出：成型温度范围为 200～260℃；合适的成型温度为 230℃；推荐模具温度为 40℃；当温度为 300℃时 ABS 会裂解，产生有毒气体；最佳的顶出温度为 79℃，此时顶出产品不会因过冷而被顶裂，也不会因为温度过高而在顶针位置留下顶白或顶出痕迹。

按图 6-58 所示，单击"注射机"选项卡，选择"注射机制造商"和"注射机型号"，单击"查看"按钮，可以看到该注射机的详细参数。

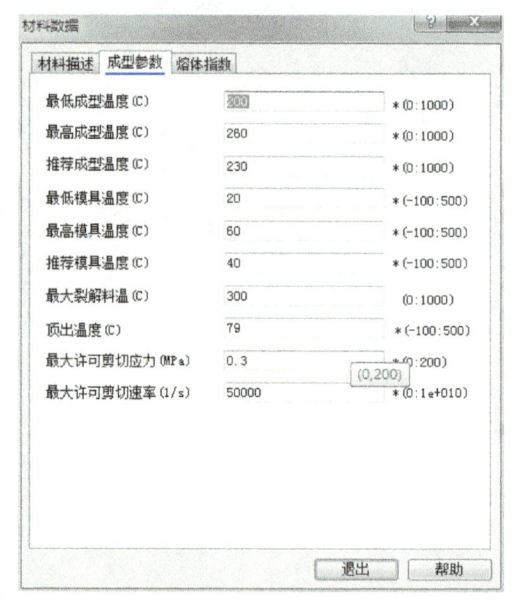

图 6-57　ABS 的成型参数

单击"成型条件"选项卡，可以查看成型时的推荐参数，也可以修改成型参数，如图 6-59 所示。

如图 6-60 所示，单击"注射参数"选项卡，在"充填控制方式"中选择合适的充填控制方式。首次分析一般采用"自动控制"，首次分析后，根据分析结果，在做模流分析优化方案时可以采用别的控制方式，如采用"充填时间"控制等。

项目六　塑料模CAE分析及结果解读

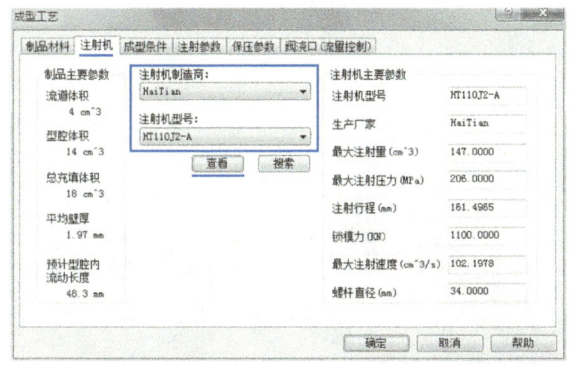

图 6-58　选择注射机和注射机生产厂家

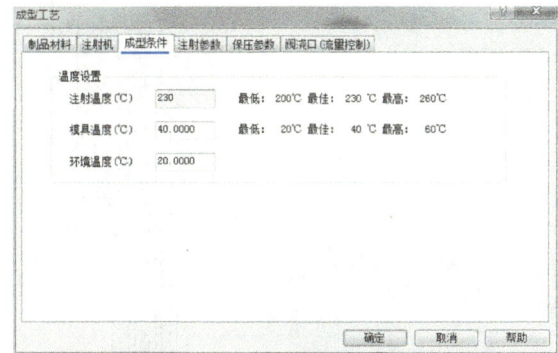

图 6-59　"成型条件"选项卡

如图 6-61 所示，单击"保压参数"选项卡，按照实际需求设置合适的保压参数。首次分析一般勾选"自动时间控制"。本任务采用三级保压，设置结果如图 6-61 所示。

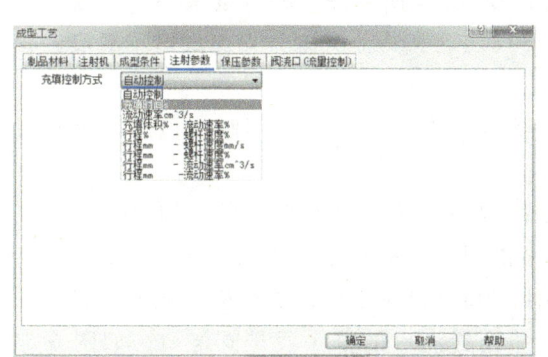

图 6-60　"注射参数"选项卡

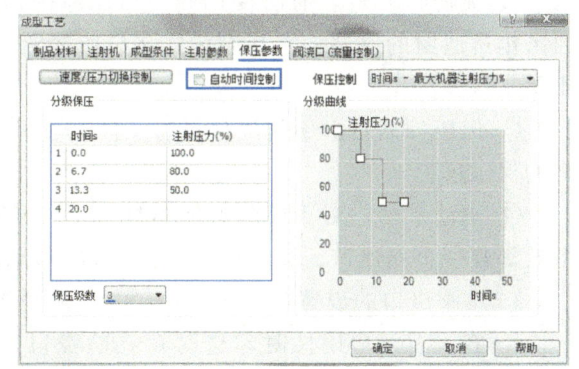

图 6-61　保压参数

在"阀浇口（流量控制）"选项卡中，设置有模具拥有阀浇口（一套模具拥有多个可以人为控制打开或关闭的浇口）时可以采用的选项。该选项卡的主要作用是控制哪几个浇口有用，哪个浇口什么时候打开。

所有的工艺条件设置完成后，单击图 6-61 所示对话框中的"确定"按钮。

6. 阀浇口相关知识

（1）阀浇口的定义　阀浇口是一个开关阀，经常用于热流道系统中，以控制熔体流动前沿和保压过程。阀浇口也常用来消除熔接线，此时可以把它称为次序浇口。开始充填时打开第一个浇口，而关闭第二个浇口，当熔体流到第二个浇口时才打开第二个浇口，以避免形成熔接线。

在热流道中，阀浇口实际上是单向针阀，为了控制熔体在型腔中的流动，可程序控制阀浇口的开启和关闭，并且在充填和保压阶段，阀浇口根据需要可以多次开启和关闭，如图 6-62 所示。

（2）阀浇口的作用

① 控制熔接线。当塑件太大，单浇口不能注满型腔，塑件表面又不允许有熔接线时，需要使用阀浇口。开始充填时，塑件边上第一个浇口首先打开，当熔体流到第二个浇口时，打开第二个浇口，直到所有浇口都被打开和型腔被充满，如图 6-63 所示。

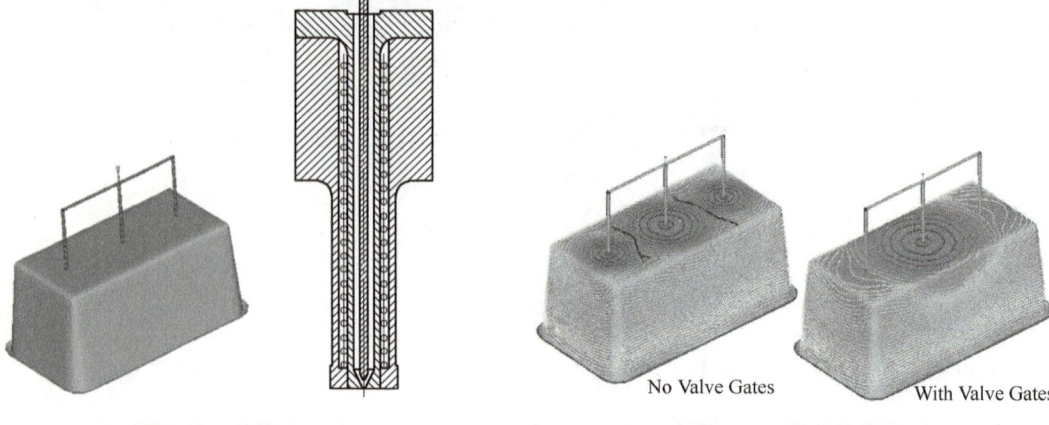

图 6-62 阀浇口　　　　　　　　　图 6-63 控制熔接线

② 无浇口残迹。有时使用阀浇口的原因是因为阀浇口在塑件上的残迹很小,就像一个顶出销所遗留的痕迹,它与潜伏式浇口所遗留的浇口残迹和其他类型分支热流道端部痕迹相比要小得多。

③ 保压控制。由于阀浇口具有关闭功能,因此可以在某个时刻关闭阀浇口,以控制最终的保压过程。

④ 流动平衡。对于成套塑件模具,可以使用阀浇口解决流动平衡问题,如果对每一个型腔都装一个阀浇口,就可以通过阀浇口的开关来得到一个平衡流动状态。

(3) 阀浇口的设置　在 Hs CAE 中如果需要使用阀浇口来模拟,需要进行如下设置。

① 在设置浇口属性时勾选"存在阀浇口",并设置浇口的哪一段是阀浇口,如图 6-64 所示。

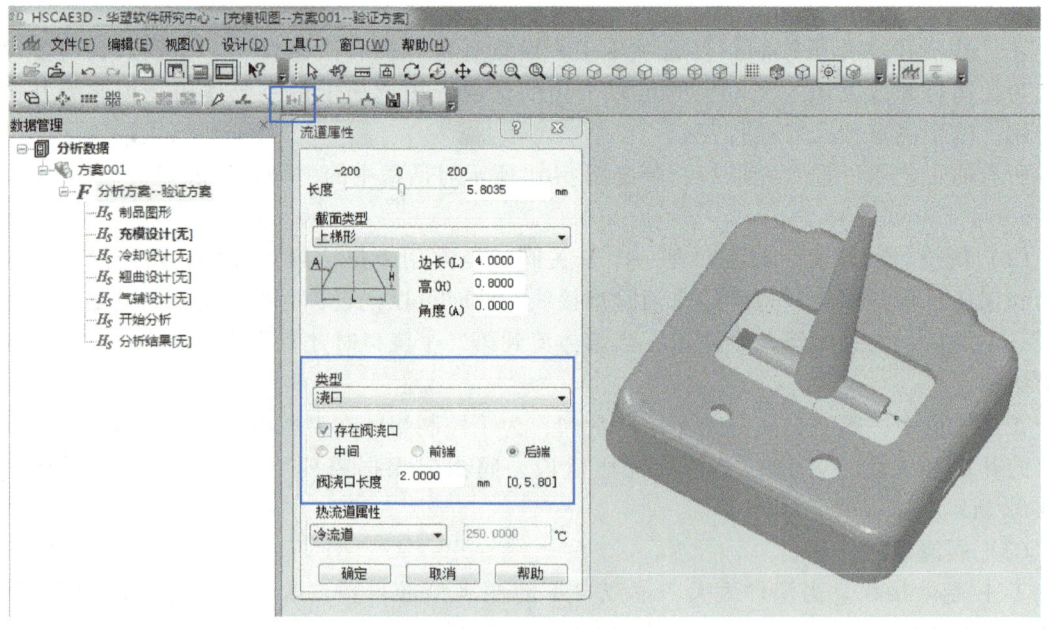

图 6-64　设置阀浇口(浇口属性设置)

项目六 塑料模CAE分析及结果解读

② 在"充模设计"→"成型工艺"设置中，要在图 6-65 所示位置双击，在弹出的对话框（图 6-66）中按照模流分析需求进行设置，如长度、截面比例、打开时间。

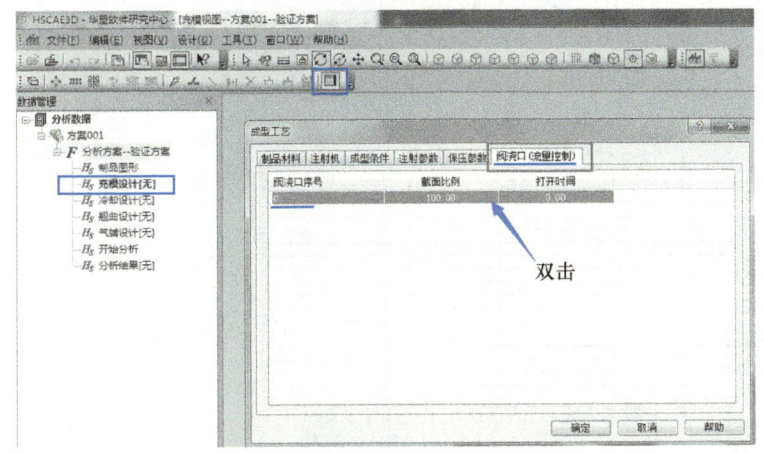

图 6-65 设置阀浇口（工艺条件设置）

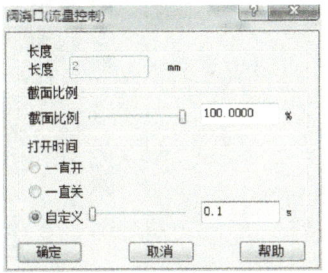

图 6-66 设置阀浇口属性

任务八 冷却设计

1. 进入冷却设计

双击软件左侧的"冷却设计［无］"，进入冷却系统设计，如图 6-67 所示。

2. 设置动定模板

单击工具栏中的"设计动定模板"命令，弹出"设计虚拟型腔"对话框，在该对话框中按照初始的模具设计方案设置动、定模板的尺寸和方向，最后单击"确定"按钮，如图 6-67 和图 6-68 所示。

冷却分析设置

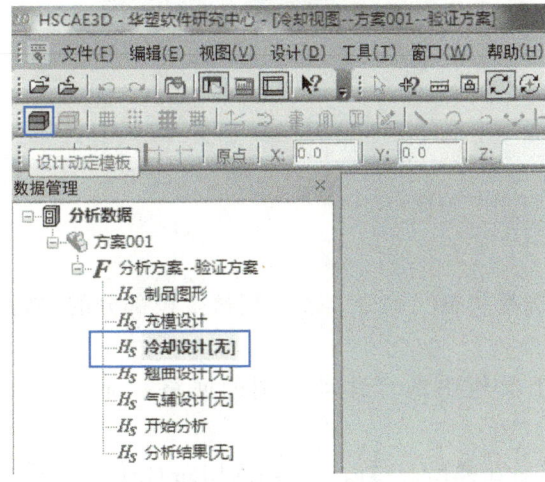

图 6-67 进入冷却系统设计

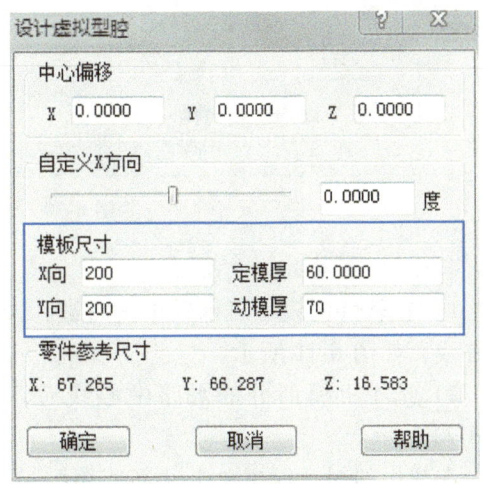

图 6-68 设置动、定模板参数

3. 导入冷却水路中心线

单击"设计"→"导入冷却水路"命令，如图 6-69 所示。

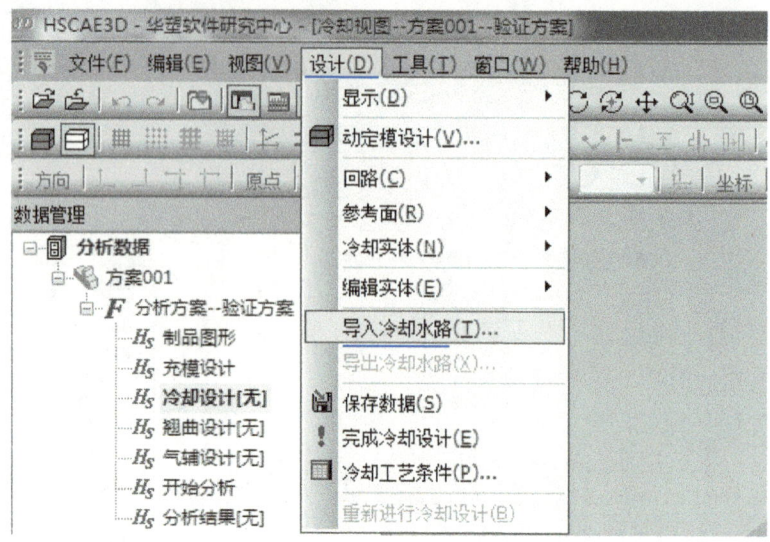

图 6-69 导入冷却系统中心线

在弹出的对话框中选择"冷却水路.igs",然后单击"打开"按钮,在弹出的对话框中单击"是"按钮,如图 6-70 所示。

图 6-70 选择冷却系统中心线

4. 设置冷却水路属性

1) 在软件的模型显示区单击右键,选择"选择状态"命令,然后框选上模部分的水路中心线,如图 6-71 所示。

2) 选中上模部分的水路中心线后,单击工具栏中的"移动到别的回路"命令,如图 6-72 所示。

在弹出的对话框中单击"新回路"按钮,然后在弹出的对话框中输入回路直径为"8",并单击"确定"按钮,如图 6-73 所示。

3) 用同样的方法将下模部分的水路中心线移动到新的回路中。成功后,在软件的左侧能看到两个回路,如图 6-74 所示。

项目六　塑料模CAE分析及结果解读

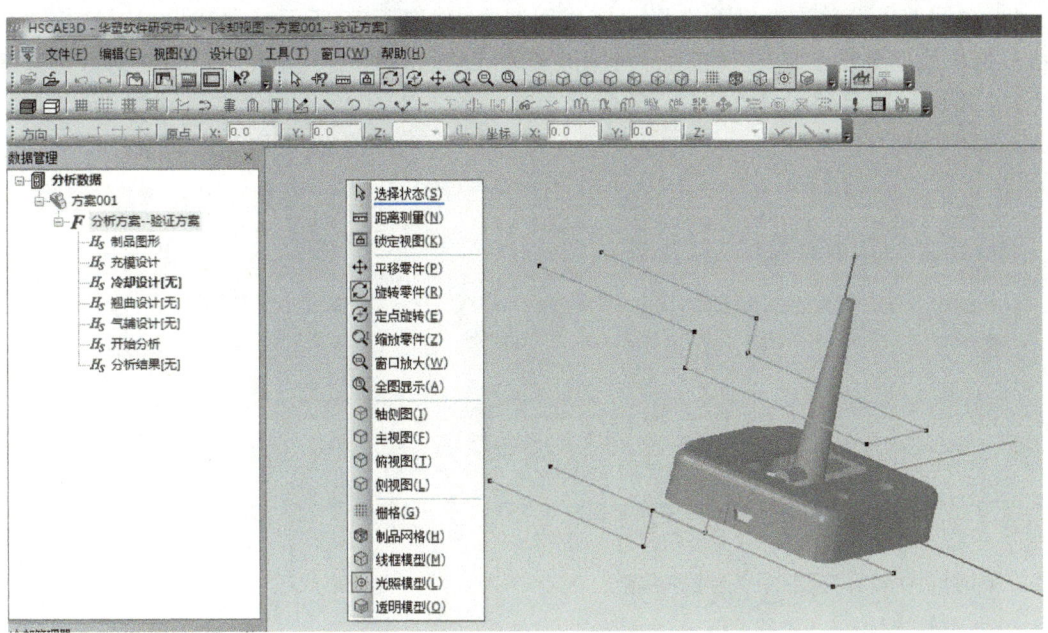

图 6-71　选择上模部分水路中心线

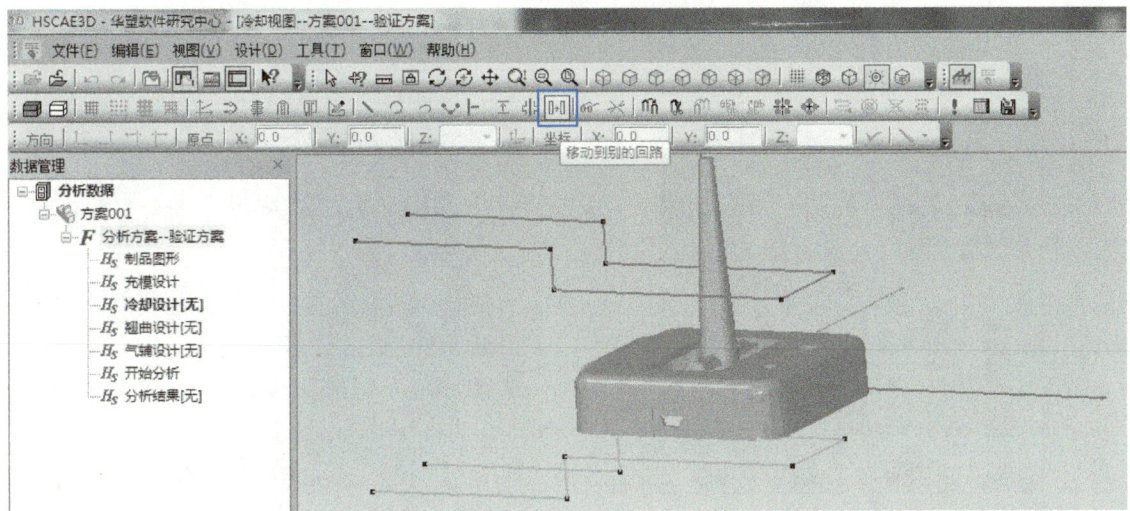

图 6-72　"移动到别的回路"命令

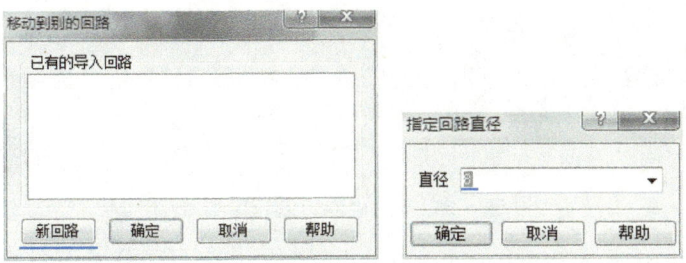

图 6-73　设置回路

325

4）在回路1上单击右键并选择"完成回路",如图6-75所示。在弹出的对话框中设置水路参数,最后单击"确定"按钮,本任务参数设置如图6-76所示。用同样的方法设置回路2,水路设置的最终结果如图6-77所示。最后单击工具栏中的"完成冷却设计"命令,如图6-78所示。

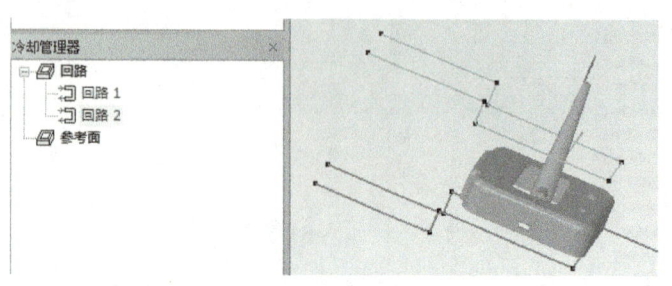

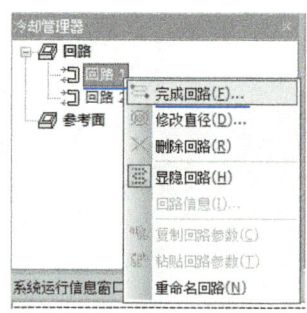

图6-74 设置好的两个回路　　　　　　　　图6-75 完成回路

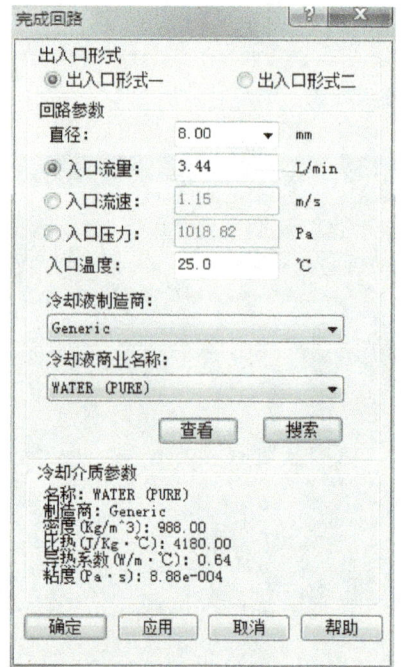

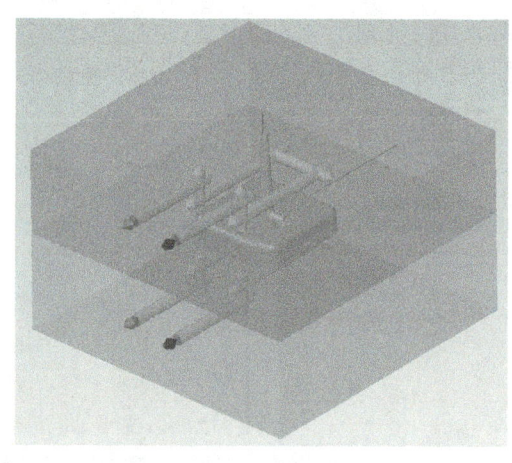

图6-76 设置回路参数　　　　　　　　图6-77 水路设置的最终结果

图6-78 "完成冷却设计"命令

5）单击工具栏中的"工艺条件"命令,如图6-79所示;在弹出的对话框中设置参数,如图6-80所示;最后单击"确定"按钮,完成冷却设计。

项目六 塑料模CAE分析及结果解读

图6-79 "工艺条件"命令

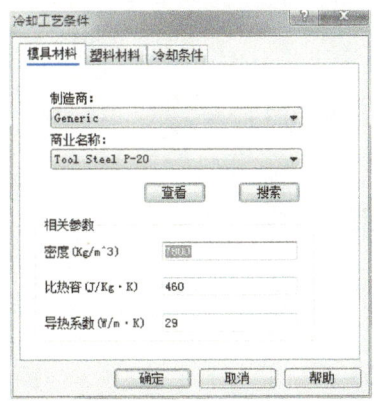 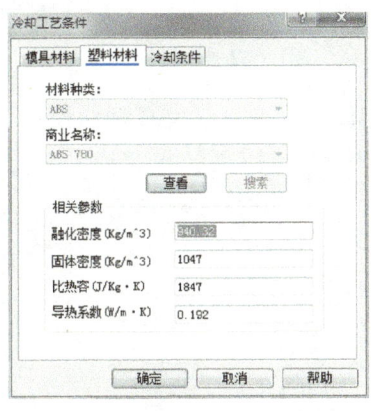 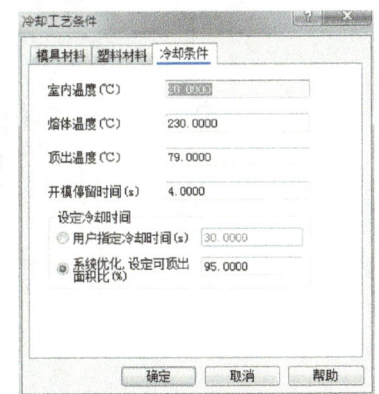

图6-80 设置冷却工艺参数

任务九 翘曲设计

1)双击软件界面左侧的"翘曲设计[无]",进入翘曲设计,如图6-81所示。

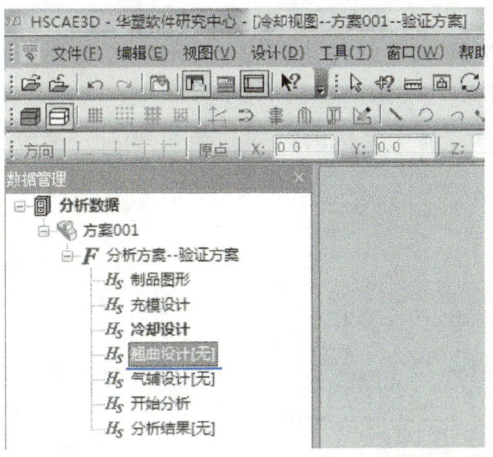

翘曲分析设置

图6-81 进入翘曲设计

2)单击工具栏中的"设置限制"命令,弹出对话框后,在软件模型显示区的模型上单击注塑过程中不会产生翘曲变形的点。单击一个点,就单击"翘曲限制"对话框中的"应用"按钮一次。最后单击"翘曲限制"对话框中的"关闭"按钮,如图6-82所示。

一般单击选择三个就足够了,也可以单击更多。单击的点越多,将来的翘曲变形分析结果中翘曲变形值越小。

327

塑料模具CAD/CAM/CAE

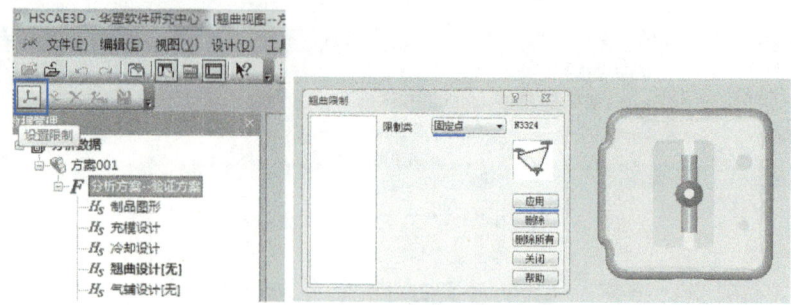

图6-82 设置翘曲限制

3）单击工具栏中的"保存设计"命令，完成翘曲设计，如图6-83所示。

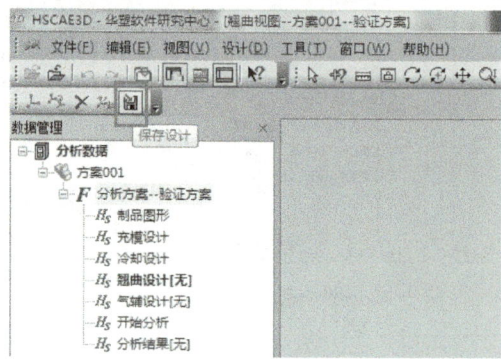

图6-83 保存设计

任务十 开始分析

1）双击软件界面左侧的"开始分析"，然后单击工具栏中的"开始分析"命令（绿色三角形图标），如图6-84所示。

2）在弹出的对话框中勾选要分析的选项，最后单击"启动"按钮。分析选项如图6-85所示。

开始分析

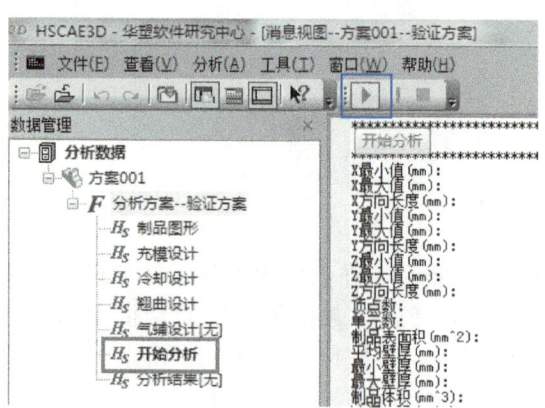

图6-84 "开始分析"命令

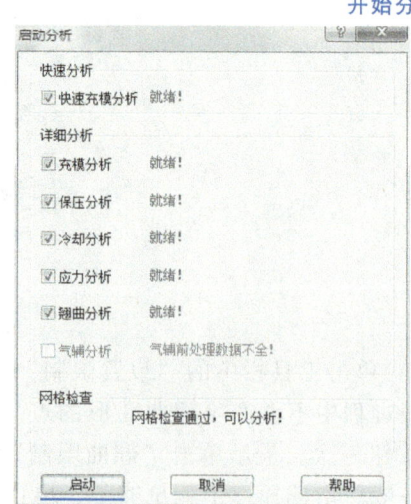

图6-85 分析选项

任务十一　制作分析报告

1) 双击左侧的"分析结果"即可进入分析结果查看的页面。在这个页面中可以通过分析工具条上对应的命令查看需要的分析结果,如图 6-86 所示。

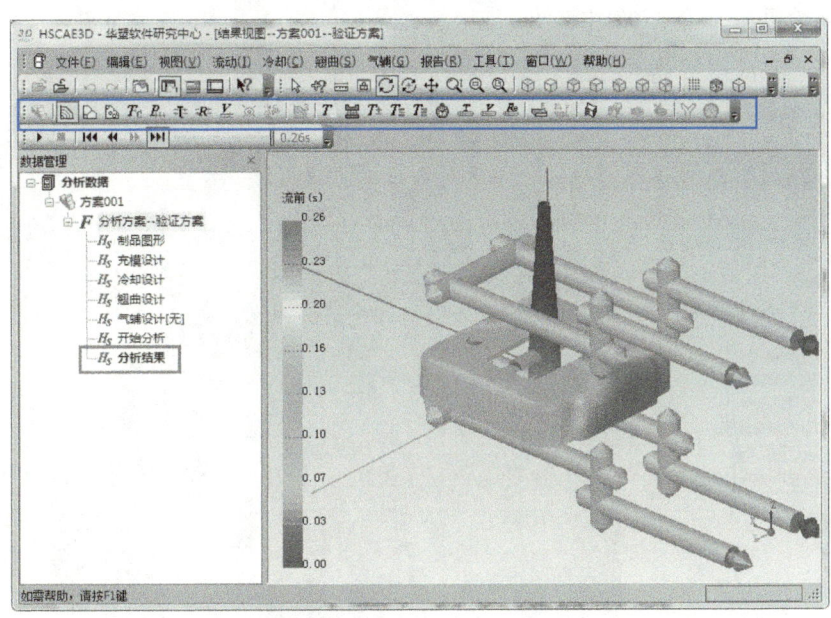

图 6-86　分析结果查看页面

2) 单击"报告"→"分析报告"命令,弹出"分析报告设置"对话框,如图 6-87 所示。依次设置要导出的报告类型(可以选择 Html 网页版或 Word 版)、公司标志、公司网站、负责人、日期等信息,也可以采用默认值,最后单击"确定"按钮。经过一段时间的计算会生成相应报告,另存报告就可以了,过程如图 6-87 所示。

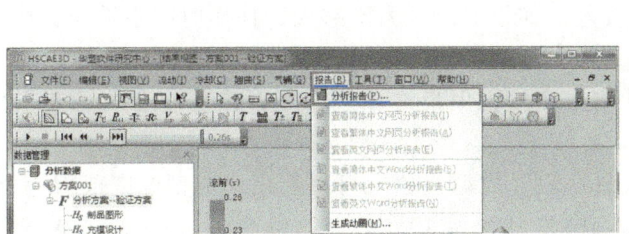
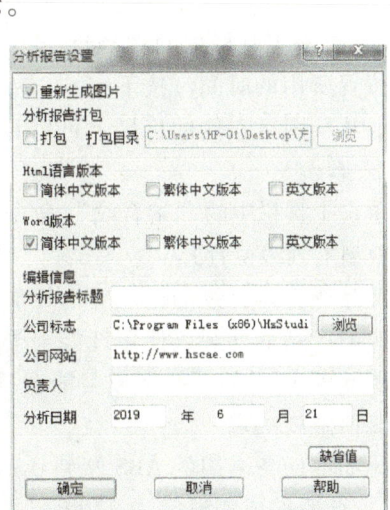

图 6-87　分析报告

任务十二　分析结果的解读

1. 流动前沿

1) 双击左侧的"分析结果"即可进入分析结果查看的页面。单击工具栏中的"流动前沿"命令，如图6-88所示。

分析结果解读

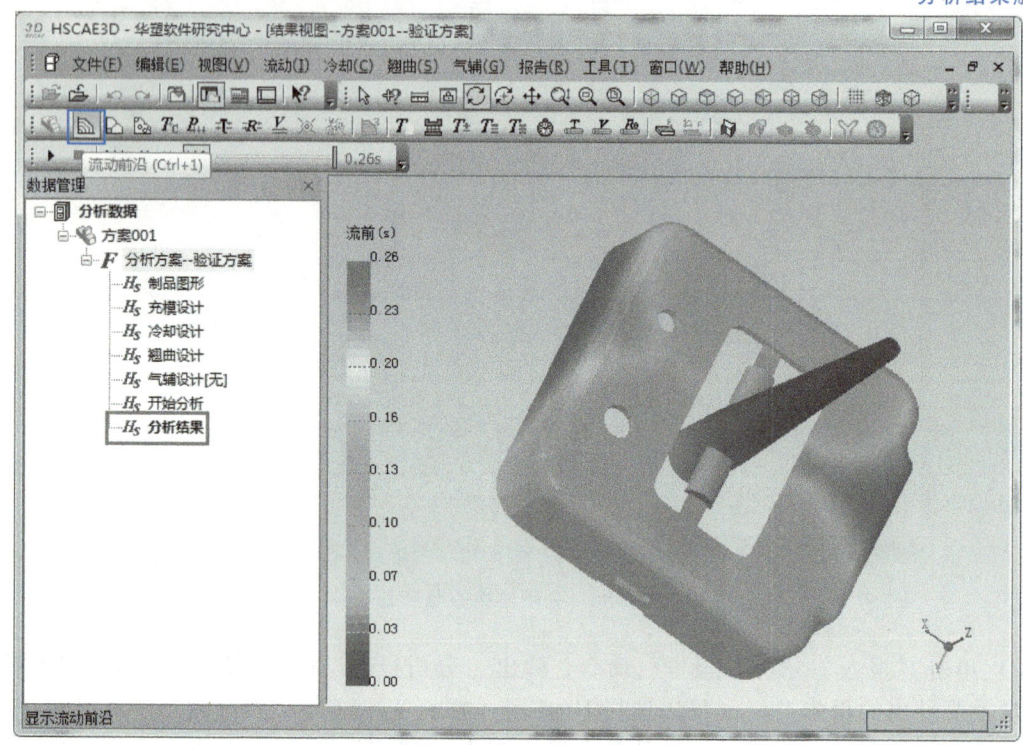

图6-88 "流动前沿"命令

2) 单击工具栏中的"查询结果"命令，在绘图区模型上单击可以看到熔融态塑料流动到该位置所用的时间。按下<Ctrl>键不放再单击需要另外要查询的点，可以查询多个位置的结果。从绘图区左侧的标尺上可以看出充填完成该零件需要0.26s，如图6-89所示。

2. 熔合纹

单击工具栏中的"熔合纹"命令，可以在绘图区看到有可能产生熔合纹的位置（图6-90所示模型上画线位置）。

产品产生熔合纹的区域力学性能较差，如果保压压力不够大，保压时间不够长，熔合纹就会影响产品的外观，使用性能会受到很大影响。

图6-90所示的划线区域可能会产生熔合纹，但最终注塑件是否出现熔合纹还要根据材料和流前温度决定。

比如本任务采用的ABS塑料，从图6-57（成型参数）可以看出：成型温度范围为200~260℃，合适的成型温度为230℃，推荐模具温度为40℃；当料温高于300℃时，ABS会裂解，产生有毒气体；最佳的顶出温度为79℃，此时顶出产品不会因过冷而被顶裂，也不会

项目六 塑料模CAE分析及结果解读

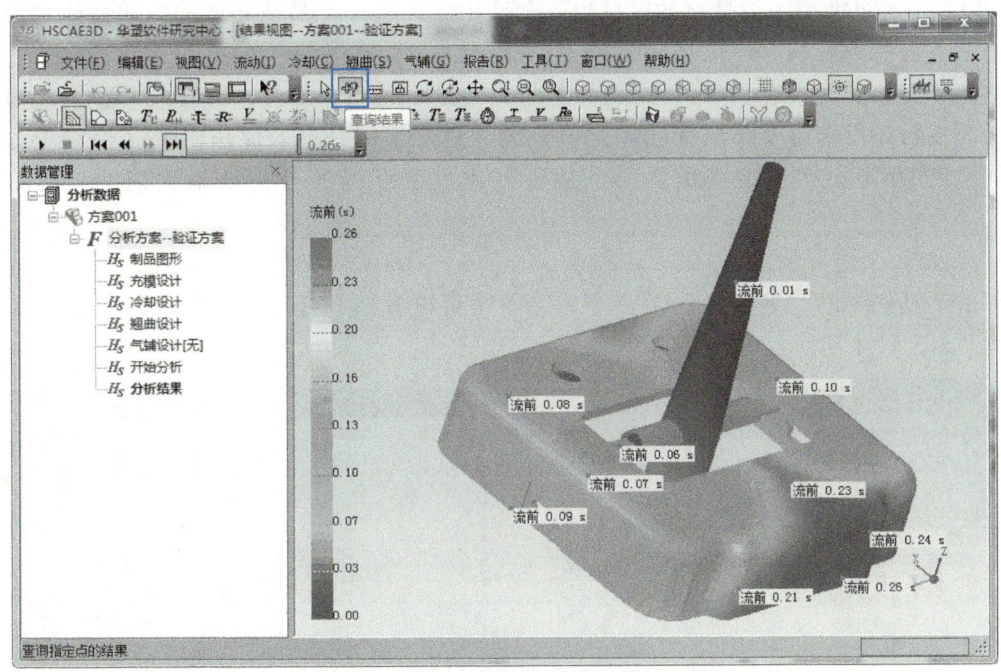

图 6-89 流动前沿查询结果

图 6-90 熔合纹

因为温度过高而在顶针位置留下顶白或顶出痕迹。

如果熔融的塑料流到有可能产生熔接痕的位置时，温度高于200℃，后期保压压力和保压时间合理，一般不会产生熔接痕。如果熔融的塑料经过有可能产生熔接痕的位置时，温度

331

高于230℃，有可能产生熔接痕的区域也不会产生熔接痕，产品在此处的力学性能和使用性能基本上不会受到影响。

本任务充填时间仅有0.26s，熔融的塑料流动过程时间非常短，简言之，整个充填过程中熔融的塑料还没来得及降温就已经充填完成。只要采用合理的保压参数（保压压力和保压时间），产品不会产生熔接痕。这个是可以通过温度场的分析结果查询的，如图6-93所示。

3. 气穴

单击工具栏中的"显示气穴"命令，绘图区可以看到有可能产生气穴的位置（黄色的小点），如图6-91所示。

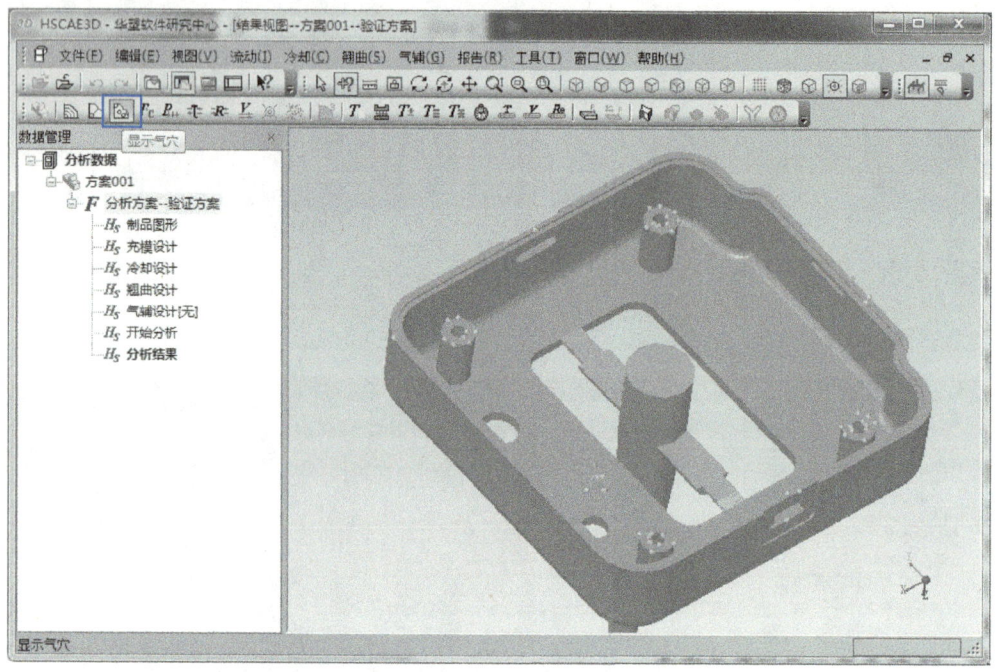

图6-91 气穴

有可能产生困气的地方就是气穴，这些地方如果不处理，容易造成产品充填不满，产品内部产生气泡、烧黑等缺陷。

解决气穴的措施有很多，常见的有以下四种：

1）利用大分型面进行排气。
2）利用顶针、顶管、斜顶或滑块头进行排气。
3）开设排气槽。
4）设计镶件，利用镶件进行排气。

在实际生产中，可以根据产品和模具结构采用其中一种或几种方法进行排气。排气的缝隙要小于材料的溢边值。本任务采用大分型面和顶管（司筒）排气即可。

4. 温度场

单击工具栏中的"温度场"命令，通过"播放器"对话框中的"下一步"按钮，将模拟时间调到想看到的位置，如图6-92所示，然后可以通过"查询结果"命令在绘图区查到此时浇注系统或塑件上任何一点的温度。

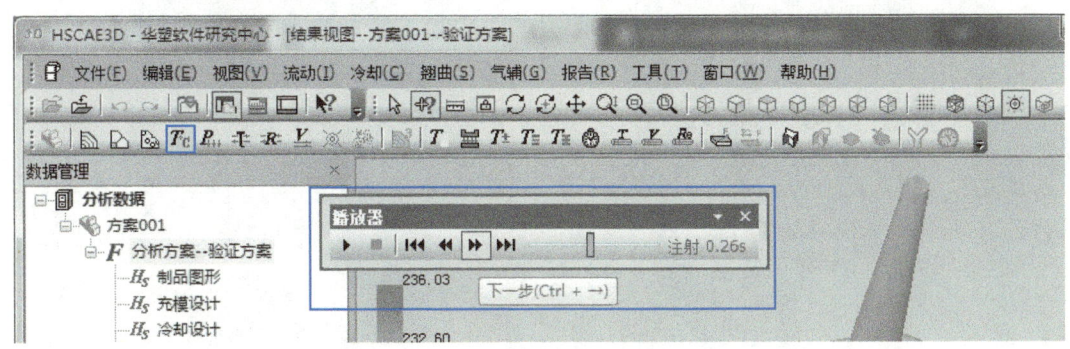

图 6-92　播 放 器

因为本任务充填时间只有 0.26s，熔融的塑料在极短时间内温度损失较小，所以将时间调到充填结束的时刻，通过"查询结果"命令可以查看到充填结束时，可能产生熔接痕的位置塑件表面温度都在推荐成型温度 230℃ 附近，如图 6-93 所示。该产品采用合适的保压参数后不会产生熔接线。

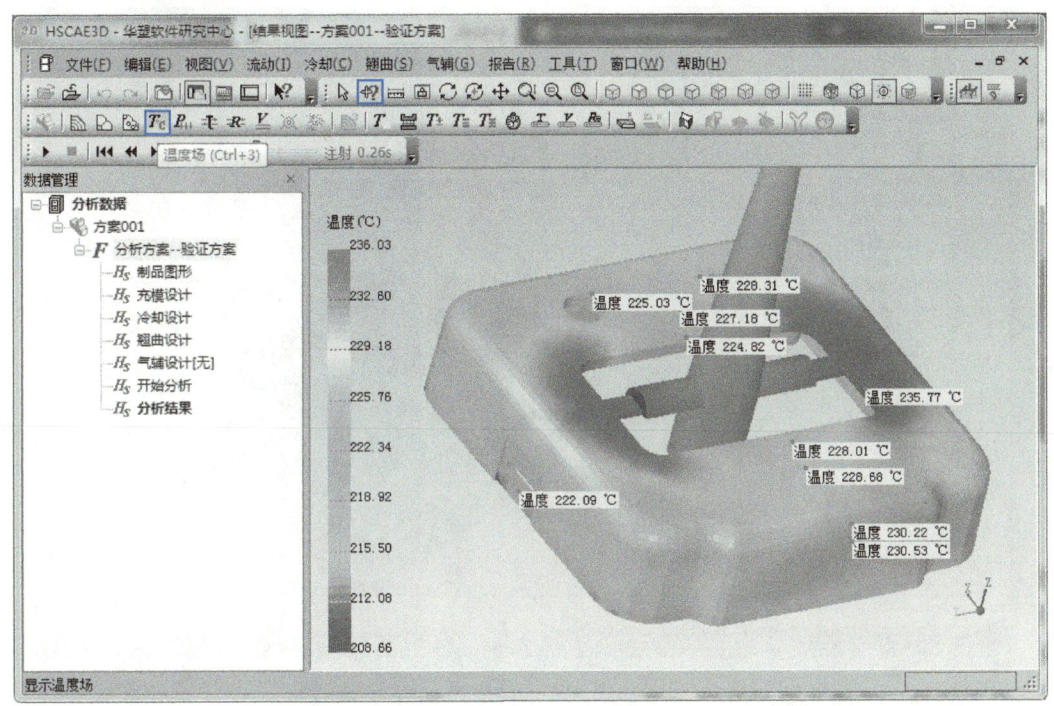

图 6-93　查看温度

从图 6-57 可以看出：本任务材料最佳的顶出温度为 79℃。顶出太早，塑件表面会留下顶出痕迹，顶出过晚，材料已经冷却，容易被顶裂。通过温度场结果可以查询到顶出系统附近的材料在 1.37~4.57s 范围内时（图 6-94），温度最接近顶出温度。根据分析结果，该塑件被顶出的时间应该在注射开始后 3s 左右，也就是该塑件的注射成型周期不能小于 1.37s，不应该超过 4.57s。

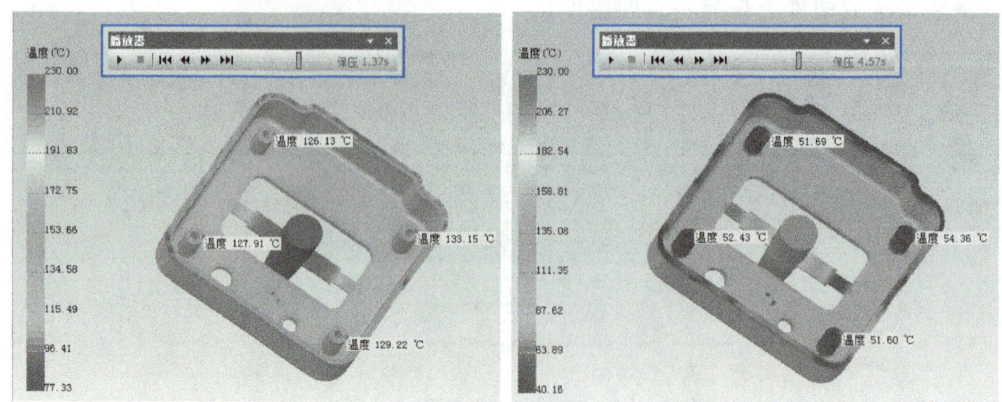

图 6-94 确定顶出时间及成型周期

5. 压力场

单击工具栏中的"压力场"命令,通过"播放器"对话框中的"下一步"按钮 ▶▶ ,将模拟时间调到想看到的位置,可以查看该时刻的压力值,如图 6-95 所示。

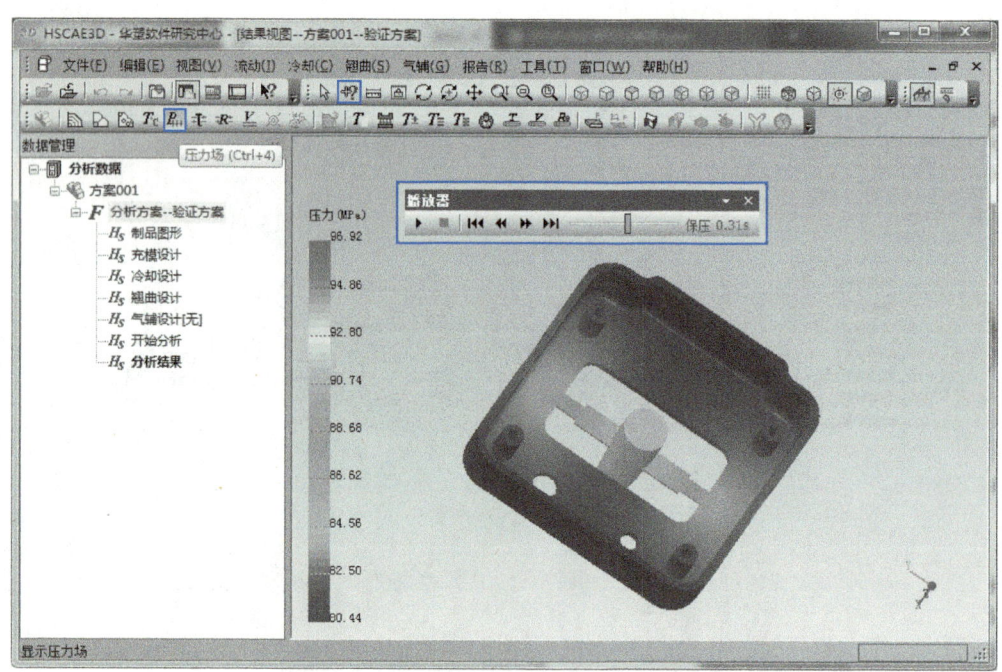

图 6-95 压力场

6. 剪切力场

单击工具栏中的"剪切力场"命令,通过"播放器"对话框中的"下一步"按钮 ▶▶ ,将模拟时间调到想看到的位置,可以查看该时刻的剪切力值,如图 6-96 所示。

7. 剪切速率场

单击工具栏中的"剪切速率场"命令,通过"播放器"对话框中的"下一步"按钮 ▶▶ ,将模拟时间调到想看到的位置,可以查看该时刻的剪切速率值,如图 6-97 所示。

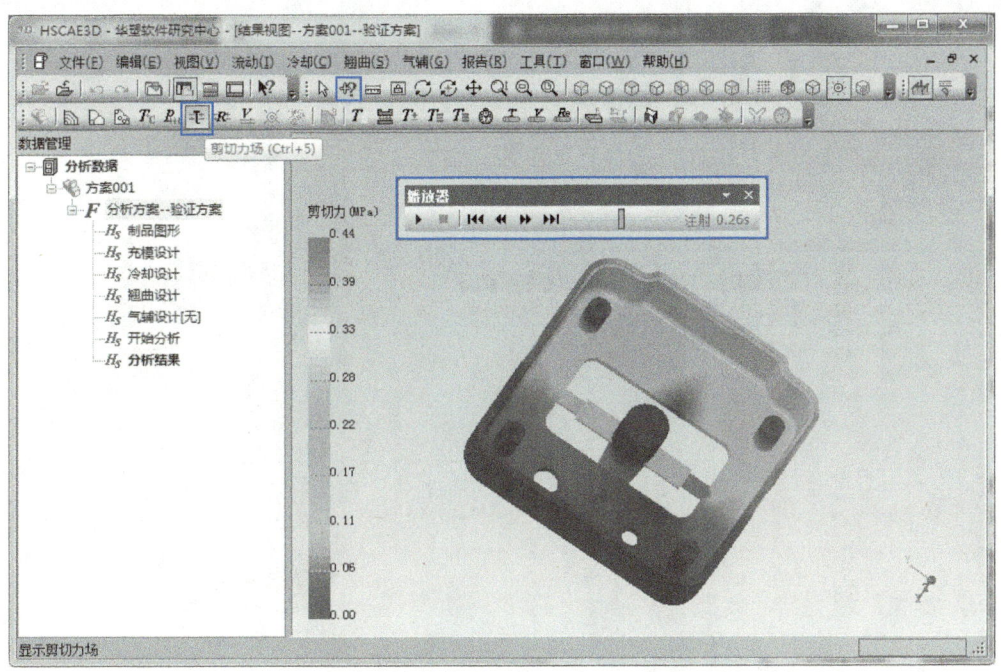

图 6-96　剪切力场

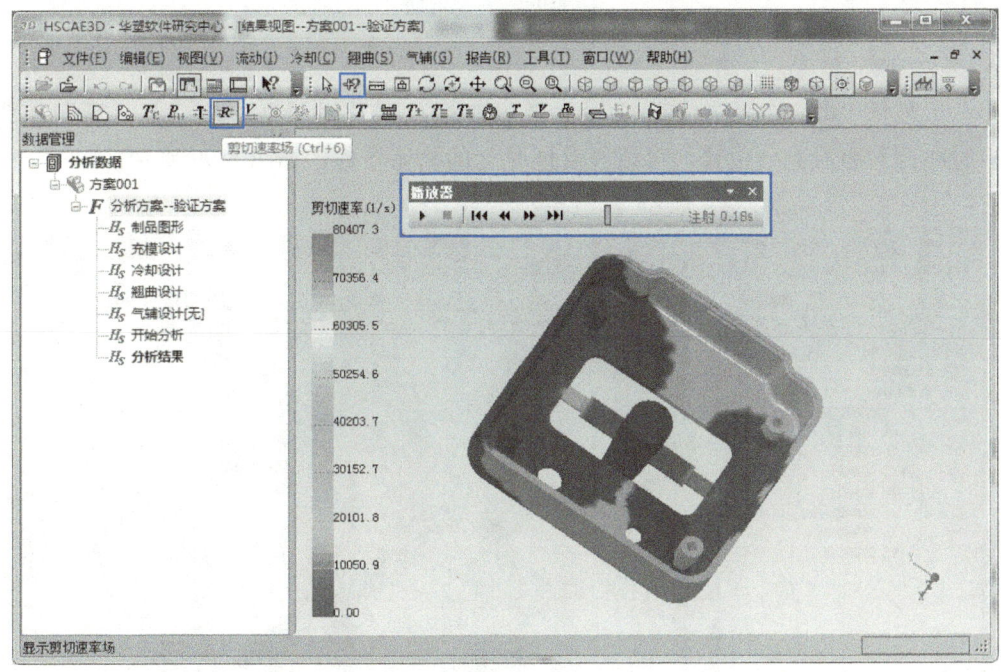

图 6-97　剪切速率场

8. 表面定向

单击工具栏中的"表面定向"命令，通过"播放器"对话框中的"下一步"按钮，将模拟时间调到想看到的位置，可以查看该时刻的塑料表面纤维流向，如图 6-98 所示。表面定向对材料受力分析有重要意义。

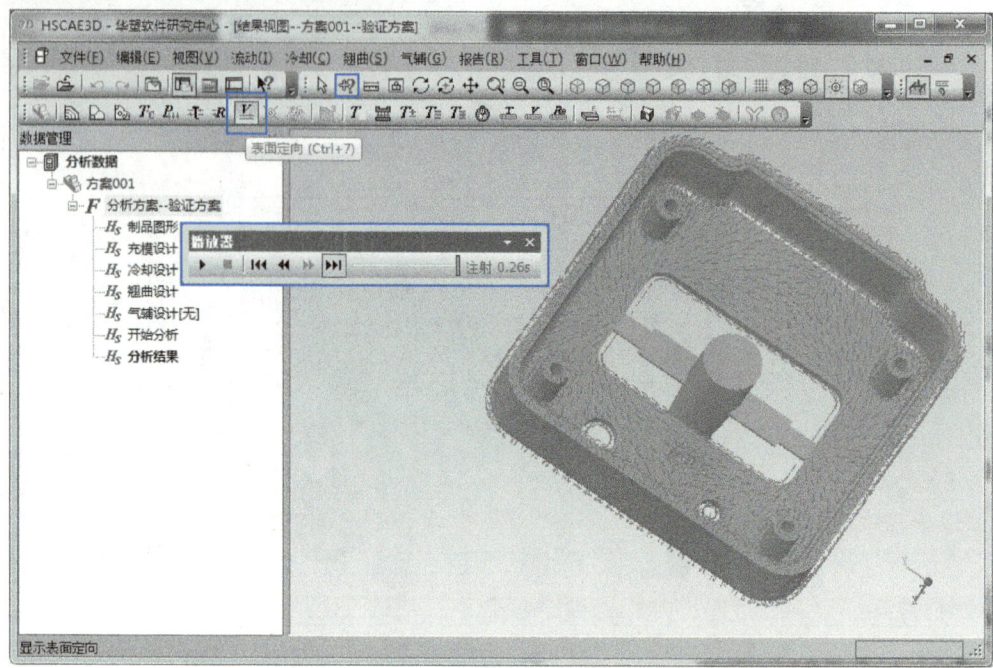

图 6-98 表面定向

9. 收缩指数

单击工具栏中的"收缩指数"命令,通过"播放器"对话框中的"下一步"按钮 ▶▶,将模拟时间调到想看到的位置,可以查看该时刻的收缩指数,如图 6-99 所示。

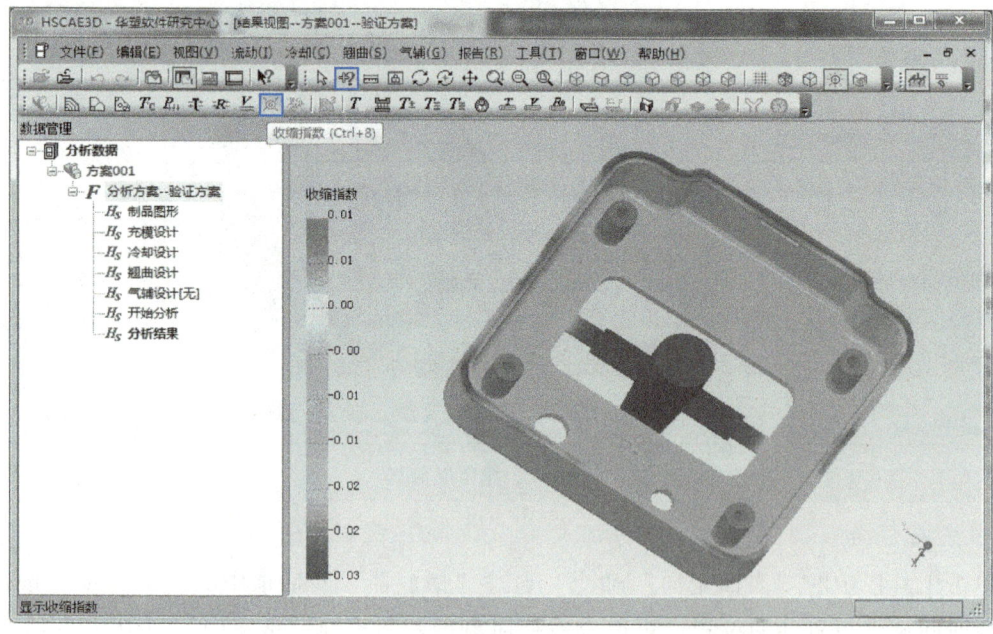

图 6-99 收缩指数

10. 密度场

单击工具栏中的"密度场"命令,通过"播放器"对话框中的"下一步"按钮 ,将模拟时间调到想看到的位置,可以查看该时刻塑件的密度,如图 6-100 所示。通过收缩指数和密度场可以有效地找到塑件上有可能出现缩孔或缩松的位置。

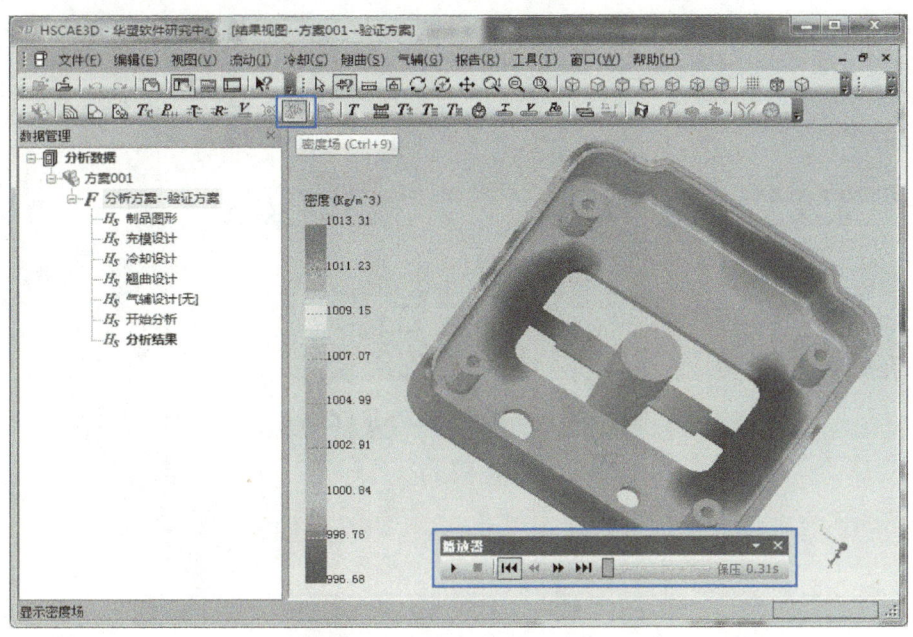

图 6-100　密度场

11. 冷却介质温度场

单击工具栏中的"冷却介质温度场"命令,可以查看冷却介质温度,如图 6-101 所示。

图 6-101　冷却介质温度场

12. 翘曲变形

单击工具栏中的"翘曲"命令,通过"播放器"对话框中的"下一步"按钮 ▶,将模拟时间调到想看到的位置,可以查看该时刻塑件的翘曲变形值,如图6-102所示。

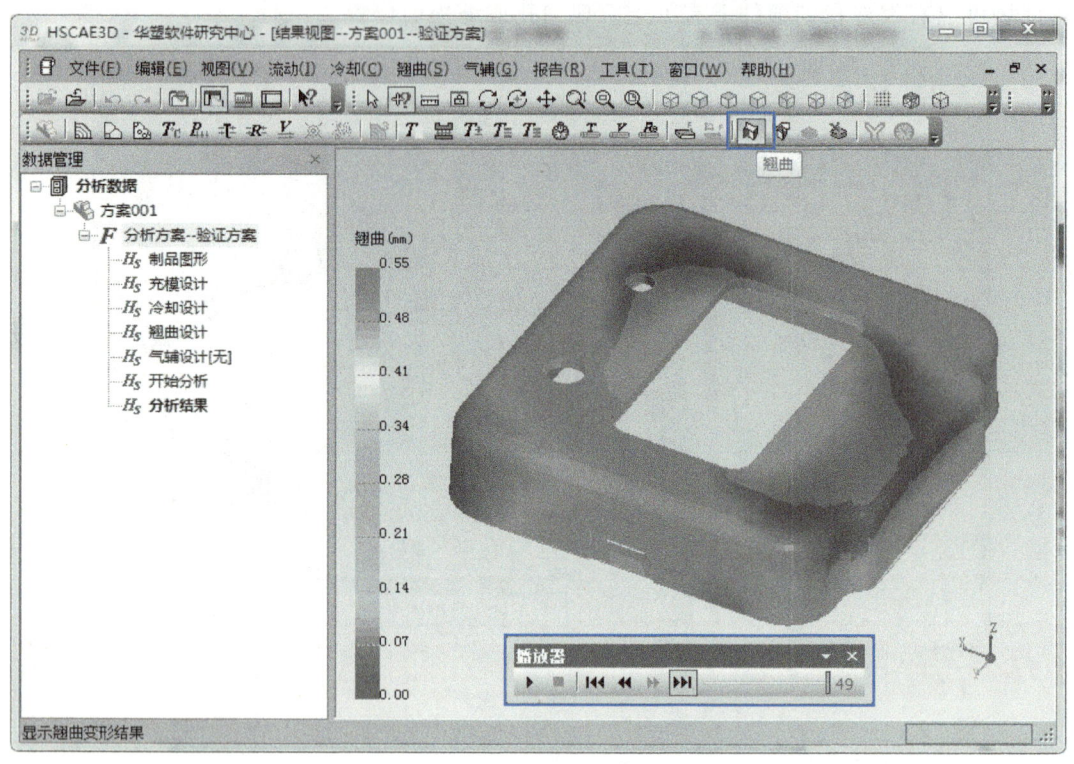

图6-102 翘曲变形

Hs CAE 模拟的是翘曲变形的趋势,翘曲变形的值没有那么准确。同等工艺条件下,只改变一个参数,翘曲变形的值变大变小是有重要参考意义的。

13. 其他分析结果

此外,还可以通过工具栏查看"稳态温度""热流密度""型芯型腔温度差""制品中心面温度""制品截面平均温度""冷却时间""冷却介质雷诺数场""平面应力"等重要参数。

任务十三　模具的优化建议

通过 Hs CAE 进行的模流分析,可以模拟出是否会出现熔接线、气穴的位置和气穴的大小、浇注系统的结构及尺寸是否合理、冷却系统的冷却效率是否能够满足实际生产的需要、是否要开设排气槽、是否要增加镶件、塑料原料是否要增加玻璃纤维、是否要更换塑料原料,也可以确定合理的注射成型周期、选择合理的成型工艺参数,如保压压力、保压时间等。

模流分析对模具的优化设计和模具设计方案验证都有十分重要的意义,可以有效地节约开发成本,缩短模具开发周期。

本任务针对结构相对简单的小型塑件注射成型模具,通过模拟分析,原来的设计方案是合理可行的,无需对原有设计方案进行优化。

习题与思考

1. 如何才能够制作一份合理的、有意义的模流分析报告?
2. 模流分析能解决哪些实际问题?
3. 常见的模流分析软件有哪些?它们有什么优缺点?

参 考 文 献

[1] 刘志明. 实用模具设计与生产应用手册［M］. 北京：化学工业出版社，2019.
[2] 谢磊. 塑料模具价格估算系统的研究［D］. 乌鲁木齐：新疆大学，2010.
[3] 谭锋，邵家云，基于 CAD/CAM/CAE 技术的《注塑模具设计与制造》课程改革探索［J］. 模具制造，2023（2）：94-96.
[4] Țîțu Aurel Mihail, Pop Alina Bianca. Research on the machining process modeling of a rotational mold using CAM applications［J］. MATEC Web of Conferences，2021，343.
[5] 吴俊超. 基于 Moldflow 的汽车仪表板大型塑件注塑模工艺优化［J］. 中国塑料，2021，35（12）：121-128.